Verzeichnis der wichtigsten Symbole

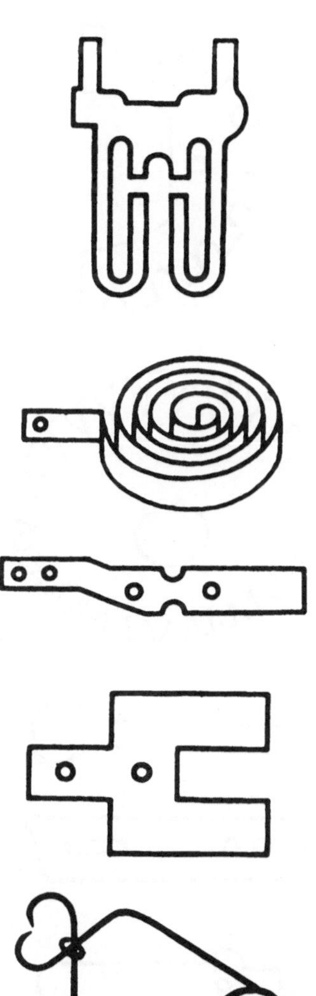

Symbol	Bedeutung
A	Bruchdehnung
C_d	Sättigungsgrad der Baufehler
$d_{mittl.}$	mittlerer Korndurchmesser
D_{Korn}	Korngröße
E	Elastizitätsmodul
E_{dyn}	dynamischer Elastizitätsmodul
E_{st}	statischer Elastizitätsmodul
f	Krümmung
G	Schubmodul
h	Dicke der inneroxydierten Zone
HV	Vickershärte
H_μ	Mikrohärte
K	optische Vergrößerung
l_{Zelle}	Zellausdehnung
L	Abstand von der Blockoberfläche
n_{Zelle}	Zellanzahl
N	Grenzlastspielzahl
Q^{-1}	innere Reibung
R	elektrischer Widerstand
R	Nennspannung
R_m	Zugfestigkeit
R_p	Elastizitätsgrenze (z. B. $R_{p\,0,002}$, $R_{p\,0,2}$ usw.)
R_{Rest}	Restspannung
R_{Zelle}	Zellradius
R_{-1}	Ermüdungsfestigkeit

Symbol	Bedeutung
T	Kelvin-Temperatur, z. B. Schmelztemperatur (T_L)
U_w	Wechselwirkungsenergie
v_Zelle	Zellwachstumsgeschwindigkeit
$V_\mathrm{diskont.}$	Volumenanteil beim diskontinuierlichen Zerfall
V_Zelle	Volumenanteil der Zelle
W	Streuenergie
ΔL	Änderung der Probenlänge
ΔG	Änderung der freien Enthalpie
ε	Verformung, Kriechverformung
$\dot\varepsilon$	Kriechgeschwindigkeit
ε_max	maximale Verformungsamplitude
$\varepsilon_\mathrm{plast}$	plastische Verformung
$\varepsilon_\mathrm{Rest}$	Verformungsrest
η	Verformungsgrad
ϑ	Temperatur (°C), z. B. Glühtemperatur
ν	Poissonsche Konstante, Keimbildungsgeschwindigkeit
ϱ	spezifischer elektrischer Widerstand
τ	Glüh-, Alterungs- bzw. Prüfdauer
$\tau_\mathrm{Abkühlung}$	Abkühldauer, bezogen auf die Abschrecktemperatur

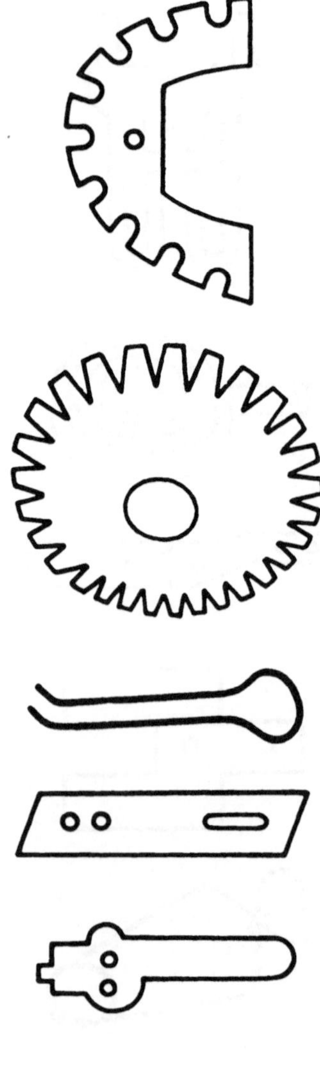

Pastuchova/Rachštadt

Federlegierungen aus NE-Metallen

Zur Herstellung verschiedenartigster Geräte, automatischer Vorrichtungen, Steuerungs- und Regelelemente werden zunehmend Federwerkstoffe mit definierter Betriebscharakteristik bei höchster Zuverlässigkeit und Lebensdauer benötigt. Diese Aufgabe ist nur durch die gezielte Ausnutzung der Eigenschaften von spezifisch zusammengesetzten und im Interesse der Verfestigung speziell behandelter NE- und Edelmetalle realisierbar. Da die Anforderungen quantitativ und qualitativ wachsen und zugleich materialökonomische Gesichtspunkte zunehmende Bedeutung erlangen, ist es für den Hersteller und Anwender derartiger Materialien von großer Bedeutung, wesentliche Zusammenhänge beim Einsatz von Federwerkstoffen zu kennen.
Die vorliegende Monographie behandelt sehr umfangreich und ausführlich die Federlegierungen auf Kupferbasis. Den Schwerpunkt bilden dabei Ausführungen über das Legieren und Mikrodotieren von Federlegierungen sowie über die durch Wärmebehandlung und Verformung erreichbaren Parameter. Die sich anschließenden Abschnitte über Federlegierungen auf der Basis von Nickel, Kobalt und Edelmetallen sind im Umfang kurz gefaßt, aber für den Fachmann durch wertvolle und internationale Trends berücksichtigende Aussagen dennoch sehr informativ.
Der umfangreiche Teil des Buches, der sich mit der Herstellung von Federlegierungen auf der Basis von Berylliumbronze beschäftigt und die vielfältigen Methoden der metallurgischen Herstellung und der thermischen und mechanischen Formierung beschreibt, gestattet Analogien zur Herstellung von NE-Werkstoffen, an die im Interesse des Erreichens extremer Eigenschaften ebenfalls hohe Anforderungen gestellt werden, wie beispielsweise Kontakt- und Magnetmaterialien.

Žanna P. Pastuchova
Alexander G. Rachštadt

Federlegierungen aus NE-Metallen

Übersetzung aus dem Russischen

Mit 275 Bildern und 60 Tabellen

VEB Deutscher Verlag für Grundstoffindustrie · Leipzig
Distributed by Springer-Verlag Wien — New York

Lizenzausgabe von der 2. Auflage der Originalausgabe mit Genehmigung des Verlages
»Metallurgija«, Moskau

Übersetzung aus dem Russischen und Bearbeitung der deutschsprachigen Ausgabe:

Dr.-Ing. Manfred Raschke,
Forschungsinstitut für NE-Metalle, Freiberg,
im VEB Mansfeld Kombinat »Wilhelm Pieck«

ISBN-13: 978-3-7091-9529-1   e-ISBN-13: 978-3-7091-9528-4
DOI: 10.1007/978-3-7091-9528-4

1. Auflage
© der deutschsprachigen Ausgabe:
Softcover reprint of the hardcover 1st edition 1985
VEB Deutscher Verlag für Grundstoffindustrie, Leipzig
Distributed by Springer-Verlag Wien — New York
VLN 152-915/57/86
Gesamtherstellung: VEB Druckerei „Thomas Müntzer", 5820 Bad Langensalza
Lektor: Hartmut Stephan
Gestaltung: Sonja Mauksch
Redaktionsschluß: 20. 8. 1985

Vorwort

In den verschiedenartigsten Geräten, automatischen Vorrichtungen und Maschinen gehören Federn, Membranen, Faltenbälge, Geber u. a. zu den wichtigsten Elementen, die deren Betriebscharakteristika, Zuverlässigkeit sowie Lebensdauer in entscheidendem Maße bestimmen. Zur Herstellung elastischer Elemente gelangt eine bedeutende Anzahl von NE-Metallen, einschließlich der Edelmetalle, zum Einsatz, nachdem diese unterschiedlichen Verfestigungsbehandlungen unterzogen worden sind (z. B. der Aushärtung oder Dispersionshärtung, der thermomechanischen und chemothermischen Behandlung).

Unter diesen Werkstoffen nimmt die Gruppe der Kupferlegierungen dank der einzigartigen Vereinigung ihrer hohen Verfestigung, der elastischen Verformung, der hohen elektrischen und Wärmeleitfähigkeit, einer hohen Bruchfestigkeit mit bedeutender Korrosionsbeständigkeit einen wichtigen Platz ein. Derartige Legierungen werden in Geräten, elektrischen Maschinen und automatischen Vorrichtungen z. B. als stromführende elastische Elemente hoher Präzision und Zuverlässigkeit eingesetzt.

Gegenwärtig gelangen die verschiedensten Federlegierungen auf der Basis einer großen Anzahl von NE-Metallen zum Einsatz. Unter ihnen haben die Nickellegierungen, deren Eigenschaften sich in Abhängigkeit von der Zusammensetzung in weiten Grenzen ändern können, große Bedeutung erlangt. In erster Linie kann hierbei auf die Legierungen des Systems Ni—Be, die sich gegenüber anderen Legierungen durch ihre hohe mechanische Festigkeit und Wärmebeständigkeit bei oftmals erhöhter elektrischer Leitfähigkeit auszeichnen, verwiesen werden. Neben diesen Legierungen sind gleichfalls von großer technischer Bedeutung die hochkorrosionsbeständigen Federlegierungen auf der Basis des Systems Ni—Cr, denen in vielen Fällen Tantal, Niob, Titan und Aluminium zulegiert werden.

Neben den Nickellegierungen finden in der Herstellung von elastischen Bauelementen ebenfalls Kobaltlegierungen aus dem System Co—Cr—Ni Verwendung. Der Vorteil dieser Legierungen besteht in ihrer hinreichend hohen Verfestigung ($R_m > 2500$ bis 3000 MPa) bei sehr guter Korrosionsbeständigkeit.

Zusätzlich zu den genannten Legierungen verwendet die Industrie für die Herstellung elastischer Bauelemente Legierungen auf Edelmetallbasis, z. B. Silber, Palladium, Platin und Gold, die infolge guter elektrischer Leitfähigkeit, geringen Kontaktwiderstandes sowie hoher Korrosionsbeständigkeit geeignet sind. Einige dieser Legierungen, insbesondere auf Platinbasis, zeichnen sich durch erhöhte Verfestigung aus.

Ungeachtet dessen, daß Federlegierungen aus NE-Metallen in hinreichender Anzahl entwickelt worden sind, stellt die weitere Entwicklung der Technik ständig wachsende Anforderungen an die Erhöhung des absoluten Verfestigungsgrades dieser Legierungen. Namentlich in diesem Zusammenhang laufen intensive Forschungsarbeiten, die auf die Verbesserung der Eigenschaften üblicher Federlegierungen und die Entwicklung prinzipiell neuer Federlegierungswerkstoffe gerichtet und durch höhere mechanische Festigkeit, Wärmebeständigkeit und ökonomischere Fertigung gekennzeichnet sind. Hinsichtlich der Federlegierungen existiert aus wissenschaftlicher und technischer Sicht ausreichendes Informationsmaterial, dessen Bearbeitung zum Hauptgegenstand der vorliegenden Monographie, die ihrerseits eine Weiterentwicklung der bereits 1979 vom Verlag »Metallurgija« herausgegebenen Monographie der Verfasser »Federlegierungen aus Kupfer« darstellt, führte.

Die Verfasser danken Herrn Prof. Dr. sc. techn. M. L. BERNSTEIN und Herrn Prof. Dr. JU. D. TJAPKIN für wertvolle Hinweise und kritische Bemerkungen sowie den Kollektiven der Lehrstühle »Metallkunde« und »Wärmebehandlung von Metallen« der MVTU »N. E. BAUMAN« für die geleistete Unterstützung.

Die Autoren

Inhaltsverzeichnis

1. Federlegierungen auf Kupferbasis

Das sichere Funktionieren bestimmter Geräte, automatischer Vorrichtungen sowie Maschinen ist ohne Federn, Membranen, Faltenbälgen, Geber u. a. nicht denkbar. Zuverlässigkeit und Lebensdauer derartiger elastischer Elemente, die in bedeutendem Umfang aus Berylliumbronzen hergestellt werden, hängen von deren chemischer Zusammensetzung, Struktur und Methoden der thermomechanischen Behandlung ab. Von besonderem Einfluß auf die komplexen Eigenschaften der Berylliumbronzen sind adsorptionsaktive Komponenten, die definiert bei der Mikrodotierung diesen Werkstoffen zugegeben werden. Ungeachtet der relativ schwierigen Auswahl geeigneter Mikrodotierungselemente wird im konkreten praktischen Fall versucht, die Eignung einzelner Komponenten thermodynamisch abzuschätzen. Im Zusammenhang mit der gezielten Einstellung der erforderlichen Eigenschaften der Federlegierungen sind die Bedingungen bei der Herstellung dieser Werkstoffe, z. B. nach dem Vakuuminduktions- oder Elektroschlackeumschmelzen, zu beachten.

1.1. Allgemeine Charakteristik des Verfestigungsmechanismus in Federlegierungen auf Kupferbasis

In der Industrie wird eine große Anzahl von Kupferbasislegierungen in verschiedenem Gefügezustand in Abhängigkeit von den angewandten Verfestigungsmethoden, die ihrerseits durch die Zusammensetzung der Legierungen bestimmt werden, eingesetzt. Im weiteren beschreiben folgende Angaben die Erhöhung der Fließgrenze für die verschiedenen Methoden der Verfestigung von Kupferbasislegierungen [1]:

Verfestigungsmethode	$\Delta\sigma_v$, MPa
1. Kaltverfestigung[1]	140
2. Mischkristallverfestigung beim Abschrecken	140 bis 280
3. Kornfeinung[2]	490

[1] für reines Kupfer
[2] für Korngrößen bis zu 10 µm; die Verfestigung wurde errechnet im Vergleich zur Verfestigung des reinen Kupfers.

4. Mischkristallverfestigung beim Abschrecken
und bei der plastischen Verformung   560
5. Aushärtung   840
6. Einstellung eines Mikroduplexgefüges   840
7. Kaltverformung und Aushärtung   840 bis 1400
8. Verfestigung im Ergebnis spinodalen Zerfalls   840

Aus den angeführten Angaben folgt, daß der höchste Verfestigungsgrad im Ergebnis von Mischkristallumwandlungen erreicht werden kann. Hierbei kommt es zur Aushärtung oder zum spinodalen Zerfall. Besondere Effekte werden bei deren Kombination mit der Kaltverformung beobachtet. Hochfeste Legierungen, z. B. die in großem Maße in der Industrie eingesetzten Berylliumbronzen, gehören zu der Gruppe der aushärtbaren Werkstoffe. Insbesondere im Ergebnis der bei der Dispersionshärtung oder Alterung ablaufenden Vorgänge erhöht sich schroff der Widerstand gegenüber geringen Verformungen. Hierin besteht die Haupteigenschaft der Federlegierungen. Der Verformungswiderstand erhöht sich gleichfalls bei Ablauf spinodaler Zerfallsvorgänge, in deren Ergebnis sich eine modulierte Struktur aufbaut. Die Verfestigung der aushärtenden Legierungen wird durch die Festigkeit der sich bildenden Ausscheidungen, deren Dispersität, Volumenanteil, Form, Typ des Gefüges, Niveau der Spannungen an der Grenze Matrix—Ausscheidungsteilchen bestimmt. Eine maximale Verfestigung wird dann erreicht [2], wenn der Abstand zwischen den Teilchen 50 bis 100 Atomabstände und deren Größe 1 bis 10 nm (bei einer gleichmäßigen Verteilung in der Matrixphase) betragen. Am effektivsten für die Verfestigung sind die Guinier-Preston-Zonen oder Keime für Teilchen metastabiler Phasen, die mit der Matrix kohärent oder halbkohärent sind. Der Verfestigungsgrad der Legierungen, hervorgerufen durch dispergierte Teilchen, wird durch jene Wechselwirkung bestimmt, die sich zwischen den dispergierten Teilchen und sich fortbewegenden Versetzungen einstellt. Diese *Wechselwirkung* kann fernwirkend zwischen den Versetzungen und den durch ein sich ausscheidendes Teilchen aufgebauten elastischen Feldern ablaufen, jedoch auch nahwirkend in dem Falle, in dem die Versetzungen in einen unmittelbaren Kontakt mit den ausgeschiedenen Teilchen treten. Hieraus folgt, daß für die Auslösung elementarster plastischer Verformungsvorgänge die Versetzungen die elastischen Felder in der Nähe der Teilchen überwinden, ihnen ausweichen oder sie schneiden müssen. Im Falle der Entstehung einer modulierten Struktur als Ergebnis eines spinodalen Zerfalls, z. B. in Legierungen des Systems Cu—Ni—Sn, ist die Wellenlänge dieser Modulation von entscheidender Bedeutung, die den Haupteinfluß auf den Widerstand ausübt, der von den *Versetzungen* in ihrer Fortbewegung zu überwinden ist. Das Verfestigungsmaximum tritt bei einer Modulationswellenlänge von 3,5 bis 10 nm [3] auf.

1.1.1. Prozesse der mikroplastischen Verformung dispersionsgehärteter Legierungen

Die Gesetzmäßigkeiten, nach denen die *mikroplastische Verformung* in einer dispersionsgehärteten Cu-Legierung mit 1,9 Masse-% Be abläuft, wurden von BONFIELD [4, 5] ausführlich untersucht. In diesen Arbeiten wurden die Reibungsspannung, die Mikrofließspannung (die Spannung, die für die Erreichung einer plastischen Verformung von $2 \cdot 10^{-6}$ erforderlich ist) sowie die Spannung für die »grobe Mikroplastizität« ermittelt. Die Ergebnisse der Berechnung der innerhalb eines Zyklus gestreuten Energie, die für eine Serie geschlossener Hysteresisschleifen bei Spannungen unterhalb der Mikrofließgrenze durchgeführt wurde, sind auf **Bild 1** dargestellt. Die Kurven $W - \varepsilon$ zeigen einen deutlich ausgeprägten linearen Bereich, der bei geringen Verformungen beobachtet wird und nach Erhöhung der *Verformung* in einen Bereich starken Anwachsens der gestreuten Energie übergeht.

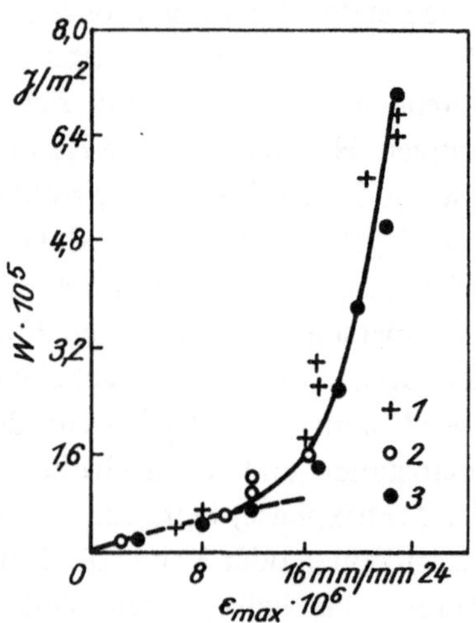

Bild 1. Abhängigkeit der irreversibel gestreuten Energie W von der maximalen Verformungsamplitude ε_{max} für Berylliumbronze (nach BONFIELD)

1 — Mischkristallhärtung

2 — Abschrecken und Kaltwalzen

3 — Abschrecken, Kaltwalzen und wiederholte Prüfung

Die Abweichung der Abhängigkeit $W - \varepsilon$ von der Linearität wird im Zusammenhang mit der zweiten Reibungsspannung betrachtet, die durch nahwirkende Spannungen oder dynamische Energieverluste bedingt ist. In den Arbeiten [4, 5] wurde gezeigt, daß die Reibungsspannung R_F, die durch Extrapolation der Kurve $W - \varepsilon$ zum Koordinatenursprung hin ermittelt wurde, ungefähr gleich ist für abgeschreckte, kaltverformte (50%) und alle untersuchten ausgehärteten Zustände der Legierung Cu—Be und $(2{,}8 \pm 0{,}8)$ MPa beträgt.

Das Ausbleiben eines starken Einflusses der Morphologieänderung der Ausscheidungen auf die Reibungsspannung in diesen Fällen zeigt, daß einzelne Versetzungen Bedingungen für eine reversible Fortbewegung vorfinden und dabei die ausgeschiedenen Teilchen nicht schneiden. Folglich wird in der Legierung Cu—Be (und wahrscheinlich in anderen ausscheidungshärtbaren Legierungen) die Reibungsspannung hauptsächlich durch die Widerstandskraft bestimmt, die das Kristallgitter der Versetzungsbewegung entgegensetzt. Die Mikrofließspannung kann mit der Spannung zusammenhängen, die für die Überwindung der maximalen Amplitude des Feldes innerer Spannungen durch die Versetzungen erforderlich ist. Hohe Mikrofließspannungen von 48 bis 52 MPa werden registriert, wenn sich eine Legierung in dem Strukturzustand befindet, der die maximale Dichte der *Guinier-*

Preston-Zonen und teilweise der kohärenten Ausscheidungen der γ'-Phase gewährleistet. In einzelnen Fällen wird eine geringere Mikrofließspannung von 20 bis 24 MPa [4] erreicht.

Es ist interessant zu vermerken, daß keine Korrelation zwischen der Änderung makroskopischer Eigenschaften, z. B. der Härte, der Spannung des groben Mikrofließens, und der Änderung der Mikrofließspannung aufstellbar ist. So erreicht z. B. die Mikrofließspannung einer abgeschreckten Legierung nach dem Ausscheidungshärten bei 170 °C und 2 h ihren Maximalwert, während die Härte einen außergewöhnlich niedrigen Wert annimmt (HV 115). Dieser Fakt zeugt davon, daß die Mikrofließspannung durch irreversible Fortbewegung der Versetzungen in einer begrenzten Anzahl von Legierungsbereichen bedingt wird [5].

Die Erhöhung der Dauer oder der Temperatur der Ausscheidungshärtung führt zur Zerstörung der Kohärenz und zur Kornvergröberung der Teilchen der zweiten Phase, in deren Ergebnis sich die Mikrofließgrenze verringert. So beträgt z. B. die Mikrofließgrenze nur 24 MPa nach der Ausscheidungshärtung einer Berylliumbronze bei 315 °C, 100 h, wenn in der Struktur außer der γ'-Phase bereits die γ-Phase ausgebildet ist, während die Härte praktisch ihren Maximalwert erreicht (HV 390). Entsprechend wächst auch die freie Weglänge der Versetzungen im Maße der Erhöhung der Alterungsdauer bei 325 °C von 33 nm (Alterung 2 h) bis zu 46 bis 53 nm (Alterung 100 h), während sie bei 425 °C Werte bis zu 62 bis 66 nm annimmt. Diese Werte ergeben sich aus Messungen der Fließgrenze sowie elektronenmikroskopischen Untersuchungen. Auf der Grundlage dieser Ergebnisse kann angenommen werden, daß der dominierende Fortbewegungsmechanismus der Versetzungen nach der Ausscheidungshärtung unter den angegebenen Bedingungen dem *Orowan-Modell* entspricht. In Übereinstimmung mit diesem Modell sind die Teilchen der Sekundärphase nicht verformbar, so daß die Bedingungen der Fortbewegung für die Versetzungen durch die Teilchenreihen bei gleichzeitiger Entstehung von Versetzungsringen um die Teilchen herum mit der Formel

$$\tau_s = T_1/(b\lambda/2)$$

τ_s　Fließspannung
T_1　lineare Spannung der Versetzungen
λ　mittlerer Teilchenabstand

definiert sind. Die Durchbruchsspannung der Versetzungen durch die Teilchenreihen unter der Bedingung, daß der Teilchenradius r kleiner als der mittlere Abstand zwischen ihnen ist, ergibt sich aus

$$\tau_s = \tau_0 + 2\,T_1/b\lambda \quad \text{oder} \quad \tau_s = \tau_0 + 2\,\alpha\,Gb/\lambda$$

α　Koeffizient (0,5)
G　Elastizitätsmodul

Bei einer gegebenen Volumenkonzentration der Teilchen der Sekundärphase β ergibt sich

$$\lambda = r\sqrt[3]{4/(3\pi/\beta)}$$

oder endgültig

$$\tau_s = \tau_0 + 0,6\,Gb/r \mid \beta$$

In reiner Form ist der Mechanismus der Umgehung ausschließlich für nicht zerfallende Teilchen hinreichend großer Abmessungen gültig.

Wegen der natürlichen Streuung der Teilchengrößen verläuft in Wirklichkeit das Fließen jedoch nach beiden Mechanismen gleichzeitig: Die kleinsten und kohärenten Teilchen werden geschnitten, während die großen und inkohärenten Teilchen umgangen werden [6]. Diese Arten der Wechselwirkung der Versetzungen mit den Teilchen der sich ausscheidenden Phase und den sich um die Teilchen bildenden Spannungsfeldern haben große Bedeutung für die Abschätzung der Größe des *Widerstandes* bei der mikroplastischen Verformung und der Hysterese. Bei der Untersuchung der austenitischen Federlegierung 36 NHTJu konnte gezeigt werden [7], daß bei geringen Spannungen ($R/E = 0,0005$ bis $0,001$) die Hysteresis der Modellegierung derselben Zusammensetzung wie ihre Matrixphase praktisch gleich verläuft. Dieser Fakt deutet darauf hin, daß die *mikroplastische Verformung* und die *Hysteresis* unter der angegebenen Belastung durch die Reibungsspannung des Gitters bestimmt werden. Mit der Erhöhung der Wirkspannungen wächst die *Hysteresis* annähernd in dem Maße, in welchem der *Formänderungswiderstand* bei der mikroplastischen Verformung ansteigt. Damit wird dieser immer mehr durch die Legierungsstruktur beeinflußt, d. h. durch die Wechselwirkung der Versetzungen, mit den Sekundärteilchen und dem sie umgebenden Spannungsfeld (bei Verformungen $\geq 10^{-3}\%$). Der minimalen Hysteresis ($0,24\%$) und dem maximalen Formänderungswiderstand bei der mikroplastischen Verformung entspricht die Ausscheidung einer maximalen Anzahl von Teilchen der γ'-Phase, eine isomorphe Matrix, mit der die Teilchen von 15 bis 20 nm kohärent verbunden sind. Diese Situation gilt auch für andere analoge Legierungen des Typs 36 NHTJuM 5 und 36 NHTJuM 8.

In gleicher Arbeit [7] wurde gezeigt, daß in Legierungen, in denen bei der Ausscheidungshärtung eine im Verhältnis zur Matrix inkohärente Phase ausgeschieden wird, wie z. B. in der Legierung N 35 H 12 Ti, ungeachtet der Erhöhung der Elastizitätsgrenze der Hysteresiswert gleichfalls ansteigt ($0,85\%$) im Vergleich zum abgeschreckten Zustand. Offensichtlich hat der übersättigte Mischkristall infolge der höheren Konzentration der Legierungselemente größeren Einfluß auf den Bewegungswiderstand der *Versetzungen* im Vergleich zu den Sekundärteilchen, die von Spannungsfeldern umgeben sind. In [4] wurde die Möglichkeit der Verringerung des Formänderungswiderstandes bei der plastischen Verformung infolge der Verarmung des Mischkristalles an Beryllium in der Legierung Cu—Be nachgewiesen.

Damit wird bei niedrigen Spannungen nahe der Elastizitätsschwelle R die mikroplastische Verformung durch die Reibungsspannung des Gitters kontrolliert. Hierbei ist der Anteil der Teilchen aus der verfestigenden Phase nicht groß, weil die Bewegung der Versetzungen in den von Ausscheidungen[1] freien Bereichen verläuft.

---

[1] Wie in [8] gezeigt wurde, ist bei Spannungen nahe der Elastizitätsschwelle der Bewegungswiderstand der Versetzungen in der Berylliumbronze größer als nach der Ausscheidungshärtung, weil in letzterem Fall an den Korngrenzen ausscheidungsfreie und an Beryllium verarmte Bereiche auftreten.

Dieses *Stadium* entspricht dem linearen Bereich auf der Kurve $W - \varepsilon$ (s.' Bild 1) sowie dem ersten Stadium (*A*), das auf eine leichte Gleitung verweist (**Bild 2**). Das Stadium *B* hängt mit der Fortbewegung von Versetzungssegmenten kleinerer Länge zusammen, deren Ausbiegung größere Spannung erfordert. Im Stadium *B* treffen die Versetzungen bei ihrer Fortbewegung auf einen großen Widerstand seitens der Sekundärteilchen und der sie umgebenden Spannungsfelder. Dieses Stadium ist gekennzeichnet durch den größten Verfestigungskoeffizienten. Beide Stadien (*A* und *B*) werden durch Erschöpfungsvorgänge der Versetzungen kontrolliert, was mit Ergebnissen der Beobachtung der mikroplastischen Verformung nach einer Vorverformung und Ausschaltung des Stadiums der leichten Gleitung bestätigt werden

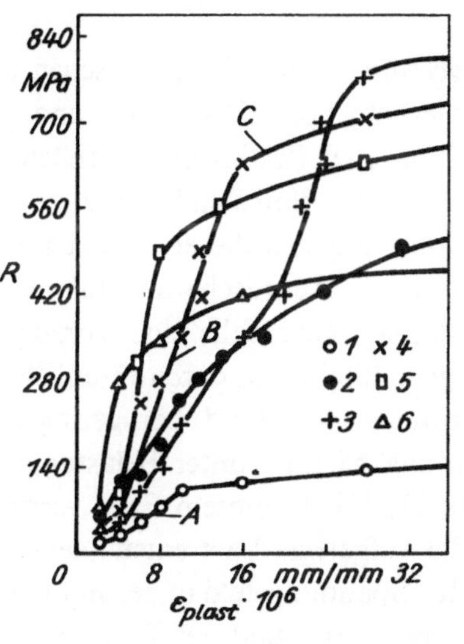

Bild 2. Stadien der mikroplastischen Verformung in der Berylliumbronze (nach BONFIELD)

1 — nach Abschreckhärtung
2 — nach Abschreckhärtung und Kaltwalzen
3 bis *5* — nach Ausscheidungshärtung bei 315 °C und 2, 24 und 100 h
6 — nach Ausscheidungshärtung bei 425 °C und 24 h

kann. Gleichzeitig erhöht sich der Verfestigungsgrad im Stadium *B*. Das Stadium *C* entspricht dem makroskopischen Bereich der Verformung in dem Falle, in dem die effektive Spannung die Möglichkeit der Versetzungsbewegung durch die Sekundärteilchen hindurch oder zwischen diesen (Stadium des groben Mikrofließens) gewährleistet.

Die beschriebenen Veränderungen bei der Entfaltung der mikroplastischen Verformung sind im Zusammenhang mit verschiedenen Arten der Wechselwirkung der *Versetzungen* mit Teilchen der Sekundärphase zu betrachten. Bei kleinen Spannungen, nahe der Elastizitätsschwelle, hat der strukturelle Zustand der Legierung — Menge und Dispersität der Teilchen — praktisch keinen Einfluß auf den Verformungswiderstand bei der mikroplastischen Verformung, der hauptsächlich durch die Reibungsspannung des Gitters bestimmt wird. Im folgenden Intervall der Spannungen wird der Verformungswiderstand bei der mikroplastischen Verformung bestimmt durch die Struktur der Legierung — Menge und Dispersität der Sekundärteilchen, die hinsichtlich der Matrix kohärent und von Spannungsfeldern umgeben sind. Die Erreichung eines maximalen Widerstandes bei kleinen plastischen Verformungen ist bei hoher Teilchendispersität dann gegeben, wenn die ausscheidungsfreien Bereiche sehr klein sind und die die Teilchen umgebenden elastischen Felder sich überlappen. Im Ergebnis dieser Bedingungen kommt es zu einer drastischen Verringerung der freien Weglänge der Versetzungen. Eine ähnliche Struktur kann jedoch keinen Widerstand gegenüber der Entwicklung großer Verformungen leisten, weil in diesem Fall die kleinen kohärenten Teilchen von den Versetzungen geschnitten werden können.

1.1.2. Möglichkeiten zur Erreichung eines hohen Widerstandes bei der mikroplastischen Verformung

Zur Erreichung hoher *Verformungswiderstände* bei mikroplastischen und geringen plastischen Verformungen ist es erforderlich, hohe Dispersität und große Felder elastischer Spannungen mit hoher mechanischer Festigkeit der Teilchen zu kombinieren. Diese Bedingungen entsprechen im Normalfall dem Übergang vom Schneiden der Teilchen durch die Versetzungen zum Umgehen dieser Teilchen [9].

Neben hoher Teilchendispersität, die durch thermische und thermomechanische Behandlung eingestellt werden kann, können gleichfalls eine Vorzugsorientierung in der Teilchenverteilung sowie die Regelmäßigkeit in deren räumlicher Verteilung bedeutenden Einfluß auf den Verformungswiderstand bei geringen plastischen Verformungen ausüben. Die Ausscheidungshärtung unter Belastung kann zu den beschriebenen Bedingungen führen [10, 11, 12]. In diesem Falle verringert sich infolge der Wechselwirkung des durch die aufgelegte Last entstandenen Spannungsfeldes mit dem um die Teilchen wirkenden Spannungsfeld in bestimmten Richtungen die Abweichung zwischen den Gittern der Matrix und der Teilchen. Es bilden sich vorzugsweise Teilchen, die derart orientiert sind, daß ihr Habitus parallel oder fast parallel zur Achse der wirkenden Last ausgerichtet ist. Entsprechend wächst damit die Anzahl der Teilchen, die mit den Gleitflächen und -richtungen kleine Winkel bilden. Damit trifft eine Versetzung bei ihrer Bewegung ein größeres Teilchen, das von ihr nicht geschnitten werden kann. Infolge der ausgedehnten halbkohärenten Teilchen-Matrix-Grenze wächst auch der Umgehungswiderstand des Teilchens. Diese Umstände erklären den hohen Verformungswiderstand bei kleinen plastischen Verformungen sowie die große Relaxationsbeständigkeit einer Legierung gleichfalls im Zusammenhang damit, daß ein System mit orientierten Teilchen weniger Formänderungsenergie besitzt. Damit erhöht sich auch die Verfestigungsbeständigkeit ähnlicher Legierungen, weil unter diesen Bedingungen die Stabilität der Versetzungssysteme ansteigt. Einen bestimmten Einfluß auf die angeführten Eigenschaften kann auch die veränderte Morphologie der ausgeschiedenen Teilchen unter Einwirkung der aufgebrachten Last bewirken [11].

Schließlich ist es in Abhängigkeit vom Typ des patentierten Stahls möglich, eine orientierte Anordnung der Teilchen intermetallischer Phasen mit Plattenmorphologie einzustellen, die sich bei der Aushärtung unter dem Einfluß der plastischen Verformung ausscheiden. Die Teilchenorientierung in den Sekundärphasen bewirkt eine Anisotropie der Eigenschaften, die beim Einsatz einer Legierung mit derartiger Struktur für die Herstellung konkreter Erzeugnisse berücksichtigt werden sollte.

Ein hoher Widerstand bei kleinen plastischen Verformungen kann auch in sogenannten verformungsverfestigten Legierungen erreicht werden, zu denen die Zinn-Phosphor-, Silizium-Mangan- und Aluminiumbronzen sowie normale und Sondermessinge zählen. Diese Legierungen werden durch bleibende Kaltumformung verfestigt, der sich eine Glühung unterhalb der Rekristallisationstemperatur anschließt. Hierbei umverteilen sich und heilen Versetzungen aus, verlaufen innerhalb der Phasen Veränderungen, d. h. im Ergebnis intensivierter Diffusionsprozesse im Feld der Mikroverzerrungen, die durch die Versetzungen aufgebaut worden sind und eine gewisse Inhomogenität der Struktur bewirken. Dieser Inhomogenitätsanteil wird spürbar durch die Bildung lokaler geordneter Mikrobereiche mit bestimmten Konzentrationsabweichungen relativ zur mittleren Zusammensetzung im Vergleich mit dem entstandenen Mischkristall oder sogar durch die Entstehung von *Guinier-Preston-Zonen* bzw. Teilchen der Sekundärphase bei kleiner Aktivierungsenergie des Mischkristallzerfalls.

Die Entstehung von Bereichen mit Nahordnung oder lokaler Fernordnung in derartigen Legierungen — Mischkristallen — bewirkt die Formierung einer sogenannten Mikrodomänenstruktur. Diese Bereiche oder Domänen stellen ebenso wie die Guinier-Preston-Zonen bzw. die Teilchen der Sekundärphase Hindernisse für den Beginn der plastischen Verformung dar. Neben den aufgezeigten Strukturveränderungen haben auch die bei der plastischen Verformung entstandenen Versetzungen selbst einen bedeutenden Anteil an der Verfestigung.

Es ist wesentlich, daß ungeachtet des Unterschiedes in den Mechanismen der Strukturumwandlungen in ausscheidungsgehärteten und verformungsverfestigten Legierungen die ablaufenden Verfestigungsmechanismen doch eine gewisse Ähnlichkeit aufweisen. In der Tat werden die in ersteren Legierungen entstehenden Guinier-Preston-Zonen (oder Teilchen metastabiler Phasen) sowie die in letzteren Legierungen gebildeten Bereiche mit Nah- bzw. lokaler Fernordnung im Prinzip Hindernisse für die Versetzungsbewegung darstellen, wenn auch mit unterschiedlicher Wirksamkeit. Außer den bereits vermerkten Strukturumwandlungen tragen auch die bei der thermischen und thermomechanischen Behandlung entstehenden Versetzungen wesentlich zur Wirksamkeit der strukturellen Faktoren bei der Verfestigung bei.

Demnach ist es günstig, bei der Herstellung hochfester Legierungen, insbesondere der als Federwerkstoffe eingesetzten, in jeder dieser Legierungen mehrere Verfestigungsmechanismen zu vereinen, d. h. eine komplexe Verfestigung zu erreichen. Eine dieser Komplexmethoden ist die thermomechanische oder mechanothermische Behandlung. Es besteht keine Berechtigung zu der Annahme, daß die bisher bekannten metallischen Systeme, auf deren Grundlage die derzeit modernen Federlegierungen entwickelt wurden, die einzig möglichen Varianten darstellen. Es ist möglich, auf neue Systeme zu verweisen, die die potentielle Basis für weitere Entwicklungen darstellen. Diese möglicherweise auch effektive Entwicklungsrichtung begegnet jedoch bedeutenden technologischen Schwierigkeiten, u. a. der Entwicklung von Schmelztechnologien, Bedingungen für die plastische Verformung, die Wärmebehandlung usw. Gleichzeitig darf aber auch nicht vergessen werden, daß die bereits bekannten Federlegierungen durchaus noch modifizierbar sind.

Die moderne Metallkunde hat nachgewiesen, daß auch in den bekannten aushärtbaren Legierungen mittels neuer Methoden der thermischen oder thermomechanischen Behandlung die Teilchendispersität in den sich ausscheidenden Phasen, die Teilchenverteilung und deren Morphologie sowie sogar der Zerfallsmechanismus verändert werden können. Schließlich können die Eigenschaften der effektivsten unter den bekannten Federlegierungen durch Mikrodotierung mit adsorptionsaktiven Dotanten bei unveränderter Technologie für die Produktion derartiger Legierungen verbessert werden. Hierbei sind ausschließlich geringe Korrekturen bei der Legierungsbehandlung erforderlich, die keinerlei technologische Schwierigkeiten nach sich ziehen. Die Effektivität der Mikrodotierung mit adsorptionsaktiven Dotanten ergibt sich aus deren Einfluß auf den Zerfallsmechanismus, der Erhöhung des Dispersitätsgrades der Sekundärteilchen, der Stabilität der Versetzungsstruktur und deren Charakter im Ergebnis der Änderung der Stapelfehlerenergie. Der Einfluß neuer Behandlungsmethoden und der Mikrodotierung auf die Struktur und Eigenschaften von Kupferbasislegierungen wird später behandelt.

1.2. Zusammensetzung, Eigenschaften und Verfestigungsbehandlung von Berylliumbronzen

1.2.1. Zusammensetzung und Eigenschaften technischer Berylliumbronzen

Die breite Anwendung der Berylliumbronzen in der Industrie ist bedingt durch deren hohe Elastizitätsgrenze und Relaxationsbeständigkeit sowie gute Korrosionsbeständigkeit, Nichtmagnetisierbarkeit, erhöhte elektrische Leitfähigkeit und gute technologische Eigenschaften, d. h., sie sind schmied- und stanzbar, lötbar, schweißbar usw. Die Festigkeitseigenschaften der Berylliumbronzen sind derart hoch, daß namentlich diese unabhängig von den physikalisch-chemischen Eigenschaften den

Tabelle 1. Zusammensetzung der Berylliumbronzen (nach GOST 18175-77) (%)

Marke	Be	Ni	Ti
BrBe 2	1,8 ... 2,1	0,2 ...0,5	—
BrBeNiTi 1,7	1,16 ... 1,85	0,2 ... 0,4	0,1 ... 0,25
BrBeNiTi 1,9	1,85 ... 2,1	0,2 ... 0,4	0,1 ... 0,25
BrBe 2,5*	2,3 ... 2,6	0,2 ... 0,5	—
BrBeNiTi 1,9 Mg**	1,85 ... 2,1	0,2 ... 0,4	0,1 ... 0,25

Anmerkung: Alle aufgeführten Bronzen enthalten maximal (in %): Si 0,15; Al 0,15; Pb 0,005; Fe 0,15
* nach TU 482 192-72
** die Bronze enthält 0,07 ... 0,13 % Mg

2*

Tabelle 2. Eigenschaften der sowjetischen Berylliumbronzen
(nach GOST 1789-70 und Angaben der Autoren)

Behandlung und Zustand	Streifendicke mm	R_m	$R^*_{p\,0,002}$
		MPa	
BrBe 2			
Abschrecken (weich)	0,15 ... 0,25	400 ... 600	120 ... 150
	>0,25	—	—
Abschrecken und Alterung	0,15 ... 0,25	1100 ... 1500	580 ... 600
	>0,25	1150 ... 1500	—
Verformung (30 ... 40%)	0,15 ... 0,25	600 ... 900	440 ... 500
(hart)	>0,25	650 ... 950	—
Verformung und Alterung	0,15 ... 0,25	1150 ... 1600	800 ... 850
	0,25	1200 ... 1600	—
BrBeNiTi 1,7			
Verformung (30 ... 40%)	0,15 ... 0,25	600 ... 950	380 ... 400
(hart)	>0,25	—	—
Verformung und Alterung	0,15 ... 0,25	1100 ... 1500	600 ... 650
BrBeNiTi 1,9			
Abschrecken (weich)	0,15 ... 0,25	400 ... 600	120 ... 150
Abschrecken und Alterung	0,15 ... 0,25	1100 ... 1500	620 ... 650
	>0,25	1150 ... 1500	—
Verformung (30 ... 40%)	0,15 ... 0,25	600 ... 900	450 ... 500
(hart)	>0,25	650 ... 900	—
Verformung und Alterung	0,15 ... 0,25	1150 ... 1600	900 ... 950
	>0,25	1200 ... 1600	—

Anmerkung: Mechanische Eigenschaften der Bronze BrBe 2,5 (entsprechend
TU 482 196—72) werden gekennzeichnet durch: Härte: $\geq$ 340
(nach dem Abschrecken und der Alterung), Elastizitätsgrenze
$R_{p0,002} \geq 600\,\mathrm{MPa}$ (bei Streifendicken 0,2 ... 0,3 mm); HV $\geq$ 384 (nach
Abschrecken, Kaltverformung (30 ... 40%) und Alterung).

* Angabe der Elastizitätsgrenze $R_{p0,002}$ und des *E*-Moduls nach Werten der
Autoren für Streifendicken von 0,3 mm.

** Tiefziehprobe nach ERICHSEN für Streifen und Bänder der Dicke 0,10 bis
0,25 mm.

E^*	$A, \%$	HV	μ^{**}, mm
110 ... 120	≥ 20	≤ 130	8
—	≥ 30	—	—
—	—	≥ 330	—
—	$\geq 2,0$	—	—
—	—	≥ 170	3
—	$\geq 2,5$	—	—
—	—	≥ 360	—
—	$\geq 1,5$	—	—
110 ... 120	—	≤ 150	3
—	$\geq 2,5$	—	—
120 ... 130	$\geq 2,0$	≥ 340	—
120	≥ 20	≤ 120	8
120 ... 130	—	≥ 330	—
—	$\geq 2,0$	—	—
110 ... 120	—	≥ 160	3
—	$\geq 2,5$	—	—
120 ... 130	—	≥ 360	—
—	$\geq 1,5$	—	—

industriellen Einsatz bestimmen. Die absoluten Werte der Elastizitätsgrenze von Berylliumbronzen liegen zwar unter den Werten von Stahl, jedoch dank des 1,5- bis 2fach kleineren Elastizitätsmoduls (110 bis 130 GPa) werden sie durch bedeutend größere Werte für die maximale elastische Energie ($R^2_{elast.}/2E$) und die elastische Verformung ($R_{elast.}/E$) charakterisiert, wobei diese auch in elastischen Elementen erreicht werden können. Demzufolge kann bei gleicher Spannung in elastischen Elementen aus Berylliumbronze eine größere elastische Verformung erreicht werden als vergleichsweise in elastischen Elementen aus Stahl (die Größe dieser Verformung wird häufig als Basisparameter bei der Konstruktion elastischer Elemente vorgegeben), oder entsprechend bei gleicher elastischer Verformung in diesen Erzeugnissen aus Bronze bilden sich kleinere Wirkspannungen aus. Damit verringern sich auch der Betrag der elastischen Hysteresis, des Nacheffektes und anderer Eigenschaften der unvollkommenen Elastizitätshysteresis, die zu den hauptsächlichen Güteparametern der Federelemente zählen.

Ungeachtet der hohen Kosten für die Herstellung von Berylliumbronzen — hervorgerufen durch den Berylliumpreis — und die Entwicklung von Substitutionslegierungen (s. Abschn. 1.9.) sowie neuer Federstähle [13], steigt das Produktionsvolumen derartiger Bronzen bedeutend an.

Die Produktionssteigerung von Berylliumbronzen, von denen nahezu 60% für die Herstellung unterschiedlicher elastischer Elemente eingesetzt werden, folgt aus der stürmischen Entwicklung der Produktion radioelektronischer Apparaturen. Im Zusammenhang damit wachsen gleichzeitig die Anforderungen an die Qualität der Berylliumbronzen, insbesondere an die Elastizitätsgrenze sowie an die Stabilität ihrer komplexen Eigenschaften.

Zu den Berylliumbronzen zählen die Cu—Be-Legierungen, deren Berylliumgehalt zwischen 0,4 bis 0,7 und 2 bis 2,5% schwankt. Legierungen mit verringertem Berylliumgehalt, denen im Normalfall sogar 2,4 bis 2,7% Co zulegiert wird, finden als hochleitende Werkstoffe Verwendung, während die mit höheren Berylliumgehalten als hochfeste Werkstoffe mit erhöhter elektrischer Leitfähigkeit eingesetzt werden. In der UdSSR werden ausschließlich hochfeste Bronzen der Marken BrBeNiTi 1,7, BrBe 2, BrBeNiTi 1,9, BrBeNiTi 1,9 Mg und BrBe 2,5 verwendet, deren Zusammensetzung und Eigenschaften in den **Tabellen 1** und **2** angeführt sind. Im Unterschied zu den USA, der BRD und Japan ist die Herstellung einer Berylliumbronze mit hoher elektrischer Leitfähigkeit nicht vorgesehen. Dieser Umstand kann damit erklärt werden, daß in der UdSSR in den Fällen, in denen eine erhöhte elektrische Leitfähigkeit gefordert wird, für die Herstellung von Federn berylliumfreie Legierungen, z. B. die Magnesiumbronzen BrMg 0,3, BrMg 0,5, BrMg 0,8 sowie auch Kadmiumbronzen, z. B. BrCd 0,7, eingesetzt werden. Diese Bronzen weisen eine hohe elektrische Leitfähigkeit ($\approx 50 \cdot 10^4 \, \Omega^{-1} \cdot cm^{-1}$) auf, unterscheiden sich jedoch von anderen Legierungen durch eine verminderte Festigkeit, die im Bedarfsfall durch Kaltverfestigung gesteigert werden kann.

Die prinzipielle Verwendung des teuren Legierungselementes Beryllium erfolgt in der UdSSR ausschließlich in den Fällen, in denen Legierungen mit höchster Verfestigung bei hinreichend hoher elektrischer Leitfähigkeit gefordert werden. In diesem Zusammenhang ist jedoch die Zweckmäßigkeit in Frage gestellt, gleichzeitig drei Berylliumbronzen zu produzieren (BrBeNiTi 1,9, BrBe 2 und insbesondere BrBe 2,5), die sich in ihren Eigenschaften nur wenig voneinander unterscheiden. Die Vereinheitlichung der *Zusammensetzung* der Berylliumbronzen ist mit der Einführung der hochfesten Bronze BrBeNiTi 1,9 Mg in vollem Umfang realisierbar, sowohl für die Metallurgie als auch für den Gerätebau. Obwohl Berylliumbronzen mit den angegebenen Zusammensetzungen verbesserte Eigenschaften aufweisen, ist deren wesentliche Modifizierung eine erstrangige Aufgabe für viele Bereiche der modernen Technik.

In diesem Zusammenhang sei darauf verwiesen, daß unter Berücksichtigung der beträchtlichen Berylliumkosten in der UdSSR und im Ausland seit geraumer Zeit Arbeiten zur Verringerung des Berylliumgehaltes sowie zur Entwicklung berylliumfreier Legierungen durchgeführt werden (Tabellen 1 und 2). Weiterhin muß vermerkt werden, daß die Verringerung des Berylliumgehaltes bis zu einer bestimmten

Tabelle 3. Zusammensetzung der am meisten eingesetzten Kupfer-Berylliumbronzen (%) [14]

Marke	Bezeichnung	Be	Co	Co + Ni + + Fe	Andere
CuBe 2 C 17200 (Berylco 25)	SAE, CA 172; CDA 172; DIN 17666 Wnr. 2; 1247; BS 2870- CB 101; ISODR 546	1,8 ... 2,0	≧0,2	≦ 0,6	Rest Cu
CUBe 1, 7 C 17000 (Berylco 165)	SAECA 170; CDA 170; DIN 17666 Wnr. 2; 1245; BS 2870- CB 101; ISODR 546	1,6 ... 1,8	≧0,2	≦ 0,6	dto.
CUBe 2 (Automaten- bronze)	–	1,8 ... 2,0	≧0,2	≦ 0,6	0,2 ... 0,3 Pb; Rest Cu
CuCoBe C 17500 (Berylco 10)	SAECA 175; CDA 175; DIN 17666 Wnr. 2; 1285 ISODR 546	0,4 ... 0,7	2,4 bis 2,7	–	Rest Cu
CuCoAgBe	SAECA 176; CD 176	0,25 ... 0,5	1,4 bis 1,7	–	0,9 bis 1,1 Ag; Rest Cu

Tabelle 4. Mechanische und elektrische Eigenschaften von Blechen aus
Kupfer-Beryllium-Legierungen [14, 15]

Legierung, Zustand, Alterung	R_m, MPa	R, MPa	$R_{p\,0.002}$, MPa
CuBe 2 (C 17200)			
Abschrecken	420 ... 550	200 ... 250	100 ... 140
viertelhart	530 ... 620	420 ... 560	280 ... 420
halbhart	600 ... 700	530 ... 630	390 ... 490
hart	700 ... 840	670 ... 790	490 ... 600
Abschrecken und Alterung (bei 315 °C; 3 h)	1160 ... 1340	980 ... 1190	700 ... 880
viertelhart und Alterung ⎫ bei	1230 ... 1400	1050 ... 1260	770 ... 950
halbhart und Alterung ⎬ 315 °C; 2 h	1300 ... 1480	1120 ... 1340	840 ... 1020
hart und Alterung ⎭	1340 ... 1510	1150 ... 1370	880 ... 1090
CuBe (C 17000)			
Abschrecken	420 ... 550	200 ... 250	100 ... 140
viertelhart	530 ... 620	420 ... 560	280 ... 420
halbhart	600 ... 700	530 ... 630	390 ... 490
hart	700 ... 840	670 ... 790	490 ... 600
Abschrecken und Alterung (bei 315 ... 330 °C; 3 h)	1050 ... 1270	910 ... 1120	600 ... 810
viertelhart und Alterung ⎫ bei 315	1120 ... 1300	950 ... 1160	670 ... 840
halbhart und Alterung ⎬ bis 330 °C; 2 h	1190 ... 1370	1020 ... 1230	740 ... 910
hart und Alterung ⎭	1270 ... 1410	109 ... 130	770 ... 980
CuCoBe (C 17500)			
Abschrecken	360 ... 390	140 ... 210	70 ... 140
halbhart	420 ... 530	350 ... 490	210 ... 350
Abschrecken und Alterung (bei 480 °C; 3 h)	700 ... 840	560 ... 700	420 ... 560
halbhart und Alterung ⎫ bei 480 °C;	770 ... 910	670 ... 840	490 ... 630
hart und Alterung ⎭ 2 h	770 ... 910	700 ... 840	530 ... 670
hart und Alterung auf hohe elektrische Leitfähigkeit	530 ... 630	350 ... 530	210 ... 420
hart und Alterung auf maximale Festigkeit	840 ... 1050	770 ... 980	560 ... 770

A, %	HR	HV	E, GPa	γ, MCm/m
35 ... 60	45 ... 78 (B)	90 ... 150	127,6	9,7
15 ... 35	48 ... 90 (B)	130 ... 185	127,4	9,1
5 ... 25	88 ... 96 (B)	180 ... 220	127,6	8,6
2 ... 8	96 ... 102 (B)	220 ... 250	127,6	8,6
3 ... 10	36 ... 41 (C)	350 ... 400	127,6	12,5
2,5 ... 6	38 ... 42 (C)	370 ... 415	127,6	12,5
1 ... 5	39 ... 44 (C)	380 ... 440	127,6	12,5
1 ... 3	40 ... 45 (C)	390 ... 450	127,6	12,5
35 ... 60	45 ... 78 (B)	90 ... 150	124,8	9,7
15 ... 35	68 ... 90 (B)	130 ... 185	126,9	9,1
5 ... 25	88 ... 96 (B)	180 ... 220	129,6	8,6
2 ... 8	96 ... 102 (B)	220 ... 250	120,0	8,6
3 ... 12	33 ... 38 (C)	330 ... 370	131,0	12,5
2,5 ... 8	35 ... 39 (C)	345 ... 380	137,1	12,5
1 ... 6	37 ... 40 (C)	360 ... 390	133,1	12,5
1 ... 5	39 ... 41 (C)	380 ... 400	131,7	12,5
20 ... 35	20 ... 45 (B)	70 ... 90	—	11,4
5 ... 10	65 ... 76 (B)	120 ... 145	128,9	14,2
8 ... 15	92 ... 100 (B)	190 ... 250	135,8	25,6
5 ... 12	95 ... 102 (B)	205 ... 260	135,1	27,4
5 ... 12	95 ... 102 (B)	205 ... 260	135,8	27,4
5 ... 15	78 ... 88 (B)	150 ... 180	—	34,4
1 ... 5	97 ... 104 (B)	235 ... 270	—	27,4

Tabelle 5. Spannungsrelaxation nach 1000 h in Berylliumbronzen [15]

Marke	Zustand*	Spannungen (%) im Verhältnis zur Anfangsspannung nach 1000 h bei ϑ, °C			
		22	100	150	200
	Ausgangsspannung 0,75 $R_{p0,2}$				
C 17000*	HT	99	96	85	56
(Berylco 165)	1/2 HT	100	96	90	64
	1/4 HT	98	97	91	67
	AT	98	97	92	70
	Ausgangsspannung $R_{p0,2}$				
	HT	96	94	84	54
	1/2 HT	98	96	82	61
	1/4 HT	96	94	91	67
	AT	95	95	87	70
	Ausgangsspannung 0,75 $R_{p0,2}$				
C 17200**	HT	98	95	82	58
(Berylco 25)	1/2 HT	99	95	88	61
	1/4 HT	99	96	89	58
	AT	97	96	90	61
	Ausgangsspannung $R_{p0,2}$				
	HT	97	93	77	55
	1/2 HT	99	95	85	58
	1/4 HT	99	93	87	58
	AT	91	95	88	63
	Ausgangsspannung 0,75 $R_{p0,2}$				
C 17500***	HT	99	95	93	83
(Berylco 10)	1/2 HT	99	87	87	71
	AT	94	71	68	52
	Ausgangsspannung $R_{p0,2}$				
	HT	98	94	90	79
	1/2 HT	99	85	86	67
	AT	92	70	65	51

*   Für C 17000: HT — hart (Verformung 37%), Alterung: 316 °C, 2 h, $R_{p0,2}$ = 1200 MPa; 1/2 HT — halbhart (Verformung 22%), Alterung: 316 °C, 2 h, $R_{p0,2}$ = 1138 MPa; 1/4 HT — viertelhart (Verformung 11%), Alterung: 316 °C, 2 h, $R_{p0,2}$ = 1000 MPa; AT-Abschrecken und Alterung bei 316 °C, 3 h, $R_{p0,2}$ = 1020 MPa.

**   Für C 17200: Bezeichnungen gemäß *. Werte für die Fließgrenze: HT — $R_{p0,2}$ = 1220 MPa; 1/2 HT — $R_{p0,2}$ = 1165 MPa; 1/4 HT — $R_{p0,2}$ = 1076 MPa; AT — $R_{p0,2}$ = 1027 MPa.

*** Für C 17500: Bezeichnungen gemäß *. Werte für die Fließgrenze nach der Alterung bei 482 °C: HT — $R_{p0,2}$ = 772 MPa; 1/2 HT — $R_{p0,2}$ = 779 MPa; AT — $R_{p0,2}$ = 434 MPa.

Grenze nicht nur eine kostengünstige Entwicklung der Bronze bewirkt, sondern auch im Ergebnis der besseren Strukturhomogenität die mechanischen Eigenschaften, insbesondere die Ermüdungsfestigkeit, erhöht werden.

Die wichtigsten der in den USA, Japan, BRD und England eingesetzten Berylliumbronzen sind in der **Tabelle 3** und deren Eigenschaften in den **Tabellen 4** und **5** aufgeführt.

Die vergleichende Gegenüberstellung der Bronzeeigenschaften verdeutlicht einen bestimmten Unterschied, der sich aus der Prüfmethodik ergeben dürfte.

Interessant ist der Vergleich der ausländischen Legierungen vom Typ C 17200 (Berylco 25; nach DIN CuBe 2), C 17000 (Berylco 165) und C 17500 (Berylco 10; nach DIN CuCoBe) mit in der UdSSR üblichen Zusammensetzungen auf der Grundlage der für diese Legierungen wichtigen Eigenschaft, der *Relaxationsbeständigkeit*, in einem Bereich von nur 1000 h (s. Tabelle 5), ungeachtet dessen, daß die UdSSR über Werte verfügt, die bei der Bestimmung der Relaxationsspannungen über 180000 h **(Bild 3)** aufgestellt wurden. Die Gegenüberstellung dieser Werte bei Spannungen von 75% der Fließgrenze (der Wert $0{,}75\,R$ entspricht in etwa der Elastizitätsgrenze $R_{p\,0{,}002}$ der Berylliumbronze) und Spannungen, die der Fließgrenze entsprechen, zeigt vor allen Dingen, daß sich die Bronzen Berylco 165 (C 17000) und Berylco 25 (C 17200) hinsichtlich ihrer Relaxationsbeständigkeit bei 22 °C und Erwärmung auf 150 °C nur unwesentlich voneinander unterscheiden. In diesem Temperaturbereich zeigt ebenfalls hinsichtlich ihrer Relaxationsbeständigkeit die Bronze Berylco 10 (C 17500) keine Unterschiede, während jedoch bei 200 °C infolge einer höheren Strukturstabilität (Ausscheidungshärtung bei 482 °C) die Relaxationsbeständigkeit der letzteren Bronze höher wird (s. Tabellen 3 bis 5).

Die Gegenüberstellung der Relaxationsbeständigkeiten der Bronze BrBe 2 und der ihr ähnlichen Bronze C 17200 (Berylco 25), die beide nach der in [15] analogen Prüfmethodik untersucht wurden, zeigt, daß sie bei 20 bis 22 °C sehr ähnliches Verhalten aufweisen **(Bild 4)**, während sich die Eigenschaften der Bronze BrBe 2 bei Erwärmung sogar verbessern **(Bilder 5** bis **7)**. Noch höhere Relaxationsbeständigkeiten, insbesondere bei Erwärmung, weisen die in der UdSSR entwickelten Bronzen BrBeNiTi 1,9 und BrBeNiTi 1,9 Mg auf, die sich in ihrer Zusammensetzung von den ausländischen Bronzen unterscheiden. Die Gegenüberstellung der ausländischen mit den Bronzen der UdSSR ergibt bezüglich ihrer Zusammensetzung einen Unterschied in den zusätzlich eingesetzten Legierungselementen **(Bilder 8** und **9)**. Die in der UdSSR entwickelten Bronzen sind mit Nickel legiert, während bestimmten Legierungen auch Titan und Magnesium zugesetzt werden. Im Ausland dagegen wird Kobalt als Legierungselement bevorzugt.

Der Einsatz von Nickel und Kobalt stabilisiert den α-Mischkristall beim Zerfall bei hohen Temperaturen, der zur Bildung der stabilen γ-Phase führt, wodurch die Festigkeit und Korrosionsbeständigkeit der Bronze verringert werden. Außerdem führen der Einsatz von Nickel oder Kobalt zu einer beträchtlichen Verringerung des diskontinuierlichen oder zellularen Zerfalls, der seinerseits in jedem Fall in Berylliumbronzen den Verfestigungsgrad verringert. Der Kobalteinfluß auf die Entwicklung des diskontinuierlichen Zerfalls wird in Bild 5 gezeigt. Es wird deutlich, daß ein Kobaltzusatz von 0,2 bis $0{,}4\%$ zu einer schroffen Verringerung des

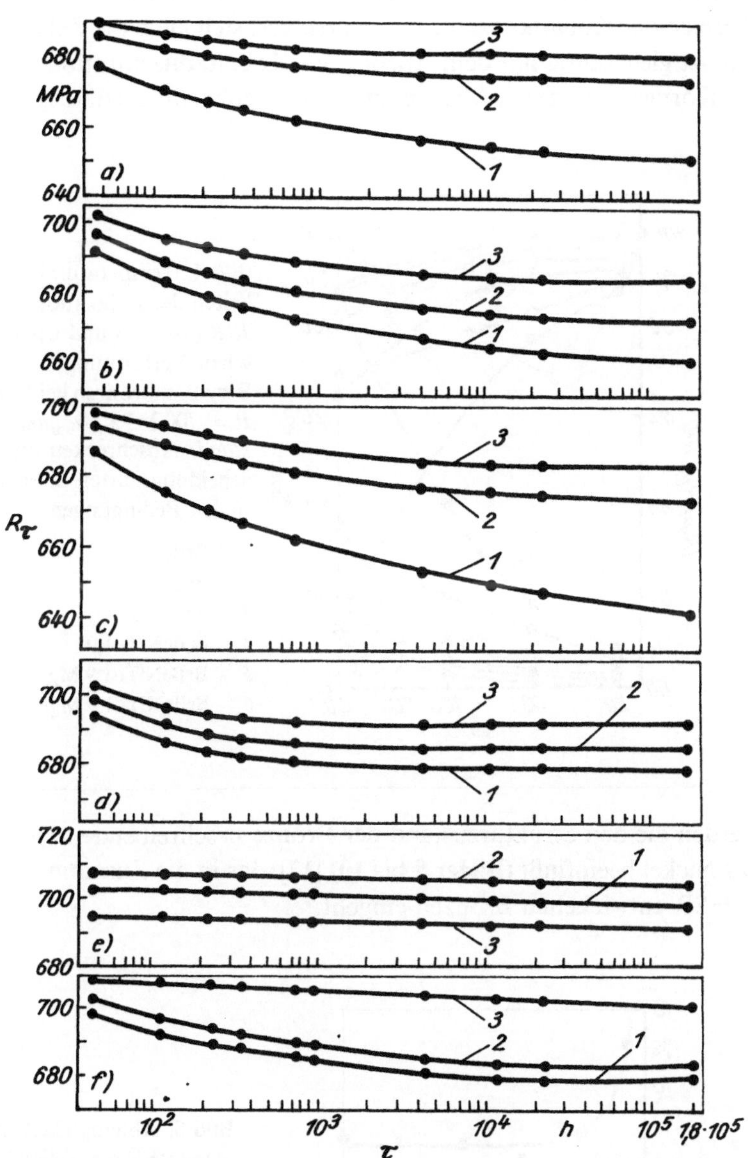

Bild 3. Spannungsrelaxation in den Bronzen BrBe 2 (*1*), BrBe 2,5 (*2*) und BrBeNiTi 1,9 (*3*) bei 20 °C nach dem Abschrecken von 790 °C und der Ausscheidungshärtung (nach PUČKOV/RACHŠTADT/ROGEL'BERG)
a) 300 °C, 1 h
b) 320 °C, 2 h
c) 320 °C, 3 h
d) 350 °C, 1 h
e) 370 °C, 20 min
f) nach Abschreckhärten und Stauchverformung
   um 30 %; 350 °C, 30 min (*1* und *2*) und 1 h (*3*)

τ — Prüfdauer

Volumenanteils der Zellen beim diskontinuierlichen Zerfall führt. Ungefähr in diesem Bereich der Kobaltkonzentration verringert sich auch die Zellgröße (Bild 6). Außerdem ist gleichzeitig mit dem Anstieg der Kobaltkonzentration eine Verringerung der Korngrößen des α-Mischkristalls zu beobachten (Bild 7). In analoger

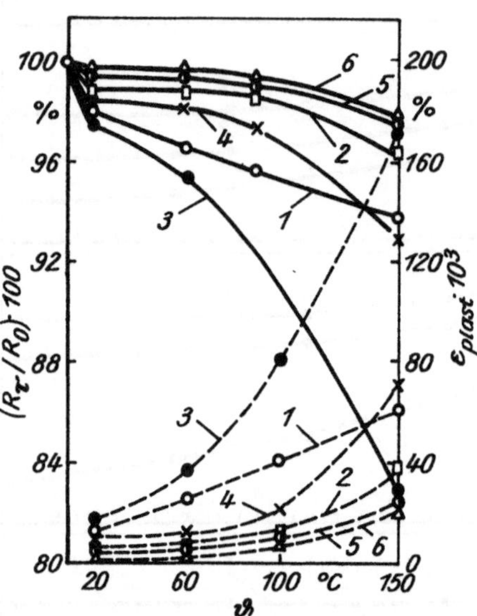

Bild 4. Temperaturabhängigkeiten der Relaxationsfestigkeit R/R (———) und der plastischen Verformung (———) von Berylliumbronzen bei 1000 h und $R = 700$ MPa. *Ausgangszustand:* Abschrecken und Ausscheidungshärten unter optimalen Bedingungen

1 — BrBe 2
2 — BrBe 2 Mg
3 — BrBe 2,5
4 — BrBeNiTi 1,9
5 — BrBeNiTi 1,9 Mg
6 — BrBeNiTi 1,9 MgP

Weise werden die den Strukturzustand der Bronze beschreibenden Parameter auch durch das Nickel beeinflußt (**Bilder 8** bis **10**) [17], das in die Zusammensetzung aller in der UdSSR entwickelten Bronzen eingeht.

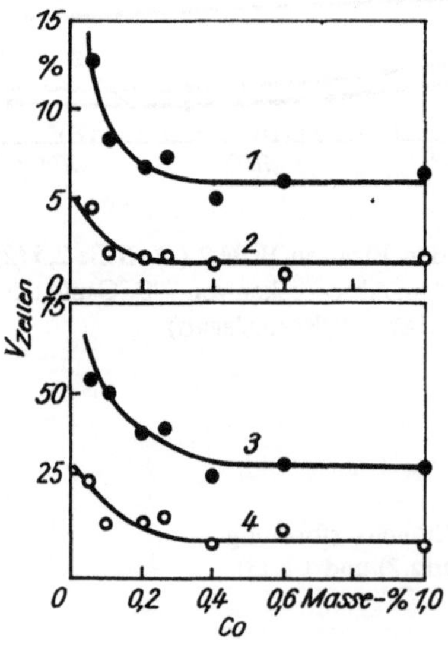

Bild 5. Abhängigkeit des Volumenanteils der Zellen bei diskontinuierlichem Zerfall V_{Zellen} vom Kobaltgehalt in der Berylliumbronze [16]

1 — Ausscheidungshärtung bei 350 °C, $72 \cdot 10^3$ s
2 — Ausscheidungshärtung bei 350 °C, $3,6 \cdot 10^3$ s
3 — Ausscheidungshärtung bei 350 °C, $3,6 \cdot 10^2$ s
4 — Ausscheidungshärtung bei 350 °C, $1,2 \cdot 10^2$ s

Eine bedeutende aktive Hemmung des diskontinuierlichen Mischkristallzerfalls bewirkt das Titan, das den Zerfall vollständig unterdrücken kann. Hierbei ist gleichzeitig eine wesentliche Verkleinerung der Korngrößen des α-Mischkristalls zu beobachten.

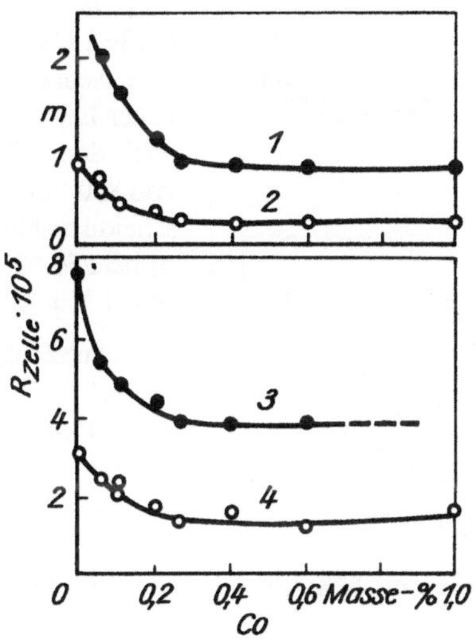

Bild 6. Abhängigkeit des Zellenradius R_{Zelle} vom Kobaltgehalt [16]

1 bis 4 — s. Bild 5

Insbesondere diese Effekte — hervorgerufen durch den Einfluß des Titans — begründeten den Einsatz des Titans bei der Entwicklung und der Produktion der Berylliumbronzen in der UdSSR. In Übereinstimmung mit [17] senkt Titan den Verfestigungsgrad. Laboruntersuchungen sowie die Überprüfung ihrer Ergebnisse im

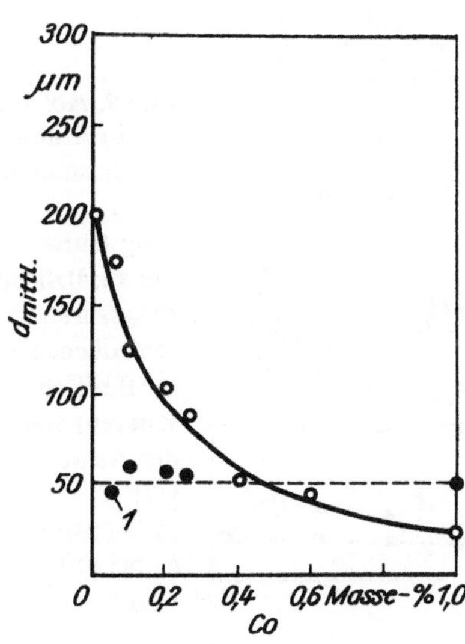

Bild 7. Abhängigkeit des mittleren Korndurchmessers $d_{mitt.}$ vom Kobaltgehalt [16]

1 — mittlerer Korndurchmesser nach mehrfachem Kaltwalzen und Glühen

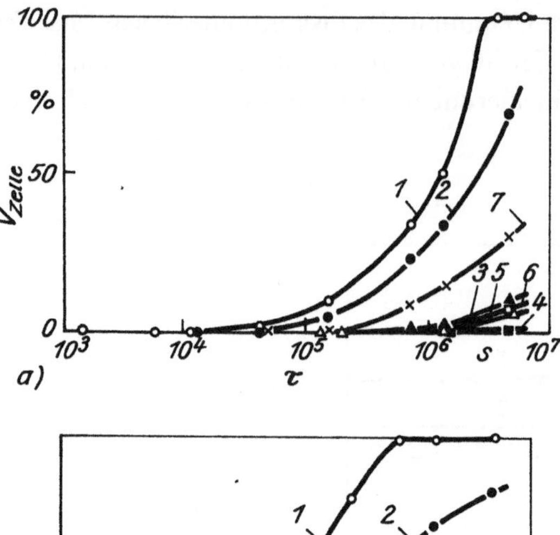

Bild 8. Änderung des Volumenanteils der Zellen beim diskontinuierlichen Zerfall V_{Zelle} in der Legierung CuBe 2 (Masse-%) in Anwesenheit zusätzlicher Legierungselemente nach dem Abschrecken von 820 °C und der Ausscheidungshärtung [17]
a) bei 250 °C
b) bei 350 °C

1 — ohne Zusätze
2 — 0,1 % Ti
3 — 0,3 % Fe
4 — 0,3 % Ti
5 — 0,3 % Co
6 — 0,3 % Ni
7 — 0,5 % Fe
I — nach dem Wasserhärten

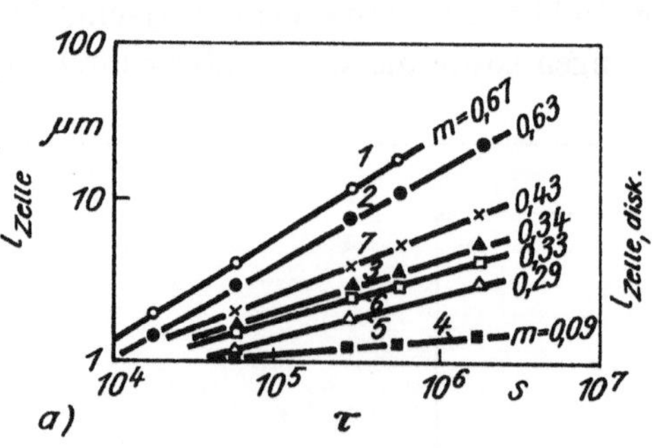

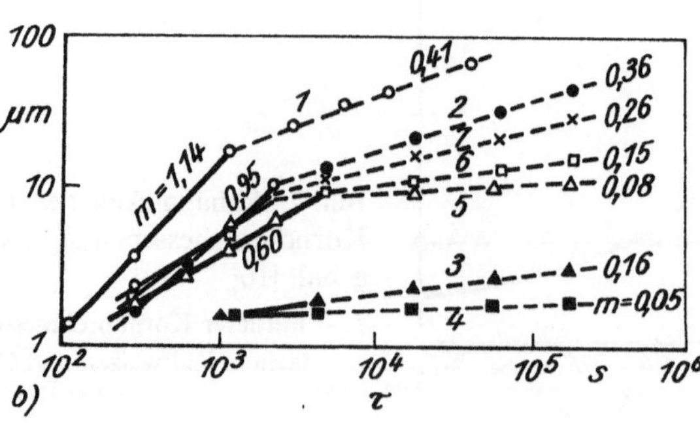

Bild 9. Abhängigkeit der Zellausdehnung beim diskontinuierlichen Zerfall $l_{Zelle} = \tau^m$ in der Legierung CuBe 2 (Masse-%) mit zusätzlichen Legierungszusätzen bei unterschiedlichen Werten für m (Bezifferung der Kurven) von der Dauer der Ausscheidungshärtung [17]
a) bei 250 °C
b) bei 350 °C
1 bis *7* — s. Bild 8

technischen Maßstab in der UdSSR zeigten, daß ein gleichzeitiges Zulegieren von Titan und Nickel zu einer bedeutend höheren Verfestigung der Berylliumbronze führt als bei einer Bronze ohne Titanzusätze, jedoch bei gleichem Gehalt an Beryllium und Nickel.

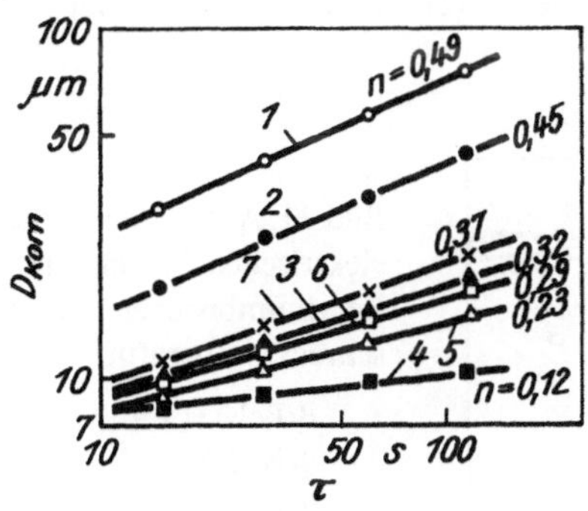

Bild 10. Kornwachstum ($D_{\text{Korn}} = d\tau^n$) des α-Mischkristalls bei 820 °C in der Legierung CuBe 2 (Masse-%) mit zusätzlichen Legierungszusätzen bei unterschiedlichen Werten für *n* (Ziffern auf den Kurven). *Ausgangszustand:* Kaltwalzen mit einer Abnahme von 70% [17]
1 bis *7* — s. Bild 8 ·
τ — Glühdauer bei 820 °C

1.2.2. Einfluß der Wärmebehandlung auf die Struktur und Eigenschaften von Berylliumbronzen

1.2.2.1. Abschreckhärten

Das *Abschrecken* von Berylliumbronzen ist von großer Bedeutung sowohl bei ihrer Herstellung als auch im Prozeß der Fertigung ihrer Erzeugnisse. In erster Linie dient es als Zwischenbehandlung zur Erhöhung der Plastizität oder der Verformbarkeit von Bronzen beim Kaltwalzen oder bei der spanlosen Formgebung, aber auch zur Erreichung einer hohen Verfestigung bei der sich anschließenden Aushärtung.

Im ersten Fall wird durch das Abschrecken die Kaltverfestigung abgebaut, wenn die Bronze vorher einer Verformung unterzogen wurde. Die Ergebnisse des Forschungsinstitutes Giprocvetmetobrabotka zeigen, daß zur Erhöhung der Plastizität der Bronze auch eine Rekristallisationsglühung[1] bei 600 bis 650 °C, in deren Verlauf die Oxydation und das Kornwachstum im Vergleich zum Abschrecken geringer sind, geeignet ist. Die Plastizität einer Bronze ist jedoch niedriger als beim Abschrecken im Temperaturbereich 770 bis 790 °C, da sich im Ergebnis der Glühung eine zweiphasige Struktur ausbildet. Schließlich sei darauf verwiesen, daß das wiederholte Zwischenabschrecken beim Walz- oder Ziehprozeß zur Erhöhung der Homogenität in der Zusammensetzung und im Aufbau des α-Mischkristalls führt. Damit kann das Abschreckhärten dem Glühprozeß vorgezogen werden.

Der Einfluß der Temperatur beim Abschrecken auf die Struktur und die Eigen-

---

[1] Die Rekristallisationstemperatur für die Bronze BrBeNiTi 1,9 nach einer Verformung $\eta = 33\%$ beträgt 530 °C.

schaften der Berylliumbronzen ist für den Temperaturbereich 710 bis 810 °C aufgenommen worden, da unterhalb von 710 °C gemäß Zustandsdiagramm Cu—Be das Zweiphasengebiet $\alpha + \beta$ liegt, während oberhalb 810 °C nicht nur ein starkes *Kornwachstum* eintreten kann, sondern auch die Korngrenzen anschmelzen können. Mit Erhöhung der Abschrecktemperatur **(Bild 11)** wächst kontinuierlich der spezifische elektrische Widerstand als Ausdruck der Sättigung des α-Mischkristalls infolge der Auflösung der Sekundärphasen. Dieser Effekt wird besonders bei 710 bis 770 °C

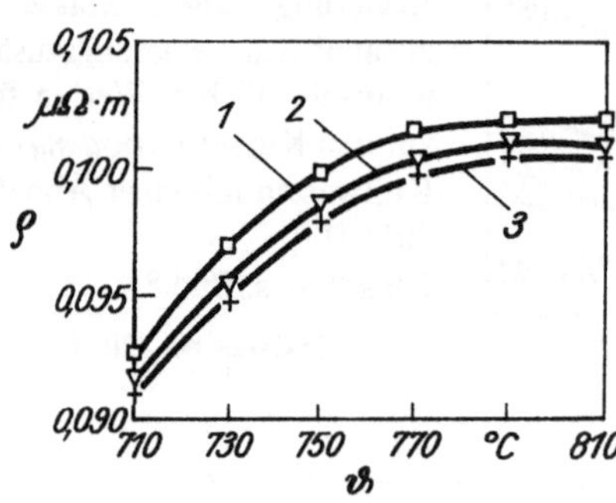

Bild 11. Abhängigkeit des spezifischen elektrischen Widerstandes der Berylliumbronzen von der Abschrecktemperatur

1 — BrBeNiTi 1,9
2 — BrBe 2,5
3 — BrBe 2
τ — 15 min, Wasserabkühlung

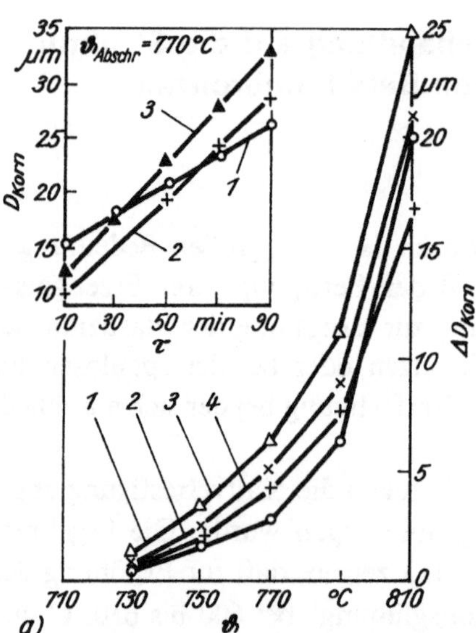

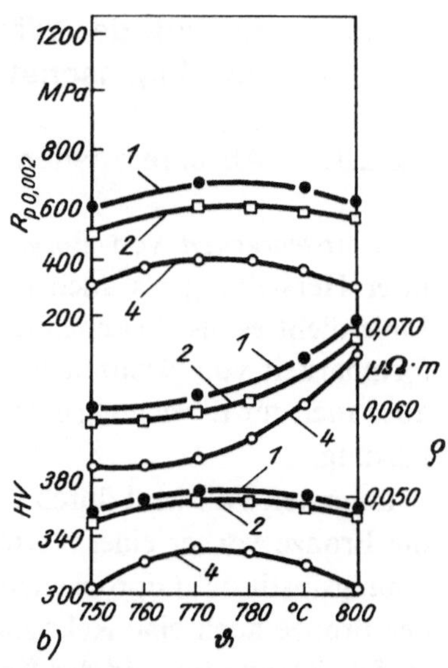

Bild 12. Einfluß der Abschreckbedingungen auf das Gefüge und die Eigenschaften der Berylliumbronzen
a) Abhängigkeit der Korngröße des α-Mischkristalls von der Haltezeit und der Abschrecktemperatur
b) Abhängigkeit der physikalisch-mechanischen Eigenschaften von der Abschrecktemperatur (nach der Ausscheidungshärtung bei 320 °C, 4 h)

1 — BrBeNiTi 1,9
2 — BrBe 2
3 — BrBe 2,5
4 — BrBeNiTi 1,7

beobachtet. Die Grenzsättigung des α-Mischkristalls tritt praktisch bei 770 bis 780 °C ein und ändert sich bei 790 bis 810 °C sehr wenig. Das Ansteigen des spezifischen elektrischen Widerstandes im letzten Temperaturintervall kann sowohl mit einer gewissen weiteren Sättigung des Mischkristalls, aber auch mit der Erhöhung der Leerstellenkonzentration gesehen werden, wobei es nicht möglich ist, den dominierenden Faktor zu bestimmen. Wenn auch sogar die Berylliumkonzentration im Mischkristall wächst, so können diese Temperaturen wegen des starken Kornwachstums **(Bild 12)** für das Abschreckhärten nicht genutzt werden, da dies zur Verschlechterung der Eigenschaften der Bronze, insbesondere in Form dünner Bänder, führt.

Zur Erhöhung des Verfestigungsgrades und insbesondere der Ermüdungsfestigkeit der Bronze wird in der Praxis die Verringerung der Korngrößen angestrebt.[1] Zu diesem Zweck wird die Bronze einer plastischen Kaltverformung mit großer Abnahme und anschließender Abschreckhärtung bei 770 bis 780 °C unterworfen. Bei einer Langzeitglühung bei den angegebenen Temperaturen hängt die Korngröße des α-Mischkristalls der Bronze wenig vom vorangegangenen Verformungsgrad ab, ist aber immerhin niedriger nach einer Verformung von 40 % **(Bild 13)**.

Bei gleichen Abschrecktemperaturen wird eine Berylliumbronze dann feinkörniger, wenn in ihrer Struktur gleichmäßig verteilte Einschlüsse der γ-(oder β-)Sekundärphasen[2] eingelagert sind, die bei Erwärmung die Entwicklung der Sammelrekristallisation des α-Mischkristalls hemmen.

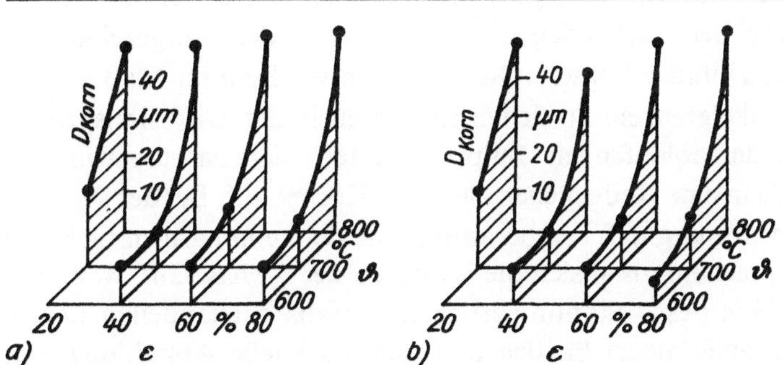

Bild 13. Abhängigkeit des Korngrößenwachstums D_{Korn} von der Temperatur und dem Verformungsgrad (nach NEDLINSKAJA/POL'KIN/ROZENBERG)
a) BrBe 2
b) BrBeNiTi 1,9

---

[1] In einigen Fällen wird für die Einstellung eines feinkörnigen Gefüges und zur Erhöhung der Ermüdungsfestigkeit empfohlen, die Bronze BrBe 2 bei 710 bis 720 °C abzuschrecken. Hierbei können jedoch die potentiellen Möglichkeiten der Verfestigung der Bronze bei der Ausscheidungshärtung nicht genutzt werden, weil ein gewisser Anteil des Berylliums in den Teilchen der β-Sekundärphase verbleibt. Wenn an die Erzeugnisse keine Forderung nach hoher Verfestigung gestellt wird, so ist es günstiger, eine Bronze mit geringerem Berylliumgehalt (BrBeNiTi 1,7) einzusetzen, in der ein feinkörniges Gefüge eingestellt werden kann.

[2] Für die Abschätzung der Größe und der Verteilung der β-Phaseneinschlüsse stehen spezielle Skalen zur Verfügung.

Bedeutende Anhäufungen von Einschlüssen der β-Sekundärphase, insbesondere in zeilenförmiger Anordnung, können umgekehrt das Kornwachstum wegen der Phasenkaltverfestigung infolge unterschiedlicher Volumendilatationskoeffizienten der α- und β-Phasen beschleunigen. Dieser Effekt wird bei der Erwärmung der Bronze BrBe 2,5 (s. Bild 12) beobachtet. Hierbei ist es interessant, daß die Kornwachstumsgeschwindigkeit der Bronze BrBe 2 aus den genannten Gründen kleiner ist als die der Bronze BrBe 2,5, weil in der ersten von ihnen weniger Einschlüsse der β-Sekundärphase gebildet werden, deren Abmessungen auch kleiner sind. Tritt, z. B. wie in der Bronze BrBeNiTi 1,7, die Sekundärphase nicht auf, dann ist die Wachstumsgeschwindigkeit der Körner des α-Mischkristalls bei Erwärmung infolge der Migration (Wanderung) der Großwinkelkorngrenzen höher als in der Bronze BrBe 2, jedoch wachsen sie gleichmäßiger und gewährleisten in mit Beryllium niedriger legierten Bronzen größere und homogenere (hinsichtlich ihrer Abmessungen) Körner.

Es muß darauf verwiesen werden, daß grobe Einschlüsse der β-Phase, zeilenförmige Anordnungen dieser Einschlüsse oder letztlich grobe Anhäufungen strukturelle Spannungskonzentrate darstellen, die in der Endkonsequenz die Plastizität der Bronze, ihre Relaxationsbeständigkeit sowie die Ermüdungsfestigkeit absenken. Eine äußerst effektive Methode zur Herstellung einer feinkörnigen Bronze (s. Abschn. 1.3.) stellt die Modifizierung der Zusammensetzung durch Zugabe adsorptionsaktiver Elemente, wie z. B. Titan, aber auch Magnesium oder Kalzium, dar.

Einen anderen Weg zur Herstellung feinkörniger Bronzen bildet die Einstellung von Strukturen mit vollständigem diskontinuierlichem Zerfall. Hierbei entstehen, ausgehend von den vorhandenen Grenzen, nach dem aufgezeigten Mechanismus Kolonien aus α- und γ-Phasen. Die Kolonien wachsen im Maß der Fortbewegung ihrer Großwinkelgrenzen, an denen sich intensiv der Diffusionsprozeß entwickelt. Im Ergebnis der ablaufenden Teilprozesse teilt sich das ursprüngliche Korn des Mischkristalls in eine Reihe neuer kleinerer Körner auf. Bei der sich anschließenden schnellen Erwärmung auf Temperaturen, die dem einphasigen Gebiet des α-Mischkristalls entsprechen, lösen sich die Lamellen der γ-Phase auf, während die Größen der im Ergebnis des diskontinuierlichen Zerfalls entstandenen neuen Körner im wesentlichen unverändert bleiben und durch schnelle Abkühlung fixiert werden[1]. Ein praktisch vollständiger diskontinuierlicher Zerfall läuft ausschließlich in binären Cu—Be-Legierungen oder in zusätzlich dotierten (0,05 % Phosphor) Berylliumbronzen ab. In diesem Fall verläuft der diskontinuierliche Zerfall um so schneller, je kleiner die Ausgangskörner sind, die sich nach der Rekristallisation gebildet haben. Unter diesen Bedingungen ist das Zerfallsprodukt sehr feinkörnig.

Es wurde bereits vermerkt, daß bei Erhöhung der Abschrecktemperatur sich neben dem Kornwachstum auch die Homogenität der Mischkristallzusammensetzung erhöht. Außerdem verringert sich die Anzahl der Gitterfehler. Diese Veränderungen verlangsamen die Bildung der Sekundärphase bei der folgenden Ausscheidungshärtung. Aus diesem Grunde soll die Technologie der Ausscheidungshärtung von

---

[1] Patent 600209 (UdSSR); THAGAPSOEV, H. G., RACHŠTADT, A. G. JILOV, B. M., KOROLEV, F. B.; veröffentl. in B. 1., 1978, Nr. 12

den Abschreckbedingungen abhängen. Es ist in der Tat so, daß bei der Ausscheidungshärtung nach einer einheitlichen Technologie im Anschluß an das Abschrecken bei Temperaturen oberhalb 770 bis 780 °C der den Grad des Mischkristallzerfalls charakterisierende spezifische elektrische Widerstand ansteigt, während sich der Verfestigungsgrad entsprechend verringert (s. Bild 12). Der Verfestigungsgrad kann merklich erhöht werden, wenn die Dauer der Ausscheidungshärtung bedeutend ausgedehnt wird. Da jedoch das Abschrecken bei hohen Temperaturen die Grobkornbildung bewirkt, verringern sich bestimmte qualitative Merkmale der Berylliumbronze, z. B. die Ermüdungsfestigkeit und der zyklische Relaxationswiderstand, so daß aus diesem Grund die Vorgabe derartiger Abschreckbedingungen nicht zweckmäßig ist. (Mit der Erhöhung der Abschrecktemperatur wächst der Übersättigungsgrad des Mischkristalls, während die Ausdehnung der Gebiete des diskontinuierlichen Zerfalls zunimmt. Diese Gebiete bilden sich bei der Ausscheidungshärtung. Da sich jedoch die Inkubationsperiode erhöht, vermindert sich die Wachstumsgeschwindigkeit dieser Gebiete bei der Ausscheidungshärtung). Unter Berücksichtigung der bei der Untersuchung des Gefüges und der Eigenschaften der Berylliumbronzen erhaltenen Ergebnisse sollte sich die optimale Abschrecktemperatur in den Grenzen von 770 bis 780 °C bewegen. Die hierbei vorzugebenden Temperaturen sollten mit einer Genauigkeit von ± 2 °C eingehalten werden. Dabei ist es ratsam, die Erwärmung in Elektroöfen in einer Schutzgasatmosphäre aus dissoziiertem Ammoniak, Stickstoff oder Argon vorzunehmen. Erwärmungen im Vakuum oder in Salzbädern sollten zur Vermeidung einer Deberyllisierung nicht erfolgen.

Es konnte festgestellt werden, daß das Halten von Berylliumbronzen bei der Abschrecktemperatur in Muffelöfen unter Schutzgas einen wesentlichen Einfluß auf die Eigenschaften ausübt und für dünne Streifen nicht weniger als 10 bis 15 min **(Bild 14)** betragen sollte. Größere Haltezeiten bewirken keine weitere Verfestigung,

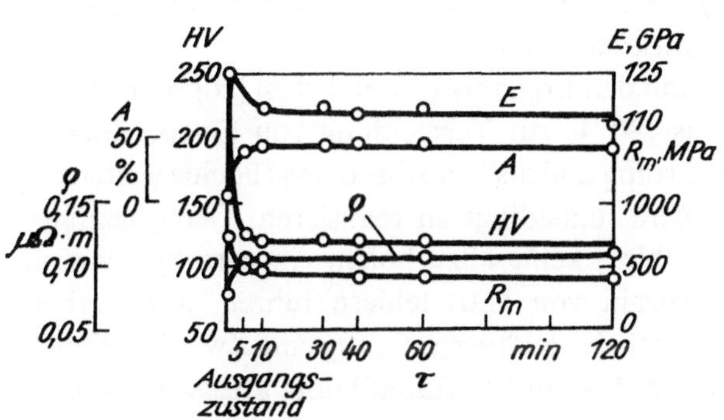

Bild 14. Abhängigkeit der physikalisch-mechanischen Eigenschaften der Bronze BrBe 2 von der Haltezeit bei der Abschrecktemperatur von 780 °C

während aber das Kornwachstum zunimmt. Es ist hierbei für die Berylliumbronzen die maximale Abschreckgeschwindigkeit (gewöhnlich in Wasser) auszuwählen. Wie in [18] gezeigt werden konnte, ist es gefährlich, die Abschreckgeschwindigkeit im

Temperaturbereich von 500 bis 380 °C zu verringern, wenn die Umwandlung des unterkühlten Mischkristalls, die durch einfache C-Diagramme beschrieben wird, mit hoher Geschwindigkeit abläuft und zur Ausbildung plattenförmiger (lamellarer) perlitähnlicher Strukturen führt. Unterhalb 380 °C verläuft dann die normale Ausscheidungshärtung. Erfolgte der Zerfall bereits oberhalb 380 °C, so ergibt sich nach der sich anschließenden Ausscheidungshärtung ein niedriger Verfestigungsgrad.

Im **Bild 15** ist das *thermokinetische Umwandlungsdiagramm* für die Abkühlung einer Berylliumbronze [19] dargestellt. Mit Hilfe des Diagramms kann die *Abkühlgeschwindigkeit* so vorgegeben werden, daß die Übersättigung des α-Misch-

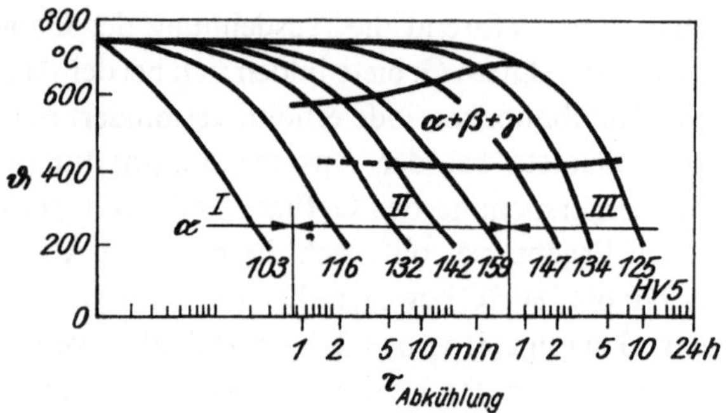

Bild 15. Thermokinetisches Diagramm der Umwandlungen des α-Mischkristalls einer Berylliumbronze (2,09 % Be; 0,29 % Co). Glühtemperatur 800 °C, 30 min; Abkühlung ab 750 °C [19]

$\tau_{\text{Abkuhlung}}$ — auf die Abschrecktemperatur bezogene Abkühldauer

kristalls eintritt (Bereich *I*). Bei geringerer Abkühlgeschwindigkeit wird der Grenzzerfall fixiert (Bereich *II*) oder bei noch kleinerer Geschwindigkeit die Gesamtausscheidung (Bereich *III*), die bei der sich anschließenden Ausscheidungshärtung keine hohe Verfestigung gewährleisten kann.

In Übereinstimmung mit den Ergebnissen der Arbeit [20] ist die Schnellabkühlung im Intervall von 700 bis 730 °C zur Vermeidung von Versprödungserscheinungen bei der Ausscheidungshärtung und als Voraussetzung für eine weitere Abschreckung, soweit diese gefordert wird, unbedingt zu realisieren. Demgegenüber wird im japanischen Patent[1] empfohlen, keine allzu hohen Abschreckgeschwindigkeiten, die zu einer bestimmten Anzahl von Härtefehlern führen, anzustreben. Gleichfalls wird empfohlen, zum Abbau der Kaltverfestigung eine Zwischenglühung bei 600 bis 700 °C durchzuführen und diese mit Luftabkühlung abzuschließen.

Die Eigenschaften der Berylliumbronzen im abgeschreckten Zustand sind in der **Tabelle 6** aufgeführt. In dieser Tabelle werden Eigenschaften der Bronzen in Form dünner Bänder, die unter gleichen technologischen Bedingungen erschmolzen und verarbeitet (Härten bei 780 bis 790 °C in Wasser bei 20 °C) und nach einer einheitlichen Methodik geprüft wurden, angegeben. Die einzelnen Werte zeigen, daß eine

---

[1] Patent (Japan), Nr. 51–8814, 1972, Kl. 10 1 b.

Änderung des Berylliumgehaltes in den Grenzen von 1,7 bis 2,5% nur wenig das Niveau der mechanischen Eigenschaften beeinflußt, wenn auch ein gewisser Anstieg der Festigkeitseigenschaften zu vermerken ist.

Die Bestimmung der *Elastizitätsmoduln* binärer Cu—Be-Legierungen verdeutlicht ihre merkliche Erhöhung mit wachsender Berylliumkonzentration: Der Schubmodul der Legierung erhöht sich von 45,5 auf 47,2 GPa entsprechend der Konzentrationserhöhung von 1,45 auf 2,45% Beryllium, während sich der normale Elasti-

Tabelle 6. Eigenschaften der Berylliumbronzen nach der Abschreckhärtung bei 770 bis 780 °C (Wasserhärtung, 20 °C)

Bronzemarke	$R_{elast.}$ (MPa) bei einer Toleranz E_{Rest}, %			E, GPa	HV	ϱ, $\mu\Omega \cdot m$
	0,001	0,002	0,005			
BrBeNiTi 1,9	100	130	175	121	95	0,095
BrBe 2	90	120	185	120	115	0,095
BrBe 2,5	80	120	175	121	120	0,100

Anmerkung: Zusammensetzung (%): BrBeNiTi 1,9 — Be 2,02, Ni 0,32, Ti 0,19
           Bronzen BrBe 2 — Be 2,07, Ni 0,2
           Bronzen BrBe 2,5 — Be 2,66, Ni 0,31.

zitätsmodul für dieselben Legierungen in den Grenzen von 106 bis 110 GPa ändert. Es ist möglich, daß die Erhöhung der Elastizitätsmoduln mit dem Anstieg der Berylliumkonzentration nicht nur im Zusammenhang mit einer stärkeren interatomaren Bindung steht, sondern auch mit der Verringerung der unelastischen Verformung, weil die Berylliumatome oder deren Anhäufungen die Versetzungen und Leerstellen blockieren können **(Bild 16)**. Bei der Ausscheidungshärtung von Legierungen erhöht

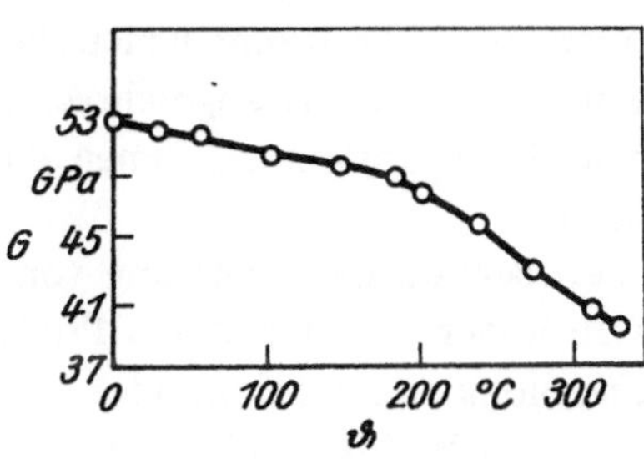

Bild 16. Temperaturabhängigkeit des Schubmoduls G für CuBe 2

sich der Elastizitätsmodul im Ergebnis der Ausscheidung der berylliumreichen Phase. Dieser Fakt kann jedoch nicht als Beweis dafür dienen, daß das Beryllium die Erhöhung des Elastizitätsmoduls des Mischkristalls bewirkt, weil in diesem Fall nicht der Elastizitätsmodul des Matrixmischkristalls, sondern der der zweiphasigen Legierung, d. h. ein effektiver Elastizitätsmodul, bestimmt wird.

Auf Bild 16 wird die Änderung des Schubmoduls in Abhängigkeit von der Erwärmungstemperatur nach dem Abschrecken und der Ausscheidungshärtung dargestellt. Bis 180 °C verringert sich der Schubmodul gleichmäßig und monoton, während danach eine schroffe Absenkung beginnt. Eine derartige Temperaturabhängigkeit des Schubmoduls ist allgemein charakteristisch für polykristalline Metalle, in denen ein »zähes« Korngrenzenfließen beobachtet wird.

Die Verteilung der Berylliumatome im abgeschreckten Mischkristall auf Kupferbasis ist statistisch ungeordnet. In seinem Gitter können Berylliumatomgruppierungen die Gitterfehler umgeben. Die Mehrzahl der in der abgeschreckten Bronze eingefrorenen Leerstellen kann im Zusammenhang mit den Berylliumatomen gesehen werden. Die hierbei auftretenden Wechselwirkungen werden durch eine Bindungsenergie von 0,2 eV charakterisiert. Aus diesem Grunde können in einer abgeschreckten Bronze keine Versetzungen beobachtet werden, die durch Leerstellenkondensation entstehen, aber auch keine Bereiche, die sich durch einen bestimmten Ordnungsgrad auszeichnen.

1.2.2.2. Ausscheidungshärtung

Die wichtigste Etappe bei der Verfestigung der Berylliumbronzen ist die Ausscheidungshärtung, in deren Ergebnis nicht nur die Festigkeit ansteigt, sondern sich auch viele physikalische Eigenschaften ändern. Namentlich aus diesem Grunde ist der Untersuchung der Ausscheidungshärtung der Berylliumbronze eine bedeutende Anzahl von Arbeiten gewidmet, wobei das Interesse an der Klärung dieses Problems weiterhin uneingeschränkt besteht. Hierbei kann die Kompliziertheit der strukturellen Umwandlungen ausschließlich mit der Röntgenstrukturanalyse, der Elektronenmikroskopie sowie durch Mikrobeugung untersucht und gedeutet werden. Die Interpretation der Ergebnisse, die nach verschiedenen Methoden erhalten wurden, führt jedoch zu keinen eindeutigen Schlußfolgerungen in den Arbeiten verschiedener Autoren. Diese Diskrepanz ist besonders deutlich in der unterschiedlichen Interpretation der Reihenfolge des Überganges von bestimmten metastabilen Phasen zu anderen Phasen in den Anfangsstadien des Zerfalls abgeschreckter CuBe-Legierungen, aber auch der Interpretation der Übergangsmechanismen, die in späteren Stadien der Ausscheidungshärtung ablaufen.

Es gibt keine einheitliche Meinung darüber, ob der Übergang von bestimmten metastabilen Umwandlungsprodukten zu anderen metastabilen Produkten kontinuierlich vollzogen wird, d. h. durch eine »lokale« Reaktion, oder im Ergebnis der Auflösung bestimmter weniger stabiler und der Bildung anderer stabilerer, mitunter sogar metastabiler Phasen.

Am fundiertesten scheinen die Konzeptionen von TJAPKIN zu den Mechanismen und der Reihenfolge der Strukturumwandlungen bei der Ausscheidungshärtung, die er in seinen Arbeiten mit seinen Mitarbeitern dargelegt hat. Auf der Grundlage der Analyse der Diffusstreuung wurde in [21] bewiesen, daß im Anfangsstadium der Ausscheidungshärtung parallel zu $\{100\}_\alpha$ Keime der $\gamma(CuBe)$-Gleichgewichtsphase gebildet werden, die nach dem Typ CsCl geordnet sind. Die an verschiedenen

Knoten des reziproken Gitters entstehende Diffusstreuung ist das Ergebnis der elastischen Verformung des Matrixgitters und kann für die Erklärung der monoklinen Verzerrung verwendet werden. Bei kohärenter Bindung der entstandenen Keime mit der elastisch verformten Matrixphase kommt es zu starken tetragonalen Verzerrungen ihrer Gitter. Demzufolge entspricht die Struktur dieser Keime der Struktur der γ'-Phase, während sich ihre Atomstruktur von der Struktur der Matrix unterscheidet. Aus diesem Grunde ist es exakter, diese Gebilde als *Guinier-Preston-Zonen* zu bezeichnen, sie aber als Keime der metastabilen γ'-Phase zu betrachten. Mit fortschreitender Entwicklung der Ausscheidungshärtung und des Teilchenwachstums der γ'-Phase verringert sich nach TJAPKIN und GAVRILOVA der Tetragonalitätsgrad ihres Gitters, weil allmählich ihre kohärente Bindung mit dem α-Matrixmischkristall zerstört wird. Schließlich nähert sich der Tetragonalitätsgrad der Sekundärphasenteilchen dem Wert 1 im fortgeschrittenen Stadium der Ausscheidungshärtung, so daß in diesem Bereich der höheren Temperaturen bereits von der Existenz einer inkohärenten γ-Phase gesprochen werden kann. In [22] konnte gezeigt werden, daß die Reihenfolge der Phasenausscheidung bei der Ausscheidungshärtung der Berylliumbronze nicht nur von der Temperatur, sondern auch von den Abschreckbedingungen abhängt.

In [22] wurde folgende Reihenfolge bei der Ausbildung der sich ausscheidenden metastabilen Phasen, einschließlich der Guinier-Preston-Zonen, nach der Ausscheidungshärtung im Bereich von 300 bis 400 °C ermittelt: Bei 300 °C treten Guinier-Preston-Zonen, γ''-, γ'- und γ-Phasen auf; bei 350 °C Guinier-Preston-Zonen, γ'- und γ-Phasen; bei 400 °C Guinier-Preston-Zonen, γ'- und γ-Phasen.

Für die Erklärung einer derartigen Reihenfolge der Phasenbildung stellten die Verfasser thermodynamische Überlegungen an. Es ist bekannt, daß die Keimbildungsgeschwindigkeit im stationären Zustand mit

$$v \sim Ne^{-\Delta G^*/kT}$$

v Keimbildungsgeschwindigkeit
N Anzahl der Keimbildungsplätze in einem Einheitsvolumen
ΔG^* kritische freie Energie für die Bildung des kritischen Keimes

beschrieben werden kann.
Für die Bildung einer Scheibe mit dem Radius r und der halben Dicke c gilt:

$$\Delta G^* \sim \sigma_i(1)\,\sigma_i^2(2) \,/\, (\Delta G_i^V + W_i)^2$$

$\sigma_i(1)$ Oberflächenenergie einer ebenen Fläche der i-ten Phase
$\sigma_i(r)$ Oberflächenenergie der Ränder der i-ten Phase
ΔG_i^V Änderung der freien Volumenenergie bei der Bildung des kritischen Keimes der i-ten Phase
W_i Änderung der Volumenverzerrungsenergie im Zusammenhang mit der Bildung eines kohärenten oder halbkohärenten Keimes der i-ten Phase (für eine inkohärente Grenze ergibt sich $W_i = 0$)

Entsprechend den thermodynamischen Angaben kann eine neue Phase entstehen, wenn $\Delta G_i^V + W_i < 0$, d. h., wenn die Temperatur unterhalb der entsprechenden Solvuslinie liegt. Es kann jedoch auch ein großes Temperaturgebiet existieren, in dem die Bildung einer Reihe metastabiler Phasen möglich ist (d. h. bei Temperaturen unterhalb der niedrigsten metastabilen Solvuslinie), so daß dann die Frage nach der Ursache der Phasenbildung gestellt werden muß.

Geht man davon aus, daß an ein und derselben Stelle Teilchen einer beliebigen Phase entstehen können, so ist die Wahrscheinlichkeit der Bildung der Phase mit dem kleinsten ΔG_i-Wert am größten. Die bereits gezeigte Reihenfolge der Bildung einzelner Phasen kann wie folgt erklärt werden.

1. Bei der Ausscheidungshärtung bei 300 °C wurde nachstehende Reihenfolge ermittelt:

$$\Delta G^*_{\mathrm{GP}} < \Delta G^*_{\gamma''} < \Delta G^*_{\gamma}$$

oder

$$\frac{\sigma_{\mathrm{GP}}(1)\,\sigma^2_{\mathrm{GP}}(2)}{(\Delta G^V_{\mathrm{GP}} + W_{\mathrm{GP}})^2} < \frac{\sigma_{\gamma'}(1)\,\sigma^2_{\gamma''}(2)}{(\Delta G^V_{\gamma''} + W_{\gamma''})^2} < \frac{\sigma_{\gamma'}(1)\,\sigma^2_{\gamma'}(2)}{(\Delta G^V_{\gamma'} + W_{\gamma'})^2}$$

Index GP   Abkürzung für Guinier-Preston

Die aufgezeigten Relationen können als real betrachtet werden, weil bei großer Unterkühlung alle Nenner wachsen und zahlenmäßig ähnliche Werte annehmen. Demzufolge stellt die Oberflächenenergie den limitierenden Faktor dar. Es ist offensichtlich, daß die kohärenten Guinier-Preston-Zonen die niedrigste Oberflächenenergie aufweisen und deshalb ΔG^*_{GP} den kleinsten Wert annimmt. Die Größen $\sigma_{\gamma''}(r)$ und $\sigma_{\gamma'}(r)$ sind wahrscheinlich ungefähr gleich, weil die Teilchenränder dieser Phasen inkohärent sind.

Demzufolge sind die Größen $\sigma_{\gamma''}(1)$ und $\sigma_{\gamma'}(1)$ bei der Bestimmung der Reihenfolge der Bildung der Phasen γ'' und γ' von entscheidender Bedeutung. Da die γ''-Phase kohärent mit der ebenen Oberfläche ist, kann auf die folgende Relation geschlossen werden:

$$\Delta G^*_{\gamma''} < \Delta G^*_{\gamma'}$$

Bei 300 °C entspricht die Reihenfolge der ausgeschiedenen Phasen einer Erhöhung der Oberflächenenergie.

2. Bei der Ausscheidungshärtung bei 350 und 400 °C wurde nachstehende Reihenfolge der Phasenbildung ermittelt:

$$\Delta G^*_{\mathrm{GP}} < G^*_{\gamma'} < G^*_{\gamma''}$$

oder

$$\frac{\sigma_{\mathrm{GP}}(1)\,\sigma^2_{\mathrm{GP}}(2)}{(\Delta G^V_{\mathrm{GP}} + W_{\mathrm{GP}})^2} < \frac{\sigma_{\gamma'}(1)\,\sigma^2_{\gamma'}(2)}{(\Delta G^V_{\gamma'} + W_{\gamma'})^2} < \frac{\sigma_{\gamma''}(1)\,\sigma^2_{\gamma'}(2)}{(\Delta G^V_{\gamma''} + W_{\gamma''})^2}$$

Das Fehlen der γ''-Phase kann mathematisch damit erklärt werden, daß der Nenner im angegebenen Ausdruck für die γ''-Phase so klein wird, daß er diese Ungleichung schon nicht mehr bestimmt. In thermodynamischer Deutung bedeutet dies eine viel zu geringe Übersättigung für die γ''-Phase. Dieser Fakt beeinflußt jedoch nicht die Bildung der Guinier-Preston-Zonen bei diesen Temperaturen, weil die Größe ΔG_{GP}^V fast zweimal größer ist als $\Delta G_{\gamma''}^V$ (**Bild 17**). Ungeachtet dessen bilden sich unter den genannten Bedingungen bei einer der Solvuslinie nahen Temperatur keine Guinier-Preston-Zonen (GP). Es muß vermerkt werden, daß das Fehlen der metastabilen γ''-Phase in der beschriebenen Reihenfolge im betrachteten System im Zusammen-

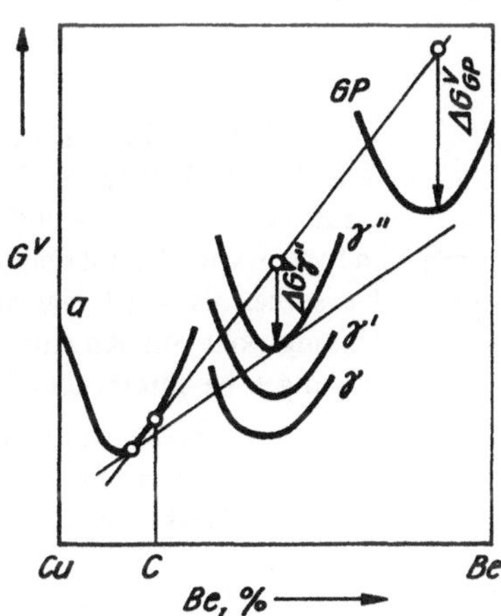

Bild 17. Schematische Darstellung des Verlaufs der freien Energiekurven für die stabilen und metastabilen Phasen, die im System Cu—Be existieren ($\Delta G_{GP}^V > \Delta G_{\gamma'}^V$ für einen unveränderlichen Matrizenzustand C) [22]

hang mit der Berylliumanreicherung gesehen werden kann. Die Guinier-Preston-Zonen sind mit Beryllium in bedeutend größerem Maße angereichert als andere metastabile Phasen. Insbesondere kann die γ''-Phase nicht entstehen, ohne daß sich gleichfalls die γ'-Phase bildet, da für diese Phasen folgendes Verhältnis gilt:

$$\Delta G_{\gamma''}^V > \Delta G_{\gamma'}^V$$

Hierbei gilt es jedoch zu berücksichtigen, daß sich die angeführten Größen in ihren absoluten Werten nur sehr gering voneinander unterscheiden.

In [22] wurde gleichfalls gezeigt, daß die Zerfallskinetik und die Reihenfolge der Ausscheidung von Phasen von der Abschreckmethode — Unterkühlung bis zu 20 °C (beim normalen Abschrecken) oder bis zur Temperatur der Ausscheidungshärtung — abhängen. So bildete sich nach der Ausscheidungshärtung (350 °C, 6 min) im ersten Fall vorrangig die γ''-Phase, während im zweiten Fall die GP-Zonen auftraten (hierbei bildete sich keine Phase bei beliebiger Härtezeit).

Die Verfasser sind der Ansicht, daß im ersten Fall die γ''-Phase ausschließlich aus den GP-Zonen, die bis zu einer bestimmten Größe wachsen müssen, hervorgeht. Beim Abschrecken auf die Temperatur der Ausscheidungshärtung bildet sich die γ'-Phase nur bis zu dem Moment, in dem die GP-Zonen sich derart entwickelt haben, daß sie sich in die γ''-Phase umwandeln können. Wie aus dem prinzipiellen **Bild 18** ersichtlich wird, verschieben sich die Kurven der isothermen Umwandlung, die die normale Härtung betreffen, nach links, da in diesem Fall die Leerstellenkonzentration höher ist. Demzufolge hängt die Umwandlungskinetik in der Berylliumbronze bei der Ausscheidungshärtung von der vorangegangenen Abschreckungsmethode ab. In diesem Fall beeinflußt das Abschrecken sowohl die Verteilung der Phasenteilchen (hohe Dichte der Teilchen nach dem normalen Abschrecken), als auch deren Natur (die γ''-Phase bildet sich nur nach dem normalen Abschrecken).

Es ist wesentlich, daß die Wechselwirkung der elastischen Felder zwischen den sich ausscheidenden Teilchen der metastabilen Phasen in den Cu—Be-Legierungen zu deren geordneter Verteilung im Mischkristall führt [23].

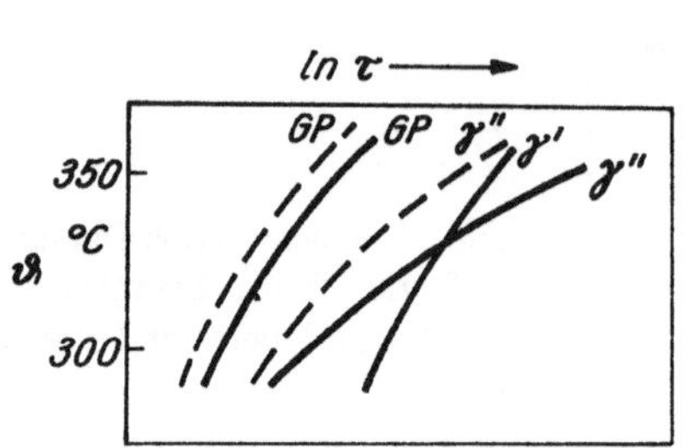

Bild 18. Schematische Darstellung der Lage der die Bildung der Guinier-Preston-Zonen und der γ'- und γ''-Phasen im System Cu—Be auf dem Diagramm der isothermischen Umwandlung in Abhängigkeit von den Abschreckbedingungen beschreibenden Kurven [22]

——— Abschrecken auf die Ausscheidungs- . härtungstemperatur

— — — Abschrecken im Wasser bei 20 °C

In [23] wurde gezeigt, daß im Früh- und Spätstadium des Zerfalls des α-Mischkristalls der Berylliumbronze einzelne Bereiche entstehen, die von den Verfassern als zweiphasige Domänen bezeichnet werden. Während der Ausscheidungshärtung vergrößern sich diese Domänen von 20 bis 30 nm bis hin zu einigen µm. In ihnen sind die Teilchen der γ'-Phase gesetzmäßig verteilt, wobei deren Dichte bedeutende Werte annimmt. Für diese Teilchen sind bezüglich der α-Phase nur zwei Orientierungen typisch, wodurch auch tetragonale Verzerrungen der zweiphasigen Domänen bewirkt werden, deren Morphologie äußerst verschiedenartig sein kann.

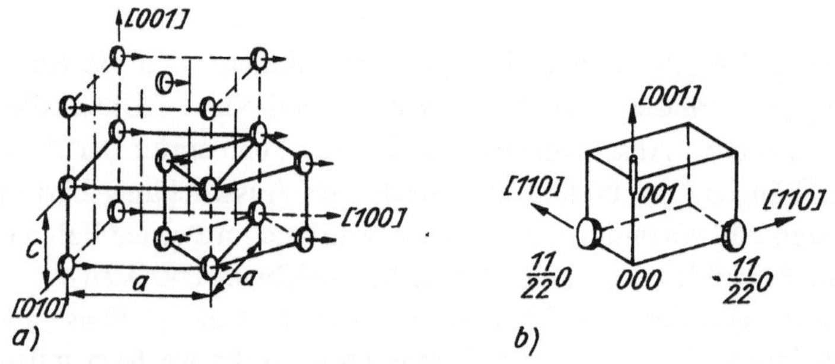

Bild 19. Modell der räumlichen Anordnung von Teilchen einer Orientierung in einer zweiphasigen Domäne. Die Form der Knoten widerspiegelt die Form der Bereiche mit erhöhter Teilchendichte.

a) Makrogitter

b) schematische (qualitative) Abbildung des Charakters (Perfektionsgrad) der relativen Zuordnung benachbarter Teilchen im Makrogitter

Auf der Grundlage der erhaltenen Forschungsergebnisse wurde von den Verfassern [23] ein Modell der räumlichen Verteilung der Teilchen der γ'-Phase in derartigen Domänen vorgeschlagen, die einem tetragonalen Makrogitter entsprechen (**Bild 19**). Hierbei fallen die Achse [001] des Makrogitters mit der [001]-Achse der α-Phase zusammen, während die [100]- und [010]-Achsen des Makrogitters um 45° gegen die entsprechenden Richtungen der α'-Phase gedreht sind. Die Verfasser von [23] sind jedoch der Ansicht, daß es günstiger ist, das kompliziertere basiszentrierte tetragonale Makrogitter auf der Grundlage des einfachen tetragonalen Makrogitters mit einem Seitenverhältnis von $c/a = 1/2$ anstelle von $c/a = 1/\sqrt{2}$ für das letztere zu betrachten. In diesem basiszentrierten Makrogitter sind die Teilchen der γ'-Phase am genauesten entlang den Richtungen dieses Makrogitters vom Typ [110] und [001] angeordnet (s. Bild 19). In diesem Fall wird jedoch keine strenge periodische Teilchenverteilung beobachtet. Schließlich kann auch diese Verteilung in einzelnen Fällen gestört werden. Es sei vermerkt, daß die sich in einigen (110)-Flächen anordnenden Teilchen nur eine geringe Desorientierung gegenüber diesen Flächen aufweisen. Eine Verschiebung der Makrogitter für zwei Orientierungen der γ'-Phase in einer zweiphasigen Domäne in einer (001)-Fläche wird entlang der Richtung [100] um den Betrag a/2 beobachtet.

Es wurden bereits die Natur, die Reihenfolge der Ausscheidung der Phasen sowie deren räumliche Verteilung, die den *Umwandlungen* im Volumen der Kristallite des α-Mischkristalls der Berylliumbronze entspricht, betrachtet. Bei der Ausscheidungshärtung läuft der Zerfall an den Korngrenzen diskontinuierlich ab, und in den

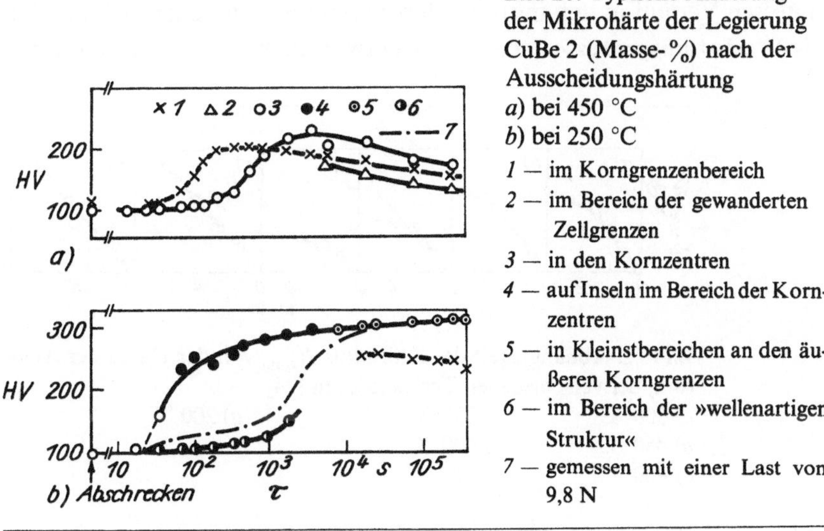

Bild 20. Typische Änderung der Mikrohärte der Legierung CuBe 2 (Masse-%) nach der Ausscheidungshärtung
a) bei 450 °C
b) bei 250 °C
1 — im Korngrenzenbereich
2 — im Bereich der gewanderten Zellgrenzen
3 — in den Kornzentren
4 — auf Inseln im Bereich der Kornzentren
5 — in Kleinstbereichen an den äußeren Korngrenzen
6 — im Bereich der »wellenartigen Struktur«
7 — gemessen mit einer Last von 9,8 N

Bereichen, in denen er sich entwickelt, ist das Verfestigungsniveau niedriger als in den Bereichen des kontinuierlichen Zerfalls (**Bild 20**). Die Untersuchung der diskontinuierlichen Ausscheidung an CuBe 2,1 Masse-% [24] zeigte, daß der Zerfall unterhalb 350 °C anfangs dikontinuierlich verläuft, während er oberhalb dieser

Temperatur diskontinuierlich beginnt und danach nach einem kontinuierlichen Mechanismus im Korninneren vonstatten geht **(Bild 21)**. Hierbei entspricht im Temperaturbereich oberhalb 350 °C das Wachstum der Zerfallszellen einer Erhöhung ihrer Radien zu Beginn der Ausscheidungshärtung, das einem linearen Gesetz folgt, später sich jedoch verlangsamt **(Bild 22)**. Die Aktivierungsenergie des Zellenzerfalls

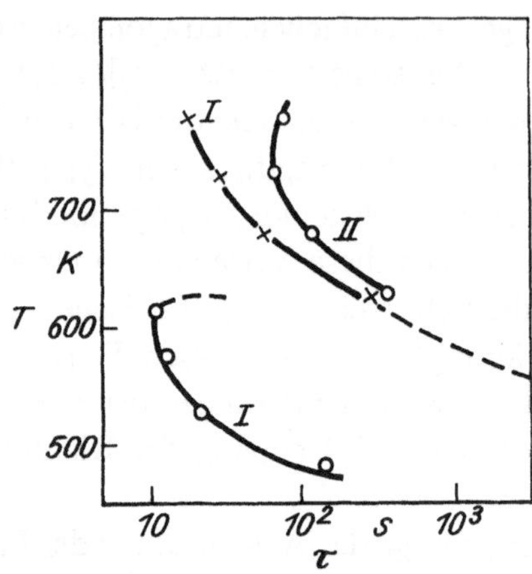

Bild 21. Zusammenhang zwischen der Temperatur und der Dauer der Ausscheidungshärtung, die dem Beginn der Dispersionshärtung gemäß Angaben zur Mikrohärte (s. Bild 20) entsprechen [24]

I — Bereich der Korngrenzen
II — Nähe des Kornzentrums

beträgt gemäß [24] 115 kJ/mol. In diesen Zellen wächst kontinuierlich der zwischenlamellare Abstand mit erhöhter Dauer der Ausscheidungshärtung. Diese Veränderungen werden mit dem Einfluß des kontinuierlichen Zerfalls erklärt, da sich in dessen Verlauf in den mittleren Kornvolumina, in denen sich die Zellen während des Wachstumsprozesses noch nicht entwickelt haben, Lamellen der γ'-Phase aus-

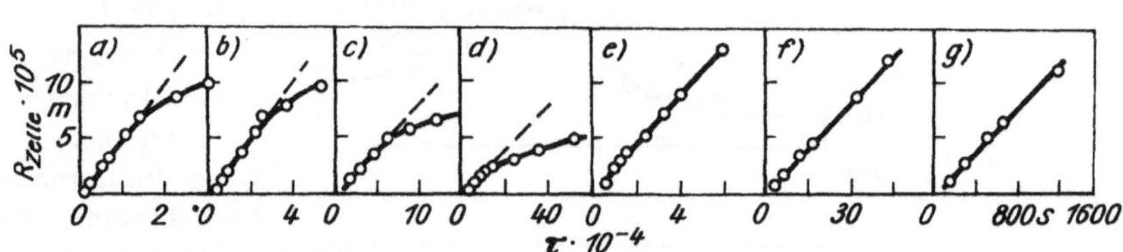

Bild 22. Abhängigkeit des Zellradius R_{Zelle} von der Dauer der Ausscheidungshärtung bei verschiedenen Temperaturen [24]

a) 500 °C	*d)* 350 °C	*g)* 200 °C
b) 450 °C	*e)* 300 °C	
c) 400 °C	*f)* 250 °C	

bilden. Unterhalb 300 °C verläuft der kontinuierliche Ausscheidungsprozeß unter Bildung disperser Teilchen der γ'-Phase, die sich bereits vor Beginn des diskontinuierlichen Ausscheidungsprozesses formieren. In diesem Fall hängen das Zellwachstum sowie die Erhöhung des zwischenlamellaren Abstandes nicht von der Dauer der

Ausscheidungshärtung ab. Der Volumenanteil der Zellen beim diskontinuierlichen Zerfall (*f*) kann durch die Jonson-Mela-Gleichung

$$f = 1 - e^{-b\tau n}$$

τ Dauer der Ausscheidungshärtung
b und n Konstanten

beschrieben werden. Unter diesen Bedingungen betragen im Temperaturbereich oberhalb 350 °C $n = 2{,}2$ und unterhalb 300 °C $n = 1{,}4$ (diese Angaben beziehen sich auf die Dauer der Ausscheidungshärtung, bei der das Zellwachstum gesetzmäßig linear verläuft). Bei Temperaturen oberhalb 350 °C bilden sich ternäre Korngrenzensäume als Keimzellen diskontinuierlicher Ausscheidungen in Übereinstimmung mit der Theorie nach KAN heraus. Die Anzahl der Zellen des diskontinuierlichen Zerfalls bei Temperaturen unterhalb 300 °C ist etwas größer als oberhalb 350 °C (**Bild 23**). Diese Erscheinung kann mit dem Einfluß elastischer Verzerrungen,

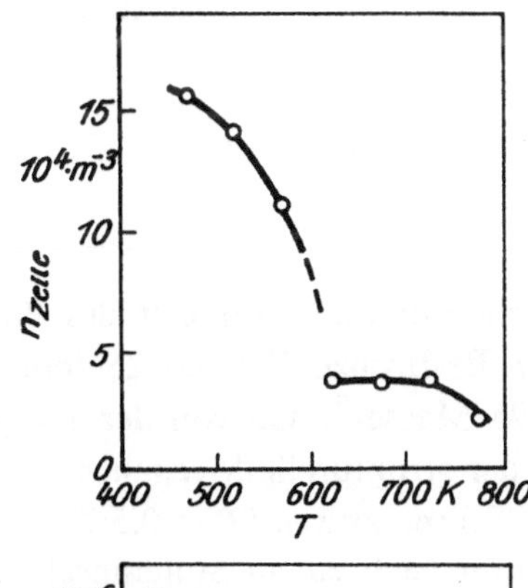

Bild 23. Abhängigkeit der Anzahl Zellen im Einheitsvolumen n_{Zelle} von der Temperatur der Ausscheidungshärtung. Der Volumenanteil der Zellen beim diskontinuierlichen Zerfall beträgt $\approx 0{,}5\,\%$ [24]

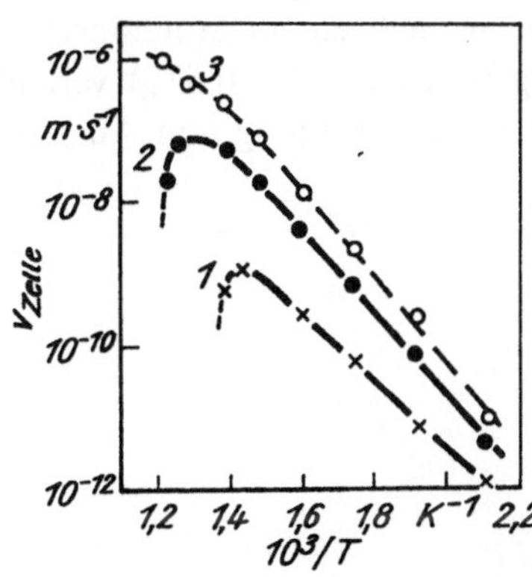

Bild 24. Abhängigkeit der Zellwachstumsgeschwindigkeit v_{Zelle} von $1/T$ für Kupferbasislegierungen mit unterschiedlichen Berylliumzusätzen [25]

1 — 6,2 Atom-%
2 — 9,3 Atom-%
3 — 13,4 Atom-%

die bei der Bildung von Guinier-Preston-Zonen und disperser Teilchen der γ'-Phase noch vor dem Auftreten der Zellen des diskontinuierlichen Zerfalls entstehen, im Zusammenhang gesehen werden. Diese Gesetzmäßigkeiten treffen im allgemeinen auch auf Cu—Be-Legierungen mit einem Be-Gehalt von 6,2; 9,3; 13,4 Atom-% zu [25].

Bild 24 zeigt, daß die Wachstumsgeschwindigkeit der Zellen der diskontinuierlichen Ausscheidung bei allen Legierungen anfangs mit Erhöhung der Temperatur der Ausscheidungshärtung wächst, sich aber anschließend verringert. Gleichzeitig wächst dabei kontinuierlich der zwischenlamellare Abstand l in den Bereichen der kontinuierlichen Ausscheidung **(Bild 25)**. Während bei konstanter Temperatur mit Erhöhung des Be-Gehaltes G und $1/l$ anwachsen, bleibt das Produkt aus ihnen $G\,l^2$ konstant. Die Verfasser zeigen, daß beim Wachstum der Zellen die Be-Diffusion im Ergebnis einer Grenzdiffusion verläuft.

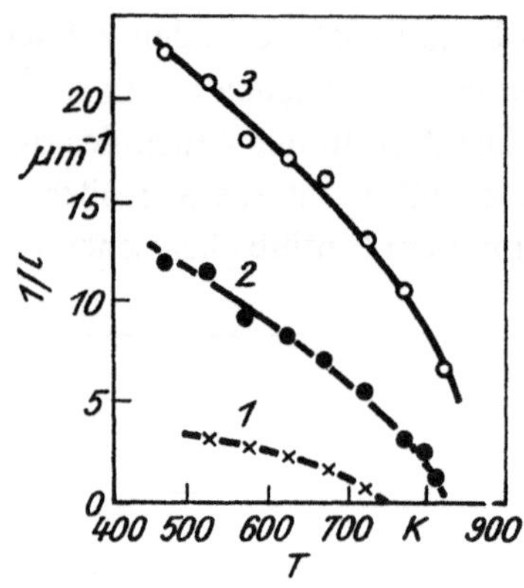

Bild 25. Abhängigkeit des interlamellaren Abstandes $1/l$ von der Temperatur der Ausscheidungshärtung für Cu—Be-Legierungen mit unterschiedlichen Berylliumzusätzen [25]

1 — 6,2 Atom-%

2 — 9,3 Atom-%

3 — 13,4 Atom-%

Wie in [30] gezeigt wurde, hängen nicht nur die Parameter des Prozesses der diskontinuierlichen Ausscheidung in der Be-Bronze Berylco 25 (oder Kawecki-Berylco 25) mit 1,8 Masse-% Be und 0,25 Masse-% Co von der Temperatur der Ausscheidungshärtung ab, sondern auch der strukturelle Mechanismus dieser Umwandlung. Bei verhältnismäßig niedrigen Temperaturen ($T < 0,5\ T_L$) bewirken die Ausscheidungen eine Korngrenzenmigration nach einem Stufenmechanismus. Bei höheren Temperaturen der Ausscheidungshärtung ($T > 0,5 T_L$) verläuft die thermische Migration der Korngrenzen noch vor der Bildung von Ausscheidungen an

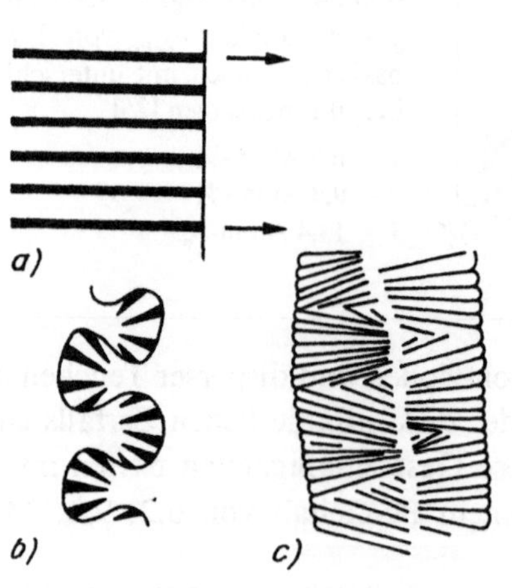

Bild 26. Schematische Darstellung des Mechanismus der Bildung einer unterschiedlichen Zellmorphologie beim diskontinuierlichen Zerfall [26]

a) ideales Modell

b) S-Mechanismus

c) Doppelschicht

diesen Korngrenzen (Bild 26). Von diesen Faktoren hängt die strukturelle Besonderheit des Wachstums der Umwandlungsprodukte ab **(Bild 26)**.

Damit kann bei niedrigen Temperaturen der Ausscheidungshärtung ($T < 0.5\,T_L$) die Morphologie der diskontinuierlichen Ausscheidung als »Doppelschicht« **(Bild 27)** im Ergebnis der Bildung von Lamellen der γ-Phase[1] zu beiden Seiten der

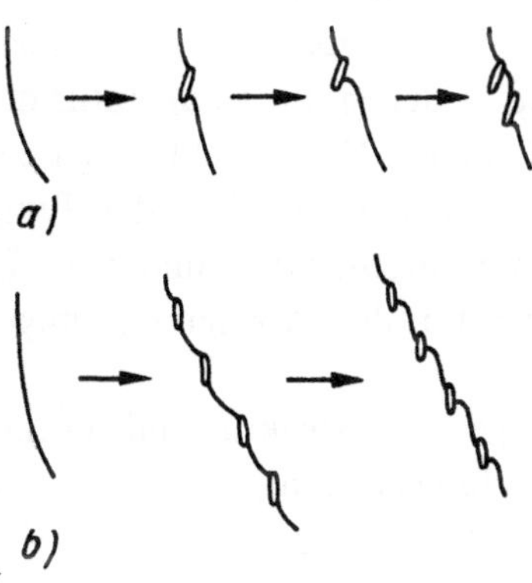

Bild 27. Mechanismus der Zellengenerierung beim diskontinuierlichen Zerfall in Cu—Be-Legierungen [26]
a) ausgehend von einer einzelnen Grenze (gemäß Theorie der »Falten«)
b) Wanderung der Grenze, die zur Bildung vieler Ausscheidungsteilchen führt

Korngrenze infolge ihrer Migration in entgegengesetzte Richtungen bezeichnet werden. Das Anfangsstadium eines derartigen diskontinuierlichen Ausscheidungsprozesses wird durch eine *S*-Morphologie charakterisiert, die sich im Wachstumsprozeß gleichfalls in die »Doppelschicht« umwandelt **(Bild 28)**. Bei höheren Temperaturen der Ausscheidungshärtung ($T > 0.5\,T_L$), bei denen die Migration der Korn-

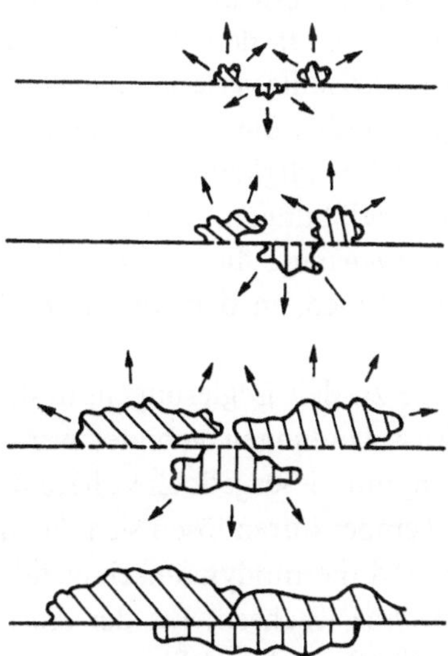

Bild 28. Schematische Darstellung des Übergangs von der dem S-Mechanismus entsprechenden Morphologie zu der Morphologie der »Doppelschicht« [26]

---

[1] Unabhängig von der Morphologie der diskontinuierlichen Ausscheidung genügt die Orientierung der γ-Phase in den Kristalliten der α-Phase der Relation $[110]_{\alpha\|}$ $[100]_y$; $(\bar{1}13]_{\alpha\|}$ $(031)_y$. Beschreibung der Habitusfläche der γ-Phase: $\{225\}$.

grenze noch vor der Ausscheidung verläuft, wird eine Morphologie vom Typ »einer Schicht« beobachtet, weil diese Korngrenzenmigration sich in einer Richtung entwickelt. In [26] wurde sogar die Morphologie der diskontinuierlichen Ausscheidung für eine große Zahl von binären Legierungssystemen analysiert und gezeigt, daß bei Temperaturen der Ausscheidungshärtung unterhalb 0,5 T_L, die im Bereich der Rekristallisationstemperatur liegen, in der Regel die Morphologie des diskontinuierlichen Zerfalls dem Typ »einer Schicht« entspricht.

Die diskontinuierliche Ausscheidung des Typs »Doppelschicht« (auch S-Typ genannt) wird auch in den Fällen beobachtet, in denen die Temperatur der Ausscheidungshärtung höher oder niedriger als 0,5 T_L ist. Es ist nicht auszuschließen, daß diese Abweichungen sich aus der wesentlichen Abhängigkeit der Temperatur der Korngrenzenmigration von der Fremdatomkonzentration und vom Zustand der Korngrenzen ergeben, so daß die Temperatur der Korngrenzenmigration nicht immer zu 0,5 T_L bestimmt werden kann.

Demzufolge ist die Analyse der Änderungen von Struktur und Eigenschaften der Berylliumbronzen im Verlauf der Ausscheidungshärtung äußerst kompliziert, weil der Zerfallmechanismus (kontinuierlicher und diskontinuierlicher Mechanismus der Bildung metastabiler Phasen), ihre Strukturen, die kristallografischen Korrelationen, die Bedingungen des Phasenüberganges und schließlich auch die Besonderheiten der räumlichen Teilchenanordnung dieser Phasen zu berücksichtigen sind.

1.2.2.3.   Anfangsstadien der Ausscheidungshärtung

Die Struktur und Eigenschaften der ausscheidungshärtbaren Legierungen werden in bedeutendem Maße im Zustand der maximalen Verfestigung durch die Strukturveränderungen bestimmt, die in diesen Legierungen in den *Anfangsstadien* des Zerfallsprozesses der primären übersättigten Mischkristalle verlaufen. Die Untersuchung dieser Stadien führt zu zuverlässigeren Angaben über die Ausscheidungshärtung bei niedrigeren Temperaturen, bei denen die Geschwindigkeiten der ablaufenden Vorgänge niedriger sind als bei Hochtemperaturglühungen. Namentlich aus diesem Grunde sind die Vorgänge der *Ausscheidungshärtung*, die die physikalisch-mechanischen Eigenschaften der Legierungen bestimmen, in den erwähnten Stadien zu untersuchen.

Wie bereits erwähnt, gehört die Be-Bronze zu den Legierungen, in denen in den Frühstadien der Ausscheidungshärtung Ausscheidungen gebildet werden, die ein von der Matrix abweichendes Gitter besitzen, mit dieser jedoch kohärent verbunden sind. Im Verlauf der Glühung bei höheren Temperaturen lösen sich die im Anfangsstadium des Zerfallsprozesses entstandenen und thermodynamisch instabilen Keime der γ'-Phase auf, während die stabileren Keime wachsen. Bei der Ausscheidungshärtung bei hohen Temperaturen bleibt die Struktur der γ'-Phase unverändert. Damit wird auch erkennbar, daß der strukturelle Zustand, der sich im Spätstadium (bei hohen Temperaturen) ausbildet und den maximalen Verfestigungsgrad bedingt, vorrangig durch die Stabilität der im Anfangsstadium des Zerfallsprozesses gebildeten Keime bestimmt wird.

Auf **Bild 29** sind Angaben zur Kinetik der Anfangsstadien der Ausscheidungshärtung an den Be-Bronzen BrBe 2 und BrBeNiTi 1,9 bei 150 und 210 °C dargestellt. Bereits in den Anfangsstadien wird eine Erhöhung des Umformwiderstandes
bei kleinen plastischen Verformungen, der sich bei der Ausscheidungshärtung bei
210 °C verdoppelt, beobachtet. Der Widerstand wächst jedoch nicht monoton.

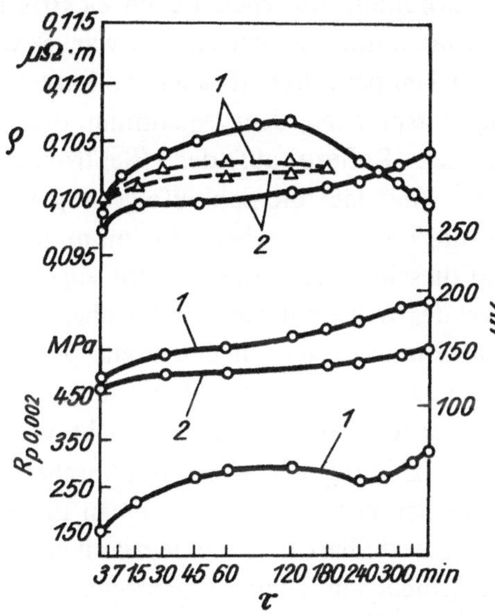

Bild 29. Ausscheidungshärtung
der Bronzen BrBeNiTi 1,9
(——) und BrBe 2 (– – –)
bei 210 °C (*1*) und 150 °C (*2*).
Ausgangszustand: Abschrek-
kung bei 770 + 10 °C

Seine anschließende Verringerung kann im Zusammenhang mit partieller Erholung
infolge der Auflösung instabiler Keime der γ'-Phase gesehen werden. Der ver-
merkte Verfestigungsanstieg entspricht dem Zerfallsstadium, in dem sich einschichtige
Keime der γ'-Phase (oder Guinier-Preston-Zonen) ausbilden, die im Mischkristall
bedeutende elastische Verzerrungen bewirken, wobei die Festigkeit dieser Keime
gering ist. In der Ti-haltigen Bronze verlaufen die Anfangsstadien etwas gehemmt,
da die Ti-Atome stärker an die Leerstellen gebunden sind (0,25 eV) als die Be-Atome
(0,20 eV). Gleichzeitig erhöht sich in der Ti-haltigen Bronze der absolute Maximalwert des spezifischen elektrischen Widerstandes.

Dieser Fakt spricht für eine hohe Dichte der sich bildenden Keime der γ'-Phase,
deren Abmessungen (Radius) der maximalen Streuung der Elektronenwellen entsprechen und ungefähr 1 nm betragen [27]. Die Zeit der Ausscheidungshärtung,
die dem Auftreten dieses Maximums entspricht, ist ein Maß für den höchsten Grad
der Entwicklung der Anfangsstadien des Zerfallsprozesses, in dessen Ergebnis sich
die höchste Teilchendichte einstellt. Bereits in [28] wurde darauf verwiesen, daß die
Erreichung des maximalen spezifischen elektrischen Widerstandes bei der Ausscheidungshärtung jene obere Grenze der Glühtemperaturen charakterisiert, bis
zu der die Guinier-Preston-Zonen existieren. Das Maximum des spezifischen elektrischen Widerstandes charakterisiert nicht nur die Teilchengröße der sich ausscheidenden Phase, sondern auch in gewissem Maße den strukturellen Zustand der
Legierung.

Bei weiterem Halten während der Ausscheidungshärtung bei tiefen Temperaturen entwickelt sich lediglich die Struktur der Keime der auszuscheidenden Phase. Es ist interessant zu vermerken, daß eine Änderung der Eigenschaften bei der Ausscheidungshärtung in den Bronzen BrBeNiTi 1,9 und BrBe 2 bei höheren Temperaturen **(Bild 30)** gleichfalls gestattet, praktisch dasselbe Anfangsstadium des Zerfalls zu registrieren, das auch bei niedrigeren Temperaturen der Ausscheidungshärtung beobachtet wurde und durch die Erhöhung des spezifischen elektrischen Widerstandes bis zur Erreichung seines Maximums gekennzeichnet war. Sowohl bei der Ausscheidungshärtung bei niedrigen Temperaturen als auch bei kurzzeitiger Hochtemperatur-Ausscheidungshärtung entsprechen dem Maximum des spezifischen elektrischen Widerstandes bestimmte Reflexe auf den Elektronogrammen in Richtung des Matrixreflexes. Dieser Fakt läßt die Schlußfolgerung zu, daß unabhängig von der Ausscheidungshärtungstemperatur dem Maximum des spezifischen elektrischen Widerstandes ein und dieselbe Legierungsstruktur zugeordnet werden kann. Weiterhin ist der Absolutwert des Widerstandsmaximums bei der kurzzeitigen Hochtemperatur-Ausscheidungshärtung niedriger (allgemein gilt: je höher die Ausscheidungshärtungstemperatur, um so niedriger ist das Maximum), da unter diesen Bedingungen sich die Anfangsphase des Zerfallsprozesses nicht voll entwickeln kann, weil in diesem Fall neben der Bildung von Keimen kritischer Größe auch weniger stabile Keime entstehen, die bei dieser Temperatur einen Erholungsprozeß durchlaufen. Demzufolge gibt es unzweifelhaft eine Gemeinsamkeit zwischen den strukturellen Prozessen, die in verschiedenen Temperaturbereichen der Ausscheidungshärtung verlaufen, jedoch den Anfangsstadien des Zerfalls entsprechen. Es muß darauf verwiesen werden, daß auch im Anfangsstadium der Hochtemperatur-

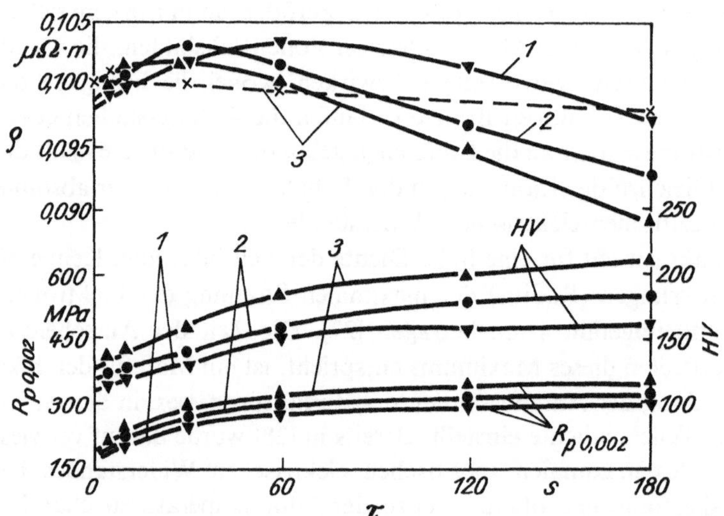

Bild 30. Anfangsstadien der Ausscheidungshärtung in den Bronzen BrBeNiTi 1,9 (————) und BrBe 2 (— — —) bei 300 (*1*), 320 (*2*) und 340 °C (*3*). *Ausgangszustand*: Abschreckung bei 770 + 10 °C

Ausscheidungshärtung ebenso wie bei niedrigen Temperaturen die Anwesenheit des Titans (BrBeNiTi 1,9) zur Verlangsamung der Entwicklung der beschriebenen Prozesse führt.

1.2.2.4. Hochtemperatur-Ausscheidungshärtung

Das größte praktische Interesse besteht in der Untersuchung späterer Stadien der Hochtemperatur-Ausscheidungshärtung, in denen das Optimum der physikalischen und mechanischen Eigenschaften eingestellt wird. Der Einsatz der Bronzen als Federwerkstoff wird von diesen Eigenschaften bestimmt. Als wichtigste Eigenschaft gilt der Umformwiderstand gegenüber kleinen plastischen Verformungen, der von jeder Wechselwirkung abhängt, die in Ausscheidungslegierungen zwischen den sich bewegenden Versetzungen und dispersen Teilchen entsteht. Wie bereits vermerkt wurde, ist der Widerstand gegen mikroplastische oder kleine plastische Deformationen die wichtigste Qualitätskennziffer für Federlegierungen. Je höher dieser Widerstand ist, desto kleiner werden bei gegebenen angreifenden Spannungen die reversiblen und irreversiblen mikroplastischen Deformationen, die derartige unelastische Effekte bewirken, wie z. B. die elastische Hysteresis und die elastische Nachwirkung, aber auch in geringerem Maße Spannungsrelaxation oder Kriechen, d. h. die Kenngrößen, die die Eigenschaften von Federelementen bestimmen.

Die Besonderheiten der Entwicklung der mikroplastischen Deformation in Ausscheidungslegierungen wurden bereits betrachtet. Bezüglich der Spannungsrelaxation ist zu erwähnen, daß die Intensität, mit der sich diese entwickelt, gleichfalls im Zusammenhang mit dem Widerstand gegen mikroplastische Deformation zu sehen ist, weil diese selbst im Ergebnis elementarer zeitlich verzögerter plastischer Verformungsschritte verläuft. Ihre Geschwindigkeit hängt in technischen polykristallinen Legierungen von der Geschwindigkeit der an den Korngrenzen und im Kornvolumen ablaufenden Gleitprozesse ab.

Die Relaxationsbeständigkeit wird von äußeren und inneren Faktoren bestimmt [29]. Zu den ersteren zählen hauptsächlich die Ausgangsspannung, Temperatur, Zeit, Belastungsart u. a. Die Rolle der Wirkspannungen im Relaxationsanfangsstadium wird dadurch ersichtlich, daß sie um so schneller abgebaut werden, je größer sie sind. In dem durch eine stationäre Relaxationsgeschwindigkeit gekennzeichneten Stadium ist der Einfluß der Größe der Ausgangsspannung relativ gering. Am stärksten werden die Vorgänge der Spannungsrelaxation beeinflußt durch die Temperatur, von der die Größe der thermischen Schwingungen der Atome im Gitter, die Intensivierung der Diffusionsprozesse, die ihrerseits auch eine Veränderung der Legierungsstruktur infolge von Reckalterung bewirken kann, abhängen. In ähnlicher Abhängigkeit stehen die Bildung von Keimen oder die Koagulation bereits ausgeschiedener Teilchen der Sekundärphase. Schließlich bestimmt auch die Temperatur, wie bereits erwähnt, die verschiedenen Mechanismen in den Relaxationsvorgängen. Im Vergleich zum Temperatur- und Spannungseinfluß spielt die Dauer der Werkstoffbelastung auch eine wichtige Rolle. Mit der Temperaturerhöhung verstärkt sich in bedeutendem Maße der Einfluß der Werkstoffbelastungsdauer.

Zu den inneren bestimmenden Faktoren zählen die chemische Zusammensetzung, d. h. die Legierungsart, Schmelzmethode, Verarbeitungstechnologie, die letztlich den strukturellen Zustand der Legierung bestimmen. Gewöhnlich wird angenommen, daß die Relaxationsbeständigkeit einer Legierung vorrangig von den inneratomaren Bindungskräften oder, anders ausgedrückt, von der charakteristischen Temperatur abhängt. Außerdem nimmt die Korngröße bedeutenden Einfluß auf die Relaxationsgeschwindigkeit, wobei in Ausscheidungslegierungen alle die Faktoren von großem Einfluß sind, die den Widerstand gegen kleine plastische Verformungen bestimmen, d. h. die Dichte der Sekundärteilchen, deren Art, Homogenität der Teilchenverteilung usw. Dieser strukturelle Zustand soll jedoch thermisch stabil sein unter den Bedingungen der Relaxationsprüfungen, sowohl im statischen als auch zyklischen Belastungsregime.

Neben den angeführten Eigenschaften ist für die Federlegierungen auch die *Ermüdungsfestigkeit* von großer Bedeutung. Nicht zu unterschätzen ist hierbei das Niveau der Restspannungen, von dem die Stabilität der Charakteristika elastischer Elemente abhängt. Im Zusammenhang mit den Besonderheiten des Einsatzes von Berylliumbronzen haben ihre technologischen Eigenschaften eine besondere Bedeutung, z. B. ihre Stanzbarkeit, Formbeständigkeit oder ihre Formänderung bei der Wärmebehandlung, Schweißbarkeit sowie spezielle physikalisch-chemische

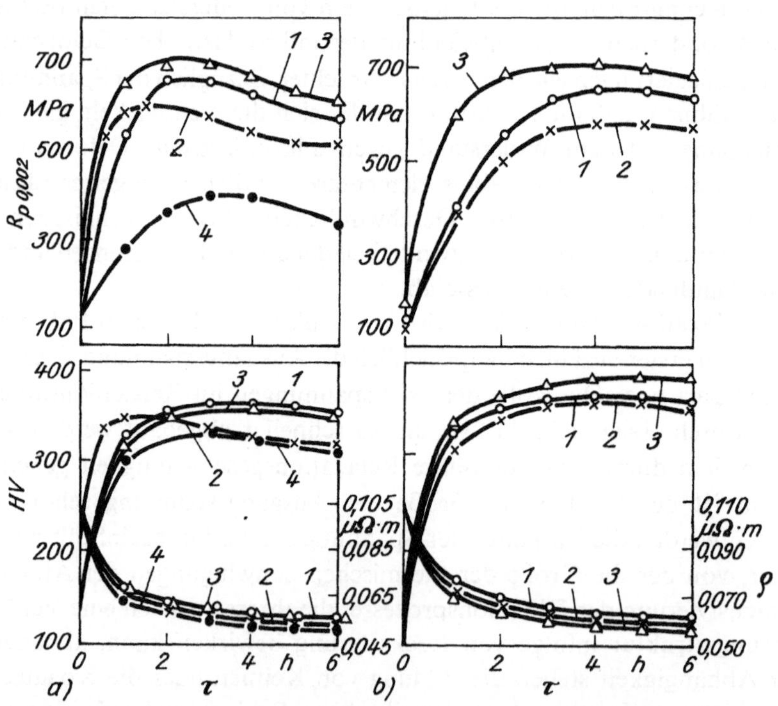

Bild 31. Abhängigkeit der physikalisch-mechanischen Eigenschaften der Berylliumbronzen BrBeNiTi 1,9 (*1*), BrBe 2 (*2*), BrBe 2,5 (*3*) und BrBeNi 1,7 (*4*) von der Dauer der Ausscheidungshärtung
a) bei 340 °C   *b*) bei 320 °C

Eigenschaften, insbesondere Korrosionsfestigkeit und in einer Reihe von Fällen auch die *elektrische Leitfähigkeit*.

Im weiteren werden technisch bedeutungsvolle Berylliumlegierungen, wie BrBe 2,5, BrBe 2, BrBeNiTi 1,9 und BrBeTi 1,7, die im Moskauer Werk für Verarbeitung von Buntmetallen erschmolzen und unter gleichen Bedingungen verarbeitet wurden, betrachtet. Alle durchgeführten Prüfungen erfolgten nach einheitlicher Methodik.

Auf **Bild 31** ist die Änderung der physikalisch-mechanischen Eigenschaften der Berylliumbronzen nach dem Abschrecken (770 + 10 °C) und der Ausscheidungshärtung bei 300 bis 340 °C dargestellt. Die hier angegebenen Temperaturen für das Abschrecken und die Ausscheidungshärtung werden in der Mehrzahl der Fälle bei der Verfestigung der Bronze angewandt. Die Kinetik der Verfestigung und die Änderung des spezifischen elektrischen Widerstandes der Berylliumbronzen, einschließlich auch der Anfangsstadien des Zerfallsprozesses (Bild 30), unterscheiden sich nicht von denen vieler Ausscheidungslegierungen.

Geht man von der Annahme aus, daß der Zerfallsgrad des übersättigten Mischkristalls der Änderung des spezifischen elektrischen Widerstandes proportional ist, so ergibt sich, daß die Abhängigkeit zwischen der Verfestigung und dem Zerfallsgrad bei verschiedenen Temperaturen gleich ist.

Für die Ausscheidungshärtung der Berylliumbronze ist für alle untersuchten Temperaturen der Anstieg des Elastizitätsmoduls sowie die bedeutende Erhöhung des Widerstandes gegen kleine plastische Deformationen charakteristisch. Bei allen Temperaturen und in allen Stadien des Zerfalls des Mischkristalls erhöht sich nicht nur der Elastizitätsmodul **(Tabelle 7)**, sondern auch der Schubmodul, und dies nicht nur bei der Ausscheidungshärtungstemperatur, sondern auch nach der Abkühlung auf 20 °C **(Bilder 32** und **33)**. In bestimmtem Maße kann dieser Effekt mit der Einschränkung der Beweglichkeit der Versetzungen, aber auch mit der Bildung der Sekundärphase, die einen höheren Elastizitätsmodul aufweist, gesehen werden. Die

Tabelle 7. Änderung des Elastizitätsmoduls E bei der Alterung der Berylliumbronze

ϑ, °C	E (GPa) nach der Alterungsdauer, min			
	30	60	120	180
BrBe 2				
300	119	121	123	122
350	121	123	123	123
BrBe 2,5				
350	122	124	123	—
BrBeNiTi 1,9				
320	118	120	123	—
350	119	121	122	—

Anmerkung: Im Ausgangszustand betrug $E = 113$ GPa;
ϑ = Alterungstemperatur

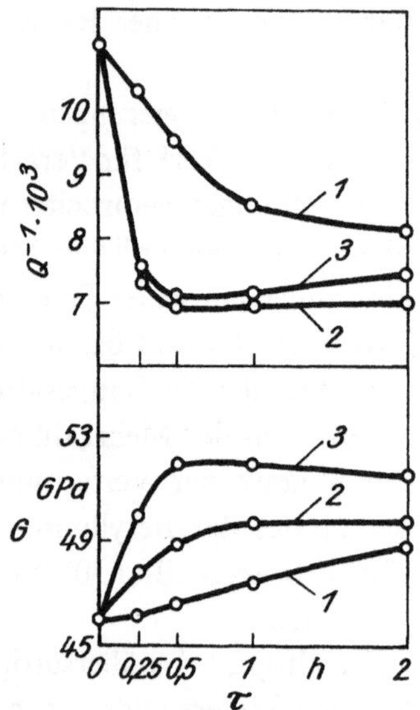

Bild 32. Abhängigkeit der inneren Reibung Q^{-1} und des Schubmoduls G bei 20 °C für die Legierung CuBe 2 von der Ausscheidungshärtungsdauer bei 300 (*1*), 350 (*2*) und 400 °C (*3*) (nach RACHŠTADT/KOPÉV)

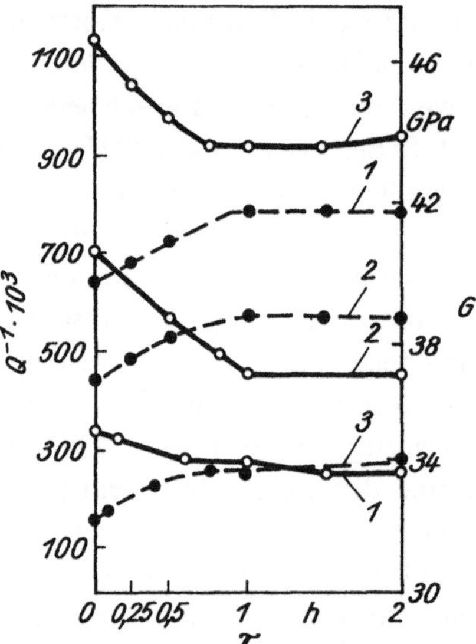

Bild 33. Abhängigkeit der inneren Reibung Q^{-1} (———) und des Schubmoduls G (— — —) für CuBe 2 von der Dauer der Ausscheidungshärtung bei 300 (*1*), 350 (*2*) und 400 °C (*3*). Die Messungen erfolgten bei der Temperatur der Ausscheidungshärtung (nach RACHŠTADT/KOPÉV)

Abnahme der Beweglichkeit der Versetzungen führt zu einer bedeutenden Verringerung der inneren Untergrundreibung (Bild 32). Die Gesetzmäßigkeiten der Änderung des Elastizitätsmoduls in diesen Legierungen sind bei der Ausscheidungshärtung analog, weil der Mechanismus der strukturellen Umwandlungen bei der Ausscheidungshärtung im wesentlichen bei allen Bronzen gleich ist, mit Ausnahme der Bronze BrBe 2, in der neben dem kontinuierlichen Zerfall gleichfalls auch der diskontinuierliche beobachtet wird. Als *optimale Bedingungen* der Wärmebehandlung gelten für folgende Berylliumbronzen:

Bronze	Regime *1*		Regime *2*	
	ϑ, °C	τ, h	ϑ, °C	τ, h
BrBe 2,5	320	3	340	2
BrBe 2	320	4 … 5	340	1,5 … 2
BrBeNiTi 1,9	320	4	340	2 … 3
BrBeNiTi 1,7	320	5	340	3

Anmerkung: Für alle angeführten Bronzen betrug die optimale Abschrecktemperatur 770 + 10 °C; bei 730 °C liegt der Beginn des Kornwachstums.

Typische mechanische, physikalische und technologische Eigenschaften der Berylliumbronzen nach dem Abschrecken und der Ausscheidungshärtung unter optimalen Bedingungen sind in der **Tabelle 8** angeführt.

Tabelle 8. Mechanische, physikalische und technologische Eigenschaften (tabellarische Beträge) der Berylliumbronzen

Bronzemarke	Abschreckhärtung			
	HV	R_m, MPa	A, %	μ*
BrBeNiTi 1,9	90 ... 110	400 ... 500	38 ... 45	10 ... 11
BrBe 2	90 ... 100	400 ... 500	38 ... 40	10 ... 12
BrBe 2,5	90 ... 110	400 ... 500	—	7 ... 8
BrBeNiTi 1,7	90 ... 100	300 ... 400	45 ... 50	10 ... 15
BrBeNiTi 1,9 Mg	90 ... 110	410 ... 510	40 ... 56	10 ... 11

Bronzemarke	Abschreckung und Alterung unter optimalen Bedingungen			
	R_m, MPa	A, %	$R_{p\,0,002}$, MPa	ϱ, $\mu\Omega \cdot$ cm
BrBeNiTi 1,9	1150...1250	4 ... 6	630	0,062
BrBe 2	1150...1250	4 ... 6	600	0,060
BrBe 2,5	—	—	680	0,062
BrBeNiTi 1,7	1000...1100	5 ... 7	400	0,059
BrBeNiTi 1,9 Mg	1150...1250	4 ... 6	730	0,063

* Ziehtiefe nach ERICHSEN für $h = 0,3$ mm.

Der höchste Verfestigungsgrad tritt durch die Bildung von Teilchen der metastabilen γ'-Phase in Form von Lamellen mit einer Dicke von 5 bis 10 nm, parallel zu $\{100\}_\alpha$ und kohärent mit der Matrix ein. Als Folgeerscheinung treten im Umfeld der Teilchen beträchtliche elastische Verzerrungen auf, die die tetragonale Form des Gitters der γ'-Phase bestimmen. Die Ausscheidung der γ'-Phase bewirkt derart hohe Spannungen, die in der Matrixphase zur Bildung von Versetzungen führen und die Entstehung anderer Baufehler nach sich ziehen. Diese haben einen bestimmten Anteil am Anstieg der Verfestigung. Die Verfestigung erreicht ihren maximalen Wert bei der größten Verteilungsdichte der Sekundärteilchen und der maximalen Amplitude des Feldes der inneren Spannungen, das sich im Umfeld der Teilchen aufgebaut hat. Für derartige Kenngrößen der Verfestigung, wie z. B. der Widerstand gegen mikroplastische Deformationen oder die Elastizitätsschwelle, ist die Reibungsspannung des Gitters der Matrixphase von entscheidender Bedeutung, weil die Bewegung der Versetzungen in praktisch ausscheidungsfreien Kornbereichen beginnt. Die Besonderheiten der mikroplastischen Deformationen in Cu—Be-Legierungen und deren Zusammenhang mit der Struktur wurden bereits betrachtet. Zum gegenwärtigen Zeitpunkt ist es jedoch noch nicht möglich, im einzelnen die speziellen Anteile der Versetzungsstruktur und der Ausscheidungen der Sekundärphasen an der Gesamtverfestigung abzuschätzen. Es muß darauf verwiesen werden, daß der Charakter der sich bei der Ausscheidungshärtung formierenden Versetzungsstruktur wegen der hohen Verteilungsdichte der ausgeschiedenen Teilchen der γ'-Phase nicht untersucht werden kann.

Die Analyse der angeführten Ergebnisse zeigt, daß die Bronze BrBeNiTi 1,9 Mg die größte Elastizitätsgrenze aufweist, etwas kleiner die der BrBeNiTi 1,9 und der BrBe 2 ist, während der geringste Wert an der Bronze BrBeNiTi 1,7 gefunden wurde.

Ein Vergleich der *Kinetiken* der Ausscheidungshärtung in den Bronzen BrBe 2 und BrBeNiTi 1,9 zeigt, daß Titanzusätze weder die Geschwindigkeit der Änderung des spezifischen elektrischen Widerstandes (die Geschwindigkeit des Mischkristallzerfalls) noch die Verfestigungsgeschwindigkeit beeinflussen. Eine mit Titan legierte Bronze (BrBeNiTi 1,9) unterscheidet sich jedoch von der Bronze durch ihre höhere Elastizitätsgrenze.

Die Temperatur der Ausscheidungshärtung für Erzeugnisse aus Berylliumbronze wird entsprechend den zu erreichenden mechanischen Eigenschaften ausgewählt. Wenn zur Erreichung der maximalen Elastizitätsgrenze die Temperatur für die Ausscheidungshärtung von Legierungen mit einem Berylliumgehalt von 1,92 bis 2,05% nach Angaben von HON, GERBERT u. a. 330 °C betragen soll, so ist für die Erreichung der maximalen Plastizität eine Temperatur von 318 °C (Ausgangszustand: nach dem Abschrecken) erforderlich, während die Einstellung der maximalen Ermüdungsfestigkeit bei 344 °C erfolgen soll.

Gleichzeitig mit der Erhöhung der Elastizitätsgrenze bei der Ausscheidungshärtung der Bronze sind Steigerungen der Härte (Bild 31) und der Zerreißfestigkeit **(Bild 34)** zu beobachten. Zwischen den Größen der Elastizitätsgrenze und der Härte ist kein eindeutiger Zusammenhang herzustellen, weil die erstere von beiden in engerem Zusammenhang mit der ursprünglichen Feinstruktur (vor der Messung) steht als die zweite. Hieraus folgt, daß alle bis jetzt noch in der Praxis üblichen Methoden für die Prüfung elastischer Elemente aus Berylliumbronze und aus anderen Feder-

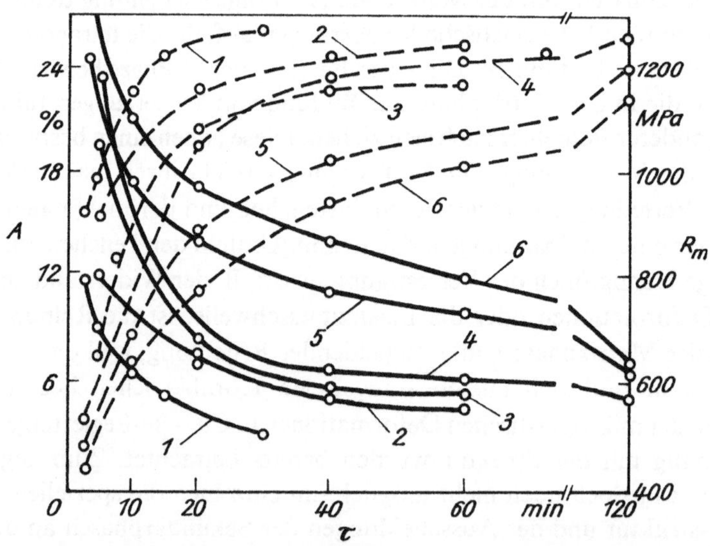

Bild 34. Abhängigkeit der Eigenschaften der Berylliumbronze mit Be-Gehalten von 2,4 (*1* und *4*), 2,0 (*2* und *5*) und 1,9 % (*3* und *6*) von der Dauer der Ausscheidungshärtung bei 300 (*1* bis *3*) und 350 °C (*4* bis *6*)

   - - - - R_m-Abhängigkeit   ——— A-Abhängigkeit

legierungen, deren Prinzip auf der Härtemessung beruht, ausschließlich als Methoden betrachtet werden können, nach denen zwar die Qualität der Wärmebehandlung, aber nicht die Qualität des Erzeugnisses beurteilt werden kann.

Die Elastizitätsgrenze stellt die zuverlässigere Kenngröße für die Beurteilung der Qualität elastischer Elemente dar. Diese Aussage wird gestützt durch Ergebnisse, die bei der Bestimmung von Eigenschaften elastischer Elemente, insbesondere bei der Untersuchung der Hysteresis von Membranen, ermittelt wurden. Der direkte Zusammenhang zwischen der Elastizitätsgrenze und dem Hysteresisbetrag wurde unter Industriebedingungen an Mustern und Erzeugnissen aus der Bronze BrBe 2,5 überprüft und bestätigt. Die Untersuchung der Ermüdungsfestigkeit der Berylliumbronze führte zu einer bestimmten Korrelation zwischen ihr und der Elastizitätsgrenze **(Bild 35)**. Dem Maximalbetrag der Elastizitätsgrenze entspricht auch der Maximalbetrag der Ermüdungsgrenze. Die Existenz eines Zusammenhanges zwischen den erwähnten Eigenschaften, die unter den Bedingungen eines einheitlichen Prüfregimes (Biegeversuch) ermittelt wurden, zeigt, daß es eine bestimmte physikalische Gemeinsamkeit zwischen den strukturellen Prozessen gibt, die zur plastischen Verformung und zu Ausgangszentren für den Ermüdungsbruch führen. Dieses Ergebnis deutet nochmals auf die Empfindlichkeit der Kenngröße Widerstand gegen kleine plastische Deformationen und deren erstrangige Bedeutung für die Federlegierungen hin.

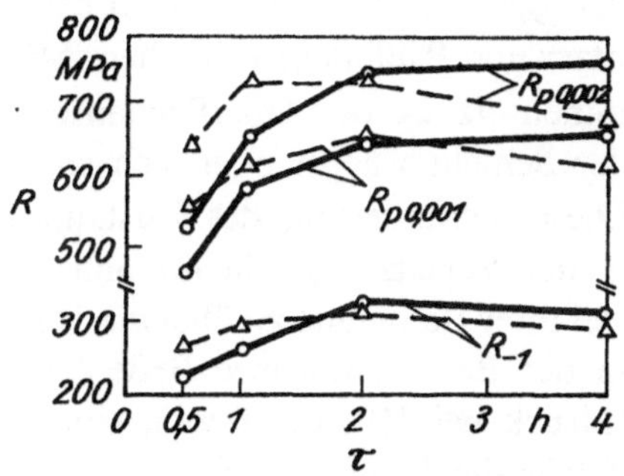

Bild 35. Abhängigkeit der Elastizitätsgrenze und der Ermüdungsfestigkeit R_{-1} der Bronze BrBe 2,5 nach dem Abschrecken und der Ausscheidungshärtung bei 320 (———) und 350 °C (— — —) von der Dauer der Ausscheidungshärtung (nach FEDOROVIČ/ RACHŠTADT)

Eine gründliche Untersuchung der Ermüdungsfestigkeit der Berylliumbronze durch IONYCHEV zeigte die beträchtliche Streuung der zyklischen Prüfungen sowohl bei der Bronze BrBe 2,5 als auch der BrBeNiTi 1,9 im Anschluß an eine übliche Wärmebehandlung **(Bild 36)**. Diese Streuung widerspiegelt neben dem Einfluß struktureller Inhomogenitäten die Rolle des Oberflächenzustandes (Anwesenheit von Rißlinien, Kratzern u. a.). Die nach der Korrelationsmethode ausgewerteten Ergebnisse der zyklischen Prüfungen zeigen, daß die Bronze BrBeNiTi 1,9 eine höhere Ermüdungsfestigkeit besitzt als die Bronze BrBe 2,5.

Es sei darauf verwiesen, daß die *Ermüdungsfestigkeit*, ebenso wie die Elastizitätsgrenze und die Relaxationsfestigkeit der Berylliumbronzen, wesentlich verbessert werden kann, z. B. durch eine Oberflächenbehandlung in Form des elektrochemischen Polierens, in dessen Ergebnis an dünnen Bronzebändern beidseitig Schichten mit einer Dicke von $\approx 10\ \mu m$ abgetragen werden. Eine derartige Bearbeitung der Berylliumbronze führt zur Erhöhung der Elastizitätsgrenze im Falle der BrBeNiTi 1,9 von 700 auf 820 MPa, während die Ermüdungsfestigkeit der Bronze BrBe 2 um 18 % angehoben wird.

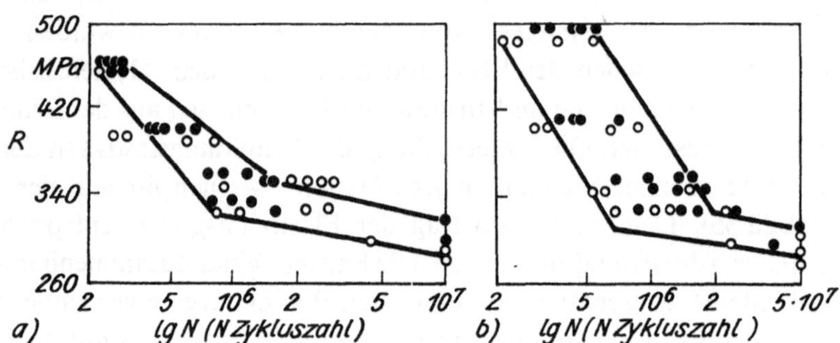

Bild 36. Ermüdungsfestigkeit der Bronzen BrBeNiTi 1,9 (*a*) und BrBe 2,5 (*b*) nach dem Abschrecken und der Ausscheidungshärtung bei 320 °C, 2 h (nach IONYCHEV)

○ Längsproben　　　　　　　　　● Querproben

Die Ursachen für die Verbesserung der aufgezeigten Eigenschaften sind in erster Linie in der Entfernung der gewöhnlich gestörtesten Metallschicht bei gleichzeitiger Glättung der Spannungszentren (Kratzer und Rißlinien) zu suchen. Möglicherweise ändert sich hierbei auch die Zusammensetzung der Oberflächenschicht, da insbesondere der Sauerstoffgehalt in der Schicht wächst oder sich sogar kohärente Oxidschichten ausbilden können. Diese Veränderung des Zustandes der Oberflächenschicht führt zur Blockierung der Versetzungen in ihr und damit zur Erhöhung des Widerstandes, den diese bei ihrer Bewegung zu überwinden haben. Nach Untersuchungen von MARGANIA[1] an der Berylliumbronze BrBe 2 bildet sich im Ergebnis einer Glühung bei Normaldruck bei 360 °C, 20 min, eine 60 bis 70 nm dicke Oxidschicht, die mit der Oberfläche der Bronze stoffschlüssig verbunden ist. Eine sich anschließende Vakuumglühung (360 °C, 60 min) garantiert die Einstellung hoher Elastizitätsgrenzwerte. Dieser Wärmebehandlungsprozeß wurde erfolgreich in die Produktion von Relais übergeleitet.

Von ausschlaggebender Bedeutung für die Beurteilung der Kenngrößenstabilität elastischer Elemente ist die Spannungsrelaxation in Berylliumbronzen. Die Prüfungen erfolgten nach einer Methodik zur Bestimmung der Größe der plastischen Verformung [30], weil für viele elastische Elemente diese Größe sogar bedeutender ist als die Änderung der Wirkspannungen. Es konnte gezeigt werden, daß bei wirkender Spannung, die der Elastizitätsgrenze entsprach, die Bronze BrBeNiTi 1,9 die höchste *Relaxationsfestigkeit* aufweist (Tabelle 8 und **Bild 37**). Die geringste Relaxationsfestigkeit bei Normaltemperatur besitzt die Bronze BrBe 2,5, die noch unter der

---

[1] MARGANIA, T. A.: Untersuchung des Einflusses der Wärmebehandlung auf die Eigenschaften der Kupferbasis-Federlegierungen BrBe 2, BrSnP. Autoreferat der Dissertation A, Moskau.

niedriger legierten Bronze BrBe 2 liegt. Die Ursache für diesen Unterschied in der Relaxationsfestigkeit kann nur mit dem Einfluß der äußerst inhomogenen Primärstruktur der Bronze BrBe 2,5 erklärt werden. Die Anwesenheit von hinreichend großen Bereichen der Sekundär-β-Phase führt in dieser Bronze zu einer starken Lokalisierung der plastischen Deformation (Anhäufung von Versetzungen) im Bereich dieser Einschlüsse, wodurch auch die thermische Aktivierung des Gleitprozesses bei Dauerbelastung erleichtert wird.

Im Ergebnis der Langzeitprüfungen (180000 h) unter diesen Belastungen erwies sich wiederum die Bronze BrBeNiTi 1,9 als relaxationsbeständiger im Vergleich zur Bronze BrBe 2 (Bild 3), in der gewöhnlich der diskontinuierliche Grenzzerfall abläuft.

Bei höheren Temperaturen wird die Spannungsrelaxation stark beschleunigt, insbesondere in der Bronze BrBe 2 und noch intensiver in der Bronze BrBe 2,5. Bei 150 °C ist die Beständigkeit der Bronze BrBeNiTi 1,9 mehrfach höher als die der Bronze BrBe 2,5 infolge der Intensivierung des Gleitprozesses in letzterer an den Stellen, an denen sich die Sekundär-β-Phase befindet. Es ist nicht auszuschließen, daß geringe Titanzusätze in der BrBeNiTi 1,9 die bekannte Stabilisierung der Substruktur bewirken.

Die bereits gemachten Angaben über die Relaxationsfestigkeit bei 20 °C bezogen

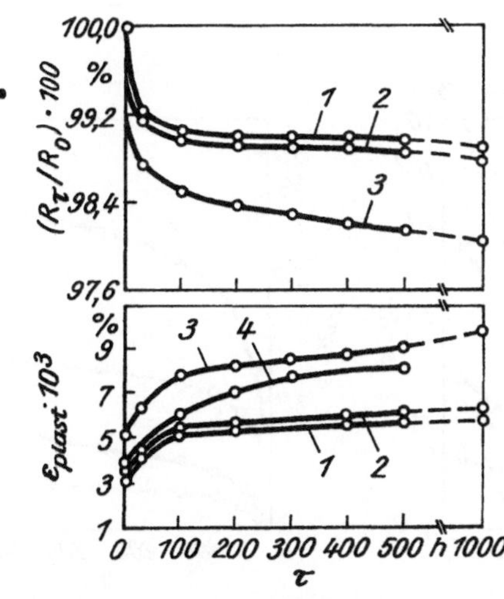

Bild 37. Spannungsrelaxation in Berylliumbronzen bei statischer Belastung bei 20 °C. *Ausgangszustand*: Abschreckung und Ausscheidungshärtung unter optimalen Bedingungen

1 — BrBeNiTi 1,9 (R = 650 MPa)
2 — BrBe 2,5 (R = 700 MPa)
3 — BrBe 2 (R = 600 MPa)
4 — BrBeNiTi 1,7 (R = 450 MPa)

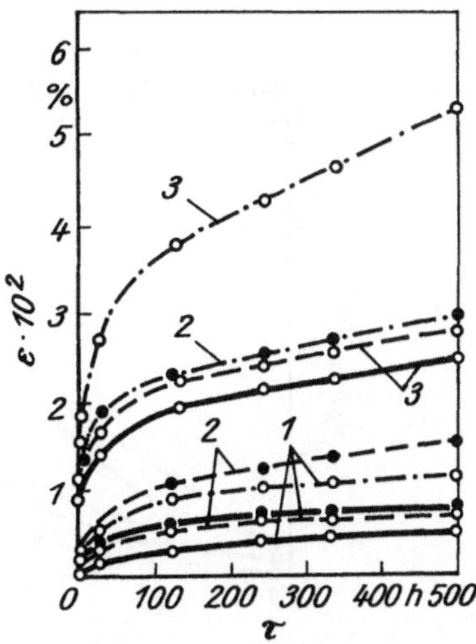

Bild 38. Zeitabhängigkeiten der Kriechverformung ε der Bronze BrBeNiTi 1,9 bei 20 (*1*), 100 (*2*) und 150 °C (*3*) nach der Abschreckung und Ausscheidungshärtung bei 300 °C, 3 h (nach FEDEROVIČ/RACHŠTADT)

Aufgebrachte Spannungen:
——— 0,8 $R_{p0,002}$ = 500 MPa
– – – $R_{p0,002}$ = 620 MPa
—.—.— 1,2 $R_{p0,002}$ = 740 MPa

sich auf die Bronze nach der Wärmebehandlung, die zu einem hohen Verfestigungsgrad führt. Jedoch in einer abgeschreckten oder nicht vollständig ausscheidungsgehärteten Bronze verläuft die Spannungsrelaxation bei 200 °C anomal [31] in der Hinsicht, daß im Prüfprozeß die Spannungen mit umgekehrtem Vorzeichen wachsen, die den Verformungscharakter elastischer Elemente der Wärmebehandlung bestimmen. Einen ähnlichen Effekt beobachteten PAVLOV und GAJDIUKOV an der Silizium-Mangan-Bronze BrSiMn 3—1. Dieser Effèkt der negativen Relaxation hängt mit der Volumenänderung im Ergebnis der Phasenumwandlungen während des Prüfprozesses zusammen. Als Ursache der anomalen (negativen) Relaxation der Spannungen in der Berylliumbronze ist gleichfalls ein Volumeneffekt, der bei Umwandlungen im Prüfprozeß bei einer Temperatur oberhalb der Temperatur der vorangegangenen Ausscheidungshärtung auftritt, zu nennen.

Die bezüglich der Relaxationsfestigkeit der Bronze gemachten Angaben sind von entscheidender Bedeutung, weil bei geringer Änderung der abschwellenden Spannung die eingetretenen plastischen Verformungen mit bekannter Näherung auch als *Kriechverformung* betrachtet werden können. Im Zusammenhang mit dem Problem der Sicherung stabilerer Eigenschaften der elastischen Elemente wurden Untersuchungen zum wahren Kriechverhalten der Berylliumbronze BrBeNiTi 1,9 durchgeführt. Hierbei wird die *Kriechverformung* durch die Größe der plastischen Deformation charakterisiert, die im reinen Biegeversuch an dünnem Blech aufgenommen

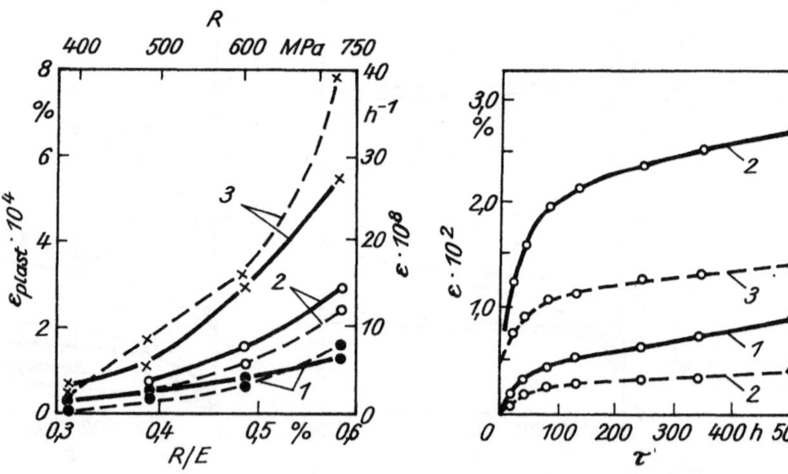

Bild 39. Abhängigkeiten der Kriechverformung ε (———) und der Kriechgeschwindigkeit ε̇ (———) der Bronze BrBeNiTi 1,9 bei 20 (*1*), 100 (*2*) und 150 °C (*3*) von der aufgebrachten Spannung (der elastischen Verformung) bei 500 h

Bild 40. Zeitabhängigkeiten der Kriechverformung bei 100 °C der Bronze BrBeNiTi 1,9 nach der Abschreckung und Ausscheidungshärtung bei 300 °C, 3 h (———) und nach der Abschreckung und Verformung mit einer Abnahme von 10 % und anschließender Ausscheidungshärtung bei 300 °C, 3 h (———). *Aufgebrachte Spannungen*: 600 (*1*), 720 (*2*) und 860 MPa (*3*)

wurde. Auf **Bild 38** wird die Änderung der Kriechverformung dieser Bronze nach dem Abschrecken und der Ausscheidungshärtung bei 300 °C, 3 h, in Abhängigkeit von den angelegten Spannungen im Intervall von 0,6 bis 1,2 $R_{\mathrm{p}\,0,002}$ und von der Prüftemperatur dargestellt. Bei aufgebrachten Spannungen oberhalb der Elastizitätsgrenze wird die Kriechverformung stark beschleunigt. Dieser Effekt tritt sowohl bei normalen Temperaturen als auch bei Erwärmung ein **(Bild 39)**. Offensichtlich ist eine hohe Stabilität elastischer Elemente aus Berylliumbronze nur bei 150 °C nicht übersteigenden Betriebstemperaturen zu erwarten. Bei Betriebstemperaturen bis zu 150 °C verringert sich die Kriechverformung in dem Fall wesentlich, wenn nach der Abschreckung eine geringfügige plastische Verformung ($\approx 10\%$) erfolgt, die z. B. beim Stanzen vieler Typen elastischer Elemente unvermeidbar ist. Im Anschluß daran wird die Ausscheidungshärtung durchgeführt. In diesem Fall kann die Kriechverformung bedeutend verringert werden **(Bild 40)**. Weiterhin verringert sich gleich-

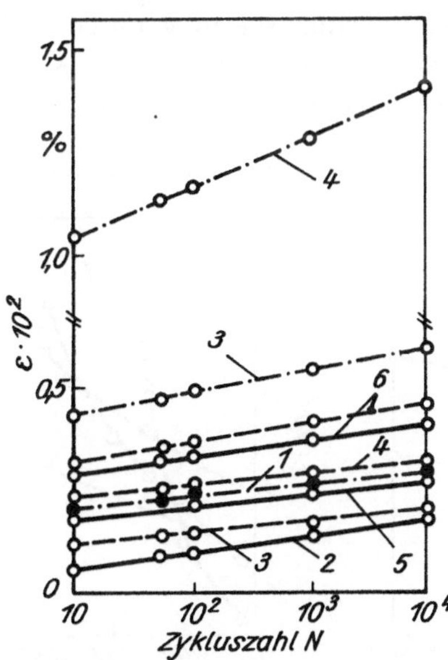

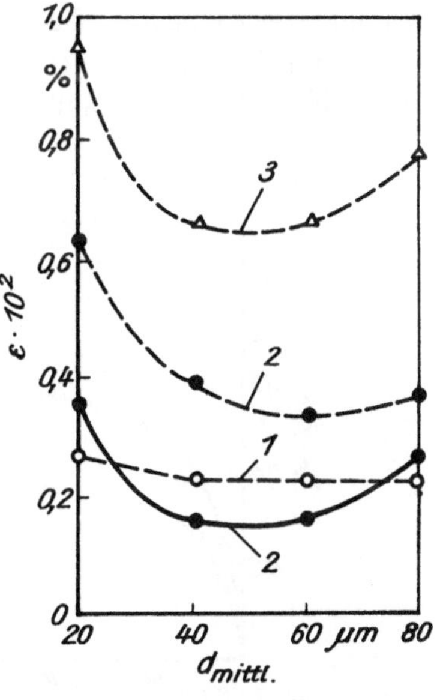

Bild 41. Verformung bei zyklischer Relaxation der Bronze BrBeNiTi 1,9 bei 100 °C nach Abschreckung und Ausscheidungshärtung bei 300 °C, 3 h (—·—), Abschreckung, Verformung mit einer Abnahme von 10 % und Ausscheidungshärtung bei 300 °C, 3 h (———) sowie Abschreckung, Verformung mit einer Abnahme von 10 % und Ausscheidungshärtung bei 300 °C, 6 h (———) (nach Fedorovič)

Ausgangsspannungen:

1 — 480 MPa	*4* — 690 MPa
2 — 550 MPa	*5* — 715 MPa
3 — 580 MPa	*6* — 780 MPa

Bild 42. Abhängigkeit der Kriechverformung der Bronze BrBeNiTi 1,9 bei 20 (———) und 100 °C (———) von der mittleren Korngröße $d_{\mathrm{mittl.}}$ nach Abschreckung und Ausscheidungshärtung bFi 300 °C (nach Fedorovič/Rachštadt)

Aufgebrachte Spannungen:

1 — 510 MPa	*3* — 690 MPa
2 — 600 MPa	

falls der durch zyklische Belastung **(Bild 41)** anwachsende Verformungsanteil, insbesondere nach langfristiger Ausscheidungshärtung. Im Zusammenhang mit der Erhöhung der Kriechfestigkeit ist das Problem der optimalen Korngröße von großer Bedeutung. Bei statischen Prüfungen der Berylliumbronze wird die kleinste Kriechverformung bei einer Korngröße von 30 bis 60 µm[1] an 0,3 mm dicken Proben erreicht **(Bild 42)**. Bei noch geringeren Korngrößen erhöht sich durch Gleitmechanismen die Verformung, weil mit kleineren Körnern die Schubfestigkeit ansteigt. Bei Grobkorn wächst die Kriechverformung als Folge der intensiven Abgleitungen innerhalb der Kristallite aber auch im Ergebnis der freien Drehung der Kristallite, die die Oberfläche dünner Proben bilden. Bei der Prüfung der zyklischen Relaxation (oder des zyklischen Kriechens) werden geringste Verformungen an Bronzen mit Korngrößen von 70 µm (bei einer Probendicke von 0,3 mm) erreicht.

Es bietet sich somit die Schlußfolgerung an, daß die Kriechverformung der Berylliumbronze BrBeNiTi 1,9 und folglich damit die Erhöhung der Stabilität elastischer Elemente durch Abschreckung und eine sich anschließende geringe plastische Verformung sowie eine abschließende Ausscheidungshärtung, durch die Einstellung einer bestimmten Korngröße (hierbei hängt die optimale absolute Korngröße von der Dicke des metallischen Halbzeugs ab) und durch eine zweifache Ausscheidungs-

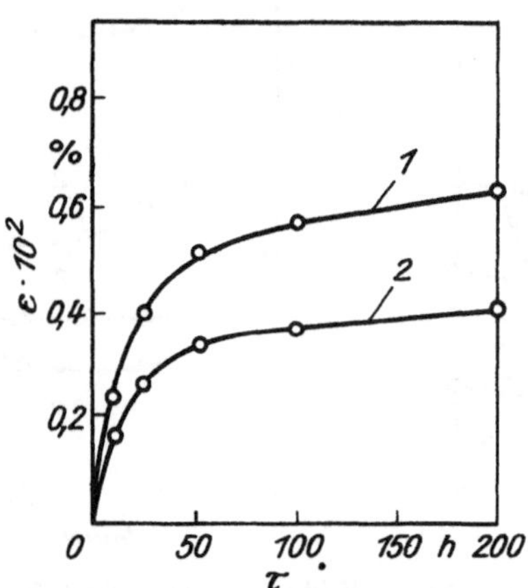

Bild 43. Kriechverformungskurven für die Bronze BrBeNiTi 1,9 nach Abschreckung und Ausscheidungshärtung bei 350 °C, 1,5 h (*1*) sowie nach der Abschreckung und zweistufiger Ausscheidungshärtung bei 350 °C, 1,5 h und 300 °C, 6 h (*2*). *Prüfbedingungen*: $R = 600$ MPa; $\vartheta = 100$ °C (nach FEDOROVIČ/ RACHŠTADT)

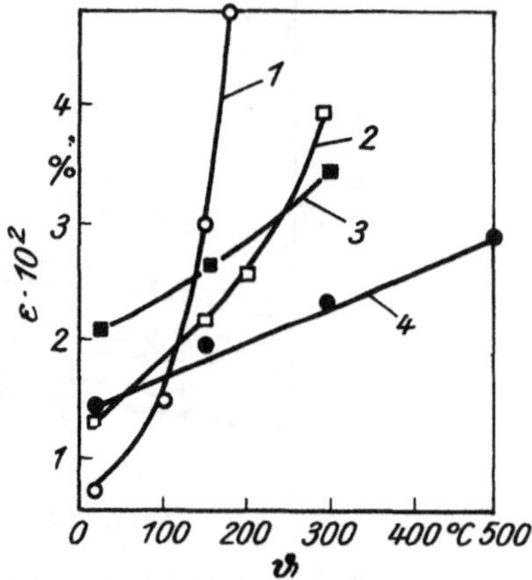

Bild 44. Abhängigkeit der Kriechverformung in den Federlegierungen BrBeNiTi 1,9 (*1*), 36 NCHTJu (*2*), 36 NCHTJuM 8 (*3*) und CHN 68 VKTJu (*4*) von der Prüftemperatur bei Spannungen in der Größenordnung der Elastizitätsgrenze (nach FEDOROVIČ/ RACHŠTADT)

1 — 600 MPa　　　*3* — 860 MPa
2 — 720 MPa　　　*4* — 700 MPa

---

[1] Unterschiedliche Korngrößen wurden durch Abschrecken ab 770 bis 780 °C, Stauchverformung von 2 bis 40 % und wiederholtes Abschrecken ab 770 bis 780 °C, 30 min erreicht. Anschließend folgte die Ausscheidungshärtung bei 320 °C, 2 h.

härtung (**Bild 43**, Kurve *2*) erreicht werden können. Gleichfalls kann die Kriechverformung, die die Stabilität elastischer Elemente bestimmt, durch Anwendung folgender Verarbeitungsbedingungen nach Fedorovič eingeschränkt werden: Abschrecken, Ausscheidungshärten, geringe plastische Verformung und zusätzliche Ausscheidungshärtung bei 200 bis 250 °C. Hierbei steigt im Vergleich zu der herkömmlichen Verarbeitung die Elastizitätsgrenze $R_{p\,0,002}$ von 600 auf 750 MPa, während sich die Kriechfestigkeit 2- bis 4fach erhöht.

Eine interessante Gegenüberstellung ergibt sich aus dem Vergleich der Kriechverformung und -geschwindigkeit der wichtigsten Federlegierungen bei Spannungen in der Nähe der Elastizitätsgrenze oder besser bei gleicher elastischer Verformung $R_{\mathrm{elast.}}/E = 0,50/0,58$. Diese auf **Bild 44** und **45** dargestellte Gegenüberstellung zeigt, daß unter Betriebsbedingungen bis zu 150 °C die Berylliumbronze die beste Legierung ist, weil bei höheren Temperaturen die austenitischen Legierungen 36 NHTJu und 36 NHTJuM 8 sowie die Nickel-Chrom-Legierung HN 68 VKTJu höhere Kriechfestigkeiten aufweisen (Zusammensetzung der Legierung HN 68 VKTJu gemäß TU 14-1-1360-75 in %: Cr 18 bis 20; W 9 bis 10,5; Ti 2,75 bis 3,25; Al 1,3 bis 1,8; Co 5,5 bis 6,5; C $\leq$ 0,05; B $\leq$ 0,005). Diese Angaben belegen den hohen Wert der Berylliumbronze, die für die Herstellung bis zu 150 °C belastbarer elastischer Elemente eingesetzt wird.

Eine äußerst wichtige Charakteristik für Federlegierungen ist der *zyklische Relaxationswiderstand*, d. h. die Relaxation bei zyklischer Belastung, die durch die Größe der bleibenden Verformung charakterisiert werden kann. **Bild 46** zeigt die Ergebnisse der Prüfung der zyklischen Relaxation, aus denen folgt, daß die Bronze BrBeNiTi 1,9 nur geringfügig besser ist als die Bronze BrBe 2. Der Vergleich der

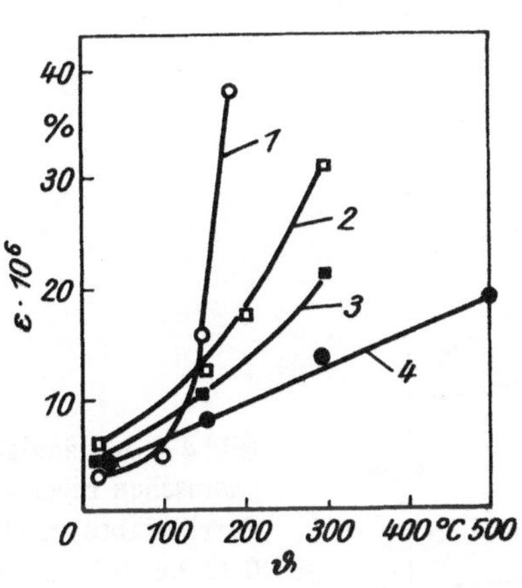

Bild 45. Abhängigkeit der Kriechgeschwindigkeit ε der Federlegierungen von der Prüftemperatur (nach Fedorovič/Rachštadt)
Bezeichnungen s. Bild 44

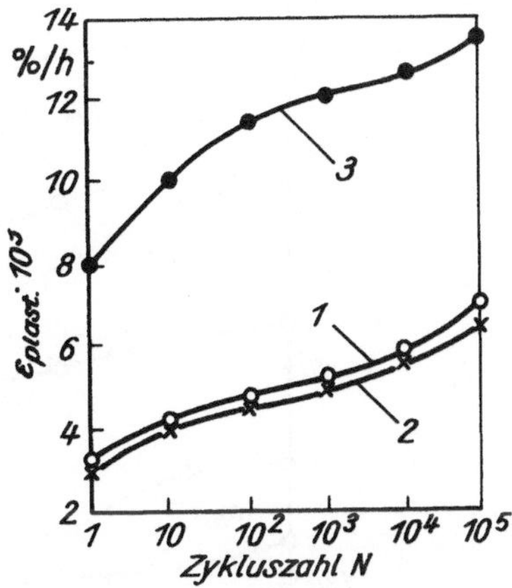

Bild 46. Zyklische Spannungsrelaxation ($R = R_{p\,0,002}$) in den Bronzen BrBe 2 (*1*), BrBeNiTi 1,9 (*2*) und BrBe 2,5 (*3*). *Ausgangszustand*: Abschreckung und Ausscheidungshärtung unter optimalen Bedingungen

zyklischen Relaxation der Bronzen BrBe 2,5 und BrBeNiTi 1,9 bei 20 °C wies eindeutige Vorteile für letztere aus. Gemessen an der Größe der zyklischen Relaxation bei 20 °C ist die Bronze BrBeNiTi 1,9 stabiler als die austenitische Legierung 36 NHTJuM 8, die ihrerseits jedoch stabiler ist bei 120 °C (nach Angaben von IONCEV).

Für die Festlegung der Einsatztemperaturen für elastische Elemente aus Berylliumbronze sind Angaben über die Änderung der Elastizitätsgrenze in Abhängigkeit von der Temperatur von außerordentlicher Bedeutung. Im Temperaturbereich von 100 bis 150 °C liegt die obere Betriebstemperatur für die Berylliumbronze. Dafür sprechen gleichfalls die bei der Prüfung des Kriechverhaltens oder der Relaxationsfestigkeit geglühter Bronze erhaltenen Ergebnisse (Bilder 4 und 39).

Im Zusammenhang damit können in vielen Fällen elastische Elemente auch bei niedrigen Temperaturen betrieben werden. Deshalb sind die Angaben zu den mechanischen Eigenschaften der Berylliumbronze bei diesen Temperaturen von besonderer Bedeutung.

Mit der Senkung der Prüftemperatur für abschreckgehärtete Bronzen erhöhen sich die Festigkeit und der Elastizitätsmodul, während sich die Plastizität und die Kerbschlagzähigkeit verringern. Die Verringerung der Kerbschlagzähigkeit ist für Metalle mit kubisch flächenzentrierter Matrix (kfz) anomal. Jedoch nach Abschreckung und Ausscheidungshärtung **(Bild 47)** oder Abschreckung, Verformung und Ausscheidungshärtung, d. h. in normalen Einsatzzuständen der Berylliumbronze, wird mit Verringerung der Prüftemperatur ein Anstieg der Festigkeitseigenschaf-

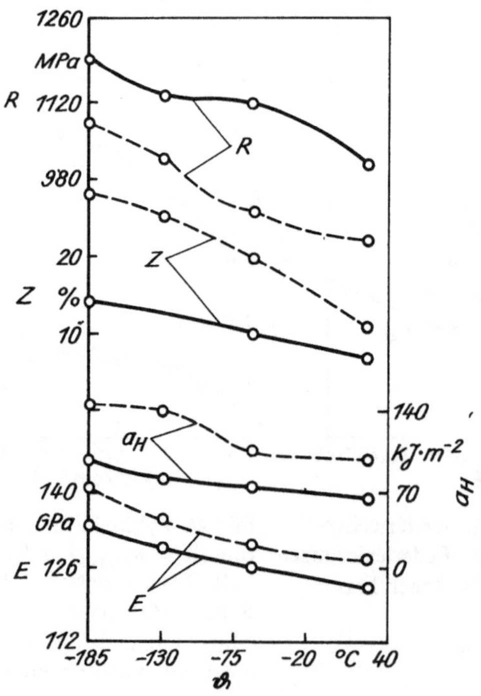

Bild 47. Abhängigkeit der mechanischen Eigenschaften der Berylliumbronze (1,86 % Be; 0,22 bis 0,28 % Co) nach Abschreckung und Ausscheidungshärtung (———) sowie nach Abschreckung, Verformung und Ausscheidungshärtung (———) von der Prüftemperatur (nach RICHARDS/BRIK)

ten und des Elastizitätsmoduls vermerkt. Unter diesen Bedingungen erhöhen sich gleichfalls die Plastizität und die Kerbschlagzähigkeit. Plastizität und Zähigkeit steigern sich maximal nach Abschluß der in der Legierung ablaufenden Umgruppierung. Die Ursachen für diese Eigenschaftsänderungen in der Berylliumbronze bei verminderten Temperaturen sind noch nicht bekannt.

1.2.3.   Einfluß der thermomechanischen Behandlung bei niedrigen Temperaturen auf die Struktur und die Eigenschaften der Bronzen

1.2.3.1.   Einfluß der plastischen Kaltverformung

Die plastische Kaltverformung gehärteter Berylliumbronzen führt zu einer beträchtlichen Veränderung der physikalischen und mechanischen Eigenschaften. Gleichzeitig sei darauf verwiesen, daß die Zerfallsprozesse in gehärteten und anschließend verformten Bronzen in einem breiten Temperaturbereich, der die Anfangs- und späteren Stadien dieses Prozesses einschließt, bisher noch unzureichend untersucht worden sind. Außerdem wurde früher nur die klassische technologische *thermomechanische Behandlung* (TMB), d. h. Abschrecken, plastische Kaltverformung und Ausscheidungshärtung, untersucht. Die hierbei relativ »tiefen« Temperaturen führen zu der Abkürzung TTMB. Auf der Grundlage der Untersuchung früherer Stadien in bei der Ausscheidungshärtung der Berylliumbronze ablaufenden Umwandlungsprozessen [21, 32] wurden (s. Abschnitte 1.5., 1.6.) neue technologische Bedingungen geschaffen, die die Erhöhung der physikalischen, mechanischen und technologischen Eigenschaften der Bronzen bewirken. Zu einem derartigen Wärmebehandlungsregime gehört z. B. die Stufenausscheidungshärtung. Gleichfalls soll darauf verwiesen werden, daß sogar im Rahmen des klassischen technologischen Regimes TTMB bisher sein Einfluß auf die Stabilität des entstehenden Strukturzustandes sowie auch auf das Niveau und die Verteilung der Restspannungen nicht ermittelt werden konnte. In ähnlichem Maße ist der Einfluß der TTMB auf solch eine wichtige technologische Eigenschaft, wie z. B. die Krümmung (Krummziehen), an elastischen Elementen noch nicht bekannt. (Fragen der Verformung (Krummziehen) und der Restspannungen s. Abschn. 1.7.). Schließlich ist auch der Einfluß der TTMB auf die Bruchmechanik der Berylliumbronze weitestgehend offen.

Im weiteren werden Fragen erörtert, die nicht nur für die Anwendung von Berylliumbronzen, sondern auch von anderen ausscheidungshärtbaren Kupferbasislegierungen von Bedeutung sind.

Die Untersuchung des Einflusses des Grades der plastischen Kaltverformung auf die Eigenschaften der Berylliumbronzen zeigte, daß ein merklicher Verfestigungszuwachs, insbesondere eine Erhöhung der Elastizitätsgrenze $R_{p\,0,002}$, bereits bei geringen Verformungsgraden zu verzeichnen ist. Nach einer 10%igen Verformung der Bronze BrBeNiTi 1,9 verdoppelt sich die Elastizitätsgrenze $R_{p\,0,002}$, während sich die Härte (HV) auf weniger als das 1,5fache erhöht. Bei weiterer Erhöhung des Verformungsgrades sinkt der Zuwachs an Verfestigung **(Tabelle 9)**. Dieses Er-

Tabelle 9. Einfluß des Verformungsgrades bei der Kaltverformung auf die Eigenschaften der Berylliumbronzen

Eigenschaft	Nach der Härtung 770 + 10 °C, 15 min	Nach der Härtung und Verformung mit einem Verformungsgrad von (%)		
		10	15	33
BrBeNiTi 1,9				
$R_{p\,0,002}$, MPa	120	240	–	460
HV	100	150	–	230
ϱ, $\mu\Omega \cdot m$	0,098	0,101	0,102	0,103
BrBe 2				
$R_{p\,0,002}$, MPa	120	220	260	440
HV	100	140	165	230
ϱ, $\mu\Omega \cdot m$	0,098	0,101	0,102	0,102

gebnis ist typisch für Metalle und Mischkristalle mit einem kfz-Gitter. Unter diesen Bedingungen erhöht sich jedoch ständig das Verfestigungsniveau. Der Verfestigungsanstieg in der Berylliumbronze im Ergebnis der plastischen Verformung ist im Zusammenhang mit wesentlichen Veränderungen der Feinstruktur, d. h. mit dem Wachstum der *Versetzungsdichte*, zu sehen. Dieses Ergebnis wird durch die physikalische Verbreiterung der Diffraktionslinien von $0,67 \cdot 10^{-3}$ rad (nach Abschreckung) bis zu $3,33 \cdot 10^{-3}$ rad nach der Verformung um 5% und bis zu 6,3 $\times 10^{-3}$ rad nach einer Verformung um 50% bestätigt. Gleichzeitig verkleinern sich die Bereiche der kohärenten Streuung von $27 \cdot 10^{-6}$ cm im Ausgangszustand bis zu $3 \cdot 10^{-6}$ cm nach der Verformung um 50%. Die Transmissionselektronenmikroskopie zeigt direkt, daß sich ungeachtet der Verringerung der Packungsfehlerenergie [33] während des Verformungsprozesses im α-Mischkristall eine *Versetzungszellstruktur* ausbildet, wobei mit der Erhöhung des Grades der plastischen Verformung bis zu 30 bis 35% die Versetzungsdichte an den Zellgrenzen schroff ansteigt. Die Größe dieser Zellen verringert sich, wobei die einzelnen Zellabmessungen äußerst ungleichmäßig sind.

Der im Verlauf der Verformung beobachtete Zuwachs des spezifischen elektrischen Widerstandes ist nicht nur das Ergebnis des Wachsens der Baufehlerdichte, sondern auch in bestimmtem Maße die Folge der Bildung von Suzuki-Atmosphären an den entstehenden Packungsfehlern. Ungeachtet dessen werden nach den Angaben der Verfasser während des Verformungsvorganges auf den Mikrodiffraktogrammen keinerlei Anzeichen der elementarsten Anfänge der Zerfallsstadien des übersättigten Mischkristalls registriert.

Eine charakteristische Besonderheit des in der gehärteten Bronze auf Berylliumbasis durch Kaltwalzen eintretenden Zustandes ist die hohe Inhomogenität in der Verteilung der zonal ausgebildeten Spannungen und Versetzungen. Dafür spricht die schroffe Anisotropie der Elastizitätsgrenze sowie, wenn auch in bedeutend geringerem Maße, die Anisotropie des spezifischen elektrischen Widerstandes.

So beträgt in der Querrichtung des Bandes die Biegeelastizitätsgrenze $R_{p0,005}$ der abschreckgehärteten und um 20 und 50% verformten Bronze BrBeNiTi 1,9 entsprechend 460 und 580 MPa, während diese in der Längsrichtung merklich kleiner ist — entsprechend 350 und 420 MPa. Nach der Verformung deutet sich eine schwach ausgeprägte Anisotropie des spezifischen elektrischen Widerstandes an, der in der Querrichtung 0,114 und 0,117 $\mu\Omega \cdot$ m und in der Längsrichtung entsprechend 0,111 und 0,112 $\mu\Omega \cdot$ m beträgt. Nach der Ausscheidungshärtung bleibt die Anisotropie der Elastizitätsgrenze noch erhalten. So ergeben sich nach der Ausscheidungshärtung einer um 50% verformten Bronze bei 300 oder 370 °C maximale Größen für die Elastizitätsgrenze $R_{p0,005}$ von 1180 und 1200 MPa, die gleichfalls in der Querrichtung gemessen werden, während jedoch die relativ größte Steigerung der Elastizitätsgrenze nach der Ausscheidungshärtung, die entsprechend Größen von 1030 und 1060 MPa erreicht, an Längsproben gemessen wird.

Untersuchungen zur mikroplastischen Verformung in der Berylliumbronze (1,9% Be und 0,2% Co) zeigten [34], daß die Reibungsspannungen des Gitters nach dem Abschrecken oder nach dem Abschrecken und einer plastischen Kaltverformung (Walzen mit einer Abnahme von 40%) praktisch vergleichbar sind. Die angeführten Werte zeugen davon, daß in allen beschriebenen Werkstoffzuständen einige Versetzungen sich in der verformten Legierung im Volumen der Zellen, wo deren Dichte gering ist, frei bewegen können und gleichfalls in der Legierung nach der Ausscheidungshärtung infolge einer starken Verringerung der Versetzungsdichte — in den Bereichen zwischen den Ausscheidungen, ohne die letzteren zu schneiden. Von bestimmtem Interesse sind auch die Angaben zur Mikrofließgrenze der Bronze, d. h. zu dem Spannungswert, bei dem sich eine geschlossene Hysteresisschleife in eine offene umwandelt. Wie auch zu erwarten war, erhöht sich die Mikrofließgrenze der Bronze nach der Verformung beträchtlich von 11,2 auf 56 MPa, während der Verfestigungsgrad im Bereich der mikroplastischen Verformung gleichfalls ansteigt (s. Bild 2).

Neben den aufgezeigten Veränderungen der Feinstruktur und der Eigenschaften der Berylliumbronze entstehen in ihr bei der plastischen Verformung hinreichend starke Restspannungen. Bei relativ kleinen Verformungsgraden (10%) wird die Anisotropie der Restspannungen nur durch ihre unterschiedlichen Größen spürbar. In der Längs- und Querrichtung dieser Bänder nehmen diese Spannungen vor und nach dem Abschrecken dasselbe Vorzeichen an, d. h., es sind ausschließlich Druckspannungen. Bei einem Verformungsgrad oberhalb 20% sind die Vorzeichen unterschiedlich. Insbesondere nach einer Verformung um 33% treten in Walzrichtung Zugspannungen (+55 MPa) und quer zur Walzrichtung Druckspannungen (−62 MPa) auf.

Die beschriebene Anisotropie der Restspannungen ist nicht im Zusammenhang mit der Entstehung einer kristallografischen Textur im Gegensatz zu bestimmten kaltverfestigten Legierungen (Aluminiumbronze u. a.) zu sehen. Diese Aussage betrifft auch die Anisotropie der Eigenschaften. Dieser Fakt kann damit bewiesen werden, daß erstens der Grad der plastischen Verformung von 20 bis 30% verhältnismäßig gering für die Formierung dieser Textur ist, und zweitens dadurch, daß bei Veränderung der Walzrichtung bei äußerst kleiner Abnahme von 5% sich sowohl Größe als auch Vorzeichen der Restspannungen schroff ändern: in Walzrichtung von $+55$ bis -12 MPa, quer zur Walzrichtung von -60 bis $+85$ MPa. Die letzteren Ergebnisse berechtigen zu der Annahme, daß die Anisotropie der Spannungen und der Eigenschaften durch kleine Verformungen verändert werden kann.

1.2.3.2. Ausscheidungshärtung in verformten Bronzen

Eine plastische Kaltvorverformung abschreckgehärteter Legierungen beeinflußt in bedeutendem Maße den Zerfall übersättigter Mischkristalle, insbesondere in der Berylliumbronze. Nach NOVIKOV können sich die *Anfangsstadien der Ausscheidungshärtung* (»zonale Ausscheidungshärtung«) unter dem Einfluß einer vorangegangenen Verformung sogar langsamer entwickeln als in einer unverformten Legierung. Dies hängt damit zusammen, daß die bei der Verformung entstehenden Versetzungen die Leerstellen, die auch hauptsächlich die Anfangsstadien des Zerfallsprozesses einleiten, »auskehren«.

Hierbei gilt es jedoch zu beachten, daß ein ähnlicher Einfluß der Vorverformung nicht auf alle ausscheidungshärtbaren Legierungen und alle Verformungsgrade ausgedehnt werden kann. So bilden sich nach Angaben von BUINOV und RAKIN Guinier-Preston-Zonen in Legierungen des Systems Al—Cu sogar während des Verformungsprozesses. Bei der sich anschließenden Ausscheidungshärtung und einer 30% nicht übersteigenden plastischen Verformung entstanden die Guinier-Preston-Zonen in großer Anzahl, während sich deren Abmessungen verringerten. Die Erhöhung des Verformungsgrades bis auf 60% — offensichtlich im Ergebnis des »Auskehrens« der Leerstellen — unterdrückt vollständig das »zonale« Stadium, indem die Bildung der metastabilen Θ''-Phase und deren folgende Umwandlung in die stabile Θ-Phase beschleunigt wird [35]. Diese Erkenntnis zum Einfluß der Kaltverformung auf das »zonale« Stadium des Zerfalls gilt gleichfalls auch für die Legierungen des Systems Cu—Be. So entwickeln sich die Anfangszerfallstadien nach der Verformung in einer verformten Bronze bedeutend langsamer als in der abschreckgehärteten und dabei am langsamsten nach der Erreichung des maximalen Verformungsgrades, weil in diesem Fall die Konzentration der Abschreckleerstellen minimal wird. Wenn nach dem Abschrecken und einer Ausscheidungshärtung bei 200 °C, 12 h, der Zuwachs des spezifischen elektrischen Widerstandes $8 \cdot 10^{-3}\ \mu\Omega \cdot m$ betrug, so erreicht dieser einen Zuwachs von nur $3 \cdot 10^{-3}\ \mu\Omega \cdot m$ nach dem Abschrecken, einer Verformung von 33% und unter denselben Bedingungen der Ausscheidungshärtung. Hierbei ist wesentlich, daß der Erhöhung des spezifischen elektrischen Widerstandes ein Anstieg der Festigkeitseigenschaften, insbesondere der Elastizitätsgrenze, entspricht. Bei niedrigen Temperaturen der Ausscheidungshärtung (100 °C) konnte in den Anfangsstadien (<1h) eine Verringerung des spezifischen elektrischen Widerstandes beobachtet werden. Diese Verringerung steht im Zusammenhang mit der Leerstellenannihilation, die noch nicht vom Mischkristallzerfall begleitet wird. Dieser angenommene Prozeß ist am deutlichsten in der abschreckgehärteten Bronze ausgeprägt, in der die Konzentration der Abschreckleerstellen größer ist. Die Ergebnisse der Untersuchung des Stadiums des Mischkristallzerfalls bei niedrigen

Temperaturen (Untersuchung der Änderung des spezifischen elektrischen Widerstandes) in verformten Berylliumbronzen des Typs BrBeNiTi 1,9, einschließlich der mit Magnesium und Kalzium mikrodotierten Bronzen (s. Abschn. 1.3.), zeigten, daß sich das Anfangsstadium der Ausscheidungshärtung wegen des »Auskehrens« der Abschreckleerstellen bedeutend langsamer entwickelt als im unverformten Mischkristall. Beim Warmaushärten erhöht sich im Vergleich mit dem unverformten Zustand schroff die Geschwindigkeit des Mischkristallzerfalls im verformten Zustand. Die Ursache für die Beschleunigung des Zerfalls des verformten übersättigten Mischkristalls bei der Ausscheidungshärtung wurde erstmalig von KONOBEEVSKI erkannt. Diese Beschleunigung hängt mit der Verringerung der kritischen Keimabmessungen im Ergebnis des Einflusses elastischer Spannungsfelder von Versetzungen und einer Konzentrationsschichtung an Stellen hoher Spannungslokalisation zusammen.

Aus diesem Grunde wirken die Versetzungen als Zentren der bevorzugten Ausscheidung von Sekundärphasen im Volumen der Körner. Somit trägt selbst der Bildungsmechanismus der Teilchen der neuen Phase bei der Ausscheidungshärtung nach der plastischen Kaltverformung heterogenen Charakter.

Die bedeutende Erhöhung der Zahl der Keimbildungszentren führt zu einer disperseren Struktur, weil die kritische Teilchengröße entsprechend der Bildung an den Versetzungen kleiner ist als für die Teilchenbildung im Volumen des ungestörten Kornes. Entsprechend den aufgezeigten Ursachen wächst die Ausscheidungsdichte. Es muß jedoch darauf verwiesen werden, daß in einigen Nickelbasislegierungen, in denen die spezifischen Volumina der Matrix- und der sich ausscheidenden Phase praktisch gleich sind und die Kristallgitter Ähnlichkeit aufweisen, eine plastische Verformung den Zerfallsprozeß nicht beschleunigt, weil in diesem Fall die Versetzungen nicht als Keimbildungszentren wirken. Unabhängig davon wird in der Mehrzahl der Fälle, in denen die beschriebene Korrelation zwischen der Matrix- und der Sekundärphase nicht existiert, der Zerfallsprozeß bei der Ausscheidungshärtung verformter Legierungen beschleunigt. Dies kann damit erklärt werden, daß zusätzlich zur chemomotorischen Triebkraft P_c[1],

$$P_c = (V_M R T)^{-1} \ln (C_0/C_e)$$

V_M Molvolumen
C_o Ausgangskonzentration
C_e Konzentration des Mischkristalls nach dem Zerfall

die durch die Übersättigung des Mischkristalls bewirkt wird, infolge einer erhöhten Konzentration der Ungleichgewichtsstörungen im verformten Mischkristall [37] die Triebkraft P_N wirkt. Diese Triebkraft kann wie folgt definiert werden:

$$P_N = Gb^2(N_1 - N_0)$$

N_o und N_1 Ausgangs- und Endversetzungsdichten (nach der Verformung)
b Burgersvektor
G Schubmodul

[1] In der verformten Legierung kann diese Triebkraft im Ergebnis der Bildung von Verteilungen der Legierungselemente an den Versetzungen während des Verformungsprozesses selbst vermindert wirken und damit den Übersättigungsgrad des Mischkristalls verringern.

Die oben beschriebenen Strukturbesonderheiten der Legierungen nach der Ausscheidungshärtung sowie die Erhaltung einer erhöhten Dichte der Versetzungen, die sich möglicherweise im Ergebnis der Polygonisation umgruppiert haben, bestimmen auch die bedeutende Zunahme der Verfestigung und insbesondere die Erhöhung des Verformungswiderstandes bei kleinen plastischen Verformungen. In der Regel führt die plastische Kaltverformung zur Unterdrückung der Ausbildung von Übergangsstrukturen (metastabil) der Sekundärphasen und begünstigt die Entstehung von Phasen mit geringerer Metastabilität, die unter normalen Bedingungen der Ausscheidungshärtung, d. h. im unverformten Mischkristall, in den späteren Zerfallsstadien ausgeschieden werden [37].

Die Veränderung der Natur der bei der Ausscheidungshärtung im verformten Mischkristall ausgeschiedenen Phasen soll die Eigenschaften der Legierungen und insbesondere den Verfestigungsgrad beeinflussen. Die Frage jedoch, welche der Phasen — die metastabilen oder die stabilen — einen höheren Verfestigungsgrad bewirken, kann eindeutig nur für die konkreten gegebenen Systeme entschieden werden. In dem Falle, in dem die Teilchendichte der metastabilen Phase bedeutend ist, die Teilchen aufgrund der kohärenten Bindung mit der Matrix bedeutende elastische Felder aufbauen, kann der Widerstand bei kleinen plastischen Verformungen größer sein als bei der Bildung von Teilchen einer stabilen inkohärenten Phase. Diese Situation kann sich jedoch ändern in Abhängigkeit von der Natur der Legierung, weil die Teilchen der metastabilen Phasen ungeachtet der Rolle der sich um sie herum bildenden elastischen Felder und ihrer geordneten Struktur von den Versetzungen leichter geschnitten werden können als die stabilen Teilchen.

Damit wird der Verfestigungsgrad im ersten Fall kleiner als im zweiten, insbesondere dann, wenn sich viele Teilchen der stabilen Phase gebildet haben, z. B. nach der Ausscheidungshärtung einer kaltverformten Legierung. In diesem Fall wird die Fortbewegung der Versetzungen hauptsächlich nach dem Umgehungsmechanismus erfolgen, wofür bedeutend größere Spannungen erforderlich sind als für die Bewegung der Versetzungen in einer Struktur, in der von Versetzungen schneidbare Teilchen metastabiler Phasen enthalten sind. Die größte Verfestigung (Elastizitätsgrenze) kann in dem Fall beobachtet werden, in dem der Übergang vom Schneiden kohärenter Teilchen durch die Versetzungen zum Umgehungsmechanismus erfolgt.

Der Haupteffekt bei der plastischen Verformung zur Erhöhung der Verfestigung in Berylliumbronzen besteht neben der Beschleunigung des Zerfalls und der Steigerung des Teilchendispersionsgrades gleichfalls auch darin, daß diese Verformung einen bedeutenden Einfluß auf den Charakter des Zerfalls des übersättigten Mischkristalls, insbesondere auf den Mechanismus der kontinuierlichen und diskontinuierlichen (zellartigen) Ausscheidung, ausübt. In einer Reihe von Legierungen kann die plastische Vorverformung den diskontinuierlichen Zerfall unterdrücken und damit den kontinuierlichen Zerfall zur Entfaltung bringen [36, 38]. Jedoch in anderen Legierungen, in denen kein diskontinuierlicher Zerfall beobachtet wurde, tritt dieser nach ungleichen Verformungsgraden auf [39—42].

Wie in [39] gezeigt wurde, kann in Cu—Be—Co-Legierungen (mit $\approx 2\%$ Be und $\approx 0{,}25\%$ Co) durch plastische Kaltverformung der zellartige Zerfall fast vollständig unterdrückt werden. Die Geschwindigkeit des zellförmigen Zerfalls bei verringerter

Temperatur (285 °C) ist höher als bei 470 °C. Bei 470 °C ist die Geschwindigkeit der Reaktionsfront, mit der sie sich fortbewegt, in frühen Zerfallsstadien höher als in späteren. Bei Verformungsgraden zwischen 20 und 50% wird bei beiden Temperaturen der Ausscheidungshärtung die Beschleunigung der zellartigen Ausscheidung, bedingt durch die Erhöhung der Dichte der Reaktionsfront, beobachtet. Im Verformungsbereich zwischen 50 und 90% vermindert sich die Geschwindigkeit der zellartigen Ausscheidung im Ergebnis der konkurrierend verlaufenden Rekristallisation, des kontinuierlichen (homogenen) und zellartigen Zerfalls. Bei höheren Verformungsgraden kommt es zur völligen Unterdrückung des zellartigen Zerfalls.

Jedoch ändert sich gemäß [34] die Reihenfolge Ausscheidung der Phasen und Zerfallsprozeß bei der Ausscheidungshärtung der verformten Berylliumbronze nicht.

Die Umwandlungen in verformten Berylliumbronzen bei der Ausscheidungshärtung sind dadurch gekennzeichnet, daß in ihnen ein höherer Verfestigungsgrad erreicht wird als in unverformten Berylliumbronzen. Dies gilt jedoch nur für die Festigkeitseigenschaften, die kleinen oder bedeutenden plastischen Verformungen entsprechen. Andererseits wurde gefunden [34], daß die Anwendung der TTMB (Abnahme 50%), einschließlich Ausscheidungshärtung, im Vergleich mit den Spannungen in der Bronze nach dem Abschrecken und der Ausscheidungshärtung nicht zur Erhöhung der Reibungsspannung des Gitters führt. Für 21 verschiedene Behandlungsbedingungen, einschließlich der Verformung, beträgt die Reibungsspannung im Mittel (2,85 ± 0,8) MPa, während sie nach der Abschreckung und der Ausscheidungshärtung 1,9 bis 3,3 MPa beträgt. Hieraus kann die Schlußfolgerung abgeleitet werden, daß die Größe der Reibungsspannung des Gitters im Mischkristall der Berylliumbronze nicht von der Änderung der Versetzungsstruktur und vom Zerfallsgrad des Mischkristalls der Berylliumbronze abhängt. Die Erklärung hierfür ergibt sich daraus, daß die Wechselwirkung Versetzung — Hindernis im Anfangsbereich des unelastischen Verhaltens der Legierung keine wesentliche Bedeutung für die Reibungsspannung hat. Deshalb wird im vorliegenden Fall bei elastischen Schwingungen die Energie auf Kosten der reversiblen Bewegung der Versetzungen in lokalen ausscheidungsfreien Matrixbereichen, in denen die Mischkristallverfestigung durch Berylliumatome unbedeutend ist, gestreut. Gleichzeitig erreicht die sogenannte Mikrofließgrenze oder -unelastizitätsgrenze, der eine Spannung entspricht, bei der die mikroplastische Verformung von $2 \cdot 10^{-6}$ eintritt, nach der TTMB (Verformung um 50%, Ausscheidungshärtung bei 315 °C, 12 bis 24 h) die maximale Größe von 61 bis 77 MPa [34], während nach einmaliger Verformung die Mikrofließgrenze den Wert von 56 MPa annimmt. Hierbei wird ihre Abhängigkeit vom Strukturzustand praktisch nicht sichtbar. Dieser Umstand trifft gleichfalls für die Dauerfestigkeitsgrenze zu, die bei hohen Lastspielzyklen (10^7) bestimmt wird. Ebenfalls wird auch keine Korrelation zwischen diesen Eigenschaften festgestellt **(Tabelle 10)**.

In abschreckgehärteten Berylliumbronzen beträgt die Mikrofließgrenze 20,4 MPa, während sie im Anschluß nach einer Ausscheidungshärtung unter optimalen Bedingungen (175 °C, 2 bis 100 h), bei denen sich eine maximale Dichte der Guinier-Preston-Zonen einstellt (oder eine maximale Dichte der Keime der γ'-Phase), einen Wert von 55 bis 57 MPa annimmt. Dieser Wert ist vergleichbar mit durch TTMB erzielten Werten.

Tabelle 10. Mechanische Eigenschaften (MPa) der Berylliumbronze (1,9% Be, 0,2% Co) in Abhängigkeit von den Bedingungen der Wärmebehandlung und des Gefügezustandes [43]

Behandlungsart	Gefüge	Mikro-fließ-grenze	R_{-1}*	R_{-1}**	R_τ	R_m
Abschreckhärten und Kaltverformung (50%) (Behandlung I)	verformter Misch-kristall	56	350	560	490	735
Behandlung I + Alterung bei 325 °C, 2 h	10% Guinier-Preston-Zonen u. 90% γ-Phase	28 ... 77	364	700	805	1540
Behandlung I + Alterung bei 315 °C, 24 h	100% γ-Phase	42	364	630	735	1260
Behandlung I + Alterung bei 425 °C, 24 h	100% γ-Phase	70	280	525	420	700

* auf der Basis von 10^7 Zyklen.
** auf der Basis von 10^5 Zyklen.

Ein Vergleich der zur mikroplastischen Verformung in der Berylliumbronze nach dem Abschrecken, der Kaltverformung und der Ausscheidungshärtung bei 315 °C, 2 h, sowie nach dem Abschrecken und der Ausscheidungshärtung unter denselben Bedingungen führenden Prozesse unter Berücksichtigung der etwas niedrigeren Mikrofließgrenze **(Bild 48)** zeigt, daß eine vorverformte Bronze bestimmte Vorzüge gegenüber der unverformten Bronze aufweist, wodurch wiederum die Vorzüge der TTMB unterstrichen werden.

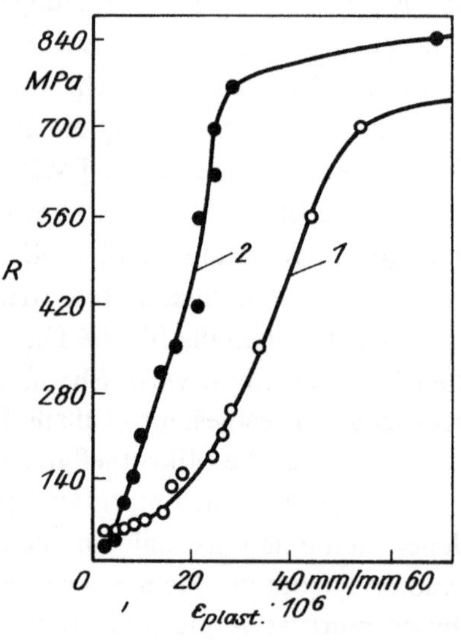

Bild 48. Mikroplastische Verformung der Berylliumbronze nach Abschrek-kung und Ausscheidungshärtung bei 315 °C, 2 h (*1*) sowie nach der Ab-schreckung, Kaltwalzen und Ausscheidungshärtung bei 315 °C, 2 h (*2*) [4]

Die Größe der Mikrofließgrenze wird durch fernwirkende Spannungsfelder kontrolliert und entspricht einer irreversiblen Bewegung der Versetzungen in einer begrenzten Anzahl von Legierungsbereichen. Die hohe Verfestigungswirkung der TTMB und ihr Einfluß auf den strukturellen Zustand der Legierung werden bei der Bestimmung der Elastizitätsgrenze spürbar. In unseren Arbeiten entsprach die Elastizitätsgrenze einer Spannung, die eine plastische (bleibende) Verformung von $2 \cdot 10^{-5}$, d. h. um eine Größenordnung höher als die oben betrachtete Mikrofließgrenze, bewirkt. In der Arbeit [34] konnte eindeutig ermittelt werden, daß die Änderung der Größe der sogenannten bedeutenden Mikrofließgrenze einer Spannung entspricht, die eine plastische (bleibende) Verformung von $(2 \text{ bis } 4) \cdot 10^{-5}$ bewirkt.

Die Angaben zum Verhalten der Bronze im Bereich der mikroplastischen Verformung werden durch die Ergebnisse der Untersuchung der Mikrostruktur bei Verwendung der mikroröntgenografischen Analyse und der Transmissionselektronenmikroskopie bestätigt. In der Struktur der Berylliumbronze (mit 1,9% Be und 0,2% Co), die nach dem Abschrecken um 40% kaltverformt wurde, treten nach der Ausscheidungshärtung bei 315 °C, 15 min, 1 bis 2 Atomlagen dicke Zonen in den Matrixflächen {200} (ebenso wie in der verformten Bronze) aber auch kleine rekristallisierte Kristallite auf, die Glühzwillinge enthalten, während sich allgemein die Versetzungsdichte in bedeutendem Maße verringert [34]. Mit Erhöhung der Dauer der Ausscheidungshärtung erhöhen sich auch die Anzahl und die Abmessungen der rekristallisierten Körner sowie der Glühzwillinge. Nach einer Ausscheidungshärtung bei 315 °C, 2 h, wird durch das Auftreten der Zonen der Beugungseffekt nur in 10% der Felder der Probe beobachtet. Diesen Umstand erklären die Verfasser von [34] damit, daß die Zonengrößen überkritisches Maß erreichen, das jedoch noch nicht ausreicht, um einen selbständigen Beugungseffekt zu bewirken. Es ist wichtig, darauf zu verweisen, daß sich die Ausscheidungen in der verformten Bronze ziemlich ungleichmäßig verteilen, während einige rekristallisierte Bereiche relativ ausscheidungsfrei sind.

Gleichzeitig ergibt sich aber bei der Ausscheidungshärtung der unverformten Bronze eine Verteilung der Ausscheidungen im Volumen der Körner, die gleichmäßiger ist, während die Ausscheidungen an den Korngrenzen größer sind und einem Stadium der Umgruppierung entsprechen. Nach einer Ausscheidungshärtung bei 315 °C, 24 h, entspricht die Verteilung der Ausscheidungen im Gefüge einer verformten Bronze nicht mehr der Verteilung der Versetzungen im Zustand vor der Ausscheidungshärtung.

Vom strukturellen Zustand, einschließlich des Zustandes, der durch TTMB eingestellt wird, hängt der Widerstand gegen kleine plastische Verformungen ab, die der Fließgrenze entsprechen. Zwischen dieser Eigenschaft und der Dauerfestigkeitsgrenze (Prüfung auf der Grundlage von 10^5 Zyklen) existiert nach Tabelle 10 eine bestimmte Korrelation, weil ihre Werte stark vom strukturellen Zustand abhängen, insbesondere von der Fähigkeit der Versetzungen, die Hindernisse (Sekundärteilchen) durch Schneiden oder Umgehen zu überwinden. Dies bedeutet, daß die Eigenschaften technische Bedeutung erlangen, die im Zusammenhang mit einer bedeutenden plastischen Verformung stehen und ihrerseits von der Struktur abhängen.

Eine bedeutende Erhöhung der Fließgrenze und speziell der Elastizitätsgrenze nach der TTMB, einschließlich der Ausscheidungshärtung, im Vergleich zur Größe der Mikrofließgrenze, die einer engen Toleranz der bleibenden Verformung entspricht, mit der Elastizitätsgrenze bedeutet, daß unter diesen Bedingungen die Kaltverfestigung der Bronze im Stadium des Überganges von der mikroplastischen Verformung zu kleinen plastischen Verformungen stark schroff ansteigt.

Wenn z. B. die Elastizitätsgrenze nach dem Abschrecken und der Ausscheidungshärtung in den Bronzen BrBe 2, BrBeNiTi 1,9 und BrBe 2,5 600, 650 und 700 MPa erreicht, so erhöht sich diese nach einer Verformung um 30% und der Ausscheidungshärtung bis auf 800 bis 850, 900 bis 950 und 950 bis 1000 MPa entsprechend.

Die Ausscheidungshärtung der verformten Bronze BrBe 2,5 oder der BrBeNiTi 1,9 **(Bilder 49 bis 51)** verläuft mit einer höheren Verfestigungsgeschwindigkeit als in der unverformten Bronze. Dies hängt mit der hohen Zerfallsgeschwindigkeit des verformten Mischkristalls infolge des Vorhandenseins von bei der plastischen Verformung gebildeten Baufehlern, die die Bildung der neuen Phase begünstigen, zusammen.

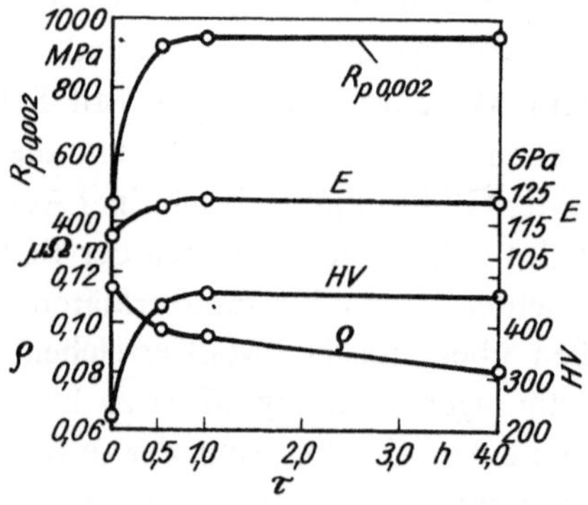

Bild 49. Abhängigkeit der Eigenschaften der Bronze BrBe 2,5 nach Abschreckung und einem Verformungsgrad von 30% von der Dauer der Ausscheidungshärtung bei 300 °C

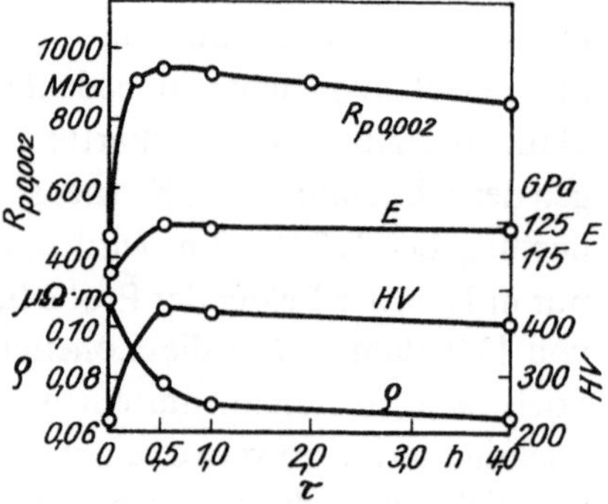

Bild 50. Abhängigkeit der Eigenschaften der Bronze BrBe 2,5 nach Abschreckung und einem Verformungsgrad von 30% von der Dauer der Ausscheidungshärtung bei 350 °C

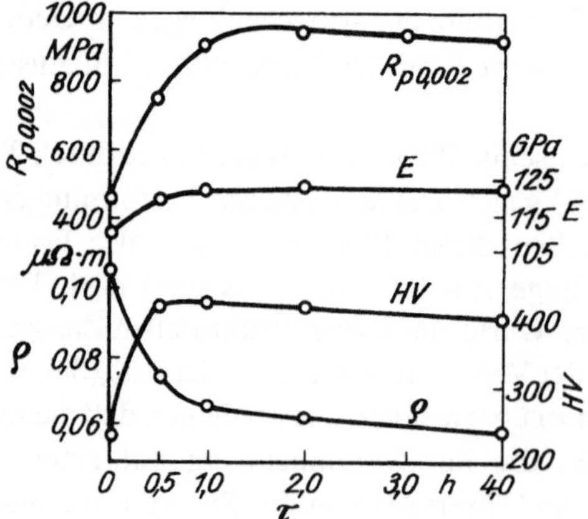

Bild 51. Abhängigkeit der Eigenschaften der Bronze BrBeNiTi 1,9 nach Abschreckung und einem Verformungsgrad von 30% von der Dauer der Ausscheidungshärtung bei 350 °C

Gleichzeitig beschleunigt die plastische Kaltverformung den Übergang $\gamma' \to \gamma$, der in diesem Fall in den Teilchen der γ'-Phase, deren Teilchengröße kleiner ist, abläuft. Entsprechend den Angaben [44] erhöht die plastische Kaltverformung die obere Grenze des Temperaturbereiches, in dem bei kontinuierlicher Glühung die Umwandlung mit der Bildung der verfestigenden γ'-Phase beginnt.

Der beschleunigte Zerfall des verformten Mischkristalls kann auf der Grundlage der Verringerung der Größe des spezifischen elektrischen Widerstandes, die sich bei der Ausscheidungshärtung gleicher Dauer im vorliegenden Fall im Vergleich zur unverformten Bronze als größer erweist, abgeschätzt werden.

Die beschleunigende Wirkung der Verformung auf den Zerfall des α-Mischkristalls der Bronze BrBeNiTi 1,9 ist geringer. Dieser Fakt kann teilweise damit erklärt werden, daß in der mit Titan legierten Bronze auch im unverformten Zustand der Zerfall des Mischkristalls intensiver oder weniger gleichmäßig im Kornvolumen erfolgt und deshalb die plastische Verformung den Lokalisationsgrad des Zerfalls, wie z. B. in der Bronze BrBe 2, nicht verändert. Die maximale Verfestigung der verformten Bronze BrBeNiTi 1,9 wird im Vergleich zu der Bronze mit 2,5% Be (s. Bilder 49 und 50) nach einer längeren Ausscheidungshärtung (s. Bild 51) erreicht. Die Entfestigungsgeschwindigkeit der Berylliumbronze mit Titanzusätzen ist bei längerer Ausscheidungshärtung gleichfalls kleiner, so daß aus diesem Grunde diese Bronze bei etwas höheren Betriebstemperaturen im Vergleich zu den üblichen Legierungen mit 2 oder 2,5% Be eingesetzt werden kann.

Der bereits erwähnte Einfluß der plastischen Vorverformung auf die Beschleunigung der Hochtemperatur-Ausscheidungshärtung der Bronze wird bereits bei Abnahmen von $\approx 10\%$ spürbar und erhöht sich nur gering bei höheren Abnahmen. Eine kontinuierliche Beschleunigung der Verfestigung der ausscheidungshärtbaren Legierungen bei Erhöhung ihres Verformungsgrades ist nur durch Beibehaltung desselben Zerfallsmechanismus des Mischkristalls möglich. Bei bedeutenden Verformungsgraden ändert sich der Zustand des Mischkristalls Cu—Be in bedeutendem Maße im Ergebnis der Erhöhung der Baufehlerdichte und der entsprechenden Konzentrationsschichtung (Entmischung). Es kann erwartet werden, daß sich die Atomverteilung nach einer 10%igen Verformung nicht von der Verteilung unterscheidet, die sich im abgeschreckten Zustand einstellt. Änderungen in der Verteilung ergeben sich infolge der Konzentrationsschichtung bei höheren Verformungsgraden (30 und 50%). Die Mikroanalyse zeigt, daß die Struktur des verformten Mischkristalls nach der Ausscheidungshärtung im Unterschied zum unverformten Mischkristall homogener ist. Dieser Zustand entspricht einer größeren Verfestigung.

Die absolute Größe der Verfestigung nach der thermomechanischen Behandlung (Abschrecken, Verformen, Ausscheidungshärtung) ist höher als nach der üblichen zweistufigen Wärmebehandlung.

Die Ausscheidungshärtung der verformten Bronze BrBe 2,5 führt nicht nur zur Erhöhung der Elastizitätsgrenze, sondern auch zu einer wesentlichen Verringerung der elastischen Nachwirkung. So beobachtete z. B. COBKALLO, daß die Ausscheidungshärtung der Bronze bei 250 °C, die einer 40%igen Vorverformung unterzogen wurde, zu einer Verringerung der direkten elastischen Nachwirkung innerhalb von 10 min (bei einer Spannung von 520 MPa) von 1,81 auf 0,12% führt, während die

Erhöhung der Dauer bis auf 60 min den Einfluß auf die elastische Nachwirkung bedeutend verringert im Vergleich zur Wärmebehandlung ohne Ausscheidungshärtung.

Ähnliche Änderungen der Eigenschaften, wie z. B. im Fall der Bronze BrBe 2,5, werden auch bei der Ausscheidungshärtung der verformten Bronze mit Titanzusätzen (BrBeNiTi 1,9) beobachtet. Die Temperatur der Ausscheidungshärtung der kaltverformten Bronze zur Einstellung der maximalen Größen der Elastizitätsgrenze kann sich in weiten Grenzen (300 bis 350 °C) ändern, wobei hier jedoch eine optimale Dauer der Ausscheidungshärtung, die vom Verformungsgrad abhängt, auszuwählen ist.

Für dünne Bänder (20 bis 40 µm)[1] mit beträchtlichen Verformungsgraden wird eine Ausscheidungshärtung bei 270 °C und 40 min empfohlen. Unter diesen Bedingungen werden äußerst hohe Festigkeitseigenschaften eingestellt: $R_m = 1800\,\mathrm{MPa}$, $R = 1400$ MPa und HV 500 bis 550.

Wird die Berylliumbronze nach der thermomechanischen Behandlung erneut plastisch kaltverformt, und zwar in derselben Richtung, wie auch bei der ersten Verformung, so kommt es zur Entfestigung **(Bild 52)**. Diese Entfestigung tritt am stärksten in der Längsrichtung auf (die Elastizitätsgrenze verringert sich von 770 bis zu 340 MPa), wobei dieser Vorgang von einer anisotropen Erhöhung des elektrischen Widerstandes (maximal in Längs- und minimal in Querrichtung) begleitet wird.

Die Erhöhung des elektrischen spezifischen Widerstandes kann teilweise mit der steigenden Leerstellenkonzentration, aber hauptsächlich mit dem Erholungseffekt, der in der Auflösung (oder in der Zerstreuung) der instabilsten Teilchen der γ'-Phase besteht, im Zusammenhang gesehen werden.

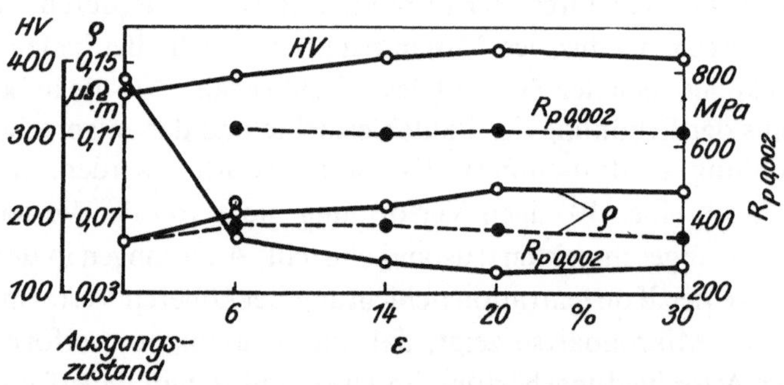

Bild 52. Abhängigkeit der Bronze BrBe 2,5 (Längsproben) vom Grad der plastischen Verformung ε nach Abschreckung, Verformung mit einer Abnahme von 30 %, Ausscheidungshärtung und wiederholter Verformung (———) sowie derselben Verarbeitung und zusätzlicher Ausscheidungshärtung (— — —). *Ausgangszustand*: Abschreckung, plastische Kaltverformung, Ausscheidungshärtung bei 350 °C, 1,5 h

---

[1] Bei diesen Bändern, die zur Herstellung von Spreizelementen in elektrischen Meßgeräten verwendet werden, ist der Oberflächenzustand von besonderer Bedeutung. Die Entfernung der oxydierten Oberflächenschicht führt zur 2- bis 3fachen Verringerung der elastischen Rücknachwirkung im Vergleich zur Forderung nach GOST 9444-74.

Außerdem führt die wiederholte Kaltverfestigung auch zu einer Umverteilung der Versetzungen, die im Ergebnis einer Vorbehandlung (Abschreckung, Verformung und Ausscheidungshärtung) entstanden sind.

Der bereits erwähnte Entfestigungseffekt in reinen Metallen und in Mischkristallen wird auch nach kleinen Verformungen beobachtet. Am stärksten beeinflußt die Entfestigung die Elastizitätsgrenze[1]. Hierbei entspricht praktisch der Maximalwert des spezifischen elektrischen Widerstandes der Bronze BrBe 2,5 dem Minimum der Elastizitätsgrenze (s. Bild 52).

Es ist wesentlich, daß in dem Moment, in dem nach der wiederholten Kaltverfestigung die Elastizitätsgrenze schroff abfällt, sich die Härte nur sehr gering verringert, und dies nur nach starker Verformung. Dieses Ergebnis bestätigt von neuem, daß die Abhängigkeit dieser Eigenschaften vom strukturellen Zustand der Legierungen äußerst unterschiedlich ist.

Wenn eine wiederholt verformte Bronze (Bild 52) einer zusätzlichen Ausscheidungshärtung mit derselben Dauer wie auch vor der Verformung unterzogen wird, so wird eine starke Erhöhung der Elastizitätsgrenze bei entsprechender Verringerung des spezifischen elektrischen Widerstandes registriert.

Diese Veränderungen hängen mit dem wiederholten Zerfall des Mischkristalls oder mit Strukturumwandlungen in Bereichen der Phasenausscheidungen sowie mit der Änderung der Versetzungsstruktur zusammen.

Wie aus den bereits angeführten Ergebnissen folgt, ist der im Ergebnis der Abschreckung und der Ausscheidungshärtung oder der Abschreckung, Verformung und Ausscheidungshärtung erreichte Strukturzustand der Berylliumbronze relativ unbeständig, weil bei der plastischen Verformung eine bedeutende Entfestigung infolge der Auflösung (oder Umwandlung) der Sekundärphase (d. h. Erholung) eintritt. Jedoch bei kleinen Spannungen, die zu nicht bedeutenden plastischen Verformungen führen, sind diese Zustände hinreichend stabil. Dafür sprechen insbesondere die Ergebnisse der Relaxationsprüfungen (s. Bild 3).

Die Größe der Spannungsrelaxation in der Berylliumbronze, die nach dem Abschrecken um 30% verformt und einer Ausscheidungshärtung bei 350 °C, 1 h (s. Bild 3), unterzogen wird, ist bei gleichen Ausgangsspannungen merklich niedriger als in einer unverformten Bronze. (Diese Spannungen sind kleiner als die Elastizitätsgrenze der unverformten Bronze.)

Demnach wird eine Berylliumbronze nach der thermomechanischen Behandlung durch folgende Merkmale gekennzeichnet: erhöhte Relaxationsfestigkeit bei hohen Spannungen unter statischen Bedingungen, erhöhter Widerstand gegenüber kleinen und großen Verformungen und verringerte elastische Nachwirkung.

Die thermomechanische Behandlung verringert gleichfalls nicht nur die statische, sondern auch die zyklische Relaxation. Hierbei ist die zyklische Relaxation der Bronze CuBeNiTi 1,9 in der Querrichtung kleiner als in der Längsrichtung. Wie auch unter statischen Prüfbedingungen ist die Spannungsrelaxation bei zyklischer

---

[1] Der starke Abfall der Elastizitätsgrenze bei sehr kleiner Änderung der Härte unter dem Einfluß der Verformung kann auch in dem Fall auftreten, wenn in Metallen im Ausgangszustand die Polygonisation erfolgte.

Belastung der Bronze CuBeNiTi 1,9 geringer als bei der Bronze CuBe 2. Diese Aussage gilt für Prüfungen bei 20 und 120 °C.

Die Steigerung der zyklischen Relaxation, der Berylliumbronze mit steigender Temperatur von 20 bis zu 120 °C ist unwesentlich. Dieses Ergebnis entspricht den bei der Prüfung des Kriechverhaltens ermittelten Werten, die zeigten, daß die Bronze CuBeNiTi 1,9 mindestens bei 120 °C eingesetzt werden kann. Oben angeführte Werte zeigten gleichfalls, daß diese Bronze im Vergleich mit CuBe 2 und CuBe 2,5 wärmebeständiger ist. Eine Verringerung der Temperatur von + 20 auf − 60 °C bewirkt keine Änderung der Verformungsgröße bei der zyklischen Relaxation, die die Stabilität der elastischen Elemente beim Einsatz unter zyklischer Belastung bestimmt.

Wie IONCHEV zeigen konnte, bewirkt das Elektropolieren der Bronze BrBeNiTi 1,9 (beiderseitige Dünnung der Versuchsprobe um je 10 bis 15 μm), die thermomechanisch durch Abschrecken, plastische Kaltverformung (Walzen) um 30% und eine Ausscheidungshärtung bei 320 °C behandelt wurde, eine fast zweifache Verringerung der Verformung, die bei zyklischer Relaxation auftrat. Dieses Ergebnis spricht für die Zweckmäßigkeit der Anwendung des Elektropolierens zur Verbesserung der Eigenschaften elastischer Elemente.

1.2.3.3. Thermomechanische Vorbehandlung der Berylliumbronze

Die *thermomechanische Vorbehandlung (TMVB)*, die in der Abschreckung, plastischen Verformung, Schnellabschreckung und Ausscheidungshärtung besteht, ist nur in dem Falle effektiv, wenn bei der wiederholten (Schnell-) Abschreckung der verformten Legierung in deren Struktur ausschließlich Polygonisationsvorgänge ablaufen oder sich die Anfangsstadien der Rekristallisation ausbilden. Bei üblichen Geschwindigkeiten der verformten Berylliumbronze, wenn gleichzeitig mit der Verringerung der Baufehlerdichte auch durch deren Umverteilung der Zerfall des Mischkristalls abläuft, der zur Matrixverformung führt, beginnen sich die Rekristallisationszentren bei Temperaturen zu bilden, die in der Nähe der üblichen Temperaturen der Ausscheidungshärtung liegen. Entsprechend den Angaben von GORELIK [33] beginnt die Rekristallisation zweiphasiger Legierungen, einschließlich der technischen Bronzen, bei gleicher Temperatur und unabhängig vom Strukturzustand im Ausgangsstadium, weil beim Glühen ungefähr gleiche Berylliumkonzentrationen im α-Mischkristall eingestellt werden.

Es soll jedoch die Geschwindigkeit der Rekristallisationsvorgänge (aber auch der Polygonisation) in der verformten Berylliumbronze, die bis auf Temperaturen oberhalb der Löslichkeitsgrenze, d. h. bei Erhaltung einer hohen Berylliumkonzentration im Mischkristall, erwärmt wird, kleiner sein als im zweiphasigen oder einphasigen (Gleichgewicht) Zustand. Deshalb kann unter den angegebenen Bedingungen für die TMVB nach dem Abschrecken eine ausgeprägtere Substruktur als nach einer üblichen Glühung erwartet werden.

Die Eigenschaften der Bronze BrBe 2,5 nach der Verformung und der Schnellabschreckung sind im **Bild 53** dargestellt. Diese Angaben zeigen, daß nach dem Abschrecken der spezifische elektrische Widerstand sich schroff verringert. Er nimmt den Wert an, den er auch nach dem herkömmlichen Abschrecken erreicht, weil offensichtlich sogar bei kurzzeitiger Glühung sich mehr oder weniger vollständig die Ausgangsverteilung der Berylliumatome, die durch die vorangegangenen Verformungsschritte (z. B. im Ergebnis der Bildung von Packungsfehlern) Segregationen an diesen gestört wurden, wieder aufbaut.

Die Entfestigung der Bronze im Ergebnis der wiederholten Abschreckung ist

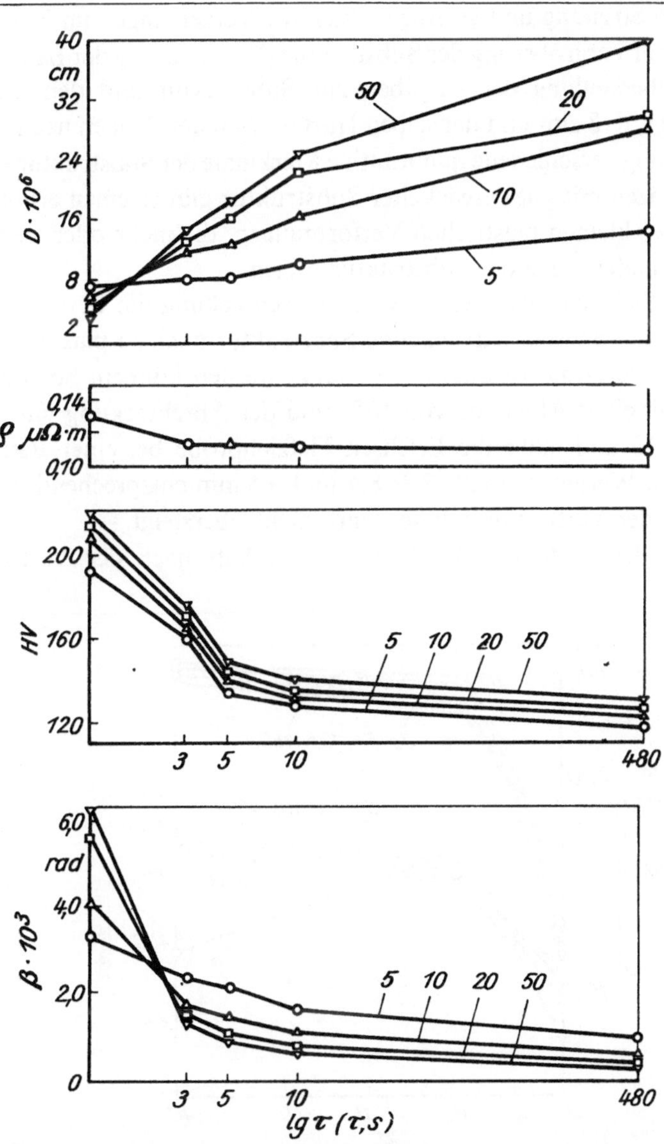

Bild 53. Abhängigkeit der Eigenschaften und der die Substruktur der Bronze BrBe 2,5 beschreibenden Größen von der Haltezeit bei der Temperatur der wiederholten Abschreckung von 790 °C. Die Zahlen an den Kurven entsprechen dem Grad der plastischen Kaltverformung vor der wiederholten Abschreckung (in %)

um so intensiver, je größer die Glühdauer und der Verformungsgrad der vorangegangenen Verformung sind.

Nach Haltezeiten von 3 bis 5 s (bei einer Abnahme von 5 bis 10%) bilden sich die
Anfangsstadien der Rekristallisation heraus. Nach der Verformung mit Abnahmen
von 50% und der Erwärmung bis zu derselben Temperatur (770 + 10°C) wird
gleichfalls der Anfang der Rekristallisation, die offensichtlich vollständiger verlief
als bei kleiner Vorverformung, registriert. Mit höherer Glühdauer nimmt die
physikalische Verbreiterung der Beugungslinien ab, vergrößern sich die Bereiche
der kohärenten Streuung und verringern sich die Verzerrungen im Zusammenhang
mit der ständigen Vergröberung der Substruktur (Verringerung der Baufehlerdichte).

Die Gegenüberstellung der Angaben zur Substruktur und den Eigenschaften
(s. Bild 53) zeigt, daß ein- und denselben Härtewerten der Proben nach unterschiedlicher Behandlung verschiedene quantitative Merkmale der Substruktur entsprechen.

In allen Bronzen mit gut entwickelter Substruktur gibt es einen erhöhten Widerstand gegenüber kleinen plastischen Verformungen, die mehr oder weniger gesetzmäßig den Veränderungen der Substruktur folgen.

Es ist wesentlich, daß nach einer Schnellabschreckung die Berylliumbronze ungeachtet der Erhaltung der entwickelten Substruktur noch so plastisch ist, daß aus
ihr kompliziert geformte Erzeugnisse gestanzt werden können. So führt nach der
Verformung mit einer Abnahme von 10% und der Abschreckung mit einer Haltezeit von 3, 5, 10 und 480 s die Erichsen-Tiefziehprobe bei einer Banddicke von
0,25 mm zu den Werten von 6,7; 7,3; 8,4 und 9,5 mm entsprechend, während unmittelbar nach der Verformung diese 2 mm nicht übersteigt.

Bild 54 zeigt die Änderung der Bronzeeigenschaft nach der Verformung, der

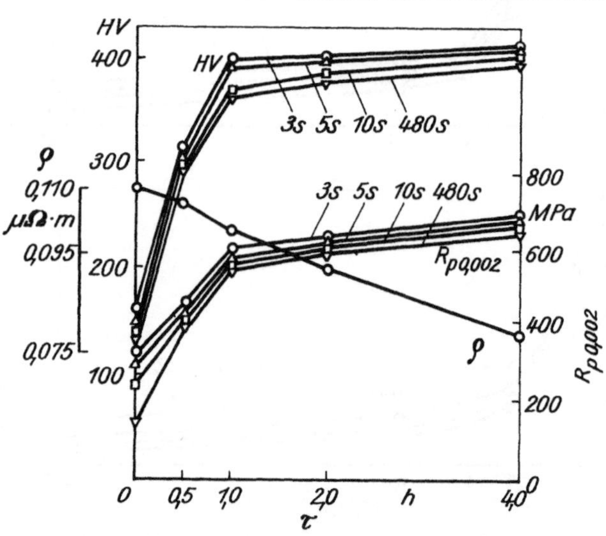

Bild 54. Abhängigkeit der Eigenschaften der Bronze BrBe 2,5 von der Alterungsdauer bei 320 °C. Vorverformungsgrad vor wiederholter Abschreckhärtung: 10%.
Die Ziffern an den Kurven bezeichnen die Haltedauer bei wiederholter Abschreckhärtung.

wiederholten Abschreckung und einer Ausscheidungshärtung bei 320 °C. Wie aus den angeführten Werten ersichtlich wird, beeinflussen die Versetzungssysteme, die bei der Kaltverfestigung entstanden sind und teilweise im Ergebnis der wiederholten Schnellabkühlung erhalten blieben und sich umverteilt haben, d. h. bei »lokalem« Verlauf der Rekristallisation, aber auch die starke Kornfeinung des α-Mischkristalls wesentlich die Veränderung der Eigenschaften bei der Ausscheidungshärtung.

Nach einer Schnellabschreckung der Bronze mit kurzer Haltezeit unter Bedingungen, bei denen wahrscheinlich der Zerfall absolut diskontinuierlich verläuft, kommt es zur Verfeinerung der Substruktur, die Verfestigung verläuft mit merklich höherer Geschwindigkeit als nach der Abschreckung mit üblicher Haltedauer, die sogar zur Sammelrekristallisation führt.

Während der Ausscheidungshärtung ändert sich der spezifische elektrische Widerstand fast gleichmäßig (s. Bild 54) unabhängig vom Ausgangszustand der Bronze. Dies spricht dafür, daß sich nach der Ausscheidungshärtung gleicher Dauer in allen Fällen ein ungefähr gleicher Zerfallsgrad einstellt. Demzufolge hängt eine schnellere und stärkere Verfestigung der Bronze bei der Ausscheidungshärtung nach geringer Verformung (5 bis 10 %) und kurzer Haltedauer bei wiederholter Geschwindigkeitsabschreckung nicht mit dem höheren Zerfallsgrad, sondern vielmehr mit dem Einfluß der ursprünglichen Substruktur zusammen.

Bei gleichem Zerfallsgrad, der bedingt auf der Basis gleicher Beträge des spezifischen elektrischen Widerstandes beurteilt werden kann, erweisen sich die Elastizitätsgrenze und die Härte der Bronze nach der TMVB höher als nach der herkömmlichen Wärmebehandlung.

Nach der TMVB erhöht sich auch, wenngleich in unbedeutendem Maße, die Gestaltfestigkeit der Berylliumbronze. Die Dauerschwingfestigkeitsgrenze, die im Vibrationszyklus (auf der Basis von 10^7 Zyklen) gemessen wird, übersteigt um 30 MPa diese Prüfgröße an Proben nach einer herkömmlichen Wärmebehandlung. Die kleinzyklische oder begrenzte Dauerschwingfestigkeit, d. h. die Ermüdungsbruchfestigkeit auf der Basis von 10^4 bis 10^5 Zyklen, ist gleichfalls höher. Derselbe Effekt wird auch nach der thermomechanischen Behandlung perlitischer und austenitischer Stähle beobachtet und ist offensichtlich charakteristisch für die thermomechanische Behandlung, die für eine große Gruppe von Legierungen ungeachtet ihrer unterschiedlichen Natur und der Behandlungsbedingungen von allgemeiner Bedeutung ist. Wie in [45, 46] gezeigt wurde, ist auch eine thermomechanische Behandlung der Berylliumbronze bei erhöhten Temperaturen möglich, während hierbei jedoch unter bestimmten Temperaturbedingungen diese Behandlung eine Verfestigungszunahme gewährleistet, erhöht sich unter anderen Temperaturbedingungen die Plastizität. In diesen Arbeiten wurde ebenfalls festgestellt, daß durch plastische Verformung mit einer Abnahme von 15 und 30 % im Temperaturbereich von 250 bis 700 °C der exakt ausgeprägte Zerfall der übersättigten Lösung beobachtet wird, dessen Intensität entsprechend den Änderungen der Gitterkonstanten bei 500 °C maximal ist, wenn der Verformungsgrad $\approx 15\%$ beträgt. Bei 400 °C entspricht die maximale Intensität dem Verformungsgrad von $\approx 30\%$.

Die Untersuchungen [45, 46] zeigten, daß nach der Verformung im Intervall von

500 bis 700 °C das Gefüge der Berylliumbronze perlitartigen Charakter hat, der verfestigungsmindernd wirkt. Die maximale Verfestigung entspricht dem Temperaturbereich von 150 bis 450 °C. Dieses Ergebnis steht im engen Zusammenhang mit der Ausscheidung disperser Teilchen der γ'-Phase und mit der Erhöhung der Versetzungsdichte. Die sich anschließende Ausscheidungshärtung bei 320 °C, 2 h, bewirkt einen weiteren Verfestigungszuwachs (Härte), wobei dessen Maximum den Verformungstemperaturen im Bereich von 300 bis 350 °C entspricht. Je höher der Vorverformungsgrad ist, desto größer ist auch das zu erreichende Verfestigungsniveau. Wesentlich ist, daß dessen Betrag größer ist (HV 450) als nach der herkömmlichen thermomechanischen Behandlung, die eine Verformung bei 20 °C (HV 405) vorsieht. Dieser Verfestigungszuwachs wird im Zusammenhang mit einem höheren Zerfallsgrad des Mischkristalls und der stärkeren Verringerung des spezifischen elektrischen Widerstandes gesehen.

In diesem Fall, da nach der Verformung bei 500 bis 700 °C der Zerfall bei gleichzeitiger Bildung eines perlitartigen Gefüges erfolgte, bewirkt die Ausscheidungshärtung nur eine geringe Verfestigung, wahrscheinlich im Ergebnis der Ausscheidung der Teilchen der γ-Phase aus der relativ übersättigten Matrixphase bei 500 °C.

In **Tabelle 11** werden Angaben gemacht, die die Eigenschaften charakterisieren, die durch die Verformung der Berylliumbronze im Bereich von 20 bis 780 °C und die sich anschließende Ausscheidungshärtung bei 320 °C, 2 h, eingestellt werden.

Tabelle 11. Mechanische Eigenschaften der Bronze BrBe 2 nach der Abschreckhärtung, Verformung (30%) und Alterung bei 320 °C, 1 h [45, 46]

Behandlung	R_m	$R_{\mathrm{p}\,0,2}$	$R_{\mathrm{p}\,0,01}$	A, %	ψ, %	f^*, mm
	MPa					
Abschreckhärtung	1295	1133	106	8,8	13,5	0,33
Abschreckhärtung + Verformung bei [°C]						
20	1371	1300	123	6,0	13,6	0,23
300	1418	1392	1315	4,7	13,7	—
350	1425	1345	1288	4,0	12,0	0,22
780	1344	1275	1173	9,2	17,0	0,39

* Probendurchbiegung

Durch Verformung im Bereich von 300 bis 350 °C und Ausscheidungshärtung bei genannter Temperatur wird die maximale Verfestigung erreicht. Wesentlich ist hierbei, daß in diesem Fall auch die Relaxationsfestigkeit am größten ist. Die größte Plastizität jedoch in Verbindung mit dem merklich höheren Verfestigungsniveau im Vergleich zur Größe dieser Eigenschaften nach einer alleinigen Abschreckung wird nach der Abschreckung und der Verformung bei 780 °C (d. h. im Bereich des homogenen α-Mischkristalls) beobachtet. Im letzteren Fall werden die charakteristischen Korngrenzenverzahnungen im Mischkristall vermerkt, die bereits bei der hochtemperatur-mechanischen Behandlung anderer Legierungen aufgetreten sind.

Demzufolge verweisen die in [45, 46] angeführten Ergebnisse auf die bestimmte Effektivität der Verformung der Bronze im Zyklus der thermomechanischen Behandlung bei höheren Temperaturen, d. h. im Rahmen der HTMB. Da jedoch bei der Produktion der Bronze in Form von dünnen Blechen oder Draht die HTMB-Prozesse sehr schwierig zu realisieren sind, wird das genannte Halbzeug bei normalen Temperaturen verformt und thermomechanisch behandelt, d. h. gemäß TTMB.

1.3. Wärmebehandlung mikrodotierter Berylliumbronzen

1.3.1. Möglichkeiten zur Verbesserung der Eigenschaften von Berylliumbronzen

Zur Erreichung eines hohen Formänderungswiderstandes bei kleinen plastischen Verformungen, der die Haupteigenschaft der Federlegierungen, insbesondere der ausscheidungshärtbaren, darstellt, ist es erforderlich, in der Struktur einen großen Volumenanteil der Sekundärteilchen mit der hohen Dispersität dieser Teilchen, in deren Umfeld wegen der erhalten gebliebenen Kohärenz mit der Matrixphase starke elastische Spannungsfelder wirken, zu kombinieren.

Die Einstellung eines hohen Volumenanteils der Sekundärteilchen bei hoher Dispersität oder deren hoher Verteilungsdichte kann das Ergebnis der Konzentrationserhöhung derjenigen Komponente in der Legierung sein, die zur Übersättigung führt. Es existieren jedoch Grenzen, die durch die maximale Löslichkeit der Komponenten in den entsprechenden Zustandsdiagrammen bestimmt werden. Eine derartige Grenze wird in den Legierungen des Systems Cu—Be erreicht, wobei eine weitere Erhöhung der Berylliumkonzentration in den Berylliumlegierungen oberhalb von 2,1% ausschließlich zur quantitativen Erhöhung der β-Sekundärphase führt, die sich nach einer peritektischen Reaktion bildet. Hierbei verbessern sich die Festigkeitseigenschaften nicht, schlagartig verringert sich die Plastizität, die Sprödbruchneigung sinkt, es verschlechtert sich die Relaxationsfestigkeit, und insgesamt verringert sich die Gestaltfestigkeit der Erzeugnisse einschließlich der elastischen Elemente. Außerdem führt ein derartig hoher Legierungsgrad zur Verschlechterung der technologischen Eigenschaften der Legierungen und zu deren Kostensteigerung.

Es existiert auch ein anderer effektiver Weg zur Verbesserung der Eigenschaften ähnlicher Legierungen — die *Mikrodotierung*, deren Prinzip auf der Zugabe von oberflächenaktiven bzw. adsorptionsaktiven Komponenten beruht. Adsorptionsaktive Komponenten erhöhen bei gleichbleibender Konzentration des Hauptlegierungselementes den Volumenanteil der Sekundärteilchen auf Kosten der Löslichkeitsverringerung dieses Elementes und entsprechend der Erhöhung des Übersättigungsgrades. Wichtig ist hierbei jedoch, daß diese Komponenten die Verteilungsdichte der Sekundärteilchen im Ergebnis der Erhöhung der Dispersität steigern und gleichfalls die Homogenität in der Verteilung in den Grenzen der Kristallitvolumina und deren Grenzen erhöhen. Bei der thermomechanischen Behandlung beeinflussen gleichfalls die adsorptions-aktiven Komponenten die im Verlauf der Verformung ausgebildete Versetzungsstruktur sowie auch den weiteren Zerfallsprozeß des Mischkristalls bei der Ausscheidungshärtung.

Ein wichtiger Vorzug der Mikrodotierung ist der Fakt, daß hierbei praktisch keine Änderung der Technologie der Herstellung der Legierungen, d. h. Schmelzen, plastische Verformung, Herstellung der Erzeugnisse und deren Bearbeitung, erforderlich ist. Demzufolge stoßen die Produktion und der Einsatz mikrodotierter Legierungen nicht auf die Schwierigkeiten, die bei der Änderung der Legierungsgrundsätze, d. h. beim Übergang zu prinzipiell neuen Legierungen, auftreten können.

Das Problem der Mikrodotierung von Legierungen, insbesondere dessen wissenschaftliche Lösung, befindet sich gegenwärtig im Entwicklungsstadium, auch dann, wenn die von ARHAROV [47] erfolgreichen wissenschaftlichen·Arbeiten berücksichtigt werden. Insgesamt ist das Gebiet der Mikrodotierung ausscheidungshärtbarer Federlegierungen noch wenig untersucht worden. Aus diesem Grunde wird der Einfluß der Mikrodotierung auf die Vorgänge der Ausscheidungshärtung von Legierungen im weiteren betrachtet werden.

1.3.2. Rolle der Mikrodotierung bei der Ausscheidungshärtung

Unter bestimmten Bedingungen kann die Mikrodotierung die Kinetik der Bildung und des Wachstums der Sekundärteilchen bei der Ausscheidungshärtung verändern.

Die Erhöhung des Übersättigungsgrades des Mischkristalls führt bei zusätzlicher Mikrodotierung zur Verringerung der kritischen Maße der Keime der Sekundärphase, insbesondere in dem Fall, in dem bestimmte Elemente in die Zusammensetzung der Phase eingehen und dabei deren Volumenenergie verringern. Derselbe Effekt wird noch ausgeprägter, wenn die Atome der Mikrodotierungselemente, die sich in der Übergangszone zwischen dem Keim und der Matrix anlagern, die Oberflächenenergie der Phasengrenzfläche verringern. Der beschriebene Zustand gilt unabhängig davon, ob die Keime der Teilchen der metastabilen Phase oder die Guinier-Preston-Zonen betrachtet werden. Die Verringerung der freien Phasengrenzenergie tritt in dem Fall ein, in dem die Atome »dritter« Elemente, die sich im Bereich der Phasengrenzen anlagern, die Differenz zwischen den Gitterparametern der Matrix und der Sekundärphase vermindern. Die Anreicherung der Atome mit kleinem Atomradius an den Zwischenphasengrenzen führt zur Vollendung der Grenzfehlstellen und damit zur Verringerung der Oberflächenenergie an der Phasengrenzfläche. In diesem Fall erhöhen sich die Teilchengrößen bis zu Werten, bei denen die kohärente Verbindung zwischen den beschriebenen Phasen noch erhalten bleibt, wodurch auch insbesondere bei hohen Temperaturen ein hoher Verfestigungsgrad gewährleistet wird. In jedem Fall bewirkt die Verringerung der freien Volumen- und der Phasengrenzflächenenergie durch mikrodotierende Elemente mit *adsorptionsaktiver Wirkung* die Stabilisierung der Guinier-Preston-Zonen [28, 35, 48—51]

und der Teilchen der metastabilen Phasen. Damit wird die Kinetik der Anfangs-
und Folgestadien der Ausscheidungshärtung beeinflußt.

Die Steigerung des Gesamtübersättigungsgrades durch die Mikrodotierung führt
zur Erhöhung der Verteilungsdichte der Guinier-Preston-Zonen sowie der Teilchen
der metastabilen und stabilen Phasen. Ungeachtet dessen gibt es bisher keinerlei
Angaben darüber, daß die Zugabe »dritter« Elemente die Bildungsgeschwindigkeit
der Guinier-Preston-Zonen und der Teilchen der sich bildenden Phasen infolge
stärkerer Bindung dieser Atome der zugegebenen Elemente mit den Leerstellen
[52—54] verringert. Weitere Untersuchungen sind hierzu erforderlich.

Von wesentlicher Bedeutung für die Analyse des Zerfalls von Mischkristallen ist
das Problem der *Adsorptionsaktivität* (oder der Oberflächenaktivität) »dritter«
Mikrolegierungselemente. Erstmalig wiesen AHAROV und SEMENCHENKO darauf hin.

Die *Oberflächenaktivität* der »dritten« Komponente kann den Zerfall des Misch-
kristalls an den Korngrenzen wegen des höheren Übersättigungsgrades in diesen
Bereichen beschleunigen und damit folglich die Zerfallshomogenität verschlechtern.
Damit verringert sich der Widerstand gegenüber kleinen plastischen Verformungen.
Diese Erscheinungen werden nicht beobachtet, wenn die Atome der *oberflächenaktiven Komponente* in die Interphasengrenze eingebaut und die Leerstellen von
ihnen gebunden werden. Die *Bindungsenergie* zwischen Leerstelle und Atom der
Drittkomponente wird bestimmt durch die Valenzdifferenz der Atome der anderen
Hauptkomponenten, d. h. ausschließlich durch die Elektronenwechselwirkung, die
von der Differenz der Atomradien derselben Komponenten abhängt. Eine Verstärkung der Bindung Atom—Leerstelle führt zu einer verringerten Leerstellenbeweglichkeit, so daß deren Bewegung zu den Korngrenzen hin verlangsamt wird.

Die Gefahr eines vorrangig an den Korngrenzen ablaufenden Zerfalls verringert
sich in dem Fall, in dem die Drittkomponenten nicht in die chemische Zusammensetzung der sich ausscheidenden Sekundärphase eingehen oder keine isomorphen
mit der hauptsächlichen Sekundärphase eigenen Phasen bilden. Derselbe Effekt
kann auch dann beobachtet werden, wenn das dritte mikrodotierende Element
wegen der großen Adsorptionsaktivität oder Oberflächenaktivität im Vergleich zu
den Hauptlegierungsbestandteilen deren Konzentration an den Korngrenzen vermindert. Die Art der Wechselwirkung zwischen zwei oder einer größeren Zahl oberflächenaktiver Elemente sowie deren summarischer Einfluß sind schwierig vorher
zu bestimmen.

In Übereinstimmung mit ARHAROV sind die nachstehend genannten *Wechselwirkungstypen* möglich:

1. kooperative Wechselwirkung, bei der die Adsorption der vorhandenen
Elemente gegenseitig verstärkt wird;

2. konkurrierende Wechselwirkung, bei der ein oder mehrere in der
entsprechenden Legierung enthaltenen adsorptionsaktiven Elemente
die Adsorptionsaktivität eines beliebigen anderen Elementes unterdrücken können;

3. gegenseitige *Schwächung* der Adsorptionsaktivität aller Legierungselemente.

Theoretisch ist es gegenwärtig noch nicht möglich, den Typ der Wechselwirkung zwischen den *adsorptionsaktiven Elementen* in konkreten Legierungen zu bestimmen und das Niveau ihrer Adsorptionsaktivität zu beurteilen. Deshalb ist die Fortführung zielgerichteter experimenteller Arbeiten erforderlich.

In Kupferlegierungen wurde festgestellt, daß Legierungselemente der IV. und V. Perioden des Periodischen Systems der Elemente die Überschußenergie der Korngrenzen in einer polykristallinen Legierung verringern, wenn die Valenzdifferenz zwischen diesen Elementen und dem Kupfer ungerade ist, oder sie erhöhen die überschüssige Korngrenzenenergie, wenn diese Differenz gerade ist im Zusammenhang mit den Gesetzmäßigkeiten der Abschirmung der Atome des zugegebenen Elementes im Mischkristall. In ternären Legierungen werden alle möglichen Wechselwirkungstypen (**Tabelle 12**) beobachtet, wobei hier jedoch die Überlegungen hinsichtlich ungerader und gerader Valenzdifferenzen schon unwesentlich sind.

In einigen Fällen der Ausscheidungshärtung von Legierungen können an den Korngrenzen nicht nur Bereiche bevorzugten Zerfalls beobachtet werden, d. h., dieser Prozeß läuft beschleunigt ab und häufig diskontinuierlich, sondern auch ausscheidungsfreie Zonen. Die Ausbildung derartiger Zonen und auch der beschriebenen Bereiche verringert die Festigkeit, wobei offensichtlich der Widerstand gegenüber kleinen plastischen Verformungen, die Relaxationsfestigkeit sowie die Spannungsrißkorrosions-Festigkeit absinken. Gleichzeitig erhöht sich aber in einigen Fällen die Plastizität der Legierung. Es ist jedoch gegenwärtig noch nicht möglich, endgültige Schlußfolgerungen über den Einfluß dieser Zonen auf die Gesamtheit der Eigenschaften von Legierungen zu ziehen. Die Ausbildung derartiger Zonen, die in Federlegierungen als unerwünscht gelten, kann mit ihrer Verarmung an Leerstellen, die zu den Korngrenzen abwandern, erklärt werden. Deshalb führt die Erhöhung der Bindungsenergie der Atome mit den Leerstellen zur Verlangsamung ihrer Abwanderung zu den Korngrenzen. Diese positive Rolle der Bindungsenergie wird durch eine Reihe von Arbeiten bestätigt, die den Einfluß von Silber, Gold, Kadmium, Beryllium oder Zink in Aluminiumlegierungen untersuchten [53, 55, 56].

Wenn die Atome mikrodotierter Elemente eine hohe Bindungsenergie mit den Leerstellen besitzen, so erhöht sich die Leerstellendichte, wobei die Bildung der Guinier-Preston-Zonen sowie entsprechend die Bildung der Anfangsstadien der Entstehung der metastabilen Phasen beschleunigt werden. In einigen Fällen kann die Entwicklungsgeschwindigkeit dieser Stadien sinken, wenn die Atome der Drittelemente bei der Ausscheidungshärtung mit den Leerstellen Komplexe bilden, weil sich die Zahl der beweglichen Leerstellen, die an der Diffusion der Atome der hauptsächlichen Legierungselemente beteiligt sind, verringert. Diese Feststellung wird durch Untersuchungen der Legierungen AlCu 1,7% mit geringen Zusätzen an Zinn (0,006%) bestätigt [58, 59]. Die Bindungsenergie zwischen den Leerstellen und den Zinnatomen ist größer als zwischen den Leerstellen und den Kupferatomen. Aus diesem Grunde ziehen die Zinnatome die Leerstellen von den Kupferatomen ab, die für die Bildung der Guinier-Preston-Zonen erforderlich sind. Ein ähnlicher Effekt, und außerdem eine Verlangsamung der späteren Stadien der Ausscheidungshärtung, wurde gleichfalls in Aluminiumlegierungen mit höherem Kupfergehalt (4%), die mit Zinn bis zu 0,064% [60] mikrodotiert wurden, sowie auch in AlZn 4,4,

Tabelle 12. Einfluß der Legierungselemente* auf die Korngrenzenüberschußenergie ΔU in binären und ternären Kupferbasislegierungen (nach [57])

Legierungszusammensetzung	ΔU V	ΔU für die binäre Legierung, V		Wechselwirkungstyp der Zusätze**
		mit erstem Zusatz	mit zweitem Zusatz	
Cu—Zn—Ga	—	—	—	—
Cu—Zn—Ge	0,92	0,80	0,82	VO
Cu—Zn—As	0,82	0,80	0,88	KN (Zn)
Cu—Zn—Ag	0,82	0,80	0,92	KN (Zn)
Cu—Zn—Cd	0,86	0,80	0,82	VO
Cu—Zn—In	0,88	0,80	0,90	KN (Zn)
Cu—Zn—Sn	0,82	0,80	0,84	?
Cu—Zn—Sb	—	—	—	—
Cu—Ga—Ge	0,84	0,86	0,82	?
Cu—Ga—As	—	0,86	0,88	?
Cu—Ga—Ag	—	—	—	—
Cu—Ga—Cd	0,90	0,86	0,82	VO
Cu—Ga—In	0,84	0,86	0,90	KP
Cu—Ga—Sn	—	0,86	0,84	?
Cu—Ga—Sb	0,92	0,86	0,90	VO
Cu—Ge—As	0,90	0,82	0,88	VO
Cu—Ge—Ag	0,88	0,82	0,92	KN (Ge)
Vu—Ge—Cd	1,02	0,82	0,82	VO
Cu—Ge—In	1,00	0,82	0,90	VO
Cu—Ge—Sn	0,82	0,82	0,84	?
Cu—Ge—Sb	—	—	—	—
Cu—As—Ag	0,84	0,88	0,92	KP
Cu—As—Cd	0,98	0,88	0,82	VO
Cu—As—In	0,98	0,88	0,90	VO
Cu—As—Sn	0,80	0,88	0,84	KP
Cu—Ag—Sb	0,78	0,88	0,90	KP
Cu—Ag—Cd	1,02	0,92	0,82	VO
Cu—Ag—In	0,84	0,92	0,90	KP
Cu—Ag—Sn	0,84	0,92	0,84	KN (Sn)
Cu—Ag—Sb	—	0,92	0,90	?
Cu—Cd—In	0,90	0,82	0,90	KN (Cd)
Cu—Cd—Sn	0,88	0,82	0,84	VO
Cu—Cd—Sb	0,92	0,82	0,90	VO
Cu—In—Sn	1,00	0,90	0,84	VO
Cu—In—Sb	1,00	0,90	0,90	VO
Cu—Sn—Sb	0,92	0,84	0,90	VO

*   Konzentration zu je 0,5 Masse-%.
** Bezeichnungen: VO — gegenseitige Abschwächung der inneren Adsorption; KN — Konkurrenz; KP — Kooperation $\Delta(\Delta U) = \pm 0,02$ V.

dem kleine Mengen (0,01 Atom-%) bestimmter Übergangsmetalle [61, 62] zugegeben wurden, beobachtet. Gleiche Effekte werden in der Legierung Al-1,3% Mg$_2$Si nach der Zugabe von Zinn [62] registriert. Eine Mikrodotierung gemäß [62] führt zur Erhöhung der Keime der Zwischenphase. Die Untersuchung der Legierungen AlMg 9 Atom-% zeigte jedoch, daß die Zugabe derartiger Elemente, wie z. B. Silizium, Germanium, Zinn, ungeachtet der hohen Bindungsenergie ihrer Atome mit den Leerstellen, keinen Einfluß auf die Vorgänge der Ausscheidungshärtung der Legierungen nimmt. Andererseits verlangsamen andere Elemente, insbesondere Chrom, Zink, Eisen, Vanadin, die Segregation, während sie die Ausscheidung der Sekundärphase bei erhöhter Temperatur der Ausscheidungshärtung beschleunigen.

Wenn die Atome der Drittelemente mit den zur Übersättigung führenden Atomen und den Leerstellen Anhäufungen bilden, kann die Bildung der Guinier-Preston-Zonen unterdrückt werden. Dabei ändern sich die Bildungsgeschwindigkeit und der Instabilitätsgrad der metastabilen Phasen, weil eine kleinere Anzahl von Leerstellen an den Diffusionsvorgängen beteiligt ist, die das Wachstum der Ausscheidungen kontrollieren [58, 59, 63]. Außerdem wurde gezeigt, daß die Zugabe adsorptionsaktiver Elemente die Koagulation der metastabilen Phase verlangsamt. So führt die Zugabe kleiner Mengen an Seltenerdmetallen und anderen adsorptionsaktiven Elementen, wie z. B. Cerium, Lanthan, Neodym u. a., in mehrfach dotierten Nickellegierungen zur *Abschwächung* der Koagulation der γ'-Phase bei der Ausscheidungshärtung und zur Erhöhung der Zeit bis zur Zerstörung der Legierungen bei hohen Temperaturen. Diese Erscheinung kann damit erklärt werden, daß die angeführten Elemente die Selbstdiffusionsgeschwindigkeit des Nickels entlang den Korngrenzen senken [64].

Demzufolge ist die Frage nach dem Einfluß der Bindungsenergie zwischen den Atomen der Drittkomponenten und den Leerstellen auf die Vorgänge beim Zerfall übersättigter Mischkristalle noch nicht eindeutig geklärt, weil in bestimmten realen Legierungen mit Erhöhung dieser Bindungsenergie die Zerfallsgeschwindigkeit sinkt, während die Bindungsenergie in anderen Legierungen keinerlei Einfluß ausübt. Es gibt jedoch auch Legierungen, in denen im Ergebnis der Bildung von Komplexen aus den Atomen der Komponenten und den Leerstellen der Zerfallsprozeß beschleunigt wird. Sollten derartige Komplexe bei Abschreckvorgängen gebildet werden, könnten sie Zentren der Bildung von Guinier-Preston-Zonen sein oder die Bildung von Keimen metastabiler Phasen begünstigen, wodurch die Menge und Dispersität der Ausscheidungen in Legierungen nach der Ausscheidungshärtung erhöht werden [65]. In Übereinstimmung mit unseren Ergebnissen ist es wahrscheinlich, daß derartige Komplexe auch beim Abschrecken der Berylliumbronze, die mit Magnesium mikrodotiert wird, entstehen und deshalb die Zerfallsprozesse in ihren Anfangsstadien beschleunigt werden, während sie in den späteren durch das Abfließen der Leerstellen gekennzeichneten Stadien langsamer werden. In einigen Fällen bewirkt jedoch die Zugabe von Mikrodotierungselementen ungeachtet ihrer starken Bindung mit den Leerstellen eine Abschwächung namentlich der Anfangsstadien des Zerfalls, wie dies z. B. in Legierungen des Systems Al—Cu bei Mikrodotierung mit Zinn [58, 60], aber auch mit Kalzium in Berylliumbronzen (weitere Erläuterungen s. unten) beobachtet werden konnte. Mikrodotierungselemente können gleichfalls, unabhängig von der Energie der Wechselwirkung ihrer Atome mit den Leerstellen, ausschließlich durch Clusterbildung, die als Katalysator bei der Bildung von Keimen der Ausscheidungen wirkt [66], den Zerfallsprozeß des Mischkristalls beschleunigen.

Wie bereits erwähnt wurde, kann die Zugabe dritter Elemente die Morphologie der sich ausscheidenden Teilchen verändern. Eine derartige Änderung kann das Ergebnis des Einflusses dieser Elemente auf die Oberflächenenergie der Teilchen sein, wenn sie inkohärent sind, oder auf die Größe der elastischen freien Energie, wenn die Teilchen kohärent sind. Die Verringerung der Oberflächenenergie im ersten Fall unter dem Einfluß oberflächenaktiver Elemente kann anstelle sphärischer Teilchen auch zur Bildung lamellarer Teilchen führen, deren Verhältnis der Oberfläche zum Volumen nicht minimal ist.

Die Verringerung der elastischen Komponente der freien Energie im Ergebnis der Anpassung der Gitter der Sekundärphase und der Matrix kann eine Formänderung der Teilchen bewirken: Anstelle der dünnen lamellaren oder scheibenförmigen Teilchen, die einem Minimum der elastischen Energie entsprechen, können sich Teilchen bilden, die ihrer Form nach sphärisch ähnlich sind. In den betrachteten Fällen hängt die Änderung der Teilchenmorphologie nicht von der Änderung des Mechanismus beim Zerfall des übersättigten Mischkristalls ab. In einer Reihe von Fällen kann die Änderung der Morphologie jedoch die Folge des Überganges vom kontinuierlichen Mechanismus zum diskontinuierlichen Mechanismus des Zerfalls sein, oder auch umgekehrt. Bei diesem Übergang spielt die Zugabe dritter Komponenten, insbesondere dann, wenn sie adsorptionsaktiv wirken, eine wichtige Rolle.

Wie wir bereits nachweisen konnten, wird die Verbesserung der Haupteigenschaft der Federlegierungen — der Widerstand gegenüber kleinen plastischen Verformungen — nur durch eine hohe Dispersität der Sekundärteilchen, die kohärent mit der Matrix sind, und ihre Homogenität in der Verteilung gewährleistet. Deshalb sollte bei der Wahl der Legierungszusammensetzungen und der Bedingungen der Wärmebehandlung der *kontinuierliche* oder *diskontinuierliche Zerfallsprozeß* angestrebt werden, wenn er das gesamte Kornvolumen erfaßt und die sich ausscheidenden Lamellen dispers und kohärent mit der Matrix sind [67—69]. In den Arbeiten von Hovovaia wurde gezeigt, daß nach starker Vorverformung mit einem Verformungsgrad von $\approx 80\%$ der abschreckgehärteten Legierung 36 NHTJu, die bei 930 °C einer Rekristallisationsglühung unterzogen wurde, in der sich Körner mit einer mittleren Größe von $<5\ \mu m$ bilden, und nach einer Ausscheidungshärtung bei 650 °C, 2 h, der vollständige diskontinuierliche Zerfall mit Bildung sehr dünner Lamellen der γ'-Phase, die mit der γ-Matrixphase kohärent sind, verläuft. Im Ergebnis dieses Vorgangs erreicht der Elastizitätsgrenzwert $R_{p\,0,002}$ 1300 MPa. Unter anderen Bedingungen, z. B. wenn die Korngröße nach der Rekristallisationsbehandlung nach dem angegebenen Regime, jedoch bei einer größeren Haltedauer bei 930 °C, $\approx 12\ \mu m$ erreicht, so nimmt die Elastizitätsgrenze nach der Ausscheidungshärtung bei 650 °C und einem vollständigen Zerfall nach dem diskontinuierlichen Mechanismus den kleineren Wert von ≈ 1000 MPa an. Nach einer Behandlung zur Einleitung des vollständigen kontinuierlichen Zerfalls bei einer Korngröße, die nahe der oben angegebenen liegt, erwies sich der Maximalbetrag der Elastizitätsgrenze als niedriger im Vergleich zu dem vorangegangenen Fall und betrug 700 MPa, obwohl die Teilchen der γ'-Phase in hoher Dispersität vorlagen und ihre Form fast sphärisch war. Es kann somit angenommen werden, daß die höhere Verfestigung im ersten Fall das Ergebnis der Änderung des Bewegungsmechanismus der Versetzungen ist, der spiralförmigen Charakter trägt anstelle der hauptsächlichen Umgehung der Teilchen im Falle der Struktur nach einem *kontinuierlichen Zerfall.*

Der in [67—69] beschriebene strukturelle Zustand wird in den Berylliumbronzen nicht realisiert, weil sich in ihnen nach einem diskontinuierlichen Zerfall hinreichend grobe Lamellen der Gleichgewicht-γ-Phase, die infolge der Diffusion bei der Wanderung der Großwinkelkorngrenze entsteht, bilden. Außerdem sind die Lamellen der γ-Phase inkohärent mit der α-Phase (Matrix). Im Ergebnis der Wirkung dieser Faktoren verringert sich in der Berylliumbronze sogar bei kleinem Volumen der Zellen des diskontinuierlichen Zerfalls an den Korngrenzen der Widerstand gegenüber kleinen plastischen Verformungen sowohl bei kurzzeitiger als auch bei Dauerbelastung.

Tabelle 13. Abschätzung der Effektivität der Kriterien für die Bestimmung des Einflusses dritter Elemente auf den Verlauf des diskontinuierlichen Zerfalls (nach Chovovaja)

Wirkungsrichtung der Drittelemente	Kriterien zur Beurteilung der Elemente	Übereinstimmung des prognostischen mit dem faktischen Einfluß der Drittelemente, %		
		BDZ	HDZ	FDZ
Intensivierung der Bildung einer stabilen Phase beschleunigt den Zerfall; Intensivierung der Bildung einer metastabilen Phase verringert die Neigung zum diskontinuierlichen Zerfall	Thomas-Kriterium [71]: Das »Dritt«element stimuliert die Bildung			
	— der stabilen Phase, wenn $r_{III} < r_I$	50	—	—
	— der metastabilen Phase, wenn	—	41	—
	— $r_{III} < r_I$			
	Böhm-Kriterium [72]: Das Drittelement stimuliert die Bildung			
	— der stabilen Phase, wenn $r \simeq r_I$	15	—	—
	— der metastabilen Phase, wenn $r_{III} \neq r_I$	—	72	—

Anmerkung: BDZ — Beschleunigung des diskontinuierlichen Zerfalls (20 Systeme)
HDZ — Hemmung des diskontinuierlichen Zerfalls (39 Systeme)
FDZ — frei von diskontinuierlichem Zerfall (7 Systeme)
Weitere Kriterien zur Beurteilung der Elemente nach: Guinier [73]; Arharov [75]; Kunze und Wincierz [76]; Bokštein [59]; Zadumkin [77] (Kriterium der Oberflächenaktivität).

Tabelle 14. Theoretische und experimentelle Abschätzung des Einflusses dritter Elemente (III) auf die Neigung zum diskontinuierlichen Zerfall in Kupferbasislegierungen (Matrix I), die Beryllium enthalten (übersättigendes Element II) (nach Hovovaia)

Element III, Atom-%[1], und Gittertyp	Löslich-keit[2] von III in I	$\vartheta_\mathrm{L\ddot{o}sl.}$ °C	Ordnungs-nummer	T_L K	r_met nm	Valenz	m^c	Phasen in den Systemen[3] I — III
In 0,5 tetr. fz.	$\dfrac{11,0}{18,2}$	574	49	429	0,157	3+	0,5080	—
Sb 0,5 rhomb.	$\dfrac{6,0}{11,0}$	645	51	903	0,161	5+ ; 3+	0,4060	—
Co 0,09—0,24	$\dfrac{6,5}{5,1}$	1110	27	1763	0,125	3+ ; 2+	0,7976	—
Mg 0,05—0,25	$\dfrac{7,0}{2,8}$	722	12	923	0,160	2+	0,3057	—
P 0,02—0,1 orthorhomb.	$\dfrac{3,5}{1,75}$	714	15	317 weiß; 870 rot	0,13	5+	0,2748;	Cu_3P hex.; $a = 0,695$ nm $c = 0,712$ nm
N 0,1—0,5 kfz.	unbegrenzt	—	28	1725	0,124	2+	0,7402	Mischkristalle
Fe 0,1—0,5 krz:	$\dfrac{4,5}{4,0}$	1094	26	1806	0,126	3+ ; 2+	0,7560	—
kfz.	$\dfrac{19,6}{9,4}$	565	13	931	0,143	3+	0,4582	γ_2, entspricht dem Gefüge des γ-Messings
Si 0,1—0,5 Diamant	$\dfrac{11,25}{5,3}$	852	14	1724	0,134	4+	0,4575	—
Cr 0,1—0,5 krz.	$\dfrac{0,8}{0,65}$	1100	24	2150	0,127	6+ ; 3+ ; 2+	0,6897	—

Einfluß des Elementes III auf den Zerfall	mögliche Wirkursache	theoretische Abschätzung[*4]						
		1	2	3	4	5	6	7
hemmt DZ[*5] [72]	starke Aufweitung des Cu-Gitters	I[*6]	K[*7]	I	H[*8]	H	H	—
ebenda	temperaturabhängige Löslichkeit im Cu bei 200 °C, 1 Atom-%	I	H	I	H	H	H	—
hemmt DZ; Bildung von CoBe [17; 18; 71]	Co-Löslichkeit von 0,1 Atom-% im Cu bei 500 °C	H	H	H	I	H	I	bindet nicht das Be, H
hemmt DZ [78; 79]	Mg-Löslichkeit im Cu bei 400 °C, 3,1 Atom-%	I	K	I	H	H	H	—
intensiviert DZ [78; 79]	P-Löslichkeit in Cu bei 300 °C, 1,2 Atom-%	I	K	H	I	H	I	—
starke Hemmung DZ [17, 71]	Bildung von NiBe mit CsCl-Gitter	H	K	H	H	H	I	bindet das Be, H
hemmt DZ nach der Homogenisierung ab 840 °C [71]	bei 700 °C ist die Löslichkeit des Fe in Cu < 0,35 Atom-%	H	H	H	I	H	I	—
kein Einfluß	die Al-Löslichkeit ist nahezu temperaturunabhängig	I	K	I	H	H	H	—
kein Einfluß	die Löslichkeit des Si im Cu ist in geringem Maße zeitabhängig	H	K	I	H	H	H	—
unbedeutende Intensivierung des DZ [71]	bei 500 °C beträgt die Löslichkeit des Cr im Cu 0,06 Atom-%; es bildet sich die hexagonale Phase Be_2Cr	H	H	H	I	H	K	—

Tabelle 14 (Fortsetzung)

Element III, Atom-%[1], und Gittertyp	Löslichkeit[2] von III in I	$\vartheta_{\text{Lösl.}}$ °C	Ordnungsnummer	T_{L} K	r_{met} nm	Valenz	m^c	Phasen in den Systemen[3] I—III
Mn 0,1—0,5 krz.	unbegrenzt	—	25	1516	0,130	7+; 4+; 2+	0,7156	Mischkristalle
Cd 0,1-0,2	$\dfrac{2,14}{3,72}$	549	48	594	0,156	2+	0,5575	Cu_2Cd hexagonal $a = 0,496$ nm $a = 0,799$ nm
Z 0,1—0,2	$\dfrac{31,9}{32,5}$	902	30	629	0,139	2+	0,6276	—
Ca kfz.	—	—	20	1123	0,197	2+	0,1905	—
Ti	—	—	22	1941	0,145	4+	0,4600	—

[1] Nach Berechnungen der Autoren beträgt die Bindungsenergie der Mg-Atome 0,45 eV/Atom, die der P-Atome mit den Leerstellen 0,5 eV/Atom

[2] Im Zähler wird die Löslichkeit angegeben (Atom-%); im Nenner in Masse-%

[3] In den Cu—Be-Legierungen treten drei Phasen auf:
α-Mischkristall (kfz); γ'-Phase (tetragonal rz.); γ-Phase (krz)

[4] Theorien: *1* Theorie der Liquidustemperatur (die niedriger schmelzende Komponente intensiviert die Korngrenzendiffusion
2 Löslichkeitstheorie (die unlösliche Komponente hemmt die Migration der Diffusionsfront)
3, 4 Theorie der Fehlpassung nach THOMAS (bei r_{III} Intensivierung) und nach BÖHM (bei $r_{\text{III}} \approx r_1$ Intensivierung) entsprechend
5 Theorie der Leerstellenbindung (bei $r > 0$ Hemmung)
6 Theorie der Adsorption ($m_{\text{III}}^c < m_{\text{I}}^c$ und $m_{\text{III}}^c < m_{\text{II}}^c$ Hemmung)
7 Theorie der Phasenänderung

[5] DZ diskontinuierlicher Zerfall

[6] I   Intensivierung

[7] K   kein Einfluß

[8] H   Hemmung

Indem der diskontinuierliche Zerfall genutzt wird, kann in der Legierung eine orientierte Verteilung der Teilchen (Lamellen) durch plastische Kaltverformung nach der Ausscheidungshärtung erreicht werden. Somit wird die Legierung ihrer Struktur nach zum Verbundwerkstoff und ist durch sehr hohe Festigkeitseigenschaften gekennzeichnet. Diese Verfestigungsmethode wurde von HOVOVAIA an Legierungen des Systems Ni–Cr–Nb ausgearbeitet. Schließlich kann gleichfalls der Mechanismus des diskontinuierlichen Zerfalls auch im Falle einiger mikrodotierter Berylliumbronzen ausgenutzt werden [70]. Hierbei wird ebenso wie auch für die bereits genannten Legierungen zur Verfestigungssteigerung anfangs die Ausscheidungshär-

Einfluß des Elementes III auf den Zerfall	mögliche Wirkursache	theoretische Abschätzung[*4]						
		1	*2*	*3*	*4*	*5*	*6*	*7*
hemmt den DZ bei niedrigen Alterungstemperaturen [71]	es bildet sich die hexagonale Phase Be_2Mn; $a = 0,424$ nm; $c = 0,6924$ nm	K	K	H	I	H	I	Mn bindet das Be, H
hemmt den DZ [80]	bei 300 °C beträgt die Löslichkeit von Cd im Cu 0,3 Atom-%	I	H	I	H	H	K	H
intensiviert den DZ [80]	–	I	K	I	H	H	K	–
hemmt den DZ (nach Angaben der Verfasser)	–	I	–	I	H	H	H	–
hemmt den DZ [81]	–	H	–	I	H	H	H	–

tung mit einem praktisch vollständigen Zerfall, danach die plastische Verformung und eine sich anschließende Ausscheidungshärtung (s. Abschn. 1.4.) durchgeführt. Es wird damit ersichtlich, daß zur Verbesserung der Eigenschaften der Berylliumbronzen bei der Ausscheidungshärtung der diskontinuierliche Zerfall vollständig zu unterdrücken bzw. abzuschwächen ist. In dieser Hinsicht ist die Mikrodotierung ein erfolgreicher Weg. Dabei muß jedoch darauf verwiesen werden, daß zuverlässige Kriterien für die Auswahl *effektiver Mikrodotierungselemente* prinzipiell noch nicht aufgestellt worden sind. Zu dieser Schlußfolgerung kann man gelangen, wenn man die Effektivität der Vielzahl der Kriterien, die von einer Reihe Wissenschaftler für die Beurteilung des Einflusses der Drittelemente auf die Entfaltung des diskontinuierlichen Ausscheidungsprozesses (**Tabelle 13**) vorgeschlagen wurden, betrachtet.

Im weiteren werden die Werte für die Konstanten der Elemente Cu (I) und Be (II) in Berylliumbronzen angegeben, die der Analyse der in **Tabelle 14** angeführten Angaben zugrunde gelegt werden:

	Cu (I)	Be (II)
Ordnungszahl	29	4
T_s, K	1356	1551
r_{met}, nm	0,128	0,113
Valenz	1+	2+
m^c	0,7692	0,5329

Wie aus diesen Angaben hervorgeht, gestattet die Anwendung der vorgeschlagenen formalen Kriterien nicht einmal eine qualitative Vorhersage des zu erwartenden Einflusses eines Drittelementes in einem konkreten System, weil außer den Parametern der vorgeschlagenen Kriterien jedes einzelne Element auch einen bestimmten Einfluß auf die Bildung von Korngrenzensegregationen nimmt und sich selbst der Konzentration nach zwischen der Sekundärphase und der Matrix usw. verteilt. Aus diesem Grunde sollen für die Beurteilung des Einflusses der Drittelemente auf die diskontinuierliche und die kontinuierliche Ausscheidung Systeme aufgestellt werden, die die Gesamtheit der Einflußfaktoren berücksichtigen. In diesem Zusammenhang wurde festgestellt, daß der effektivste Weg für die Abwendung des in der Mehrzahl der Fälle negativen Einflusses des diskontinuierlichen Zerfalls auf die Eigenschaften der Federlegierungen die Zugabe adsorptionsaktiver Komponenten ist. Im Falle der Berylliumbronzen wird dieser Zerfall teilweise durch die Zugabe von Titan [81], aber auch vollständig, wie es in unseren Arbeiten gezeigt wurde, durch die Zugabe von Kalzium oder Magnesium unterdrückt, da diese besonders adsorptionsaktiv sind.

Der Einfluß der adsorptionsaktiven Komponenten auf die Abwendung des diskontinuierlichen Zerfalls ist in erster Linie mit der Abschwächung der Entstehung der Sekundärteilchen der metastabilen oder der stabilen Phasen an den Korngrenzen infolge der Verringerung der Diffusionsgeschwindigkeit entlang den Korngrenzen und der Wanderungsgeschwindigkeit der Korngrenzen als Hauptmechanismus des Wachstums der Teilchen und der eigentlichen Bereiche des diskontinuierlichen Zerfalls im Zusammenhang zu sehen.

Es muß folglich erstens zur vollständigen Entfaltung des kontinuierlichen Zerfalls die Möglichkeit des bevorzugten Zerfalls an den Korngrenzen ausgeschlossen werden und zweitens in der Legierung eine hohe Leerstellenkonzentration eingestellt werden. Diese Bedingungen werden begünstigt durch die Erhöhung der Bindungsenergie zwischen den Atomen der adsorptionsaktiven Mikrodotierungskomponente und den Leerstellen, durch die Bildung von Komplexen aus Atomen der vorhandenen Komponenten und Leerstellen. Und schließlich ist es drittens erforderlich, den Inhomogenitätsgrad der abschreckgehärteten Legierung (die Anwesenheit von bereits erwähnten Komplexen, Clustern und Gitterfehlern) zu erhöhen.

Die zuletzt genannten Faktoren fördern die Bildung einer großen Anzahl von Guinier-Preston-Zonen oder von Keimen einer gewöhnlichen metastabilen Sekundärphase bei der Ausscheidungshärtung. Die Geschwindigkeit, mit der sich das Anfangsstadium des kontinuierlichen Zerfalls entwickelt, ist bedeutend größer als die des diskontinuierlichen Zerfalls, weil im ersten Fall bedeutend mehr Stellen für die Bildung von Zonen oder Teilchen existieren als im zweiten, bei dem die Entstehungsvorgänge ausschließlich an den Großwinkelkorngrenzen verlaufen. Zur Einstellung einer hohen Teilchendispersität beim kontinuierlichen Zerfall kann die Methode der Mikrodotierung mit adsorptionsaktiven Komponenten effektiv genutzt werden, weil hierbei der Übersättigungsgrad des Mischkristalls wächst, während die Guinier-Preston-Zonen oder die Teilchenkeime, wie bereits in vielen Arbeiten gezeigt wurde, eine höhere Stabilität erlangen, da sich ihre freie Volumenenergie sowie die freie Oberflächenenergie auf Kosten der Angleichung der Gitter der mit dem Matrixmischkristall gebildeten Objekte verringern. Die hohe Stabilität der Keime oder Guinier-Preston-Zonen bestimmt auch die Ausbildung eines dispersen Gefüges[1], einschließlich auch im späteren Stadium der Ausscheidungshärtung bei erhöhten Temperaturen[2], bei denen eine hohe Verfestigung eintritt.

Bei guten Paßverhältnissen an der Grenze zwischen den Keimen, in der Regel zwischen der metastabilen Phase und der Matrix, gewährleistet die Erhaltung der Kohärenz dieser Teilchen bis hin zu solchen Abmessungen, bei denen bei Belastung der Übergang vom Schneiden der Teilchen durch bewegliche Versetzungen zum Umgehungsmechanismus, der einen maximalen Widerstand bei kleinen plastischen Verformungen bewirkt, beginnt.

In verformungsverfestigbaren Legierungen kann die Mikrodotierung gleichfalls einen bedeutenden Einfluß auf den Verformungswiderstand bei kleinen plastischen Verformungen ausüben [82, 83]. In diesen Legierungen kann die Zugabe adsorptionsaktiver Mikrodotierungselemente Prozesse vom Typ der Dispersionsverfestigung infolge der Änderung der ursprünglichen Versetzungsstruktur intensivieren und folglich auch zur Änderung der durch Mikroverzerrungen aufgebauten Felder führen, in denen die Ordnungs- und Konzentrationsumverteilungsprozesse, die den Verfestigungseffekt noch verstärken, ablaufen werden. Gleichfalls ist der Effekt des Eigeneinflusses dieser Elemente auf die Verfestigung durch Erhöhung der Bindungsenergie ihrer Atome mit den Versetzungen infolge der Bildung »eigener« oder »ge-

---

[1] Zweifellos existiert in vielen Legierungssystemen, die dispersions- oder ausscheidungshärtbar sind, ein kontinuierlicher Übergang von den Guinier-Preston-Zonen zu den Teilchen der metastabilen oder stabilen Phasen, wenn die Guinier-Preston-Zonen selbst ihrer Atomkoordination nach ähnlich sind oder der Struktur der oben angeführten Phasen entsprechen. In einigen Legierungen, insbesondere in Aluminiumbasislegierungen, denen keine Drittkomponenten zugegeben wurden, die die Stabilität der Zonen erhöhen, wird der Übergang vom zonalen Stadium zum sogenannten Phasenstadium (bei erhöhter Temperatur) in Anwesenheit von Teilchen der metastabilen oder stabilen Phasen in der Regel von der Auflösung der Zonen und anschließend von der Entstehung neuer Teilchen begleitet.

[2] Die Geschwindigkeit dieses Stadiums des Zerfalls des Mischkristalls ist im Unterschied zum ersten im Prinzip kleiner als bei diskontinuierlichem Ausscheidungsprozeß, wenn der letztere ablaufen kann, weil dessen Triebkraft großer ist. Außerdem ist die Diffusionsgeschwindigkeit im Wanderungsbereich der Korngrenze bedeutend größer als die Geschwindigkeit der Volumendiffusion, die das Wachstum der Keime im Fall des kontinuierlichen Zerfalls bestimmt.

mischter« Segregationen möglich. In denselben verformungsverfestigbaren Legierungen, in denen die Bildung der Guinier-Preston-Zonen erfolgen kann, aber auch Teilchen oder Bereiche kohärenter Phasen entstehen können, kann außer dem Effekt der Eigenverfestigung ein positiver Einfluß der Mikrodotierung sogar im Zusammenhang mit der Erhöhung der Verteilungsdichte dieser gebildeten Objekte bei steigendem Übersättigungsgrad eintreten.

Diese Faktoren des Einflusses der Mikrodotierung auf den strukturellen Zustand der verformungsverfestigbaren Legierungen behalten ihre Bedeutung auch für die Vorgänge bei der thermomechanischen Behandlung ausscheidungshärtbarer oder dispersionshärtbarer Legierungen im Zusammenhang mit dem Einfluß der Mikrodotierung auf die Art der sich formierenden Substruktur sowie auf die Prozesse bei der Bildung der Sekundärphasen. Demzufolge kann geschlußfolgert werden, daß unabhängig davon, ob die jeweiligen Legierungen ausscheidungshärtbar (dispersionshärtbar) oder verformungsverfestigbar sind, die Mikrodotierung mit adsorptionsaktiven Komponenten einen starken Einfluß auf deren strukturellen Zustand ausübt, indem die Mikro- und Substruktur und damit die Eigenschaften beeinflußt werden.

1.3.3. Methoden der Auswahl von adsorptionsaktiven Komponenten für die Mikrodotierung von Legierungen

Die Auswahl effektiver adsorptionsaktiver Komponenten für die Mikrodotierung von Mehrstofflegierungen ist eine äußerst komplizierte Aufgabe. Die experimentelle Bestimmung des Charakters der Adsorption der Komponenten, die den Legierungen in sehr kleinen Mengen zugesetzt werden, ist schwierig und mit direkten Methoden nicht immer möglich. Bezüglich einer theoretischen Voraussage der Adsorptionsaktivität muß erwähnt werden, daß nicht einmal für binäre Systeme ein absolut zuverlässiges Kriterium gefunden wurde, wenn auch Untersuchungen in dieser Richtung über einen Zeitraum vieler Jahre durchgeführt worden sind. Diese Situation wird klar durch die Angaben der Arbeit [74] unterstrichen.

Für die qualitative Beurteilung des Charakters und der relativen Intensität der Adsorption dritter Elemente in Mehrkomponentensystemen im festen Zustand wurden verschiedene Kriterien vorgeschlagen.

SEMENCHENKO führte die Vorstellung über das reduzierte Moment ein, das die elektrische Charakteristik eines Ions darstellt:

$$m = eL/r$$

e Elektronenladung
L Ionenvalenz
r Ionenradius

Nach dem Semenchenko-Kriterium ist ein gelöster Stoff adsorptionsaktiv im Vergleich zum Lösungsmittel, wenn sein reduziertes Moment kleiner als das des Lösungsmittels ist.

Nach Meinung von REBINDER kann als Kriterium für die Vorhersage der Adsorptionsaktivität einer zugesetzten Komponente ihre geringere Schmelztemperatur im Vergleich zu der des Lösungsmittels herangezogen werden. Gleichfalls wurden als mögliche Kriterien folgende Beziehungen berücksichtigt: das Verhältnis der Atomvolumina des Lösungsmittels und des zu lösenden Stoffes, die Differenz der Volumensublimationswärmen und die Differenz der vollständigen Potentialbarrieren auf der Oberfläche der Metalle, d. h. des Lösungsmittels und der Beimengung, die Differenz der Oberflächenspannungen der Komponenten.

Alle angeführten Kriterien besitzen einen äußerst begrenzten Anwendungsbereich. Für die Berechnung auf der Grundlage der erwähnten Kriterien sind als Voraussetzung Werte erforderlich, deren Bestimmbarkeit sehr schwierig ist. Zu diesen Werten zählen: Anzahl der freien Elektronen je Atom, das Atomvolumen bei der Schmelztemperatur, die Austrittsarbeit der Elektronen u. a. Es gibt unter den erwähnten Kriterien einige, die nur auf eine bestimmte Zahl von Elementen anwendbar sind. Alle berücksichtigten Kriterien erwiesen sich jedoch verhältnismäßig im Widerspruch zu den experimentellen Ergebnissen.

Umfassender wird die Neigung der zusätzlich zugegebenen Atome zur Adsorption durch das reduzierte statistische Moment des Atoms beschrieben. Als Grundlage für die Ausarbeitung eines derartigen Kriteriums diente die statistische Elektronentheorie über die Oberflächenenergie binärer metallischer Systeme, die von ZADUMKIN aufgestellt wurde [77, 84—86]. Diese Theorie ermöglichte nicht nur die Berechnung der Oberflächenspannung metallischer Legierungen, sondern auch die Entwicklung eines Kriteriums für die Abschätzung der Adsorptionsaktivität, namentlich das reduzierte statistische Moment m^c, das ein Potential neutraler Atome auf einer Entfernung vom Kern darstellt, die dem Atomradius nach GOLDSCHMIDT entspricht.

Dieses Kriterium enthält nur eine experimentelle Größe — den Atomradius nach GOLDSCHMIDT, der mit hinreichender Zuverlässigkeit mit Hilfe voneinander unabhängiger Methoden bestimmt werden kann, während die restlichen Größen der Berechnung unterliegen. In Übereinstimmung mit diesem Kriterium des reduzierten statistischen Moments gilt als Bedingung einer positiven Adsorption der zugesetzten Komponente die Relation

$$m_K^c < m_L^c$$

wobei m_K^c und m_L^c entsprechend die reduzierten statistischen Momente der Atome der zugesetzten Komponente und des Lösungsmittels darstellen (in der Übersicht auf dem hinteren inneren Bucheinband sind die konkreten Werte des *reduzierten statistischen Momentes* einer großen Zahl von Elementen angeführt).

Wie in [77, 79] gezeigt wurde, befindet sich das Kriterium des reduzierten statistischen Momentes in bester Übereinstimmung mit den experimentellen Ergebnissen im Vergleich mit den übrigen Kriterien. Diese Aussage trifft vor allem auf die Kupferbasislegierungen zu. Aus diesem Grunde wurden bei der Auswahl von Mikrodotierungselementen für diese Legierungen in erster Linie die Kriterien nach ZADUMKIN, das *Löslichkeitsverhältnis* (Kriterium nach BOKŠTEJN [59]) sowie auch die *Wechselwirkungsenergie* der Atome der Mikrodotierungselemente mit den Kristallbaufehlern[1] und der Sättigungsgrad der Baufehler bei der Änderung der Konzentration dieser Elemente **(Tabelle 15)** berücksichtigt.

Die Gegenüberstellung der in der Tabelle 15 angeführten Werte gestattete den Autoren, folgende Elemente als Mikrodotierungskomponenten[2] auszuwählen: Kalzium, Magnesium und Phosphor, deren reduzierte statistische Momente entsprechend folgende Werte annehmen: 0,1905, 0,3057 und 0,2748 (oder 0,89 für die orthorhombische Modifikation), die tiefer liegen als beim Beryllium (0,5329) und anderen im Normalfall in der Bronze auftretenden Komponenten, z. B. Nickel (0,7402) und Titan (0,4600) [77]. Ihre Bindungsenergie mit den Gitterbaufehlern (Versetzungen) beträgt 1,82, 0,83, 0,54 eV und ist damit höher als die Bindungsenergie für Beryllium (0,39 eV) sowie für Nickel (0,0786 eV) und Titan (0,499 eV).

Bezüglich der Löslichkeit in den flüssigen und festen Phasen C_{fl}/C_f gilt das Kalzium als das adsorptionsaktivste Element. Eine Einschätzung der Adsorptionsaktivität des Magnesiums und des Phosphors nach diesem Kriterium fällt zugunsten von Titan, Kadmium und Zirkonium aus. Hierbei muß jedoch erwähnt werden, daß die letzteren Elemente ein größeres reduziertes statistisches Moment aufweisen als Kalzium, Magnesium und Phosphor. Außerdem ist deren Bindungsenergie mit den Gitterbaufehlern bedeutend größer als bei Kalzium, Magnesium und Phosphor, mit Ausnahme des Zirkoniums, wodurch indirekt ihre geringere Adsorptionsaktivität bestätigt wird. Alle angeführten Werte zum Verhältnis zwischen Löslichkeit und Energie der Wechselwirkung mit den Gitterbaufehlern haben in bekanntem Grad

---

[1] Die Wechselwirkungsenergie mit den Atomen der Mikrodotierungselemente wurde nach BILBI [87] berechnet:

$$U_\delta = 4Gb\delta a_L^3 \sin \Theta / r$$

G Schubmodul der Matrix (d. h. des Kupfers)

b Burgersvektor

δ Fehlpassung der Atome des Lösungsmittels (Kupfer) und des Mikrodotierungselementes ($\delta = (a_K - a_B)/a_L$

a_L Atomradius des metallischen Lösungsmittels

a_K Atomradius der Mikrodotierungskomponente

r, Θ Polarkoordinaten des Atoms des Mikrodotierungselementes ($r = 2/3\ b$))

Es sei vermerkt, daß Berechnungen der Bindungsenergie der Mikrodotierungsatome mit den Versetzungen gemäß FRIDEL [88] zu analogen Ergebnissen führen:

$$U_w = \frac{1}{\pi}\frac{1+\nu}{1-\nu}\ Gb\Delta V\ \frac{\sin\Theta}{r}$$

ν Poissonsche Konstante

ΔV Änderung des Volumens bei der Aufösung der Atome im Gitter des Lösungsmittels

Mit den Werten für die Wechselwirkungsenergie (U_w) wurde der Sättigungsgrad der Baufehler (C_d) bei unterschiedlicher Konzentration der Mikrodotierungselemente (C) berechnet. Die Berechnung erfolgte mit Angaben gemäß [89]:

$$C^d = C\,e^{U_\delta/RT} / (1 + e^{U_\delta/RT})$$

[2] Zu diesen Elementen könnte gleichfalls Barium gezählt werden. Gegenwärtig existiert jedoch noch keine Methode, nach der das Barium während des Schmelzprozesses wegen seiner hohen chemischen Aktivität zugesetzt werden kann.

Tabelle 15. Gegenüberstellung der Atomradien, der maximalen Löslichkeit und des Sättigungsgrades der Fehlstellen verschiedener Elemente im System Cu-Me (nach MASJUKOV)

Element %	r_{Atom} nm	C_f/C_{fl} Atom-%	Masse-%	$\vartheta_{Lösl.}$ °C	U_{WW} eV	C_F	C_{Me} Atom-%	C_{fl}/C_f Masse-%
B	0,097	0,53 / 10,7	0,09 / 2	1060	0,816	0,866 0,984 0,998	0,001 0,01 0,1	22
P	0,109	3,5 / 15,7	1,75 / 8,4	714	0,54	0,77 0,93 0,945 0,993 0,997	0,01 0,03 0,1 0,5 10	4,8
Mn	0,112	78	76	727	0,42	0,904 0,99	0,1 1,0	—
Be	0,113	16,4 / 24	2,7 / 4,3	866	0,39	0,87 0,97 0,985 0,998	0,1 0,5 1,0 10	1,59
Si	0,117	9,95 / 14,5	4,65 / 6,8	555 / 852	0,29	0,92 0,96 0,996	0,5 1,0 10	1,46
Ni		unbegrenzt			0,0786	0,22	0,1	—
Co	0,125	5,5 / 3	5,15 / 4	1110	0,077	0,576 0,996	10 100	0,78
Cu	0,128	—	—	—	—	—	—	—
Zn	0,137	38,3 / 37	39,0 / 38,0	454 / 900	0,236	0,563 0,992	0,1 100	0,97
Al	0,143	19,6	9,4	565	0,39	0,87 0,985 0,998	0,1 1,0 10	—
Ti	0,147	5,0 / 23,0	3,8 / 18,0	850 / 895	0,499	0,69 0,956 0,995 0,999	0,01 0,1 1,0 10	4,74
Cd	0,152	2,14 / 44,0	3,72 / 58,0	549	0,63	0,902	0,1	15,59
Sn	0,158	9,1 / 13,0	15,8 / 21,0	520 / 798	0,79	0,98 0,998	0,01 0,1	1,33
Zn	0,160	0,105 / 6	0,15 / 9	980 / 965	0,83	0,987 0,998	0,01 0,1	60

Tabelle 15 (Fortsetzung)

Element	r_{Atom}	C_f/C_{fl}		$\vartheta_{\text{L sl}}$	U_{WW}	C_F	C_{Me}	C_{fl}/C_f
%	nm	Atom-%	Masse-%	°C	eV		Atom-%	Masse-%
Mg	0,160	7	2,8	722	0,83	0,988	0,01	3,46
		21,9	9,7			0,999	0,1	
Ca	0,197	9	6	(<0,1)* 910	1,82	0,997 0,999	$1 \cdot 10^{-6}$ $1 \cdot 10^{-5}$	—
Ba	0,224	37	55	(< 0,1)* 675	1,98	0,995 0,999	$1 \cdot 10^{-7}$ $1 \cdot 10^{-6}$	—

Anmerkung: C_f — maximale Löslichkeit im festen Zustand
C_{fl} — maximale Löslichkeit im flüssigen Zustand
C_{Me} — Sättigungskonzentration des Elementes
C_F — Sättigungsgrad der Fehlstellen
U_{WW} — Wechselwirkungsenergie

* praktisch unlöslich im festen Zustand

Näherungscharakter, weil sie für die binären Systeme Kupfer—Mikrodotierungselement und nicht für die Mehrstoffsysteme, in denen außer Kupfer auch Beryllium enthalten ist, bestimmt wurden. Es muß hierbei vermerkt werden, daß die gemeinsam von TCHAGAPSOEV [79] und MASJUKOV [90] ausgeführten Arbeiten gezeigt haben, daß sich immerhin das Auswahlprinzip für Mikrodotierungselemente nach dem Kriterium des reduzierten statistischen Moments zumindestens für Berylliumbronzen bewährt hat. Dieses Ergebnis kann durchaus nicht als ein Beweis für die absolute Zuverlässigkeit der Anwendung dieses Kriteriums in anderen metallischen Legierungen betrachtet werden, wobei auch dieses Kriterium für die Vorabschätzung der Adsorptionsaktivität dritter Komponenten zugrunde gelegt werden kann.

Neben den physikalisch-chemischen Kriterien der Auswahl der Mikrodotierungselemente soll gleichfalls die industrielle Zweckmäßigkeit der Anwendung der Mikrodotierung Berücksichtigung finden.

Die Mikrodotierung mit Magnesium ist technisch dadurch bedingt, daß Magnesium als natürliche Beimengung bei der Darstellung des Berylliums und deshalb in der Zwischenlegierung Kupfer-Beryllium auftritt, wenn auch in kleinsten Mengen im Ergebnis der komplizierten und teuren Vorraffination des Berylliums bezüglich Magnesium. Folglich ist die Erhöhung der Konzentration des Magnesiums in der Bronze bis zum festgelegten Grenzwert dadurch leicht zu erreichen, daß sein Gehalt in der Ausgangsligatur erhöht wird, wodurch ihre Herstellung einfacher und billiger wird.[1]

[1] Im GOST 95.206-74 wird der Vorlegierung Kupfer-Beryllium-Magnesium (MB-2) speziell für die Herstellung der Berylliumbronze — mikrodotiert mit Magnesium — festgelegt (Patent 360386: PASTUCHOVA, Ž. P., RACHŠTADT, A. G., ZAREMBO, JU. I. u. a.: Veröffentl. im Erfindungsbulletin (B I.) 1972, Nr 36, S. 15).

Eine Mikrodotierung mit Kalzium kann sowohl mit einer Kupfer-Kalzium-Vorlegierung, die in technologischem Maßstab verwendet wird, als auch durch natürliche Anreicherung in der Bronze beim Schmelzen bei Verwendung einer Kalziumfluorid enthaltenden Schlacke erfolgen. Bezüglich des Phosphors ist zu vermerken, daß er als das bekannteste Desoxydationsmittel für Kupferlegierungen gilt, und deshalb beim Schmelzen von Berylliumbronze aus metallurgischer Sicht keine Schwierigkeiten auftreten.

Bis zum gegenwärtigen Zeitpunkt konnte kein einziges theoretisches Kriterium für die Wahl eines optimalen Mikrodotierungsmittels für kaltverfestigte Legierungen gefunden werden. Für die praktische Lösung der Frage zur Auswahl einer adsorptionsaktiven Komponente für konkrete Legierungen sind Angaben über die Bindungsenergie der Komponenten mit den Versetzungen (s. Tabelle 15), über die Änderung der Packungsfehlerenergie, Kriterien, die die Adsorptionsaktivität bestimmen, insbesondere das Kriterium des verallgemeinerten statistischen Momentes, zu berücksichtigen, weil dieses in bestimmtem Grade die wahrscheinliche Bindung der Atome der Mikrodotierungselemente mit den Gitterbaufehlern beschreiben kann. Gleichfalls sollte das Kriterium berücksichtigt werden, das das Verhältnis der Löslichkeiten der Komponenten im flüssigen und festen Zustand als Charakteristik für eine mögliche Anreicherung der Komponenten an den Korngrenzen widerspiegelt. In Übereinstimmung damit werden als Mikrodotierungskomponenten für kaltverfestigte Legierungen vorrangig folgende Elemente ausgewählt: Phosphor, der häufig beim Erschmelzen der Bronzen eingesetzt wird, Titan, das als Modifikator Verwendung findet, sowie Bor, das in einer Reihe von Legierungen als adsorptionsaktives Element auftritt. Schließlich wurde auch mit Magnesium dotiert, dessen Atome mit den Versetzungen hinreichend stark verbunden sind. Die bedeutende Adsorptionsaktivität des Magnesiums in Kupferlegierungen, insbesondere in der Berylliumbronze, konnte in einer Reihe von Arbeiten bewiesen werden [77, 91].

1.3.4. Einfluß der Mikrodotierung auf die Besonderheiten der metallurgischen Herstellung von Berylliumbronzen

Die obigen Darlegungen zeugen davon, daß die Mikrodotierung von Legierungen ein äußerst kompliziertes Problem darstellt, dessen Lösung umfangreicher Betrachtungen bedarf. So reicht es nicht aus, allein die wissenschaftlichen Grundlagen des Einflusses der Mikrodotierung auf die Zerfallsprozesse übersättigter fester Lösungen oder auf die Versetzungsstruktur nach der plastischen Verformung zu betrachten und die günstigsten adsorptionsaktiven Komponenten nach diesen oder jenen Kriterien auszuwählen oder diese Faktoren in ihrer Gesamtheit unter Berücksichtigung der oben dargelegten zusätzlichen Positionen zu analysieren.

Für die Lösung des Problems der Mikrodotierung ist es erforderlich, einen komplexen Ansatz in dem Sinne zu wählen, daß der Einfluß der Mikrodotierungselemente auf allen Stufen der metallurgischen Produktion erfaßt wird, d. h. beim Gießen, der Erstarrung, der plastischen Verformung und weiterhin in den einzelnen

Stufen der Erzeugnisfertigung, der Wärme- und wärmemechanischen Behandlung und schließlich auch in den einzelnen Schritten des Maschinenbaus und der Gerätefertigung. Hierbei ist also entscheidend der Einfluß dieser Elemente auf den strukturellen Zustand der Legierungen, d. h. auf alle Gradationen der Struktur — von der Makrostruktur bis zur Substruktur.

1.3.4.1.   Verhalten der Mikrodotierungselemente beim Schmelzen von Berylliumbronzen

Obwohl Magnesium, Phosphor und Kalzium adsorptionsaktive Elemente darstellen, ist ihr Verhalten im Schmelzprozeß der Berylliumbronzen unterschiedlich. Die Berechnung der Wahrscheinlichkeit einer thermischen Reduktion von Metalloxiden in der geschmolzenen Berylliumbronze auf der Grundlage der thermodynamischen Analyse dieses Prozesses (durch Untersuchung der Änderung der freien Enthalpie bei der Bildung von Verbindungen des Typs MeO aus den Legierungselementen) zeigte (**Bild 55** [92−94]), daß das Berylliumoxid im Vergleich zum Magnesiumoxid thermodynamisch stabiler ist und auch ein größeres Desoxydationsvermögen aufweist.

Ein ähnliches Ergebnis bietet der Vergleich zwischen Beryllium und Phosphor. Hieraus ergibt sich, daß sowohl Magnesium als auch Phosphor, aber auch andere in der Regel in der Schmelze auftretende Elemente (Titan und Nickel), keine stabilen

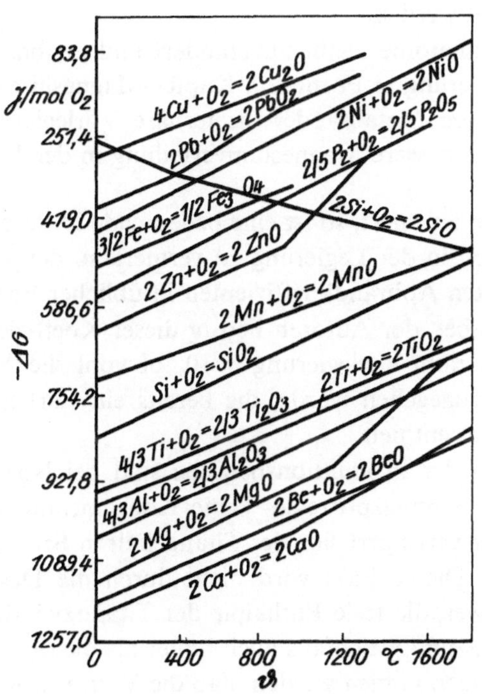

Bild 55. Temperaturabhängigkeit der freien Enthalpie für eine Reihe von Oxiden

Oxide bilden und sich damit in der Berylliumbronze ihre Adsorptionsaktivität erhalten. Im Falle des Kalziums ist die Reaktion

$$Ca + 1/2\,O_2 \rightarrow CaO$$

thermodynamisch wahrscheinlicher als die Reaktionen

$$2\,P + 5/2\,O_2 \rightarrow P_2O_5$$

oder

$$Mg + 1/1\,O_2 \rightarrow MgO\,.$$

Wahrscheinlicher aus thermodynamischer Sicht ist auch die Reaktion

$$Be + 1/2\,O_2 \rightarrow BeO\,.$$

weil die freie Reaktionsenthalpie bei der Bildung von BeO niedriger ist als bei der Bildung von P_2O_5 und MgO.

Mit bestimmten metallurgischen Schwierigkeiten ist die Dotierungstechnik beim Zusetzen kleiner Mengen an Legierungselementen zur Gewährleistung einer vorgegebenen Zielkonzentration in der Legierung verbunden. Ungeachtet dessen folgt jedoch aus den obigen thermodynamischen Betrachtungen zur *freien Reaktionsenthalpie*, daß sich die zugegebene Menge an Magnesium während des Schmelzprozesses praktisch nicht verändern soll. Diese Hypothese konnte von den Verfassern in vollem Umfang experimentell sowie unter Produktionsbedingungen beim Erschmelzen der Bronze bestätigt werden.

Die Aktivität der Magnesiumatome bleibt unverändert und unabhängig davon, ob das Magnesium als Vorlegierung in Form von Kupfer-Magnesium unmittelbar vor dem Abgießen des flüssigen Metalls oder als ternäre Vorlegierung Kupfer-Beryllium-Magnesium, die eine bessere Magnesiumverteilung in der Legierung bewirkt, zugegeben wird.

Wird beispielsweise Kalzium zulegiert, so ist eine bedeutende Differenz zwischen Einwaage und Istkonzentration in der Legierung zu vermerken, der jedoch durch die Ermittlung eines bestimmten Abbrandkoeffizienten in üblicher Form begegnet werden kann. Nach den Angaben der Autoren betrug dieser Koeffizient im Falle der Zugabe einer Kupfer-Kalzium-Vorlegierung ≈ 10, obwohl die Vorlegierung einer geschmolzenen Bronze zugegeben wurde, die bereits ein starkes Desoxydationsmittel, wie z. B. Beryllium, enthielt.

Entsprechend den Angaben der Produktionsbetriebe sind bei Beryllium sowie auch bei Nickel während des Schmelzprozesses keine Konzentrationsänderungen zu beobachten. Demgegenüber verringert sich der Titangehalt in Bronzen des Typs BrBeNiTi 1,9 im Normalfall. Dieser Fakt wird nicht durch die Desoxydationswirkung des Titans bewirkt, weil die freie Enthalpie der Titanoxydation merklich höher ist als die des Berylliums und gleichfalls auch höher als die des Magnesiums und des Kalziums. Es kann angenommen werden, daß die Verringerung der Titankonzentration ein Ergebnis einer ablaufenden Tiegelreaktion ist. Beim Zusetzen von Phosphor (wie auch von Magnesium) ist der Abbrand nicht zu berücksichtigen, weil seine freie Enthalpie bei der Reaktion mit dem Sauerstoff (s. Bild 55) merklich höher ist im Vergleich zum Beryllium, das noch vor dem Phosphor zugegeben wird und in diesem Fall entsprechend der angegebenen Ursache desoxydierend wirkt.

Damit konnte festgestellt werden, daß von allen in der Berylliumbronze gleichzeitig auftretenden Legierungs- und Mikrodotierungselementen ausschließlich das Kalzium als stärkstes Desoxydationsmittel auftritt. Namentlich aus diesem Grunde, wie noch erläutert wird, war der spezifische elektrische Widerstand der mit Kalzium dotierten Bronzen am niedrigsten im Vergleich mit dem anderer Legierungen.

1.3.4.2. Einfluß der Mikrodotierungselemente auf die chemische Inhomogenität und die Struktur des Gußblockes

Neben der Analyse des Verhaltens von Mikrodotierungselementen beim Schmelzen von Berylliumbronzen ist ihr Einfluß auf die Gußstruktur, von der die Eigenschaften des hauptsächlichen Halbzeugs aus dieser Legierung abhängen, von Bedeutung. Zum hauptsächlichen Halbzeug aus Berylliumbronze für die Herstellung elastischer Elemente zählen dünne Bänder oder Streifen sowie Draht. Die Eigenschaften derartiger Halbzeuge hängen in außergewöhnlich starkem Maße von der Homogenität der Zusammensetzung und der Struktur des Gußblockes ab. Jede beliebige Inhomogenität im Gußblock, sogar Inhomogenitäten mit kleinsten Abmessungen, sind vergleichbar mit den Abmessungen der kleinsten elastischen Elemente, so daß eine der wichtigsten Möglichkeiten der Verbesserung der Eigenschaften elastischer Elemente die Erhöhung der Gußblockhomogenität sein muß. Eine Berylliumgußbronze wird neben Fehlern reiner metallurgischer Natur, die praktisch für Gußblöcke beliebiger Legierungen charakteristisch sind, durch folgende Besonderheiten gekennzeichnet: stark ausgeprägte umgekehrte Blockseigerung, Auftreten grober Einschlüsse der β-Sekundärphase, deren Abmessungen in einer bestimmten Konzentration (Anhäufung) vergleichbar mit der Banddicke oder mit dem Drahtdurchmesser werden und somit die Halbzeugeigenschaften verschlechtern. Zu einer weiteren Besonderheit zählt auch der erhöhte Sauerstoffgehalt.

Die umgekehrte Blockseigerung in der Berylliumbronze führt dazu, daß die Berylliumkonzentration in der Oberflächenschicht des Gußblockes, der nach einem diskontinuierlichen Verfahren hergestellt wird, Werte von 3 bis 4 % bei einem mittleren Gehalt von $\approx 2\,\%$ **(Bild 56)** erreicht. Die Ausbildung einer mit Beryllium angereicherten Oberflächenschicht ist häufig die Ursache für Ausbildung von Mattschweißen, die bei der Verformung auftreten. Unter der mit Beryllium angereicherten Oberflächenschicht befindet sich eine an Beryllium verarmte Schicht, die bei diesem geringen Berylliumgehalt durch die sich anschließende Wärmebehandlung nur wenig verfestigt werden kann. Es ist somit erforderlich, die Oberflächenschicht des Gußblockes, die hinsichtlich ihrer Makrostruktur im Normalfall gut ist, zu entfernen, wobei es hierbei keine Garantie für deren vollständige Entfernung an jedem Gußblock gibt.

Läßt man hierbei den Metallverlust in Form von Spänen, der zu einer Ausbeutesenkung um $\approx$ 15 bis 20% führt, außer acht, so können die hergestellten Oberflächenschichten am Gußblock nicht immer reproduzierbare Zusammensetzung und Struktur des Halbzeugs in Form dünner Bänder garantieren. Im Zusammenhang damit ist die Abschwächung der umgekehrten Blockseigerung eine bedeutende Aufgabe. Ausgehend von den existierenden Theorien zur Entstehung und Entwicklung der umgekehrten Blockseigerung kann geschlußfolgert werden, daß einer der wichtigsten Wege zu ihrer Abschwächung die Veränderung des Erstarrungscharakters ist, und dies insbesondere in den Oberflächenschichten des Gußblockes. Ausgehend von den bekannten Publikationen kann eine Vermeidung oder mindestens eine Abschwächung der umgekehrten Blockseigerung dadurch erreicht werden, daß bei der Erstarrung eine dichte Front kleiner und hauptsächlich koaxialer Kristallite, die mit hinreichend hoher Geschwindigkeit wachsen, aufgebaut wird. Die Ausbildung und das Wachstum einer dünnen, kontinuierlich erstarrten kristallinen Schicht schaffen die Voraussetzungen, unter denen die mit Sekundärkomponenten angereicherte Schmelze sich zum Blockzentrum hin bewegen wird und nicht zur Blockoberfläche, so wie bei der umgekehrten Blockseigerung. Eine feinkristalline Schicht kann auf zwei Wegen eingestellt werden: durch die Zugabe von adsorptionsaktiven oder modifizierenden (dauerveredelnden) Elementen und die Erhöhung des Unterkühlungsgrades bzw. durch die Kombination der beiden aufgezeigten Möglichkeiten.

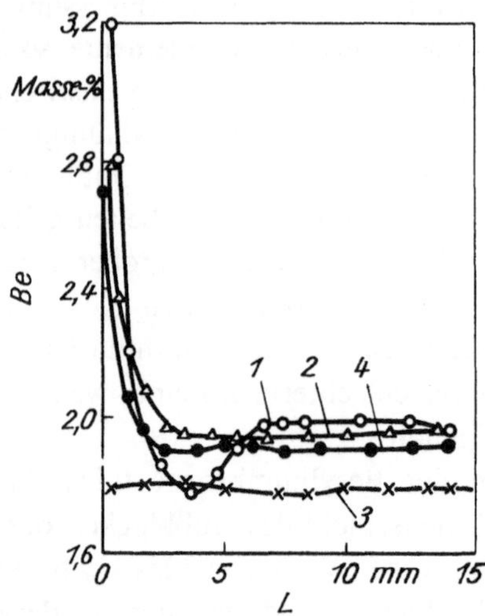

Bild 56. Berylliumverteilung über den Blockquerschnitt einiger Bronzen (*L* — Abstand von der Blockoberfläche)

1 — BrBeNiTi 1,9

2 — BrBeNiTi 1,9 Mg

3 — BrBeNiTi 1,9 Mg (hergestellt nach dem ESU-Verfahren)

4 — BrBeNiTi 1,9 Ca 2

Die Effektivität der aufgezeigten Wege wird im Fall der Berylliumbronze experimentell bestätigt. Die Mikrodotierung bewährte sich bei der in der Regel angewandten diskontinuierlichen Erstarrung der Berylliumbronze und noch besser beim Einsatz des Elektroschlackeumschmelzens. In diesem Fall ergänzen sich die starke Unterkühlung bei der Blockerstarrung im wassergekühlten Kristallisator und die Mikrodotierung.

Wie in Untersuchungen nachgewiesen werden konnte, wirken Magnesium und Kalzium dauerveredelnd auf das Gefüge der Berylliumbronzen BrBe 2 und BrBeNiTi 1,9 **(Bild 57)**. Hierbei konnte festgestellt werden. daß ohne Zusätze an Magnesium und Kalzium die Bronze BrBeNiTi 1,9 ebenso wie mit diesen Zusätzen eine fein-

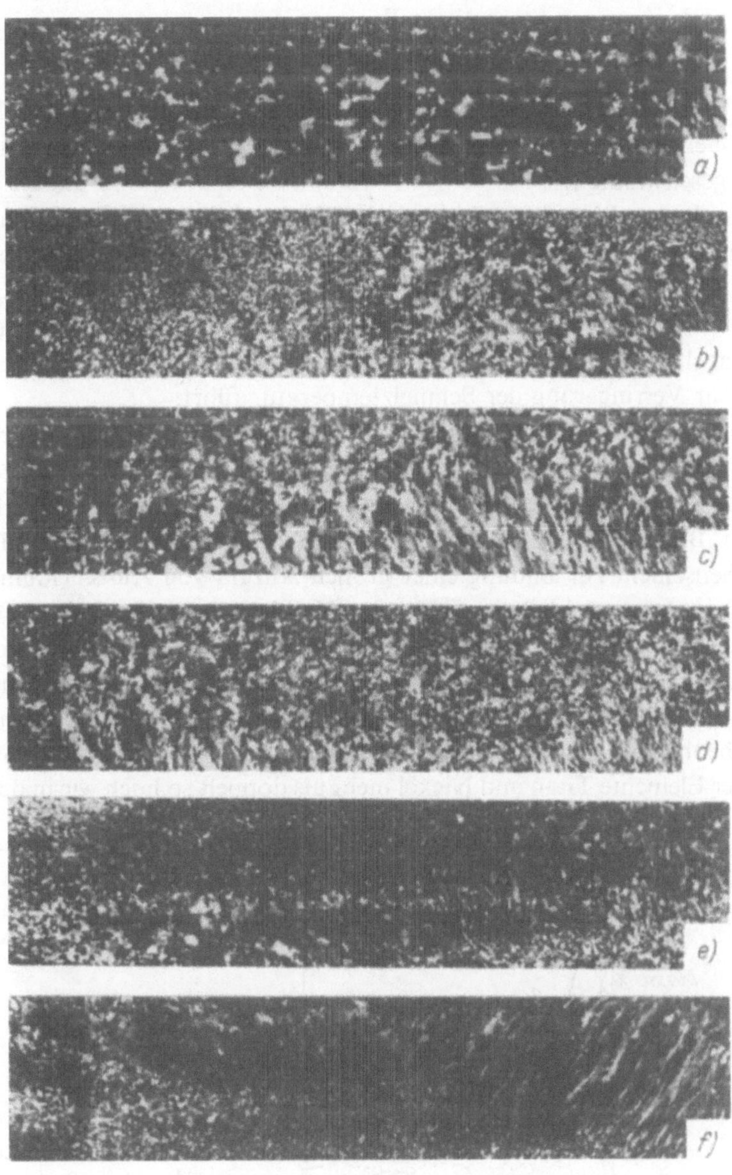

Bild 57. Einfluß der Mikrodotierung auf die Makrostruktur der Berylliumbronzen im Gußzustand (2fache Verkleinerung)

a) BrBeNiTi 1,9   *d)* BrBeNiTi 1,9 Mg 4 (0,4 % Mg)
b) BrBeNiTi 1,9 Mg (0,1 % Mg)   *e)* BrBeNiTi 1,9 Ca 2 (0,006 % Ca)
c) BrBeNiTi 1,9 Mg 2 (0,2 % Mg)   *f)* BrBeNiTi 1,9 Ca 3 (0,018 % Ca)

kristallinere Makrostruktur aufweist als die Bronze BrBe 2, auch dann, nachdem die letztere Bronze mit Magnesium dotiert wird. In allen bekannten Fällen kann die Makrostruktur eines Gußblockes in vier Zonen aufgeteilt werden:

1. äußere feinkristalline Zone;
2. Zone mit gröberen Kristalliten;
3. Zone mit Stengelkristallen;
4. Zone mit kleinen koaxialen Kristallen.

Die räumliche Ausdehnung dieser Zonen und die Größe der Kristallite in jeder dieser Zonen ändern sich in Abhängigkeit von der Mikrodotierung und der Erstarrungsgeschwindigkeit.

Die Zugabe von Magnesium bis zu einer Menge von 0,1 % führt zu einer bedeutenden Erhöhung der Homogenität und Kornverfeinung der Gußstruktur; bei größeren Magnesiumgehalten ($\geq$ 0,2%) verstärkt sich die Ausbildung von Stengelkorn im Gußzustand der Legierung, wobei mit der Erhöhung der Magnesiumkonzentration diese Stengelkornbildung duch Überhitzung stärker ausgeprägt ist, weil das Magnesium zur Verringerung der Schmelztemperatur führt.

Die Untersuchungen zeigten, daß eine Zugabe von Magnesium und Kalzium zu einer bedeutenden Verringerung der für die Berylliumbronzen typischen starken Anreicherung der Oberflächenschicht des Gußblockes mit Beryllium, d. h. der umgekehrten Blockseigerung, führt. Die umgekehrte Blockseigerung führt in der Oberflächenschicht zur Bildung einer großen Anzahl von Ausscheidungen der Sekundärphase hauptsächlich in Form der Verbindung CuBe (β-Phase), die nach Untersuchungen mit der Mikrosonde Phosphor und auch Magnesium enthalten kann. Die umgekehrte Blockseigerung in der Berylliumbronze wird nicht nur im Falle des Berylliums, sondern auch hinsichtlich der Elemente Titan und Nickel **(Bild 58)** beobachtet. Somit ist in der Oberflächenschicht der Bronze BrBeNiTi 1,9 der Gehalt der Elemente Titan und Nickel mehr als doppelt so hoch wie in den zentralen

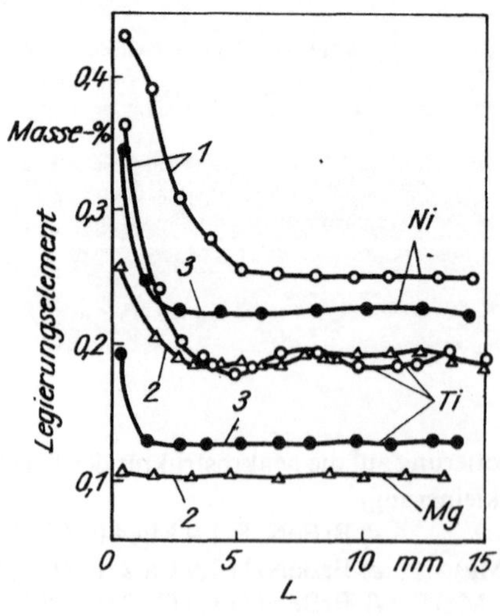

Bild 58. Verteilung der Legierungselemente über den Blockquerschnitt der Berylliumbronzen (L — Abstand von der Blockoberfläche)

1 — BrBeNiTi 1,9
2 — BrBeNiTi 1,9 Mg
3 — BrBeNiTi 1,9 Ca 2

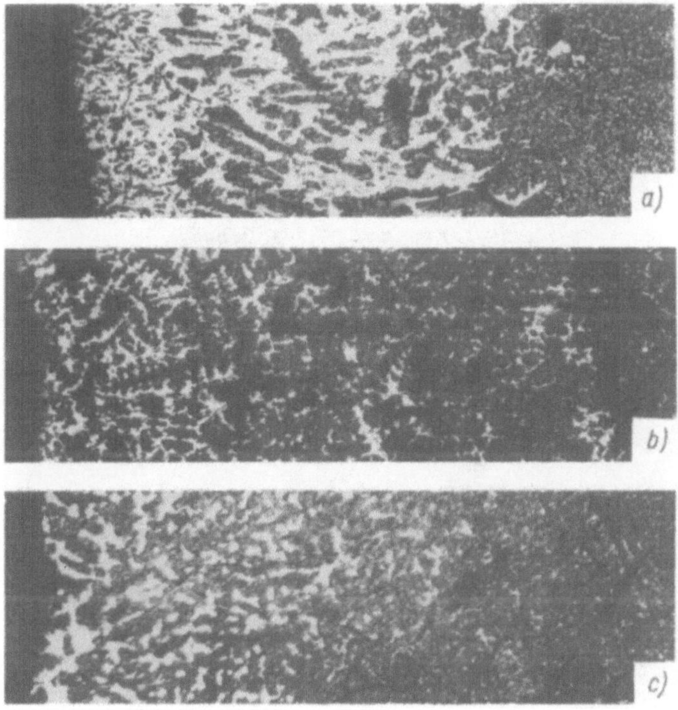

Bild 59. Verteilung der β-Phase in der Oberflächenschicht von Gußblöcken bestimmter Berylliumbronzen des Typs BrBeNiTi 1,9 ($\times$ 70)

Bereichen des Gußblockes. Es konnte festgestellt werden, daß die Zugabe von Magnesium und Kalzium in stärkerem Maße die umgekehrte Blockseigerung dieser Elemente verringert als die Zugabe von Beryllium, die gleichfalls zu einer Verbesserung der Eigenschaften der Bronze führt. Es wurde gezeigt, daß sich das Magnesium im Gußblock homogen verteilt. Damit ist das Magnesium das einzige Element unter den Legierungszusätzen, bei dem unter Berücksichtigung der möglichen Analysengenauigkeit das Phänomen der umgekehrten *Blockseigerung* nicht beobachtet wird (s. Bild 58).

Die Abschwächung der umgekehrten Blockseigerung durch den Zusatz von Magnesium und Kalzium (s. Bild 56) führt dazu, daß die β-Phase in den Oberflächenschichten des Gußblockes der Berylliumbronze besser verteilt ist **(Bild 59)**. Das Ergebnis ist durch metallografische Untersuchungen gestützt. Der Zusatz von Magnesium in einer Menge bis zu 0,1 bis 0,2% sowie Kalzium bis zu 0,006% fördert die Ausbildung kleiner koaxialer Körner und führt zu einer Verringerung der Konzentration des Titans und Berylliums (oder entsprechend der Menge an β-Phase) in den Oberflächenschichten des Gußblockes sowohl in Titan enthaltenden als auch in titanfreien Bronzen (s. Bild 56). Mit der Erhöhung des Magnesiumgehaltes bis auf 0,4% erhöhen sich auch die Größe der Kristallite, die Ausdehnung der Stengelkristallzonen und die Menge der *β-Phase* in diesen Zonen in bedeutendem

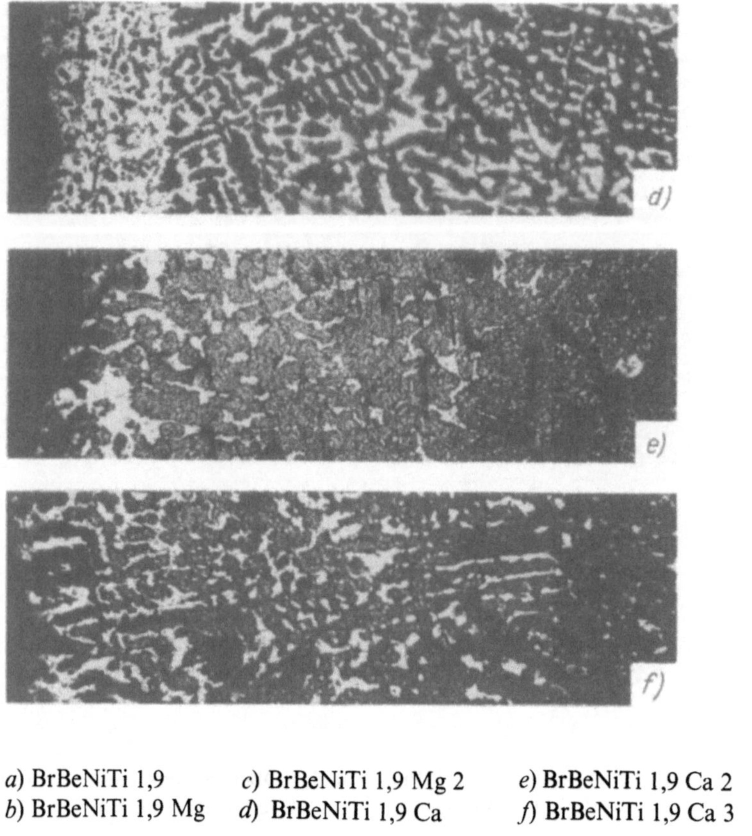

a) BrBeNiTi 1,9   c) BrBeNiTi 1,9 Mg 2   e) BrBeNiTi 1,9 Ca 2
b) BrBeNiTi 1,9 Mg   d) BrBeNiTi 1,9 Ca   f) BrBeNiTi 1,9 Ca 3

Maße, wobei zu beachten ist, daß diese Erscheinung im Zusammenhang mit der Änderung des Phasengleichgewichtes in der Legierung steht.

Es muß darauf verwiesen werden, daß die chemische Analyse der einzelnen Oberflächenschichten unzureichend die Verteilung der Legierungselemente, insbesondere die des Berylliums widerspiegelt, weil nach dieser Methode eine relativ große Metallschicht erfaßt wird, die bei gegebenen Oberflächenrauhigkeiten des Gußblockes nicht zu verringern ist. In diesem Sinne sind entsprechende Angaben zur Verteilung der β-Phase repräsentativer, da diese bedeutende Anteile an Beryllium enthält. Bild 59 zeigt deutlich, daß der Anteil der β-Phase in der Oberflächenschicht ($\approx 0,1$ bis 0,2 mm) der Bronze BrBeNiTi 1,9 vielfach größer ist als in der analogen Bronze, die mit Magnesium oder Kalzium dotiert worden ist. Die erhaltenen Ergebnisse führen zu der Schlußfolgerung, daß Magnesium und Kalzium die umgekehrte Berylliumseigerung in bedeutend größerem Maße verringern, als dies aus erhaltenen Ergebnissen der chemischen Analyse sichtbar wird.

Die vorrangige Adsorption des Magnesiums und Kalziums, die im Vergleich zum Beryllium oberflächenaktiver sind, beeinflußt die Makro- und Mikrostruktur des Gußblockes. Durch Änderung des Erstarrungsmechanismus verringert sich der Grad der umgekehrten Blockseigerung, wodurch die Anteile an Beryllium und Titan in der Oberflächenschicht des Gußblockes sinken.

1.3.4.3.   Einfluß der Mikrodotierung auf die Plastizität der Berylliumbronzen bei der Warm- und Kaltformgebung

Wenn z. B. die Mikrodotierung mit adsorptionsaktiven Elementen — Magnesium oder Kalzium — bedeutenden positiven Einfluß auf die Makro- und Mikrostruktur der Gußbronze ausübt, so ist ein derartiger Einfluß auf die *plastische Verformung* — anfangs Warmformgebung und danach die Kaltformgebung — nicht zu erkennen. Die Verformbarkeit der Legierungen aller untersuchten Zusammensetzungen erwies sich praktisch als gleich, mit Ausnahme der Legierungen, die eine maximale Konzentration an Mikrodotierungselementen enthielten: 0,4% Mg, 0,018% Ca. An der ersten dieser Legierungen bildeten sich bei der Warmformgebung Risse, deren Entstehung mit dem Beginn des Aufschmelzens an den Korngrenzen in Übereinstimmung mit dem ternären Zustandsdiagramm Cu—Be—Mg, das von URAZOV untersucht wurde, im Zusammenhang steht. Mit der Erhöhung der Magnesiumkonzentration wird die Absenkung der Solidusfläche beobachtet. Es konnte festgestellt werden, daß die obere Grenze des optimalen Konzentrationsintervalls des Magnesiums, bei der eine Verbesserung der Struktur und des gesamten Komplexes der Eigenschaften der Legierung — sowohl der technologischen als auch der physikalisch-mechanischen — eintritt, für alle Produktionsetappen 0,2% beträgt.

Die Erhöhung der Kalziumkonzentration führt zur Verschlechterung der Plastizität, insbesondere bei der Kaltformgebung. Strukturuntersuchungen zeigten, daß die sich bildenden Risse interkristalliner Natur sind. Es kann angenommen werden, daß eine wahrscheinliche Ursache für die erwähnte Plastizitätsverringerung in der Bildung eines Eutektikums Cu—Cu_5Ca mit 9,5 Atom-% Ca und einer Liquidustemperatur von 906 °C [95] zu suchen ist. Gemäß Angaben dieser Arbeit beträgt die Löslichkeit von Kalzium im Kupfer bei 700 °C maximal 0,015 Atom-% Ca. Beim Schmelzen der Bronze in Induktionsöfen soll die Menge der zuzugebenden Kupfer-Kalzium-Vorlegierung entsprechend begrenzt sein. Eine Gegenüberstellung des Verhaltens aller untersuchten Legierungen, die mit Kalzium mikrodotiert wurden, zeigte, daß die maximale Kalziumkonzentration in der Bronze 0,01 % nicht übersteigen soll, d. h., diese Konzentration soll der Löslichkeitsgrenze im Kupfer im festen Zustand oder quantitativ bei der Gattierung einem Zusatz von Kalzium von 0,1% entsprechen.

1.3.5.   Struktur und Eigenschaften mikrodotierter Berylliumbronzen bei der Abschreckung

Die *Abschreckung* bestimmt den Verfestigungsgrad bei der Alterung, weil von diesem Prozeß der Übersättigungsgrad des α-Mischkristalls sowie die Korngröße des Mischkristalls abhängen. Wie auf dem **Bild 60** gezeigt wurde, wird praktisch die maximale Sättigung des Mischkristalls im Bereich von 770 bis 790 °C erreicht und hängt nicht von der Mikrodotierung mit Magnesium und Kalzium ab. Die Änderung des spezifischen elektrischen Widerstandes als Zeichen der Sättigung des Mischkristalls in der Bronze mit 0,4% Mg ist etwas ungewöhnlich, jedoch im Zusammenhang mit dem Anschmelzen der Korngrenzen **(Bild 61)** erklärbar. Die Angaben über den Verfestigungsgrad mikrodotierter Bronzen **(Bilder 62** bis **64)** deuten darauf hin, daß eine *Abschrecktemperatur* im Bereich von 770 bis 780 °C fast zur vollständigen *Sättigung* des Mischkristalls führt. Es ist möglich, daß nach dem Abschrecken bei Temperaturen oberhalb 790 °C infolge der hohen Übersättigung des Mischkristalls die Verfestigung bei der *Ausscheidungshärtung* höher wäre als nach dem Abschrecken bei niedrigeren Temperaturen. Die Anwendung dieser Abschreckbedingungen ist

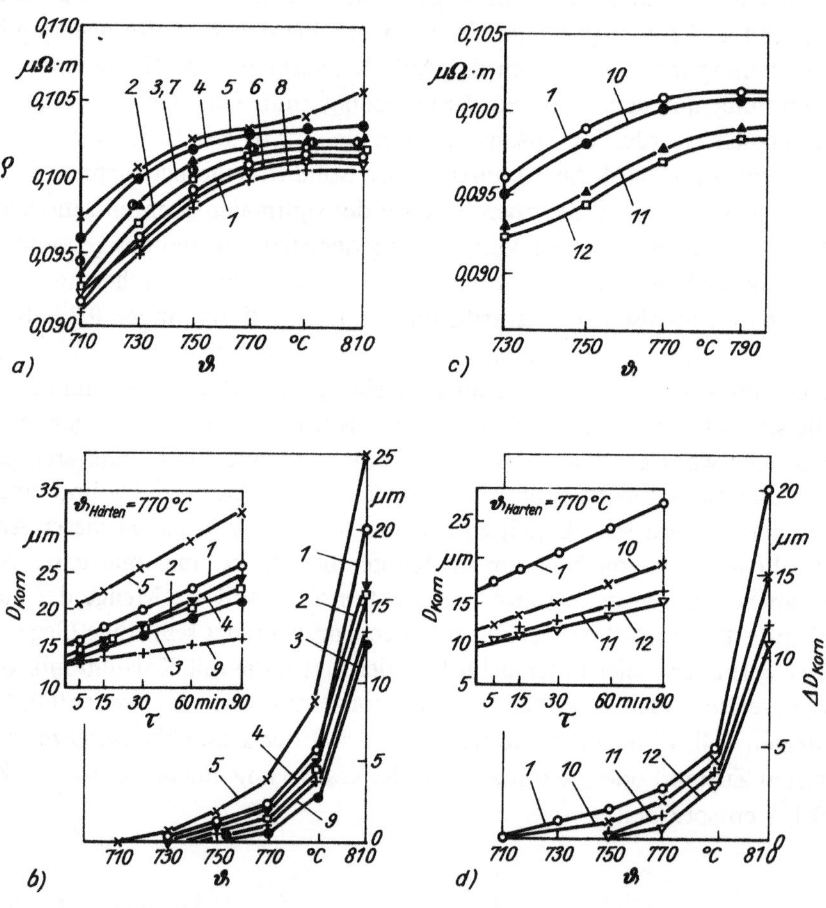

Bild 60. Abhängigkeit des spezifischen elektrischen Widerstandes ϱ und der Korngröße D_{Korn} der Berylliumbronzen, die mit Magnesium (*a*, *b*) und Kalzium (*c*, *d*) mikrodotiert wurden, von den Bedingungen der Abschreckhärtung (Wasserhärtung)

1 — BrBeNiTi 1,9	*7* — BrBe 2 Mg
2 — BrBeNiTi 1,9 (0,013 % Mg)	*8* — BrBe 2,5
3 — BrBeNiTi 1,9 Mg	*9* — BrBeNiTi 1,9 MgP
4 — BrBeNiTi 1,9 Mg 2	*10* — BrBeNiTi 1,9 Ca
5 — BrBeNiTi 1,9 Mg 4	*11* — BrBeNiTiCa 2
6 — BrBe 2	*12* — BrBeNiTi 1,9 Ca 3

jedoch nicht zweckmäßig, weil bei dieser Erwärmung bereits ein merkliches Kornwachstum eintritt.

Die Kinetik des Kornwachstums bei der Erwärmung sowie auch unter isothermischen Bedingungen ist von wesentlicher Bedeutung für die Beurteilung der *Adsorptionsaktivität* der zugegebenen Mikrodotierungselemente. Diese kinetische

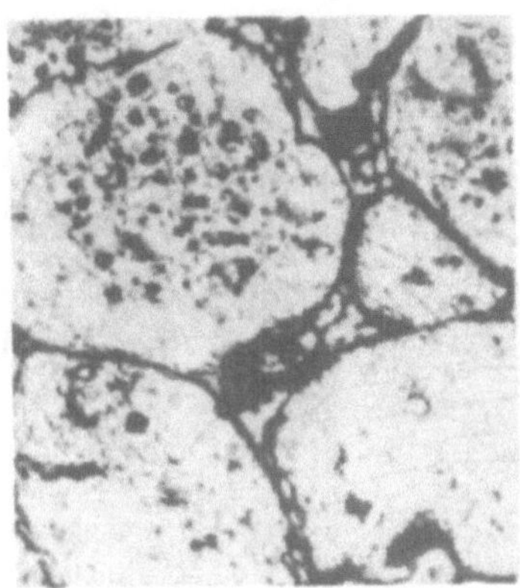

Bild 61. Mikrogefüge der Berylliumbronze BrBeNiTi 1,9 Mg 4 nach der Abschreckhärtung ($\vartheta = 810\ °C$) ($\times 200$)

Charakteristik stellt das zuverlässigste Kriterium für die wirkliche Adsorptionsaktivität der Legierungselemente dar. Es konnte festgestellt werden (s. Bild 60 und **Bild 65**), daß Titan und insbesondere Magnesium und Kalzium bei allen aufgezeigten Bedingungen der Erwärmung das Kornwachstum hemmen. Diese Erscheinung stellt ein Ergebnis der Verringerung der freien Korngrenzenenergie dar. In

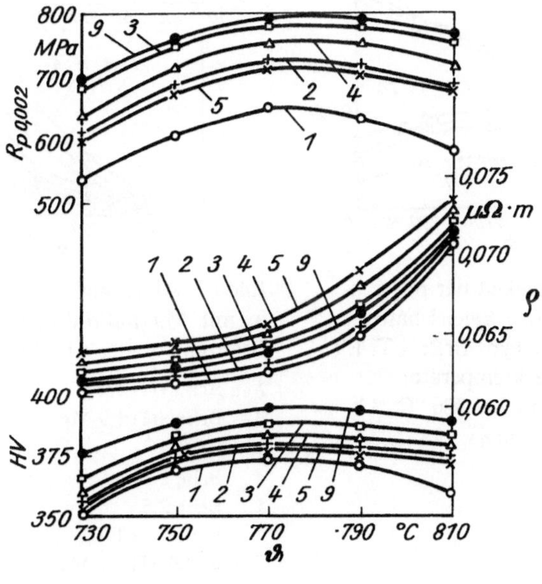

Bild 62. Abhängigkeit der physikalisch-mechanischen Eigenschaften der Bronzen (Typ BrBeNiTi 1,9), die mit Magnesium mikrodotiert wurden, von der Abschrecktemperatur nach der Alterung bei 320 °C, 4 h

Bezeichnungen s. Bild 60

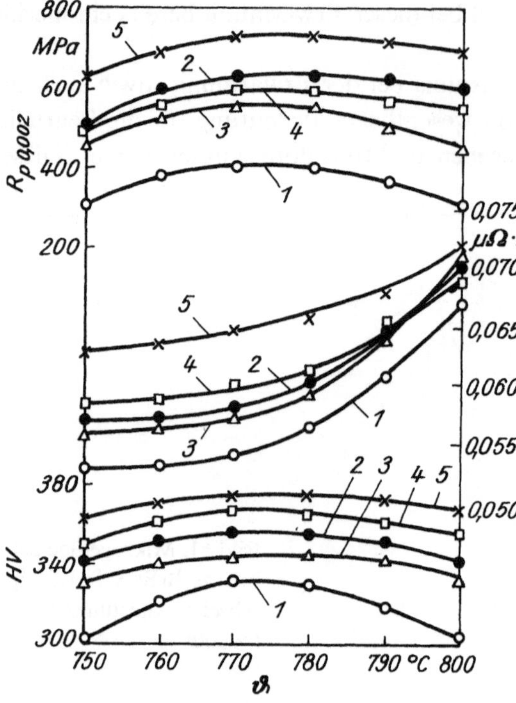

Bild 63. Abhängigkeit der physikalisch-mechanischen Eigenschaften der mit Magnesium mikrodotierten Bronzen des Typs BrBeNiTi 1,7 von der Abschrecktemperatur (nach der Alterung bei 320 °C, 4 h)

1 — BrBeNiTi 1,7
2 — BrBeNiTi 1,7 Mg
3 — BrBeNiTi 1,7 Mg 2
4 — BrBe 2
5 — BrBe 2 Mg

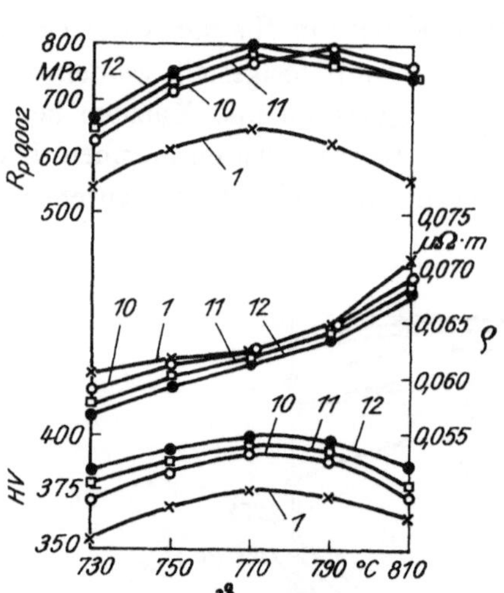

Bild 64. Abhängigkeit der physikalisch-mechanischen Eigenschaften der Bronzen des Typs BrBeNiTi 1,9 von der Abschrecktemperatur nach der Alterung bei 320 °C, 3 h

Bezeichnungen s. Bild 60

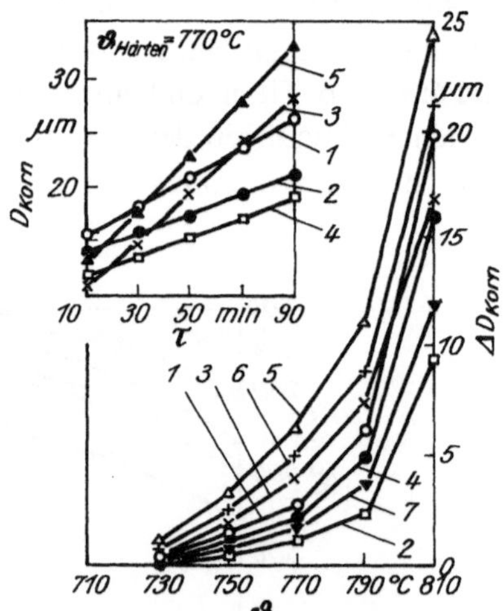

Bild 65. Abhängigkeit der Korngröße in mit Mg mikrodotierten Be-Bronzen von der Abschreckhärtung

1 — BrBeNiTi 1,9
2 — BrBeNiTi 1,9 Mg
3 — BrBe 2
4 — BrBe 2 Mg
5 — BrBe 2,5
6 — BrBeNiTi 1,7
7 — BrBeNiTi 1,7 Mg

der Regel wird beobachtet, daß mit der Erhöhung der Magnesium- und Kalziumkonzentration in wachsendem Maße die Korngröße stabilisiert wird. Nur bei der
maximalen Konzentration des Magnesiums (0,4%) werden im Ergebnis der Senkung
der Schmelztemperatur und folglich der Erhöhung der Diffusionsbeweglichkeit der
Atome die Körner schneller wachsen als bei Konzentrationen von 0,1 oder 0,2% Mg.
Den stärksten Einfluß auf die Stabilisierung der Korngröße bei der Erwärmung im
Bereich der Abschrecktemperaturen übt das Kalzium aus, dessen hohe Adsorptionsaktivität in Kupfer-Beryllium-Legierungen damit bewiesen ist. Diese Schlußfolgerung stimmt mit einer Reihe bereits angeführter Kriterien für die Beurteilung der
Adsorptionsaktivität (reduziertes statistisches Moment, Verhältnis der Löslichkeiten im festen und flüssigen Zustand) sowie mit den theoretisch abgeschätzten
Größen für die Bindungsenergie der Kalziumatome mit den *Leerstellen* und *Versetzungen* (s. Tabelle 15) überein. In der Bronze des Typs BrBe 2, die mit Phosphor
mikrodotiert ist, kommt es gleichfalls zu einer Hemmung des Kornwachstums.

Eine vergleichende Gegenüberstellung der Kornwachstumsgeschwindigkeiten
unter isothermischen Bedingungen in mikrodotierten Bronzen ermöglicht es, eine
Reihe der mikrodotierenden Elemente hinsichtlich der Erhöhung ihrer Adsorptionsaktivität aufzustellen. Demnach ergibt sich die Reihenfolge: Titan, Phosphor, Magnesium, Kalzium.

Die Temperaturabhängigkeit des mittleren Korndurchmessers weist unabhängig
von der Mikrodotierung gleichen Charakter im Temperaturbereich bis zu 870 bis
790 °C auf (s. Bild 65). Eine Erwärmung oberhalb dieser Temperaturen führt zum
sprunghaften Kornwachstum. In mit Magnesium mikrodotierten Legierungen ist die
Kornwachstumsgeschwindigkeit auch in diesem Temperaturbereich kleiner als in
einer nicht mikrodotierten Bronze. Die kleinste Kornwachstumsgeschwindigkeit in
einer mit Magnesium mikrodotierten Bronze wird bei einer Magnesiumkonzentration von $\approx$ 0,1% erreicht, wodurch die erreichte hohe thermodynamische Stabilität des eingestellten Strukturzustandes unterstrichen wird. Nach Erhöhung der
Magnesiumkonzentration auf > 0,2% verringert sich schon die thermodynamische
Stabilität der Struktur infolge der Ausbildung einer möglicherweise magnesiumreichen Sekundärphase an den Korngrenzen oder sogar im Ergebnis eintretender
Aufschmelzungen (s. Bild 61), wodurch in den Berylliumbronzen ein intensives
Kornwachstum einsetzt, das sogar die Kornwachstumsgeschwindigkeit der magnesiumfreien Bronzen (s. Bild 65a) übertrifft. Die Mikroröntgenspektralanalyse
wies eine mögliche Ausbildung von magnesiumreichen Segregationsgebieten in unmittelbarer Nähe der Korngrenzen bei einer Magnesiumdotierung von 0,4% (s.
Bild 71) nach.

Bei einer Magnesiumdotierung der Bronze BrBeNiTi 1,9 in Mengen von nicht
mehr als 0,013% verringert sich in bedeutendem Maße die Kornwachstumsgeschwindigkeit bei höheren Abschrecktemperaturen (> 800 °C), bei denen die Korngröße der Bronze sogar im Falle dieser geringen Menge an Magnesium kleiner ist
als bei der Bronze BrBe 2,5. Diese Erscheinung kann mit dem Einfluß einer Phasen-
verfestigung, die bei der Erwärmung im Ergebnis der unterschiedlichen Ausdeh-
nungskoeffizienten der α- und β-Phasen eintritt, erklärt werden. Insbesondere in
der Bronze BrBe 2,5 ist die Anzahl der β-Phaseneinschlüsse am größten.

Es muß darauf verwiesen werden, daß bei einer Mikrodotierung der Bronzen BrBe 2 oder BrBeNiTi 1,7 ein ähnlicher Stabilisierungseffekt im Kornwachstum erreicht wird, wie auch in der Bronze BrBeNiTi 1,9. Damit kann gezeigt werden, daß die hohe Adsorptionsaktivität des Magnesiums nicht von der Berylliumkonzentration in der Bronze und auch nicht von der Anwesenheit des Titans in der Legierung abhängt, weil dessen Adsorptionsaktivität die des Magnesiums nicht erreicht. Schließlich sei erwähnt, daß der Einfluß des Magnesiums als oberflächenaktives Element auf das Kornwachstum beim Abschrecken von Berylliumbronzen **(Bild 66)** nicht von der Art seiner Zugabe in die Legierung abhängt, d. h., es ist unbedeutend, ob Mg in Form einer binären Cu—Mg-Legierung oder ternären Cu—Be—Mg-Legierung zugegeben wird. Die letztere Art der Zugabe des Mg in die Legierung besitzt aus der Sicht der im folgenden dargelegten Überlegungen bestimmte technisch-ökonomische Vorteile.

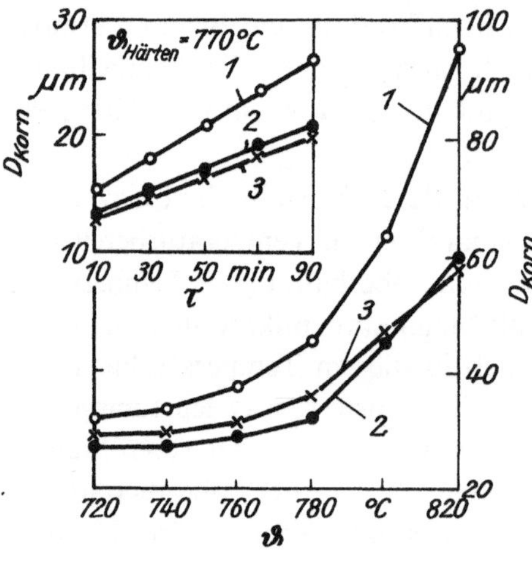

Bild 66. Abhängigkeit der Korngröße D_{Korn} der Bronzen des Typs BrBeNiTi 1,9 von den Abschreckbedingungen und der Dotierung mit Magnesium

1 — BrBeNiTi 1,9
2 — BrBeNiTi 1,9 Mg (Mg-Zugabe über eine Cu—Mg-Vorlegierung)
3 — BrBeNiTi 1,9 Mg (Mg-Zugabe über eine Cu—Be—Mg-Vorlegierung)

Die Mikrodotierung einer Berylliumbronze vom Typ BrBeNiTi 1,9 mit den Elementen Magnesium und Phosphor gleichzeitig wirkt praktisch gleichfalls auf die Hemmung des Kornwachstums bei der Erwärmung in ähnlicher Weise, wie auch die Mikrodotierung mit Magnesium allein.

Die somit erhaltenen Ergebnisse zeigen überzeugend, daß die Zugabe optimaler Mengen an adsorptionsaktiven Elementen, wie z. B. Kalzium oder Magnesium und besonders Magnesium und Phosphor gemeinsam (offenbar wird durch diese Art der Zugabe ein »kooperativer« Effekt bewirkt), in den Berylliumbronzen einen positiven Einfluß auf die Struktur dieser Legierungen im Härteprozeß ausübt. Durch diese Zugabe verringert sich die mittlere Korngröße, die Neigung zum Kornwachstum wird abgeschwächt bei Erwärmung, während die Gemischtkörnigkeit ausgeschlossen wird.

Die Mikrodotierung mit adsorptionsaktiven Elementen beeinflußt nicht nur den Erwärmungsprozeß, die Kornwachstumsgeschwindigkeit, sondern auch die Stabilität des α-Mischkristalls in Kupfer-Beryllium-Legierungen während der Abkühlung.

Im konkreten Fall erhöht sich in bedeutendem Maße durch die Mikrodotierung von Bronzen mit 1,9 und 1,7 % Be (BrBeNiTi 1,9 und BrBeNiTi 1,7) die *Stabilität des α-Mischkristalls* im Temperaturbereich seiner minimalen Stabilität (bei ≈ 500 °C) **(Bild 67)**. Dieser Effekt kann damit erklärt werden, daß die Magnesiumatome die Leerstellen stärker binden und demzufolge den Diffusionsprozeß bei der Bildung von Teilchen der Sekundärphase erschweren. Es wurde jedoch beobachtet, daß im Bereich wesentlich tieferer Temperaturen der Alterungsprozeß in Anwesenheit von Magnesium beschleunigt abläuft. Dieser Effekt kann ein Ergebnis des Einflusses eines gesamten Komplexes von Faktoren sein, zu dem die Magnesiumatome und die sich bei der Abkühlung unterhalb der Abschrecktemperatur bildenden Leerstellen zählen. Wenn diese Magnesium-Leerstellen-Komplexe im Bereich höherer Temperaturen hinreichend stabil wären, so würden sie unter diesen Bedingungen den Zerfall der festen Lösung sogar beschleunigen. Dieser erwartete Effekt wird jedoch nicht beobachtet, weil offensichtlich die erwähnten Komplexe im Unterschied zum Bereich tieferer Temperaturen in diesem Temperaturbereich instabil sind. In diesem Sinne kann damit in erster Näherung der widersprüchliche Einfluß der Magnesiumatome auf den Zerfall des Mischkristalls, d. h. Hemmung im Bereich höherer Temperaturen und Beschleunigung im Bereich tieferer Temperaturen, erklärt werden.

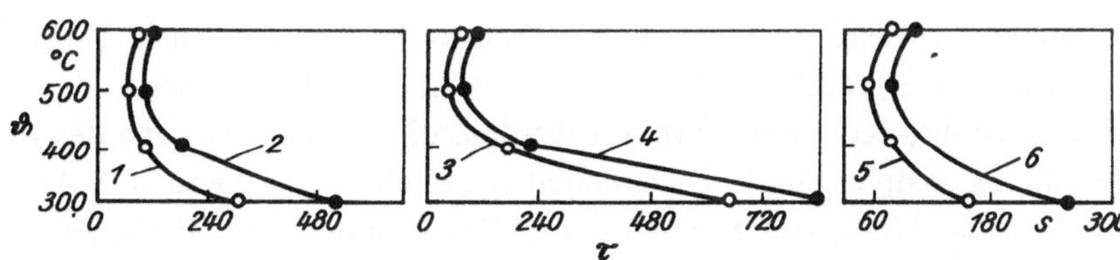

Bild 67. Isothermischer Zerfall des α-Mischkristalls in Berylliumbronzen

1 — BrBeNiTi 1,9	*4* — BrBe 2 Mg
2 — BrBeNiTi 1,9 Mg	*5* — BrBeNiTi 1,7
3 — BrBe 2	*6* — BrBeNiTi 1,7 Mg

1.3.6. Prozesse der Ausscheidungshärtung mikrodotierter Berylliumbronzen bei niedrigen Temperaturen

Auf die Anzahl der bei der Alterung entstehenden Keime sowie auf deren Stabilität übt die Mikrodotierung starken Einfluß aus, weil sie den Übersättigungsgrad des primären Mischkristalls erhöht, die Leerstellenkonzentration steigert und die freie Energie der Keime verringert [48—66].

Es fehlen jedoch in der Literatur Angaben zum Einfluß der Mikrodotierung auf die Stabilität der Keime, die beim Zerfall des übersättigten Mischkristalls abgeschreckter Kupfer-Beryllium-Legierungen entstehen, wenn auch die Ermittlung ähnlicher Gesetzmäßigkeiten die Regulierung des strukturellen Zustandes dieser Legierungen in verschiedenen Stadien der Ausscheidungshärtung ermöglichen würde.

Die Mikrodotierung der Kupfer-Beryllium-Legierungen mit derartigen adsorptionsaktiven Komponenten, wie z. B. Kalzium, Magnesium und Phosphor, beeinflußt die Entwicklung der Anfangsstadien des Zerfallsprozesses. **Bild 68** zeigt Angaben zum Einfluß der Mikrodotierung mit Magnesium auf die Kinetik der Anfangsstadien der Ausscheidungshärtung. Es wurde festgestellt, daß sich die Geschwindigkeit der Entwicklung dieser Stadien mit der Konzentrationssteigerung des Magnesiums erhöht, wodurch die Aktivierungsenergie von 100,5 kJ/Mol (in der magnesiumfreien Bronze) bis auf 96,4 absinkt und sich entsprechend verringert auf 88 und 79,6 kJ/Mol bei Magnesiumgehalten von 0,1, 0,2 und 0,4 % (maximale Konzentration). Diese Verringerung der Aktivierungsenergie kann nicht nur mit der Fixierung einer höheren Leerstellendichte, die sich im Ergebnis des Abschreckens von mit Magnesium mikrodotierten Legierungen ergibt, erklärt werden.

Entsprechende Berechnungen zeigten, daß die *Bindungsenergie* der Magnesiumatome mit den Leerstellen 0,45 eV beträgt, während die Bindungsenergie der Berylliumatome mit den Leerstellen insgesamt 0,2 eV erreicht. Die Einstellung einer hohen Leerstellenkonzentration im Ergebnis ihrer großen Bindungsenergie mit den Magnesiumatomen soll jedoch gleichzeitig die Leerstellenbeweglichkeit verringern und damit die Entwicklung der Anfangsstadien des Zerfallsprozesses verzögern. In Wirklichkeit wird dieser Effekt bei der Mikrodotierung mit Magnesium nicht beobachtet, sowohl im Falle der Grundzusammensetzungen der Bronzen, die Titan enthalten (BrBeNiTi 1,9), als auch in titanfreien Bronzen (BrBe 2). Es kann angenommen werden, daß bereits während des Abschreckprozesses in der Struktur des Mischkristalles Komplexe formiert werden, die aus den Atomen des Magnesiums, Berylliums, Kupfers und den Leerstellen bestehen, die damit den Ausgangspunkt für die Ausbildung von Keimen der γ'-Phase bilden. Ein ähnlicher Effekt wurde bereits in Aluminiumlegierungen beobachtet [65].

Die Beschleunigung der Anfangsstadien des Zerfallsprozesses im Ergebnis der Zugabe des adsorptionsaktiven Magnesiums führt gleichzeitig zur Erhöhung der Bildungsdichte der Sekundärphase, die eine Erhöhung des maximalen spezifischen elektrischen Widerstandes sowie eine bedeutende Beschleunigung des Verfestigungsprozesses (s. Bild 68) bewirkt. Am stärksten wird der Verfestigungsanstieg in den Werten der Elastizitätsgrenze spürbar. Bei längeren Haltezeiten wird eine bestimmte Verringerung der Elastizitätsgrenze in allen Legierungen registriert, die möglicherweise mit einer partiellen Erholung durch Auflösung der im Frühstadium der Ausscheidungshärtung entstandenen instabilsten Keime der neuen Phase verbunden ist.

Mit dieser Erkenntnis kann teilweise auch ein stärkerer Abfall des spezifischen elektrischen Widerstandes erklärt werden. Derselbe Erholungseffekt ist bei der Aushärtungstemperatur von 180 °C sehr schwach ausgeprägt und wird von einer sehr geringen Steigerung der Verfestigung bei einer langfristigen Alterung begleitet. Die Härte steigt im Stadium der Ausscheidungshärtung bei niedrigen Temperaturen merklich geringer an als die Elastizitätsgrenze. Dieser Fakt kann damit erklärt werden, daß die Keime der Sekundärphase von Versetzungen, die bei hinreichend starker Verformung im Bereich eines Eindringkörpers entstehen, geschnitten werden.

Für die Beurteilung der Beweglichkeit der Baufehler (Leerstellen) in einer abschreckgehärteten Bronze können Ergebnisse aus Messungen der inneren Reibung —

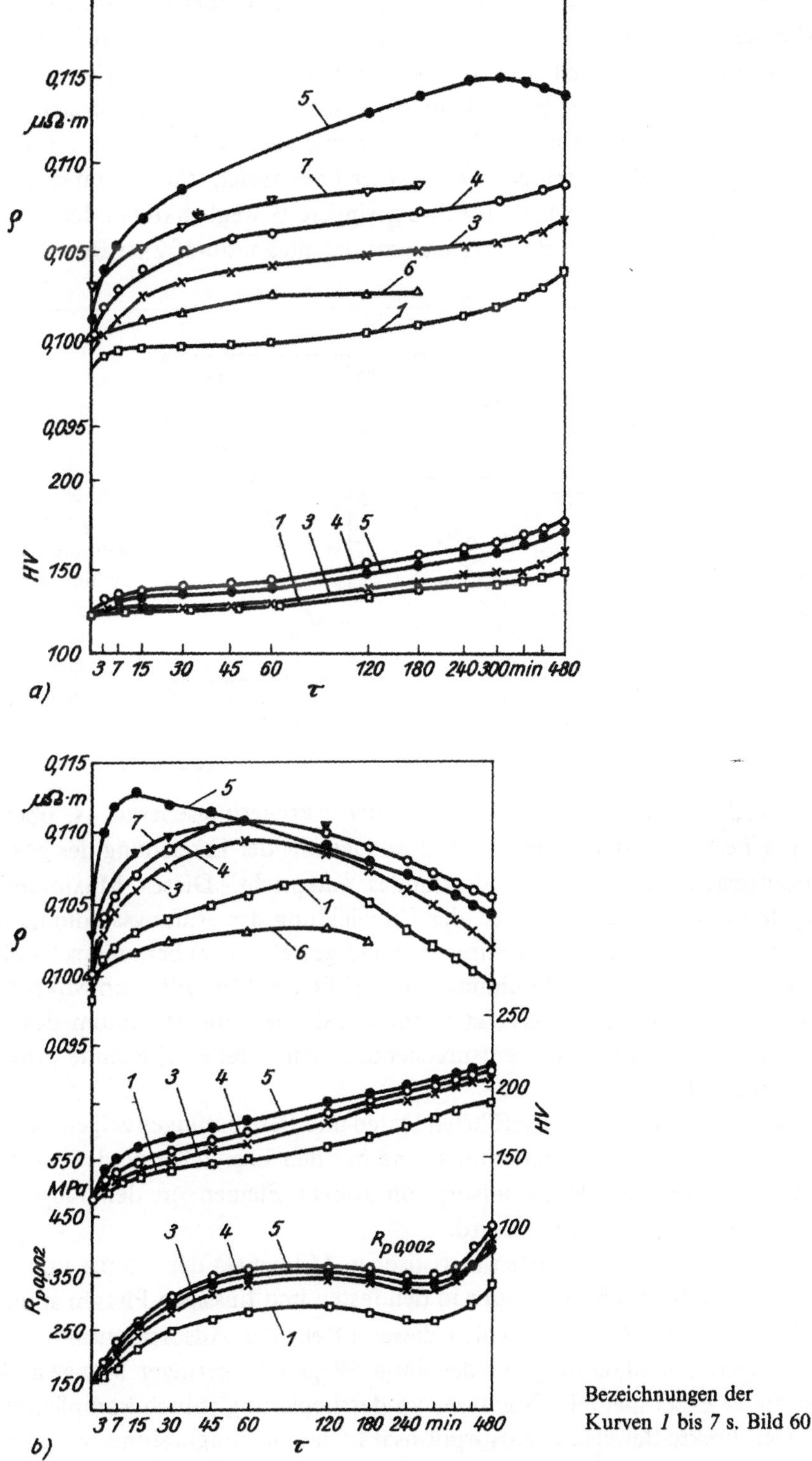

Bild 68. Abhängigkeit der physikalisch-mechanischen Eigenschaften mikrododierter Berylliumbronzen von der Alterungsdauer bei 180 (*a*) und 210 °C (*b*)

Untergrund und Amplitudenabhängigkeit — verwendet werden. Eine Zugabe von Magnesium erhöht das Untergrundniveau **(Bild 69)**, das damit auf eine höhere Konzentration von Leerstellen deutet, die mit den Atomen des Berylliums, Kupfers und Magnesiums Komplexe bilden können. Außerdem erhöht sich durch die Zugabe von Magnesium die kritische Amplitude, während sich die Intensität, mit der die innere Reibung anwächst, verringert [96]. Dieser Fakt spricht für die stärkere Bindung der Baufehler oder entsprechend für ihre geringere Beweglichkeit in der mit Magnesium mikrodotierten Bronze im Vergleich zu der magnesiumfreien Bronze.

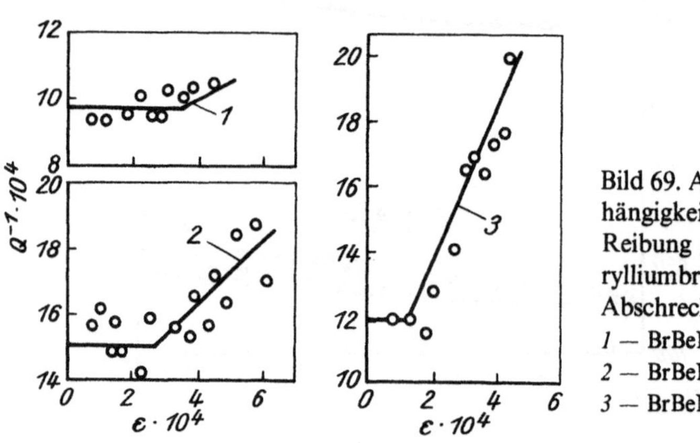

Bild 69. Amplitudenabhängigkeiten der inneren Reibung Q^{-1} der Berylliumbronzen nach der Abschreckhärtung
1 — BrBeNiTi 1,9 MgP
2 — BrBeNiTi 1,9 Mg
3 — BrBeNiTi 1,9

Die durchgeführten Berechnungen der Aktivierungsenergie (s. oben) erfolgten unter Berücksichtigung der Alterungsdauer, die der Erreichung des Maximums des spezifischen elektrischen Widerstandes entspricht. Dieses Maximum entspricht wiederum dem höchsten Grad der Entwicklung des Anfangsstadiums im Zerfallsprozeß bei der gegebenen Temperatur und gewährleistet bei unterschiedlichen Temperaturen gleiche Keimdurchmesser der γ'-Phase. Mit Hilfe von Mikrodiffraktionsuntersuchungen konnte gezeigt werden, daß die dem Maximum des spezifischen elektrischen Widerstandes entsprechenden strukturellen Zustände praktisch gleich sind **(Bild 70).**

Die in der Tabelle 15 angeführten Daten und Berechnungen zeigen eine bedeutende Bindungsenergie der Magnesiumatome mit den Leerstellen und Versetzungen, wodurch Magnesium als ein adsorptionsaktives Element in den Kupfer-Beryllium-Legierungen charakterisiert wird.

Die Größe des reduzierten statistischen Momentes der Atome und das Löslichkeitsverhältnis des Magnesiums in den festen und flüssigen Phasen sprechen gleichfalls für dessen Aktivität, wobei dieser Effekt der Adsorptionsaktivität endgültig nur experimentell bestätigt werden kann. Wegen der geringen Menge an Magnesium ist dieser experimentelle Nachweis an der Legierung jedoch kompliziert.

Der direkte Beweis der Adsorptionsaktivität des Magnesiums wurde mit Hilfe der Mikroröntgenspektralanalyse und Einsatz der Mikrosonde MS-45 »Kameka« erbracht [97]. Dazu wurden die magnesiumhaltigen Legierungen einer längeren Hochtemperaturglühung unterzogen, um die Länge der Korngrenzen zu verringern (die

Korngrenze betrug 100 μm) und entsprechend eine möglichst hohe Anreicherung des Magnesiums an den Korngrenzen zu erreichen. Die Magnesiumverteilung wurde mit der charakteristischen K_α-Strahlung des Magnesiums nach der Zahl der Impulse dieser Strahlung entsprechend dem Kornvolumen und der Korngrenze untersucht. Folgende Rechenergebnisse wurden erhalten:

Meßpunkt	Anzahl der Impulse (Mittelwert)	
	im Kornvolumen (Zentrum)	an der Korngrenze
1	249	979
2	260	636
3	288	1455
4	240	718

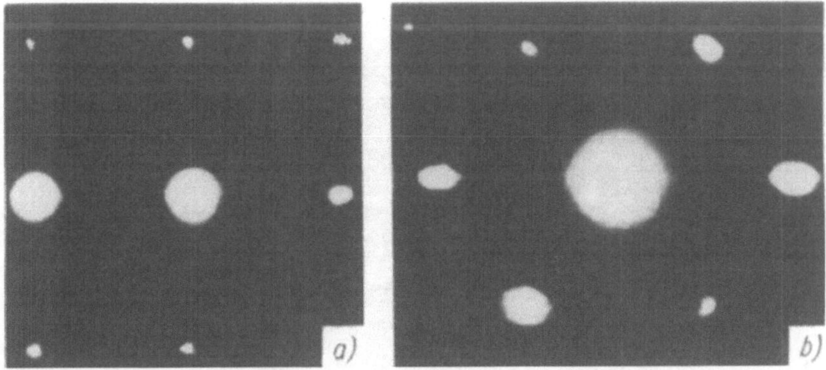

Bild 70. Elektronenbeugungsbild der Berylliumbronze BrBeNiTi 1,9 Mg nach Alterung
a) bei 180 °C, 2 h, Orientierung der Folie (100)
b) bei 210 °C, 1 h, Orientierung der Folie (110)

Es ist leicht zu erkennen, daß in einigen Fällen die Zahl der Impulse an der Korngrenze bedeutend höher ist als im Kornvolumen, weil an bestimmten Abschnitten der Korngrenze Einschlüsse der Sekundärphase Cu_2Mg vorhanden sind **(Bild 71)**. Außerdem ist es möglich, daß sich an den Korngrenzen auch Teilchen der Sekundär-β-Phase anlagern, die mit Cu_2Mg einen Mischkristall bildet und somit magnesiumhaltig sein kann **(Bild 72)**.

Somit sind die Korngrenzen mit Magnesium stärker angereichert, wodurch dessen Adsorptionsaktivität (Oberflächenaktivität) bestätigt wird. Hierbei beträgt der Anreicherungsgrad etwa 3, was ungefähr dem Löslichkeitsverhältnis in der flüssigen und festen Phase von 3,46 (Berechnung nach dem Zustandsdiagramm Cu—Mg) entspricht. Hieraus folgt, daß die Anwendung des letzteren Kriteriums für die Beurteilung der Adsorptionsaktivität im vorliegenden Fall berechtigt ist.

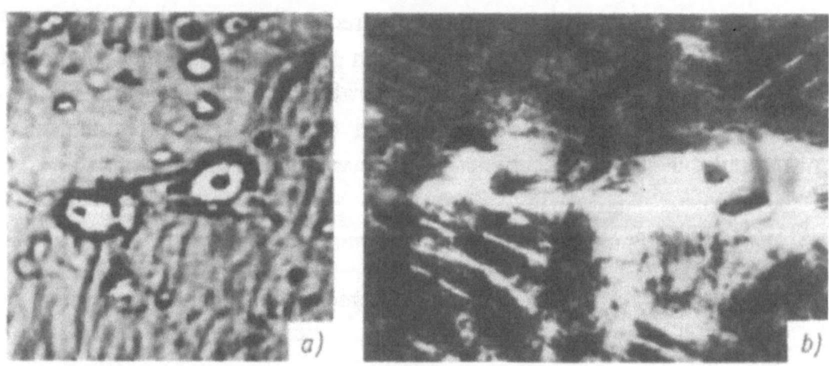

Bild 71. Struktur der Korngrenzen in der Bronze BrBeNiTi 1,9 Mg 4
a) Elektronenabsorptionsbild eines Korngrenzenbereiches ($\times$ 3000)
b) Hellfeldabbildung eines Bereiches der Korngrenze;
Darstellung von Korngrenzbereichen, die die Sekundärphase Cu_2Mg enthalten
($\times$ 6000)

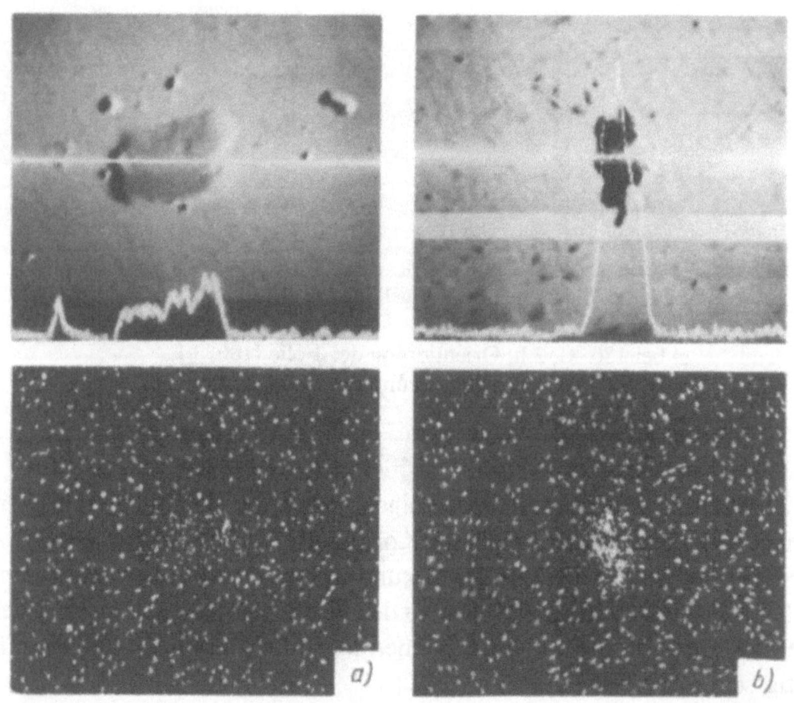

Bild 72. Mikroanalyse der Struktur der Berylliumbronze und Intensitätsverteilung des Magnesiums in einem fixierten Querschnitt
a) BrBeNiTi 1,9 Mg
b) BrBeNiTi 1,9 Mg 2

Auf **Bild 73** sind empirisch ermittelte Angaben[1] [98] gezeigt, die verdeutlichen, daß die Aktivität der Grenzfläche von der maximalen Löslichkeit der oberflächenaktiven Komponenten in verschiedenen binären Systemen abhängt.

Die Vielzahl der experimentellen Angaben, einschließlich auch der letzten Veröffentlichungen, zeigen, daß das Verhältnis der Löslichkeit der Atome an der Grenze eines Kornes zur Löslichkeit dieses Atoms im Kornvolumen ein Kriterium für die Oberflächenaktivität ist. Dieses Löslichkeitsverhältnis ist um so größer, je kleiner die Löslichkeit der zweiten Komponente im festen Zustand ist **(Bild 74)**. Aus dieser Sicht wird verständlich, daß eine Vielzahl von Fakten die Angaben über den Zusammenhang zwischen der Korngrenzenanreicherung und der Löslichkeit der zweiten Komponente bestätigen.

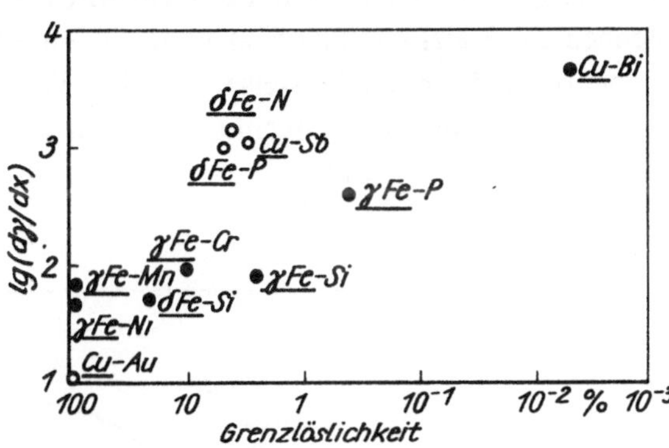

Bild 73. Abhängigkeit der Grenzflächenaktivität ($(d\gamma/dx)$, $\mathrm{mJ\ m^{-3}}$, Atom-%) in einigen binären Systemen von der maximalen Löslichkeit der zweiten Komponente x im festen Zustand (die Matrix ist unterstrichen)

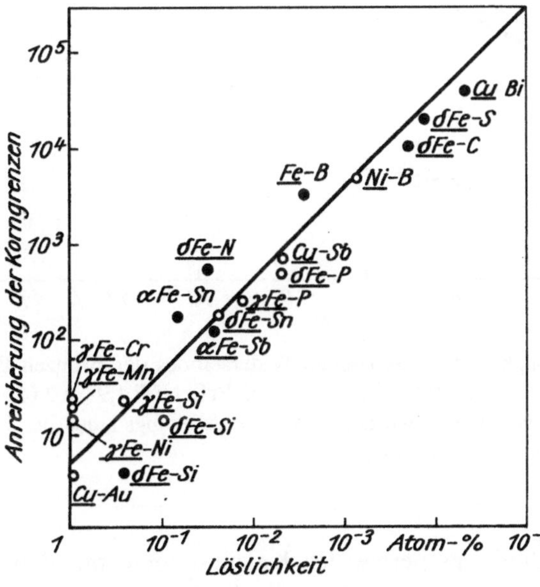

Bild 74. Abhängigkeit des Anreicherungsfaktors an den Korngrenzen von der Löslichkeit der zweiten Komponente in der Matrix (unterstrichen) im festen Zustand bei der gewählten Versuchstemperatur. Ermittlung der Ergebnisse durch Auger-Untersuchungen (●) und Bestimmung der Phasengrenzenergie (○)

---

[1] Wissenschaftlich strenger sollte die Grenzflächenaktivität mit Hilfe physikalisch-chemischer Parameter beschrieben werden.

Das Kalzium soll analog zum Magnesium unter der Berücksichtigung gesicherter Kriterien (reduziertes statistisches Moment, Löslichkeitsverhältnis in den flüssigen und festen Phasen u. a.) in der Berylliumbronze als adsorptionsaktives Element wirken. Es wird jedoch festgestellt, daß sich das Verhalten des Kalziums bei der Ausscheidungshärtung bei niedrigen Temperaturen merklich von dem des Magnesiums unterscheidet.

Vor allen Dingen im Unterschied zur Mikrodotierung mit Magnesium führt die Mikrodotierung mit Kalzium zu einer starken Hemmung der Anfangsstadien der Ausscheidungshärtung **(Bild 75)**. So wird bei der Zugabe von 0,006 oder 0,018% Ca und einer Ausscheidungshärtung bei 210 °C sogar nach 8 h noch nicht das Maximum des spezifischen elektrischen Widerstandes erreicht, während in der Bronze BrBeNiTi 1,9 dieser Maximalwert bereits nach 2 h, bei einer Zugabe von 0,1% Mg nach 1 h und bei einer Zugabe von 0,4% Mg schon nach 15 min erreicht wird. Nur bei einer Zugabe von geringsten Mengen an Kalzium (0,005%) wird ein ungehemmt ablaufender Alterungsprozeß beobachtet, möglicherweise deshalb, weil wegen der hohen Reaktionsfreudigkeit des Kalziums sein mengenmäßiger Anteil in der festen Lösung in Wirklichkeit äußerst unbedeutend war.

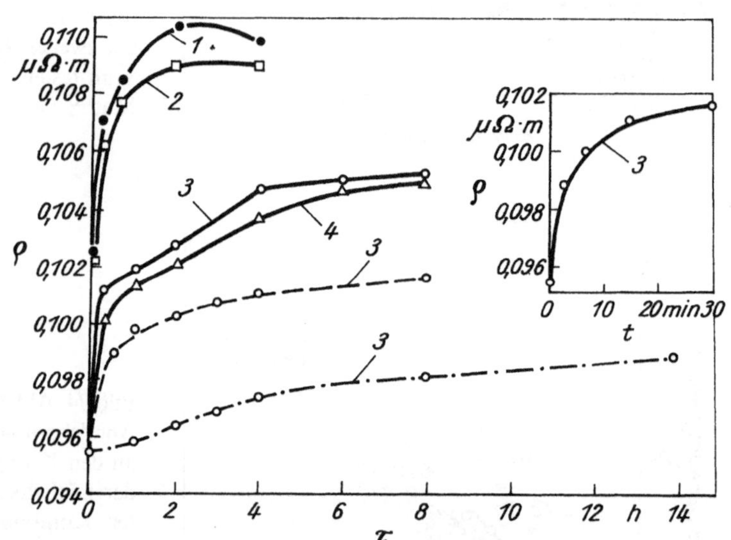

Bild 75. Abhängigkeit des elektrischen Widerstandes der Bronzen BrBeNiTi (*1*), BrBeNiTi 1,9 Ca (*2*), BrBeNiTi 1,9 Ca 2 (*3*), BrBeNiTi 1,9 Ca 3 (*4*), die bei 770 + 10 °C abgeschreckt wurden, von der Alterungsdauer bei 210 (———), 180 (– – –) und 150 °C (—·—)

Die Bestimmung der Bindungsenergie der Kalziumatome mit den Leerstellen zeigte, daß dieser Wert fast doppelt so groß ist wie die Bindungsenergie des Magnesiums mit den Leerstellen und 0,7 eV beträgt.

Interessante Ergebnisse werden durch eine Gegenüberstellung der Werte für die Bindungsenergien der Leerstellen mit den Berylliumatomen und den Mikrodotierungselementen — Kalzium und Magnesium — sowie der Bindungsenergien dieser Atome mit den Versetzungen erzielt. Wenn man die Bindungsenergie eines Berylliumatoms mit einer Leerstelle gleich 1 setzt, so beträgt die Bindungsenergie eines Magnesiumatoms mit einer Leerstelle 2,25, während die des Kalziums 3,5 beträgt. Die Bindungsenergie dieser Atome mit den Versetzungen wird·sich entsprechend ändern, d. h. 1, 2 und 4 (s. Tabelle 15), und damit in etwa so wie im Fall der Leerstellen sein. Es ist bekannt, daß die Bindungsenergie der Atome mit den Versetzungen hauptsächlich durch ihre elastische Wechselwirkung bestimmt wird, während die Bindungsenergie der Atome mit den Leerstellen als Ergebnis der elektronischen und nicht der elastischen Wechselwirkung betrachtet wird. Der Fakt, daß die oben angeführten Relationen zwischen den Wechselwirkungen praktisch analog sind, zeugt davon, daß auch die Bindungen der Atome der betrachteten Komponenten mit den Leerstellen derartige sind, wie sie mit den Versetzungen eingegangen werden. Sie werden damit durch elastische Wechselwirkung bestimmt. Die Verteilung der Elektronen im Bereich der Leerstellen soll unabhängig von der Anwesenheit eines beliebigen Atoms der aufgeführten Elemente hinreichend ähnlich sein, da Beryllium, Magnesium und Kalzium durch einen ähnlichen Elektronenaufbau gekennzeichnet sind.

Die Analyse der angeführten Daten führt zu der Schlußfolgerung, daß in einer abschreckgehärteten Bronze, die Kalzium enthält, die Leerstellendichte wesentlich höher sein soll als in Bronzen, die Magnesium oder ausschließlich Beryllium enthalten. Die stärkere Bindung der Leerstellen mit den Kalziumatomen verringert deren Beweglichkeit und führt folglich zur Verlangsamung der Diffusionsvorgänge, die dem Zerfall des Mischkristalls zugrunde liegen. In diesem Zusammenhang ist es nicht ausgeschlossen, daß in Anwesenheit von Kalzium beim Abschrecken keine Monoleerstellen, sondern Trileerstellen gebildet und fixiert werden, wobei die Beweglichkeit der Trileerstellen mehrfach geringer ist als die der Monoleerstellen. Entsprechend diesem Zustand ist die Aktivierungsenergie im Anfangsstadium der Ausscheidungshärtung in der Bronze BrBeNiTi 1,9 mit einem Gehalt von 0,006% Ca 1,5mal höher als in der kalziumfreien Bronze und beträgt 163,4 kJ/Mol.

Der Einfluß des Phosphors auf die bei niedrigen Temperaturen ablaufenden Prozesse des Zerfalls des Mischkristalls wurde in der als Basislegierung gewählten Bronze BrBe 2 untersucht. Die dabei erhaltenen Ergebnisse zeigen, daß eine Phosphorzugabe hauptsächlich die Anfangsstadien des Zerfallsprozesses bei relativ erhöhten Temperaturen (210 °C) beschleunigt, während diese Beschleunigung bei niedrigeren Temperaturen (150 und 180 °C) praktisch nicht ausgeprägt ist **(Bild 76)**. Die Aktivierungsenergie des Zerfallsprozesses in seinen Anfangsphasen in der phosphorhaltigen Bronze beträgt 85,5 kJ/Mol, d. h., dieser Betrag ist merklich kleiner als in der phosphorfreien Bronze. Die Bindungsenergie der Leerstellen mit den Phosphoratomen in der Berylliumbronze beträgt 0,3 eV, d. h., dieser Wert ist größer als die Bindungsenergie der Berylliumatome. Aus diesem Grunde ist nach der Abschreckhärtung die *Leerstellenkonzentration* in diesem Falle größer als in der phosphorfreien Bronze. Jedoch soll die Beweglichkeit dieser Leerstellen wegen der größeren Bindungsenergie mit den Phosphoratomen entsprechend kleiner sein. Der Fakt der Beschleunigung der Anfangsstadien des Zerfallsprozesses hängt eher damit zusammen, daß sich bereits während des Abschreckprozesses, wie auch im Fall der Mikrodotierung mit Magnesium, Komplexe ausbilden, die aus den Atomen des Phosphors, Berylliums, Kupfers und den Leerstellen bestehen. Das Auftreten derartiger Komplexe, ähnlich wie auch im Fall der Mikrodotierung mit Magnesium, stimuliert den Zerfall der festen Lösung im Bereich niedriger Temperaturen. Dabei ist zu bemerken, daß die Sekundärphase Phosphor enthält, wodurch die Möglichkeit der Bildung der erwähnten Komplexe sowie deren weitere Umwandlung in Teilchen der γ'-Phase bestätigt wird.

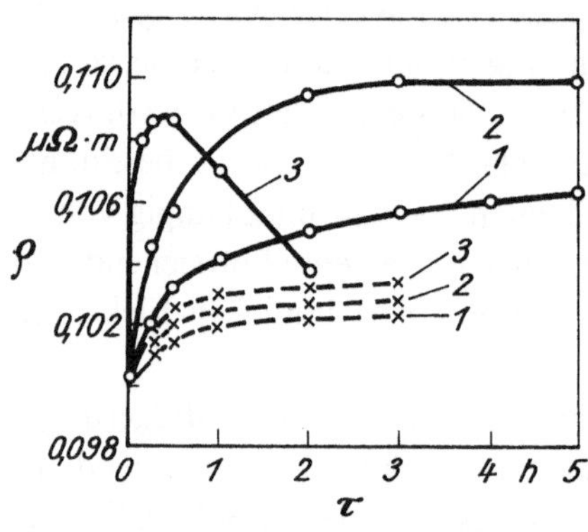

Bild 76. Abhängigkeit des elektrischen Widerstandes der Bronzen BrBe 2 (– – –) und BrBe 2 P (0,05 % P) (———), die bei 770 + 10 °C abgeschreckt wurden, von der Alterungsdauer bei 150 (*1*), 180 (*2*) und 210 °C (*3*)

In einer Reihe von Arbeiten [70, 99] wird behauptet, daß das Nichtmetall Phosphor als eine inaktive Komponente zu betrachten ist, wobei diese Situation auf Angaben zur Größe des reduzierten statistischen Momentes [77] beruht. Es sei vermerkt, daß sich diese Angaben auf den Phosphor als Nichtmetall beziehen, während sich die Atome des Phosphors im Kristallgitter eines Mischkristalls in metallischen Legierungen wie Metallatome verhalten.

Die Strukturbeobachtungen basierten auf der schnelleren und stärkeren Entwicklung der Zonen des diskontinuierlichen Zerfalls und der Ausscheidung an den Korngrenzen in Anwesenheit von Phosphor. Die Beschleunigung des Zerfalls an den Korngrenzen kann jedoch auch als Ergebnis einer starken Übersättigung der grenznahen Zonen mit Phosphor, der eine große Adsorptionsaktivität aufweist, eintreten. Gleichfalls können die Phosphoratome, die in der Sekundärphase enthalten sind, den Zerfall beschleunigen. Eine Reihe von Daten bestätigen die Adsorptionsaktivität des Phosphors. Der Phosphor intensiviert die Keimbildung, da er aus Atomen des Berylliums, Kupfers und Leerstellen bestehende Komplexe bildet und auch in der Sekundärphase enthalten ist (**Bild 77**). Demzufolge wächst der Übersättigungsgrad des Mischkristalls, und folglich wird der kontinuierliche Zerfall beschleunigt. Außerdem ist die Bindungsenergie der Phosphoratome mit den Leerstellen und Versetzungen hinreichend groß und übertrifft diese energetischen Parameter im Vergleich zu den Berylliumatomen. Selbst die größere Bindungsenergie mit den angegebenen Gitterfehlern zeugt von der Adsorptionsaktivität der Phosphoratome in der Legierung. Weil in einer Reihe von Fällen die Korngrenzen (in jedem Falle aber die Kleinwinkelkorngrenzen[1] wie auch die Grenzen zwischen den einzelnen Phasen durch Versetzungen aufgebaut werden, häufig durch eine Überschußkonzentration an Leerstellen gekennzeichnet sind, so bedeutet hinsichtlich der angeführten Baufehlerarten die Adsorptionsaktivität auch ihre bevorzugte Anreicherung durch die Phosphoratome. Aus diesem Grunde kann man über die Oberflächenaktivität des Phosphors als ein Spezialfall der Adsorptionsaktivität sprechen.

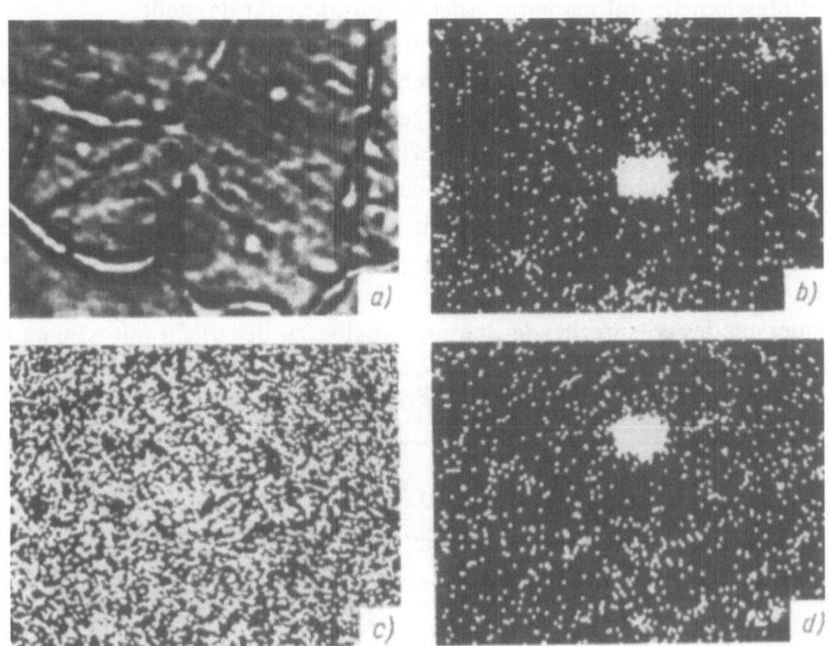

Bild 77. Elektronenabsorptionsbilder des Gefüges von BrBeNiTi 1,9 MgP (*a*) und bei charakteristischer K_α-Strahlung des Titans (*b*), Kupfers (*c*) und Phosphors (*d*)

Wahrscheinlich ist es möglich, mit Hilfe der Adsorptionsaktivität des Phosphors, die die Aktivität des Magnesiums verstärkt (kooperativer Effekt), die Umwandlungen in einer komplex mikrodotierten (mit Magnesium und Phosphor) Bronze zu erklären. Die Untersuchungen dieser Bronze führten die Verfasser gemeinsam mit MASIUKOV durch. Der Phosphorgehalt in der komplex mikrodotierten Bronze des Typs BrBeNiTi 1,9 MgP betrug 0,03 %[2].

[1] Der strukturelle Zustand der Großwinkelkorngrenzen ist bis heute noch ein Diskussionsgegenstand. Gegenwärtig kann noch kein Versetzungsmodell über den Aufbau dieser Grenzen vorgelegt werden.

[2] Die Festlegung dieser Konzentration richtet sich danach, daß sie auf der Grundlage der erfolgten Berechnungen (s. Tabelle 15) fast eine ähnlich vollständige Sättigung der Fehlstellen gewährleistet, wie auch die von uns berechnete optimale Magnesiumkonzentration. Namentlich unter diesen Bedingungen soll eine Konkurrenz- oder Kooperationssituation zwischen den Atomen dieser Komponenten besser erkennbar werden.

Eine Bronze dieses Typs ist durch eine noch höhere Dichte der Gitterfehlstellen als eine mit Magnesium mikrodotierte Bronze gekennzeichnet, wovon der hohe Untergrundwert der inneren Reibung (s. Bild 60) zeugt. Die Beweglichkeit der Gitterfehlstellen ist in diesem Fall noch kleiner als in der letzten Bronze, was seinen Ausdruck im Ansteigen der kritischen Amplitude und in der Verringerung des Wachsens der inneren Reibung bei Erhöhung der Amplitude findet. Es kann angenommen werden, daß die geringere Beweglichkeit der Leerstellen und Versetzungen ein Ergebnis ihrer stärkeren Bindung durch die Atome der aufgezeigten Mikrodotierungselemente infolge ihrer Adsorptionsaktivität darstellt.

Die Anfangsstadien der Umwandlung in komplex mikrodotierter Bronze wurden in dem Temperaturbereich untersucht, wie zuvor auch in anderen Legierungen: 150 bis 210 °C **(Bild 78)**. Bei einer gemeinsamen Mikrodotierung mit Magnesium und Phosphor wird eine gewisse Verlangsamung des Zerfallsstadiums beobachtet, das dem Maximum des spezifischen elektrischen Widerstandes bei 180 °C entspricht. Diese Erscheinung ergibt sich aus dem Vergleich mit einer ausschließlich mit Magnesium mikrodotierten Bronze (s. Bild 68). Jedoch bei Erhöhung der Temperatur auf 210 °C entwickelt sich das der Einstellung des maximalen spezifischen elektrischen Widerstandes entsprechende Stadium analog zu der allein mit Magnesium mikrodotierten Bronze.

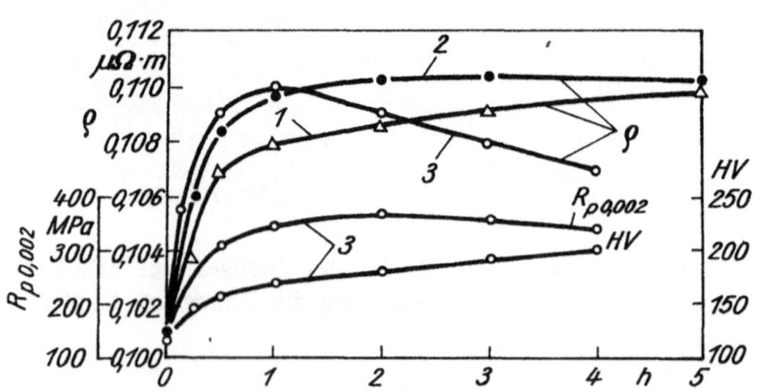

Bild 78. Abhängigkeit der physikalisch-mechanischen Eigenschaften der Bronze BrBeNiTi 1,9 MgP, die bei 770 + 10 °C abgeschreckt wurde, von der Alterungsdauer bei 150 (*1*), 180 (*2*) und 210 °C (*3*)

Die Aktivierungsenergie des Niedrigtemperaturstadiums des Zerfalls des γ-Mischkristalls für die gegebene Legierung beträgt 92,2 kJ/Mol; diese Größe entspricht der Aktivierungsenergie in einer Bronze, die allein mit Magnesium oder allein mit Phosphor mikrodotiert wurde. Demzufolge ist der gemeinsame Einfluß, den zwei adsorptionsaktive Elemente ausüben, ähnlich der Wirkung, die sie einzeln erzielen. Die Verringerung der Aktivierungsenergie der anfänglichen Zerfallsstadien in einer komplex mit Magnesium und Phosphor mikrodotierten Bronze kann mit der Bildung von Komplexen beim Abschreckvorgang, die neben Leerstellen auch

Kupfer-, Magnesium- und Berylliumatome, aber gleichfalls auch Phosphoratome enthalten, erklärt werden. Diese Komplexe übernehmen die Rolle von Keimen bei der Entstehung von Teilchen der Sekundärphase im Prozeß der Ausscheidungshärtung bei niedrigen Temperaturen. Es kann angenommen werden, daß die Stabilität derartiger Komplexe höher ist als die der phosphorfreien Komplexe. Aus diesem Grunde bleiben sie in größerem Maße zum Moment der Entwicklung der Anfangsstadien der Umwandlung erhalten und aktivieren diese in stärkerem Maße.

1.3.7. Vorgänge der Ausscheidungshärtung mikrodotierter Berylliumbronzen bei hohen Temperaturen

Beim Übergang zur *Ausscheidungshärtung* bei hohen Temperaturen sollen in ihren Anfangsstadien, ebenso wie auch bei der Ausscheidungshärtung bei niedrigen Temperaturen, die Mikrodotierungselemente einen bestimmten Einfluß ausüben, weil sich die Strukturzustände, die ähnlichen Zerfallsgraden entsprechen und der Erreichung des Maximums des spezifischen elektrischen Widerstandes zugeordnet werden können, d. h. bei hohen und niedrigen Temperaturen, praktisch nicht voneinander unterscheiden. Die Untersuchung der Anfangsstadien der Ausscheidungshärtung bei hohen Temperaturen ist von entscheidender Bedeutung, weil nach der von TJAPKIN vertretenen Theorie der Übergang von den Anfangsstadien zu den späteren, in denen die maximale Verfestigung erreicht wird, einen kontinuierlichen Vorgang darstellt.

Elektronenmikroskopische Untersuchungen wiesen nach, daß sich im Verlauf des Alterungsprozesses eine Keimstruktur der sich ausscheidenden γ'-Phase **(Bild 79)** entwickelt. Auf **Bild 80** wird die Änderung der Eigenschaften von Bronzen in den Anfangsstadien der Ausscheidungshärtung bei 300 bis 340 °C gezeigt. Die Mikrodotierung der Bronzen erfolgte mit Magnesium. Im vorliegenden Falle ist jedoch im Unterschied zur Ausscheidungshärtung bei niedrigen Temperaturen der Zuwachs an spezifischem elektrischem Widerstand bedeutend geringer, weil unter den gegebenen Bedingungen intensiv die Kristallerholung einsetzt. Eine Gegenüberstellung dieser Angaben mit den auf Bild 68 dargestellten Werten zeigt, daß das Magnesium bei der Hochtemperatur-Ausscheidungshärtung, ebenso wie bei der Ausscheidungshärtung bei niedrigen Temperaturen, die Entwicklung der Anfangsstadien beschleunigt, insbesondere bei höheren Magnesiumkonzentrationen. Namentlich aus diesem Grunde wird auch eine gewisse Verringerung der Aktivierungsenergie von 105,6 kJ pro Mol für die magnesiumfreie Bronze auf 102,1 bis 79,6 kJ/Mol bei einer Magnesiumzugabe bis zu 0,2 bis 0,4% gemessen. Es muß vermerkt werden, daß der in den Anfangsstadien des Zerfalls fixierte Strukturzustand in Anwesenheit von Magnesium stabiler ist. Dies wirkt sich in einem geringeren Abfall des spezifischen elektrischen Widerstandes mit der Erhöhung der Dauer der Ausscheidungshärtung aus.

Der Effekt der Beschleunigung der Anfangsstadien des Zerfalls bei erhöhten Temperaturen, bewirkt durch die Zugabe von Magnesium, wurde gleichfalls auch in der titanfreien Bronze BrBeMg beobachtet (Bild 80).

Die Beschleunigung des Ablaufes der Anfangsstadien des Zerfalls in mit Magnesium mikrodotierten Bronzen hängt ebenso wie in Aluminiumlegierungen mit der Entstehung von Komplexen während des Abschreckens zusammen. Derartige Komplexe beeinflussen den Keimbildungsprozeß während des Zerfalls [65]. Im Ergebnis dieses Einflusses bildet sich eine große Anzahl von Teilchen der γ'-Phase, wodurch die Diffusionswege verkürzt werden und der Zerfallsprozeß beschleunigt abläuft. Der Einfluß des Magnesiums auf die Anfangsstadien des Zerfalls führt in Überein-

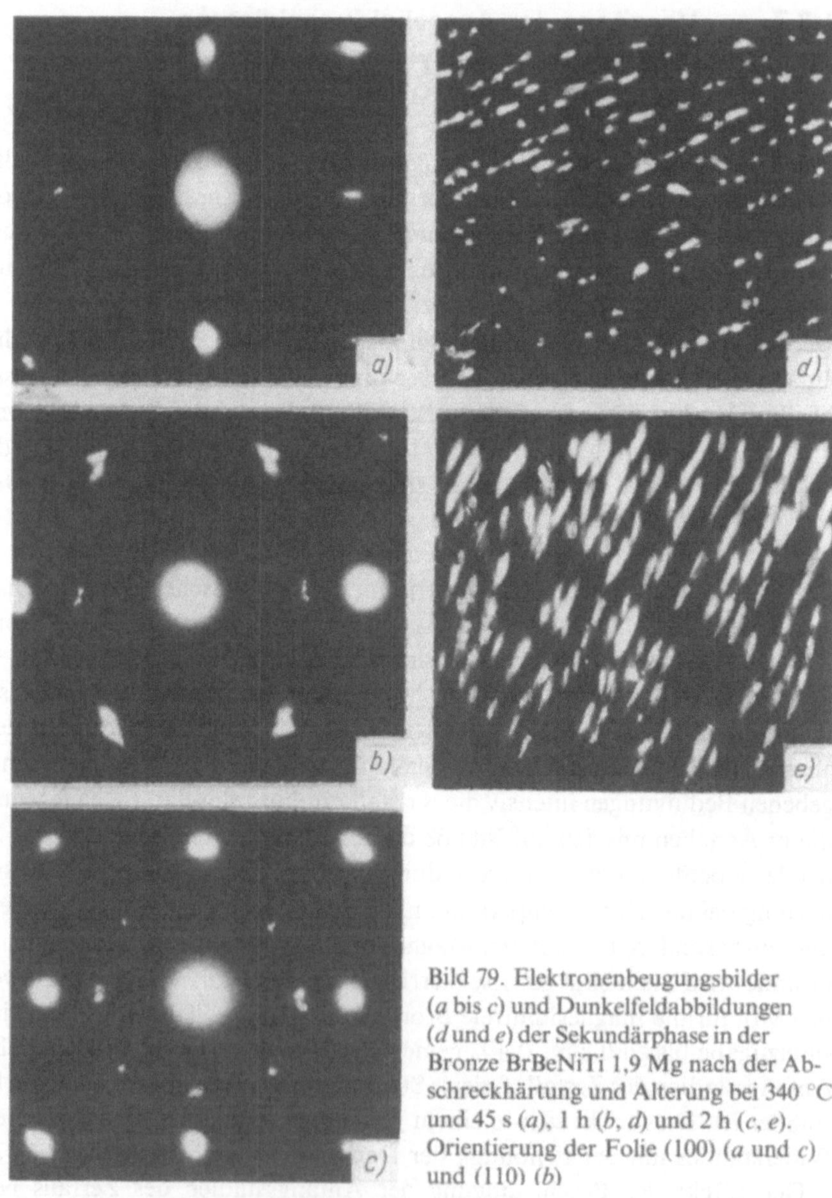

Bild 79. Elektronenbeugungsbilder (*a* bis *c*) und Dunkelfeldabbildungen (*d* und *e*) der Sekundärphase in der Bronze BrBeNiTi 1,9 Mg nach der Abschreckhärtung und Alterung bei 340 °C und 45 s (*a*), 1 h (*b, d*) und 2 h (*c, e*). Orientierung der Folie (100) (*a* und *c*) und (110) (*b*)

stimmung mit den oben angegebenen Ursachen zu einer intensiveren *Verfestigung*
der Bronze, insbesondere bei erhöhten Temperaturen der Ausscheidungshärtung
(**Bilder 80** und **81** bis **83**). Diese Sachlage gilt für alle untersuchten Zusammensetzungen der Berylliumbronzen, die sowohl Titan enthielten (BrBeNiTi 1,9), aber auch
titanfrei waren (BrBe 2) (s. Bilder 80, 82) bzw. berylliumarm hergestellt wurden
(BrBeNiTi 1,7) (Bild 83). Gleichzeitig wurde erkannt, daß in späteren Stadien die
Zerfallsgeschwindigkeit kleiner ist als in der magnesiumfreien Bronze. Deshalb
kann vorgeschlagen werden, daß in diesem Fall von grundsätzlicher Bedeutung die
verminderte Beweglichkeit der Leerstellen ist, die mit den Magnesiumatomen eine
stärkere Bindung eingehen (s. Bild 69).

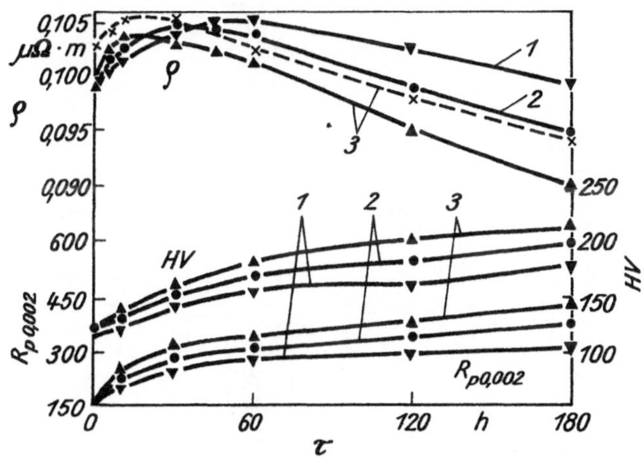

Bild 80. Abhängigkeit der physikalisch-mechanischen Eigenschaften der bei
770 + 10 °C abschreckgehärteten Bronzen BrBeNiTi 1,9 Mg (————) und
BrBe 2 Mg (— — —) von der Alterungsdauer bei 300 (*1*), 320 (*2*) und 340 °C (*3*)

Die oben dargelegten Angaben sprechen für die Existenz allgemeiner Gesetzmäßigkeiten der Einwirkung des Magnesiums auf die Besonderheiten der Strukturumwandlungen und die Änderung der physikalisch-mechanischen Eigenschaften
der Berylliumbronzen unterschiedlicher Zusammensetzung.

In der Berylliumbronze hat das Kalzium die größte Bindungsenergie mit den
Leerstellen und Versetzungen, wodurch nicht nur die Entwicklung der Niedrig-
temperaturstadien des Zerfalls, sondern auch die Zerfallsvorgänge bei höheren
Temperaturen beeinflußt werden. **Bild 84** zeigt die Entwicklung der Anfangsstadien
der Umwandlung in der abgeschreckten Bronze BrBeNiTi 1,9, einschließlich der
mit Kalzium mikrodotierten Bronze (Kalziumzusätze: 0,006 und 0,018%). Von
besonderem Interesse ist hierbei die außerordentlich starke Verlangsamung der Anfangsstadien des Zerfalls, die in kalziumhaltigen Bronzen im Vergleich zu mit
Magnesium mikrodotierten Bronzen und undotierten Bronzen zu beobachten ist.
Ein derartiger Effekt wurde auch bei der Ausscheidungshärtung bei niedrigen
Temperaturen registriert (s. Bilder 68 und 75). Die beobachteten Effekte deuten auf
einen einheitlichen Wirkmechanismus derartiger Mikrodotierungselemente, wie

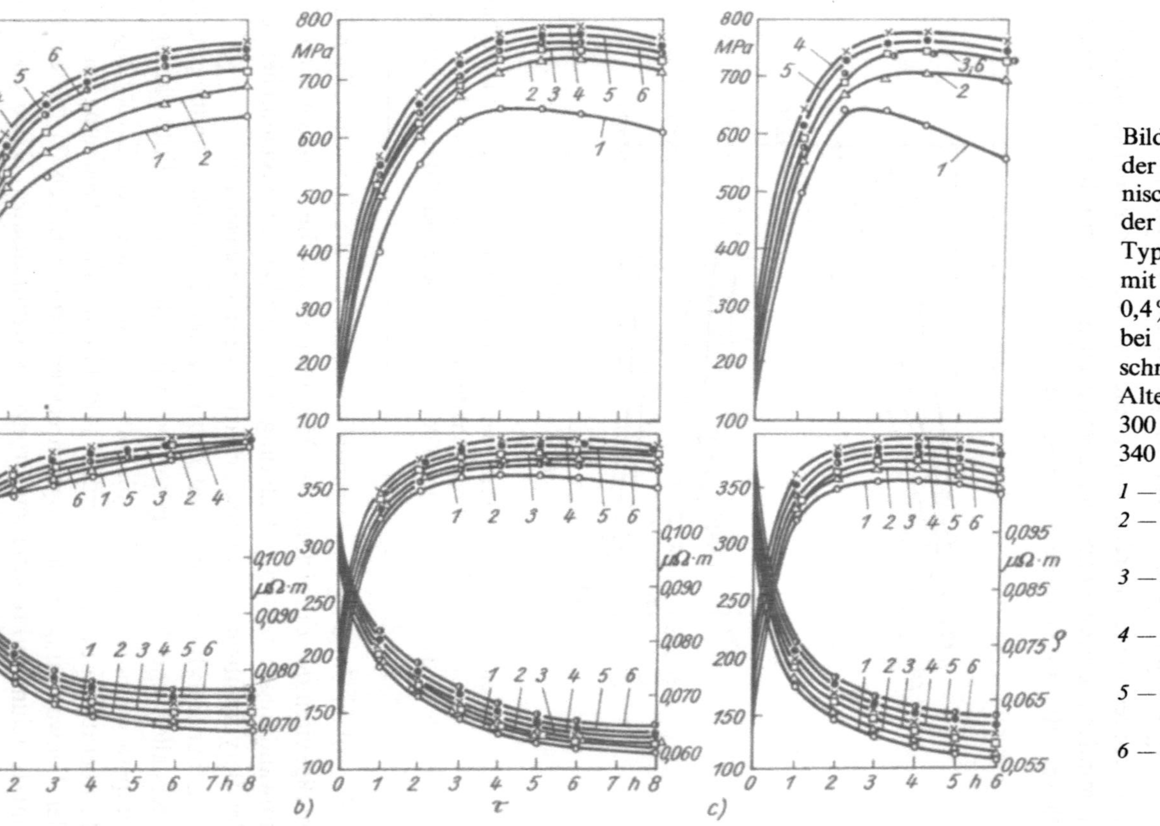

Bild 81. Abhängigkeit der physikalisch-mechanischen Eigenschaften der Berylliumbronzen des Typs BrBeNiTi 1,9, die mit Magnesium (0,02 bis 0,4 %) mikrodotiert und bei 770 + 10 °C abgeschreckt wurden, von der Alterungsdauer bei 300 (*a*), 320 (*b*) und 340 °C (*c*)

1 — BrBeNiTi 1,9
2 — BrBeNiTi 1,9 Mg (0,02 % Mg)
3 — BrBeNiTi 1,9 Mg (0,05 % Mg)
4 — BrBeNiTi 1,9 Mg (0,1 % Mg)
5 — BrBeNiTi 1,9 Mg 2 (0,2 % Mg)
6 — BrBeNiTi 1,9 Mg (0,4 % Mg)

z. B. Magnesium und Kalzium, hin. Die sehr langsame Entwicklung der Anfangsstadien beim Zerfall in mit Kalzium mikrodotierten Bronzen, sowohl bei niedrigen Temperaturen (bis zu 210 °C) als auch bei der kurzzeitigen Alterung bei 320 und 340 °C, konnte gleichfalls durch die Ergebnisse der Strukturuntersuchungen bestätigt werden. Wenn z. B. in einer mit Magnesium mikrodotierten Bronze die Bildung von Reflexen auf dem Elektronenbeugungsbild bereits nach der Ausscheidungshärtung bei 340 °C innerhalb von 45 s (s. Bild 73a) erfolgt, so wird in einer kalziumhaltigen Bronze dieses Anfangsbild des Zerfalls nicht einmal nach einer Dauer von 60 s **(Bild 85)** registrierbar, d. h., in der Tat wird die Entwicklung des

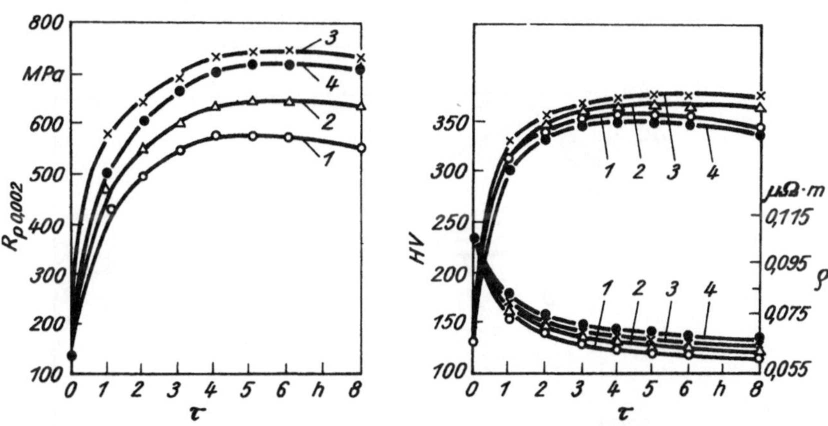

Bild 82. Abhängigkeit der physikalisch-mechanischen Eigenschaften der mit Magnesium (0,05 bis 0,25%) mikrodotierten und bei 770 + 10 °C abschreckgehärteten Berylliumbronzen des Typs BrBe 2 von der Alterungsdauer bei 320 °C

1 — BrBe 2	*3* — BrBe 2 Mg
2 — BrBe 2 mit 0,05% Mg	*4* — BrBe 2 Mg 2

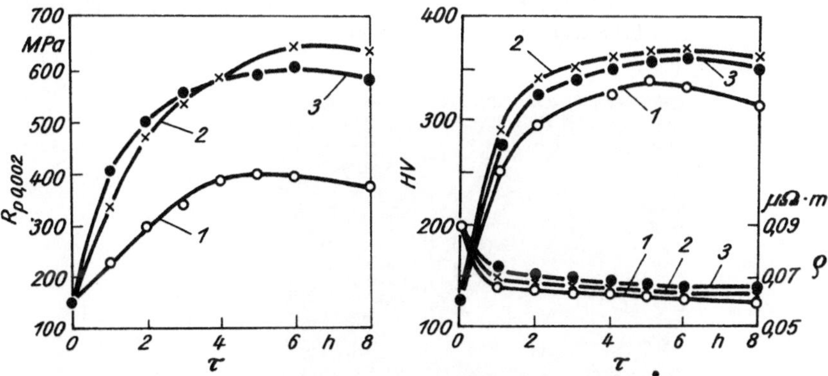

Bild 83. Abhängigkeit der physikalisch-mechanischen Eigenschaften der mit Magnesium (0,09 bis 0,16%) mikrodotierten und bei 770 + 10 °C abschreckgehärteten Berylliumbronzen von der Alterungsdauer bei 320 °C

1 — BrBeNiTi 1,7	*3* — BrBeNiTi 1,7 Mg 2
2 — BrBeNiTi 1,7 Mg	

Zerfalls stark gehemmt. Wahrscheinlich kann diese Hemmung hauptsächlich mit der großen Bindungsenergie der Kalziumatome mit den Leerstellen, die zur Hemmung der Keimbildung der γ'-Phase am Anfang der Umwandlungsvorgänge führt, erklärt werden. Jedoch bei längerfristiger Ausscheidungshärtung erhöht sich die Zerfallsgeschwindigkeit sprunghaft, weil die Leerstellen, die bei der Bildung und dem sich anschließenden Wachstum der Teilchen der γ'-Phase frei werden, eine höhere Transportgeschwindigkeit der Berylliumatome zu diesen Teilchen hin begünstigen. Diese Erscheinung kann mit hoher Wahrscheinlichkeit eintreten, wenn angenommen wird, daß sich in einer mit Kalzium mikrodotierten Bronze Trileerstellen bilden.

Die Anfangsstadien der Alterung bei erhöhter Temperatur (340 °C) in der mit Phosphor mikrodotierten Bronze werden im Vergleich zu allen anderen Bronzen,

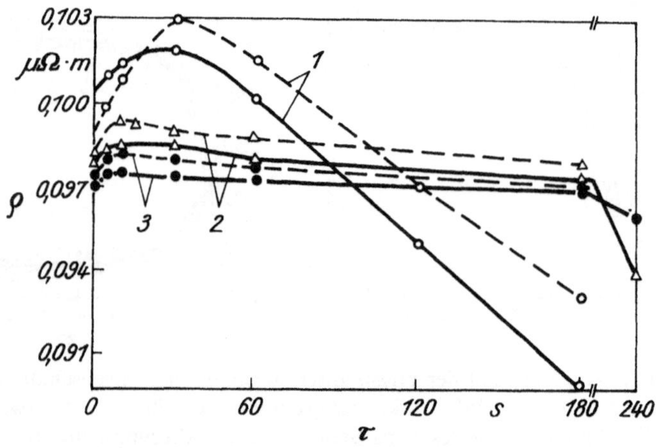

Bild 84. Abhängigkeit des elektrischen Widerstandes der mit Kalzium mikrodotierten und bei 770 + 10 °C abschreckgehärteten Berylliumbronzen des Typs BrBeNiTi 1,9 von der Alterungsdauer bei 320 (— — —) und 340 °C (———)

1 — BrBeNiTi 1,9   *3* — BrBeNiTi 1,9 Ca 3 (0,018 % Ca)

2 — BrBeNiTi 1,9 Ça 2 (0,006 % Ca)

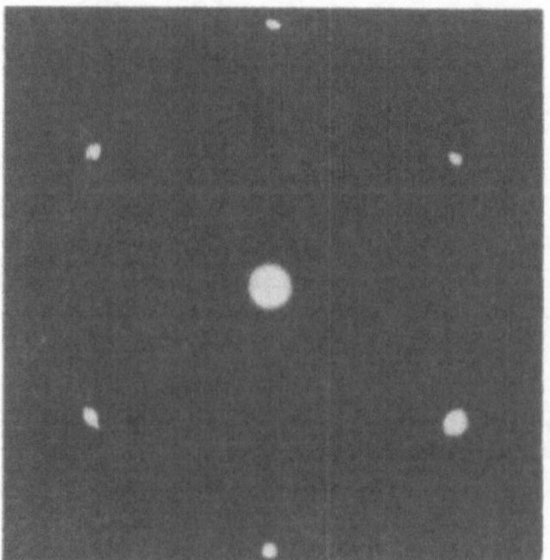

Bild 85. Elektronenbeugungsbild der Berylliumbronze BrBeNiTi 1,9 Ca 2 nach der Alterung bei 340 °C, 60 s; Orientierung der Folie (110)

einschließlich auch der mit Magnesium und Kalzium mikrodotierten Bronzen, in den ersten 60 s stark beschleunigt. Eine ähnliche Beschleunigung wird auch bei der Niedrigtemperatur-Alterung der Bronze, die Phosphor enthält, insbesondere bei einer Temperatur von 210 °C, beobachtet (Bild 76). Diese Beschleunigung hängt mit der großen Konzentration an Leerstellen im abgeschreckten Ausgangszustand zusammen und wird durch die Verringerung der Aktivierungsenergie des Niedrigtemperaturstadiums (83,8 kJ/mol) charakterisiert. Offensichtlich ist eine derartige Erklärung auch zutreffend für die Anfangsetappe der Ausscheidungshärtung bei hohen Temperaturen **(Bild 86)**.

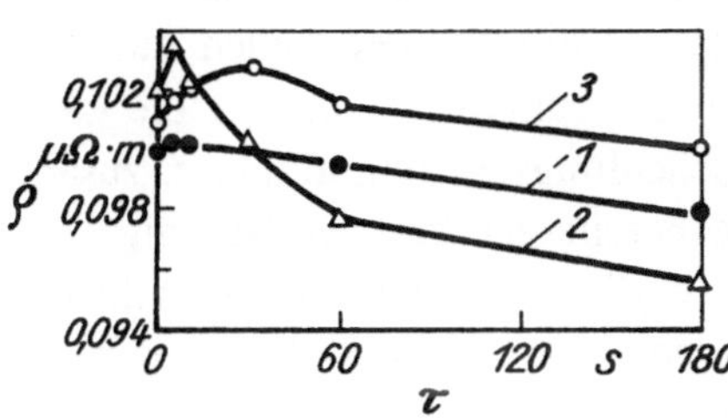

Bild 86. Abhängigkeit des elektrischen Widerstandes der Bronzen BrBe 2 (*1*), BrBe 2 P (*2*) und BrBeNiTi 1,9 MgP (*3*) nach der Abschreckhärtung bei 770 + 10 °C von der Alterungsdauer bei 340 °C

Eine gemeinsame Mikrodotierung der Bronze BrBeNiTi 1,9 mit Magnesium und Phosphor bewirkt praktisch eine ähnliche Beschleunigung der Anfangsstadien des Zerfalls bei erhöhter Temperatur, wodurch es zu einem bedeutenden Verfestigungsanstieg kommt, der auch durch die alleinige Zugabe von Magnesium erreicht werden kann. Diese beschleunigende Wirkung zeigte sich bereits auch in gewissem Maße bei der Niedrigtemperatur-Ausscheidungshärtung. Demzufolge beschleunigen die gemeinsam der Bronze zugegebenen Elemente Phosphor und Magnesium, wie auch jedes dieser Elemente einzeln, die Anfangsstadien des Zerfalls bei niedrigen und hohen Temperaturen. Die wahrscheinliche Ursache hierfür ist im Wirken bestimmter Komplexe zu suchen, die beim Abschrecken fixiert werden.

Die aufgestellten Gesetzmäßigkeiten des Einflusses der Mikrodotierung auf die Vorgänge bei der Entwicklung der Anfangsstadien des Zerfalls bei der Hochtemperatur-Ausscheidungshärtung von Cu—Be-Legierungen sind analog den Stadien bei dem Niedrigtemperatur-Zerfall. Die Struktur, die sich in diesen Anfangsstadien der Ausscheidungshärtung bildet, wird die Kinetik der Entwicklung der späteren Zerfallsstadien, die zur Erreichung der maximalen Verfestigung ablaufen müssen, beeinflussen. Dieser Zustand tritt ein, wenn die Teilchen der Sekundärphase eine bestimmte Größe erreichen, bei der noch die kohärente Bindung mit der Matrix erhalten bleibt, sich jedoch der Fortbewegungsmechanismus der Versetzungen ändert — es erfolgt ein Übergang vom Schneiden zum Umgehen.

In dem Falle, in welchem in den Anfangsstadien des Zerfalls eine große Anzahl durchaus hinreichend stabiler Keime der γ'-Phase entsteht, erhöht sich die Geschwindigkeit der Entwicklung der weiteren Stadien der Ausscheidungshärtung, die der *maximalen Verfestigung* entsprechen. Die Geschwindigkeitserhöhung ist das Ergebnis der verkürzten Diffusionswege, während sich die Dispersität der Struktur unter dem Einfluß der beschriebenen Keime erhöht. Namentlich auf der Grundlage dieser Erscheinungen entwickelten die Verfasser[1] das Verfahren der stufenförmigen Ausscheidungshärtung. Wenn die entstandenen Keime der γ'-Phase sich nicht stabilisierten, so kommt es bei weiterer Hochtemperaturerwärmung zur Erholung, in deren Ergebnis sich die Anzahl der Keime der Sekundärphase verringern wird. Entscheidenden Einfluß auf die Ablaufgeschwindigkeit der späteren Zerfallsstadien bei der Hochtemperatur-Ausscheidungshärtung übt die Konzentration, aber noch wesentlicher die Beweglichkeit der Leerstellen aus. Aus diesem Grunde verringert sich die Geschwindigkeit der Entwicklung der Ausscheidungshärtung in den Stadien des Prozesses, die für die maximale Verfestigung sowie für die folgende Entfestigung bei der Zugabe von Magnesium verantwortlich sind. Der letztere Einfluß des Magnesiums wegen der großen Bindungsenergie der Leerstellen mit dessen Atomen hängt mit der verringerten Leerstellenbeweglichkeit, von der die Geschwindigkeit der Diffusionsprozesse bei der Ausscheidungshärtung abhängt, zusammen.

 Das Magnesium unterdrückt, wie bereits erwähnt, vollständig den gewöhnlich bei der Ausscheidungshärtung von Berylliumbronzen zu beobachtenden diskontinuierlichen Zerfall an den Korngrenzen, während im Volumen der kontinuierliche Zerfall strukturmäßig homogener und gleichmäßiger abläuft. Das Niveau der maximalen Verfestigung, das der maximalen Elastizitätsgrenze entspricht, hängt begrenzt von der Temperatur der Ausscheidungshärtung ab, wenn auch, gemessen an der Änderung des spezifischen elektrischen Widerstandes (s. Bilder 81 bis 83), der Zerfallsgrad ungleich ist, was auf einen bestimmten Unterschied im erreichbaren Strukturzustand bei unterschiedlichen Temperaturen verweist. Dieser Zustand, der von der Dispersität, der Teilchenverteilung, dem Grad ihrer kohärenten Bindung mit der Matrix und der Dichte der Gitterfehlstellen abhängt, kann nicht mit der Änderung des spezifischen elektrischen Widerstandes beschrieben werden. Gleichzeitig ist zu berücksichtigen, daß auch die Methoden für die Strukturuntersuchungen, insbesondere die Elektronenstrahlmikroskopie, ungeachtet ihres Wertes insgesamt, gleichfalls noch nicht in der Lage sind, diesen Zustand vollständig zu beschreiben, weil wegen der großen Verteilungsdichte der Teilchen der γ'-Phase es nicht möglich ist, die Substruktur der Bronze sichtbar zu machen. Diese Schwierigkeiten insgesamt erschweren die Analyse des Zusammenhanges zwischen dem Strukturzustand und den Eigenschaften der Bronze.

Es konnte festgestellt werden, daß die Verfestigungsgeschwindigkeit mit der Temperaturerhöhung im Ausscheidungsprozeß um sogar 20 °C (von 300 auf 320 °C oder von 320 auf 340 °C) eine bedeutende Änderung erfährt **(Bild 87)**. Wie auf den Bildern 81 bis 83 gezeigt wurde, hängt die Kinetik der Verfestigung bei Alterungstemperaturen von 300 bis 340 °C nicht von der Konzentration des Magnesiums ab. Die Beschleunigung des Anfangsstadiums und die Hemmung des folgenden Stadiums werden schon bei minimalen Magnesiumkonzentrationen beobachtet. Unabhängig vom Magnesiumgehalt sowohl in mit Titan zusätzlich dotierten Bronzen (BrBeNiTi 1,9, BrBeNiTi 1,7) als auch in der Bronze BrBe 2 wird das Verfestigungs-

---

[1] Patent 511 382 (UdSSR)/Pastuchova, Ž. P., Rachštadt, A. G., u. a.: Veröffentl. im Erfindungsbulletin (B. I.) 1976, Nr. 15, S. 80.

maximum bei einer Temperatur der Ausscheidungshärtung von 320 °C innerhalb von 4 bis 6 h oder bei 340 °C schon nach 2 bis 4 h erreicht.

Die zur Erreichung der maximalen Verfestigung führenden Vorgänge werden durch Aktivierungsenergien charakterisiert, die vom Magnesiumgehalt[1] unabhängig sind. Die Aktivierungsenergie beträgt für die Bronze BrBeNiTi 1,9 Mg 155 kJ/mol, die merklich höher ist als die der magnesiumfreien Bronze (142,4 kJ/mol).

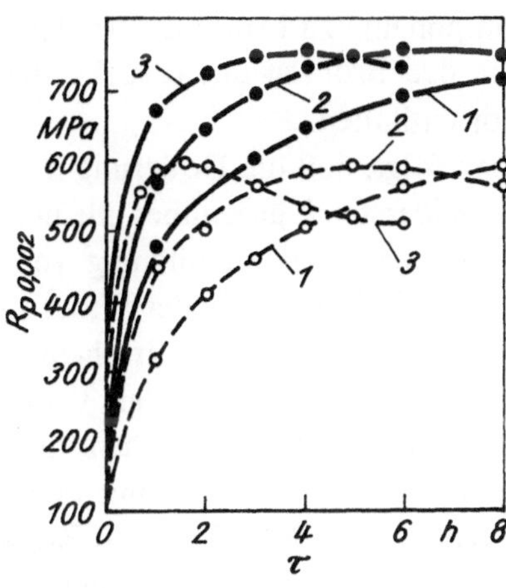

Bild 87. Abhängigkeit der Elastizitätsgrenze der Berylliumbronzen BrBe 2 (———) und BrBe 2 Mg (———) nach der Abschreckhärtung bei 770 + 10 °C von der Alterungsdauer bei 300 (*1*), 320 (*2*) und 340 °C (*3*)

Ähnliche Beobachtungen werden auch für die titanfreie Bronze (BrBe 2) gemacht. Wenn für die Bronze BrBe 2 die Aktivierungsenergie derselben Prozesse 100,6 bis 104,7 kJ/mol beträgt, so erhöht sie sich auf 108,9 bis 117,3 kJ/mol bei einer Zugabe von 0,1 bis 0,25% Mg. Der erwähnte Einfluß des Magnesiums auf die Struktur und die Eigenschaften der Bronzen vom Typ BrBe 2 ist analog zu dessen Einfluß auf die Bronzen des Typs BrBeNiTi 1,9. Demzufolge hängt der Einfluß des Magnesiums nicht vom Gehalt anderer Legierungselemente in der Bronze, z. B. des Titans, ab.

Eine Gegenüberstellung der Eigenschaften der Bronzen, die mit Magnesium mikrodotiert sind und sowohl Titan (BrBeNiTi 1,9 Mg) enthalten als auch titanfrei sind (BrBe 2 Mg), zeigte, daß eine gemeinsame Zugabe von Magnesium und Titan die etwas höheren absoluten Werte der Elastizitätsgrenze und der Relaxationsbeständigkeit bestimmen im Vergleich zur alleinigen Zugabe des Magnesiums. Gleichzeitig bewirkt die Zugabe des Magnesiums zur titanhaltigen (BrBeNiTi 1,9) oder zur titanfreien Bronze (BrBe 2) den gleichen Zuwachs in den hauptsächlichen Eigenschaften. Die Gegenüberstellung der die Eigenschaften der Bronzen BrBeNiTi 1,9 und BrBe 2 charakterisierenden absoluten Größen weist auf eine positive Wirkung des Titans hin. Diese Wirkung kann gewöhnlich damit erklärt werden, daß das Titan den Zerfall nach dem kontinuierlichen Mechanismus, der für die Bronzen BrBe 2 und BrBe 2,5 charakteristisch ist, unterdrückt. Die Natur des Einflusses

---

[1] Auf der Grundlage der angeführten Größen der Aktivierungsenergien, deren Charakter relativ ist, ist es nicht möglich, den Mechanismus der elementaren Prozesse, die zur Verfestigung führen, zu bestimmen.

des Titans wurde jedoch nicht erörtert. Nach Meinung der Autoren ist die Hauptursache der Unterbindung des diskontinuierlichen Zerfalls in der Adsorptionsaktivität des Titans zu sehen, dessen reduziertes statistisches Moment kleiner ist als das anderer Komponenten in der Berylliumbronze. Die Titanatome zeichnen sich gleichfalls durch ihre höhere Bindungsenergie mit den Versetzungen und Leerstellen aus. Namentlich die Unterbindung des diskontinuierlichen Zerfalls und die Entwicklung des Zerfallsprozesses nach dem kontinuierlichen Mechanismus sind wichtige Strukturkriterien, die es gestatten, die Adsorptionsaktivität einer den alternden Legierungen zugesetzten Komponente zu beurteilen. In der Tat wird der diskontinuierliche Zerfall vollständig in den Bronzen unterdrückt, die Titan[1] und insbesondere Magnesium und Phosphor enthalten.

Aus allen bereits dargelegten Angaben folgt, daß die Dotierung mit Magnesium den hauptsächlichen Einfluß auf den Widerstand gegenüber kleinen plastischen Verformungen ausübt, während seine Anwesenheit unabhängig von der Menge einen verhältnismäßig geringen Einfluß auf die Kenngröße des Widerstandes gegenüber großen plastischen Verformungen (HV) ausübt. Diese Erscheinung hängt damit zusammen, daß die sich bei der Verformung ausbildenden Versetzungsstrukturen, die der Fließgrenze oder der Elastizitätsgrenze entsprechen, nicht davon abhängen, wie groß die Bindungsenergie der Gitterfehlstellen mit den Magnesiumatomen an den Korngrenzen oder im Kornvolumen und an den Zwischenphasengrenzen ($\alpha - \gamma'$) ist. Gleichzeitig erhöht sich sprunghaft der Widerstand gegenüber kleinen plastischen Verformungen in Abhängigkeit vom Magnesiumgehalt.

Als wesentlich ist der Fakt zu betrachten, daß in sogar mit geringsten Mengen an Magnesium ($<0,02\%$) dotierten Bronzen unter den Bedingungen der Ausscheidungshärtung bei 300 bis 340 °C sich nicht nur die Zerfallskinetik verändert, sondern auch ein bedeutend höheres Niveau der Eigenschaften im Vergleich zu magnesiumfreien Bronzen beobachtet wird (s. Bilder 80 bis 83).

Dieser Effekt hängt damit zusammen, daß entsprechend den durchgeführten Berechnungen für binäre Legierungen des Systems Cu—Mg bereits eine Zugabe von 0,01 % Mg einen Sättigungsgrad der Gitterfehlstellen von nahezu 1 (0,988) gewährleistet, während die Energie der Wechselwirkung der Magnesiumatome mit den Gitterfehlstellen (Versetzungen) doppelt so groß ist wie die Energie der Wechselwirkung der Berylliumatome mit den Gitterfehlstellen, d. h. 0,83 eV/Atom.

Eine maximale und stabile Größe der Elastizitätsgrenze $R_{p\,0,002} = 750$ bis $800\,\mathrm{MPa}$ wird bei einem Magnesiumgehalt von 0,05 bis 0,2% erreicht. Die Erhöhung des Magnesiumgehaltes bis zu 0,4% bewirkt eine bestimmte Verringerung der Elastizitätsgrenze, wenn auch deren Werte immerhin noch hinreichend hoch sind und in bedeutendem Maße die Elastizitätsgrenze bestimmter magnesiumfreier Bronzen, wie z. B. der BrBe 2 und BrBeNiTi 1,9, übertreffen. Höhere Werte für die Elastizi-

---

[1] Sowohl Titan als auch Beryllium zeigen nach unseren Angaben die Neigung zur umgekehrten Blockseigerung. Gemäß Angaben des Institutes Giprocvetmetobrabotka verteilt sich Titan inhomogen. Die größere Titankonzentration bildet sich in den Dendritenästen aus, während die kleinere zwischen den Dendritenästen beobachtet wird. Aus diesem Grund ist die Titanverteilung in der Bronze nicht wegen seiner Adsorptionsaktivität inhomogen, sondern infolge der Besonderheiten bei der Erstarrung.

tätsgrenze in der Bronze, die mit Magnesium mikrodotiert ist, ergeben sich offenbar aus der größeren Dispersität der γ'-Teilchen bei einer höheren Homogenität in der Verteilung der Teilchen der γ'-Phase. Ein direkter Beweis dieser Sachlage ist mit Hilfe von Methoden für die Untersuchung der Struktur hochverfestigter Zustände nicht zu erbringen, da eine große Anzahl disperser Teilchen der Sekundärphase vorhanden ist. Nur im Anschluß an eine Glühung, nachdem es zur Koagulation der Teilchen der Sekundärphase gekommen ist, kann der Einfluß des Magnesiums auf die Erhöhung ihrer Dispersität exakt beobachtet werden **(Bild 88)**.

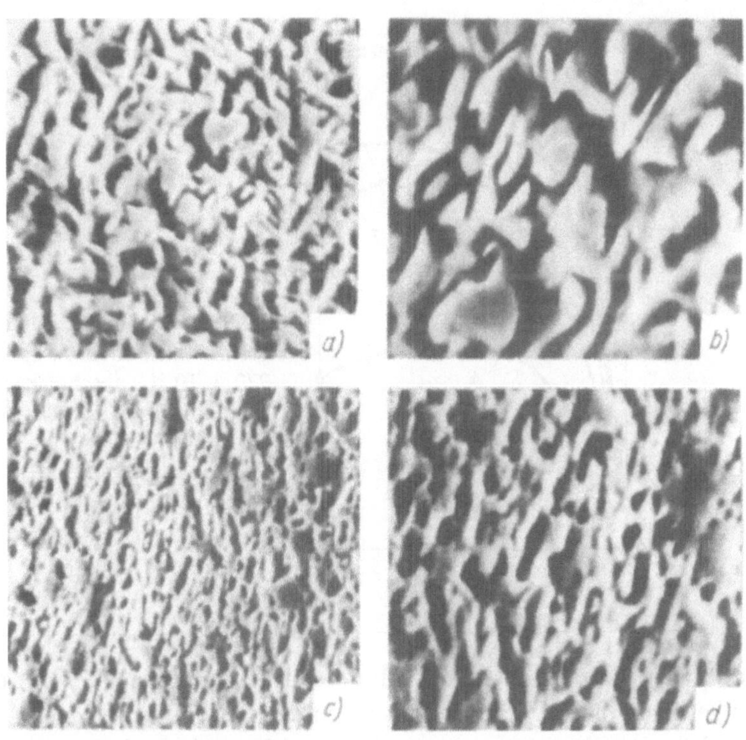

Bild 88. γ-Phase in den Bronzen BrBeNiTi 1,9 (*a* und *b*) und BrBeNiTi 1,9 Mg (*c* und *d*) nach der Glühung
a) und *c*) $\times$ 12 500
b) und *d*) $\times$ 25 000

Die obigen Darlegungen zeugen davon, daß die Dotierung der Berylliumbronzen mit Magnesium zur Erhöhung der wichtigsten Kenngrößen von Federlegierungen zweifellos von technischer Effektivität ist. Es ist wesentlich, darauf zu verweisen, daß die bereits beschriebenen Gesetzmäßigkeiten des Einflusses von Magnesium auf die Zerfallsgeschwindigkeit des Mischkristalls bei der Ausscheidungshärtung in ihren verschiedenen Stufen auch für geringere Gehalte in der Bronze (1,65%) gültig sind. Der positive Einfluß des Magnesiums auf die Erhöhung des Widerstandes gegenüber kleinen plastischen Verformungen ist in diesem Falle noch schärfer ausgeprägt. Im Endergebnis gleichen sich die Eigenschaften der niedriglegierten Bronze

den Eigenschaften der höherlegierten Bronzen mit einem Berylliumgehalt von 2%
(BrBeNiTi 1,9) **(Bild 89)** an. Diese Erkenntnis hat eine wissenschaftliche und technisch-ökonomische Bedeutung, weil in diesem Falle der Einfluß von 0,1% Mg oder
0,25 bis 0,30% Be äquivalent ist.

Demzufolge gibt es keine Abhängigkeit der gesetzmäßigen Einwirkung des
Magnesiums auf die Zerfallsvorgänge des übersättigten Mischkristalls bei der Ausscheidungshärtung vom Berylliumgehalt in einem Konzentrationsbereich von
1,6 bis 2,0%.

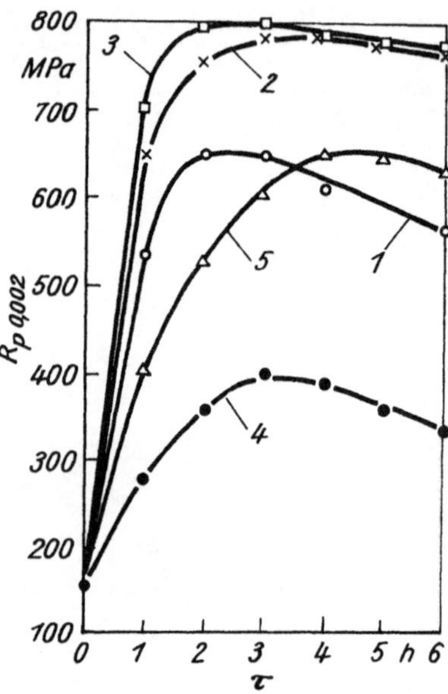

Bild 89. Abhängigkeit der Elastizitätsgrenze mikrodotierter und bei
770 + 10 °C abschreckgehärteter Berylliumbronzen von der Alterungsdauer bei 340 °C

1 — BrBeNiTi 1,9
2 — BrBeNiTi 1,9 Mg
3 — BrBeNiTi 1,9 MgP
4 — BrBeNiTi 1,7 Mg

Die erhaltenen Ergebnisse zum Einfluß des Magnesiumgehaltes auf den Widerstand bei geringen plastischen Verformungen der Berylliumbronze sind noch nicht
ausreichend für die Festlegung des optimalen Magnesiumgehaltes. Die Erklärung
hierfür ergibt sich aus den äußerst komplizierten Gebrauchseigenschaften elastischer
Elemente, bei denen komplexe Eigenschaften von Legierungen zu berücksichtigen
sind. Deshalb ist für die gesicherte Festlegung der optimalen Konzentration die
Kenntnis des Verhaltens mikrodotierter Bronzen bei Belastung und insbesondere
unter den Bedingungen der Dauerbelastung beim Ablauf von Relaxationsvorgängen
oder unter dem Einfluß des Kriechens von entscheidender Bedeutung bei der Beurteilung der Betriebseigenschaften solcher empfindlicher elastischer Elemente, wie
z. B. der Membranen.

Es ist zweckmäßig, die Spannungsrelaxation bei statischer und zyklischer Belastung für viele Gerätetypen nach der Größe der plastischen Verformung, die gleichzeitig den Spannungsabbau kennzeichnet, zu beurteilen.

Weil die Größe der Spannungsrelaxation in den Berylliumbronzen äußerst gering
ist (sie beträgt maximal 1 bis 2%), so charakterisiert die im Ergebnis der Spannungsrelaxation eintretende plastische Verformung auch die Kriechverformung.

Die *Relaxationsspannungen* in den Berylliumbronzen bei statischer Belastung wurden bei normalen und erhöhten Temperaturen (bis zu 150 °C) gemessen, weil unter normalen Betriebsbedingungen eine Erwärmung von mindestens 100 bis 120 °C eintritt.

Die Ergebnisse der Relaxationsuntersuchungen zeigten, daß die Dotierung der Berylliumbronzen mit Magnesium ihre Relaxationsbeständigkeit bei allen Prüftemperaturen erhöht. In diesen Bronzen ist die Restverformung im Vergleich zu magnesiumfreien Bronzen kleiner, und dies ungeachtet dessen, daß in den magnesiumhaltigen Bronzen die abzubauende Spannung höher ist als in den magnesiumfreien, weil in den magnesiumhaltigen Bronzen die Elastizitätsgrenze größer war. In der Mehrzahl der Fälle wurde auch aus der Größe der Elastizitätsgrenze die ursprüngliche Relaxationsspannung, die den in elastischen Elementen möglichen Spannungen ähnlich ist, ermittelt.

Die Untersuchung der statischen Relaxation an Hand einer großen Anzahl zusätzlich mit Titan legierten Bronzen (Marke BrBeNiTi 1,9) zeigte, daß sogar unter diesen harten Prüfbedingungen die Mikrodotierung mit Magnesium zu einer zwei- bis dreifachen Steigerung der Relaxationsbeständigkeit der Berylliumbronzen bei Normaltemperatur führt und hierbei die Streubreite der erhaltenen Ergebnisse bedeutend geringer ist **(Bild 90)**.

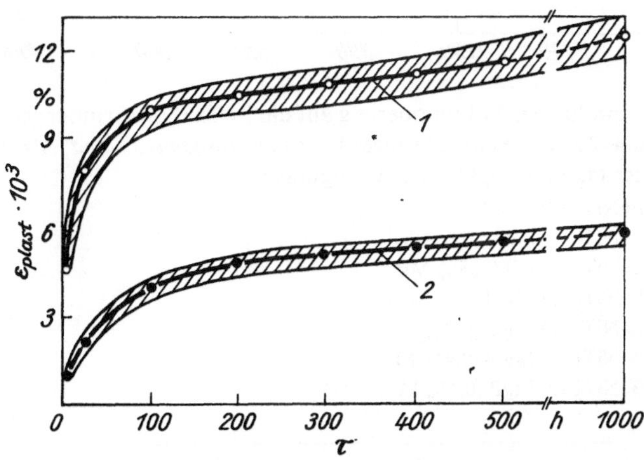

Bild 90. Streuung der Beträge des Verformungsrestes, der bei Relaxationsprüfungen der Berylliumbronzen BrBeNiTi 1,9 (*1*) und BrBeNiTi 1,9 Mg (*2*) bei statischer Belastung (700 und 800 MPa) entstand. Ermittlung der Ergebnisse an zwölf Proben. *Ausgangszustand*: Abschreckhärtung und Alterung unter optimalen Bedingungen

Die bedeutendste Erhöhung der Relaxationsbeständigkeit wird bei Magnesiumkonzentrationen in den Grenzen von 0,05 bis 0,2 % **(Bild 91)** beobachtet, d. h. in denselben Grenzen, in denen der maximale Widerstand bei kleinen plastischen Verformungen erreicht wird. Ungeachtet der Beschleunigung der Vorgänge bei der Spannungsrelaxation in 0,4 % Mg enthaltenden Legierungen, ist die bleibende Verformung (und die Spannungsrelaxation) in dieser Bronze doch geringer als in einer magnesiumfreien Bronze. Die Verringerung der Relaxationsbeständigkeit der Legierungen mit erhöhtem Magnesiumgehalt kann übrigens wie auch die Verringerung der Elastizitätsgrenze mit der Bildung magnesiumreicher Sekundärphasen (hierfür konnte der experimentelle Nachweis erbracht werden), die so oder so die Quantität und die Wirksamkeit des adsorptionsaktiven Magnesiums im Verfestigungsprozeß verringern, erklärt werden.

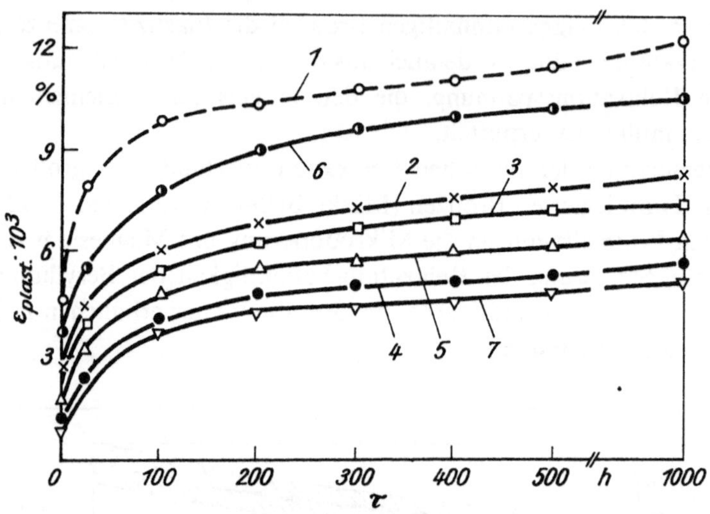

Bild 91. Einfluß der Mikrodotierung auf die Relaxationsspannungen bei statischer Belastung (20 °C, 800 MPa) einiger Bronzen. *Ausgangszustand*: Abschreckhärtung und Alterung unter optimalen Bedingungen

1 — BrBeNiTi 1,9 (700 MPa)

2 — BrBeNiTi 1,9 mit 0,02% Mg

3 — BrBeNiTi 1,9 mit 0,05% Mg

4 — BrBeNiTi 1,9 Mg (0,1% Mg)

5 — BrBeNiTi 1,9 Mg 2 (0,2% Mg)

6 — BrBeNiTi 1,9 Mg 4 (0,4% Mg)

7 — BrBeNiTi 1,9 MgP (0,1% Mg; 0,03% P)

Der positive Einfluß des Magnesiums auf die Relaxationsbeständigkeit wurde gleichfalls in der niedriglegierten Bronze BrBeNiTi 1,7 **(Bild 92)** sowie auch in der Bronze BrBe 2 **(Bild 93)** beobachtet, wobei jedoch die Effektivität der Mikrodotierung mit Magnesium in der ersten Bronze höher ist als in der zweiten. Im Ergebnis dieser Mikrodotierung der Bronze BrBeNiTi 1,7 mit Magnesium erwies sich diese als relaxationsbeständiger im Vergleich zur magnesiumfreien Bronze BrBeNiTi 1,9 (Bild 92).

Die Aktivität des Magnesiums und möglicherweise auch die des Phosphors kann durch deren gemeinsame Zugabe verstärkt werden. Aus diesem Grunde ist die Relaxationsbeständigkeit einer ähnlichen Magnesium und Phosphor enthaltenden Legierung (s. Bild 91) bedeutend höher, wie auch deren Verfestigungsgrad (s. Bild 89).

Es kann angenommen werden, daß in diesem Fall der sogenannte »kooperative« Effekt wirksam wird, der in der Verstärkung des Einflusses des einen adsorptionsaktiven Elementes (Magnesium) durch ein anderes (Phosphor) besteht. Eine hohe Verfestigungsrate der erwähnten Legierung wurde sogar bei etwas geringeren Berylliumgehalten (1,92%) im Vergleich mit einer ausschließlich mit Magnesium dotierten Bronze erzielt. Die höhere Verfestigung der komplex mikrodotierten Bronze ist im Zusammenhang mit der Erhöhung der Zahl der Sekundärteilchen[1] zu sehen.

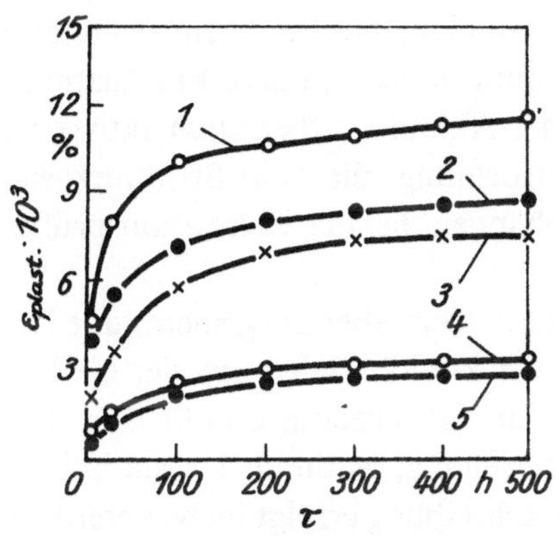

Bild 92. Abhängigkeit der Relaxationsspannungen im Verlauf der statischen Belastung bei 20 °C der Berylliumbronzen
BrBeNiTi 1,9 (*1* und *4*),
BrBeNiTi 1,7 Mg (*2* und *5*) und
BrBeNiTi 1,7 (*3*) von der Größe der Ausgangsspannungen. *Ausgangszustand*: Abschreckhärtung und Alterung unter optimalen Bedingungen
1 — 700 MPa   *3* bis *5* — 450 MPa
2 — 600 MPa

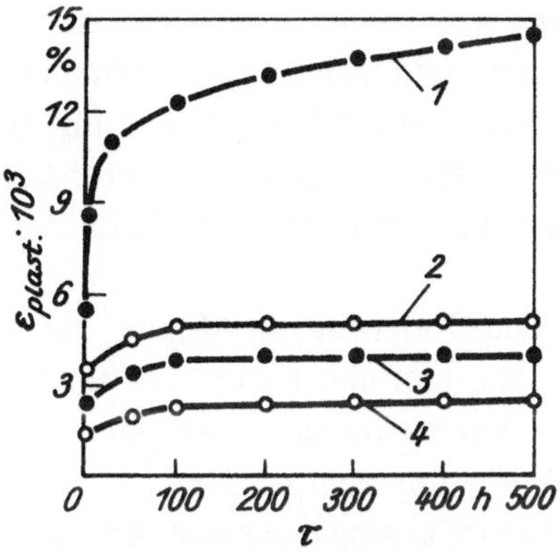

Bild 93. Abhängigkeit der Relaxationsspannungen im Verlauf der statischen Belastung bei 20 °C in den Bronzen BrBe 2 (*1* und *3*) und BrBe 2 Mg (*2* und *4*) von den Ausgangsspannungen. *Ausgangszustand*: Abschreckhärtung und Alterung unter optimalen Bedingungen
1, 2 — 700 MPa   *3, 4* — 450 MPa

Die Zerfallsgeschwindigkeit des Mischkristalls bei höheren Alterungstemperaturen in den späteren Stadien, die der Einstellung eines hohen Verfestigungsgrades in einer mit Magnesium und Phosphor mikrodotierten Bronze entsprechen, ist größer als in magnesiumhaltigen Bronzen. Dieser Fakt kann damit erklärt werden, daß ursprünglich von den Keimen der γ'-Phase gebundene Leerstellen freigesetzt werden sowie der Einfluß eines höheren Übersättigungsgrades des Mischkristalls im Vergleich zu den Bronzen BrBeNiTi 1,9 oder BrBeNiTi 1,9 Mg bei gleichzeitiger Zugabe von Magnesium und Phosphor wirksam wird. Ein Verfestigungsmaximum wird hierbei schneller erreicht als bei Einzeldotierung mit Magnesium. Dieser Effekt tritt

---

[1] In dieser Bronze können sich disperse Teilchen aus Titan- oder Nickelphosphid bilden. Aus diesem Grunde verringert sich die Konzentration dieser Elemente im Mischkristall, während die Teilchenzahl der Sekundärphasen ansteigt.

bei 340 °C nach 2 bis 3 h ein, während für die Bronze BrBeNiTi 1,9 Mg 3 bis 4 h erforderlich sind (s. Tabelle 17).

Im Ergebnis der Relaxationsprüfungen und bei Erwärmung stellte sich in den Bronzen BrBeNiTi 1,9 Mg und BrBeNiTi 1,9 MgP (s. Bild 4) eine bedeutend geringere Restverformung ein.

Der Fakt, daß die Mikrodotierung mit Magnesium oder mit Magnesium und Phosphor die mikroplastische Verformung hemmt — sowohl bei kurzzeitiger als auch bei Dauerbelastung —, deutet auf den gleichen Mechanismus seines Einflusses auf die Gleitprozesse, unabhängig davon, ob diese mechanisch oder thermisch aktiviert werden, hin. Dies hängt damit zusammen, daß bei einem erhöhten Widerstand gegenüber kleinen plastischen Verformungen eine größere Fluktuation an Wärmeenergie (bei gegebener Spannung) für den Ablauf der thermisch aktivierten elementaren Vorgänge bei der plastischen Verformung, die vom Strukturzustand der Legierungen und von deren Stabilität abhängen, bei der Relaxationsprüfung eintreten soll.

Die Dotierung mit Magnesium, insbesondere aber die gemeinsame Dotierung mit Magnesium und Phosphor, führt zur Effektivitätssteigerung der die Fortbewegung der Versetzungen hemmenden Faktoren. Gleichzeitig erhöht sich die thermische Aktivierungsenergie der Versetzungsbewegung, wodurch bei statischer oder zyklischer Belastung (eine ausführlichere Beschreibung erfolgt im weiteren) eine geringere Restverformung eintritt.

Namentlich damit wird der positive Einfluß der Mikrodotierung mit Magnesium sowie der Einfluß der gemeinsamen Mikrodotierung mit Magnesium und Phosphor, Kalzium und anderen Elementen, die die Dispersität und Homogenität der Verteilung der Teilchen der γ'-Phase erhöhen, erklärt. Die hohe thermische Beständigkeit der mit Magnesium, Magnesium und Phosphor sowie Kalzium mikrodotierten Berylliumbronzen, die in Relaxationsprüfungen beobachtet wird, spricht gleichfalls für die geringere Geschwindigkeit des Nachzerfalls des Mischkristalls bei der langfristigen natürlichen Alterung und bei der Relaxation[1].

Die hohe Wärmebeständigkeit und Stabilität des Strukturzustandes der mit Magnesium oder mit Magnesium und Phosphor dotierten Bronzen stimmt in gewissem Maße überein mit der geringeren Entfestigungsgeschwindigkeit bei der langfristigen Kaltauslagerung sowie mit der geringeren Änderung des spezifischen elektrischen Widerstandes bei langfristiger Lagerung (s. Abschn. 1.7.). Die große Bindungsenergie der Atome der adsorptionsaktiven Komponenten mit den Kristallbaufehlern hemmt sowohl die Entwicklung der Gleitprozesse als auch das Teilchenwachstum der Sekundärphase sowie deren stetiges Hinüberwachsen in Teilchen einer stabilen Phase mit Kohärenzverlust bei der langfristigen Alterung. Im Ergebnis dieser Situation soll der hochdispersive Strukturzustand der Legierung, der einer maximalen Verfestigung entspricht, stabiler sein, als dies in Wirklichkeit auch bei der

---

[1] Die Zerfallsgeschwindigkeit wurde durch die Änderung des spezifischen elektrischen Widerstandes der Bronze BrBe 2 und der mit Magnesium mikrodotierten Bronze (BrBeNiTi 1,9 Mg) nach dem Abschrecken und der Warmaushärtung bei 340 °C und 4 h und einer sich anschließenden geringfügigen plastischen Verformung sowie bei einer Warmaushärtung bei 145 °C und 6 h und danach bei 100 °C und 10 h charakterisiert.

langfristigen Alterung beobachtet wird. Damit werden teilweise die große Wärmebeständigkeit der Legierung und die Stabilität der Eigenschaften **(Tabelle 16)** charakterisiert.

Die elastischen Elemente verschiedener Geräte, deren Einsatzbedingungen durch zyklische Belastungen bestimmt werden, verlieren ihre Betriebseigenschaften gewöhnlich lange vor dem Eintritt des Dauerbruchs im Ergebnis der steigenden Restverformung mit Erhöhung der Zahl der Belastungszyklen. In der Literatur wurde hauptsächlich der Einfluß der zyklischen Belastung auf das Kriechen der Werkstoffe bei hohen Temperaturen bzw. der Werkstoffe mit einer niedrigen Fließgrenze analysiert. Es muß vermerkt werden, daß im Falle der Einwirkung zyklischer Belastun-

Tabelle 16. Mittlere Eigenschaften mikrodotierter Berylliumbronzen nach der Alterung unter optimalen Bedingungen

Gehalt des Mikrodotierungselementes, %	$R_{p\,0,002}$	HV	ϱ, $\mu\Omega \cdot m$	$E_{Rest} \cdot 10^3$ (%) bei $\vartheta = 20\,°C$ und Belastung		
				statisch 1000 h	zyklisch, 10^5 Zyklen	
					R_p, MPA	E_{Rest}
BrBeNiTi 1,9						
—	650	360	0,062	14,0	650	6,3
0,02 Mg	710	375	0,064	8,3	700	5,2
0,05 Mg	750	380	0,065	7,5	700	3,8
0,1 Mg	790	390	0,066	5,8	700	2,3
0,12 Mg	790 ... 800	390	0,066	5,8	700	2,2
0,13 Mg	790 ... 800	390	0,066	5,8	700	2,2
0,2 Mg	770	380	0,067	6,5	700	3,0
0,4 Mg	750	370	0,069	10,5	700	5,0
0,1 Mg und 0,03 P	800	390	0,065	5,3	700	2,0
0,005 Ca	760	375	0,062	6,3	800	3,2*
0,006 Ca	780	380	0,06	6,0	800	3,0*
0,018 Ca .	790	390	0,059	5,7	800	2,8*
BrBeNiTi 1,7						
—	400	340	0,059	7,6	450	13,1
0,09 Mg	650	360	0,062	2,8	450	4,3
0,16 Mg	600	350	0,064	4,5	450	6,0
BrBe 2						
—	590 ... 600	350	0,060	14,5	650	6,5
0,05 Mg	630	360	0,061	—	—	—
0,1 Mg	750	375	0,064	5,0	650	2,4
0,25 Mg	720	360	0,065	—	—	—

Anmerkung: Die Beträge ε_{Rest} bei der statischen Relaxation werden angegeben für
die Bronzen des Typs — BrBeNiTi 1,9 bei R_p = 800 MPa,
— BrBeNiTi 1,7 bei R_p = 450 MPa,
— BrBe 2 bei R_p = 700 MPa.
* Beträge entsprechen 10^4 Zyklen.

gen der Werkstoff eine Kriechgeschwindigkeit besitzt, die größer ist als die mittlere sich bei der statischen Belastung einstellende Kriechgeschwindigkeit, und zwar bei einer Spannung, die der maximalen Spannung bei zyklischer Belastung entspricht. Gleichzeitig fehlen Angaben zu einer Gegenüberstellung der Werte für die statische und zyklische Relaxation.

Bei der Prüfung der *zyklischen Relaxation* unter den Bedingungen der asymmetrischen Belastung, ähnlich wie im Falle des Dauerbruches, werden folgende kinetischen Wachstumsperioden der bleibenden Verformung registriert: die Anfangs-, die stationäre und die beschleunigte Periode. Bei der Dotierung der Bronze mit Magnesium verringert sich die bleibende Verformung **(Bilder 94 bis 96)**, es erhöht sich

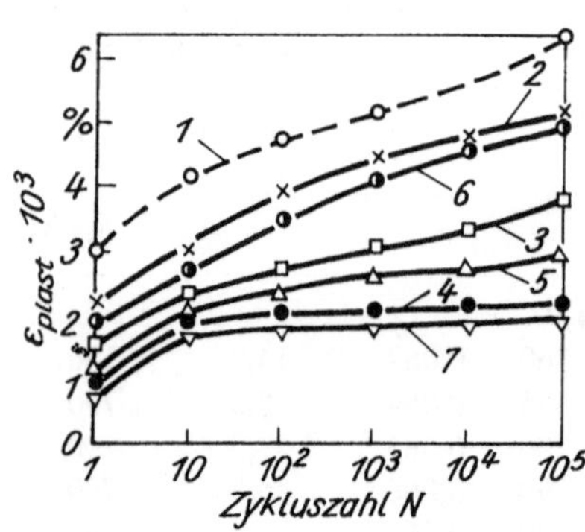

Bild 94. Einfluß der Mikrodotierung auf die Spannungsrelaxation in Berylliumbronzen bei zyklischer Belastung (20 C, 700 MPa; für BrBeNiTi 1,9: 750 MPa). *Ausgangszustand:* Abschreckhärtung und Alterung unter optimalen Bedingungen

1 — BrBeNiTi 1,9
2 — BrBeNiTi 1,9 mit 0,02 % Mg
3 — BrBeNiTi 1,9 mit 0,05 % Mg
4 — BrBeNiTi 1,9 Mg
5 — BrBeNiTi 1,9 Mg 2
6 — BrBeNiTi 1,9 Mg 4
7 — BrBeNiTi 1,9 MgP

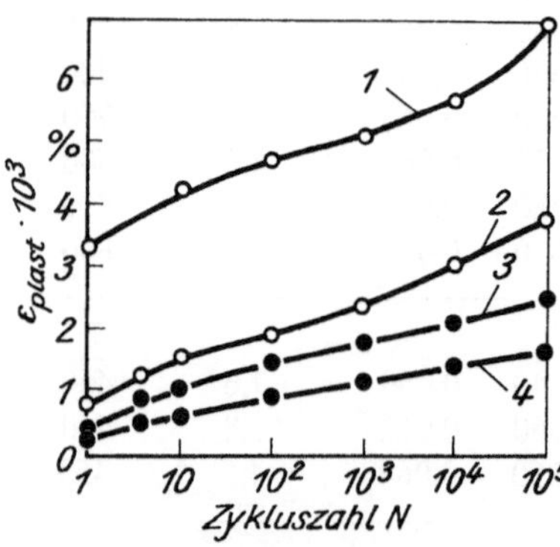

Bild 95. Abhängigkeit der Relaxationsspannungen der Bronzen (*1* und *2*) und der BrBe 2 Mg (*3* und *4*) bei zyklischer Belastung (20 °C) vom Betrag der Ausgangsspannungen. *Ausgangszustand:* Abschreckhärtung unter optimalen Bedingungen
1, 3 — 650 MPa
2, 4 — 450 MPa

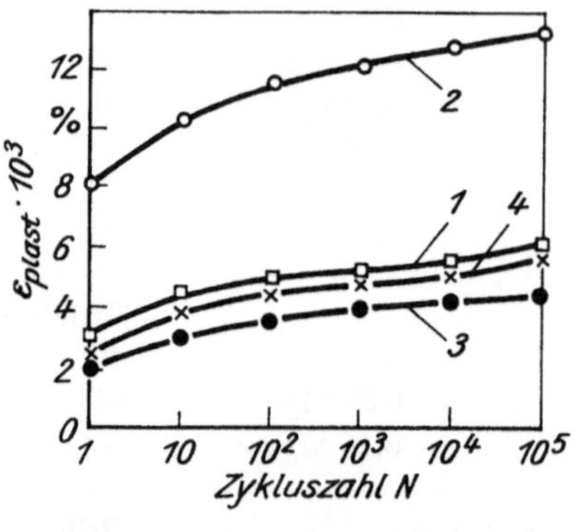

Bild 96. Einfluß der Mikrodotierung mit Magnesium auf die Relaxationsspannungen bei zyklischer Belastung (20 °C und 450 MPa) der Berylliumbronzen BrBeNiTi 1,9 (*1*) (650 MPa), BrBeNiTi 1,7 (*2*), BrBeNiTi 1,7 Mg (*3*) und BrBeNiTi 1,7 Mg 2 (*4*). *Ausgangszustand:* Abschreckhärtung und Alterung unter optimalen Bedingungen

die Dauer des Ablaufs jedes dieser Stadien, wobei jedoch besonders die Dauer der stationären Periode wächst, und somit der Beginn des Verformungsanstieges bei einer größeren Lastspielzahl beobachtet wird. Dies kann mit der gehemmten Entwicklung der Anfangs- und Endstadien bei der plastischen Verformung und schließlich mit der gehemmten Konzentration der Gitterfehlstellen, die beim Schneiden der Versetzungen entstehen, erklärt werden, denn deren Wanderung, die die Entstehung einer Leerstellenkette als Ausgangspunkt für den Dauerbruch bewirkt, wird erschwert.

Die Ergebnisse der Dauerfestigkeitsprüfungen stimmen mit den angeführten Meßergebnissen zur zyklischen Relaxation überein, weil im Verlauf dieser beiden Prüfungen der Mechanismus, der zur Konzentration der Gitterfehlstellen führt, ein und derselbe bleibt. Im ersten Fall wird jedoch die Größe des Verformungsrestes, im zweiten Fall der Moment des Bruches fixiert. Es konnte tatsächlich nachgewiesen werden, daß eine Dotierung mit Magnesium, aber auch mit Magnesium und Phosphor zur Erhöhung der zyklischen (Ermüdungs-)Festigkeit **(Bild 97)** führt. Bei Spannungen < 800 MPa erhöht sich nach asymmetrischer Belastung in einer magnesium- dotierten Bronze die Grenzlastspielzahl, insbesondere in dem Bereich nahe der Dauerschwingfestigkeit.

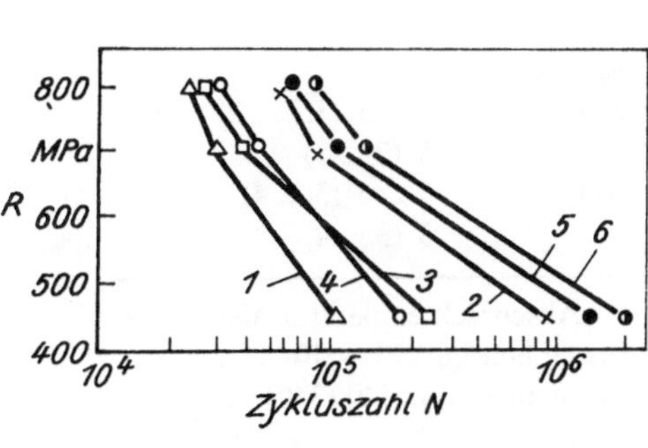

Bild 97. Ermüdungsfestigkeit der Berylliumbronzen nach der Abschreckhärtung und Alterung unter optimalen Bedingungen

1 — BrBe 2
2 — BrBe 2 Mg
3 — BrBe 2,5
4 — BrBeNiTi 1,9
5 — BrBeNiTi 1,9 Mg
6 — BrBeNiTi 1,9 MgP
   (1000 h, 700 MPa)

Allgemein kann eingeschätzt werden, daß im gesamten untersuchten Konzentrationsbereich des Magnesiums (0,02 bis 0,4%) sein Einfluß auf die Strukturumwandlungen und die Kinetik, mit der sich die Eigenschaften ändern, einer allgemeinen Gesetzmäßigkeit folgen. Die optimalen Bedingungen der zur Verfestigung führenden Wärmebehandlung sind fast unabhängig von der Magnesiumkonzentration **(Tabelle 17)**.

Ausgehend von den Angaben zum Einfluß verschiedener Magnesiumkonzentrationen auf die strukturellen Umwandlungen sowie auf einen großen Komplex physikalisch-mechanischer Eigenschaften der Berylliumbronzen kann geschlußfolgert werden, daß diese die Grundlage für die Festlegung der optimalen Konzentration dieses adsorptionsaktiven Elementes bilden. Tabelle 17 und **Bild 98** enthalten in verallgemeinerter Form die Ergebnisse der Untersuchung aller wesentlichen Eigenschaften, die deutlich zeigen, daß die optimale Konzentration des der Beryl-

Tabelle 17. Bedingungen der Wärmebehandlung für Berylliumbronzen

Gehalt des Legierungselementes %	ϑ^*, °C	τ^{**}, h
BrBeNiTi 1,9		
—	730	4 (2 … 3)
0,02 Mg	760	5 … 6 (3 … 4)
0,05 Mg	760	5 … 6 (3 … 4)
0,1 Mg	770	5 (3 … 4)
0,12 Mg	770	5 (3 … 4)
0,13 Mg	770	5 (3 … 4)
0,2 Mg	750	5 (3 … 4)
0,4 Mg	730	5 (3 … 4)
0,1 Mg; 0,03 P	770	4 (2 … 3)
0,005 Ca	750	4 (3)
0,006 Ca	760	4 (3)
0,018 Ca	770	3 (2)
BrBeNiTi 1,7		
—	730	5 (3)
0,09 Mg	750	6 (4)
0,16 Mg	750	6 (4)
BrBe 2		
—	730	4 … 5 (1,5 … 2)
0,05 Mg	—	5 (2 … 3)
0,1 Mg	760	5 … 6 (3 … 4)
0,25 Mg	—	5 (3 … 4)

Anmerkung: Die optimale Abschrecktemperatur aller untersuchten Bronzen beträgt 770 + 10 °C, die optimale Alterungstemperatur 320 (340) °C.
* Beginn des Kornwachstums
** Alterungsdauer bei 320 °C (in Klammern Alterungsdauer
bei 340 °C)

liumbronze zugesetzten Magnesiums sich in den Grenzen von 0,07 bis 0,02 %
bewegt.

Die Verbesserung der aufgezeigten Eigenschaften unter dem Einfluß der Mikrodotierung mit Magnesium ist das Ergebnis des gleichmäßigeren Zerfalls des Mischkristalls bei Bildung disperserer und homogener verteilter Teilchen der γ'-Phase.
Hierbei sind die Gitterbaufehler stärker blockiert, sowohl die vorhandenen nach der
Abschreckung als auch die im Verlauf der Ausscheidungshärtung gebildeten. Die
genannten Strukturbesonderheiten bestimmen den maximalen Verfestigungszuwachs im Bereich der mikroplastischen Verformung der Berylliumbronzen sowie
deren Stabilität der Verfestigung.

Die optimale Konzentration des Magnesiums in der Berylliumbronze übersteigt
wesentlich die zur maximalen Sättigung der Gitterfehlstellen erforderliche Kon-

zentration (s. Tabelle 15). Diese Differenz ergibt sich aus dem Näherungscharakter der zur Festlegung der optimalen Konzentration durchgeführten Berechnungen, deren Ausführung ausschließlich für binäre Cu—Mg-Legierungen möglich war. Im Falle der komplizierteren aushärtbaren Legierungen, zu denen auch die Berylliumbronze gehört, sind die Anwesenheit anderer Komponenten und die Ausbildung neuer Gitterfehler durch die Alterung zu berücksichtigen. Neben der Sättigung der Gitterbaufehler muß die zugesetzte Magnesiummenge hinreichend groß sein, um den Mischkristall zu übersättigen, damit die Keimbildungsgeschwindigkeit der Sekundärphasenteilchen und der Dispersionsgrad der Struktur erhöht werden.

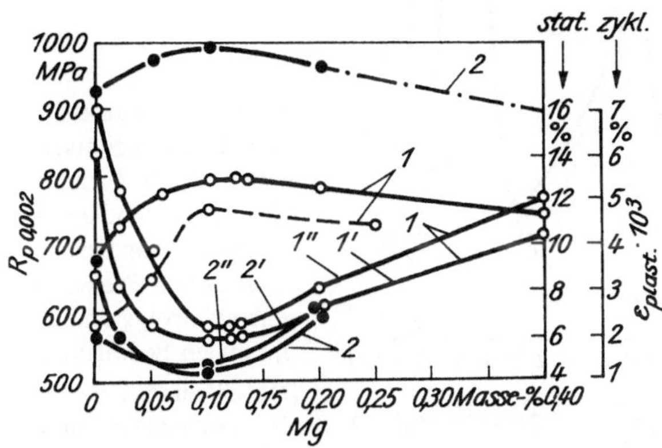

Bild 98. Abhängigkeit der wichtigsten Eigenschaften der Bronzen des Typs BrBeNiTi 1,9 (———) und BrBe 2 (– – –) vom Magnesiumgehalt.

Ausgangszustand ·
1 — Abschreckhärtung und Alterung unter optimalen Bedingungen
2 — thermomechanische Behandlung bei niedrigen Temperaturen
    (Verformungsgrad 33 %) und optimalen Bedingungen
Relaxationsprüfungen bei 800 MPa:
1', 2' — statische, $\tau = 1000$ h
1''   — zyklische, $N = 10^4$ Zyklen
2''   — zyklische, $N = 10^5$ Zyklen

Die Zusammensetzung der 0,07 bis 0,13 % Mg enthaltenden Bronze BrBeNiTi 1,9 Mg (dies entspricht dem mittleren Bereich der optimalen Konzentrationen) wird im GOST 18175-77 angegeben. Wie die in der Industrie aufgestellten statistischen Angaben zeigen, weist diese Bronze eine höhere Elastizitätsgrenze auf **(Bild 99)**, und ihr Einsatz als Konstruktionswerkstoff erhöht die Präzision sowie die Zuverlässigkeit der betriebenen Geräte.

Von großer Bedeutung ist die Frage nach dem Einfluß des Magnesiums auf die Eigenschaften von Streifen verschiedenen Querschnitts (Dicke) aus Berylliumbronzen. In diesem Zusammenhang ist zu vermerken, daß eine ähnliche Abhängigkeit überhaupt nicht bekannt ist und noch nie, weder in der UdSSR noch im Ausland, an Berylliumbronzen mit standardisierten Zusammensetzungen diese Abhängigkeit bestimmt wurde. Die Bestimmung der komplexen Eigenschaften der Bronzen

BrBeNiTi 1,9 und BrBeNiTi 1,9 Mg an Streifen mit Dicken von 1 mm bis hin zu 50 µm nach Ermittlung der optimalen Bedingungen für eine verfestigende Wärmebehandlung zeigte, daß mit der Verringerung der Streifendicke das Verfestigungsniveau unabhängig von der Zusammensetzung der Streifen abnimmt. Hierbei sinkt besonders stark die Elastizitätsgrenze, während die statische Festigkeit und die Fließgrenze bedeutend schwächer abfallen **(Bild 100)**.

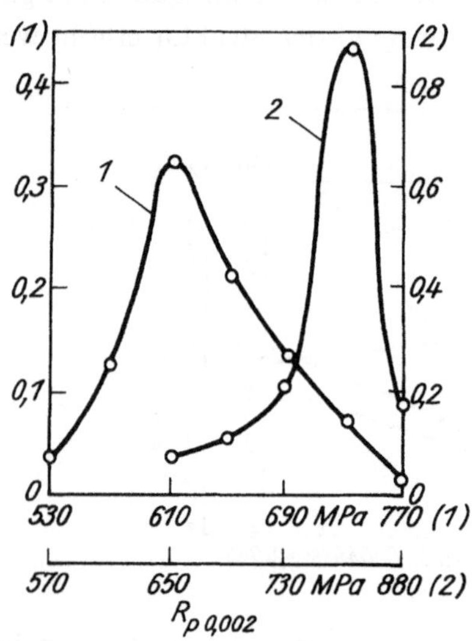

Bild 99. Frequenzkurven für die Beträge der Elastizitätsgrenze der Bronzen BrBeNiTi 1,9 (*1*) und BrBeNiTi 1,9 Mg (*2*) auf der Grundlage der statistischen Analyse von im technischen Maßstab hergestellten Proben nach der Abschreckhärtung und der Alterung unter optimalen Bedingungen

(*1*) — Wahrscheinlichkeit *1*
(*2*) — Wahrscheinlichkeit *2*

Die Tatsache, daß sich mit der Abnahme der Streifendicke die Festigkeitseigenschaften vermindern, kann mit der wachsenden Einflußnahme des Zustandes der Oberflächenschicht erklärt werden: mit dem Auftreten von Spannungskonzentratoren, strukturellen Gitterfehlstellen, mit der Änderung der chemischen Zusammensetzung und mit Restspannungen in der Oberflächenschicht. DAVIDENKOV entwickelte auf der Grundlage der Änderung der Gitterkonstanten in Abhängigkeit von den Wirk-

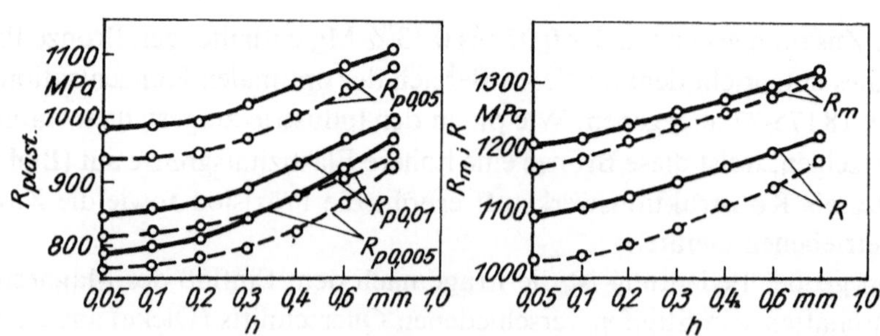

Bild 100. Abhängigkeit der mechanischen Eigenschaften der Berylliumbronzen BrBeNiTi 1,9 (– – –) und BrBeNiTi 1,9 Mg (———) nach der Abschreckhärtung und Alterung unter optimalen Bedingungen von der Dicke der Bänder *h*

spannungen eine Hypothese darüber, daß in polykristallinen Materialien die in der Oberfläche befindlichen Körner eher plastisch verformbar sind als die Körner im Volumen des Materials. Die von ROVINSKI und Mitarbeitern sowie im Ausland [100] durchgeführten Röntgenstrukturuntersuchungen bestätigten die Möglichkeit eines zeitlich früheren Fließens in den Oberflächenschichten bei der Verformung polykristalliner Materialien. Die Mehrzahl der Wissenschaftler unterstützt diese Ansicht. Tatsächlich werden in den Oberflächenschichten die Versetzungsquellen eher aktiviert als in den inneren Materialbereichen [101, 102], was einer Annahme von FISHER zufolge mit der größeren effektiven Länge oder der schwächeren Blockierung zusammenhängt [103]. Entsprechend den angeführten Ursachen ist in den Oberflächenschichten, deren Dicke mit der Korngröße vergleichbar ist, auch die Versetzungsbeweglichkeit erhöht. Deshalb haben die Oberflächenkörner im Vergleich zu den Volumenkörnern eine kleinere Fließgrenze (und damit auch eine kleinere Elastizitätsgrenze). Hieraus folgt, daß namentlich aus diesem Grunde die Oberflächenschichten besonders empfindlich reagieren auf die Wirkung von Spannungskonzentratoren, die Änderung des Strukturzustandes sowie auf andere die Versetzungsbeweglichkeit beeinflussenden Faktoren. Durch Entfernung derartiger Schichten gelang es RIABYSHEV, die Elastizitätsgrenze und die Relaxationsfestigkeit der untersuchten Legierungen zu erhöhen.

In magnesiumhaltigen Bronzen ist jedoch die Verringerung der Fließ- und Elastizitätsgrenzen mit abnehmender Streifendicke merklich kleiner als in magnesiumfreien Legierungen (Bild 100). Dieser Effekt ist das Ergebnis der Adsorption von Magnesium an den Gitterbaufehlern in der Oberflächen- und oberflächennahen Schicht, wodurch die heterogene Keimbildung vermindert wird und damit folglich auch die Möglichkeit eines lokalen Zerfalls des α-Mischkristalls, der zur Entfestigung führt, gesenkt wird.

Die Anwendung des Magnesiums als Legierungszusatz gestattet auch den Einsatz einer billigeren Vorlegierung Kupfer-Beryllium mit erhöhtem Magnesiumgehalt, d. h. dem Wesen nach den Einsatz einer ternären Vorlegierung Kupfer-Beryllium-Magnesium. Die niedrigeren Kosten dieser Vorlegierung ergeben sich aus der Verwendung von magnesiumhaltigem Beryllium oder Produkten aus der Berylliumherstellung. Die Zweckmäßigkeit der Verwendung billigerer Vorlegierungen bei der metallurgischen Herstellung von Berylliumbronzen wurde in speziellen Untersuchungen im industriellen Maßstab nachgewiesen.

Bei der Zugabe des Magnesiums in Form einer ternären Vorlegierung in die Berylliumbronzen ändern sich im Vergleich zur Magnesiumzugabe über die binären Vorlegierungen Kupfer-Beryllium und Kupfer-Magnesium die Gesetzmäßigkeiten seines Einflusses auf die Struktur und die Eigenschaften der Berylliumbronzen nach dem Abschrecken und der Alterung nicht. Demnach übt die Form der Zugabe des Magnesiums keinen Einfluß auf die Alterungsvorgänge und den Verfestigungsgrad der Berylliumbronzen **(Bild 101)** aus. Es erwies sich jedoch die Relaxationsfestigkeit der Berylliumbronzen, denen das Magnesium über die ternäre Vorlegierung zugegeben wurde, als etwas höher im Vergleich zu den Bronzen, bei denen die Magnesiumzugabe über die binäre Vorlegierung Kupfer-Magnesium und die Berylliumzugabe über die Vorlegierung Kupfer-Beryllium **(Bild 102)** erfolgten.

Demzufolge hängt die Effektivität der Wirkung des Magnesiums auf die Eigenschaften der Berylliumbronzen immerhin in gewissem Maße von den Bedingungen ab, unter denen seine Zugabe vorgenommen wird (Zusammensetzung der Vorlegierung). Diese Verbesserung der Eigenschaften könnte mit einer homogeneren Magnesiumverteilung in der Schmelze und entsprechend nach der Erstarrung im Block zusammenhängen.

Neben der mit Magnesium mikrodotierten Bronze stellt auch die mit Magnesium und Phosphor komplex dotierte Bronze ein gewisses Interesse dar, wenn im Ver-

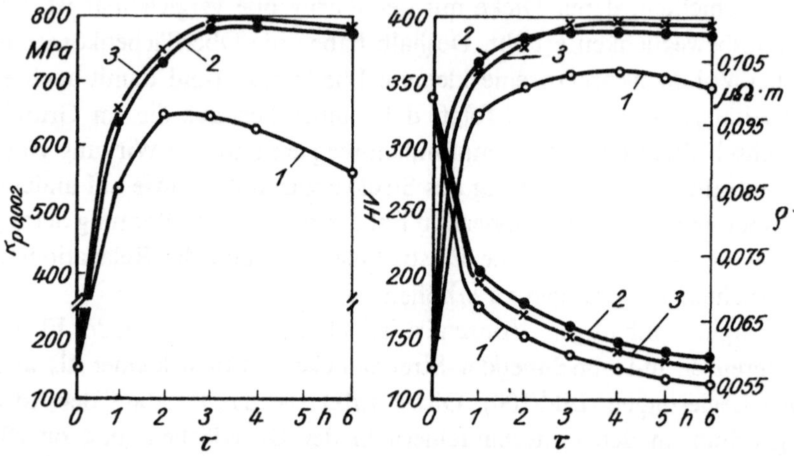

Bild 101. Abhängigkeit der physikalisch-mechanischen Eigenschaften der Berylliumbronze des Typs BrBeNiTi 1,9 von der Alterungsdauer und den Bedingungen der Zugabe des Magnesiums im Schmelzprozeß

1 — BrBeNiTi 1,9

2 — BrBeNiTi 1,9 Mg (Mg-Zugabe in Form der Vorlegierung Cu-Mg)

3 — BrBeNiTi 1,9 Mg (Mg-Zugabe in Form der Vorlegierung Cu-Be-Mg)

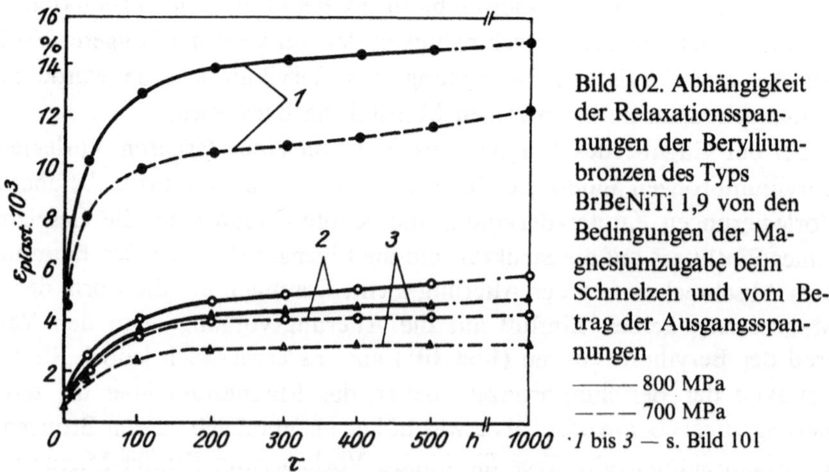

Bild 102. Abhängigkeit der Relaxationsspannungen der Berylliumbronzen des Typs BrBeNiTi 1,9 von den Bedingungen der Magnesiumzugabe beim Schmelzen und vom Betrag der Ausgangsspannungen

——— 800 MPa

– – – 700 MPa

1 bis *3* — s. Bild 101

gleich zu anderen mikrodotierten Bronzen wird in der Bronze mit dieser Zusammensetzung praktisch die höchste Verfestigung erreicht. Reproduzierbar werden in dieser Bronze Werte für die Elastizitätsgrenze von $R_{p\,0,002} \approx 800\,\mathrm{MPa}$ erreicht, während diese Werte auch noch kleineren spezifischen elektrischen Widerständen entsprechen als in einer allein mit Magnesium mikrodotierten Bronze, ungeachtet der zusätzlichen Komponente Phosphor in der ersteren Bronze.

Wenn auch die Elastizitätsgrenze mit einer Toleranz bezüglich eines Verformungsrestes von $\approx 10^{-3}\%$ die Hauptcharakteristik der Federlegierungen darstellt, so ist sie dennoch nicht ausreichend für eine vollständige Kennzeichnung des Gleitwiderstandes der Versetzungen, weil bei diesen Verformungen bereits die primäre Versetzungsstruktur zerstört wird. In dieser Hinsicht sind die Ergebnisse der Untersuchung der amplitudenabhängigen *inneren Reibung* an ausgehärteten Bronzen wichtig. In der Bronze BrBeNiTi 1,9 wird entsprechend dem Zerfall des übersättigten Mischkristalls eine Verringerung des Untergrundes der inneren Reibung durch Blockierung der Gitterbaufehler und Verringerung ihrer Dichte beobachtet. Gleichzeitig wächst die erste kritische Amplitude (τ_k), die die Erhöhung der Verluste beschreibt, die bei der Durchbiegung und beim Abreißen der Versetzungen von den Blockierungsstellen entstehen. Außerdem verringert sich auch die Intensität des beschriebenen Prozesses, die durch die Neigung des amplitudenabhängigen Astes der inneren Reibung (tg Θ) charakterisiert wird. Das Maximum tg Θ und das Maximum der kritischen Amplitude **(Bild 103)** entsprechen der maximalen Elastizitätsgrenze (siehe Bild 31).

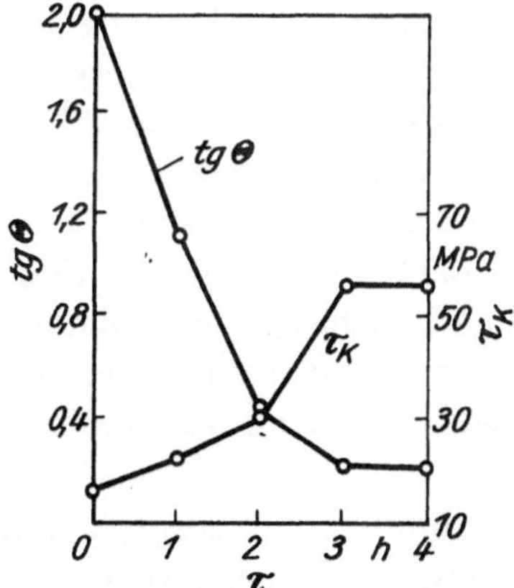

Bild 103. Abhängigkeit der amplitudenabhängigen inneren Reibung in der Bronze BrBeNiTi 1,9 (abschreckgehärtet bei 770 + 10 °C) von der Alterungsdauer bei 340 °C

Demzufolge stellt sich eine gute Korrelation zwischen der Intensität der reversiblen unelastischen Effekte und der Entwicklung der mikroplastischen Verformung ein. In mit Magnesium aber auch mit Magnesium und Phosphor mikrododierten Bronzen wird eine derartige eindeutige Korrelation **(Bild 104)** nicht beobachtet, wenn auch im Verlauf des Alterungsprozesses allgemein ein Anwachsen der kritischen Amplitude und ein Abfallen von tg Θ registriert werden. Der maximalen kritischen Amplitude und dem minimalen tg Θ entspricht nicht die maximale Elastizitätgrenze, obgleich sich ihre Werte der maximalen nähern. Die absoluten Größen der kritischen Amplitude der mit Magnesium oder mit Magnesium und Phosphor dotierten Bronzen sind nach der Alterung bei 340 °C, 4 h, vielfach größer als bei Bronze BrBeNiTi 1,9. Dieses Verhältnis ist ein Ausdruck für die stärkere Blockierung der Gitterbaufehler in Anwesenheit von Mikrodotierungselementen. Aus diesem Grunde ist in den Fällen, in denen der Entwicklungsgrad der unelastischen Effekte, jedoch bei sehr kleinen Spannungen, maximal zu senken ist, die Alterung bei 340 °C, 4 h, zu bevorzugen.

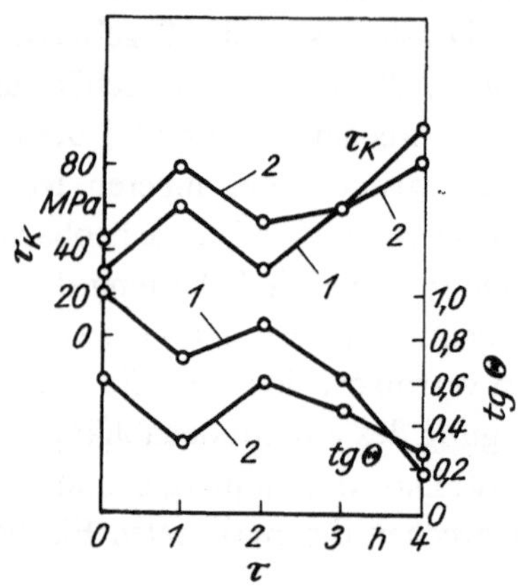

Bild 104. Abhängigkeit der amplitudenabhängigen inneren Reibung in den Bronzen BrBeNiTi 1,9 Mg (*1*) und Bronze BrBeNiTi 1,9 (abschreckgehärtet bei 770 + 10 °C) von der Alterungsdauer bei 340 °C

Eine Analyse der gemessenen Werte für die innere Reibung mikrodotierter Bronzen nach der Alterung bei 340 °C, 2 h, zeigt eine gewisse Diskrepanz mit den auf Bild 103 dargestellten Werten. Etwas unerwartet ist nach der Alterung ein Absinken von τ_k und ein Ansteigen von tg Θ zu beobachten. Dieser Situation entspricht die Verstärkung des Untergrundes der inneren Reibung unmittelbar bei der Alterungstemperatur von 340 °C **(Bild 105)**. Der beobachtete Effekt kann damit erklärt werden, daß die Versetzungen und Leerstellen eine bestimmte Beweglichkeit erlangen, möglicherweise im Ergebnis des Überganges der Phosphoratome, die früher diese Gitterfehlstellen gebunden haben, in die Sekundärphasen oder der Bildung selbständiger Phasen.

Unter Berücksichtigung des positiven Einflusses des adsorptionsaktiven Magnesiums ist es wichtig, das Problem der Mikrodotierung mit Magnesium in einigen anderen aushärtbaren (Dispersionshärtung) Kupferbasislegierungen zu erörtern, um allgemeine Gesetzmäßigkeiten der Mikrodotierung für Legierungen unterschiedlicher chemischer Natur aufzustellen, die Möglichkeiten schaffen, diese bei der Entwicklung neuer Federlegierungen verschiedener Systeme zugrunde zu legen. Als Beispiel für eine derartige Legierung wurde die Bronze BrAlNiSiMn 6-6-1-2 (Zusammensetzung der Bronze (in %): Al ≈ 6; Ni ≈ 6; Si ≈ 1; Mn ≈ 2; Rest Kupfer) ausgewählt, in der im Vergleich zu den anderen Legierungselementen entsprechend Tabelle 15 das Magnesium die größte Bindungsenergie mit den Versetzungen haben soll.

Bei der Untersuchung dieser Bronze wurde festgestellt [104], daß das Magnesium in ihr in bedeutenderem Maße als in den Berylliumbronzen eine Kornfeinung des α-Mischkristalls bewirkt und das Kornwachstum bei Erwärmung stark hemmt. Deshalb kann die Abschrecktemperatur der Bronzen von 900 auf 950 °C erhöht werden, wodurch in starkem Maße die in der Bronze anwesenden Überschußphasen Ni_2Si und $NiAl$ gelöst werden können. Nach der Alterung der mit Magnesium mikrodotierten Bronze bei 450 °C wird der Zerfallsprozeß beschleunigt, so daß sich der Verfestigungsgrad erhöht. So erreicht die Elastizitätsgrenze der Bronze BrAlNiSiMn 6-6-1-2 mit einem Magnesiumgehalt von 0,09 oder 0,13% 650 MPa,

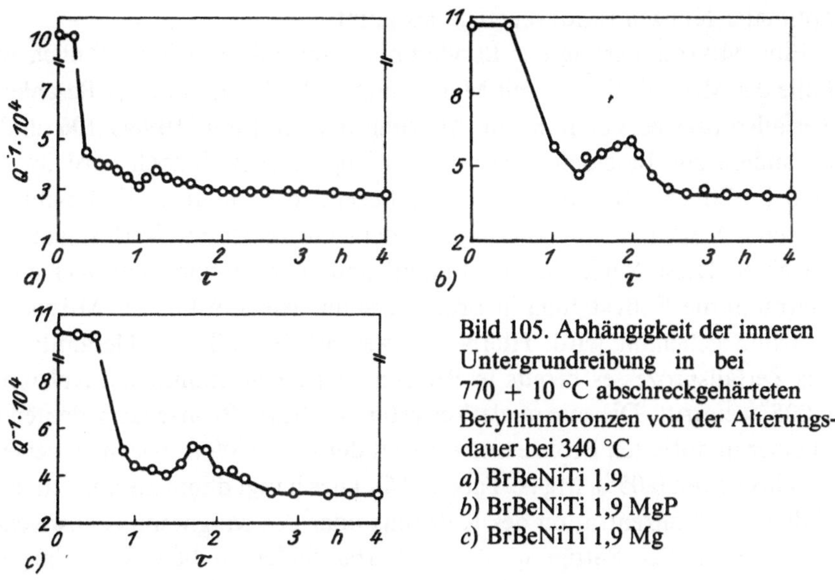

Bild 105. Abhängigkeit der inneren Untergrundreibung in bei 770 + 10 °C abschreckgehärteten Berylliumbronzen von der Alterungsdauer bei 340 °C
a) BrBeNiTi 1,9
b) BrBeNiTi 1,9 MgP
c) BrBeNiTi 1,9 Mg

während sie in der magnesiumfreien Bronze 500 bis 570 MPa beträgt. Es sei vermerkt, daß bei der natürlichen Alterung in einer mit Magnesium mikrodotierten Bronze die Entfestigung kleiner ist als in der magnesiumfreien Bronze. Während des Alterungsvorganges der mit Magnesium mikrodotierten Bronze verringert sich der spezifische elektrische Widerstand stärker als in der gewöhnlichen Bronze. Es kann angenommen werden, daß in Anwesenheit von Magnesium die zur Verfestigung führende Phase Ni_2Si vollständiger ausgeschieden wird, womit wahrscheinlich auch die stärkere Verfestigung der Bronze im Zusammenhang steht. (Von allen in der Bronze BrAlNiSiMn 6-6-1-2 auftretenden Legierungselementen erhöht das im Mischkristall gelöste Silizium am stärksten den spezifischen elektrischen Widerstand.) Die Bronze BrAlNiSiMn 6-6-2-1, mikrodotiert mit Magnesium, zeichnet sich ebenso wie auch die Berylliumbronze durch eine wesentlich höhere Relaxationsfestigkeit aus im Vergleich zur magnesiumfreien Bronze. Hierbei beträgt der Magnesiumgehalt $\approx$ 0,09%.

Die Analyse dieser Angaben verdeutlicht, daß es zweifellos allgemeine Grundzüge im Einfluß des Magnesiums auf die Strukturumwandlungen und die Gesetzmäßigkeiten der Änderung der Eigenschaften bei der Abschreckung und der Alterung in der Bronze BrAlNiSiMn 6-6-1-2 und in den Berylliumbronzen gibt. Dies deutet auf einen einheitlichen Mechanismus der Einflußnahme des Magnesiums auf aushärtende Legierungen hin, wenigstens im Falle der Kupferbasislegierungen.

Bei der Alterung mit Kalzium mikrodotierter Berylliumbronzen wird dessen Adsorptionsaktivität spürbar, die im Vergleich zu der des Magnesiums stärker ist. Hierbei geht es nicht nur um den Einfluß des Kalziums auf die Anfangsstadien des Zerfalls infolge der hohen Bindungsenergie der Kalziumatome mit den Leerstellen und Versetzungen, sondern auch um den Einfluß auf die Kinetik der späteren Stadien, in denen die maximale Verfestigung der Bronze erreicht wird. Auf der Grundlage der Abhängigkeiten der Verfestigung vom Kalziumgehalt wurde dessen optimaler Konzentrationsbereich bestimmt.

Eine Mikrodotierung der Berylliumbronzen mit Kalzium, ähnlich wie auch im Falle der Mikrodotierung mit Magnesium (s. Bild 81), führt zur Beschleunigung des Zerfallsprozesses bei höheren Alterungstemperaturen **(Bilder 106** und **107)**, insbesondere zur Beschleunigung der Anfangsstadien. Jedoch wird im Unterschied zum Einfluß des Magnesiums im vorliegenden Falle auch die Beschleunigung des späteren Stadiums der Alterung, in dem die maximale Verfestigung eintritt, beobachtet. Diese Verfestigung ist stabil und zeugt davon, daß über einen längeren Zeitraum die Entfestigung in Bronzen unter dem Einfluß der Mikrodotierung mit Kalzium gehemmt wird. Hierbei ist wesentlich, daß eine Gesamtbeschleunigung des Zerfallsprozesses bereits in Bronzen mit einem minimalen Kalziumgehalt von $0,005\%$ eintritt. Die maximale Verfestigung dieser Bronze ist bedeutend größer als in einer undotierten Bronze und erreicht denselben Wert, wie auch bei einer Zugabe von insgesamt $0,05\%$ Mg (s. Tabelle 16). Dies hängt damit zusammen, daß in beiden Fällen die Konzentration des Kalziums oder des Magnesiums ausreichend ist, um eine vollständige Sättigung aller Gitterbaufehler zu bewirken. Eine vollständige Sättigung aller Gitterbaufehler wird durch eine Zugabe von 10^{-5} Atom-$\%$ Ca und 10^{-2} Atom-$\%$ Mg erreicht (s. Tabelle 15).

Die hohe Zerfallsgeschwindigkeit des übersättigten Mischkristalls einer kalziumhaltigen Bronze, insbesondere in den Stadien der Alterung, in denen es zu einer intensiven Erhöhung der Verfestigung kommt, d. h. bei höheren Temperaturen, kann mit der bedeutenden Übersättigung des abgeschreckten α-Mischkristalls mit Leerstellen, deren Abwanderung infolge der großen Bindungsenergie mit den Kalziumatomen während der Erwärmung bis auf die Alterungstemperatur nicht erfolgen kann, erklärt werden. Außerdem kann auch der hohe Grad der Übersättigung des primären α-Mischkristalls mit Beryllium einen bestimmten Einfluß ausüben, weil das Kalzium die Berylliumoxide im Schmelzprozeß reduziert und sich somit die Konzentration des aktiven Berylliums in der Bronze und entsprechend im abgeschreckten Mischkristall erhöhen. Die Erreichung eines hohen Übersättigungsgrades des α-Mischkristalls in kalziumhaltigen Bronzen, die zu einer intensiveren Ausscheidung der Sekundärphase und zum Wachsen ihres Anteils bei der Alterung führt, gewährleistet neben einer stärkeren Blockierung der Gitterfehlstellen auch einen höheren Verfestigungsgrad. Die maximale Verfestigung in einer mit Kalzium $(0,006\%)$ mikrodotierten Bronze wird bei folgenden Alterungsbedingungen eingestellt: 300 °C, 6 h; 320 °C, 4 h oder 340 °C, 2 h (s. Bilder 106 und 107). Die Aktivierungsenergie des der maximalen Verfestigung dieser mikrodotierten Bronze entsprechenden Zerfallsstadiums beträgt ungefähr 144,6 kJ/mol und stimmt damit mit der Aktivierungsenergie des Zerfalls in einer mit Magnesium mikrodotierten Bronze gut überein. Damit wird verdeutlicht, daß der Einfluß der adsorptions-

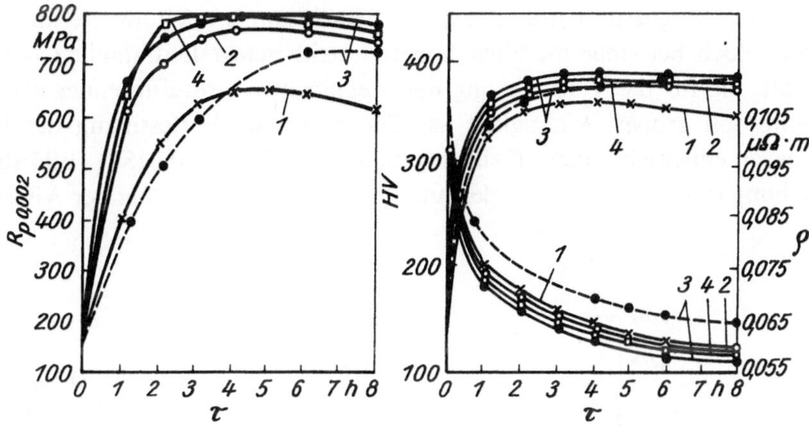

Bild 106. Abhängigkeit der physikalisch-mechanischen Eigenschaften der Bronzen des Typs BrBeNiTi 1,9, die mit Kalzium (0,005 bis 0,018%) mikrododiert und bei 770 + 10 °C abschreckgehärtet wurden, von der Alterungsdauer bei 300 (— — —) und 320 °C (———)

1 — BrBeNiTi 1,9
2 — BrBeNiTi 1,9 Ca (0,005% Ca)
3 — BrBeNiTi 1,9 Ca 2 (0,006% Ca)
4 — BrBeNiTi 1,9 Ca 3 (0,018% Ca)

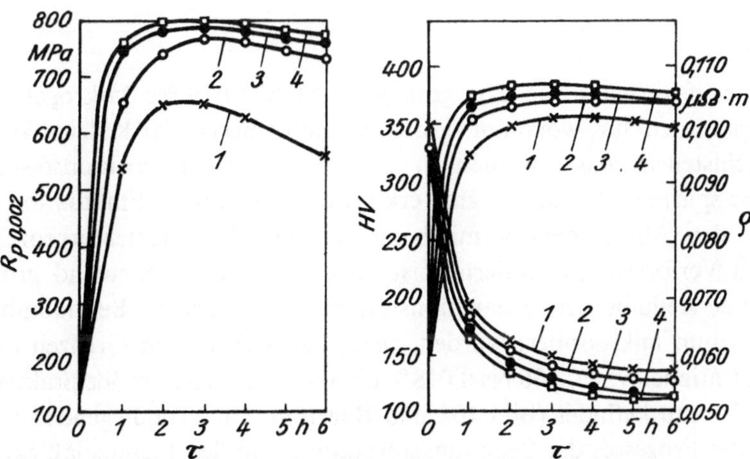

Bild 107. Abhängigkeit der physikalisch-mechanischen Eigenschaften der Bronzen des Typs BrBeNiTi 1,9, mikrodotiert mit Kalzium (0,005 bis 0,018%) und abschreckgehärtet bei 770 + 10 °C, von der Alterungsdauer bei 340 °C
Bezeichnungen s. Bild 106

aktiven Elemente Kalzium und Magnesium auf den Zerfall des Mischkristalls praktisch gleich ist.

Kalziumhaltige Bronzen besitzen einen kleineren spezifischen elektrischen Widerstand im Zusammenhang mit einem höheren Zerfallsgrad und hauptsächlich wegen des bereits oben erwähnten verminderten Sauerstoffgehaltes im α-Mischkristall. Demnach bewirkt die Mikrodotierung mit Kalzium eine ebenso hohe Verfestigung der Berylliumbronzen, wie sie auch durch Mikrodotierung mit Magnesium oder mit Magnesium und Phosphor gemeinsam erreicht wird; im vorliegenden Fall jedoch bei einer merklich höheren elektrischen Leitfähigkeit — einer Eigenschaft, die für die Verbesserung der Kenngrößen stromführender elastischer Elemente von großer Wichtigkeit ist. Die maximale Verfestigung der betrachteten Bronzen entspricht einem Kalziumgehalt von 0,006 bis 0,018 % **(Bild 108)**. Die Erreichung einer höheren und gleichmäßigeren Verfestigung bei der Alterung der be-

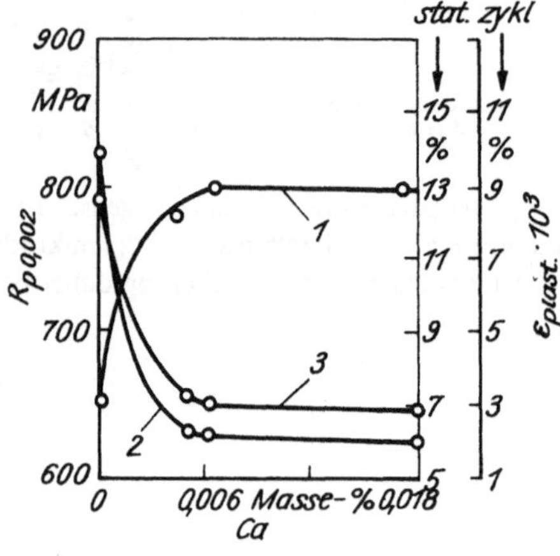

Bild 108. Abhängigkeit der Elastizitätsgrenze und der Relaxationsfestigkeit bei 20 °C und 800 MPa der abschreckgehärteten und bei 340 °C, 2 h, gealterten Bronze BrBeNiTi 1,9 vom Kalziumgehalt
1 — $R_{p\,0,002}$
2 — Verformungsrest nach 500 h
3 — zyklischer Verformungsrest nach 10^4 Zyklen

trachteten Bronzen sowie eine gesteigerte Stabilität ihrer Mikrogefüge und Versetzungssubstruktur, wovon die große Bindungsenergie der Kalziumatome mit den Gitterfehlstellen zeugt, werden in der gesteigerten Relaxationsfestigkeit dieser Bronzen spürbar. Dies kann damit erklärt werden, daß die Fluktuation der Energie, die für den Ablauf der thermisch zu aktivierenden Elementarprozesse der plastischen Verformung erforderlich ist, in diesem Falle bedeutend größer ist. Die Gegenüberstellung der Relaxationsfestigkeiten einzelner Berylliumbronzen, die mit Kalzium mikrodotiert wurden, zeigt, daß sich in den Grenzen der Kalziumkonzentrationen von 0,006 bis 0,018 % diese wichtige Kenngröße praktisch auf demselben Niveau befindet (Bild 108 und **Bild 109**). Die grundlegenden Gesetzmäßigkeiten des Prozesses der Spannungsrelaxation sind den Gesetzmäßigkeiten analog, die für mit Magnesium mikrodotierte Bronzen und für Bronzen mit standardisierter Zusammensetzung aufgestellt wurden. Jedoch eine Gegenüberstellung der Relaxationsfestigkeit der mit Magnesium und Kalzium mikrodotierten Bronzen zeigt, daß sich das Anfangsstadium dieses Prozesses im ersten Fall intensiver entwickelt, während die sich anschließenden Stadien praktisch vergleichbare Geschwindigkeiten aufweisen (s. Bilder 4, 91, 93, 94 und 109). Im Falle der zyklischen Relaxation konnte keinerlei Unterschied in ihrer Geschwindigkeit in allen Stadien des Prozesses im Vergleich zu der mit Magnesium dotierten Bronze festgestellt werden. Nur die absolute Größe des Verformungsrestes lag etwas höher.

Die Verwendung von Kalzium als hochaktives Desoxydationsmittel in Berylliumbronzen sowie dessen starker Einfluß auf die Vorgänge beim Zerfall des Mischkristalls bei der Alterung und auf die Erreichung eines hohen Niveaus der physikalisch-mechanischen Eigenschaften sind von technischer Bedeutung. Insgesamt wurde die Zweckmäßigkeit der Methode der Mikrodotierung mit adsorptionsaktiven Elementen zur Verbesserung der Eigenschaften von Federlegierungen auf Cu-Basis gezeigt.

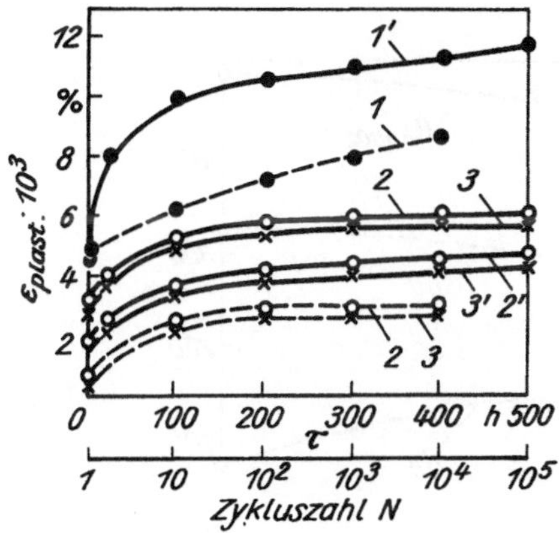

Bild 109. Einfluß der Mikrodotierung mit Kalzium auf die Bronzen BrBeNiTi 1,9 (*1, 1'*), BrBeNiTi 1,9 Ca 2 (*2, 2'*), BrBeNiTi 1,9 Ca 3 (*3, 3'*) bei statischer (———) und zyklischer Belastung (– – –) bei 20 °C und verschiedenen Ausgangsspannungen. *Ausgangszustand*: Abschreckhärtung und Alterung unter optimalen Bedingungen
1 bis *3* — 800 MPa
1 bis *3'* — 700 MPa

1.4.   Thermomechanische Behandlung mikrodotierter Berylliumbronzen bei niedrigen Temperaturen

1.4.1.   Einfluß der Kaltverformung auf die Struktur und die Eigenschaften der Bronzen

Im Abschnitt 1.2. wurde gezeigt, daß die Kaltverformung abgeschreckter Bronzen und die folgende Alterung eine bedeutende Änderung der physikalisch-mechanischen Eigenschaften bewirkt und insbesondere zur Erhöhung der Verfestigung bei kurz- und langfristiger statischer, aber auch zyklischer Belastung führt. Der Einfluß der Mikrodotierung auf den Mechanismus und die Kinetik der Zerfallsvorgänge im abgeschreckten übersättigten α-Mischkristall in den Berylliumbronzen soll auch spürbar werden beim Zerfall des verformten α-Mischkristalls und bei der Einstellung des Verfestigungsgrades. Bei der Verformung der mit Magnesium mikrodotierten Berylliumbronze treten dieselben Veränderungen ein wie auch in der magnesiumfreien Bronze, wobei jedoch der Verfestigungsgrad in diesem Fall etwas größer ist (**Tabelle 18** und **Bild 110**).

Tabelle 18. Zusammensetzung und Eigenschaften der Berylliumbronzen nach der Abschreckhärtung und Verformung ($\eta = 30 \ldots 35\%$)

Typ	Legierungs-element, %	ϱ, $\mu\Omega \cdot$ m	$R_{\mathrm{p}\,0,002}$, MPa
BrBe 2	—	0,102	440
BrBe 2 P	P 0,05	0,108	450
BrBeNiTi 1,9	—	0,103	460
BrBeNiTi 1,9 Mg	Mg 0,1	0,110	490
BrBeNiTi 1,9 Mg 2	Mg 0,2	0,110	490
BrBeNiTi 1,9 MgP	Mg 0,11; P 0,03	0,103	500
BrBeNiTi 1,9 Ca 2	Ca 0,006	0,102	490
BrBeNiTi 1,9 Ca 3	Ca 0,18	0,101	490

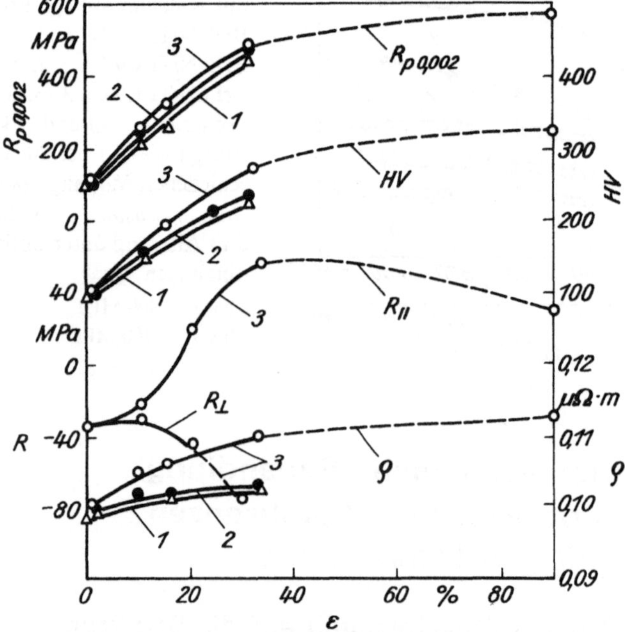

Bild 110. Abhängigkeit der physikalisch-mechanischen Eigenschaften und Restspannungen der abschreckgehärteten Berylliumbronzen BrBe 2 (*1*),
BrBeNiTi 1,9 (*2*), BrBeNiTi 1,9 Mg (*3*) vom Verformungsgrad beim Kaltwalzen
$R_{||}$ — Restspannungen im Streifen (Band) in Walzrichtung
$R_\perp$ -- Restspannungen in Querrichtung

Die Veränderung der Versetzungsstruktur der mikrodotierten magnesiumhaltigen Bronze trägt unter Verformungsbedingungen denselben Charakter wie in der normalen Bronze und besteht in der Bildung einer zellartigen Substruktur **(Bild 111)**, in der es keine Anzeichen des Zerfalls des Mischkristalls gibt. Außerdem hängen in einem um 30 bis 35% verformten Zustand die Größe, die *Anisotropie* und das Verteilungsdiagramm der Restspannungen praktisch nicht von der Mikrodotierung der Berylliumbronze mit Magnesium **(Bild 112)** ab.

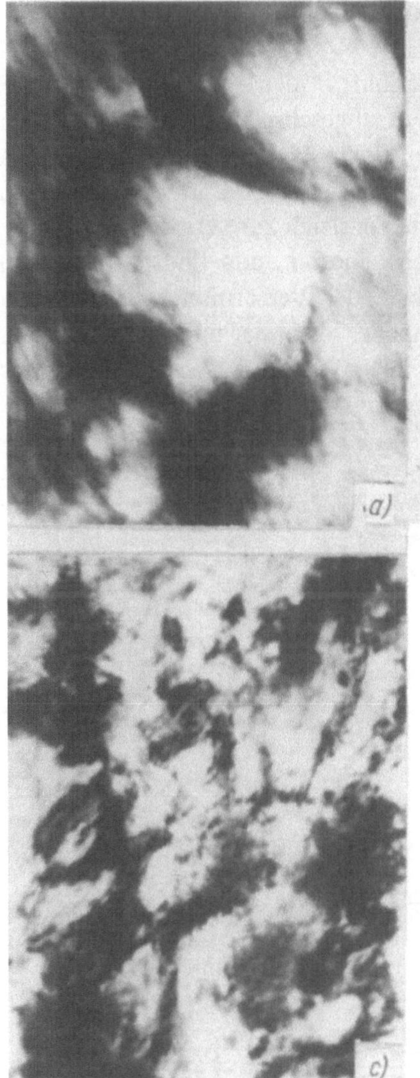

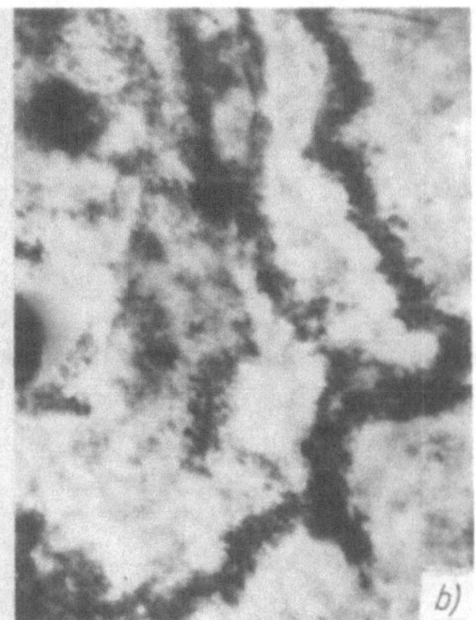

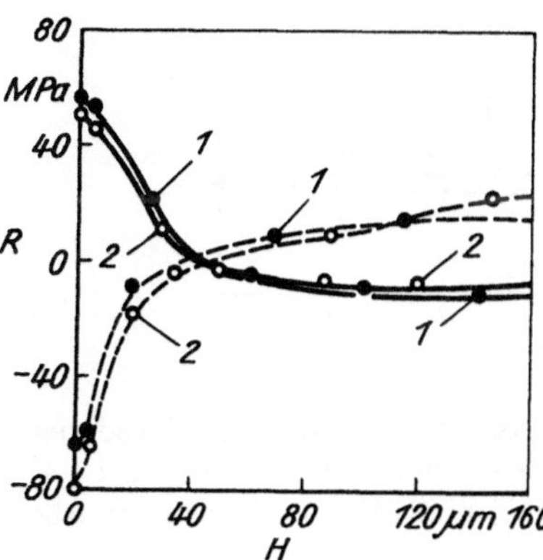

Bild 111. Abhängigkeit des Gefüges der Berylliumbronze BrBeNiTi 1,9 Mg vom Verformungsgrad bei verschiedenen Verformungsgraden ($\times$ 150000)
a) 15%
b) 30%
c) 90%

Bild 112. Restspannungen in kaltgewalzten 0,3 mm dicken Bändern aus den Bronzen BrBeNiTi 1,9 (1), BrBeNiTi 1,9 Mg (2) nach der Abschreckhärtung und Verformung (30%)

——— längs zur Walzrichtung
— — — quer zur Walzrichtung
H — Abstand von der Oberfläche

1.4.2.   Alterung der verformten mikrodotierten Bronzen

Die Alterung verformter Bronzen verläuft in den Anfangsstadien unabhängig von der Mikrodotierung langsamer als in abgeschreckten Bronzen. Davon zeugt die stärkere Verringerung des spezifischen elektrischen Widerstandes der abgeschreckten Bronze am Anfang des Alterungsvorganges bei 100 °C im Ergebnis der Annihilation einer großen Zahl von Leerstellen im Vergleich zur verformten Bronze.

In der mit Magnesium oder mit Magnesium und Phosphor gemeinsam mikrodotierten Bronze entwickelt sich nach der Verformung wie auch nach der Abschreckung der Alterungsprozeß schneller als in der undotierten oder Kalzium enthaltenden Bronze (**Bilder 113** und **114**). Wie auch für die abgeschreckte Bronze

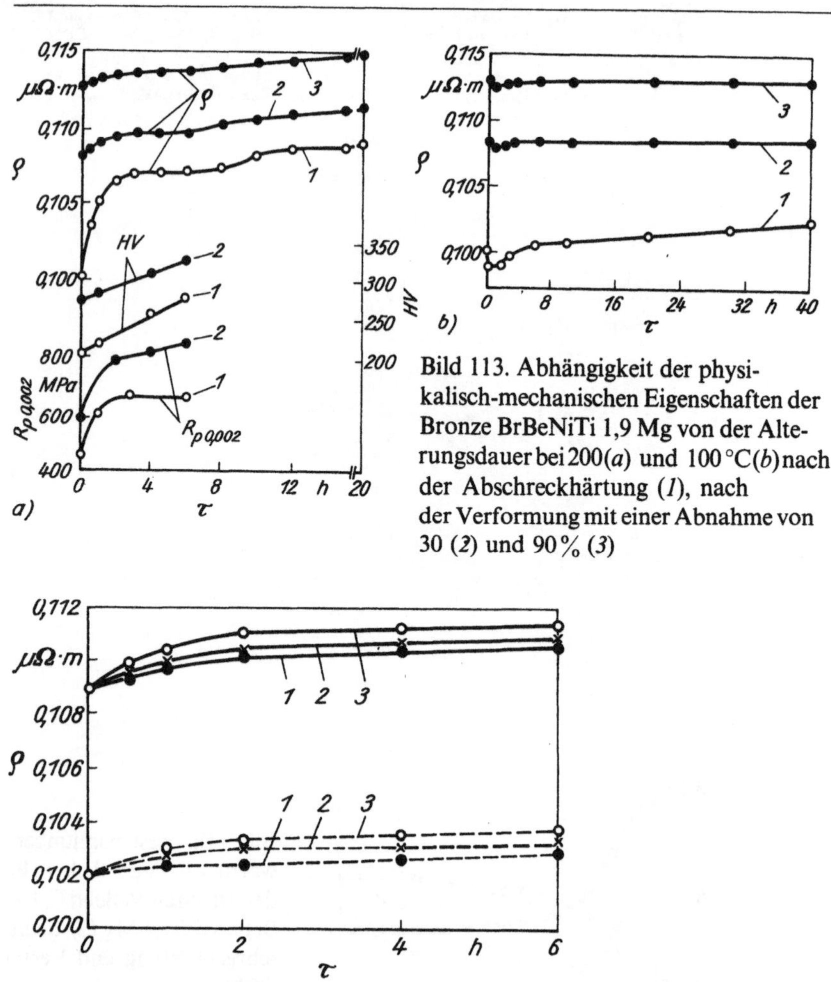

Bild 113. Abhängigkeit der physikalisch-mechanischen Eigenschaften der Bronze BrBeNiTi 1,9 Mg von der Alterungsdauer bei 200 (a) und 100 °C (b) nach der Abschreckhärtung (*1*), nach der Verformung mit einer Abnahme von 30 (*2*) und 90 % (*3*)

Bild 114. Abhängigkeit des elektrischen Widerstandes mikrodotierter Berylliumbronzen BrBeNiTi 1,9 MgP (———) und BrBeNiTi 1,9 Ca 2 (– – –) von der Alterungsdauer bei 150 ( ), 180 (*2*) und 210 °C (*3*) nach der Abschreckhärtung und Verformung (30 %)

kann dies mit der Anwesenheit bestimmter Komplexe in den ersten beiden Zusammensetzungen der Bronze nach der Verformung erklärt werden. Zu diesen Komplexen zählen: Berylliumatome — Kupferatome — Magnesiumatome (auch Phosphoratome) — Leerstellen.

Hiermit zeigt sich der Einfluß der Mikrodotierung ebenso wie in abgeschreckten Bronzen und bestätigt damit den Charakter der allgemeinen Gesetzmäßigkeit.

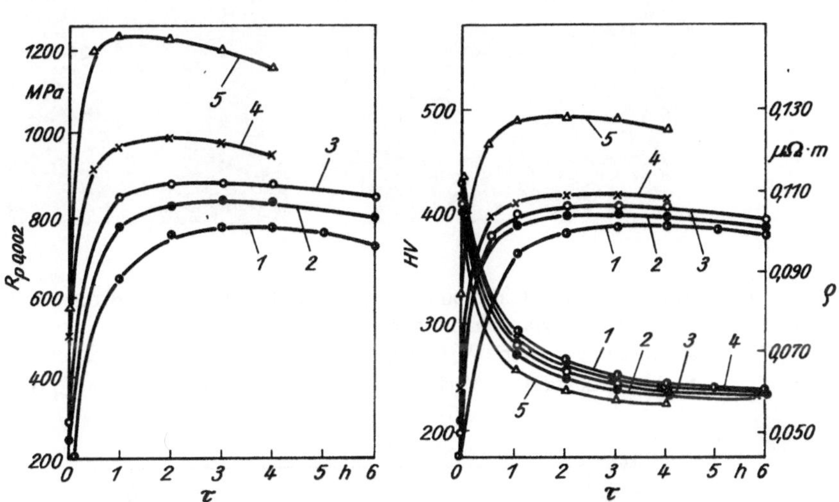

Bild 115. Abhängigkeit der physikalisch-mechanischen Eigenschaften der Bronze BrBeNiTi 1,9 Mg von der Alterungsdauer bei 340 °C und dem Verformungsgrad nach der Abschreckhärtung

1 — unverformt	*3* — 15%	*5* — 90%
2 — 10%	*4* — 30%	

Bei höheren Alterungstemperaturen wächst die Geschwindigkeit des Zerfallsprozesses verformter mikrodotierter Bronzen ebenso wie in Bronzen herkömmlicher Zusammensetzung in bedeutendem Maße, und dies um so schneller, je höher der Verformungsgrad ist (**Bild 115**), da die Diffusionsprozesse beschleunigt werden und die Keimbildung unter günstigeren Bedingungen verläuft, insbesondere dort, wo es zur Konzentration der Versetzungen kommt (**Bild 116**). Die Keimbildung verläuft heterogen. Durch den Verformungseinfluß erhöht sich bei der Alterung der Dispersionsgrad der Sekundärphasen, wodurch gemeinsam mit der Erhaltung der umgruppierten Versetzungssysteme ein hoher Verfestigungsgrad der Bronze sowohl unter den Bedingungen der mikroplastischen als auch der makroplastischen Verformung gewährleistet wird (Bild 116 und **Bild 117**).

Während die Elastizitätsgrenze der Bronze BrBeNiTi 1,9 mit 0,1% Mg nach dem Abschrecken und der Alterung maximal 780 bis 800 MPa erreichte, so beträgt sie nach der Alterung der um 30 bis 35% verformten Bronze 950 bis 980 MPa (Bild 15). Eine noch höhere Verfestigung erreichte die Bronze BrBeNiTi 1,9 Mg nach einer Verformung von 90%. Hierbei werden kleinere und homogenere Zellen in der Substruktur (Bild 111c) als nach einer 30- bis 35%igen Verformung beobachtet. Ver-

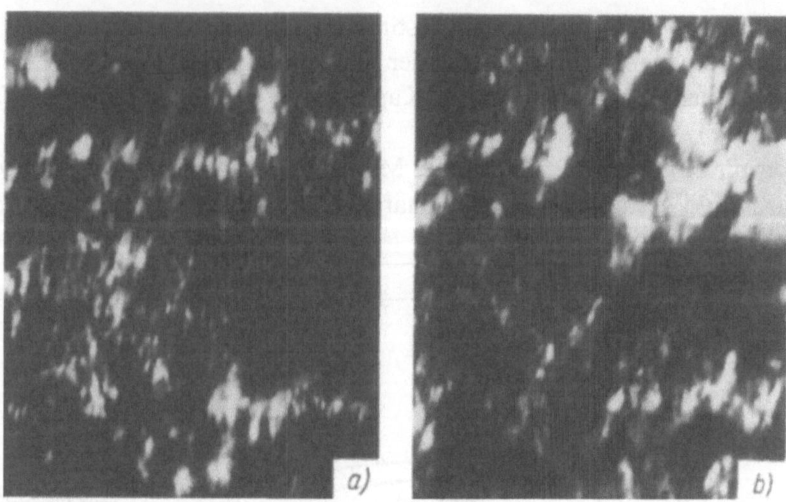

Bild 116. Dunkelfeldabbildung der Sekundärphase in der Bronze BrBeNiTi 1,9 Mg
nach der thermomechanischen Behandlung
a) Abschreckhärten, Verformung (30 %) und Alterung bei 340 °C, 1 h (× 150 000)
b) Abschreckhärten, Verformung (90 %), Alterung bei 340 °C, 0,5 h (× 150 000)

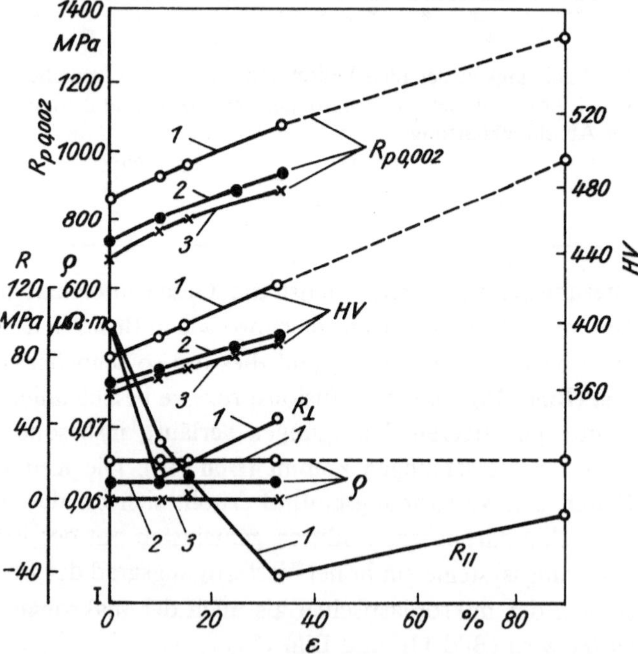

Bild 117. Abhängigkeit der Eigenschaften der Berylliumbronzen vom Verformungsgrad und der anschließenden Alterung; Bezugspunkt: Abschreckhärtung und
Alterung (*1*)
1 — BrBeNiTi 1,9 Mg
2 — BrBeNiTi 1,9
3 — BrBe 2

setzungshäufungen treten zonal mit unterschiedlicher Dichte auf, da sich wahrscheinlich die Zellwände untereinander genähert haben und die Versetzungsdichte innerhalb jeder Zelle gestiegen ist. Die nach der Alterung erhaltene Elastizitätsgrenze von 1250 MPa stellt einen Rekord für Kupferbasislegierungen dar und erreicht damit fast das Niveau der Federstähle.

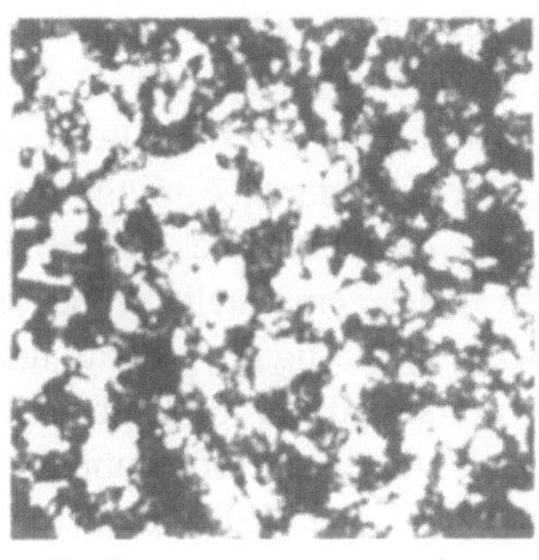

Bild 118. Mikrogefüge der Bronze BrBe 2 mit 0,06 % P nach der Abschreckhärtung und Alterung bei 360 °C, 5 h (nach TCHAGAPSOEV/JILOV) ($\times$ 450)

Die plastische Verformung kann in Berylliumbronzen zur Veränderung des folgenden Alterungsprozesses führen. So wird die abgeschreckte Bronze BrBe 2 P (0,05 % P) durch einen fast vollständigen diskontinuierlichen Zerfall nach der Alterung gekennzeichnet **(Bilder 118** und **119)** [70, 99]. Nach der Verformung verringert sich schroff der Anteil dieses Zerfalls **(Bild 120)** auf Kosten der Intensivierung der kontinuierlichen Ausscheidungsvorgänge. Dadurch ist es möglich, wesentlich die Verfestigung der phosphorhaltigen Bronze von 600 bis 650 MPa für den abgeschreckten Zustand bis auf 780 bis 800 MPa für den verformten Zustand anzuheben **(Bilder 121** und **122)**.

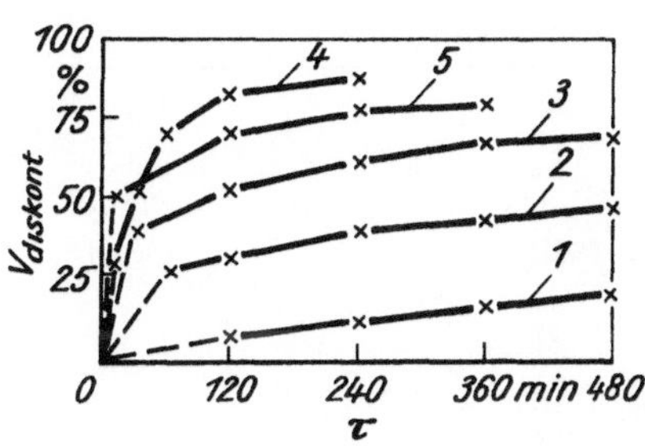

Bild 119. Abhängigkeit des Volumenanteils beim diskontinuierlichen Zerfall $R_{\text{diskont.}}$ in der Berylliumbronze BrBe 2 mit 0,5 % P nach der Alterung bei verschiedenen Temperaturen (nach TCHAGAPSOEV/JILOV)

1 — 300 °C	*4* — 360 °C
2 — 320 °C	*5* — 380 °C
3 — 340 °C	

Der durchgeführte Vergleich zeigt vor allem, daß die Verformung den Zerfall des übersättigten Mischkristalls insbesondere in seinen Anfangsstadien beschleunigt, d. h. bei der Keimbildung und beim Wachstum der Teilchen der γ'-Phase, deren Verteilungsdichte im vorliegenden Fall größer ist als im abgeschreckten Ausgangszustand. Bei Erhöhung der Alterungsdauer sinkt der Verformungseinfluß, wobei die maximale Verfestigung bedeutend früher eintritt als im unverformten Zustand. Sogar geringe Verformungsgrade von 10% zeigen bereits entsprechende Wirkung, die durch Erhöhung auf 35% (s. Bild 115) nur unwesentlich verstärkt wird.

Die allgemeinen Gesetzmäßigkeiten der Veränderung der physikalisch-chemischen Eigenschaften der Bronze bei der thermomechanischen Behandlung ändern sich nicht bis zu Magnesiumgehalten von 0,2% ebenso wie die absoluten Verfestigungswerte (s. Bild 98). Eine Mikrodotierung mit Kalzium führt nach der thermomechanischen Behandlung zur beschleunigten Verfestigung. Die maximale Verfestigung der Legierungen wird erreicht mit 0,006 bis 0,018% Ca bei 340 °C, 0,5 h, oder bei 320 °C, 1 h (s. Bilder 121 und 122), wobei wiederum bis zur Alterungstemperatur die Gitterfehlstellen erhalten bleiben und erst nach deren Annihilation der Mischkristall zerfällt. In noch kürzerer Zeit wird die maximale Verfestigung bei der Alterung der mit Phosphor mikrodotierten Bronze eingestellt, wobei jedoch durch diskontinuierliche Ausscheidung eine gewisse Entfestigung eintritt und damit ein wirkliches Verfestigungsmaximum im Unterschied zu anderen mikrodotierten Legierungen hier nicht erreicht wird. Nach gleicher Verformung (25 bis 30%) werden die größten Verfestigungen bei BrBeNiTi 1,9 MgP und BrBeNiTi 1,9 Mg erreicht (s. Bilder 121 und 122). Fast ähnliche Verfestigungen werden in mit Kalzium (0,006%) mikrodotierten Bronzen erzielt. Die Werte für die Elastizitätsgrenzen und den spezifischen elektrischen Widerstand der Bronzen BrBeNiTi 1,9 Mg (Verformung um 10 bis 15%) und BrBeNiTi 1,9 (Verformung um 30 bis 35%) sind nach optimaler Alterung gleich. Die technologische Plastizität der Bronze BrBeNiTi 1,9 Mg (Verformungsgrad 10 bis 15%) ist etwas kleiner als die der abschreckgehärteten, jedoch vielfach höher als die der herkömmlichen Bronze BrBeNiTi 1,9 im festen Zustand (Verformungsgrad 30 bis 35%). (Für gleiche Streifendicken von ≈ 0,3 mm wurden an Erichsen-Tiefziehproben aus den Bronzen BrBeNiTi 1,9 Mg mit einem Verformungsgrad von 10% und BrBeNiTi 1,9 — Verformungsgrad 33% — entsprechende Werte von 8,3 und 5,5 mm gemessen.) Die Bronze BrBeNiTi 1,9 Mg ist im viertelharten Zustand vor der Alterung gut verformbar, so daß aus ihr kompliziert geformte elastische Elemente durch Stanzen,

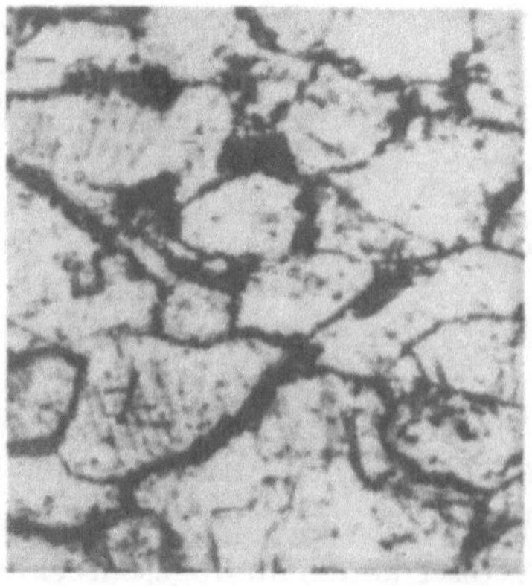

Bild 120. Mikrogefüge der Bronze BrBe 2 (mikrodotiert mit Phosphor) nach der Abschreckhärtung, Verformung und Alterung bei 360 °C, 1 h (× 400)

Ziehen und Biegen usw. hergestellt werden können. Im harten Zustand können aus der Bronze BrBeNiTi 1,9 flache und unkomplzierte elastische Elemente hergestellt werden. Es ist damit zweckmäßig, Bronzen des Typs BrBeNiTi 1,9 Mg im viertelharten Zustand einzusetzen, wodurch eine merklich höhere Verfestigung nach der Alterung als nach dem Abschrecken und der Alterung erreicht wird. Der Vergleich der Werte für den spezifischen elektrischen Widerstand nach der Alterung mikrodotierter Bronzen zeigt, daß offensichtlich infolge besserer Desoxydation die niedrigsten Werte der Bronze BrBeNiTi 1,9 Ca und in den mit Magnesium und Phosphor zugleich mikrodotierten Bronzen erreicht werden. Diese Ergebnisse stimmen

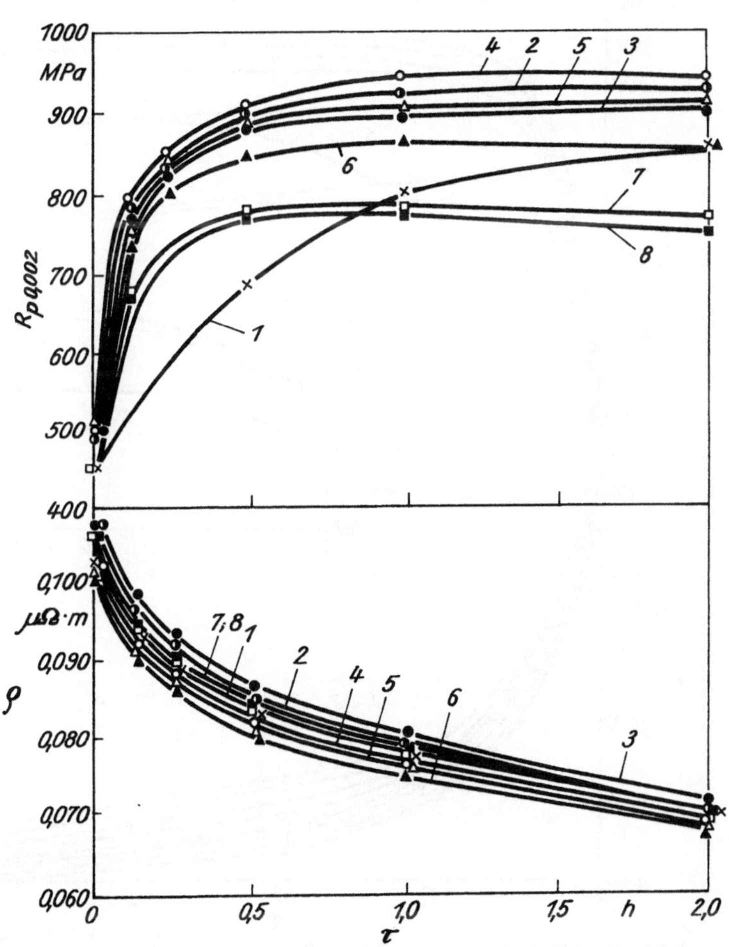

Bild 121. Abhängigkeit der physikalisch-mechanischen Eigenschaften mikrodotierter Berylliumbronzen nach der Abschreckhärtung und Verformung (25 %) von der Alterungsdauer bei 320 °C

1 — BrBeNiTi 1,9	*5* — BrBeNiTi 1,9 Ca 2
2 — BrBeNiTi 1,9 Mg	*6* — BrBeNiTi 1,9 Ca 3
3 — BrBeNiTi 1,9 Mg 2	*7* — BrBe 2 P (0,05 % P)
4 — BrBeNiTi 1,9 MgP	*8* — BrBe 2 P 2 (0,1 % P)

auch mit den an unverformten Bronzen erzielten Werten überein. Die Geschwindigkeit und der Grad der Änderung des spezifischen elektrischen Widerstandes bei der Wärmebehandlung werden in der **Tabelle 19** dargestellt. Neben dem Zerfall des Mischkristalls kommt es zur Annihilation der durch Verformung entstandenen Punktfehler, die im Ergebnis der Verformung hauptsächlich den Anstieg des spezifischen elektrischen Widerstandes bestimmen.

Wenn man annimmt, daß diese Punktfehler vollständig annihiliert werden, dann kann davon ausgegangen werden, daß während der Alterung der Zerfallsgrad des Mischkristalls, der der maximalen Verfestigung bei der Alterung entspricht, so-

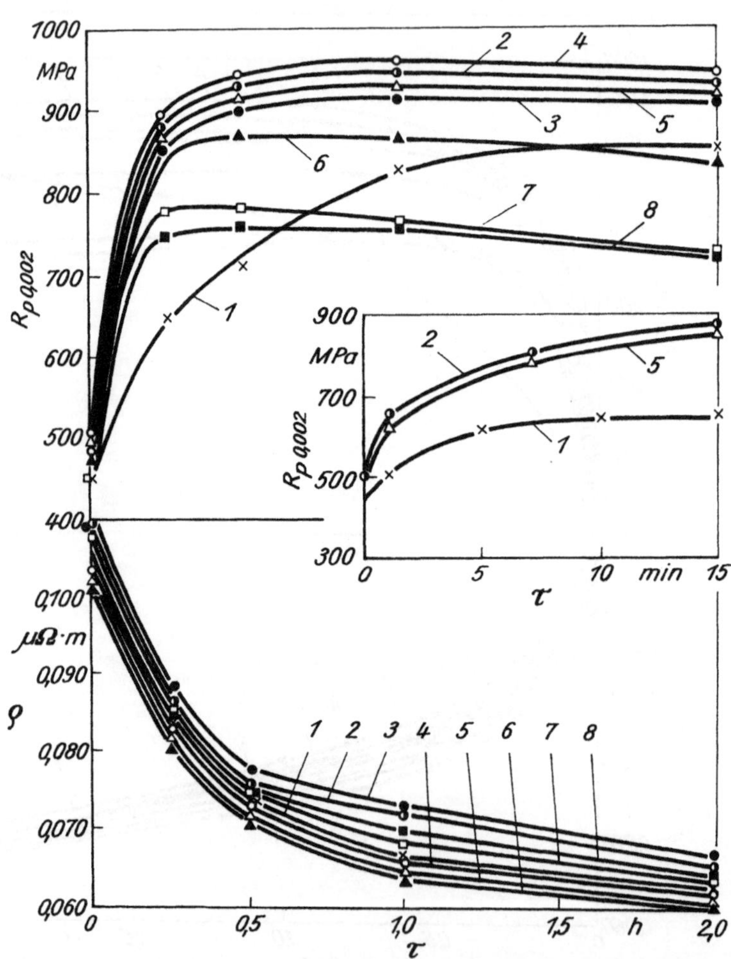

Bild 122. Abhängigkeit der physikalisch-mechanischen Eigenschaften mikrodotierter Berylliumbronzen nach der Abschreckhärtung und Verformung (25 %) von der Alterungsdauer bei 340 °C

1 — BrBeNiTi 1,9	*5* — BrBeNiTi 1,9 Ca 2
2 — BrBeNiTi 1,9 Mg	*6* — BrBeNiTi 1,9 Ca 3
3 — BrBeNiTi 1,9 Mg 2	*7* — BrBe 2 P (0,05 % P)
4 — BrBeNiTi 1,9 MgP	*8* — BrBe 2 P 2 (0,1 % P)

wohl für die vorverformte als auch die abschreckgehärtete Bronze gleich ist. Weil der Verfestigungsgrad nach der thermomechanischen Behandlung bei niedrigen Temperaturen, einschließlich der Alterung, bedeutend höher ist als nach der Abschreckhärtung und der Alterung, gelangt man zu der Schlußfolgerung, daß diese Größe die Rolle der Versetzungstruktur, die nach der Alterung in bestimmtem Maße erhalten bleibt, widerspiegelt. Außerdem leisten höhere Dispersität und Verteilungsdichte der Sekundärphase einen bestimmten Verfestigungsbeitrag.

Tabelle 19. ϱ-Abhängigkeit vom Verformungsgrad nach der Alterung (maximale Verfestigung) in BrBeNiTi 1,9 Mg

A, %	ϱ_V*, $\mu\Omega \cdot m$	ϱ_A**, $\mu\Omega \cdot m$	$\Delta\varrho = \varrho_V - \varrho_A$
0	0,10***	0,065****	0,035
10	0,105	0,062	0,043
15	0,107	0,063	0,044
33	0,11	0,065	0,045
90	0,113	0,065	0,048

Anmerkung: Eigenschaften der elektroschlackeerschmolzenen Bronze nach der Verformung ($\eta = 90\%$). Durch bessere Desoxydation verringert sich ϱ im Vergleich zu herkömmlichen Schmelzverfahren.

*   nach der Verformung
**   nach der Alterung
*** nach der Abschreckhärtung
**** nach der Abschreckhärtung und Alterung

Nach der Alterung der verformten Bronze stellt sich in einzelnen Bereichen eine polygonale Substruktur ein. Es gelingt jedoch nicht, vollständig die Versetzungsstruktur der Bronze nach der Verformung und der Alterung wegen der hohen Verteilungsdichte der Sekundärteilchen zu bestimmen. Zweifellos kommt es bei der Alterung zu einer bestimmten Umbildung der Versetzungsstruktur. Es kann angenommen werden, daß nach der Verformung die Versetzungstextur weitgehend abgebaut ist und die besonders die Verfestigung charakterisierenden Eigenschaften weniger richtungsabhängig geworden sind. Nach Erreichung der maximalen Elastizitätsgrenze bei der Alterung verformter Berylliumbronzen verringert sich jedoch noch intensiv der spezifische elektrische Widerstand, während in den unverformten Bronzen diese bedeutend schwächer ist (s. Bild 115). Die Untersuchung des Einflusses der thermomechanischen Behandlung an einer größeren Gruppe von Berylliumbronzen, die mit adsorptionsaktiven Elementen dotiert wurden (s. Bilder 121 und 122), zeigt, daß die allgemeinen Gesetzmäßigkeiten der Änderung der physikalisch-mechanischen Eigenschaften bei der Alterung analog den Gesetzmäßigkeiten sind, die für den unverformten Ausgangszustand aufgestellt wurden (s. Bilder 81, 82, 89, 106 und 107).

Die Mikrodotierung mit Magnesium, Kalzium oder gemeinsam mit Magnesium und Phosphor der thermomechanisch bei niedrigen Temperaturen behandelten Bron-

zen erhöht ebenso wie nach der Abschreckhärtung und Alterung deren Relaxationsfestigkeit **(Bild 123)**. Diese erreicht Höchstwerte sowohl bei 20 °C als auch bei 150 °C
in mit Magnesium (0,1 und 0,2%), Magnesium und Phosphor, aber auch mit Kalzium (0,006%) mikrodotierten Bronzen. Die erwähnte thermomechanische Behandlung führt in allen Legierungen zu einer bedeutenden Steigerung der Relaxationsfestigkeit bei normaler und höherer Temperatur. Wenn z. B. der Verformungsrest
nach statischer Belastung bei 20 °C innerhalb von 500 h ($R_m = 800$ MPa) in den
Bronzen BrBeNiTi 1,9 Mg, BrBeNiTi 1,9 MgP und BrBeNiTi 1,9 Ca 2 nach der
Abschreckhärtung und der Alterung entsprechend $(5,5,\ 5,0$ und $6)\cdot 10^{-3}\%$ beträgt,
so stellt sich ein Wert für ε nach der thermomechanischen Behandlung von (3,0, 2,7

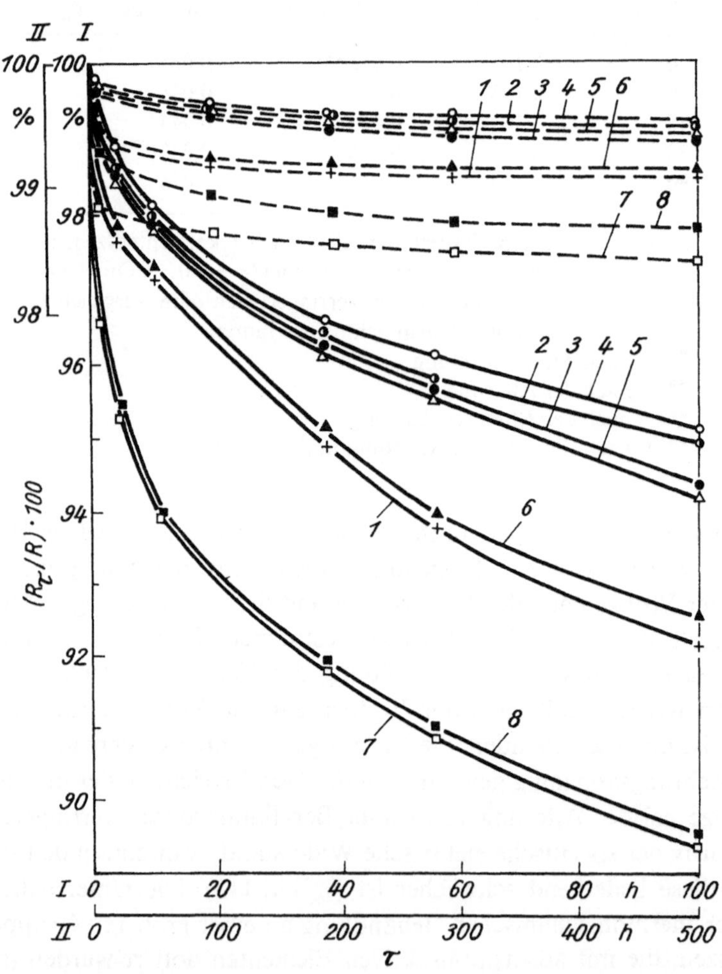

Bild 123. Relaxationsfestigkeit der Berylliumbronzen bei 800 MPa nach der Abschreckhärtung, Verformung (30%) und Alterung unter optimalen Bedingungen
———— bei 150 °C
– – – – bei 20 °C
Bezeichnungen s. Bild 121

und $3{,}5) \cdot 10^{-3}\%$ entsprechend ein. Die Relaxationsfestigkeit der aufgeführten Bronzen bei 150 °C nach der thermomechanischen Behandlung ist 3- bis 4fach höher als nach der Abschreckhärtung und der Alterung. Demnach ist der durch thermomechanische Behandlung erzielte Verfestigungseffekt thermisch hinreichend stabil, insbesondere in den mikrodotierten Bronzen.

Es muß vermerkt werden, daß die Abhängigkeit des Widerstandes gegenüber kleinen plastischen Verformungen und der Relaxationsfestigkeit von der Magnesiumkonzentration für alle Verfestigungsmethoden (thermomechanische Behandlung oder Abschreckhärten und Alterung) einer allgemeinen Gesetzmäßigkeit unterliegt (Bild 98). Hierbei ist am wichtigsten die Wechselwirkung der Atome der Mikrodotierungselemente mit den Gitterfehlstellen:

bei der Alterung unverformter Berylliumbronzen: Wechselwirkung mit den bei der Abschreckung entstehenden Leerstellen und den entstehenden Versetzungen;

bei der Alterung verformter Berylliumbronzen: hauptsächlich Wechselwirkung mit den Versetzungen, die sich im Verformungsprozeß gebildet haben.

In beiden Fällen bewirken die Mikrodotierungselemente die Erhöhung der Teilchendispersität und entsprechend eine Dichtesteigerung sowie eine gleichmäßige Teilchenverteilung.

Der positive Einfluß einer Mikrodotierung mit Magnesium auf den Verfestigungsgrad bei der thermomechanischen Behandlung ist von der Berylliumkonzentration (1,9 und 1,7%) unabhängig (**Bild 124**). In der BrBeNiTi 1,7 beschleunigt das Magnesium stark die Anfangsstadien der Verfestigung im Ergebnis des Zerfalls des verformten α-Mischkristalls. Die maximale Elastizitätsgrenze der Bronze BrBeNiTi 1,7

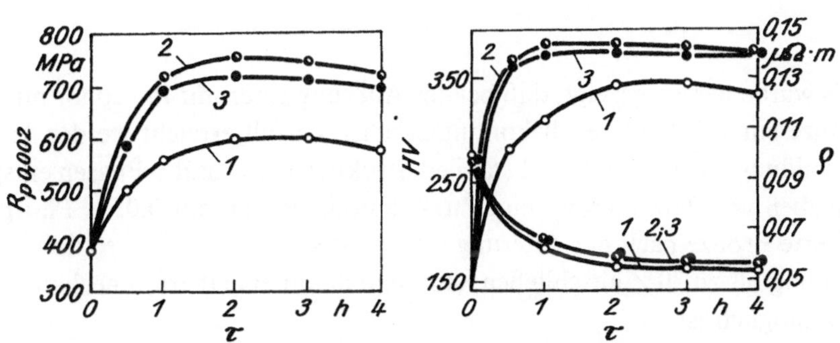

Bild 124. Abhängigkeit der physikalisch-mechanischen Eigenschaften der Berylliumbronzen nach der Abschreckhärtung und Verformung (33%) von der Alterungsdauer bei 340 °C

1 — BrBeNiTi 1,7   *3* — BrBeNiTi 1,7 Mg
2 — BrBeNiTi 1,9

mit 0,09 bis 0,16% Mg (BrBeNiTi 1,7 Mg) ist um 120 bis 150 MPa größer als die der magnesiumfreien Bronze. Demgegenüber ist die absolute Größe der Verfestigung in BrBeNiTi 1,7 mit Magnesium geringer als in BrBeNiTi 1,9 Mg, wobei jedoch ihre technologische Plastizität nach der Abschreckhärtung oder Abschreckhärtung mit einer sich anschließenden Verformung um 30 bis 55% höher ist als bei der letzteren. Hierin besteht der technologische Vorteil der niedrigdotierten Bronze bei gleichzeitig geringeren Kosten. Weitere technologische Vorteile der Bronzen des Typs BrBeNiTi 1,7 Mg sind die geringeren Restspannungen bei der Alterung ($R_{Rest} \approx$ -20 MPa nach der Verformung um 33% und der Alterung bei 320 °C, 3 h) sowie die geringere Krümmung ($f = 1,7$ mm) im Vergleich zu höher dotierten Bronzen, z. B. BrBeNiTi 1,9 Mg ($R_{Rest} = -40$ MPa, $f = 2,2$ mm). Die Ursachen hierfür bestehen in den geringeren Veränderungen im Volumen des Materials und in dem homogeneren Zerfall des Mischkristalls bei der Alterung.

Es ist wichtig zu wissen, daß in magnesiumdotierten Bronzen die Verfestigungsverringerung mit steigender Streifendicke kleiner ist als in magnesiumfreien, weil in letzteren die Entfestigung der Oberflächenschichten größer ist **(Bild 125)**.

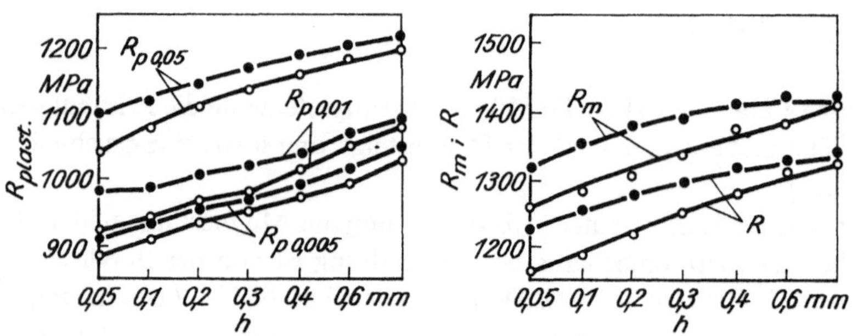

Bild 125. Abhängigkeit der mechanischen Eigenschaften von der Banddicke *h* der Berylliumbronzen BrBeNiTi 1,9 (○) und BrBeNiTi 1,9 Mg (●) nach der Abschreckhärtung, Verformung (30%) und Alterung

Es wurde bereits gezeigt, daß bei der Alterung einer mit Phosphor mikrodotierten Bronze ein vollständiger diskontinuierlicher Zerfall erreicht werden kann, der der Ausbildung einer hinreichend stabilen Struktur aus α- und γ-Phasen entspricht. Den Angaben von THAGAPSOEV und ŽILOV zufolge ist die mit 0,05% Phosphor mikrodotierte Bronze nach der Alterung sehr plastisch ($A = 12\%$), so daß sich eine Verformung bis zu 30% anschließen kann und damit eine thermomechanische Behandlung möglich ist.

Während der Verformung erfolgt eine Orientierung der Lamellen der γ-Phase in den Bereichen des diskontinuierlichen Zerfalls mit der Ausbildung eines Strukturzustandes, der dem Zustand eines natürlichen Verbundwerkstoffes ähnlich ist. In diesem Fall erhöht die plastische Verformung die Elastizitätsgrenze **(Bild 126)** und den spezifischen elektrischen Widerstand. Bei der plastischen Verformung der Bronze nach dem kontinuierlichen Zerfall (Bild 51) unterscheidet sich die Änderung der Eigenschaften von den oben beschriebenen wie folgt: Die Elastizitätsgrenze verringert sich, während in bedeutendem Maße der spezifische elektrische Widerstand ansteigt. In Bronzen, in denen Teilchen der γ-Phase auftreten, kommt es nicht zur Erholung, so daß sich bei der Verformung die Verfestigung erhöht (Bild 126), während der spezifische elektrische Widerstand sich in Grenzen steigert, die gewöhnlich dem Mischkristall zugeordnet werden: von 0,050 bis 0,052 $\mu\Omega \cdot$ m. Eine völlige Stabilität der Struktur der Bronze BrBe 2 P, deren Beurteilung nach dem Grad der Erholung bei 500 °C, 10 s, erfolgt, wird bereits nach der Alterung bei 340 °C erreicht, da unter diesen Bedingungen der diskontinuierliche Zerfall stark entwickelt ist, während in der Bronze BrBe 2 für die Stabilisierung der Struktur eine Alterungstemperatur von 380 °C [105] erforderlich ist.

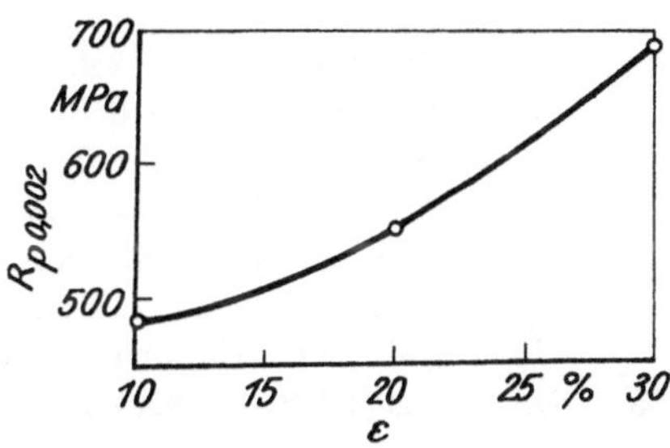

Bild 126. Einfluß der plastischen Verformung bei anschließender Alterung (280 °C, 2 h) auf die Elastizitätsgrenze der Bronze BrBe 2 P (0,05 % P). *Ausgangszustand*: Abschreckhärtung und Alterung bei 360 °C, 5 h (nach TCHAGAPSOEV/JILOV)

Für die 0,05 % P enthaltende Bronze BrBe 2 wurden folgende optimale Alterungsbedingungen gefunden: 280 °C, 4 h (**Bilder 127** und **128**). Nach einer thermomechanischen Behandlung der Bronze BrBe 2 P besitzt diese gleichfalls eine hohe Elastizitätsgrenze ($R_{p\,0,002}$ = 700 bis 750 MPa), eine äußerst hohe Ermüdungsfestigkeit (auf der Grundlage von R_m = 700 MPa beträgt die Anzahl der Zyklen bis zum Bruch bei asymmetrischer Belastung der BrBe 2 P nach der thermomechanischen Behandlung $1{,}6 \cdot 10^5$, bei der Bronze BrBeNiTi 1,9 Mg: $8 \cdot 10^4$). Außerdem besitzt die Bronze des Typs BrBe 2 P nach der thermomechanischen Behandlung einen kleineren Temperaturbeiwert des Elastizitätsmoduls ($3 \cdot 10^{-4}$ °C^{-1}) im Vergleich zur Bronze BrBe 2 ($4 \cdot 10^{-4}$ °C^{-1}) und, was von besonderer Wichtigkeit ist, sie besitzt gleichfalls eine hohe elektrische Leitfähigkeit (spezifischer elektrischer Widerstand 0,042 bis 0,046 $\mu\Omega \cdot$ m im Vergleich zu den für Berylliumbronzen typischen Werten von

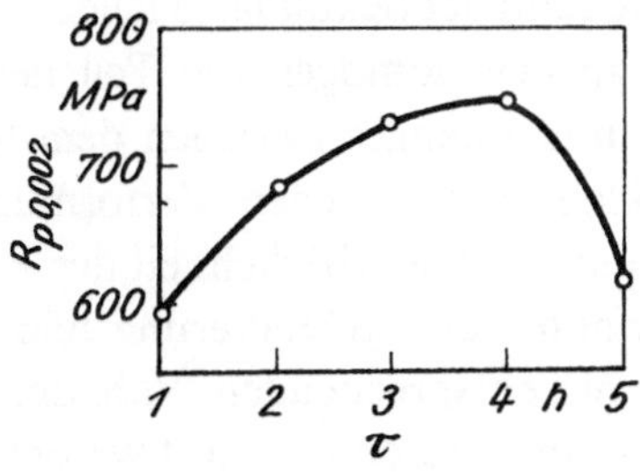

Bild 127. Abhängigkeit der Elastizitätsgrenze der Bronze BrBe 2 P von der Alterungsdauer bei 280 °C. *Ausgangszustand*: Abschreckhärtung, Alterung bei 360 °C, 5 h, und Kaltverformung, Verformungsgrad 30 %) (nach TCHAGAPSOEV/JILOV)

0,055 bis 0,06 $\mu\Omega \cdot$ m). Die höhere Ermüdungsfestigkeit von BrBe 2 P nach thermomechanischer Behandlung ist offensichtlich das Ergebnis von Druckspannungen in der Oberflächenschicht sowie der geringeren Möglichkeit der Entwicklung von Zerstörungskeimen in Bereichen des α-Mischkristalls oder an den Grenzen mit den Lamellen der γ-Phase wegen der hohen Wahrscheinlichkeit der Entwicklung von Relaxationsprozessen in beim diskontinuierlichen Zerfall stark verarmten α-Mischkristall und wegen der durch die Lamellen der γ-Phase aufgebauten Hemmnisse.

Die an der Bronze BrBe 2 P erzielten Eigenschaften rechtfertigen ihren Einsatz bei der Herstellung stromführender elastischer Elemente mit hinreichend großer Plastizität.

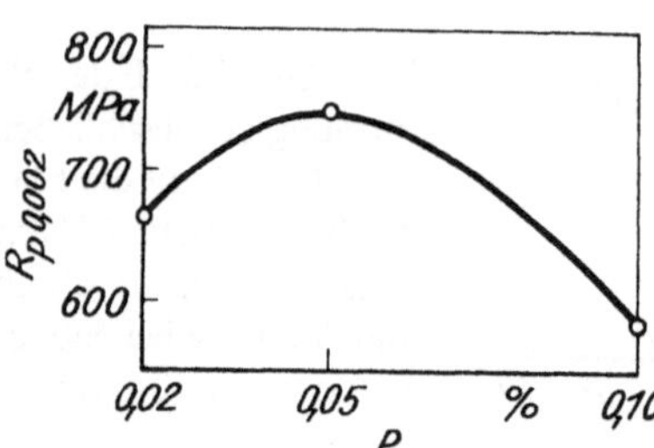

Bild 128. Abhängigkeit der Elastizitätsgrenze der Bronze BrBe 2 vom Phosphorgehalt nach der thermomechanischen Behandlung unter optimalen Bedingungen; Abschreckhärtung, Alterung bei 360 °C, 5 h, Kaltverformung (30 %) und Alterung bei 280 °C, 4 h (nach TCHAGAPSOEV/JILOV)

1.5. Stufenförmige Alterung der Legierungen

1.5.1. Allgemeine Einführung

Die *stufenförmige Alterung* ist ein Prozeß, der auf der Kombination der Alterung bei einer niedrigen und anschließend bei einer höheren oder bei einer hohen und anschließend bei einer niedrigeren Temperatur beruht und industriell breite Anwendung findet. Die erste Variante der Stufenalterung beruht auf der Einstellung einer hohen Dichte der Guinier-Preston-Zonen oder von Keimen der metastabilen Phase, die im zweiten Stadium bei der höheren Temperatur hauptsächlich wachsen werden, und dies in der Mehrzahl der Fälle ohne Änderung ihrer Atomkoordination, jedoch wahrscheinlich bei veränderter Kohärenz mit der Matrix. Somit kann bei gleichbleibender Legierungszusammensetzung die Zahl der Sekundärteilchen (in der Regel die der metastabilen Phase) bei einer möglichen homogeneren Teilchenverteilung erhöht werden. Aus der Analyse des Zusammenhanges zwischen dem Strukturzustand und dem Widerstand gegenüber kleinen plastischen Verformungen folgt, daß dieser Widerstand beträchtlich steigen sollte. Die Möglichkeit der Realisierung dieses positiven Einflusses der ersten Variante der Stufenalterung hängt von den Zusammensetzungen der Legierungen und der entsprechenden Wahl der Bedingungen ab, unter denen beide Stadien oder Alterungsstufen realisiert werden. Die Ausarbeitung der Theorie von der ersten Variante der Stufenalterung erfolgt bereits seit mehreren Jahren und kann selbst heute noch nicht als abgeschlossen betrachtet werden. Die bisher auf diesem Gebiet vollkommensten Theorien legten NICHOLSON [106—108] und PASHLEY [50, 51] vor. Nach PASHLEY soll die im ersten Stadium eingestellte Temperatur der Stufenalterung die homogene Bildung der Guinier-Preston-Zonen oder der Keime der metastabilen Phase bewirken, jedoch unter der Bedingung, daß diese Ausscheidungen die bekannte thermodynamische Stabilität erlangen. Ist die Temperatur des ersten Stadiums zu tief, so daß die Guinier-Preston-Zonen oder die Keime der Sekundärphase zu instabil werden, dann verlieren sie bei der folgenden Glühung bei hoher Temperatur im zweiten Stadium des Prozesses ihre Beständigkeit. Diese Temperatur T_C grenzt das Gebiet der homogenen von dem der heterogenen Keimbildung ab, damit im gegebenen Stadium vorrangig das Wachstum der im ersten Stadium entstandenen Guinier-Preston-Zonen und Keime erfolgt.

In den Theorien von NICHOLSON [107—108] und PASHLEY wird davon ausgegangen, daß im ersten Stadium des Zerfallsprozesses (bei niedriger Temperatur) eine Temperatur existiert (die Guinier-Preston-Temperatur T_{GP}), bei der die Guinier-Preston-Zonen eine derartige Stabilität erlangen, mit der sie in der zweiten Stufe (Stadium) des Prozesses keimbildend wirken können. Beide Theorien stimmen jedoch nicht immer mit den konkreten Angaben zur Stufenalterung der Legierungen überein, weil die Temperaturen T_C und T_{GP} vom Grad der Keim- oder Zonenbildung abhängen. Gleichfalls hängen sie dabei vom Übersättigungsgrad des Mischkristalls ab [109].

Die Stabilität der Keime, die im ersten Stadium im Vergleich zum Erholungsprozeß im zweiten Stadium entstanden sind, hängt von der Größe und der Form der Guinier-Preston-Zonen ab (oder von anderen Keimen). Von gleichfalls bedeutendem Einfluß sind die sich um die Zonen und Keime bildenden Spannungsfelder [109].

Der Erholungsgrad hängt von der Temperatur des zweiten Alterungsstadiums ab. Je höher diese Temperatur ist, um so niedriger ist das Verfestigungsniveau. In bestimmten Fällen können die Festigkeitseigenschaften nach der Stufenalterung sogar niedriger sein als nach der herkömmlichen (einstufigen) Alterung. Dies tritt ein, wenn die Keime im zweiten Stadium gelöst werden. Die Struktur einer Legierung nach einer derartigen stufenförmigen Alterung ist nicht so fein wie nach einer herkömmlichen Alterung bei derselben erhöhten Temperatur [50, 110, 111].

Die Anwendung der Stufenalterung gestattet nicht nur die Erhöhung der Dispersität der Sekundärteilchen, sondern bewirkt auch deren geordnetere Verteilung [109, 112, 113]. Die Stufenalterung verhindert in bestimmten Fällen eine heterogene Entstehung der Sekundärphase.

Die Stabilisierung der im Ergebnis der Anfangsstadien des Zerfallsprozesses entstandenen Keime ergibt sich aus ihrer Wechselwirkung mit einem System von Versetzungen, die sich verformungsbedingt bilden. Entsprechend den Angaben von [114] erhöht sich das Verfestigungsniveau (HV 125) in einer kompliziert legierten Aluminiumlegierung nach einer Stufenalterung im Vergleich zur herkömmlichen Alterung.

Die Erweiterung des technologischen Prozesses der Stufenalterung um eine Kaltverformung erwies sich als geeignete Maßnahme zur Verbesserung der Eigenschaften der Legierung AlCu 4 [115], bei der eine herkömmliche Stufenalterung nicht effektiv ist. Es ist jedoch zu berücksichtigen, daß allein die Kenntnis der Zusammensetzung der Legierungen und deren Struktur nach einer herkömmlichen Alterung noch nicht ausreichend ist, eine Einschätzung zur Effektivität der Stufenalterung vorab zu geben. So führt die Stufenalterung als Kombination der natürlichen mit der künstlichen Alterung in der Mehrzahl der Legierungen des Systems Al-Cu, einschließlich der im technischen Maßstab produzierten Legierungen VD 17, AK 2, AK 4, AK 4-1 [116], nicht zu einem Festigkeitszuwachs, während nach Angaben von FRIDLANDER die Stufenalterung von Legierungen des Systems Al-Mg-Zn deren Eigenschaften und deren Struktur um so stärker beeinflußt, je größer die Dauer der natürlichen Alterung ist.

Die Anwendung der Stufenalterung erwies sich nicht nur als effektiv für eine Reihe von Aluminiumbasislegierungen, sondern auch für Stähle, z. B. austenitische [117]. In den Arbeiten [118, 119] wird der Einfluß des Stufenanlassens von Schnellarbeitsstahl auf die Verbesserung der Sekundärhärte, der Zähigkeit und der Wärmebeständigkeit betrachtet.

Die zweite Variante der Stufenalterung — der Kombination einer Hochtemperatur- und Niedrigtemperaturalterung — hat in erster Linie Bedeutung für warmfeste Nickellegierungen. Die Wirkungsweise der Stufenalterung ist endgültig noch nicht geklärt. Es wird angenommen, daß im Hochtemperaturstadium [120], in dem es gleichfalls zur Ausscheidung von Karbidphasen kommt, hinreichend große und verhältnismäßig homogene Sekundärteilchen gebildet werden, während der bekannte Kolloideffekt hierbei stark abgeschwächt wird bzw. völlig unterdrückt wird. Dieser Entwicklung ist die Verringerung des Übersättigungsgrades des Mischkristalls förderlich.

Ausgehend von den Angaben über den Strukturzustand der Legierungen nach der Stufenalterung gemäß erster Variante kann angenommen werden, daß diese Art der Wärmebehandlung besonders effektiv für Federlegierungen sein sollte, deren Eigenschaften hauptsächlich durch die Entwicklung der mikroplastischen Verformung bestimmt werden. Insbesondere die hohe Dispersität der Sekundärteilchen, deren homogene Verteilung bei nicht verarmten Zonen in der Nähe der Korngrenzen und fehlenden groben Ausscheidungen an den Korngrenzen sollte nach der Stufenalterung Bedingungen schaffen, unter denen die Wanderung der Versetzungen (reversibel oder irreversibel) in der Mehrzahl der Fälle in beträchtlichem Maße erschwert wird. Legierungen, deren Einsatz unter hohen Temperaturen vorgesehen ist, sollten im Sinne der Effektivität nach der zweiten Variante der Stufenalterung behandelt werden.

1.5.2. Stufenalterung abschreckgehärteter Berylliumbronzen

Die Möglichkeit und Zweckmäßigkeit der Anwendung der Stufenalterung für die Berylliumbronze ist durch die obigen Darlegungen begründet. Durch die Untersuchung der diffusen Streuung im Niedrigtemperaturstadium der Alterung sowie durch Messung thermodynamischer Kenngrößen der Berylliumbronzen stellte

TJAPKIN fest, daß sich in einer flächenzentrierten Matrix des α-Mischkristalls eine neue γ'-Phase mit tetragonaler Struktur bildet. In Übereinstimmung mit [121, 122] können im Frühstadium der Alterung die Ausscheidungen als *Guinier-Preston-Zonen* interpretiert werden, die anschließend in die metastabile γ'-Phase übergehen. Diese Angaben zeugen von der Möglichkeit der Bildung hinreichend stabiler Keime im Niedrigtemperaturstadium der Alterung, die in bestimmtem Grad bei höheren Temperaturen stabil bleiben sollen. Damit wird gleichfalls ein bestimmter Einfluß auf die Kinetik des Prozesses in diesem Stadium und auf die sich bildende Struktur und die Eigenschaften genommen.

Die Hypothese über die Stabilität dieser Keime beruht darauf, daß ihre Zusammensetzung und der atomare Aufbau der Zusammensetzung dem Aufbau der Sekundärteilchen, die sich bei der höheren Alterungstemperatur bilden, entspricht. Offensichtlich soll die Erholung in größerem Maße in dem Falle verlaufen, in dem sich die Zusammensetzung und der Aufbau der Keime von der Zusammensetzung und dem Aufbau der Teilchen der Sekundärphase unterscheiden. Diese Ausgangsbedingungen hinsichtlich einer wahrscheinlichen Effektivität der Stufenalterung konnten in vollem Umfang bestätigt werden.

Die angeführten Bedingungen für die Stufenalterung sprechen für die Zweckmäßigkeit der Anwendung dieser Methode der Wärmebehandlung im Falle der Berylliumbronzen. Außerdem ist zu erwarten, daß dieser Prozeß positive Auswirkung auf die mikrodotierten Bronzen nimmt. Früher wurde in den entsprechenden Arbeiten über die Stufenalterung die Rolle der Mikrodotierung nicht erörtert. Die Magnesiumatome, wie bereits festgestellt werden konnte, werden durch eine höhere Bindungsenergie mit den Leerstellen im Vergleich zu den Atomen der hauptsächlichen Legierungselemente der Berylliumbronzen charakterisiert. Deshalb werden nach dem Abschrecken *Leerstellen* in hoher Konzentration, die gemeinsam mit den Beryllium-, Kupfer- und Magnesiumatomen Komplexe bilden, fixiert. Diese Komplexe beschleunigen den Ablauf des ersten Stadiums der Alterung im Temperaturbereich von 150 bis 240 °C.

Im vorliegenden Fall bleiben die Leerstellen in bestimmtem Grad bis zum Moment der Entwicklung des zweiten Stadiums der Alterung erhalten. Hieraus ergibt sich die Möglichkeit der weiteren Entwicklung aller noch existierenden Keime und in Übereinstimmung mit BUJNOV und ROMANOVA [109] die Einstellung einer hochdispersen Struktur. Hieraus ergibt sich die Effektivität der Anwendung der Stufenalterung für die Berylliumbronze.

Es konnte festgestellt werden, daß die strukturellen Veränderungen, die bei der Niedrigtemperaturalterung ablaufen, d. h. im ersten Stadium des Zerfallsprozesses des α-Mischkristalls in den Berylliumbronzen unterschiedlichen Legierungsgrades, den Zerfall des übersättigten Mischkristalls im zweiten Stadium (bei höherer Temperatur) sowie das Niveau ihrer physiko-mechanischen Eigenschaften nach einem vollen Zyklus der Stufenalterung beeinflussen.

Das erste Stadium der Stufenalterung bei 150 bis 240 °C führt zu einer wesentlichen Änderung der Eigenschaften der Berylliumbronze (s. Bild 68). Die Dotierung der Bronze mit einem derartigen adsorptionsaktiven Element, wie z. B. Magnesium, beschleunigt den Prozeß der Niedrigtemperaturalterung und führt zu einem vollständigeren Ablauf dieses Stadiums, dessen Ausdruck die Größe des spezifischen elektrischen Widerstandes ist **(Bild 129)**. Die Zugabe von Magnesium bewirkt ebenfalls eine beträchtliche Erhöhung der Elastizitätsgrenze und der Härte im Alterungsprozeß bei den genannten Temperaturen (s. Bild 68).

Die Änderung des spezifischen elektrischen Widerstandes der Berylliumbronzen in den Anfangsetappen des Alterungsprozesses bei erhöhter Temperatur (340 °C) wird ebenso wie auch bei der Niedrigtemperaturalterung durch einen Maximalwert charakterisiert (s. Bild 80). Es wurde jedoch beobachtet, daß nach der Alterung von Legierungen bei erhöhten Temperaturen, der eine Niedrigtemperaturalterung voranging, das Maximum des spezifischen elektrischen Widerstandes erst erreicht wird, nachdem dieser geringfügig sank **(Bild 130)**. Es kann angenommen werden, daß dies

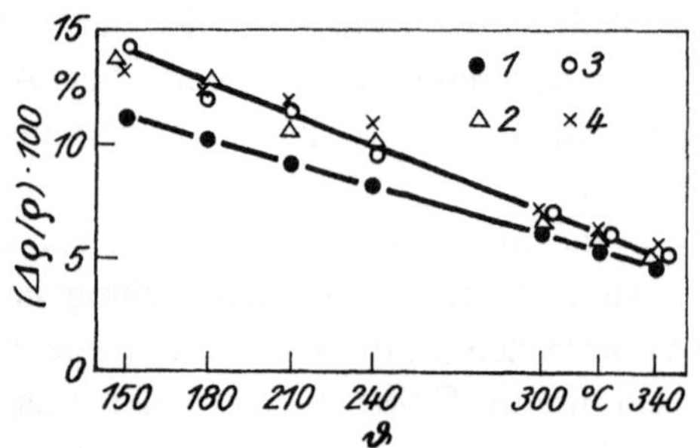

Bild 129. Abhängigkeit des maximalen Zuwachses des spezifischen elektrischen Widerstandes $(\Delta\varrho/\varrho)\cdot 100\%$ in den Anfangsstadien des Zerfallsprozesses von der Alterungstemperatur ϑ in abschreckgehärteten Berylliumbronzen

1 — BrBeNiTi 1,9
2 — BrBeNiTi 1,9 Mg
3 — BrBeNiTi 1,9 Mg 2
4 — BrBeNiTi 1,9 Mg 4

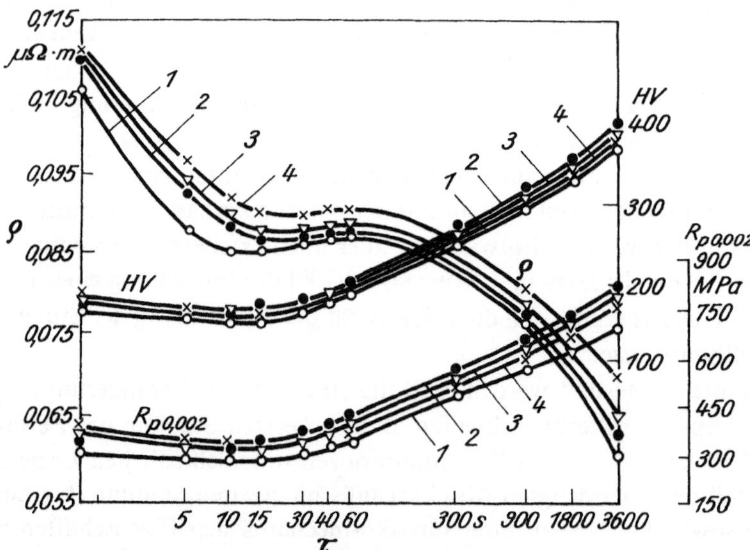

Bild 130. Einfluß der Hochtemperaturalterung (340 °C) auf die Eigenschaften der Bronzen des Typs BrBeNiTi 1,9 (mikrodotiert mit Mg) nach der Vorhärtung und der Alterung bei 210 °C, 1 h

Bezeichnungen s. Bild 129

im Zusammenhang mit dem begrenzten Verlauf des Erholungsprozesses steht. Hierbei wird ein Teil der instabilsten Keime, die bei der Niedrigtemperaturalterung gebildet wurden, gelöst.

Unter Berücksichtigung der Temperaturabhängigkeit der Geschwindigkeit, mit der sich der thermisch aktivierte Niedrigtemperaturzerfall entwickelt, wurde die Aktivierungsenergie des ersten Stadiums der Stufenalterung bei niedrigen Temperaturen für magnesiumdotierte und magnesiumfreie Legierungen berechnet. Die berechneten Aktivierungsenergien für die Prozesse, die den Zerfall des Mischkristalls in den untersuchten Berylliumbronzen **(Tabelle 20)** kontrollieren, stimmen befriedigend mit den Ergebnissen der Untersuchungen der Anfangsstadien des Zerfalls in CuBe-Legierungen überein [21, 123 – 125].

Tabelle 20. Aktivierungsenergien für Alterungsprozesse in Berylliumbronzen

Alterungstyp	Aktivierungsenergien (kJ/mol) der Bronzen			
	BrBeNiTi 1,9	BrBeNiTi 1,9 Mg	BrBeNiTi 1,9 Mg 2	BrBeNiTi 1,9 Mg 4
gestuft (Stadium I)	100,6	96,4	90	83,8
bei hoher Temperatur (Anfangsstadium)	100,6	96,4	88	79,6
bei hoher Temperatur (maximale Verfestigung)	142	155	—	—
gestuft (Stadium II)	134	150,8	155	—

Die Anfangsstadien des Zerfalls bei 300 bis 340 °C und bei niedrigeren Temperaturen werden durch ähnliche thermisch aktivierbare Prozesse kontrolliert. Davon zeugen die praktisch gleichen Werte der Aktivierungsenergien (Tabelle 20). Diese Übereinstimmung entspricht auch den Angaben [21] darüber, daß sogar in den frühesten Zerfallsstadien Keime auftreten, die dieselbe Atomkoordination aufweisen wie auch die sich ausscheidende metastabile Phase.

Die Analyse der Änderung der Eigenschaften nach der Stufenalterung der Legierungen zeigte, daß der größte Effekt bei einer Dauer des ersten Zerfallsstadiums eintritt, bei der der Maximalwert des spezifischen elektrischen Widerstandes **(Bild 131)** erreicht wird.

Führt man eine Niedrigtemperaturalterung bei 150 bis 240 °C in einer Zeit durch, in der das Maximum des spezifischen elektrischen Widerstandes erreicht wird, wonach eine Alterung bei 340 °C folgt, so wird der maximale Verfestigungseffekt bei einer Temperatur im ersten Stadium von 210 °C erreicht **(Bild 132)**. Namentlich aus diesem Grunde wird die Temperatur von 210 °C als optimale Temperatur für das erste Stadium der Stufenalterung betrachtet. Die Wahl der optimalen Bedingungen für die Stufenalterung der Berylliumbronze im abschreckgehärteten Zustand erfolgte nach der Methode der statistischen Versuchsplanung. Als Optimierungsparameter wurde der Verformungsrest genommen, der bei der Prüfung auf statische Relaxation bei $R_m = 800$ MPa in 500 h eintritt.

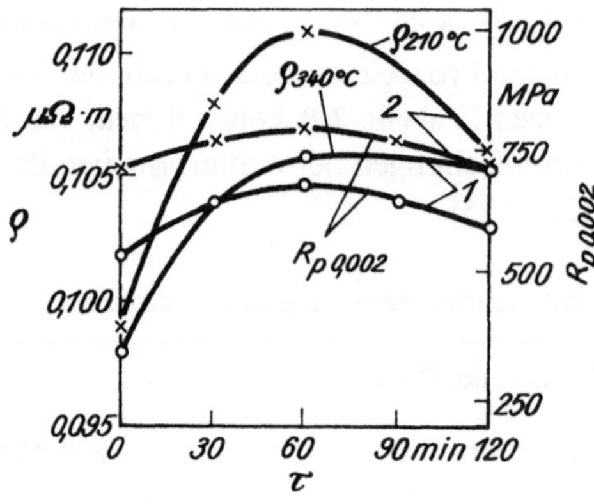

Bild 131. Einfluß der Alterungsdauer τ bei 210 °C auf die Änderung von ϱ sowie des Verfestigungsgrades $R_{p\,0,002}$ und ϱ der Bronzen BrBeNiTi 1,9 (*1*) und BrBeNiTi 1,9 Mg (*2*) bei der anschließenden Alterung bei 340 °C, 2 h

Als optimales Regime bei der gestuften Alterung gilt: 210 °C, 1 h, und 335 °C, 70 min. Die experimentelle Bestimmung der Eigenschaften von BrBeNiTi 1,9 Mg zeigte, daß die Alterungsbedingungen 210 °C, 1 h, und anschließend 340 °C, 1 h, gleichfalls hohe Werte für die Elastizitätsgrenze gewährleisten. Hieraus folgt, daß das Prinzip der Ermittlung der Bedingungen für die erste Stufe der Alterung auf der Grundlage ihrer zeitlichen Dauer, die der Einstellung des maximalen spezifischen elektrischen Widerstandes entspricht, richtig ist und möglicherweise auch auf andere Legierungen anwendbar ist. Außerdem konnte festgestellt werden, daß sich nach dem Niedrigtemperaturstadium der Alterung die Dauer des folgenden Hochtemperaturstadiums der Alterung merklich verkürzt. Dem letzteren Stadium entspricht die Erreichung der optimalen Eigenschaften (siehe Bilder 81, 89 und **Bild 133**). Ein Maximum bei der Verfestigung und in der Relaxationsbeständigkeit der Bron-

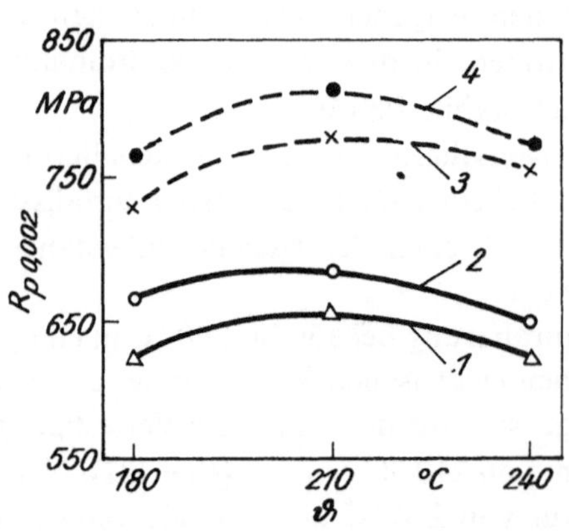

Bild 132. Abhängigkeit der Eigenschaften der Berylliumbronzen BrBeNiTi 1,9 (———) und BrBeNiTi 1,9 Mg (– – –) von der Temperatur des Stadiums *I* der Stufenalterung ((180 bis 240 °C), 1 h) unter den Bedingungen der Stufe *II*

1, 3 — Alterung bei 320 °C, 4 h
2, 4 — Alterung bei 340 °C, 2 h

zen BrBeNiTi 1,9 Mg und BrBeNiTi 1,9 bei statischer und zyklischer Belastung wird im Falle der Stufenalterung unter folgenden Bedingungen erzielt:

Stadium I bei 210 °C, 1 h,
Stadium II bei 340 °C, 1,5 bis 2 h,

im Vergleich zur optimalen herkömmlichen Alterung bei 340 °C, 3 h. Wenn die Elastizitätsgrenze der Berylliumbronze BrBeNiTi 1,9 und BrBeNiTi 1,9 Mg nach der herkömmlichen Alterung Werte von 650 und 780 bis 800 MPa entsprechend annimmt, so erhöht sie sich nach der Stufenalterung bei 210 °C, 1 h, und 340 °C, 1,5 bis 2 h, bis auf 680 und 830 MPa entsprechend. Ein analoger Effekt der Beschleunigung des Zerfalls im Hochtemperaturstadium (oder Stadium *II*) wurde auch an anderen Bronzen beobachtet, z. B. an mit 0,2 und 0,4 % Magnesium mikrodotierten Bronzen oder Bronzen, die Magnesium und Phosphor gleichzeitig enthielten (s. Bilder 75, 89 und 133).

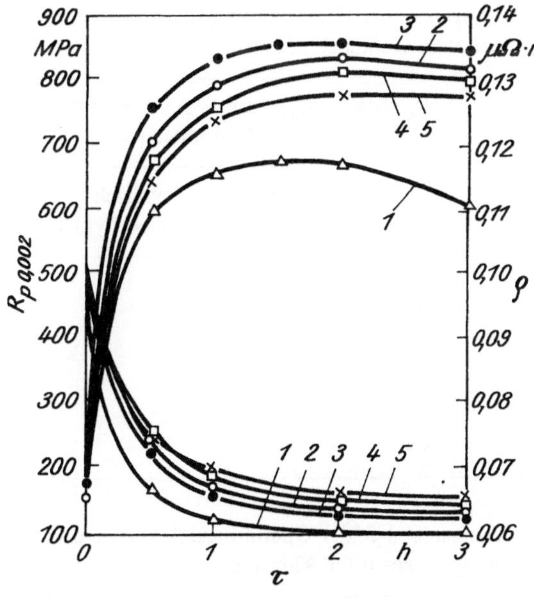

Bild 133. Abhängigkeit der physikalisch-chemischen Eigenschaften der Berylliumbronzen von der Alterungsdauer (Stufe *II*) τ bei 340 °C. *Ausgangszustand*: Abschreckhärtung und Alterung bei 210 °C, 1 h
1 — BrBeNiTi 1,9
2 — BrBeNiTi 1,9 Mg
3 — BrBeNiTi 1,9 MgP
4 — BrBeNiTi 1,9 Mg 2
5 — BrBeNiTi 1,9 Mg 4

Erstmalig wurde festgestellt, daß die Stufenalterung zu einer bedeutenden Erhöhung der Spannungsrelaxationsfestigkeit der mikrodotierten Berylliumbronze (um 15 bis 20 %) bei statischer Belastung führt, während bei undotierten Bronzen dieser Zuwachs nur 5 bis 7 % **(Tabellen 21** und **22)** beträgt. Dieser Effekt hängt eng mit der höheren Dispersität der Teilchen der γ'-Phase und folglich mit einer größeren Dichte ihrer Verteilung, die die Versetzungswanderung wirksam hemmt, zusammen.

Die positive Wirkung der *Mikrodotierung* unter den Bedingungen der Stufenalterung wird gleichfalls bei der Bestimmung des mikroplastischen Verformungswiderstandes sichtbar. Unten werden die Ergebnisse der Bestimmung der Elastizitätsgrenze

(MPa) für die Bronze BrBeNiTi 1,9 im Biegeversuch (Mittelwerte für fünf Proben)
bei der einfachen und Stufenalterung angeführt:

	$R_{p\,0,0002}$	$R_{p\,0,001}$	$R_{p\,0,002}$	$R_{p\,0,005}$
einfache Alterung	140	400	570	754
Stufenalterung	160	460	620	810

Diese Ergebnisse zeigen, daß die Stufenalterung zur Erhöhung der Elastizitätsgrenze in einem großen Spannungsbereich, der in elastischen Elementen durchaus realisiert werden kann, führt.

Demzufolge ergibt sich aus der allseitigen Prüfung der Bronzen, sowohl der standardisierten als auch der mit Magnesium mikrodotierten, die unbestrittene Effektivität der Anwendung der Wärmebehandlung in Form der Stufenalterung.

Tabelle 21. Verformungsrest bei der Spannungsrelaxation und Gestaltfestigkeit der Berylliumbronzen nach einfacher Alterung

Bronzetyp	R_m, MPa	$\varepsilon_{Rest} \cdot 10^4$ (%) bei Spannungsrelaxation unter Last		Zykluszahl bis Bruch, N
		statisch 2000 h	zyklisch 5000 Zyklen	
BrBeNiTi 1,9	450	—	—	200 000
	700	121	36	42 000
	800	160	70	30 000
BrBeNiTi 1,9 Mg	450	—	—	1 500 000
	700	40	2	100 000
	800	60	14	60 000

Tabelle 22. Verformungsrest bei der Spannungsrelaxation und Gestaltfestigkeit der Berylliumbronzen nach gestufter Alterung

Bronzetyp	R_m, MPa	$\varepsilon_{Rest} \cdot 10^4$ (%) bei Spannungsrelaxation unter Last		Zykluszahl bis Bruch, N
		statisch 2000 h	zyklisch 5000 Zyklen	
BrBeNiTi 1,9	450	—	—	250 000
	700	115	33	50 000
	800	150	63	33 000
BrBeNiTi 1,9 Mg	450	—	—	2 000 000
	700	32	1,5	120 000
	800	53	12	63 000

Die Stufenalterung ist auch für die mit dem adsorptionsaktiveren Element Kalzium mikrodotierte Berylliumbronze (s. Abschn. 1.3.) effektiv. In diesem Fall sollen die Keime, die im ersten Zerfallsstadium entstanden sind, im Stadium *II* bei der fortschreitenden Alterung von hoher Stabilität sein. Da die hohe Stabilität der Keime der Einstellung des maximalen spezifischen elektrischen Widerstandes im Stadium *I* entspricht, erfolgte die Alterung bei 210 °C, 8 h (s. Bild 75). Der Verfestigungszuwachs bei 340 °C in den Anfangsstadien des Zerfalls nach der Stufenalterung ist merklich höher als bei der herkömmlichen Alterung im Zusammenhang mit der Wirkung der Keime, die im Alterungsstadium *I* bei 210 °C entstanden sind. Die Verringerung des elektrischen spezifischen Widerstandes in den Anfangsstadien der Hochtemperaturalterung (bei 340 °C) ist nach dem Alterungsstadium *I* (210 °C, 1 h) kleiner ($3 \cdot 10^{-3}$ μΩ · m) in der mit Kalzium mikrodotierten Bronze als in der mit Magnesium mikrodotierten Bronze ($5 \cdot 10^{-3}$ μΩ · m) in gleicher Zeit (10 s). Diese Ergebnisse deuten auf eine geringere Neigung zur Erholung im Zusammenhang mit einer höheren Stabilität der Keime in der ersten Bronze hin.

Eine maximale Verfestigung in der mit Kalzium mikrodotierten Bronze sowohl nach der herkömmlichen als auch der Stufenalterung wird im Temperaturbereich von 320 bis 340 °C in gleicher Zeit erzielt. Dies hängt offensichtlich damit zusammen, daß bei herkömmlicher Alterung die bedeutende Konzentration von Leerstellen, die während des Glühprozesses wegen ihrer großen Bindungsenergie mit den Kalziumatomen erhalten blieben, hauptsächlichen Einfluß auf die Zerfallsgeschwindigkeit nimmt. Bei der Stufenalterung ist die Konzentration der Leerstellen im Stadium *II* kleiner infolge ihrer Abwanderung als im Stadium *I*. Aus diesem Grunde soll die Zerfallsgeschwindigkeit kleiner sein als im ersten Fall. Jedoch die im Stadium *I* gebildeten Keime führen zum beschleunigten Ablauf des Stadiums *II*. Letztlich gleichen sich die Zerfallsgeschwindigkeiten und entsprechend die Verfestigungsgeschwindigkeiten nach der gestuften und herkömmlichen Alterung an. Eine maximale Verfestigung wird bei 340 °C, 2 h, erreicht. Der Unterschied in den absoluten Verfestigungswerten (Elastizitätsgrenze) ist unwesentlich und beträgt 20 bis 30 MPa **(Bild 134)**.

Es konnte festgestellt werden, daß die Stufenalterung den stärksten Einfluß auf die Relaxationsbeständigkeit der kalziumdotierten Bronze (aber auch der magne-

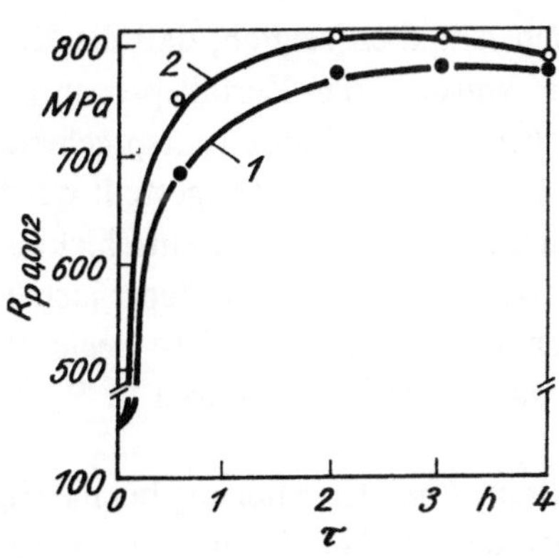

Bild 134. Abhängigkeit der Elastizitätsgrenze $R_{0,002}$ der Bronze BrBeNiTi 1,9 Ca 2 von der herkömmlichen (*1*) und gestuften (Stufe *I*: 210 °C, 8 h) Alterung bei 340 °C (*2*)

siumdotierten Bronze) ausübt. Die *Relaxationsbeständigkeit* der mit Kalzium mikrodotierten Bronze ist nach der Stufenalterung bei 210 °C, 8 h, und bei 340 °C, 2 h,
ungefähr um 40 % höher als in derselben Bronze nach der herkömmlichen Alterung.
In einer undotierten Bronze erhöht sich vergleichsweise die Relaxationsbeständigkeit
nur um 5 bis 8 %. Die Auswertung dieser Ergebnisse führt zu der Erkenntnis, daß die
Stufenalterung unter den Bedingungen der *Mikrodotierung* von Legierungen besonders effektiv ist. Die Anwendung der Stufenalterung auf eine mit Phosphor
mikrodotierte Bronze gestattet die Verringerung des diskontinuierlichen Zerfalls,
der für diese Legierung charakteristisch ist **(Bild 135)**. Die Verringerung des Grades
des diskontinuierlichen Zerfalls und dessen Triebkraft können mit der intensiveren
Entwicklung des kontinuierlichen Zerfalls im Kornvolumen im Ergebnis der Bildung
von Keimen im Stadium *I* erklärt werden. Der beobachtete Effekt der Hemmung des
diskontinuierlichen Zerfalls bei der Stufenalterung entspricht den Angaben von
BUINOV und ROMANOVA [109].

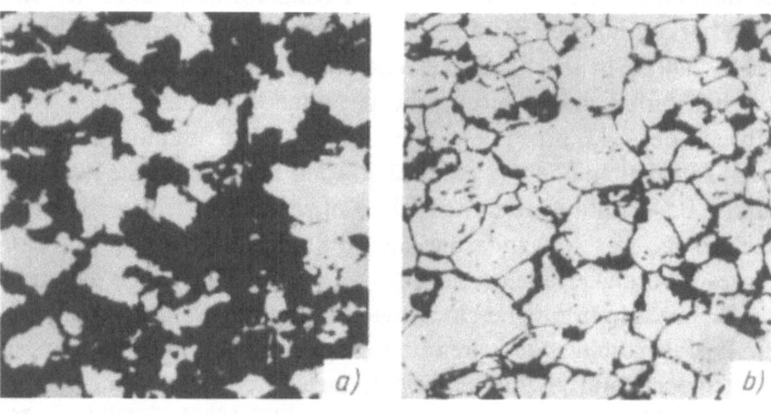

Bild 135. Mikrogefüge der Bronze BrBe 2 (mikrodotiert mit P) (× 400)
a) Abschreckhärtung und Alterung bei 360 °C, 1 h
b) Abschreckhärtung und gestufte Alterung bei 150 °C, 8 h, und 360 °C, 1 h

Die oben betrachteten experimentellen Angaben zeigten, daß die Keime der Se-
kundärphase, die im Stadium *I* gebildet wurden, den Zerfallsprozeß in der Hoch-
temperaturstufe beschleunigen. Diese Erkenntnis wird durch entsprechende Strukturuntersuchungen in vollem Umfang bestätigt. Es konnte festgestellt werden, daß im
Stadium *I* der Stufenalterung bei niedrigen Temperaturen einschichtige lamellare
Keime der Sekundärphase gebildet werden, die parallel zu den Flächen {001} der
Matrix angeordnet sind. Das Elektronenbeugungsbild für diese Legierung nach der
Behandlung bei 210 °C, 1 h, zeigt schwache Diffusionsspuren in Richtung ⟨100⟩
der Matrix (s. Bild 70).

Wenn die Legierungen nach dem Stadium *I* bei der Alterung bei niedriger Temperatur einer kurzzeitigen Hochtemperaturalterung (340 °C) unterzogen werden (15 bis
60 s), dann wird eine Veränderung (nach dem Stadium *I*) der Legierungsstruktur,

bezogen auf deren Ausgangsstruktur, beobachtet: Die Teilchen der Sekundärphase, die sich bei der Niedrigtemperaturalterung gebildet haben, setzen ihr Wachstum fort. Auf dem Elektronenbeugungsbild **(Bild 136 c, d)** sind Diffusionsspuren entlang den Richtungen $\langle 100 \rangle$ zu erkennen, deren Intensität größer ist als nach einer vorgeschalteten Niedrigtemperaturalterung, womit die Erhöhung der Teilchenmenge der Sekundärphase bestätigt wird. Die Analyse des Elektronenbeugungsbildes zeigt, daß die Teilchendicke nicht mehr als einige Atomabstände mißt. Auf dem Elektronenbeugungsbild der Legierung nach der herkömmlichen Alterung bei 340 °C, 15 s, ist nur eine diffuse Streuung in der Matrix (Bild 136 d) zu erkennen, die im Zusammenhang mit der Umverteilung der Berylliumatome und der Bildung von Anhäufungen (Cluster) steht.

Demzufolge wird nach einer kurzzeitigen Alterung bei hoher Temperatur (340 °C,

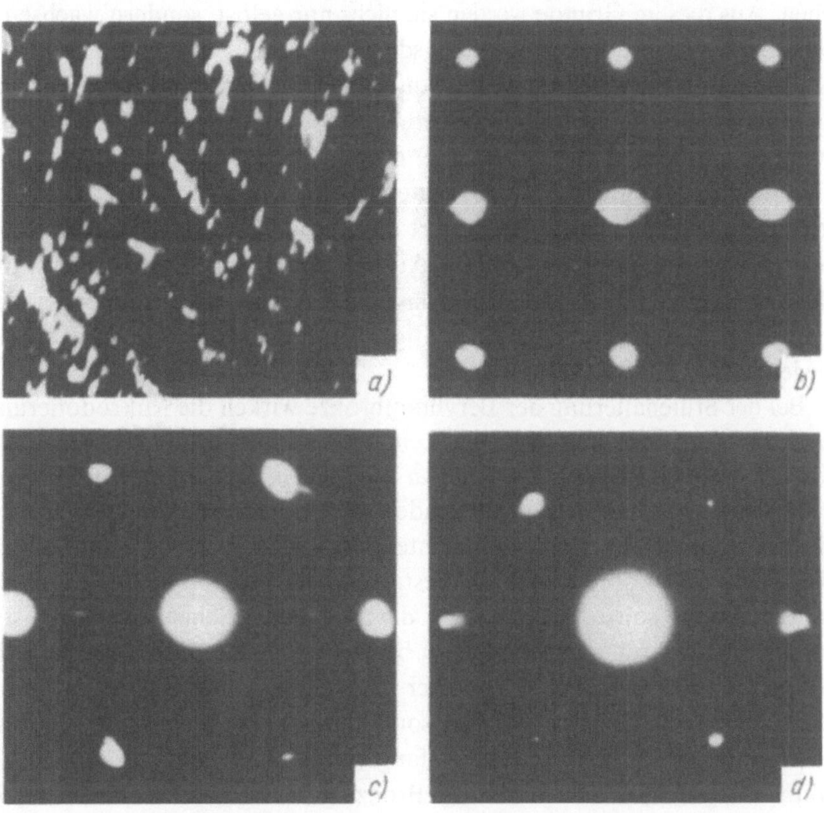

Bild 136. Dunkelfeldabbildung der Sekundärphase (*a*) und Elektronenbeugungsbilder (*b* bis *d*) des Gefüges der Bronze BrBeNiTi 1,9 Mg nach der Alterung
a) 210 °C, 1 h, und 340 °C, 1 h ($\times 150000$)
b) 210 °C, 1 h, und 340 °C, 15 s; Orientierung der Folie [100]
c) 210 °C, 1 h, und 340 °C, 1 min; Orientierung der Folie [110]
d) 340 °C, 15 s; Orientierung der Folie [110]

15 s) ein früheres Zerfallsstadium erreicht als nach einem vorgeschalteten Stadium *I* der Stufenalterung bei 210 °C, 1 h (Bild 136*b*), d. h., es wird eine unbedeutende Strukturänderung der Legierung im Vergleich zum abschreckgehärteten Zustand beobachtet.

Diese Angaben stimmen überein mit den Ergebnissen der Ermittlung der Aktivierungsenergien (s. Tabelle 20), die die Schlußfolgerung darüber bestätigen, daß bei der Hochtemperaturalterung (d. h. im Stadium *II*) keine vollständige Lösung der während des Stadiums *I* bei niedrigerer Temperatur gebildeten Keime erfolgt.

Der Grad des Einflusses des Stadiums *I*, d. h. der Niedrigtemperaturalterung, auf das folgende Stadium *II* — die Hochtemperaturalterung — hängt von der Beständigkeit der im Stadium *I* gebildeten Keime, von ihrem Dispersionsgrad und von der Fähigkeit, bei der Hochtemperaturalterung zu wachsen, ab. Die bei 210 °C gebildeten Keime sind offensichtlich hinreichend stabil und entsprechen ihrem Aufbau und der Zusammensetzung nach den sich bei hohen Temperaturen bildenden Teilchen. Aus diesem Grunde werden sie nicht nur gelöst, sondern wachsen weiter und erhalten dabei ihre hohe Verteilungsdichte.

Demzufolge gewährleistet die Stufenalterung der Berylliumbronze gemäß den ermittelten Bedingungen eine höhere Dispersität der Struktur dank einer großen Anzahl hinreichend stabiler Keime, die im Niedrigtemperaturstadium entstanden sind. Die Alterung von Bronzen mit einer Neigung zum diskontinuierlichen Zerfall gestattet die Verringerung dieser Art des Zerfalls infolge der intensiveren Entwicklung des kontinuierlichen Zerfalls. Aus diesem Grunde kann durch Stufenalterung · der Widerstand gegenüber kleinen plastischen Verformungen unter den Bedingungen kurzzeitiger und besonders langzeitiger, statischer sowie zyklischer Belastung in bedeutendem Maße erhöht werden.

Bei der Stufenalterung der Berylliumbronze wirken die Mikrodotierungselemente besonders effektiv, weil diese die Keimdichte erhöhen, die Keime stabilisieren und die Einstellung einer hohen Dichte an Leerstellen, die fest mit den Magnesium-, Kalzium- und Phosphoratomen verbunden sind, bewirken. Wenn durch Erwärmen vor dem Stadium *II* die Leerstellendichte plötzlich kleiner wird, dann erhöht sich die Teilchengröße, während sich die Festigkeit verringert [109]. Da jedoch ein Verfestigungszuwachs sowie eine Feinung der Sekundärteilchen eintreten, ist die vorgeschlagene Erklärung als sinnvoll zu betrachten. Schließlich wird die Erhöhung der Dispersität der Sekundärteilchen der γ'-Phase nach der Stufenalterung nicht allein durch eine hohe Leerstellendichte, sondern auch durch die große Keimstabilität beeinflußt, wobei diese Keime im Anfangsstadium der Alterung der mit adsorptionsaktiven Elementen mikrodotierten Bronze gebildet wurden. In diesem Zusammenhang kann angenommen werden, daß wegen der Adsorptionsaktivität der Kalzium-, Magnesium-, aber auch der Phosphoratome die freie Phasengrenzenergie verringert wird, so daß damit die Keime stabilisiert werden, die nur in begrenztem Maße der Erholung unterliegen und deshalb aktiven Einfluß auf die Entwicklung des Hochtemperaturstadiums der Alterung nehmen. Bisher konnte nicht festgestellt werden, ob die Kalzium- oder Magnesiumatome in die Zusammensetzung der Keime eingehen und in welcher Form sie die Verringerung der freien Volumenenergie bewirken. Es konnte ausschließlich gezeigt werden, daß die Phosphoratome in die Zusammensetzung der Sekundärphase eingehen. Ungeachtet dessen ist die Effektivität der Stufenalterung in Berylliumbronzen, insbesondere in den mit adsorptionsaktiven Komponenten mikrodotierten Bronzen, in keiner Weise anzuzweifeln.

1.5.3. Stufenalterung der verformten Berylliumbronzen

Die Stufenalterung abschreckgehärteter Bronzen führt zu einer Struktur mit höherer Dispersität, als dies durch die herkömmliche Alterung möglich ist. Damit wird ein hohes Niveau der Eigenschaften, insbesondere der Relaxationsfestigkeit gewährleistet. Es ist natürlich, daß die Stufenalterung einen analogen Einfluß auf die Struktur und die Eigenschaften vorverformter Bronzen ausübt. Die optimalen Bedingungen der Stufenalterung wurden nach der Methode der statistischen Versuchsplanung ermittelt. Hierbei wurde als Optimierungsparameter der Verformungsrest gewählt, der sich in einer Probe nach der Relaxationsprüfung innerhalb von 100 h bei Spannungen von 800 MPa einstellt.

Folgende den Optimierungsparameter beeinflussende Faktoren wurden gewählt:

1. die Alterungstemperatur in der ersten Stufe ϑ_1;
2. die Alterungsdauer in der ersten Stufe τ_1;
3. die Alterungstemperatur in der zweiten Stufe ϑ_2;
4. die Alterungsdauer in der zweiten Stufe τ_2.

Es wurden die Größen der angeführten Faktoren bestimmt, bei denen der *Optimierungsparameter* seinen kleinsten Wert annimmt. Die hierbei erhaltenen Ergebnisse sind in der **Tabelle 23** dargestellt, aus der folgt, daß der minimale Wert des Optimierungsparameters nach folgenden Verfahrensbedingungen erreicht wird: Alterung bei 165 °C, 1 h, und Alterung bei 320 °C, 1,5 h.

Tabelle 23. Etappe des steilen Anwachsens

Nr. des Versuchs	ϑ_1, °C	τ_1, h	ϑ_2, °C	τ_2, min	$\varepsilon_{Rest}^{100} \cdot 10^4$, %
17	165	1	310	78	0,150
18	164	1	315	81	0,140
19	164	1	320	84	0,132
20	163	1	325	87	0,142
21	163	1	330	90	0,161

Die auf den **Bildern 137** und **138** dargestellten Werte zeigen, daß die Anwendung einer Niedrigtemperaturalterung (Stadium *I*) für die verformte Bronze — auch nach der Abschreckhärtung — zur Erhöhung der Geschwindigkeit führt, mit der die Elastizitätsgrenze bei der Hochtemperaturalterung (Stadium *II*) ansteigt, während die Voralterung das absolute Niveau dieser Charakteristik fast nicht beeinflußt. Der Haupteinfluß der Stufenalterung im Vergleich mit der herkömmlichen besteht in der Beschleunigung der Verfestigung bei der Alterung und in der Erhöhung der

Relaxationsbeständigkeit der Berylliumbronzen. Der Einfluß hängt nicht davon ab, ob im Ausgangszustand ein abgeschreckter oder verformter α-Mischkristall vorliegt.

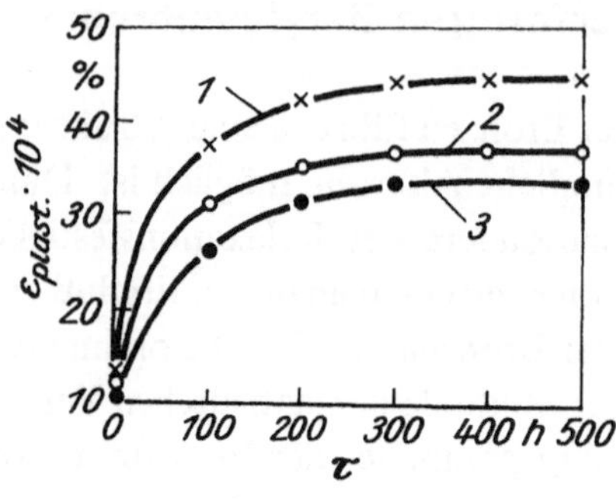

Bild 137. Spannungsrelaxation bei 20 °C und $R = 800$ MPa in der Bronze BrBeNiTi 1,9 Mg nach der Abschreckhärtung, Verformung (30 %) und der normalen Alterung bei 340 °C, 1 h (*1*), der gestuften Alterung bei 200 °C, 1 h, und 340 °C, 1 h (*2*), und bei 165 °C, 1 h, und 320 °C, 1,5 h (*3*)

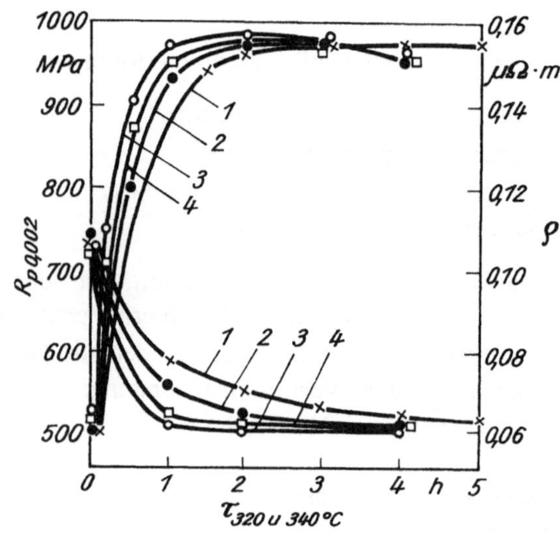

Bild 138. Kinetik der normalen Alterung bei 320 (*1*) und 340 °C (*2*) und der gestuften Alterung bei 200 °C, 1 h, und 340 °C (*3*) und bei 165 °C, 1 h, und 320 °C (*4*) der verformten (30 %) Bronze BrBeNiTi 1,9 Mg

1.5.4. Einfluß der thermomechanischen Behandlung bei niedriger Temperatur mit Voralterung auf die physikalisch-mechanischen Eigenschaften der Berylliumbronzen

Die physikalisch-mechanischen Eigenschaften der Berylliumbronze im Ergebnis der thermomechanischen Behandlung bei niedriger Temperatur (TMBN), insbesondere jedoch ihre technologischen Eigenschaften, können verbessert werden, wenn die Verteilung der bei der Kaltverformung gebildeten Gitterfehlstellen und folglich auch die bei der Alterung entstehenden Sekundärteilchen homogener gestaltet werden. Der Homogenitätsgrad einer Verteilung von Versetzungen nach der Verformung kann in jedem Korn durch eine Niedrigtemperaturalterung (künstliche

Alterung) vor der Verformung erhöht werden. In Anwesenheit von kohärenten metastabilen Teilchen (oder Guinier-Preston-Zonen) verlaufen die Gleitvorgänge homogener. Die elektronenmikroskopische Analyse weist die gleichmäßigere Entwicklung der Verformungsvorgänge nach. In diesem Zustand werden kleinere und homogenere Zellen beobachtet als nach der Verformung der abschreckgehärteten Bronze
(Bild 139).

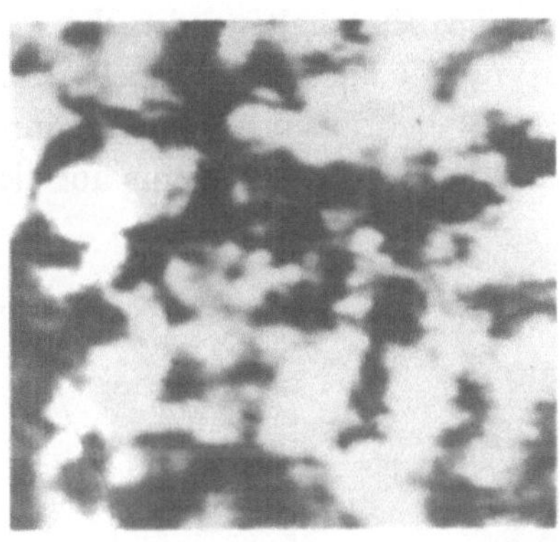

Bild 139. Gefüge der Bronze
BrBeNiTi 1,9 Mg nach der Abschreck-
härtung, Alterung bei 210 °C, 1 h, und
Verformung (30 %) ($\times$ 100000)

Die Werkstoffprüfungen zeigten, daß die Bronze BrBeNiTi 1,9 Mg (Band mit
einer Dicke von 0,3 mm) nach der Alterung bei 210 °C, 1 h, praktisch durch dieselbe
relative Dehnung ($\approx$ 23 %) wie auch nach der Abschreckhärtung (24 %) charakterisiert wird. Damit bleibt die Plastizität nach der künstlichen Alterung noch hinreichend hoch. Nach der künstlichen Alterung bei 150 bis 250 °C, 1 h, erhöhen sich
der spezifische elektrische Widerstand, die Härte und die Elastizitätsgrenze **(Tabelle 24)**. Durch Elektronenbeugung kann bewiesen werden, daß bei der Verformung
nicht in vollem Umfang die Erholung, verbunden mit der »Lösung« der metastabilen
Teilchen, abläuft **(Bild 140)**.

Tabelle 24. Einfluß der Alterung bei niedrigen Temperaturen auf die Eigenschaften
der Bronze BrBeNiTi 1,9 Mg

Eigenschaft	Abschreckhärtung bei 770 + 10 °C	Abschreckhärtung und Alterung (1 h), bei ϑ, °C			
		150	180	210	240
ϱ, $\mu\Omega \cdot$ m	0,099	0,104	0,112	0,111	0,109
HV	120	130	160	170	180
$R_{p0,002}$, MPa	150	—	—	300	340	350

Die Struktur der Berylliumbronze nach der künstlichen Alterung und der Verformung wird durch eine gleichmäßigere Verteilung der Versetzungen als nach der
Abschreckhärtung gekennzeichnet (s. Bilder 111*b* und 139). Das neue TMBN-Regime, das eine Zwischenalterung vorsieht, führt zur Steigerung der Elastizitätsgrenze

um 30 MPa und zu einer merklichen Erhöhung (um $\approx 30\%$) der Relaxationsbeständigkeit bei statischer und zyklischer Belastung und deutet damit gleichfalls auf die gleichmäßigere Verfestigung hin.

Auf der Grundlage der dargelegten Ergebnisse können zwei neue TMBN-Regime vorgeschlagen werden: Zur maximalen Verringerung der Materialkrümmung und des Niveaus der Restspannungen in der Bronze beträgt die Temperatur der Voralterung 200 °C; für die maximale Erhöhung der Relaxationsfestigkeit wird die Alterung bei 150 °C durchgeführt. In beiden Fällen folgt eine Kaltverformung mit einer sich anschließenden Alterung. Die bei der TMBN erhaltenen Ergebnisse zeigen, daß die mikrodotierten Bronzen eindeutige Vorzüge aufweisen **(Tabelle 25)**.

Die Ergebnisse der im Abschnitt 1.4. beschriebenen Untersuchungen zeugen davon, daß die Art des Einflusses der Mikrodotierungselemente auf die Alterungs-

Bild 140. Elektronenbeugungsbild der Bronze BrBeNiTi 1,9 Mg nach der Abschreckhärtung, Alterung bei 200 °C, 1 h, und Verformung (30 %)

Tabelle 25. Eigenschaften der mikrodotierten Berylliumbronzen nach der Wärmebehandlung bei niedrigen Temperaturen ($\eta = 30-35\%$, maximale Verfestigung)

Bronzetyp	$R_{p\,0,002}$ MPa	HV	ϱ $\mu\Omega \cdot m$	$\varepsilon_{Rest} \cdot 10^3$ (%) bei Belastung			
				statisch 1000 h bei $R = 800$ MPa und ϑ, °C		zyklisch 10^5 Zyklen (20 °C)	
				20	150	R MPa	ε_{Rest}
BrBeNiTi 1,9	850	390	0,062	9,3	50	650	2,0
BrBeNiTi 1,9 Mg	990 ... 1000	425	0,065	4,5	18	750	1,3
BrBeNiTi 1,9 MgP	1000	430	0,062	4,0	17	750	1,2
BrBeNiTi 1,9 Ka 2	950	420	0,060	4,7	23	800	2,0
BrBeNiTi 1,7	600	360	0,056	—	—	—	—
BrBeNiTi 1,7 Mg	760	385	0,060	—	—	—	—

vorgänge und die dabei beobachteten Veränderungen der Eigenschaften von allgemeinem Charakter sind und im engen Zusammenhang mit der Adsorptionsaktivität der Legierungselemente stehen.

1.6.   Dynamische Alterung der Legierungen

1.6.1.   Allgemeine Einführung

Die dynamische Alterung bildet den Gegenstand vieler Untersuchungen, weil sie eine effektive Methode zur Verfestigung von Legierungen darstellt. Die jedoch bisher veröffentlichten Angaben sind unzureichend für eine Klärung des Wesens der Prozesse, die gleichzeitig bei der *dynamischen Alterung* ablaufen. Außerdem werden diese Prozesse in wesentlichem Maße von der Zusammensetzung und der Struktur der Legierung bestimmt. Deshalb ist es zweckmäßig, die in der Literatur veröffentlichten Angaben zur dynamischen Alterung von Kohlenstoffstählen mit Martensitgefüge und kohlenstofffreien dispersionshärtbaren Legierungen getrennt zu betrachten.

Gründliche Untersuchungen zu dieser Problematik führten die Verfasser von [126—131] durch und verwiesen darauf, daß die Erhöhung der Elastizitäts- und Fließgrenze im Ergebnis der dynamischen Alterung parallel zur Erhöhung des hierbei entstehenden Verformungsrestes durch Spannungsrelaxation und Kriechen verläuft. Am gründlichsten wurden die Besonderheiten der Gefügeausbildung bei der Alterung unter den Bedingungen einachsiger Zug- und Druckspannungen an Nickelbasislegierungen [132—133], an der Legierung Nr. 718 (Zusammensetzung in %: Ni 53,1; Fe 18,6; Cr 18,4; Nb 5,29; Al 0,55; Ti 1,02; Mo 3) [134] sowie an den Legierungen CuBe 2, NiBe 2 [135] und Fe-Ni-Al [136] untersucht. Veränderungen der Morphologie der Sekundärteilchen im Ergebnis der dynamischen Alterung wurden gleichfalls in Legierungen der Systeme Ni-Al-Cr und Ni-Al-Ti [137] beobachtet. Entsprechende Druckkräfte führen in Legierungen der Systeme Cu-Be und Ni-Be [135] zur Umorientierung der Sekundärteilchen.

Eine bevorzugte Teilchenausscheidung mit bestimmter Orientierung in Abhängigkeit von der Richtung der wirkenden Kraft wurde gleichfalls beobachtet in den Legierungen Fe-Mo-Au [138], Zr-Nb [139], Al-Cu [140], Fe-N [141, 142], Nr. 718 [134]. Es konnte festgestellt werden, daß die freie Energie des Systems sich verringert, wenn der effektive Elastizitätsmodul (ohne Berücksichtigung der kohärenten Verzerrungen) absinkt. Ähnliche Schlußfolgerungen wurden bei der Untersuchung der ternären Legierung Fe-Mo-Au [143] gezogen.

In unterschiedlicher Weise wirkt eine Belastung auf die Kinetik des Zerfalls des übersättigten Mischkristalls in verschiedenen Legierungen. Eine beschleunigte dynamische Alterung wurde an der Aluminiumlegierung D 16 [144], jedoch eine gehemmte im Fall der Legierungen Cu-Be und Ni-Be [135] beobachtet. Ausführlich betrachtet wurden im Ergebnis der dynamischen Alterung an verschiedenartigen Legierungen folgende Effekte: die thermische Stabilität der eingestellten mechanischen Eigenschaften [145], die Änderung der Versetzungsstruktur [146] sowie die Erhöhung der Fließgrenze [147] und die bedeutende Verfestigung an Silbereinkristallen unter der Einwirkung einer kontinuierlich wachsenden Belastung [148]. Am vollständigsten wurde der Einfluß äußerer Lasten auf die Alterungskinetik und die Gesetzmäßigkeiten der räumlichen Verteilung der Sekundärphasen in der Arbeit [149] untersucht. Auf der Grundlage der in allen angeführten Arbeiten erhaltenen Ergebnisse wird ersichtlich, daß die Strukturuntersuchungen, die von einer Reihe von Autoren an verschiedenen Legierungen und unter unterschiedlichsten Belastungsbedingungen durchgeführt wurden, gegenwärtig noch nicht ausreichend sind, um entsprechend begründet die Ursachen für die Änderung der Werkstoffeigenschaften zu erkennen.

1.6.2.   Dynamische Alterung der Berylliumbronzen

Es ist bekannt, daß bei der *Alterung* der Berylliumbronze in der Umgebung der Sekundärteilchen bedeutende Spannungsfelder aufgebaut werden, die eine wesentliche Rolle bei der Gefügeausbildung der Legierung spielen. Es kann angenommen werden, daß die der Legierung während der Alterung aufgebrachte äußere Last in der Legierung elastische Spannungsfelder aufbaut, die mit den bereits in der Umgebung der Teilchen existierenden elastischen Feldern wechselwirken und entsprechende Strukturveränderungen bewirken sollen. In diesem Zusammenhang ist es interessant, die Besonderheiten bei der Ausbildung der Struktur während der Alterung der Berylliumbronze in einem Feld elastischer Zugspannungen zu untersuchen sowie den Charakter des Einflusses der dynamischen Alterung auf die Eigenschaften der polykristallinen Berylliumbronze zu beurteilen.

1.6.2.1.   Beeinflussung der Struktur

In den Legierungen des Systems Cu-Be nehmen die Teilchen der γ'-Phase in den frühen Stadien der Alterung Scheibenform an, wobei deren Habitus einer der $\{100\}_\alpha$-Flächen der Matrix entspricht. In diesen Flächen ist das Fehlpassungsverhältnis der Gitterperioden zwischen der γ'-Phase und der Matrix minimal und wird durch die Anisotropie des Elastizitätsmoduls begünstigt. Die Größe der elastischen Energie, die bei der Bildung eines derartigen Teilchens entsteht, ist abhängig davon, mit welcher der Flächen $\{100\}_\alpha$ ihr Habitus zusammenfällt. Aus diesem Grunde bilden sich bei der Alterung Teilchen aller drei Orientierungen. Dies führt auf den Beugungsbildern zu diffusen Spuren (in den Frühstadien der Alterung) oder zu Reflexen (in den Spätstadien der Alterung) in allen $\{100\}_\gamma$ Richtungen (s. Bilder 79 und 136*a*).

Zur Erklärung der Besonderheiten des Einflusses der *dynamischen Alterung* ist es wichtig zu bestimmen, wie sich die Wechselwirkungsenergie des bei der Ausscheidung von Sekundärteilchen entstehenden Feldes elastischer Spannungen mit der des durch die äußere Last aufgebauten Feldes in Abhängigkeit von der gegenseitigen Orientierung der Kraftrichtung und der Teilchen der γ'-Phase ändert. Außerdem ist es wesentlich festzustellen, welchen Einfluß die unterschiedlichen elastischen Konstanten auf die Energie der elastischen Wechselwirkung zwischen der Matrix und der Sekundärphase ausüben.

Die Berechnungen KAPLUNS zur Bestimmung dieser Energie unter der Bedingung, daß die elastischen Konstanten der Matrix und der Teilchen der γ'-Phase gleich sind, wobei die Wechselwirkung zwischen diesen unterschiedlichen Teilchen nicht berücksichtigt wird, zeigten folgende Situation: Im Falle des Angreifens der Last in einer der kristallografischen Richtungen $\langle 100 \rangle$ der Matrix ist die Bildung der Sekundärteilchen energetisch günstiger in der Form, in der die Habitusebene parallel zur Kraftrichtung der äußeren Last angeordnet ist **(Bild 141)**, weil dadurch die elastische Energie des Systems minimiert wird. Umgekehrt ist es energetisch ungünstig, wenn Teilchen gebildet werden, deren Habitusebene senkrecht zur Kraftrichtung angeordnet ist. In diesem Zusammenhang sollen sich bei der Alterung bei aufgebrachter äußerer Last Teilchen mit zwei Orientierungen ausscheiden.

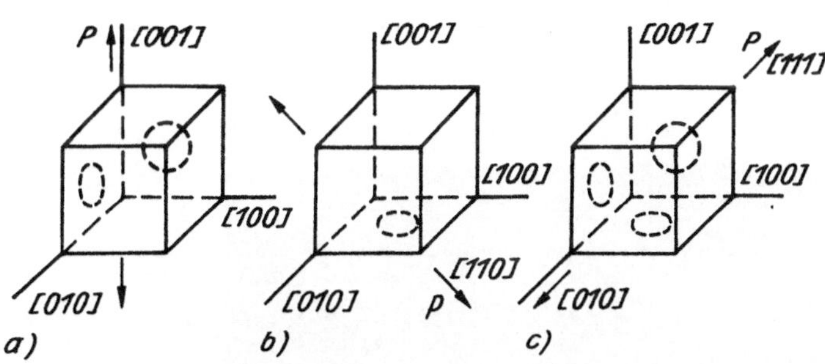

Bild 141. Schematische Darstellung der Ausscheidung der Sekundärteilchen in verschiedenen Varianten (*a* bis *c*) der Lastwirkung *P* im Verhältnis zu den kristallographischen Richtungen bei der Alterung der Berylliumbronze

Bei der dynamischen Alterung ist prinzipiell die Ausscheidung der Sekundärteilchen möglich, deren Habitusebene nicht den Matrixebenen $\{110\}$ entspricht, wobei jedoch die elastische Energie in diesem Fall bedeutend größer wird als die Bildungsenergie der Teilchen, die parallel zu einer der $\{100\}$-Flächen angeordnet sind. Deshalb ist die Ausbildung von Sekundärteilchen mit Habitusebenen parallel $\{110\}$ oder $\{111\}$ nur unter den Bedingungen großer Lasten möglich. Die Realisierung dieser Lasten ist jedoch begrenzt im Zusammenhang mit der möglichen Festigkeit der Berylliumbronze.

KAPLUN [150] zeigte, daß bei einem konstanten Verhältnis c/a der Sekundärteilchen die Wechselwirkungsenergie im Zusammenhang mit den unterschiedlichen Größen des E-Moduls bei Einwirkung einer Last ansteigt, und dies um so mehr, je größer das Verhältnis E_B/E ist (E_B E-Modul der Sekundärphase; E Elastizitätsmodul der Matrix) und je größer die aufgebrachte Last ist. Wenn $E_B < E$ ist, so ist der Wert der elastischen Wechselwirkungsenergie negativ, während bei $E_B > E$ dieser Wert positiv ist für Einschlüsse, deren Achse (c) parallel oder senkrecht zur Richtung der angelegten äußeren Kraft ist. Für die Legierung Cu-Be ist der für die *Gefügeausbil-*

dung bei der dynamischen Alterung bestimmende Faktor die Größe der Fehlpassung der Gitterparameter der Matrix und der Ausscheidungen. Davon zeugen elektronenmikroskopische Untersuchungen an ausgebildeten Strukturen.

1.6.2.2. Elektronenmikroskopische Untersuchungen des Gefüges der Berylliumbronze bei der dynamischen Alterung

Bronzeproben, die vorab aus der Wärme (770 °C) abschreckgehärtet wurden, wurden der dynamischen Alterung unterzogen, bei der eine konstante Zugkraft einwirkte, ohne daß eine merkliche Kriechverformung eintrat. Die Gefügeuntersuchungen erfolgten an polykristallinen Proben, deren Kristallite naturgemäß relativ zur Oberfläche der Folie und der angelegten Last unterschiedlich orientiert waren. Damit war die Möglichkeit gegeben, an ein und derselben Probe Beugungsbilder aufzunehmen,

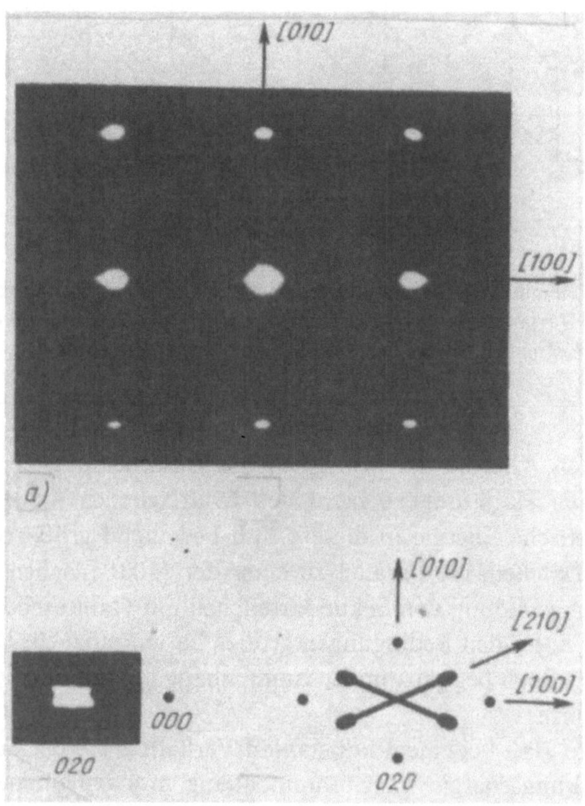

Bild 142. Elektronenbeugungsbild (*a*) und schematische Darstellung der diffusen Streuung an den Knotenpunkten 200 (*b*) und 220 (*c*) in der Berylliumbronze nach der Alterung bei 275 °C, 1 h, bei Belastung (Spannung *R* = 100 MPa). Lastwirkrichtung [001], Folienorientierung (001)

die unterschiedlichen Orientierungen relativ zum Elektronenstrahl und zur Kraftrichtung entsprechen.

Elektronenmikroskopische Untersuchungen an Folien aus Berylliumbronze nach der dynamischen Alterung (275 °C; R_m = 100 MPa), die senkrecht zur Kraftrichtung herausgearbeitet wurden, zeigten, daß bei einer Orientierung der Folie in (001) auf den Elektronenbeugungsbildern komplizierte Beugungsfiguren auftreten **(Bild 142)**. Hieraus folgt, daß in diesem Fall im Gefüge Teilchen zweier Orientierungen auftreten, deren Habitus mit den Ebenen $(100)_\alpha$ und $(010)_\alpha$ übereinstimmt, d. h., sie sind parallel zur Kraftrichtung angeordnet. Es treten keine Teilchen einer dritten Orientierung mit einer Habitusebene $(001)_\alpha$ senkrecht zur Kraftrichtung auf. Diese Beobachtungen stimmen überein mit den Berechnungen von KAPLUN zur Ermittlung der elastischen Energie der Wechselwirkung der die Teilchen umgebenden Felder und der durch die äußere Kraftwirkung aufgebauten Felder. Davon zeugt auch ein Vergleich des experimentell aufgenommenen Elektronenbeugungsbildes (s. Bild 142) mit dem theoretisch aufgestellten **(Bild 143)**.

Bei der Untersuchung von Folien, die parallel zur Kraftrichtung herausgearbeitet wurden, konnte die Bildung von Teilchen mit sowohl einer als auch zwei Orientierungen — offensichtlich im Zusammenhang mit der unterschiedlichen Orientierung der Kraftrichtung relativ zu den kristallografischen Richtungen der Matrix in der

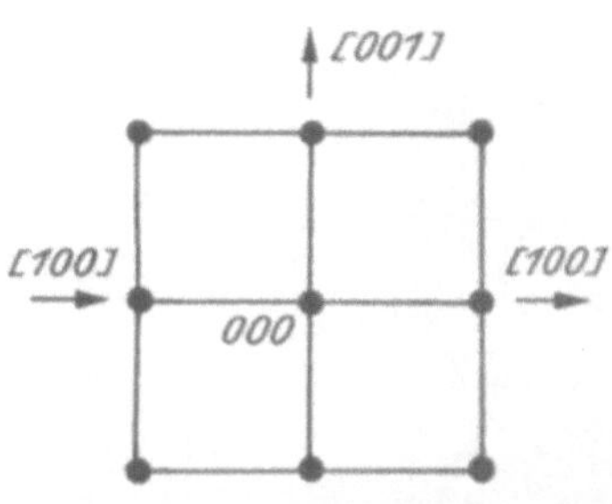

Bild 143. Theoretisches Elektronenbeugungsbild der Berylliumbronze nach der Alterung unter in Richtung [010] angelegter Last. Die angelegte Last wirkt senkrecht zur Folie; Orientierung der Folie (010)

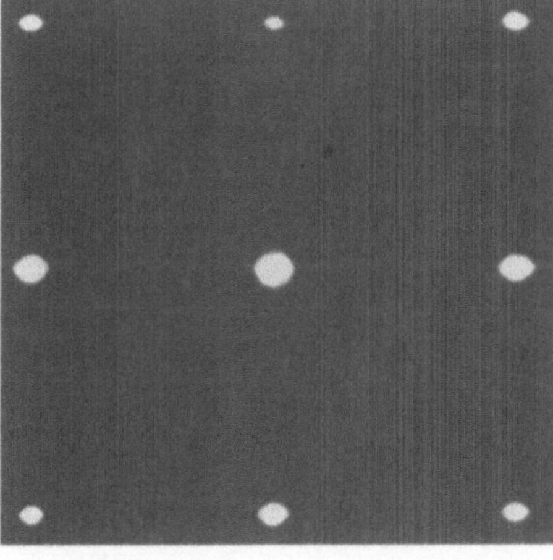

Bild 144. Elektronenbeugungsbild der Berylliumbronze nach der Alterung bei 275 °C, 1 h, unter Lastwirkung (R = 100 MPa)

Folienebene — beobachtet werden. Das Elektronenbeugungsbild für den Fall der Bildung von Teilchen mit einer Orientierung **(Bild 144)** entspricht dem theoretischen Elektronenbeugungsbild, das sich bei der Wirkung der äußeren Zugspannung in Richtung [110] der Matrix einstellt **(Bild 145)**. Hierbei wird die minimale elastische Energie des Systems bei der Ausscheidung der Sekundärteilchen einer Orientierung und mit einer Habitusebene parallel zur Kraftrichtung erreicht.

In parallel zur Richtung der äußeren Kraft hergestellten Folien wurde die Bildung von Sekundärteilchen mit zwei Orientierungen beobachtet. Die Elektronenbeugungsbilder für diesen Fall **(Bild 146)** entsprechen vollständig dem theoretischen Elektro-

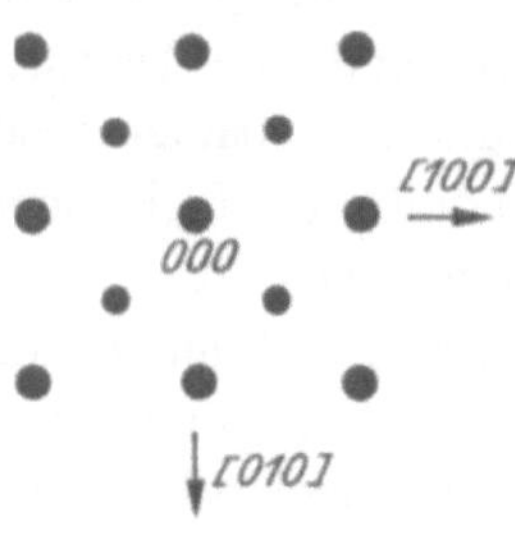

Bild 145. Theoretisches Elektronenbeugungsbild der Berylliumbronze nach der Alterung unter Lastwirkung in Richtung [110]. Die Last wirkt parallel zur Folie; Orientierung (001)

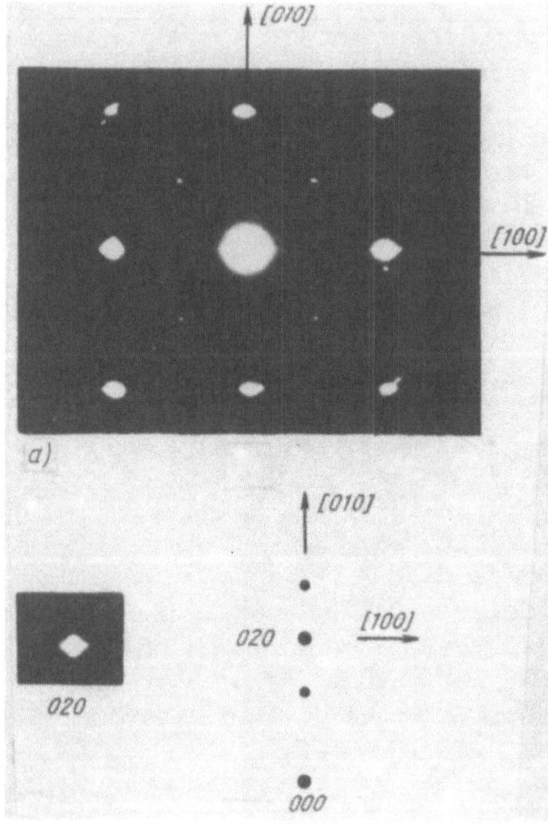

Bild 146. Elektronenbeugungsbild (*a*) und Schema der diffusen Streuung am Gitterpunkt 020 (*b*) für die Berylliumbronze nach der Alterung bei 275 °C, 1 h, unter Lasteinwirkung (100 MPa). Die Lastwirkachse liegt in der Folienebene. In Richtung [001] sind Reflexe erkennbar; Folienorientierung (001)

nenbeugungsbild, das im Fall der Wirkung der äußeren Kraft in Richtung [100] der Matrix aufgenommen wird (**Bild 147**). Folglich haben lamellare Teilchen eine der Kraftrichtung parallele Habitusebene, während senkrecht zu dieser Achse keine Teilchen auftreten. Dies hängt damit zusammen, daß die Energie der Wechselwirkung des von den äußeren Spannungen induzierten Feldes mit den bei der Teilchenbildung entstehenden Spannungsfeldern parallel zur Kraftrichtung kleiner ist.

Die Alterung im Spannungsfeld der äußeren Kraft, die in den ⟨111⟩-Richtungen der Matrix wirkt, führt zur Ausscheidung von Sekundärteilchen aller drei Orientierungen, weil in diesem Fall die Energie der Wechselwirkung der Teilchen in einer beliebigen der drei Orientierungen gleich ist.

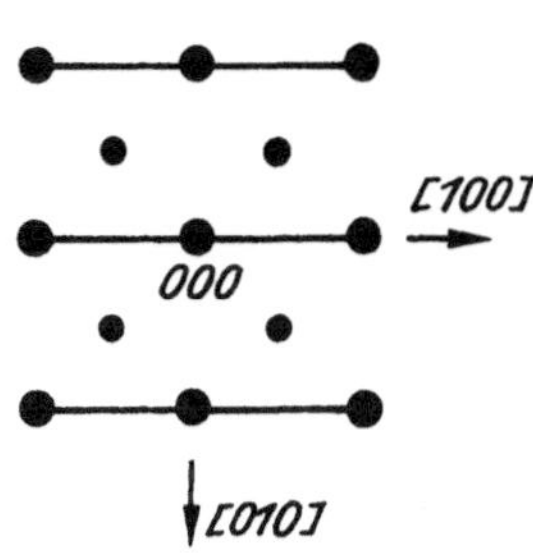

Bild 147. Theoretisches Elektronenbeugungsbild der Berylliumbronze nach der Alterung unter Lastwirkung in Richtung [010]. Die Folienebene ist parallel zur Kraftrichtung; Folienorientierung (001)

In diesem Sinne wurden die theoretischen Untersuchungen von KAPLUN vollauf bestätigt. Der Charakter der folgenden Strukturzustände bei der dynamischen Alterung ändert sich nicht im Vergleich zur herkömmlichen Alterung, während die Umwandlungskinetik etwas gehemmt ist. Die auf den Elektronenbeugungsbildern gezeigte diffuse Streuung in der dynamisch gealterten Bronze (Bild 142) wurde ausführlich in den Arbeiten von TJAPKIN und in [151] an Cu—Be und Ni—Be nach der natürlichen Alterung untersucht. Die erwähnten diffusen Effekte entstehen bei der Verzerrung des Kristallgitters der entsprechenden Legierung, z. B. im Ergebnis der Verschiebung der Netzebenen {110} in Richtung ⟨110⟩. Hierbei hängt jedoch die Verschiebungsrichtung von der Orientierung der Habitusebene des Keimes relativ zu den kristallografischen Netzebenen der Matrix ab.

Bei der Bildung von Teilchen zweier Orientierungen ähneln sich die Charaktere der diffusen Streuung im Bereich der Gitterpunkte der Matrix wie im Fall der Bildung von Teilchen aller drei Orientierungen. Im Fall der Entstehung von Teilchen einer Orientierung ändert sich der Charakter der diffusen Streuung an den Gitterpunkten der Matrix wesentlich. Bei der Ausscheidung von Sekundärteilchen einer Orientierung — senkrecht zur Folienebene — sind die stabförmigen Teilchen ⟨120⟩ orientiert bei der Orientierung der Folie in (001). An den stäbchenförmigen Teilchen erfolgen Intensitätsmodulationen, die eine diffuse Streuung des Typs Satellit (**Bild 148*b***) darstellen. Die diffuse Streuung dieser Art wurde bereits früher in den Legierungen der Systeme Cu—Be (12 Atom-% Be) und Ni—Be (10 bis 12 Atom-% Be) nach der Alterung unter den Bedingungen der Druckspannungen [135] beobachtet. Die Analyse der diffusen Streuung des Typs Satellit, die am Beispiel der Legierung CuBe 30 Atom-% durchgeführt wurde [152], zeigte, daß derartige diffuse Streuungen das Ergebnis der Anordnung der Sekundärteilchen sind. Diese Anordnung gestattet gleichfalls die Beurteilung der räumlichen Verteilung der Keime der Sekundärphase. Die Korrelation bei der Anordnung der Teilchen kann ein-, zwei- und dreidimensional sein.

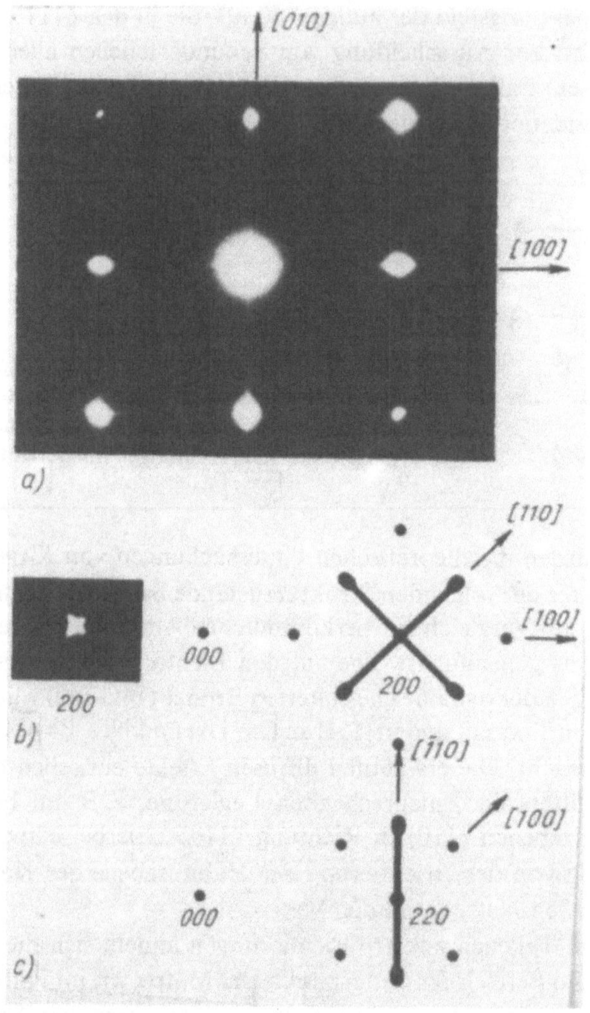

Bild 148. Elektronenbeugungsbild (*a*) und Schema der diffusen Streuung am Gitterpunkt 020 (*b*) der Berylliumbronze nach der Alterung bei 275 °C, 1 h, unter Last ($R = 100\,\text{MPa}$). Die Kraftrichtung liegt in der Folienebene, intensivere Reflexe werden in Richtung [100] beobachtet im Vergleich zu Bild 146; Folienorientierung (001)

In der Arbeit [135] werden Modelle der elektronenmikroskopischen Abbildungen für alle drei Korrelationsarten vorgeschlagen. Die Untersuchungen der diffusen Streuung machen klar, daß bei der Alterung Teilchen zweier Orientierungen sowie auch Teilchen aller drei Orientierungen ausgeschieden werden, die in den Gitterpunkten des kubisch raumzentrierten Makrogitters angeordnet sind (**Bild 149***a*). Bei der Bildung von Teilchen einer Orientierung im Falle der äußeren Kraftrichtung in ⟨110⟩ der Matrix sind die Teilchen in der Spitze des raumzentrierten tetra-

gonalen quasiperiodischen Makrogitters angeordnet (siehe Bild 149*b*). Es kann
angenommen werden, daß die Änderung der Symmetrie des Makrogitters bei
der Bildung von Sekundärteilchen einer Orientierung mit der Änderung der
Art der Wechselwirkung der elastischen Felder, die sich in unmittelbarer Nähe eines
jeden Teilchens ausbilden, im Zusammenhang steht, weil die betrachteten Felder
nicht symmetrisch sind.

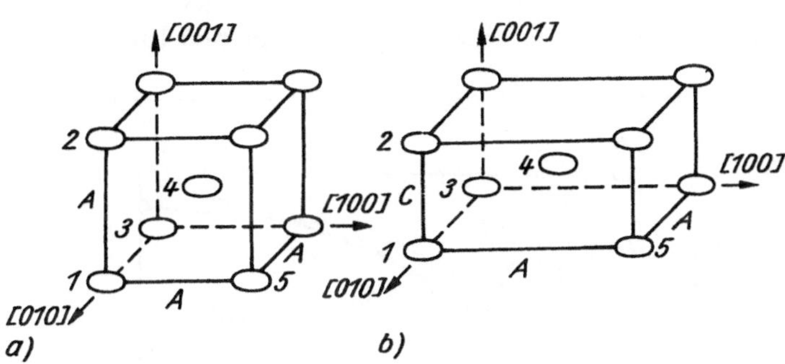

Bild 149. Schematische Anordnung der Sekundärteilchen in zwei oder drei Orientierungen (*a*) und einer Orientierung (*b*) bei deren Ausscheidung [135]

Es wurde die Energie der Wechselwirkung zwischen den benachbarten Atomen
nach einer in [153] vorgeschlagenen Methode bestimmt (als Beispiel diente die Legierung Co—Pt). Unter folgenden angenommenen Voraussetzungen wurde die Berechnung durchgeführt: Die Werte für den Elastizitätsmodul der Matrix und der
Ausscheidungen sind gleich; die die Keime umgebende Matrix ist elastisch isotrop;
die Keime sind klein und voneinander hinreichend weit entfernt. Die summarische
Energie der Wechselwirkung in einem raumzentrierten tetragonalen Makrogitter
kann nach folgender Gleichung berechnet werden:

$$E_2 = E_{13} + E_{15} + E_{12} + E_{14} = -0,855 \, M \, (V^2/4\pi a^3)$$

Aus den theoretischen Abschätzungen folgt, daß die Wechselwirkungsenergie
im Falle der Bildung von Teilchen einer Orientierung dann kleiner wird, wenn sich
die Teilchen in den Gitterpunkten eines raumzentrierten tetragonalen Makrogitters
anordnen. Namentlich ein derartiges Makrogitter wird auch experimentell bei der
Ausscheidung von Teilchen einer Orientierung beobachtet. Gleichfalls wird dies
durch die Angaben bestätigt, die bei der Untersuchung der Legierung CuBe 30
Atom-% [154] erhalten wurden.

1.6.2.3. Einfluß der dynamischen Alterung auf die Eigenschaften der Berylliumbronze

Die *dynamische Alterung* der Berylliumbronze BrBeNiTi 1,9 Mg erfolgte bei 300
und 340 °C. Zwecks Vermeidung des Kriechens wurde die von außen einwirkende

Kraft begrenzt; die dabei entstandenen Spannungen erreichten 50 MPa. Die Einwirkung der äußeren Last führt zu einer bestimmten Hemmung der Alterungsvorgänge, die sich auf die Erreichung des Verfestigungsmaximums und die Änderung des spezifischen elektrischen Widerstandes auswirken **(Bild 150)**. Die Größe des spezifischen elektrischen Widerstandes wird in wesentlichem Maße durch die elastischen Spannungsfelder beeinflußt, die sich in der Nähe der Teilchen aufbauen. Zur Verringerung des Verformungsrestes ist der Alterungsprozeß zweckmäßigerweise bei gestufter Lasterhöhung entsprechend der Verfestigung der Legierungen zu führen. Die Ergebnisse der Anwendung dieses Regimes zeigt **Bild 151**.

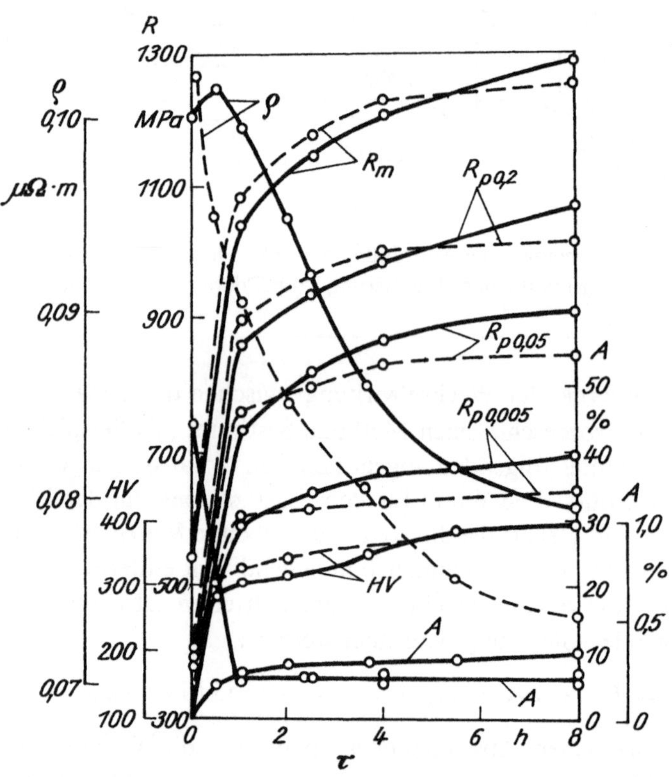

Bild 150. Änderung der physikalisch-mechanischen Eigenschaften der Bronze BrBeNiTi 1,9 Mg nach der Abschreckhärtung bei der normalen (————) und bei der dynamischen Alterung bei $R = 50$ MPa (————) bei 300 °C (Zugversuch)

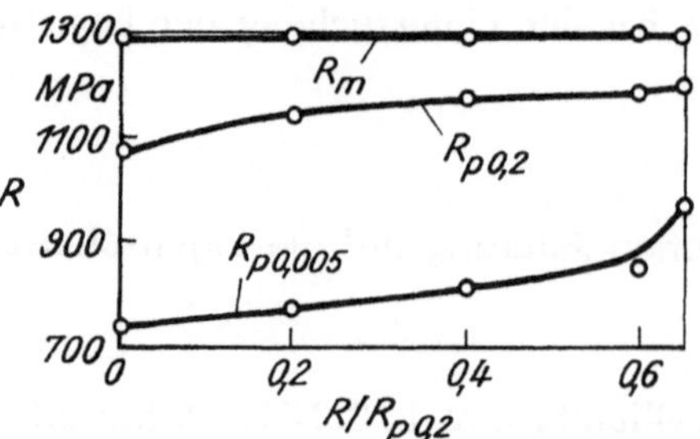

Bild 151. Abhängigkeit der Verfestigung der Bronze BrBeNiTi 1,9 Mg (nach der Abschreckhärtung) bei der dynamischen Alterung (der Verfestigungsbetrag entspricht der Alterung bei 340 °C, 4 h) vom Verhältnis $R/R_{p0,2}$

Der positive Einfluß dieser Wärmebehandlung wurde bei der Alterung unter den Bedingungen einer äußeren Zugbelastung [155] beobachtet. Es wurde gleichfalls festgestellt, daß die Alterung auch bei Biegelasteinwirkung zur Erhöhung der Elastizitätsgrenze führt, wobei diese Erhöhung beträchtlich ist **(Bild 152)**. Die dynamische Alterung führt ebenso zu einer wesentlichen Erhöhung der Relaxationsfestigkeit **(Bild 153)**.

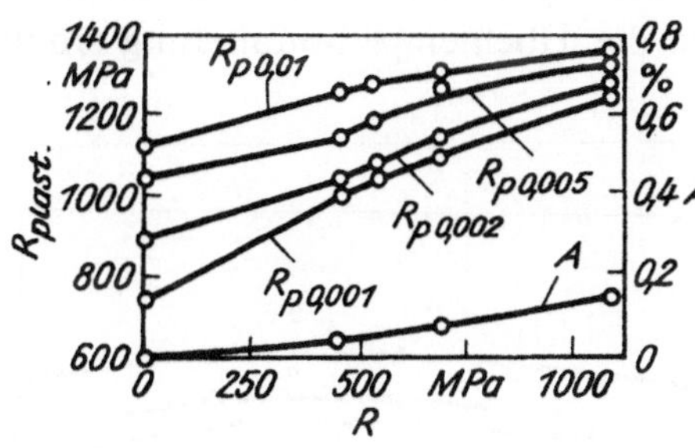

Bild 152. Abhängigkeit der Elastizitätsgrenze der Bronze BrBeNiTi 1,9 Mg von den Wirkspannungen bei der dynamischen Nachalterung bei 200 °C, 1 h. *Ausgangszustand*: Abschreckhärtung, Verformung (30 %) und Alterung bei 340 °C, 1 h

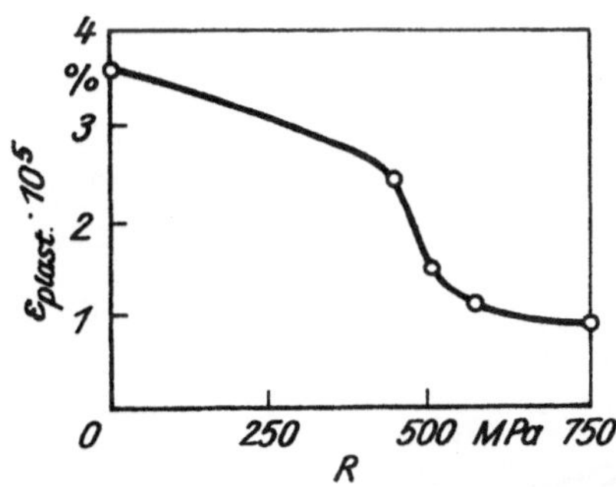

Bild 153. Abhängigkeit der Relaxationsfestigkeit der Bronze BrBeNiTi 1,9 Mg ($R = 750$ MPa) im Verlauf von 500 h bei 20 °C von den Wirkspannungen bei der dynamischen Nachalterung bei 200 °C, 1 h (Biegeversuch). *Ausgangszustand*: Abschreckhärtung, Verformung (30 %) und Alterung bei 340 °C, 1 h

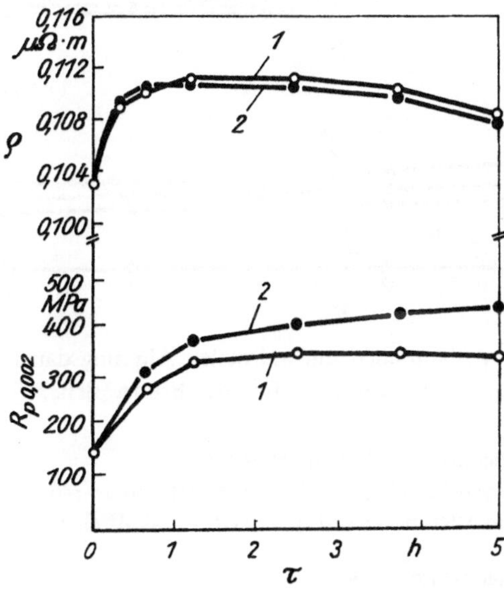

Bild 154. Einfluß der Wirklast auf den Verlauf der Niedrigtemperaturalterung der Bronze BrBeNiTi 1,9 Mg bei 210 °C
1 — lastfrei
2 — unter Last (100 MPa)

Elastische Felder, die in der Bronze im Ergebnis der Einwirkung der äußeren Kraft aufgebaut werden, beeinflussen auch den Alterungsvorgang bereits im Anfangsstadium. Die bei der Alterung bei 210 °C erreichten Ergebnisse sind im **Bild 154** dargestellt. Wie aus dem **Bild 155** ersichtlich wird, erhöht sich bei 210 °C im Ergebnis der dynamischen Alterung (Spannungsniveau ≈ 100 MPa) die Elastizitätsgrenze nach der folgenden Alterung bei 340 °C. Es kann somit angenommen werden, daß die Änderung der Anordnung und der Morphologie der Keime der γ'-Phase, die sich in der Alterungsstufe bei niedrigen Temperaturen ergeben haben, in bestimmtem Maße auch im Stadium der Hochtemperaturalterung erhalten bleiben,

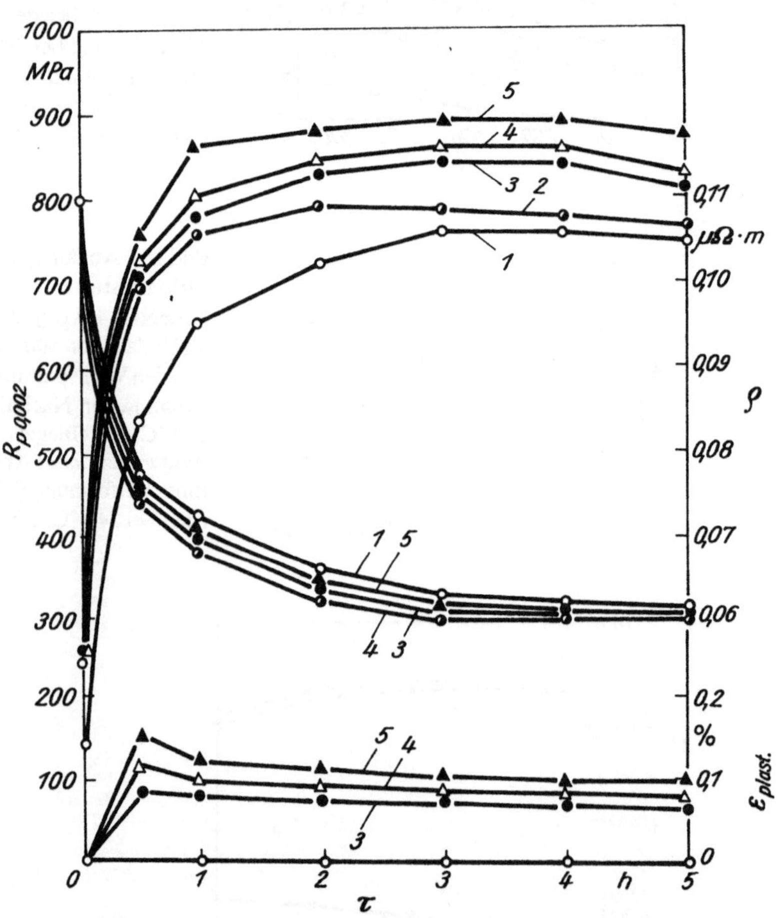

Bild 155. Einfluß der dynamischen und normalen Alterungsdauer τ bei 340 °C auf die Zerfallskinetik und die Eigenschaften der Bronze BrBeNiTi 1,9 Mg

1 — Alterung bei 340 °C

2 — gestufte Alterung bei 210 °C, 1 h, und bei 340 °C

3 — dynamische Alterung bei 210 °C, 1 h ($R = 100$ MPa), und bei 340 °C

4 — dynamische gestufte Alterung bei 210 °C, 1 h ($R = 100$ MPa), und bei 340 °C
  ($R = 100$ MPa)

5 — wie 4, jedoch bei 340 °C ($R = 200$ MPa)

d. h., in diesem Fall kommt es zur Kristallerholung in begrenztem Maße, oder die Kristallerholung bleibt aus. In ähnlicher Weise wurde dies bei der Analyse der Stufenalterung erkannt. Jedoch ist unter den Bedingungen der Krafteinwirkung im Stadium der Niedrig- und Hochtemperaturalterung die Kriechverformung kleiner als in dem Fall, in dem die Last erst im Schlußstadium des Prozesses aufgebracht wird (s. Bild 155 und **Bild 156**).

Das absolute Verfestigungsniveau hängt nicht davon ab, in welchem Stadium der Stufenalterung die äußere Last aufgebracht wird. Es ist jedoch in jedem Fall höher

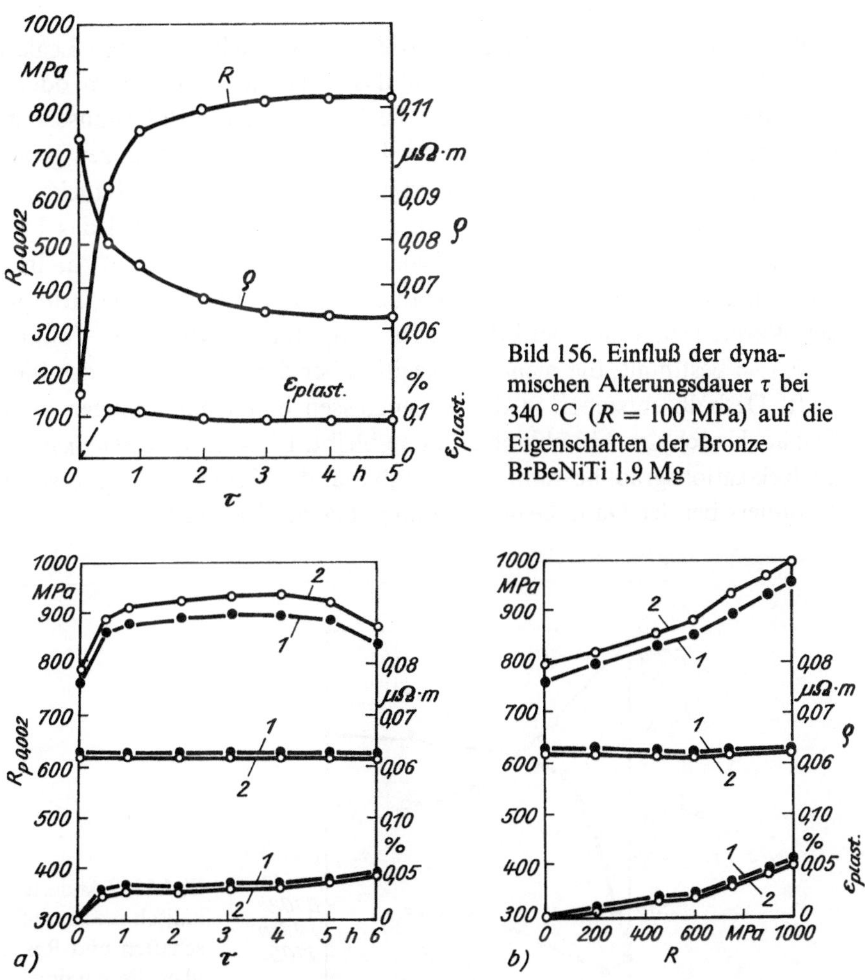

Bild 156. Einfluß der dynamischen Alterungsdauer τ bei 340 °C ($R = 100$ MPa) auf die Eigenschaften der Bronze BrBeNiTi 1,9 Mg

Bild 157. Einfluß der Nachalterungsdauer τ bei 200 °C und $R = 750$ MPa (a) und des Betrages der Wirkspannungen R bei 200 °C (b) auf die Eigenschaften der Bronze BrBeNiTi 1,9 Mg.

Ausgangszustand·
1 — Abschreckhärtung und Alterung bei 340 °C, 3 h
2 — Abschreckhärtung und gestufte Alterung bei 210 °C, 1 h, und bei 340 °C, 2 h

als bei der herkömmlichen Alterung bei erhöhten Temperaturen, einschließlich der Bedingungen der dynamischen Alterung. Der höchste Verfestigungswert wird bei der Stufenalterung mit anschließender Nachalterung bei 200 °C erreicht **(Bild 157)**.

1.7. Technologische Eigenschaften der Berylliumbronzen

1.7.1. Restspannungen und Verformung (Verziehen) der Berylliumbronzen bei der Wärmebehandlung

Eine wichtige technologische Kenngröße der wärmebehandelten Legierungen, insbesondere der Berylliumbronzen, ist das Verziehen, Verwerfen oder Krümmen. Besonders unerwünscht ist diese Art der Verformung in Präzisionserzeugnissen mit besonders niedrigem Biegewiderstand, für den strenge Toleranzen gelten. Zur Verringerung dieser Verformung werden in den Betrieben der Bauelementeindustrie die Bronzeerzeugnisse in Klemmvorrichtungen gealtert, wobei das Ein- und Ausspannen der elastischen Elemente von Hand vorgenommen wird. In diesem Zusammenhang gestaltet sich die Arbeit bei sinkender Ofenleistung komplizierter. Bei der Wärmebehandlung wird die Verformung durch bedeutende Volumenänderung ($\approx 0,6\%$) bestimmt, die nicht gleichzeitig über den Querschnitt des Elementes verläuft. Deshalb entstehen in den Erzeugnissen innere Spannungen, von denen ein Teil auch nach der Abkühlung erhalten bleibt. Diese *Restspannungen*, oder genauer ihr Relaxationsgrad, bestimmen die Stabilität der Kenngrößen elastischer Elemente, besonders bei der Dauerbeanspruchung oder der Lagerung.

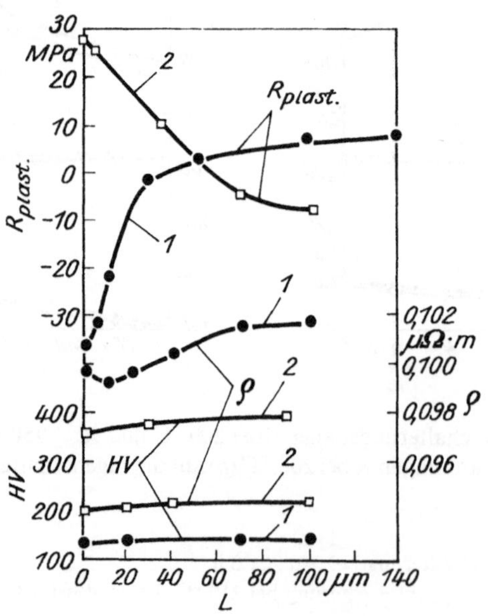

Bild 158. Änderung der physikalisch-mechanischen Eigenschaften und Restspannungen über die Banddicke der Bronze BrBeNiTi 1,9 Mg nach der Abschreckhärtung bei 770 + 10 °C (*1*) und Alterung bei 320 °C, 6 h (*2*)

L — Abstand von der Probenoberfläche

Im Zusammenhang mit dieser Erscheinung ist die Untersuchung der Gesetzmäßigkeiten der Entstehung und der Entwicklung der Spannungen in diesen Legierungen von großer Bedeutung. Vasilév ermittelte hinreichend zuverlässig, daß nach der Abschreckhärtung dünner Bänder aus Berylliumbronze auf deren Oberflächen komprimierende Restspannungen der Größe 30 bis 40 MPa entstehen **(Bild 158)**. Mit Erhöhung des Abstandes von der Bandoberfläche verringern sich anfangs diese Spannungen, um dann ihr Vorzeichen zu wechseln. Die angeführte Größe der Spannungen und deren Verteilung können nicht das Ergebnis der Ausbildung eines Temperaturgradienten sein, der im Ergebnis einer Schnellabkühlung entsteht. Entsprechend andere Gründe sollten dafür noch verantwortlich sein.

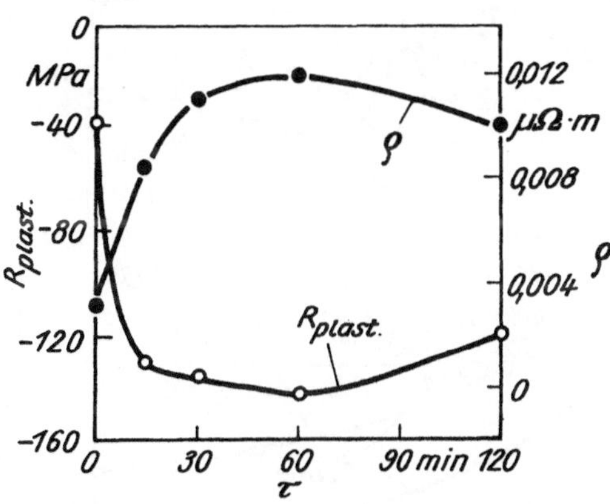

Bild 159. Abhängigkeit der Restspannungen und des spezifischen elektrischen Widerstandes ϱ der Bronze BrBeNiTi 1,9 Mg nach der Abschreckhärtung bei 770 + 10 °C von der Alterungsdauer τ bei 210 °C

Unter Berücksichtigung der Änderung der Spannungen in den Anfangsstadien der Alterung bei niedrigen **(Bild 159)** sowie erhöhten Temperaturen **(Bild 160)** kann angenommen werden, daß hinreichend große Restspannungen auf der Oberfläche der Berylliumbronze nach der Abschreckhärtung das Ergebnis eines partiellen Zerfalls des Mischkristalls in den mittleren Schichten der Probe bei der Abkühlung aus der Abschreckwärme sind, während in der Oberfläche der Zerfall offensichtlich nicht abläuft. Die bereits früher festgestellte Stabilitätserhöhung des α-Mischkristalls im Abschreckvorgang bei der Dotierung der Bronze mit Magnesium zeigte sich insbesondere darin, daß in dieser Bronze die Restspannungen kleiner waren (35 MPa) als in der magnesiumfreien Bronze (45 MPa). Mit der Erhöhung des Berylliumgehaltes von 1,7 auf 2,5% steigt auch das Niveau der Restspannungen von 20 bis auf 50 MPa. Dieser Zustand wird durch die im Bild 158 dargestellten Werte bestätigt, denn die Werte für den spezifischen elektrischen Widerstand sind auf der Oberfläche des Bandes kleiner als an Meßstellen, die in bestimmtem Abstand zur Oberfläche ausgewählt wurden. Hierfür kann nicht nur eine unterschiedliche Abkühlungsgeschwindigkeit über den Querschnitt des Materials verantwortlich sein. Vielmehr sind auch die unterschiedlichen strukturellen Zustände in der Oberflächenschicht und in den mittleren Schichten der Bronze in diesem Zusammenhang zu berücksichtigen, denn namentlich diese nehmen einen beträchtlichen Einfluß auf den Werkstoffzustand nach der folgenden Alterung. Im Ergebnis der Mikrodotierung

der Berylliumbronzen mit Magnesium, die bereits in Abhängigkeit von der Material-
dicke eigenschaftsbezogen betrachtet wurden (s. Bild 100), soll sich die Verringerung
des Unterschiedes im Verhalten der Oberflächen- und der mittleren Schichten der
Bänder auch auf die Verringerung der unerwünschten Verformung (Verwerfung)
auswirken. Die Größe der Verformung wird dann minimal, wenn die Strukturumwandlungen über den Querschnitt gleichmäßiger verlaufen.

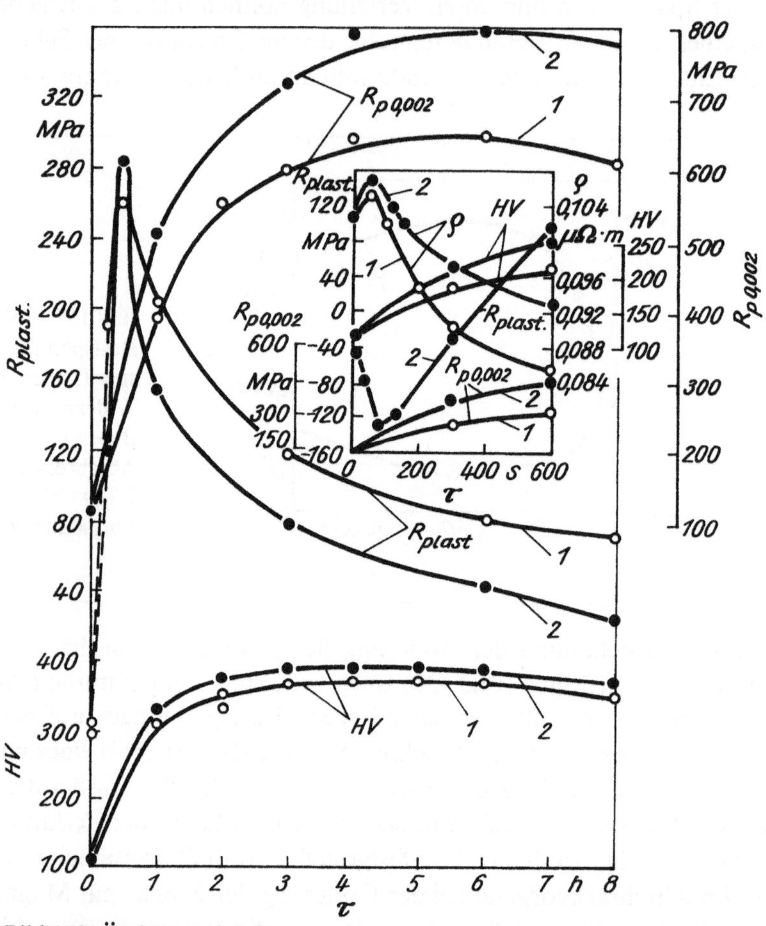

Bild 160. Änderung der Restspannungen und der Eigenschaften bei 770 + 10 °C
abschreckgehärteter Bronzen BrBeNiTi 1,9 (*1*) und BrBeNiTi 1,9 Mg (*2*) während
der Alterung bei 320 °C

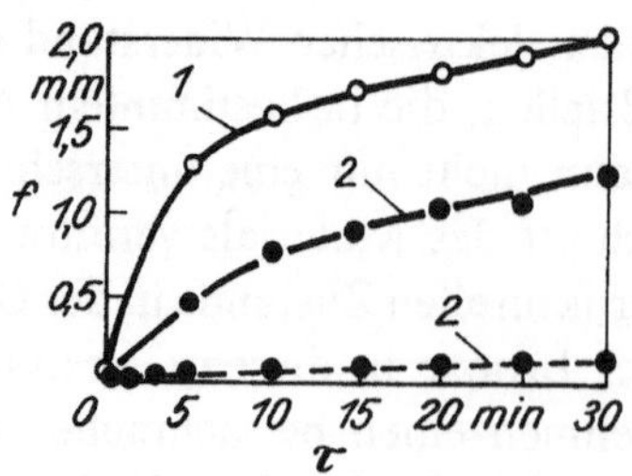

Bild 161. Abhängigkeit der Verformung
(Verwerfung) f der Bronzen BrBeNiTi 1,9 (*1*)
und BeBeNiTi 1,9 Mg (*2*) im Verlauf der
Alterung bei 320 °C von der Voralterung
bei 210 °C, 1 h. *Ausgangszustand*: Abschreckhärtung bei 770 + 10 °C (————); Abschreckhärtung und Alterung bei 210 °C,
1 h (– – –)

Der positive Einfluß des Magnesiums auf die gleichmäßigere Umwandlung über den Querschnitt der Bänder führt dazu, daß die Größe der Verformung bei der Alterung der Bronze BrBeNiTi 1,9 Mg fast zweifach höher ist als in der magnesiumfreien Bronze **(Bild 161)**. Hiermit wird wiederum ein Nachweis erbracht, daß die mit Magnesium dotierten Bronzen zweifellos über technologische Vorzüge verfügen. Berücksichtigt man diesen positiven Einfluß des Magnesiums sowie auch die Ergebnisse der Bestimmung des gesamten Komplexes der physikalisch-mechanischen Eigenschaften, so ist bemerkenswert, daß die Messungen der Restspannungen und des Verformungsrestes hauptsächlich an der Bronze BrBeNiTi 1,9 Mg erfolgten. Bei der Erwärmung dieser Bronze hängen die Größe der Restspannungen und deren Vorzeichen mit den Volumenänderungen zusammen **(Bild 162)**. Im Temperaturbereich von 200 bis 250 °C, in dem vorrangig die Wärmeausdehnung erfolgt, haben die Restspannungen auf der Oberfläche der Bänder ein negatives Vorzeichen, während die Größe der Verformung unbedeutend ist. Bei Temperaturen oberhalb des Bereiches von 200 bis 250 °C, bei denen eine starke Volumenabnahme infolge der Strukturumwandlungen beginnt, ändern die Restspannungen in der Oberfläche kontinuierlich ihr Vorzeichen — von der Druck- zur Zugspannung im Ergebnis eines beschleunigten Zerfalls des Mischkristalls in den Oberflächenschichten wegen ihrer größeren Übersättigung und erhöhten Konzentration der Leerstellen und anderer Gitterfehlstellen. Die Größe der Verformung steigt hierbei an. Demzufolge existiert eine eindeutige Korrelation zwischen den Volumenänderungen über den Querschnitt des untersuchten Bandes und dem Vorzeichen der Restspannungen.

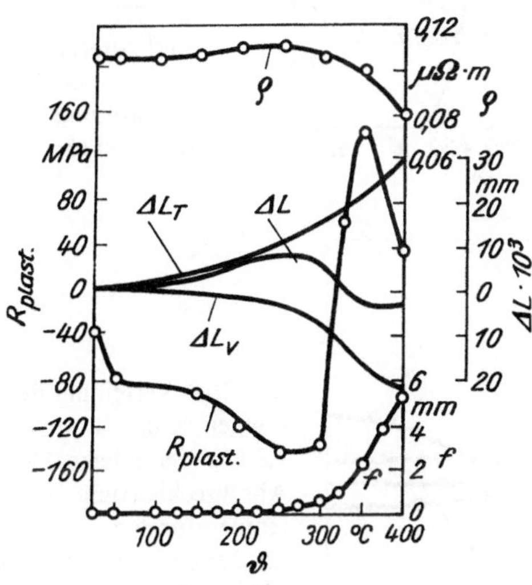

Bild 162. Änderung der Restspannungen, der Verwerfung f und der Eigenschaften der Bronze BrBeNiTi 1,9 Mg nach der Abschreckhärtung bei 770 + 10 °C bei der Erwärmung mit einer Geschwindigkeit von 2,5 K/min

$(\Delta L_V + \Delta L_T)$ — summarische Änderung der Probenlänge ΔL durch Wärmeausdehnung ΔL_T und Gefügeänderung ΔL_V

Unter den Bedingungen der isothermischen Alterung bei 200 °C sind die Volumenänderungen unbedeutend — sie betragen innerhalb von 4 h 0,032%, bei 300 °C erreichen sie sogar in diesem Zeitraum 0,224%. In demselben Temperaturintervall ändern sich das Vorzeichen und die Größe der Restspannungen von −160 MPa nach der Alterung bei 210 °C, 1 h, bis zu +100 MPa nach der Alterung bei 300 °C, 1 h. Dem Intervall der Alterungstemperaturen, bei denen die Druckspannungen wachsen (d. h. bei 200 bis 210 °C), entspricht auch der Anstieg des spezifischen elektrischen Widerstandes (s. Bilder 159 und 160). Wie bereits oben erwähnt wurde, entspricht einem starken Anstieg der Druckspannungen in der Oberflächenschicht bei der Alterung bei niedrigen Temperaturen (200 bis 210 °C) ausschließlich eine unbedeutende Volumenänderung, die mit einer dilatometrischen Methode erfaßt werden kann.

Zur Verringerung des Niveaus der Restspannungen und Verminderung des Verwerfens der Erzeugnisse kann die ausgearbeitete und oben beschriebene Methode der Stufenalterung angewandt werden, da sie einen homogeneren Zerfall des Mischkristalls gewährleistet.

Wenn man anfangs die Alterung bei einer niedrigen Temperatur (210 °C, 1 h) durchführt, so wird bei der sich anschließenden kontinuierlichen Erwärmung

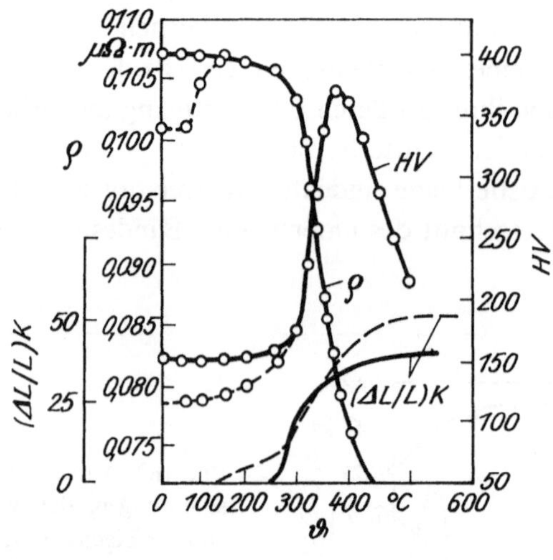

Bild 163. Änderung der Probenmaße $(\Delta L/L)\,K$ und der physikalisch-mechanischen Eigenschaften der Bronze BrBeNiTi 1,9 Mg nach der Abschreckhärtung bei 770 + 10 °C (———) und Alterung bei 210 °C, 1 h (———) bei kontinuierlicher Erwärmung (2,5 K/min) K — optische Vergrößerung

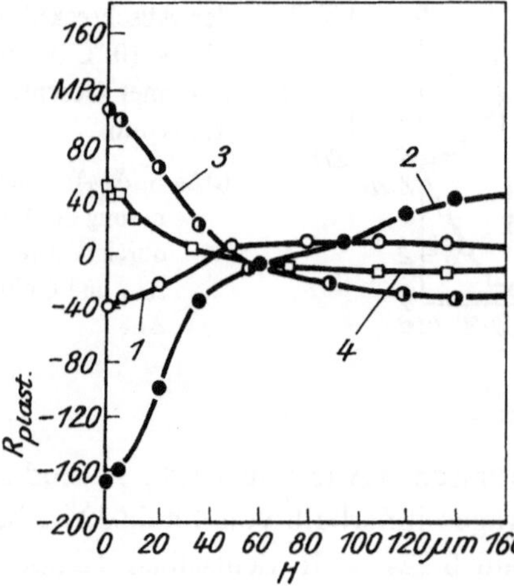

Bild 164. Verteilung der Restspannungen in der Bronze BrBeNiTi 1,9 Mg (Banddicke 0,3 mm) nach der Abschreckhärtung (*1*), der Niedrigtemperaturalterung bei 210 °C, 1 h (*2*), der einfachen Alterung bei 320 °C, 3 h (*3*), und der gestuften Alterung bei 320 °C, 3 h (*3*), und der gestuften Alterung bei 210 °C, 1 h, und 320 °C, 3 h (*4*) H — Abstand von der Probenoberfläche

(Bild 163) die Größe der Volumenänderung ungefähr um 10% kleiner als ohne Voralterung. Entsprechend verringert sich nach der Voralterung bei 210 °C, 1 h, auch die Verformung der Bronze bei der kontinuierlichen Erwärmung. Ein gleichmäßig ablaufender Zerfall des Mischkristalls bei der Stufenalterung verringert fast 3fach die Größe der Restspannungen **(Bild 164)** und die Verwerfung (s. Bild 161).

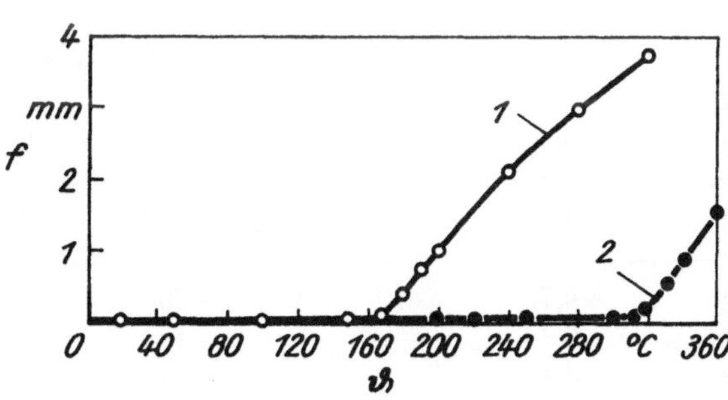

Bild 165. Abhängigkeit der Verwerfung f der Bronze BrBeNiTi 1,9 Mg nach der Abschreckhärtung bei 770 + 10 °C (*1*) und der Alterung bei 210 °C, 1 h (*2*), von der Glühtemperatur ϑ

Die Größe der Verwerfung im Stadium der Niedrigtemperaturalterung ist doch bedeutend **(Bild 165)**. Die Änderung der mechanischen Eigenschaften der Bänder aus 0,3 mm dicker Berylliumbronze nach der Abschreckhärtung und der Alterung bei 210 °C, 1 h, ist unbedeutend:

	R_m, MPa	A, %	μ^*, mm
BrBeNiTi 1,9	550	22	8,5
BrBeNiTi 1,9 Mg	540	23	8,0

* Nach der Abschreckhärtung ergibt sich aus der Tiefziehprobe nach ERICHSEN für BrBeNiTi 1,9 Mg $\mu = 9,2$ mm und für BrBeNiTi 1,9 $\mu = 10$ mm.

Diese Besonderheiten bei der Veränderung der angeführten Charakteristika können für die weitere Verringerung der unerwünschten Verformung (*Verwerfung*) angewandt werden.

Da nach der Niedertemperaturalterung die Plastizität der Bronze hinreichend hoch ist, kann die Formung der Erzeugnisse nicht wie gewöhnlich nach der Abschreckhärtung, sondern nach der beschriebenen Alterung erfolgen. In diesem Fall verringert sich in bedeutendem Maße die Verwerfung (s. Bild 161).

1.7.2. Restbespannung und Verformung (Verwerfung) der Berylliumbronzen bei der thermomechanischen Behandlung im Bereich niedriger Temperaturen

Im Alterungsprozeß unterscheidet sich das Niveau der Restspannungen in der Bronze BrBeNiTi 1,9 Mg nach einer Vorverformung von dem der abschreckgehärteten **(Tabelle 26)**. Es ist möglich, daß dies mit geringeren Volumenänderungen

Tabelle 26. Betrag und Anisotropie der Restspannungen in der Bronze BrBeNiTi 1,9 Mg nach der Alterung bei 340 °C

Schmelz-verfahren	Verfor-mungs-grad, η, %	Richtung der Probe-nahme im Band	Betrag (MPa) und Vorzeichen der Restspannungen in Abhängigkeit von der Alterungsdauer, min						
			Ausgangs-zustand	15	30	60	120	180	240
Vakuum-induktions-schmelzen	—	—	−3,66	−10,5	+71	+118,5	+995	+78	+50
	10	längs	−3,0	+ 4	+22	+ 26	+ 24	+24	+22
	10	quer	−4,6	−71	−28	− 19	+ 8	− 4	−26
	33	längs	+5,8	+ 5	−22	− 56	− 50	−45	−42
	33	quer	−8,0	−45	−15	+ 24	+ 44	+35	+16
Elektro-schlacke-umschmelz-Verfahren	33	längs	+4,7	−10	−18	−20	—	—	−15
	80	längs	−0,3	—	—	−16	—	−10	—
	80	quer	−4,4	—	—	− 5	—	−10	—
	90	längs	+3,5	− 6	−12	−25	−17	− 5	0

bei der Erwärmung verformter Legierungen zusammenhängt. Wenn an der abschreckgehärteten Legierung die maximale Längenkontraktion bei kontinuierlicher Erwärmung mit einer Geschwindigkeit von 2,5 K/min entsprechend den dilatometrischen Untersuchungen mehr als $22 \cdot 10^{-3}$ mm beträgt, so verringert sich diese nach einer 30- bis 35%igen Verformung im Mittel bis auf $18 \cdot 10^{-3}$ mm **(Bild 166)**. Die größere Volumenänderung der abgeschreckten Legierung wird mit der höheren Konzentration an Leerstellen erklärt. Die maximale Längenänderung (oder des Volumens) an verformten Legierungen tritt während der Erwärmung bei

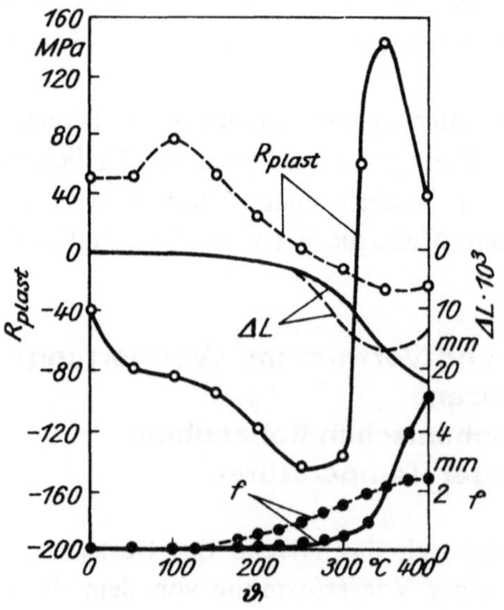

Bild 166. Änderung der Probenlänge L, der Restspannungen und der Verwerfung f in der Bronze BrBeNiTi 1,9 Mg nach der Abschreckhärtung (———) und nach der Kaltverformung (33 %) in Walzrichtung (– – –) bei kontinuierlicher Erwärmung (2,5 K/min)

niedrigeren Temperatur (350 °C) infolge der höheren Geschwindigkeit des Mischkristallzerfalls auf, während die Längenänderung in der abgeschreckten Legierung auch bei 400 °C noch nicht zum Abschluß kommt.

Die Größen der Restspannungen hängen nicht nur von der allgemeinen Änderung des Volumens ab, sondern auch von bestimmten lokalen Änderungen, die ihrerseits vom Homogenitätsgrad des Mischkristallzerfalls über den Querschnitt der Proben abhängig sind. In diesem Sinne ist die Verzerrung das Ergebnis der asymmetrischen Verteilung der Restspannungen über den Querschnitt. An abgeschreckten Bronzen ist infolge der geringeren Homogenität des Zerfalls die Verzerrung bedeutend größer als an unverformten (Bild 166).

Wie aus den Ergebnissen der Tabelle 26 ersichtlich ist, verringert sich die Größe der Restspannungen bei der Alterung mit steigendem Verformungsgrad ε bis auf 80 bis 90%, wobei die *Anisotropie der Restspannungen* vollständig aufgehoben wird. Die Analyse der in Tabelle 26 und Bild 166 dargestellten Ergebnisse zeigt, daß die Änderungen der Größe und des Vorzeichens der Restspannungen bei der Alterung komplizierten Charakter tragen, weil sie von einer Reihe gleichzeitig wirkender Faktoren abhängen: von den Volumenänderungen, der Homogenität des Zerfalls und der Entwicklung der plastischen Verformung bei den gegebenen Alterungstemperaturen.

Im Unterschied zu den kaltverfestigten Legierungen (Aluminiumbronze u. a.) führt die Alterung der Berylliumbronze unter den Bedingungen der thermomechanischen Behandlung bei niedriger Temperatur zur Aufrechterhaltung der Anisotropie der Restspannungen (s. Tabelle 26), während die Anisotropie der Elastizitätsgrenze vollständig beseitigt wird. Hieraus folgt, daß die Beseitigung der Anisotropie der Elastizitätsgrenze im Ergebnis der Alterung verformter Berylliumbronzen in den gegebenen Legierungen nicht nur das Ergebnis der Verringerung und der Ausgleichung der Restspannungen in verschiedenen Richtungen der gewalzten Bänder ist, ähnlich wie dies in kaltverfestigten Legierungen beobachtet wurde.

Die Größe der Restspannungen und der Verwerfung, die sich unter vergleichbaren Bedingungen einstellen, sind von der Mikrodotierung der Berylliumbronze und dem Grad der aufgebrachten Verformung abhängig. So beträgt z. B. nach der

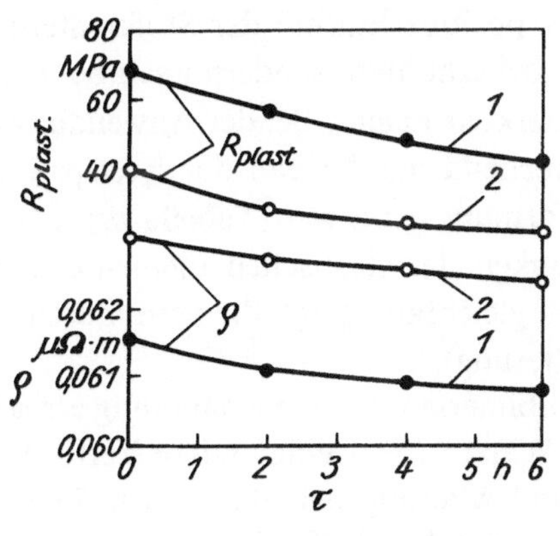

Bild 167. Änderung der Restspannungen und des spezifischen elektrischen Widerstandes ϱ nach zusätzlicher Alterung bei 145 °C in den Bronzen BrBe 2 (1) und BrBeNiTi 1,9 Mg (2). *Ausgangszustand*: Abschreckhärtung, Kaltverformung (15%) und Alterung bei 340 °C, 4 h

Verformung ($\varepsilon = 33\%$) und der Alterung bei 320 °C, 0,5 h, die Verwerfung der Proben aus der Bronze BrBeNiTi 1,9 2 mm, während sie an Proben aus der mit Magnesium mikrodotierten Bronze nur 1,2 mm erreicht. Dieses Ergebnis ergibt sich aus einem homogeneren Mischkristallzerfall dieser Bronze über den Querschnitt. Davon zeugen die Angaben zur Abhängigkeit der Eigenschaften der Berylliumbronzen von der Streifendicke (s. Bild 125). Die Entfestigung der magnesiumhaltigen Bronze mit steigender Streifendicke ist geringer als die der magnesiumfreien Bronze.

In Übereinstimmung mit den auf **Bild 167** gezeigten Werten verringert sich die Verwerfung bei der Alterung mit steigendem Verformungsgrad. Besonders bemerkbar ist dieser Effekt an einer Bronze mit maximalem Verformungsgrad von 90% (Herstellung der Bronze nach dem Elektroschlackeumschmelzverfahren), weil hierbei sowohl der Verfestigungsgrad als auch die Homogenität des Mischkristallzerfalls steigen.

Sowohl nach der Abschreckhärtung als auch nach der Kaltverformung gestattet die Stufenalterung die Einstellung eines kleineren Niveaus der Restspannungen. Der Einfluß der Alterung bei niedriger Temperatur (Stadium *I* der Stufenalterung) auf die Größe und die Anisotropie der Restspannungen wird durch die **Tabelle 27** verdeutlicht.

Tabelle 27. Änderung der Anisotropie der Restspannungen bei der Alterung von BrBeNiTi 1,9 Mg bei niedrigen Temperaturen (Vasilév)

Richtung der Probenahme relativ zur Walzrichtung	R_{Rest}, MPa					
	Ausgangszustand*	nach der Alterung bei 210 °C und einer Dauer von, min				
		15	30	60	90	120
längs	+5	+66	+80	+100	+93	+85
quer	−8	−83	−90	−114	−110	−110

* Nach der Abschreckhärtung und Kaltverformung ($\eta = 33\%$)

Es muß vermerkt werden, daß der positive Einfluß der Stufenalterung sich auf die Größe der Verwerfung nicht nur bei erhöhten, sondern auch bei relativ kleinen Verformungsgraden **(Tabelle 28)** bemerkbar macht. Bei der Anwendung der Stufenalterung verringert sich auch entsprechend das Niveau der Restspannungen, und dies um so mehr, je größer der Verformungsgrad war **(Tabelle 29)**. Damit erhöhen sich die Stabilität und die Maßhaltigkeit der elastischen Elemente. Die technologischen Eigenschaften verbessern sich gleichfalls durch die verminderte Verwerfung während der Wärmebehandlung (Alterung).

Der größte Effekt wird bei der kombinierten Wärmebehandlung erreicht: Niedertemperaturalterung bei 200 °C, 1 h, Walzen (oder eine andere Verformungsart) bei einem Verformungsgrad von 30% und Alterung bei 340 °C, 1 h. Die Anwendung der Behandlung in dieser Form verringert die Größe der Volumenveränderungen,

senkt die Größe der Restspannungen und der Verwerfung und erhöht die Relaxationsfestigkeit unter den Bedingungen der statischen und zyklischen Belastung. Für Erzeugnisse aus dünnem Band, insbesondere aus Berylliumbronze, ist der Zustand der
Oberfläche nicht nur hinsichtlich der erreichbaren mechanischen Eigenschaften,

Tabelle 28. Einfluß des Verformungsgrades bei der thermomechanischen Wärmebehandlung bei niedrigen Temperaturen auf die Krümmung f der Bronze BrBeNiTi 1,9 Mg
(Banddicke 0,12 mm) nach einfacher und gestufter Alterung (PASTUCHOVA/VASILÉV)

Alterungs- bedingungen	f (mm) nach der Abschreckhärtung, Kaltverformung und Alterung; Verformungsgrad bei der thermo- mechanischen Behandlung bei niedrigen Temperaturen, %		
	10	25	33
320 °C, 0,5 h	3	1,9	1,0
210 °C, 1 h und 320 °C, 0,5 h	0,9	0,5	0,3
320 °C, 1 h	—*	3	1,7
210 °C, 1 h und 320 °C, 1 h	1,5	0,7	0,45

* Der Krümmungsbetrag übertraf die Erfassungsmög-
lichkeit der Meßapparatur.

sondern auch bezüglich der Größe und der Verteilung der Restspannungen sowie
der Verwerfung von wesentlicher Bedeutung. Nach der Alterung der Berylliumbronzen entstehen in den Oberflächenschichten (an Luft) Druck- und Zugrestspan-
nungen. Bei Normaldruck oxydiert die Oberflächenschicht, wodurch sich in ihr die

Tabelle 29. Einfluß der gestuften Alterung auf das Rest-
spannungsniveau in der Bronze BrBeNiTi 1,9 Mg (Banddicke 0,12 mm) (PASTUCHOVA/VASILÉV)

Alterungs- bedingungen	R_{Rest} (MPa) nach der Abschreck- härtung, Verformung und Alte- rung; η (%) bei der thermomecha- nischen Behandlung bei niedrigen Temperaturen		
	10	25	33
320 °C, 3 h	30	22	15
210 °C, 1 h und 320 °C, 3 h	28	15	10

Berylliumkonzentration verringert und damit die Inhomogenität des Zerfalls verstärkt wird.

Der Inhomogenität des Zerfalls kann begegnet werden, indem die Oberfläche der Streifen aus Berylliumbronze galvanisch mit einer Schicht überzogen wird, deren Kristallgitter dem der Matrix identisch ist. Dadurch verringert sich die Oberflächenenergie der Bronze, so daß Strukturumwandlungen in der Oberflächenschicht erschwert werden. Als Beschichtungsmetalle wurden für Forschungszwecke Kupfer, Silber und Nickel ausgewählt. Die Dicke der aufgebrachten Deckschichten beträgt 6 bis 10 µm und ist damit typisch für 0,2 bis 0,4 mm dicke elastische Elemente. Spezielle Untersuchungen zeigten, daß die Verwerfung der beschichteten Proben kleiner ist als die der unbeschichteten. Die Oberfläche stromführender elastischer Elemente wird oftmals versilbert. Entsprechend eigener Erkenntnisse ist diese Oberflächenbeschichtung vor der Alterung vorzunehmen, weil sich die Verwerfung der Erzeugnisse vermindert. Es ist erwiesen, daß damit der technologische Prozeß nicht komplizierter gestaltet wird.

1.7.3. Stabilisierender Einfluß der Alterung in Berylliumbronzen

Wie bereits vermerkt wurde, ist eine Verringerung des Niveaus der Restspannungen, die bei der Alterung entstehen, durch die Erhöhung der Alterungsdauer möglich, wobei jedoch gleichzeitig eine Entfestigung der Bronze bewirkt wird. Die Relaxation dieser Restspannungen kann durch Erwärmung bei 145 bis 150 °C, die zu keiner Entfestigung führt, gewährleistet werden.

Zur Abschätzung der Stabilität des Strukturzustandes von BrBeNiTi 1,9 Mg nach einer verfestigenden und thermischen stabilisierenden Behandlung (145 °C, 6 h) wurde eine zusätzliche Erwärmung bis auf 100 °C, die die maximale Betriebstemperatur für elastische Elemente aus der Berylliumbronze darstellt, vorgenommen. Diese Wärmebehandlung innerhalb von 10 h führte zu einer nur unbedeutenden Verringerung der Spannungen — insgesamt um 3 MPa —, die Wärmebehandlung änderte weder das Verfestigungsniveau noch den spezifischen elektrischen Widerstand. Demzufolge gewährleistet eine zusätzliche Glühung bei 140 bis 150 °C bei einer Dauer von 6 h nach der auf die maximale Verfestigung gerichteten Alterung eine hohe Stabilität der elastischen Elemente sowohl bezüglich des Niveaus der Restspannungen als auch hinsichtlich des Strukturzustandes. Ein derartiges Regime der stabilisierenden Behandlung ist wesentlich effektiver als das in herkömmlicher Weise in der Industrie bisher angewandte. Es wird z. B. in einem der Betriebe für die Stabilisierung der elastischen Elemente nach der Verfestigungsbehandlung eine Abkühlung vorgenommen, bei der die Proben bis zu −55 °C abgekühlt und 2,5 h gehalten werden. Anschließend werden sie auf 145 bis 150 °C erwärmt und bei dieser Temperatur 2 h gehalten. Dieser Zyklus wird dreifach wiederholt. Die Ergebnisse der Anwendung dieser Art von Wärmebehandlung zeigen, daß die Restspannungen höher sind (+45 MPa) als bei der von den Verfassern dieses Buches vorgeschlagenen Wärmebehandlung.

Zur Beurteilung der Stabilität des Strukturzustandes, der nach der *thermomechanischen Behandlung* bei niedriger Temperatur und der Alterung (einschließlich einer zusätzlichen stabilisierenden Niedertemperaturalterung) erreicht wird, wurden Messungen des spezifischen elektrischen Widerstandes bei 60 °C über einen Zeitraum von 9200 h durchgeführt. Die erhaltenen Ergebnisse **(Tabelle 30)** zeigen, daß der erwähnten Wärmebehandlung bei einem Verformungsgrad von 15%, nach der Alterung bei 340 C, 4 h, und einer Stabilisierung bei 145 °C, 6 h, und 100 °C, 10 h, der spezifische elektrische Widerstand beständiger ist als nach einer Alterung bei 340 °C und 19 h. Hierbei ist wesentlich, daß nach dem ersten Regime eine hohe Maßhaltigkeitsstabilität der Erzeugnisse, die in Halbkugelform für Präzisionsgeräte **(Tabelle 31)** angefertigt werden, erreicht wurde.

Tabelle 30. Einfluß der Haltedauer bei 60 °C auf den Betrag des elektrischen Widerstandes R^*

Alterung bei ϑ, °C (τ, h)	$R \cdot 10^3$ (Ω) nach der Haltedauer, h				
	0	500	1350	3200	9200
BrBe 2					
Technische Bedingungen	2,182	2,181	2,182	2,197	2,1805
340 (4), 145 (6)	2,078	2,078	2,078	2,065	2,060
340 (19), 145 (6), 100 (10)	1,6565	1,657	1,657	1,657	1,657
340 (4), 145 (6), 100 (10)	2,0035	2,0033	2,002	2,0035	2,0015
BrBeNiTi 1,9 Mg					
Technische Bedingungen	2,243	2,241	2,240	2,255	2,258
340 (4), 145 (6)	1,948	1,9475	1,949	1,951	1,947
340 (4), 145 (6), 100 (10)	1,841	1,842	1,842	1,842	1,841
340 (19), 145 (6), 100 (10)	1,7732	1,7735	1,7715	1,772	1,7725

* Der elektrische Widerstand wurde mit einem Gleichstrompotentiometer des Typs UE-09 gemessen.

Tabelle 31. Abweichung des Erzeugnisquerschnitts vom Kreis

Bedingungen der Wärmebehandlung	Erzeugnis-Nr.	Betrag der Abweichung (µm) nach einer Haltedauer bei 60 °C, h		
		Ausgangs-zustand	3000	9000
Technische	1	22,0	—	30,0
Bedingungen	2	4,0	11,0	6,0
	3	4,0	18,0	9,0
Alterung bei:				
340 °C, 4 h	1	4,0	4,5	2,5
145 °C, 6 h	2	10,0	14,0	10,0
100 °C, 10 h	3	4,0	4,5	3,0

Damit kann der Industrie ein Verfahren für die Stabilisierung nach der Alterung bei 340 °C, 4 h, empfohlen werden: die Alterung bei 145 °C, 6 h, sowie die Alterung bei 100 °C, 10 h. Die Effektivität des entwickelten Verfahrens wird durch entsprechende Ergebnisse der Anwenderbetriebe bestätigt.

1.8. Struktur und Eigenschaften der durch Elektroschlackeumschmelzen hergestellten Berylliumbronzen

1.8.1. Allgemeine Einführung

Eine Verbesserung der Struktur und der Eigenschaften der Federlegierungen auf Kupferbasis ist durch die Mikrodotierung, durch kombinierte Wärmebehandlung und schließlich durch die *thermomechanische Behandlung* (TMB), insbesondere durch Anwendung neuer technologischer Stammbäume der Wärmebehandlung erreichbar. Es gibt jedoch noch einen Weg zur Verbesserung der Eigenschaften der Federlegierungen, d. h. die Anwendung neuer vollkommenerer Methoden ihrer metallurgischen Produktion, die die Makro- und Mikrostruktur der Legierungen verbessern, die Konzentration der Verunreinigungen verringern, den Gasgehalt senken und andere Vorteile bewirken. In diesem Falle gewährleistet die Kombination der bereits oben beschriebenen Methoden zur Verfestigung, insbesondere die Mikrodotierung, mit der besten metallurgischen Qualität einer Legierung die Einstellung noch höherer komplexer Legierungseigenschaften.

Unter den neuen metallurgischen Prozessen ist das Verfahren des *Elektroschlacke-umschmelzens* (*ESU*) das populärste und das perspektivisch günstigste. Die Theorie und die Realisierung dieses Prozesses, das in relativ kurzer Zeit weltweite Anerkennung erlangte, wurden in der UdSSR entwickelt und erstmals von PATON in die Produktion übergeleitet. Das Verfahren des ESU ist nicht nur bekannt für die Sicherung einer hohen Qualität des Metalls, sondern zählt auch zu den wissenschaftlichsten Schmelzverfahren. Ausgezeichnete Ergebnisse wurden bei Schmelzen von Stahl erzielt. Gleichfalls ist die Anwendung des ESU-Verfahrens bei der Produktion von Legierungen auf der Basis von Kupfer, Titan, Chrom, Molybdän u. a. bekannt geworden. Es kann erwartet werden, daß die Anwendung dieses Verfahrens auch zur Verbesserung der Eigenschaften der Federlegierungen führen sollte. Auf diesem Gebiet wurden jedoch bisher wenige Untersuchungen durchgeführt. Zu den ersten komplexen Untersuchungen auf diesem Spezialgebiet zählen die von den Verfassern dieses Buches gemeinsam mit ZAREMBO, KRAVCHENKO, KULESHOV und KACHUR durchgeführten Arbeiten zur schmelzmetallurgischen Herstellung der Berylliumbronze nach dem ESU-Verfahren.

Die beim Vakuuminduktionsschmelzen beobachteten Nachteile hinsichtlich der umgekehrten Blockseigerung der Legierungselemente, der Makro- und Mikroporen, der nichtmetallischen Einschlüsse u. a., werden beim ESU-Verfahren wesentlich verringert oder sogar vollständig beseitigt. Entsprechende Beweise konnten dafür an den nach dem ESU-Verfahren erschmolzenen Berylliumbronzen erbracht werden.

1.8.2. Besonderheiten des Aufbaus der Gußblöcke aus Berylliumbronze, die nach dem ESU-Verfahren hergestellt wurden

Wie im **Bild 168** gezeigt werden konnte, gewährleistet das ESU-Verfahren eine gefeinte Makrostruktur, da die Erstarrung des Gußblocks bei hohen Abkühlungsgeschwindigkeiten verläuft. Eine derartige Makrostruktur ist charakteristisch für den Gußzustand verschiedener Metalle, die nach dem ESU-Verfahren umgeschmolzen wurden. Bei der gerichteten und lunkerfreien Erstarrung der *Blöcke* verbessern sich die Dichte und Homogenität über Blocklänge und -querschnitt. Gleichfalls wird eine homogenere Verteilung der β-Phase erreicht (Bild 168). Unter diesen Be-

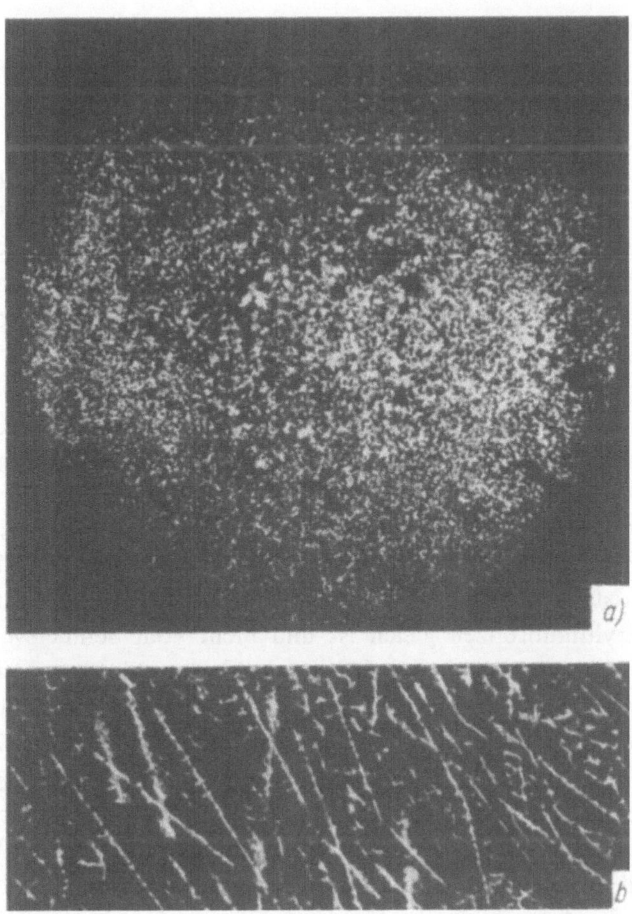

Bild 168. Das Gußgefüge der nach dem ESU-Verfahren hergestellten Bronze BrBeNiTi 1,9 Mg
a) Makrogefüge ($\times 0,5$)
b) Mikrogefüge ($\times 100$)

dingungen entfällt die Blockbearbeitung zur Entfernung der mit Beryllium angereicherten und der an Beryllium verarmten Schichten, die eine Dicke von $\approx$ 5 mm erreichen können. Außerdem führt das ESU-Verfahren zur Verringerung des Sauerstoffgehaltes von 0,04 bis 0,03 % bis auf 0,02 bis 0,01 % im Ergebnis des Übergangs von Berylliumoxid in die Schlacke. Das ESU-Verfahren bietet gleichzeitig die Möglichkeit der zusätzlichen Mikrodotierung der Bronze mit Elementen, die im Ergebnis der Wechselwirkung zwischen der Schlacke und den Komponenten der Berylliumbronze im elektrischen Feld in die Schmelze übergehen. Dieser Effekt kann von außerordentlich wichtiger Bedeutung sein. Die erwähnten Vorteile der nach dem ESU-Verfahren hergestellten Blöcke beeinflussen positiv die Verformungsvorgänge, weil sie die Plastizität der Legierungen erhöhen.

1.8.3. Einfluß der Wärmebehandlung auf die Struktur und die Eigenschaften der nach dem ESU-Verfahren hergestellten Berylliumbronzen

In vergleichender Weise wurden die Eigenschaften der Be-Bronzen BrBeNiTi 1,9 und BrBeNiTi 1,9 Mg, die nach dem ESU- und dem in der Industrie verbreiteten Vakuuminduktionsschmelzverfahren (VIS) hergestellt wurden, untersucht, die sich nach gleicher Verformung und Wärmebehandlung einstellten. Somit konnte exakter der wirkliche Einfluß der ESU-Bedingungen auf die Eigenschaften der erwähnten Bronzen ermittelt werden. Metallografische Untersuchungen am Gefüge der abgeschreckten Bronzen (770 + 10 °C) zeigten, daß im Falle der Anwendung des ESU-Verfahrens das *Gefüge* gleichmäßig und feinkörnig ist, die Korngrenzen schmal und die Sekundärteilchen (β-Phase) im Vergleich zu den nach herkömmlichen metallurgischen Verfahren erschmolzenen Bronzen sehr fein sind.

Die auf **Bild 169** angeführten Werte über die Änderung der Eigenschaften der Berylliumbronzen bei der Alterung zeigen, daß die Kinetik des Zerfalls des übersättigten Mischkristalls in den mit Magnesium mikrodotierten und in den magnesiumfreien Berylliumbronzen gleich ist und nicht vom Schmelzverfahren abhängt. Die Verfestigungsgeschwindigkeit bei der Alterung der magnesiumhaltigen Berylliumbronzen ist unabhängig vom Schmelzverfahren ihrer Herstellung im Vergleich zu den magnesiumfreien Bronzen in den Anfangsstadien des Zerfalls des übersättigten Mischkristalls merklich höher, während sie sich in den späteren Stadien, einschließlich der Entfestigung, verlangsamt. Wenn auf der Grundlage der Größe der Elastizitätsgrenze das absolute Niveau der Verfestigung der Bronzen beurteilt werden soll, dann ist dies der nach dem ESU-Verfahren hergestellten Bronzen höher als im Fall der Anwendung des VIS-Verfahrens — bei gleicher Härte und ungeachtet dessen, daß in den ersteren der Berylliumgehalt 1,88 bis 1,93 % und in den letzteren 1,96 bis 1,98 % beträgt. Von wesentlicher Bedeutung ist auch der Fakt, daß nach der Alterung der spezifische elektrische Widerstand der Bronze BrBeNiTi 1,9 Mg kleiner ist (möglicherweise infolge des verringerten Sauerstoffgehaltes) als der Widerstand der Bronze dieser Zusammensetzung, jedoch nach einem herkömmlichen Schmelzverfahren hergestellt. Demzufolge zeichnet sich die Bronze

BrBeNiTi 1,9 Mg nicht nur durch ihre hohe Verfestigung, sondern auch durch eine erhöhte elektrische Leitfähigkeit aus und kann folglich als Werkstoff für stromführende und stromlos arbeitende elastische Elemente unter extremen Bedingungen empfohlen werden. Außerdem besitzt eine nach dem ESU-Verfahren hergestellte Bronze, insbesondere die BrBeNiTi 1,9 Mg, eine merklich höhere *Relaxationsfestigkeit* bei statischer und zyklischer Belastung sowie eine erhöhte Gestaltfestigkeit **(Bilder 170 und 171)**. Die Kriechverformung elastischer Elemente wird im

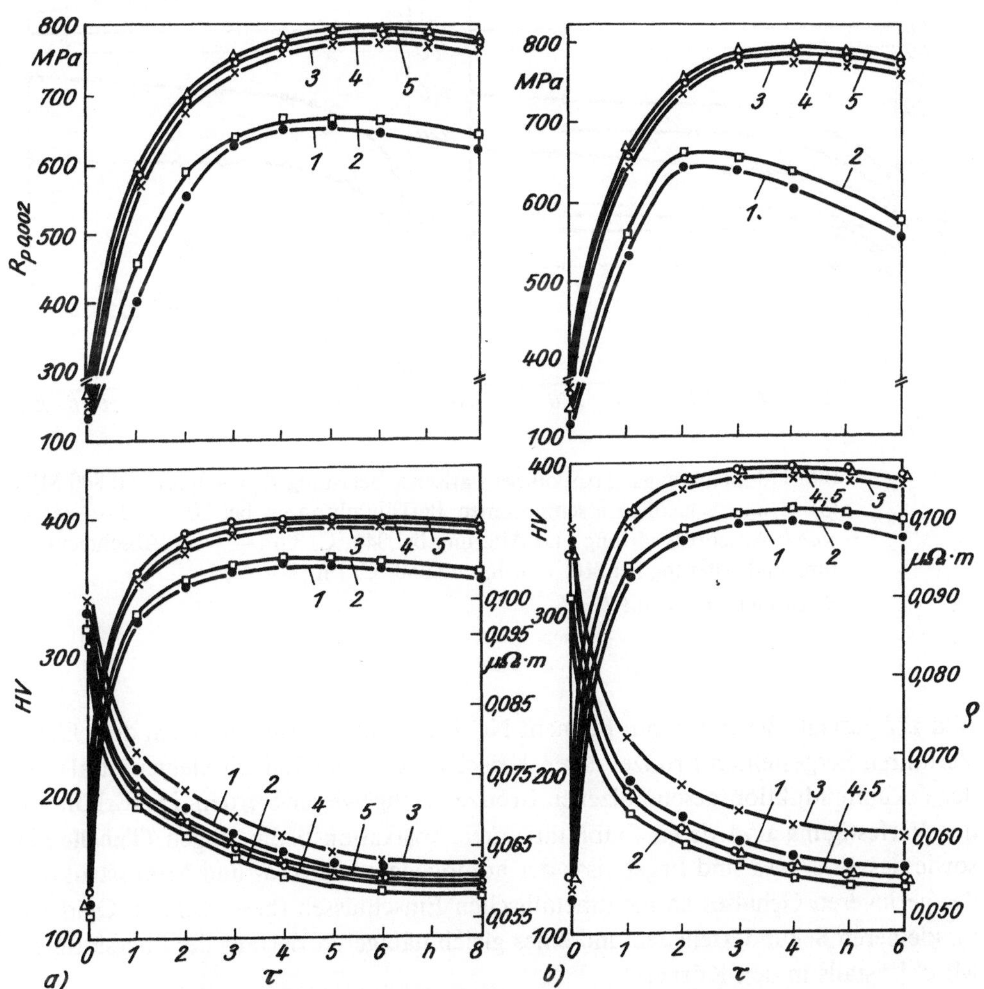

Bild 169. Abhängigkeit der Eigenschaften der Berylliumbronzen nach der Abschreckhärtung bei 770 + 10 °C und Alterung bei 320 (*a*) und 340 °C (*b*) vom Schmelzverfahren

1 — BrBeNiTi 1,9 (Vakuuminduktionsschmelzen)
2 — BrBeNiTi 1,9 (Elektroschlackeumschmelzen im Argon)
3 — BrBeNiTi 1,9 Mg (Vakuuminduktionsschmelzen)
4 — BrBeNiTi 1,9 Mg (Elektroschlackeumschmelzen unter Normaldruck)
5 — BrBeNiTi 1,9 Mg (Elektroschlackeumschmelzen unter Argon)

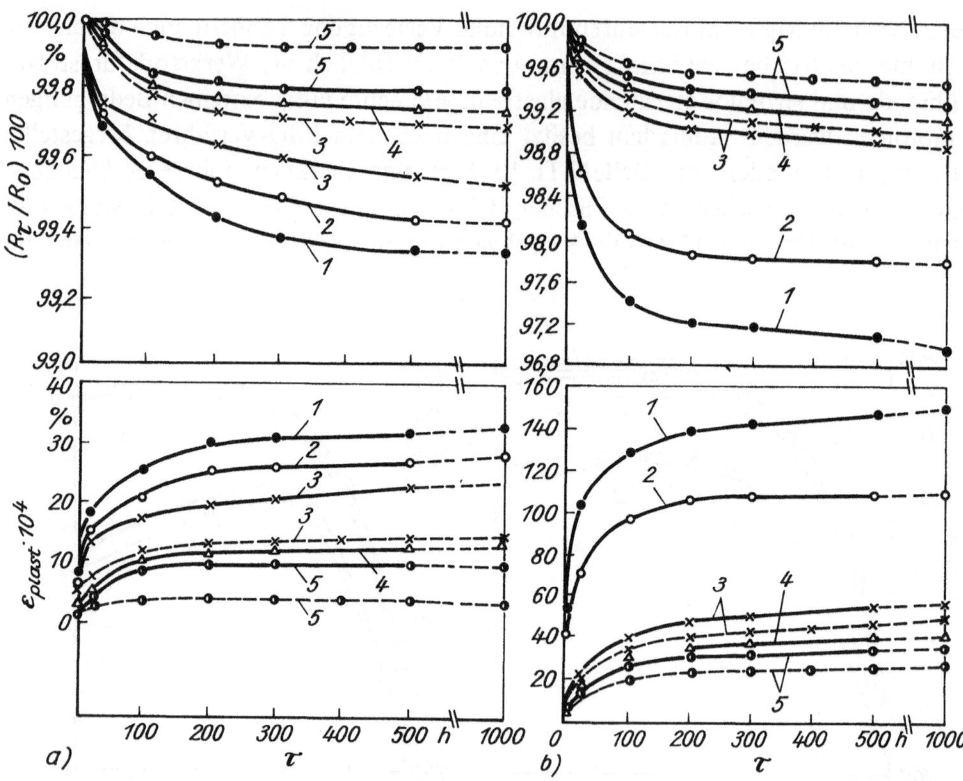

Bild 170. Spannungsrelaxation bei statischer Belastung $R = 450$ (a) und 800 MPa (b) in unterschiedlich erschmolzenen Berylliumbronzen bei 20 °C. *Ausgangszustand*: Abschreckhärtung und Alterung bei 340 °C, 3 h (————); Abschreckhärtung und Alterung bei 210 °C, 1 h, und 340 °C, 1 h (— — —)

Bezeichnungen s Bild 169

Bild 172 gezeigt. Besonders am Element Nr. 1 kann der Vorteil der nach dem ESU-Verfahren hergestellten Bronze, deren Kriechverformung 1,8fach kleiner ist als die der vakuuminduktionsgeschmolzenen Bronze, nachgewiesen werden. Die Erhöhung der Verfestigung und deren Stabilität unter Relaxationsbedingungen **(Tabelle 32)** sowie des *Kriechens* sind Ergebnisse der homogeneren Makro- und Mikrostruktur, des geringeren Gehaltes an nichtmetallischen Einschlüssen (besonders an Oxiden), an kleineren Sekundärteilchen und eines gleichmäßigeren Zerfalls des übersättigten Mischkristalls in den Körnern.

Eine weitere Erhöhung der Relaxationsfestigkeit und entsprechend des Kriechwiderstandes ist durch Stufenalterung unter optimalen Bedingungen möglich: 210 °C, 1 h, und 340 °C, 1 h. Der hauptsächliche Einfluß der Stufenalterung besteht in der Erhöhung der Dispersität der Struktur und ihrer Homogenität.

Die Verbesserung der Eigenschaften der nach dem ESU-Verfahren hergestellten Bronzen bei zyklischer Belastung steht in engem Zusammenhang mit den Besonderheiten des in ihnen ablaufenden Zerstörungsvorganges, der erstmalig mit Hilfe der Mikrofraktografie untersucht wurde. Es konnte dabei gezeigt werden, daß der *Er-*

müdungsbruch an nach dem VIS-Verfahren hergestellten Bronzen (Mikrodotierung mit Magnesium) nach dem Abschrecken und der Alterung zur Erreichung der maximalen Verfestigung durch Zäh- und Sprödbruchbereiche gekennzeichnet wird, wobei die Ermüdungsrisse an den Bruchflächen sowohl an den Korngrenzen als auch transkristallin verlaufen **(Bild 173a)**. Schroff ausgeprägte Bruchflächen werden in den Körnern beobachtet, in denen zusätzliche Einschlüsse als Spannungskonzen-

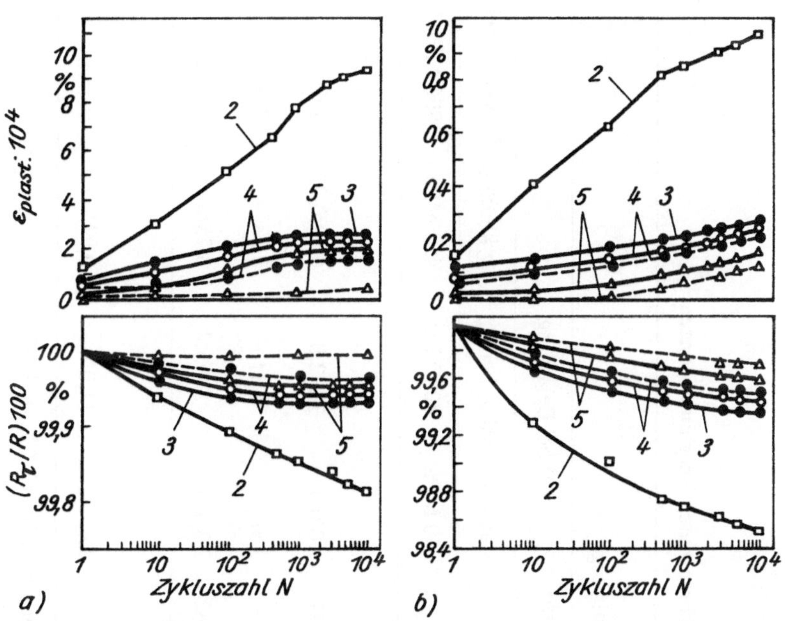

Bild 171. Spannungsrelaxation bei 20 °C und $R = 450$ (a) und 800 MPa (b) in nach verschiedenen Methoden erschmolzenen Berylliumbronzen nach einmaliger (340 °C, 1 h) (———) und gestufter Alterung bei 210 °C, 1 h, und 340 °C, 1 h (— — —)

Bezeichnungen s. Bild 169

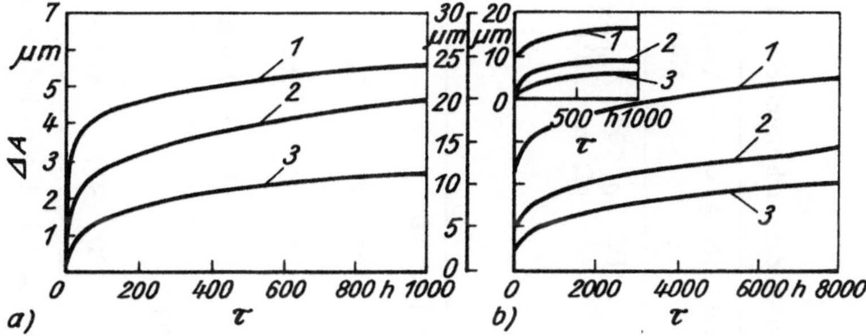

Bild 172. Kriechbetrag ΔA der elastischen Elemente Nr. 1 (a) und Nr. 2 (b), die aus den Bronzen BrBeNiTi 1,9 (*1*), BrBeNiTi 1,9 Mg (*2*) und BrBeNiTi 1,9 Mg (hergestellt durch ESU-Verfahren) (*3*) gefertigt wurden, bei 20 °C und einem Druck von 10 MPa. *Ausgangszustand*: Abschreckhärtung und Alterung unter optimalen Bedingungen

Tabelle 32. Eigenschaften der nach unterschiedlichen Verfahren erschmolzenen Berylliumbronzen

Schmelz-verfahren	Abschreckhärtung bei 770 + 10 °C			Abschreckhärtung und Alterung (maximale Verfestigung)							Anzahl der Zyklen bis zum Bruch bei R_m	
	$R_{p\,0,002}$ MPa	HV	$\varrho \cdot 10^3$, $\mu\Omega \cdot m$	$R_{m\,0,002}$ MPa	HV	$\varrho \cdot 10^3$ $\mu\Omega \cdot m$	$\varepsilon_{Rest} \cdot 10^3$ bei Belastung				450 MPa	800 MPa
							statisch (1000 h) bei R_m		zyklisch (10^4 Zyklen) bei R_m			
							450 MPa	800 MPa	450 MPa	800 MPa		
BrBeNiTi 1,9 Mg												
ESU* (Argon)	180	125	97	790/820	400/410	58/57	1,0/0,4	3,8/2,8	0,19/0,05	1,6/1,3	10^7	46500
ESU (Normal-druck)	170	125	97	780/—	400/—	58/—	1,3/—	4,1/—	0,23/—	2,6/—	$501 \cdot 10^4$	45500
VIS**	160	125	98	770/800	390/400	63/62	2,3/1,5	5,8/5,2	0,25/0,16	2,8/2,4	$471 \cdot 10^4$	41100
BrBeNiTi 1,9												
ESU (Argon)	150	120	92	670/—	374/—	57/—	2,8/—	11,0/—	0,93/—	9,7/—	$417 \cdot 10^3$	36800

Anmerkung: Im Nenner sind die Eigenschaften nach der Stufenalterung bei 210 °C, 1 h, und 340 °C, 1 h

*   Elektroschlackeumschmelzen

** Vakuuminduktionsschmelzen

tratoren wirken. Auf den Mikrobruchbildern sind *Ermüdungsfurchen* erkennbar, deren Abstände voneinander klein sind und davon zeugen, daß sich die Rißfront langsam bewegt. In der nach dem ESU-Verfahren hergestellten Bronze sind keine Bruchbereiche erkennbar, die Ermüdungsfurchen sind stark gekrümmt, während der Abstand zwischen ihnen kleiner ist (Bild 173*b*, *I*) als im vorhergehenden Fall. Hieraus folgt, daß die nach dem ESU-Verfahren hergestellte Bronze eine höhere Bruchfestigkeit besitzen soll als die nach dem VIS-Verfahren hergestellte.

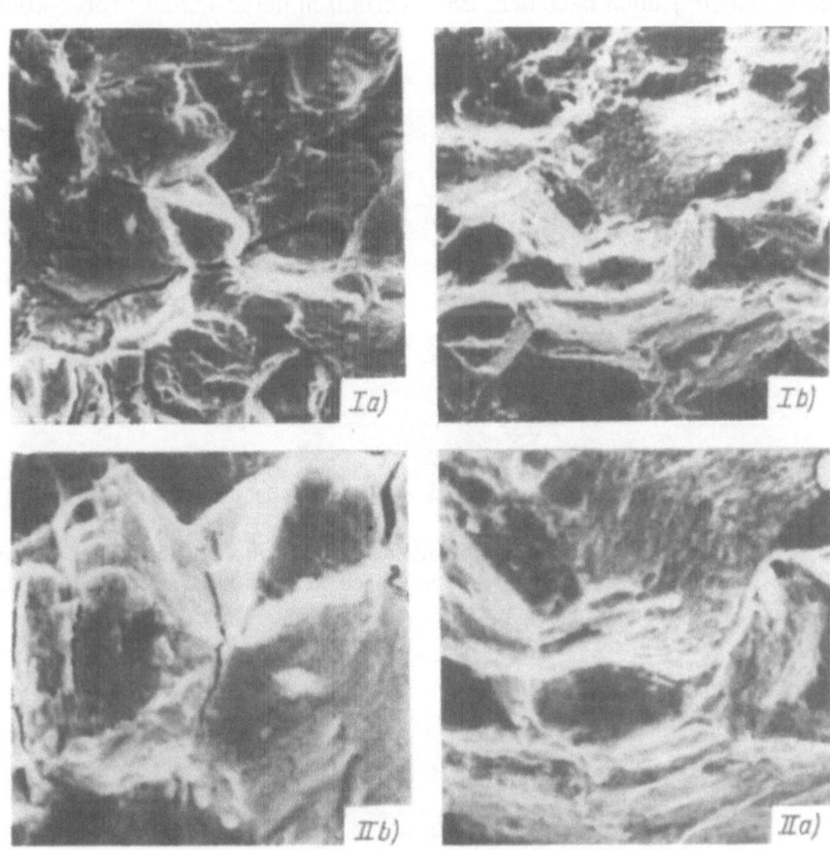

Bild 173. Ermüdungsbruchbilder der Bronze BrBeNiTi 1,9 Mg, hergestellt durch Vakuuminduktionsschmelzen (*a*) und Elektroschlackeumschmelzen (*b*), nach der Abschreckhärtung und Alterung unter optimalen Bedingungen
I) × 750   *II*) × 1500

In der nach dem ESU-Verfahren hergestellten Bronze BrBeNiTi 1,9 sind nach einer analogen verfestigenden *Wärmebehandlung* ebenfalls vorrangig Zähbruchbereiche erkennbar **(Bild 174)**, wobei auch einzelne Splitterbereiche auftreten. Die Ermüdungsfurchen (Ermüdungsspaltrisse) sind geradlinig ausgebildet, und der Abstand zwischen ihnen ist merklich größer als in der BrBeNiTi 1,9 Mg (s. Bild 173*a*). Die Zerstörung dieser Bronze bei zyklischer Belastung verläuft in der Regel an den Korngrenzen; Bild 174 zeigt entsprechende interkristalline Risse. Diese treten in geringerem Maße in der magnesiumhaltigen Bronze auf, weil das Magnesium den Zustand der Korngrenzen ändert. Die aufgeführten Besonderheiten in der Ausbildung des Gefüges erklären die bereits erwähnten Unterschiede in den Eigenschaften der nach dem ESU- und VSI-Verfahren hergestellten Bronzen bei zyklischer Belastung. Die Bruchanalyse nach statischer Zugbelastung zeigt, daß in der nach dem VIS-Verfahren hergestellten Bronze BrBeNiTi 1,9 Mg neben den Zähbruch- auch Splitterbereiche sowie einzelne Einschlüsse der Sekundärteilchen auftreten (**Bild 175**). In derselben, jedoch nach dem ESU-Verfahren hergestellten Bronze kommt es voll-

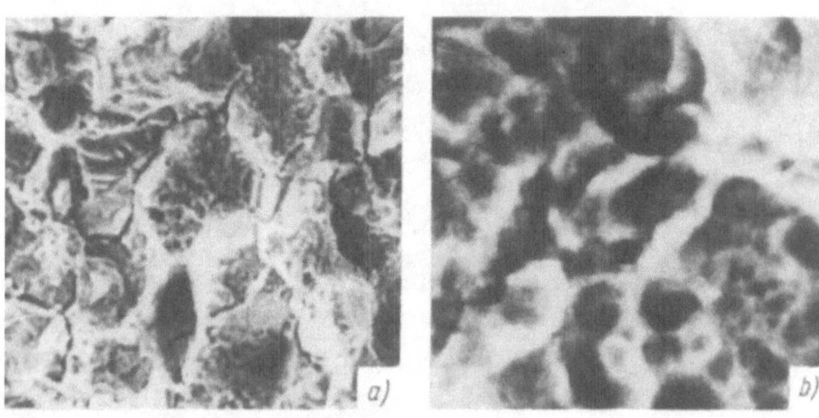

Bild 174. Ermüdungsbruchbilder der Bronze BrBeNiTi 1,9, hergestellt durch Elektroschlackeumschmelzen, nach der Abschreckhärtung und Alterung unter optimalen Bedingungen
a) ×750   *b*)×3750

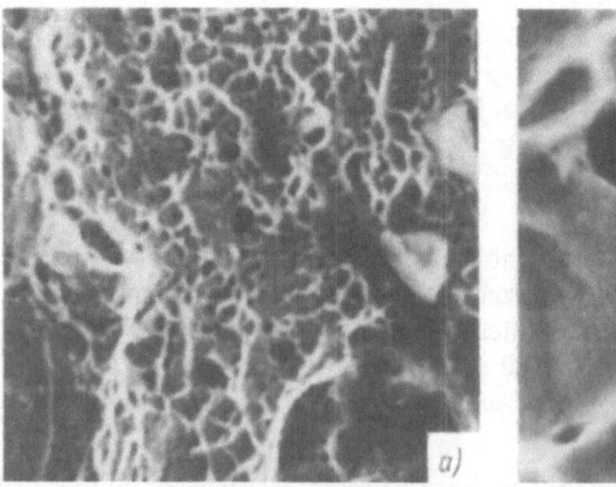
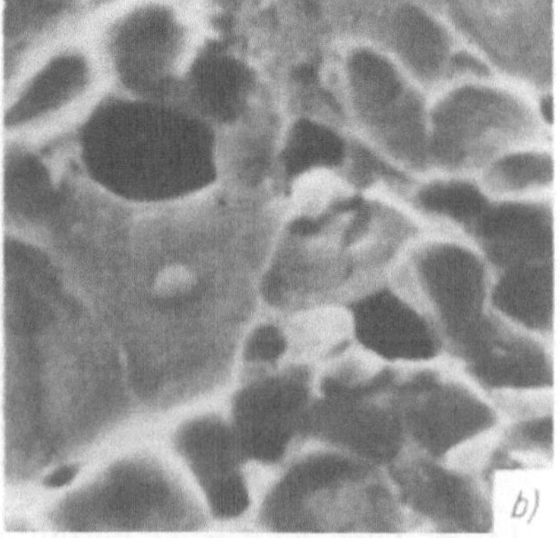

Bild 175. Bruchbilder nach statischer Zugbelastug der Bronze BrBeNiTi 1,9 Mg (hergestellt durch Vakuuminduktionsschmelzen) nach der Abschreckhärtung und Alterung unter optimalen Bedingungen
a) ×750   *b*) ×3750

ständig zum Zähbruch **(Bild 176a)**; einzelne grobe Einschlüsse von Sekundärteilchen wurden hierbei nicht beobachtet.

Der Unterschied im Bruchcharakter der magnesiumhaltigen Bronze im Vergleich zu der magnesiumfreien hängt in erster Linie damit zusammen, daß die Homogenität der Sekundärteilchenverteilung und deren Dispersität in den magnesiumhaltigen Bronzen höher ist. Hierin ist auch die Ursache für die höhere Bruchfestigkeit der mit Magnesium mikrodotierten Bronzen zu suchen.

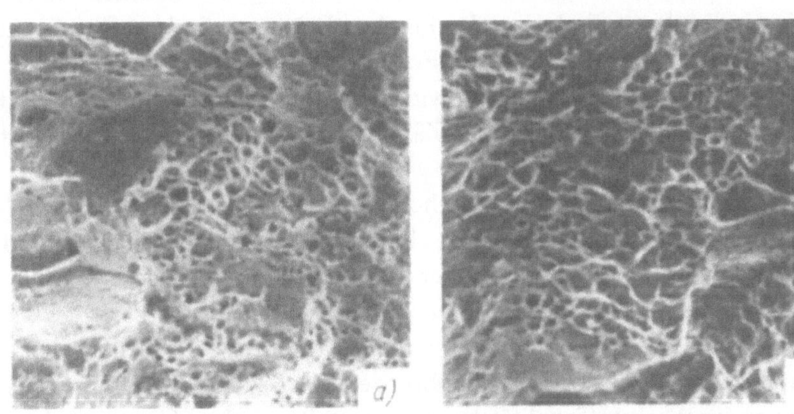

Bild 176. Bruchbilder nach statischer Zugbelastung der Bronzen BrBeNiTi 1,9 (*a*) und BrBeNiTi 1,9 Mg (*b*), hergestellt durch Elektroschlackeumschmelzen, nach der Abschreckhärtung und Alterung unter optimalen Bedingungen ($\times 1000$)

Es ist bekannt, daß die Rißausbreitung beim Zähbruch über die Bildung und Vereinigung von Mikrohohlräumen (Poren), die sich im Ergebnis einer stark lokalisierten plastischen Verformung [157] bilden, verläuft. Mikroporen entstehen gewöhnlich an den Grenzen der Sekundärteilchen durch »Zurückbleiben« des Metalls relativ zur Oberfläche der kleinen Einschlüsse. Die Spannung, die zur Bildung von Mikroporen an der Grenzfläche Matrix—Sekundärteilchen führt, ist reziprok proportional den Sekundärteilchengrößen [158]:

$$R = \frac{(E\gamma_c)^{1/2}}{2r}$$

E Elastizitätsmodul
γ_c Oberflächenenergie
r Radius des Sekundärteilchens.

Ungeachtet dessen, daß auch noch andere Abhängigkeiten zwischen Größe, der Verteilung der dispersen Sekundärteilchen in der Matrix und dem Zähbruch existieren, wird in jedem Fall gezeigt, daß mit der Abnahme der Teilchengröße oder entsprechend der Verringerung des Abstandes der Teilchen zueinander die Bruchfestigkeit steigt. Diese Betrachtungen zeigen den Einfluß des Reinheitsgrades des Werkstoffs, der durch ESU gesteigert wird, auf die Art der Werkstoffzerstörung.

1.8.4. Einfluß der thermomechanischen Behandlung bei niedrigen Temperaturen auf die Struktur und die Eigenschaften der Berylliumbronzen

Es ist bekannt, daß die Verfestigungsmethode der *thermomechanischen Behandlung* bei niedrigen Temperaturen (TMBN) in der Reihenfolge Abschreckhärtung — Kaltverformung — Alterung zu einer hohen Werkstoffhärte führt, die Plastizität jedoch gleichzeitig in diesem Prozeß absinkt. Gegenwärtig gibt es keine Angaben darüber, ob sich bei dieser Werkstoffbehandlung der Bruchcharakter unter den Bedingungen der statischen und zyklischen Belastung ändert. Für die Abschätzung des Zähbruchs von Werkstoffen in Folienform mit einer Dicke ≤ 300 μm sind bisher keine speziellen Prüfmethoden entwickelt worden. Zu einer indirekten Abschätzung des Einflusses der TMBN auf den Zähbruch führt die Auswertung der Mikrobruchbilder.

Unten wird erstmalig diese Methode am Beispiel der nach den ESU- und VIS-Verfahren hergestellten Bronzen betrachtet werden, selbstverständlich unter Berücksichtigung des Einflusses der Wärmebehandlung nach TMBN. Ausgehend von den bereits angeführten Eigenschaften der Berylliumbronzen nach der herkömmlichen Wärmebehandlung ist zu erwarten, daß auch nach der TMBN die Haupteigenschaften der Berylliumbronzen als Federwerkstoff um so besser sind, je höher die Werkstoffqualität nach der metallurgischen Umarbeitung ist. Im Rahmen des Zyklus TMBN betrugen die Verformungsgrade 30 bis 35 und 90 bis 95%.

Die Eigenschaften der Bronzen nach der Abschreckhärtung und der Verformung **(Tabelle 33)** zeigen, daß die nach dem ESU-Verfahren hergestellte Bronze eine etwas höhere Elastizitätsgrenze und Härte aufweist als die nach dem VIS-Verfahren hergestellte. Es konnte kein Unterschied an den nach dem ESU-Verfahren bei Normaldruck und in Argonatmosphäre erschmolzenen Bronzen festgestellt werden. Diese Bronzen weisen gleiche Eigenschaften auf, weil auch natürlicherweise der Einfluß der Kaltverformung auf ihre Verfestigung gleich ist. Der Unterschied in den Werten des spezifischen elektrischen Widerstandes erklärt sich aus den unterschiedlichen Sauerstoffgehalten (oder unterschiedlichen Gehalten an Berylliumoxid).

Nach der Verformung wurden die Berylliumbronzen bei 300 bis 400 °C gealtert.

Tabelle 33. Eigenschaften der elektroschlackegeschmolzenen Bronze BrBeNiTi 1,9 Mg nach der Abschreckhärtung und Verformung

Schmelz-atmosphäre	Abschreckhärtung bei 770 + 10 °C			Abschreckhärtung und Verformung ($\eta = 33\%$)		
	$R_{p\,0,002}$ MPa	HV	ϱ μΩ · m	$R_{p\,0,002}$ MPa	HV	ϱ μΩ · m
Argon	180	125	0,097	540/560	275/320	0,105/0,113
Luft	170	125	0,097	530/570	260/310	0,106/0,115

Anmerkung: Im Nenner werden jeweils die Eigenschaften nach der Verformung ($\eta = 90\%$) angegeben.

15*

Dieser Temperaturbereich ist typisch für die Erreichung einer maximalen Verfestigung der Berylliumbronzen unterschiedlicher Zusammensetzung sowohl der Bronzen in der UdSSR als auch im Ausland [14].

Die auf **Bild 177** aufgetragenen Ergebnisse zeigen, daß es prinzipiell keine Unterschiede in der *Kinetik* des Zerfalls des abschreckgehärteten und anschließend verformten α-Mischkristalls der nach den ESU- und VIS-Verfahren hergestellten magnesiumhaltigen und magnesiumfreien Bronzen gibt. Die höchsten Festigkeiten weisen die nach ESU hergestellten Bronzen auf. Positiv wirkt sich in diesem Zusam-

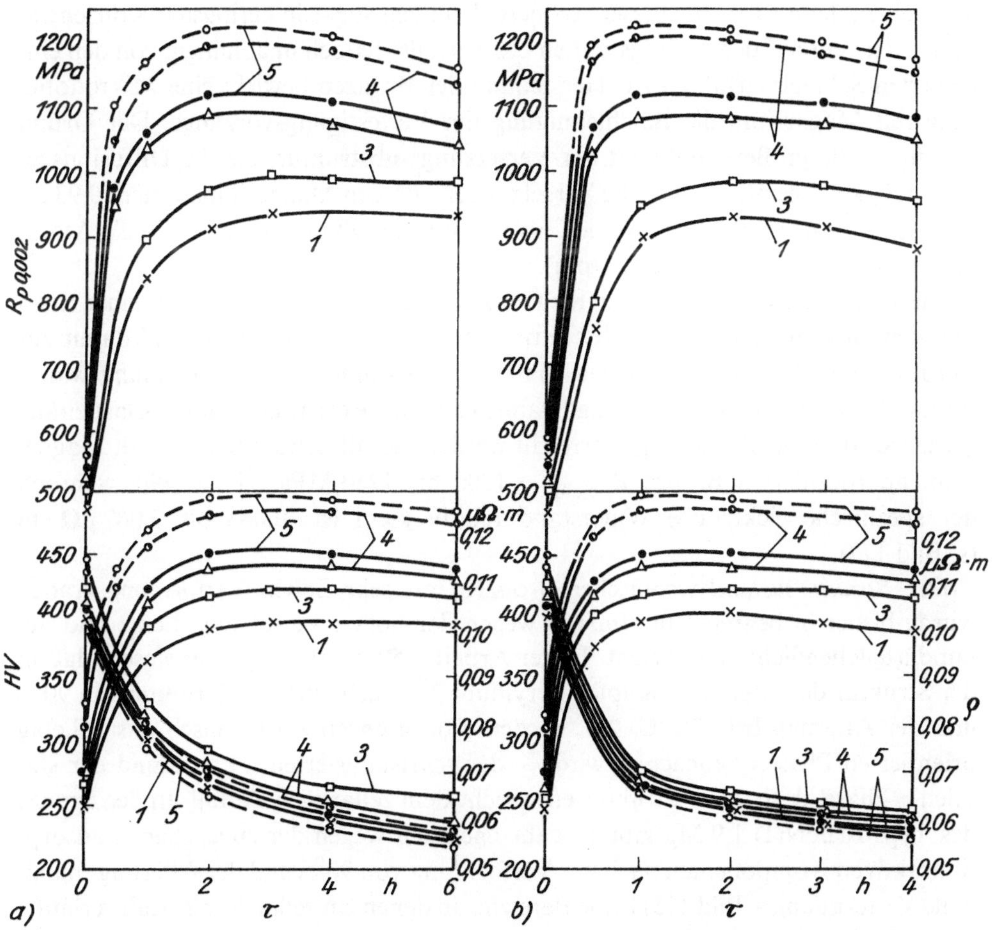

Bild 177. Abhängigkeit der Eigenschaften der Berylliumbronzen nach der Verformung — 35 % (————) und 90 % (— — —) — sowie der Alterung bei 320 (*a*) und 340 °C (*b*) von der angewandten Schmelzmethode

1 — BrBeNiTi 1,9 (Vakuuminduktionsschmelzen)
2 — BrBeNiTi 1,9 (Elektroschlackeumschmelzen im Argon)
3 — BrBeNiTi 1,9 Mg (Vakuuminduktionsschmelzen)
4 — BrBeNiTi 1,9 Mg (Elektroschlackeumschmelzen unter Normaldruck)
5 — BrBeNiTi 1,9 Mg (Elektroschlackeumschmelzen unter Argon)

menhang das Umschmelzen in Schutzgasatmosphäre (Argon) aus. Die Elastizitätsgrenze der Bronze BrBeNiTi 1,9, die nach VIS hergestellt wurde, ist merklich kleiner als die der mikrodotierten Bronzen (s. Bilder 81 und 115).

Ein Vergleich der Verfestigungskinetik bei der Alterung von magnesiumdotierten Bronzen, die vorher einer Kaltverformung unterzogen wurden, zeigt folgendes: Nach dem ESU erhöht sich in den Bronzen merklich die Geschwindigkeit, mit der die Elastizitätsgrenze anwächst. Das kann das Ergebnis einer etwas höheren Übersättigung des Mischkristalls mit Beryllium sein, da der Anteil an Berylliumoxid (oder Sauerstoff) geringer ist, oder möglicherweise der Einfluß kleinster Mengen intensiv wirkender adsorptionsaktiver Komponenten, die aus der Schlacke in die Schmelze übergehen, denn Elemente dieser Art beschleunigen sogar in geringsten Konzentrationen den Verlauf der Anfangsstadien des Zerfalls. Jedoch unabhängig von den eingesetzten Schmelzverfahren zur Herstellung der Bronzen bewirkt eine Mikrodotierung mit Magnesium die Beschleunigung der Verfestigungsvorgänge. Der Grund hierfür ist die größere Stabilität der Versetzungssubstruktur, die die Diffusionsgeschwindigkeit beeinflußt, weil die Versetzungen von den Magnesiumatomen (0,93 eV pro Atom) stärker blockiert werden als von den Berylliumatomen (0,39 eV/Atom) oder den Titanatomen (0,5 eV/Atom).

Die Erhöhung des Grades der Kaltverformung bis zu 90% führt zu einer noch höheren Geschwindigkeit des Mischkristallzerfalls bei der Alterung und damit zur Verbesserung der Festigkeitseigenschaften, insbesondere des Verformungswiderstandes bei kleiner Kaltverformung. Damit können Rekordwerte für die Elastizitätsgrenze an Buntmetallegierungen erreicht werden. Somit beträgt in einer mit Magnesium mikrodotierten Bronze $R_{p\,0,002}$ = 1200 bis 1250 MPa, HV = 490, während der spezifische elektrische Widerstand relativ klein ist: 0,065 bis 0,067 $\mu\Omega \cdot$ m (s. Bild 177).

Der *Strukturzustand* technischer Bronzen mit sehr hohen Verformungsgraden wurde bisher in begrenztem Umfang wegen der hohen Versetzungsdichte und Sekundärteilchendichte untersucht. In der Arbeit [159] wird darauf verwiesen, daß in der Struktur der Legierung Kupfer-Beryllium 2% nach einer Verformung von 90% und der Alterung bei 275 °C, 2 h, an den Korngrenzen ein Gemisch aus beliebig orientierten Phasen beobachtet wird — der rekristallisierten α-Phase und der stabilen γ-Phase, d. h., diese Struktur entspricht dem zellartigen Zerfall. In der Bronze des Typs BrBeNiTi 1,9 Mg gibt es wahrscheinlich wegen der zugegebenen adsorptionsaktiven Komponenten nach der Verformung von 90% und der Alterung (maximale Verfestigung s. Bild 115) keine Bereiche, in denen ein zellartiger Zerfall verläuft; es wird hierbei eine äußerst komplizierte Versetzungsstruktur mit Teilchen der γ'-Phase, die durch homogene und durch heterogene Keimbildung entstanden sind, beobachtet sowie eine Versetzungssubstruktur, deren genaue Auswertung kompliziert ist.

Mit der Qualitätsverbesserung der Bronze im Ergebnis des ESU und der sich anschließenden TMBN erhöht sich noch mehr als im Falle der nach dem VIS-Verfahren hergestellten und gemäß TMBN behandelten Bronze die Relaxationsbeständigkeit bei statischer und zyklischer Belastung **(Bilder 178** und **179)**. Dieses Ergebnis kann mit einer gleichmäßigeren Verfestigung, einer vollständigeren Teilnahme des Berylliums an den Alterungsvorgängen sowie mit dem Auftreten einer kleineren Menge an Oxideinschlüssen und β-Sekundärteilchen erklärt werden. Auch in diesem Fall hat sich die Anwendung des ESU-Verfahrens unter Schutzgas (Argon) als vorteilhaft erwiesen.

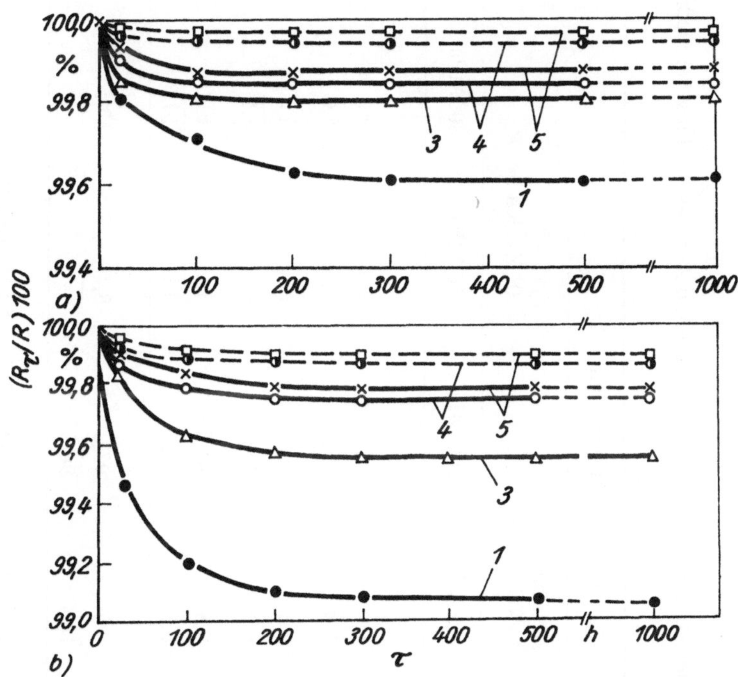

Bild 178. Spannungsrelaxation bei statischer Belastung (20 °C, $R = 450$ (*a*) und 800 MPa (*b*)) in Berylliumbronzen, die nach unterschiedlichen Schmelzverfahren hergestellt, verformt ($\eta = 90\%$ (———) und 30% (———)) und unter optimalen Bedingungen gealtert wurden

Bezeichnungen s. Bild 177

Die Steigerung des Verformungsgrades von 33 auf 90% führt zu einer weiteren Erhöhung der *Relaxationsfestigkeit* der Berylliumbronzen sowohl bei statischer als auch bei zyklischer Belastung (s. Bilder 178 und 179). Eine noch höhere Relaxationsbeständigkeit der nach dem ESU-Verfahren hergestellten Bronzen wird durch Anwendung der von den Verfassern dieses Buches aufgestellten Bedingungen für die Stufenalterung (170 °C, 1 h, und 320 °C, 1,5 h) erreicht **(Tabelle 34)**. Die größere Relaxationsbeständigkeit der Berylliumbronzen zeugt von der hohen Stabilität der gebildeten Struktur, die dadurch gekennzeichnet ist, daß die Atome der Legierungselemente Beryllium und Titan, insbesondere die des Magnesiums, die Versetzungsstruktur stabilisieren.

Eine typische Spaltfläche, die sich im Zugversuch von Proben aus Berylliumbronzen (hergestellt durch VIS) bildet, wird im **Bild 180***a* dargestellt. Deutlich erkennbar ist die Ausbildung kleiner Grübchen auf dieser *Bruchfläche* im Ergebnis

Tabelle 34. Eigenschaften der unterschiedlich erschmolzenen Berylliumbronzen nach der thermomechanischen Behandlung bei niedrigen Temperaturen ($\eta = 30 - 35\%$) (maximale Verfestigung)

Schmelzverfahren	$R_{p\,0,002}$, MPa	HV	ϱ, $\mu\Omega \cdot m$	$\varepsilon_{Rest} \cdot 10^4$ (%) bei Belastung				Zyklen bis zum Bruch $R_m = 800$ MPa
				statisch 1000 h bei R_m		zyklisch 10^4 Zyklen bei R_m		
				450 MPa	800 MPa	450 MPa	800 MPa	
	BrBeNiTi 1,9 Mg							
ESU* (Argon)	$\frac{1100 \ldots 1130}{1150 \ldots 1170}$	$\frac{450}{460}$	$\frac{0,062}{-}$	$\frac{6,0}{3,0}$	$\frac{25}{23,5}$	$\frac{1,4}{0,5}$	$\frac{9,0}{5,0}$	55 000
ebenda**	$\frac{1200 \ldots 1230}{1250 \ldots 1280}$	$\frac{490}{498}$	$\frac{0,065}{-}$	$\frac{1,7}{0,2}$	$\frac{10}{8,3}$	$\frac{0,6}{0,2}$	$\frac{3,0}{1,5}$	60 000
VIS***	$\frac{990 \ldots 1000}{1050}$	$\frac{420}{430}$	$\frac{0,065}{-}$	$\frac{9,8}{6,5}$	$\frac{45,0}{42,0}$	$\frac{1,9}{1,0}$	$\frac{13,0}{10,5}$	50 000
ebenda	**BrBeNiTi 1,9** $\frac{870}{930 \ldots 940}$	$\frac{400}{407}$	$\frac{0,062}{-}$	$\frac{19}{16,1}$	$\frac{93,0}{90,8}$	$\frac{8,4}{-}$	$\frac{19,5}{-}$	37 000

Anmerkung: Im Nenner sind die Eigenschaften nach der gestuften Alterung (170 °C, 1 h, und 320 °C, 1,5 h) angeführt.

*   Elektroschlackeumschmelzen

** $\eta = 90\%$

*** Vakuuminduktionsschmelzen

der thermomechanischen Behandlung. Ebenso wie im Fall der nach dem ESU-Verfahren hergestellten Bronze führt die Anwendung der TMBN zur vollständigen Beseitigung der Spaltflächen (**Bild 180***b*) und zeugt von einer größeren Bruchfestigkeit im Vergleich zum Werkstoffzustand nach dem Abschreckhärten und der Alterung (s. Bild 176*a*). Es muß vermerkt werden, daß die Anwendung der TMBN für durch

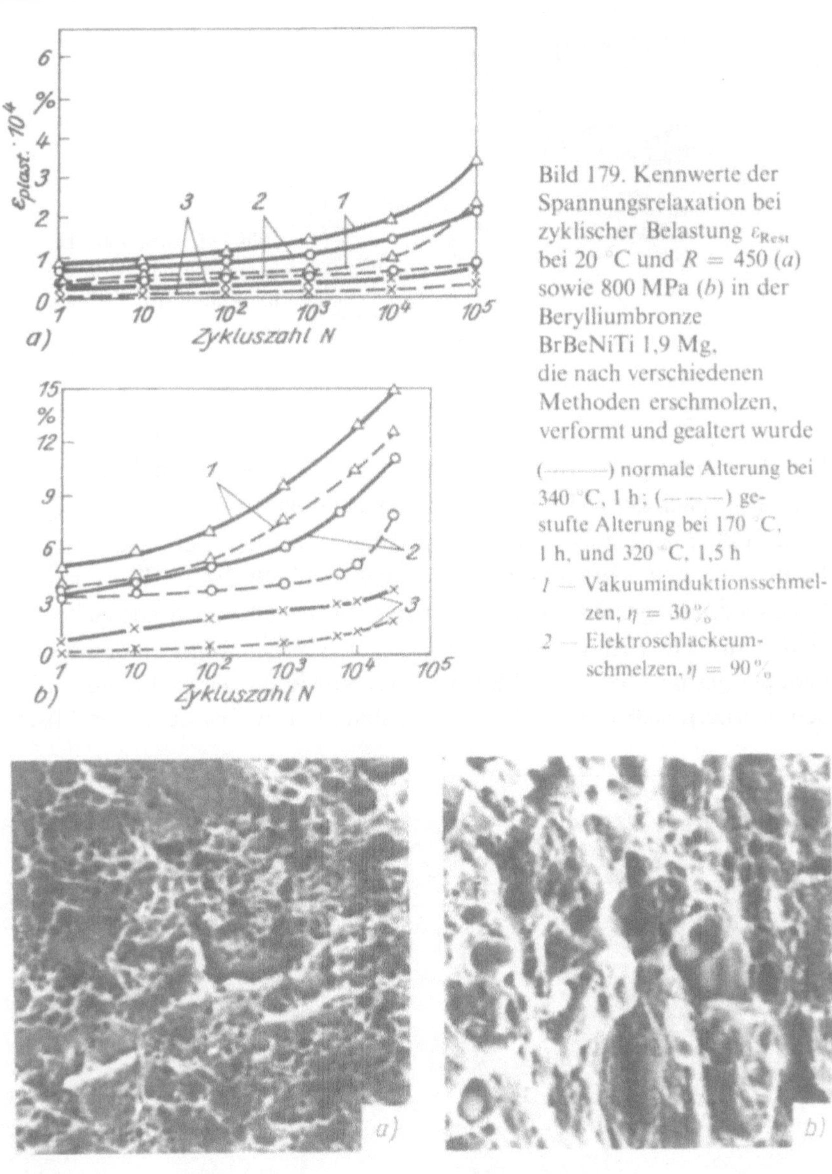

Bild 179. Kennwerte der Spannungsrelaxation bei zyklischer Belastung ε_{Rest} bei 20 °C und $R = 450$ (*a*) sowie 800 MPa (*b*) in der Berylliumbronze BrBeNiTi 1,9 Mg, die nach verschiedenen Methoden erschmolzen, verformt und gealtert wurde

(———) normale Alterung bei 340 °C, 1 h; (— — —) gestufte Alterung bei 170 °C, 1 h, und 320 °C, 1,5 h

1 — Vakuuminduktionsschmelzen, $\eta = 30\,\%$

2 — Elektroschlackeumschmelzen, $\eta = 90\,\%$

Bild 180. Bruchbild bei statischer Zugbelastung der Bronze BrBeNiTi 1,9 Mg, herstellt durch Vakuuminduktionsschmelzen (*a*) und Elektroschlackeumschmelzen (*b*), nach der Wärmebehandlung (× 2000)

VIS hergestellte Bronzen unabhängig von deren Mikrodotierung mit Magnesium dem Wesen nach gleiche Veränderungen des Bruchcharakters bewirkt, d. h. eine gleichmäßigere Verformung ohne Spaltflächen **(Bild 181)** im Vergleich zu der herkömmlichen Wärmebehandlung, d. h. Abschreckhärten und Alterung (s. Bild 176*b*).

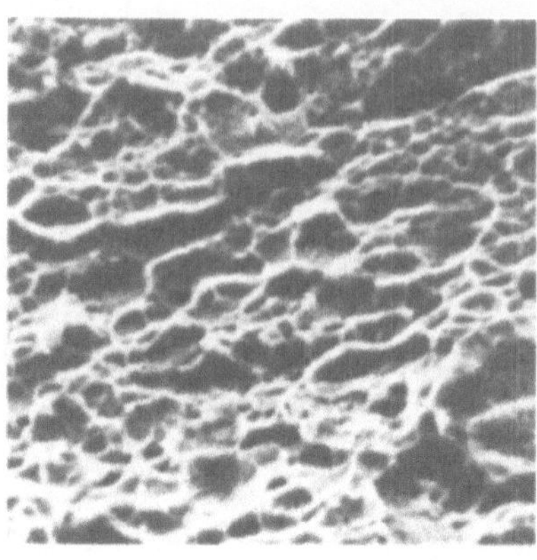

Bild 181. Bruchbild bei statischer Zugbelastung der Bronze BrBeNiTi 1,9, hergestellt durch Elektroschlackeumschmelzen, nach der Wärmebehandlung (× 2000)

Die Anwendung der thermomechanischen Behandlung bei niedrigen Temperaturen für die nach dem VIS-Verfahren hergestellten Bronzen des Typs BrBeNiTi 1,9 Mg beeinflußt noch stärker den Bruchcharakter bei der Dauerfestigkeitsprüfung. Ebenso wie auch bei statischen Prüfungen schließt die TMBN unter den gegebenen Bruchbedingungen fast vollständig das Auftreten von Spaltflächen in den *Bruchstellen* aus. Die Ermüdungsrisse breiten sich in der Regel an den Korngrenzen oder genauer gesagt über die Subkörner aus. Nur in einzelnen Fällen sind auch Risse in den Körnern selbst **(Bild 182*a*)** zu beobachten, wobei nach der Abschreckhärtung

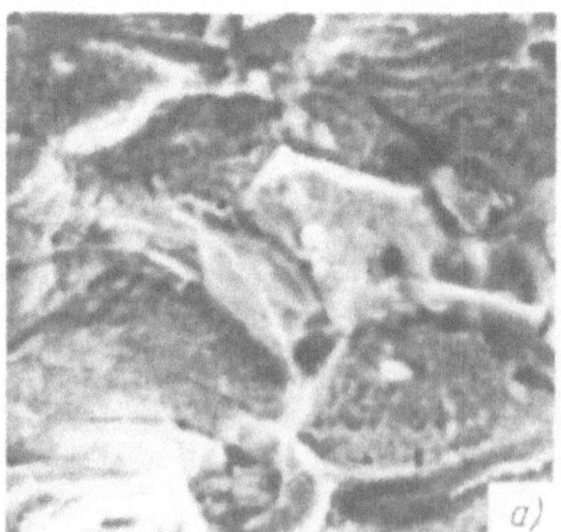
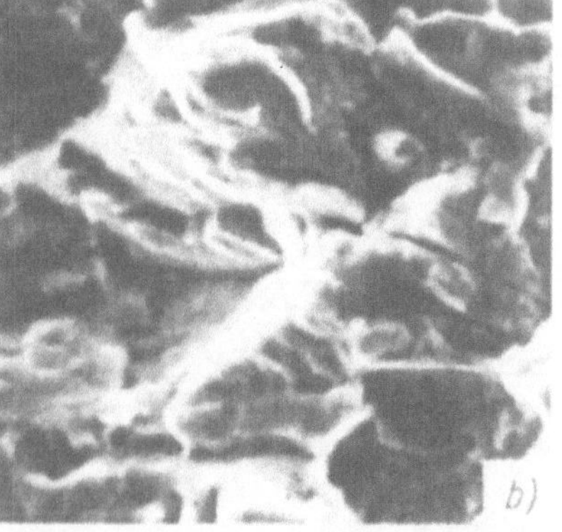

Bild 182. Ermüdungsbruchbilder der Bronze BrBeNiTi 1,9 Mg, hergestellt durch Vakuuminduktionsschmelzen (*a*) und Elektroschlackeumschmelzen (*b*), nach der Wärmebehandlung (× 2000)

und der Alterung die Zahl derartiger Risse groß ist (s. Bild 173a). Die *Ermüdungs-furchen* in der Bronze nach der TMBN sind stark gekrümmt, während ihr Abstand zueinander unbedeutend ist (Bild 182a). Diese Situation entspricht einer Verlangsamung des Bruchvorganges.

Nach der TMBN einer nach dem ESU-Verfahren hergestellten Bronze werden nach dem Ermüdungsbruch in den Spaltflächen ausschließlich feine Haarrisse an den Subkorngrenzen beobachtet. Aus diesem Grunde ist der bis zur Entstehung des Makrorisses zu durchlaufende Weg der Mikroermüdungsrisse bedeutender als in nach dem VIS-Verfahren hergestellten Bronzen (s. Bild 182a). Dieser Vorteil bedingt auch die Verbesserung der Eigenschaften der nach dem ESU-Verfahren produzierten Bronzen, die bei zyklischer Belastung eingesetzt werden. Hierbei werden gleichfalls keine Bereiche beobachtet, die Spaltflächen oder transkristalline Risse enthalten (Bild 182b).

Abschließend kann geschlußfolgert werden, daß das Elektroschlackeumschmelzen ein effektives Verfahren zur Verbesserung der Qualität der Berylliumbronze darstellt, d. h., neben der Festigkeit der elastischen Elemente erhöhen sich deren Zuverlässigkeit und Lebensdauer. Die bedeutendste Qualitätssteigerung in Berylliumbronzen wird im Zusammenhang mit der Anwendung des Elektroschlackeumschmelzverfahrens an der mit Magnesium mikrodotierten Bronze BrBeNiTi 1,9 Mg erreicht.

1.9.   Substitution der Berylliumbronze durch Federlegierungen auf Kupferbasis

Im Zusammenhang mit der kostenintensiven und durch bestimmte Schwierigkeiten gekennzeichneten Produktion in der UdSSR und im Ausland werden Arbeiten durchgeführt, die auf die Entwicklung berylliumfreier oder berylliumarmer Federlegierungen gerichtet sind.

In dieser Hinsicht sind die Arbeiten zur Entwicklung von dispersionshärtenden Federlegierungen, die im Forschungsinstitut Giprocvetmetobrabotka durchgeführt wurden, von entscheidender Bedeutung. Diese Legierungen, die auf der Basis der Systeme Cu—Ni—Al und Cu—Zn bei zusätzlicher Zugabe von Chrom, Mangan, Silizium, Vanadin und Magnesium hergestellt wurden und anschließend einer verfestigenden Behandlung, insbesondere durch TMBN (Abschreckhärtung, Kaltverformung und Alterung) unterzogen werden, sind gekennzeichnet durch wertvolle komplexe Eigenschaften, deren wichtigste die Wärmebeständigkeit **(Tabelle 35)** und Korrosionsfestigkeit **(Bild 183)** sind. Unter den angeführten Legierungen haben Nr. 131, 538 und Kamelon die höchsten Festigkeiten. Wie bereits in der Arbeit [160] erwähnt wurde, können diese Legierungen Berylliumbronzen dann substituieren, wenn die mittleren Betriebstemperaturen bis zu 250 °C betragen und unter diesen Bedingungen eine hohe Korrosionsfestigkeit gefordert wird. Sollen jedoch elastische Elemente bei höheren Betriebstemperaturen und in aggressiven Medien eingesetzt werden, dann ist es vorteilhafter, in diesem Fall hochlegierte austenitische Federstähle zu verwenden.

Tabelle 35. Physikalisch-mechanische Eigenschaften neuer Legierungen und bekannter Bronzen BrBe 2, BrBeSnP 6,5—0,15 und CuNiZn 15—20 [160]

Eigenschaft	BrBe 2	Nr. 131	Nr. 538	Kamelon	BrSnP 6,5—0,15	Kamelin	Nr. 156	CuNiZn 15—20	Neusilber 30
R_m, MPa	1150 ... 1600	1200 ... 1250	1300	1500	700 ... 920	1100	900 ... 1000	800 ... 940	1200 ... 1250
A, %	1,5	2,5	2	1,5	2	4	2	0,5 ... 1,5	0,5 ... 1,5
HV	360	330 ... 360	380	420	190 ... 220	310	250 ... 300	230 ... 270	360 ... 400
$R_{p0,005}$, MPa	900 ... 1150	900 ... 970	950	1100	450 ... 550	800 ... 900	800	650 ... 700	1100
E, GPa	120 ... 130	140	140	145	100 ... 110	125	120	110 ... 125	140
$\dfrac{R - R_r}{R}$ in 100 h** bei Temperatur, °C:									
100	2,0	1,0	0	0	1,0	1,0	0,4	3,0	1,0
250	25,0	3,0	2,5	2,0	15,0***	4,0***	9,0***	12,0***	7,0***
N****	$7 \cdot 10^4$	10^6	$2 \cdot 10^5$	$2 \cdot 10^5$	10^5	10^5	10^5	10^5	$3 \cdot 10^5$
ϱ, $\mu\Omega \cdot$ m	0,07	0,13	0,23	0,35	0,15	0,22	0,1	0,26	0,22

* Die Eigenschaften entsprechen der maximalen Verfestigung der Legierungen: Abschreckhärtung und Verformung ($\eta = 30 ... 40\%$) + Alterung (Legierungen: BrBe 2, Nr. 131, 538, Kamelin, Kamelon, Nr. 156); Glühen und Verformung ($\eta = 60 ... 80\%$), Glühen unterhalb der Rekristallisationstemperatur (Legierungen BrSn 6,5—0,15, CuNiZn 15—20 und Neusilber 30)

** Bei $R_m = 0,5 R_{p0,005}$

*** Prüfergebnisse bei 150 °C

**** N = Zykluszahl bis zum Bruch bei $R_m = 550/600$ MPa.

Unter den weniger hochfesten Kupferbasislegierungen sind die Legierungen Kamelin und Nr. 156 (LANKMn) von bedeutendem Interesse. Die Legierung Kamelin gehört zu den Legierungen des Systems Cu—Ni—Al und enthält zusätzlich Chrom und Mangan, ist in Übereinstimmung mit [160] aushärtbar und wird wie folgt wärmebehandelt: Abschreckhärten bei 970 bis 980 °C und Alterung oder Abschreckhärten, Kaltverformung und Alterung (TMBN).

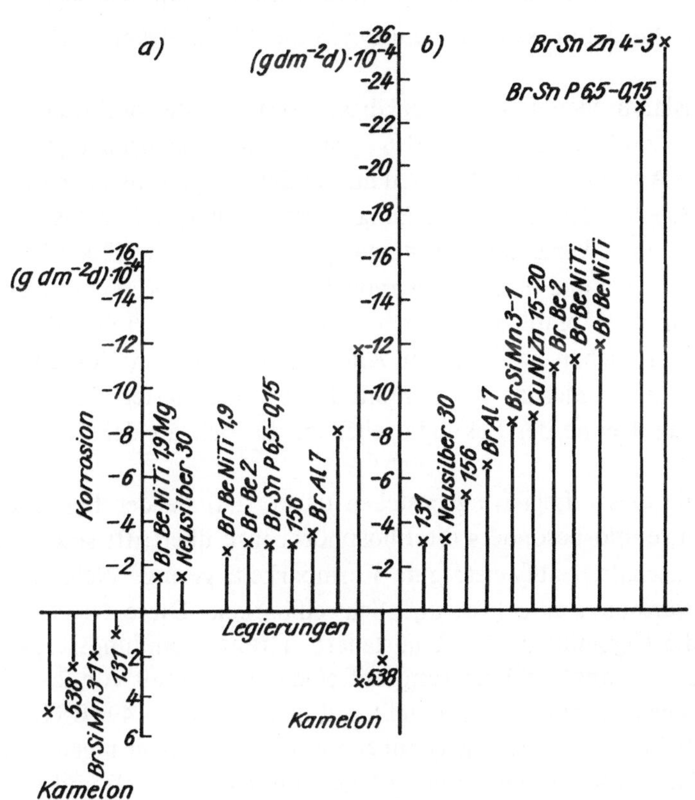

Bild 183. Korrosionsverhalten von Kupferfederlegierungen bei erhöhter Feuchtigkeit (*a*) und Seenebel (*b*) [172]

Nach der TMBN sind die Festigkeitseigenschaften um so höher, je größer der Verformungsgrad ist, wobei sich bei der Legierung Kamelin im Unterschied zu anderen ausscheidungshärtbaren Legierungen gleichzeitig auch die Plastizität erhöht. In [160] wird die Legierung Kamelin ausführlich beschrieben. Neben den erwähnten Legierungen sind gleichfalls die im Forschungsinstitut Giprovetmetobrabotka entwickelten Nickellegierungen[1] von entscheidender Bedeutung, die u. a. Cr, Mn, V, Ce, Si, Al, Mg und Li enthalten und für den Einsatz bei 250 °C als stromführende Federelemente empfohlen werden.

[1] Patent 471397 (UdSSR)/Rozenberg, V. M., Goriacheva, K. A., Chernikova, A. V., u. a.; Patent 471196 (UdSSR)/Rozenberg, V. M., u. a.

Unter den berylliumfreien Legierungen sind die Legierungen des Systems Cu-Ni-Sn von besonderer Bedeutung. Die Verfestigung dieser Legierungen erfolgt nach dem Zyklus TMBN.

In der Arbeit [3] wurde gezeigt, daß nach der Alterung einer 15% Ni und 8% Sn enthaltenden Legierung ein spinodaler Zerfall und die Bildung einer modulierten Struktur erfolgen. Hierbei bildet sich entsprechend den Angaben von [161] in der Matrix mit einem kfz-Gitter eine zinnreiche Phase (Ordnungstyp DO_{22}). Diese Phase bildet nach weiterem Wachsen nadelförmige, mit der Matrix kohärente Teilchen. Die Wachstumskinetik kann durch die Abhängigkeit $\sim \tau^{1/2}$ gekennzeichnet werden.

Zu den ausländischen Legierungen dieses Systems, die praktische Anwendung erlangt haben, zählt die 9% Ni und 6% Sn enthaltende Bronze [162—164]. Entsprechend den Angaben dieser Arbeiten nimmt diese Legierung nach der Abschreckhärtung bei 825 °C, der Kaltverfestigung (Verformungsgrad 75 bis 95%) und der Alterung folgende Werte an: Elastizitätsgrenze $R_{p\,0,01} > 1200\,MPa$ bei hoher Plastizität $\psi > 50\%$ und hoher Korrosionsfestigkeit. Die Verfasser dieser Arbeiten vermerken, daß die Kombination der hohen Festigkeit mit hoher Plastizität durch das Verhältnis zwischen zwei bei der Alterung ablaufenden Vorgängen bestimmt wird — durch die Änderung der Amplitude der modulierten Struktur und durch die Bildung der Keime der Sekundärteilchen, die sich an den Korngrenzen ausscheiden.

Die Vorteile dieser Legierung bestehen darin, daß sie der Festigkeit nach die Berylliumbronze und besonders die Phosphorbronze übertrifft sowie gute technologische Eigenschaften aufweist: gute Formbarkeit, geringe Neigung zur Rißbildung bei Erwärmung, gute Löt- und Schweißbarkeit. Diese Ni—Sn-Legierungen werden für die Herstellung von Relaisfedern, Drahtverbindungsstücken u. a. eingesetzt. Es ist eine analoge Legierung mit einem Zinngehalt von 2% bekannt, die einen einphasigen Mischkristall darstellt und den Marken L 49 (BRD) und SA 725 (USA) entspricht. Ihre Vorteile gegenüber zinkhaltigen Legierungen bestehen in der Lötbarkeit. Die konkrete Verfestigungsbehandlung der 9% Ni und 6% Sn enthaltenden Legierung ist durch das Patent 3 937 638 (USA), 1976, geschützt. Neben den erwähnten Legierungen des Systems Cu—Ni—Sn wurde noch eine Reihe verschiedener Legierungen des Systems Cu—Sn, die zusätzlich mit Titan, Chrom und Titan und Chrom gemeinsam legiert wurden, als Ersatz für die Berylliumbronzen entwickelt. Eine ausführliche Beschreibung gibt [165]. Diese Legierungen können ausschließlich durch TMBN verfestigt werden, erreichen jedoch nicht das Verfestigungsniveau der Berylliumbronze. Ihr Einsatz ist in bestimmten Fällen zweckmäßig, da einige Legierungen, z. B. Nr. 5, eine höhere elektrische Leitfähigkeit besitzen als die Berylliumbronzen. **Tabelle 36** enthält die Werte für Härte und elektrische Leitfähigkeit dieser Legierungen in verschiedenen Werkstoffzuständen.

Sehr wenige Angaben über die Legierungen des Systems Cu—Si—Sn wurden bisher veröffentlicht. Es kann angenommen werden, daß die Legierungen folgender Zusammensetzung ausscheidungshärtbar sind: 3% Si; 2,5% Sn; 1,5% Fe[1].

---

[1] Patent 3923555 (USA) 1975

Tabelle 36. Härte HV und elektrische Leitfähigkeit γ (nach IACS) der Cu-Sn-Basislegierungen

Nr. der Legierung	Mittlere Zusammensetzung	Guß-zustand		Nach dem Abschrecken*		Nach dem Abschrecken und Walzen ($\eta = 75\%$)		Nach dem Abschrecken, Walzen und der Alterung**	
	%	HV	γ, %	HV	γ, %	HV	γ, %	HV	γ, %
1	5 Sn; 5 Ti; Rest Cu	255	9,25	142	8	Risse beim Walzen		Risse beim Walzen	
2	3 Sn; 3 Ti; Rest Cu	168	8	110	8	195	8	250	19
3	5 Sn; 0,75 Ti; Rest Cu	112	11	95	10,5	238	10	245	21
4	5 Sn; 0,75 Ti; 0,75 Cr; Rest Cu	110	11	83	9,25	225	9	255	20,5
5	2,5 Sn; 1,5 Ti; 4 Cr; Rest Cu	126	10,5	96	8	230	8	252	46,5
6	5 Sn; 1 Cr; Rest Cu	116	16	84	15,5	226	15,5	220	19,5
7	5 Sn; 0,25 Cr; Rest Cu	125	17	73	16	235	16	245	19

* Abschreckungstemperatur der Legierungen Nr. 3 und 5: 800 ... 875 °C, 2 h. Nach dem Abschrecken liegen diese Legierungen einphasig vor.

** Optimale Alterungstemperatur 450 °C, Halten $\leqq$ 1 h.

In letzter Zeit wurde eine technische Legierung dieses Systems mit der Bezeichnung Ultronze oder auch Olin-Alloy 654 [166] entwickelt. Ultronze (2,7 bis 3,4 % Si; 1,2 bis 1,9 % Sn und 0,01 bis 0,12 % Cr) besitzt sowohl hohe Spannungsrelaxationsfestigkeit als auch eine gute Korrosionsfestigkeit. Die für Ultronze typischen mechanischen Eigenschaften sind in **Tabelle 37** angeführt. Die Wärmebehandlung dieser Legierung besteht in einer Glühung bei 455 bis 565 °C mit anschließender Abkühlung bei beliebiger Geschwindigkeit. Die Verfestigung dieser Legierung erfolgt nur durch Kaltverformung.

Tabelle 37. Typische mechanische Eigenschaften der Legierung Ultronze (Bleche oder Bänder) [166]

Legierungszustand	R_m, MPa	$R_{p0,2}$, MPa	A, % (50,8 mm)	HRB
viertelhart	525 ... 630	287 ... 516	21 ... 45	72 ... 91
halbhart	613 ... 707	462 ... 610	11 ... 26	89 ... 95
dreiviertelhart	680 ... 784	574 ... 707	6 ... 14	94 ... 97
hart	756 ... 840	658 ... 763	4 ... 7	96 ... 98
superhart	812 ... 882	721 ... 812	2 ... 5	97 ... 100
federnd	868 ... 930	790 ... 860	2 ... 3	99 ... 101
superfedernd	917 ... 980	847 ... 910	1 ... 2	100 ... 102
maximal federnd	> 960	> 890	> 1	> 101

Gleichfalls von bestimmtem Interesse ist die 5 % Sn und 1 % Mg enthaltende Bronze [167], die nach der Wärmebehandlung — Abschreckhärtung in Wasser nach einer Langzeitglühung bei 670 °C, Alterung bei 350 bis 400 °C — folgende Eigenschaften hat: R_m = 720 MPa; HV 240 und A = 8 % bei erhöhter elektrischer Leitfähigkeit.

Neben den Legierungen auf der Basis der Systeme Cu-Si-Sn, Cu-Ni-Sn und Cu-Sn existieren auch Legierungen auf der Basis anderer Komponenten [168]. Hierbei sind insbesondere die Legierungen S 23 (BRD) oder C 68 800 (USA) mit 73,5 % Cu, ≈23 % Zn, 3,4 % Al und 0,4 % Co zu nennen, in der kobalthaltige Teilchen zur Verfestigung und Spannungskorrosionsfestigkeit führen. Gleichfalls wurden in den letzten Jahren andere berylliumfreie Federlegierungen entwickelt, z. B. Legierungen des Systems Cu—Al—Zn, die unter der Bezeichnung Proteus [169] bekannt wurden. Sie zeichnen sich durch folgende Effekte aus: Superelastizität, Formgedächtnis und hohe Dämpfung, offensichtlich im Ergebnis der thermoelastischen martensitischen Umwandlung (Effekt nach KURDIUMOV).

Auf der Basis des Systems Cu-Ni-Si wurde eine Legierung mit einem summarischen Gehalt an Nickel und Silizium von 9 % entwickelt, die durch Abschreckhärtung bei 1030 °C und Anlassen bei 450 bis 470 °C [170] verfestigt wird. Bei niedrigen Temperaturen tritt keine Versprödung ein; die Legierung ist wärmebeständig

Tabelle 38. Mechanische Eigenschaften (minimale) der Legierung Anaconda 644 nach der thermomechanischen Behandlung bei niedrigen Temperaturen längs (Zähler) und quer (Nenner) zur Walzrichtung [1]

Thermomechanische Behandlung bei niedrigen Temperaturen und Alterung	$R_{p0,2}$, MPa	R_m, MPa	A, %
1. η = 11 % und Alterung			
bei: 350 °C, 15 h	762 ± 30/798 ± 3	847 ± 20/868 ± 10	10 ... 12/8 ... 9
399 °C, 4 h*	762 ± 20/777 ± 2	833 ± 3/854 ± 30	14/7 ... 10
454 °C, 4 h**	650 ± 5/721 ± 1	763 ± 5/777 ± 5	20/12 ... 13
2. η = 22 % und Alterung			
bei: 350 °C, 12 h	900 ± 35/—	952 ± 30/980 ± 20	3 ... 4/3 ... 4
3. η = 37 % und Alterung			
bei: 300 °C, 40 h	—/987 ± 30	—/1085 ± 20	—/2 ... 2,5
350 °C, 12 h	900 ± 40/980 ± 20	987 ± 20/1064 ± 10	1,5 ... 3/2 ... 2,5
350 °C, 4 h	910 ± 30/861 ± 20	1000 ± 20/959 ± 10	2 ... 3/1,2 ... 1,5
400 °C, 1 h	870 ± 35/959 ± 30	966 ± 10/1043 ± 10	2 ... 3/2 ... 3
4. η = 50 % und Alterung			
bei: 300 °C, 24 h	931 ± 30/991 ± 40	1022 ± 30/1092 ± 30	1,5 ... 2/1,5 ... 2
350 °C, 6 ... 8 h	917 ± 40/994 ± 30	966 ± 20/1070 ± 20	1,5 ... 2/1,5 ... 2,5
350 °C, 2 h	945 ± 40/945 ± 20	1008 ± 50/1029 ± 10	1,5 ... 3/1,2 ... 3,4

*　E = 119 ± 5 GPa
** E = 119 ± 1 GPa

bis zu 250 °C, korrosionsfest unter maritimen Bedingungen und neigt nicht zur Korrosion unter Spannung. Es sind die Eigenschaften einer anderen Legierung dieses Systems — Anacoloy 940 [171] — bekannt. Diese Legierung ist dispersions-härtbar und kann als Substitutionslegierung für die Berylliumbronze mit 1 % Be empfohlen werden. Diese Legierung hat folgende Zusammensetzung: 2,5 % Ni; 0,6 % Si und 0,4 % Cr. Nach der Abschreckhärtung und Alterung besitzt diese Legierung folgende (typischen) Eigenschaften: $R_m = 700$ MPa; $A = 13 \%$, HB 210 und eine elektrische Leitfähigkeit nach IACS von 50 %. Amcoloy 940 ist ebenfalls korrosionsfest.

Gleichfalls ist aus dem System Cu—Ni—Al—Si eine Legierung bekannt, die als Substitutionslegierung für Berylliumbronzen empfohlen werden kann — Anaconda 644 (4,6 % Ni; 4 % Al und 1 % Si). Die Beschreibung der Legierung wird in [1] gegeben, während die mechanischen Eigenschaften nach der Kaltverformung und Alterung der **Tabelle 38** zu entnehmen sind. Die Abhängigkeit der Festigkeitseigenschaften der Legierung Anaconda 644 von der Verformungsrichtung und der Alterungsdauer ist im **Bild 184** dargestellt.

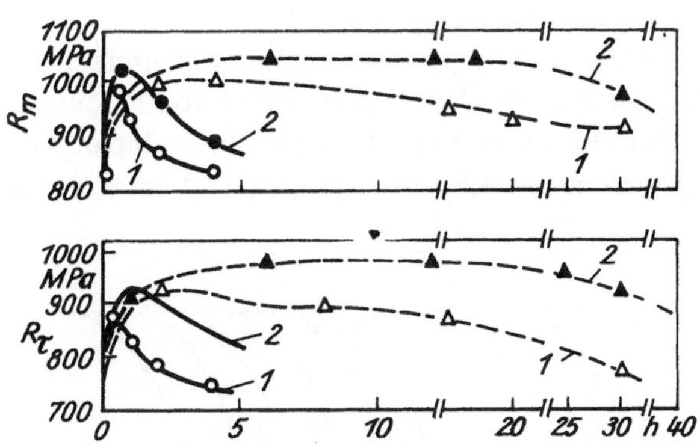

Bild 184. Abhängigkeit der Festigkeitseigenschaften der kaltverformten Legierung Anaconda 644 in Walz- (*1*) und Querrichtung (*2*) von der Alterungsdauer τ bei 350 (———) und bei 400 °C [1]

Mit dem Ziel der Verbesserung der technologischen Eigenschaften wurden Legierungen mit heterogener Struktur entwickelt, deren Verfestigung durch Abschreck-härtung und Alterung oder Abschreckhärtung, Verformung und Alterung vorgenommen wird. Zu diesen Legierungen sind in erster Linie die Legierungen des Typs Nr. 156 (Messing LANKMc-GOST 17521-70) [172, 173]. Die Legierung Nr. 156 besitzt nach der Abschreckhärtung und der Alterung eine Elastizitätsgrenze von 400 bis 410 MPa, die sich jedoch nach der Abschreckhärtung, der Verformung um 40 % und der Alterung auf 800 MPa erhöht. Hierbei ist die Relaxationsfestigkeit höher als in den Legierungen L 62 und sogar in BrOF 4,5—0,25. Die Legierung Nr. 156 gewährleistet die Stabilität der Eigenschaften im Temperaturbereich von —60 bis 150 °C. Zu dieser Gruppe können auch die ausscheidungshärtbaren Neusilberlegierungen, die zusätzlich mit Silizium legiert werden, gerechnet werden. Von bedeutendem technischem Interesse ist hierbei die Legierung Neusilber 30 (13,5 bis 16,5% Ni; 28 bis 32% Zn; 0,2 bis 0,4% Si), die durch Abschreckhärtung, Kaltverformung ($\approx 80\%$) und Alterung bei 350 °C, 1 h, verfestigt wird.[1]

Schließlich gibt es eine prinzipiell wichtige Gruppe von Neusilberlegierungen, die eine zweiphasige $\alpha + \beta$-Struktur aufweisen und 15% Ni, 37,5% Zn, Rest Cu enthalten. Legierungen dieser Zusammensetzung werden einer Spezialbehandlung (Mikroduplex) unterzogen, in deren Ergebnis nach der Abschreckhärtung und der Kaltverformung mit bestimmtem Verformungsgrad ein Superfeinkorn gewährleistet wird. Diese Spezialbehandlung ermöglicht den Verlauf der Rekristallisation bei der Alterungstemperatur, bei der gleichzeitig die Ausscheidung der β-Phase verläuft. Die Teilchen dieser Phase erleichtern einerseits die Bildung rekristallisierter Körner, hemmen jedoch anderseits deren Wachstum. Im Endergebnis dieser Entwicklung enthält das Gefüge dieser Legierung superfeines Korn und kleinste Sekundärteilchen, wodurch die Verbesserung der Eigenschaften, insbesondere der Ermüdungsfestigkeit, bedingt wird. Im Verlauf des Alterungsprozesses erlangt die Legierung Superplastizität, so daß bei der Alterungstemperatur bedeutende plastische Verformungen erfolgen können, die die Voraussetzung für die Herstellung von Erzeugnissen kompliziertester Formen bilden.

Neben den berylliumfreien Legierungen, deren Zusammensetzungen und Eigenschaften bereits erwähnt wurden, werden in einer Reihe von Patenten Angaben gemacht zu Legierungen mit reduziertem Berylliumgehalt. In Japan wurde beispielsweise eine Kupferbasislegierung mit 4,5% Al, 1,5% Be und mit einem der folgenden

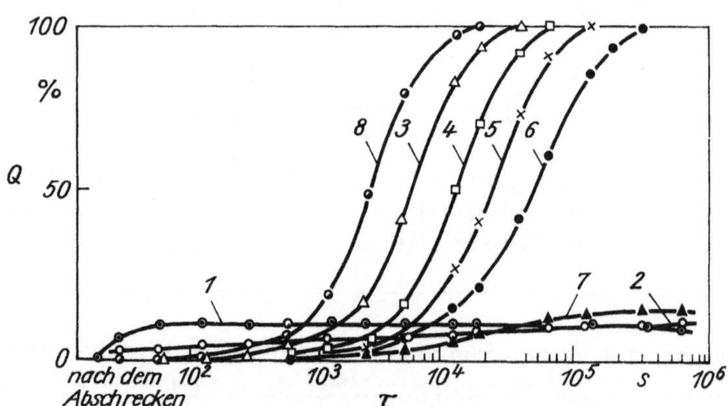

Bild 185. Einfluß des Aluminiums in CuNi 30 auf den Volumenanteil der Zellen des diskontinuierlichen Zerfalls Q bei 600 °C [174]

1 — CuNi 30 Al 2

2 — CuNi 30 Be 0,5

3 bis *8* — CuNi 30 Be 0,5 mit einem Aluminiumgehalt von 0,2, 0,4, 0,6, 0,8, 1 und 2%

---

[1] Patent 359287 (UdSSR)/GUREVIC, R. L., RACHŠTADT, A. G. ROGEL'BERG, I. L.: Veröffentl. im Erfindungsbulletin (B. I.) 1972, Nr. 35, S. 59

Elemente entwickelt: Sn 2,% $_o$; Zn 0,5%; Zr 1%; Cr 0,5%; Ni 0,8%; Ti 2% (Patent Japan 4102, 1968). Eine in ihrer Zusammensetzung ähnliche Legierung wird im Patent Japan 47207 (1972) beschrieben. Gleichfalls von bestimmtem Interesse ist die Kupferbasislegierung mit 20% Ni und 0,4% Be, deren Festigkeit nach der Wärmebehandlung (Abschreckhärtung bei 1050 °C, Kaltverformung, Alterung bei 400 bis 500 °C, 1 h) hinreichend hoch ist: $R_m = 1150$ MPa.[1]

In [174] wurde eine Legierung dieses Typs (30% Ni, 0,5% Be), jedoch zusätzlich legiert mit 0,2 bis 2% Al, untersucht. Nach der Abschreckhärtung bei 1050 °C erfolgte die Alterung bei 500 oder 600 °C. Es wurde festgestellt, daß die Aluminiumzugabe eine konzentrationsbedingte Verringerung der Ausscheidungsgeschwindigkeit der γ'-Phase bewirkt. Außerdem behindert das Aluminium den diskontinuierlichen Zerfall und unterdrückt diesen Mechanismus vollständig ab einer bestimmten hohen Al-Konzentration **(Bild 185)**. Hierbei ist interessant, daß in den aluminiumhaltigen Legierungen in den Bereichen des diskontinuierlichen Zerfalls gleichzeitig drei Phasen auftreten — γ'- (NiBe), α- und Θ-Phase (Ni, Cu)$_3$Al. Die Härte dieser Legierung ändert sich in Abhängigkeit von den konkreten Bedingungen **(Bild 186)**. Es ist nicht ausgeschlossen, daß die 2% Al enthaltende Legierung für bestimmte technische Einsatzgebiete von Interesse ist.

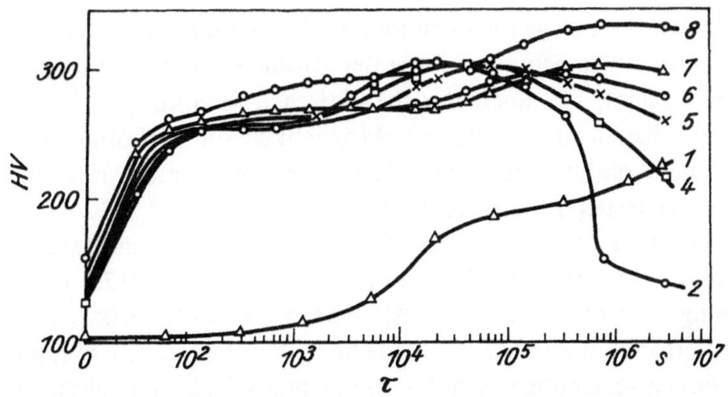

Bild 186. Abhängigkeit der Härte HV der Legierungen CuNi 30 Be 0,5 mit veränderlichem Aluminiumgehalt von der Alterungsdauer τ bei 500 °C [178] Bezeichnungen s. Bild 185

1.10. Kalthärtbare Kupferbasislegierungen

1.10.1. Allgemeine Einführung

Zu dieser Gruppe gehören die Kupferbasislegierungen, deren Zusammensetzungen in der **Tabelle 39** angegeben sind. Diese Legierungen zeichnen sich durch hohe elektrische Leitfähigkeit und Korrosionsbeständigkeit unter atmosphärischen Bedin-

[1] Suzuki/Weki: J. Japan Inst. Metals **33** (1969), S. 724—729; entsprechend Ref. z. met. (1969) 12, 121663

Tabelle 39. Chemische Zusammensetzung kaltverfestigter Federlegierungen auf Kupferbasis*, %

Legierung	Sn	Zn	P	andere	Bemerkung
BrSnP 6,5—0,15	6,0 ... 7,0	—	0,1 ... 0,25	—	GOST 5017-74
BrSnZn 4—3	4,5 ... 4,0	2,7 ... 3,3	—	—	GOST 5017-74
BrSnP 4—0,25	3,5 ... 4,0	—	0,2 ... 0,3	—	GOST 5017-74
Br Al 7	3,5 ... 4,0	—	—	6 ... 8 Al	GOST 18175-77
BrSiMn 3—1	—	—	—	1,0 ... 1,5 Mn; 2,75 ... 3,5 Si	GOST 18175-77
CuNiZn 15—20	—	18 ... 22	—	13,5 ... 16,5 Ni	GOST 492-73

* Rest Kupfer

gungen (vorrangig) sowie durch einen relativ niedrigen Elastizitätsmodul aus. Letztere Eigenschaft gestattet sogar bei großer elastischer Verformung die Einstellung kleiner Spannungen in den Federn oder bei kleinen äußeren Lasten eine bedeutende elastische Verformung. Außerdem besitzen diese Legierungen beste technologische Eigenschaften (Verformbarkeit, Schweiß- und Lötbarkeit u. a.). In der Mehrzahl dieser Legierungen finden keine Phasenumwandlungen statt; ihre Verfestigung erfolgt durch Kaltverformung und Glühen unterhalb der Rekristallisationstemperatur.

Erstmalig wurde der Verfestigungseffekt beim Glühen kaltverformter Mischkristalle durch Diffusionsumverteilung der Atome (negative Diffusion) von KONOBEEVSKIJ beobachtet, der auch die theoretischen Grundlagen dazu ausarbeitete. Dank seinen Arbeiten wurde eine neue Möglichkeit zur Verfestigung von Legierungen durch die Kombination einer plastischen Verformung mit einer folgenden Glühung bei niedrigen Temperaturen eröffnet.

Ihrem Verfestigungsmechanismus nach ähneln die kalthärtbaren Kupferbasislegierungen in gewissem Sinne den ausscheidungshärtbaren [175, 176, 177]. Bei der Untersuchung der Legierungen Cu—Al und Cu—Sn schlug KONOBEEVSKIJ vor, daß unter dem Verformungseinfluß die Löslichkeitskurve in die Richtung der kleineren Konzentrationen verschoben wird. Die in den beschriebenen Legierungen entstehenden Bereiche mit *Nah-* oder *lokaler Fernordnung*, Zonen oder sogar Sekundärteilchen im Bereich der Anhäufung von Versetzungen werden ebenso die Wanderung der Versetzungen stören wie auch die Guinier-Preston-Zonen oder die Keime, die sich in den Anfangsstadien des Zerfallsprozesses der übersättigten Mischkristalle bilden.

Die erste Arbeit, in der die praktische Möglichkeit der Anwendung der auf der Änderung der Phasen und der Versetzungssubstruktur beruhenden Verfestigungsmethode gezeigt wurde, führten DAVYDENKOV und KUSMURSKAJA mit dem Ziel der Verbesserung der Eigenschaften in Federlegierungen und veröffentlichten diese 1946. In sowjetischen und japanischen Arbeiten wurde gezeigt, daß die Legierungseigenschaften nach der thermomechanischen Behandlung in bedeutendem Maße von folgenden Bedingungen abhängen: Verfahren zum Erschmelzen der Legierungen, Verformungstemperatur, -geschwindigkeit, -richtung und -methode, Korngröße [178], Pause zwischen dem Abschluß der Verformung und dem Glühbeginn u. a. Außerdem hängen wesentlich derartige Eigenschaften, wie z. B. die Elastizitätsgrenze und der -modul, von der Orientierung der Probe in der Ebene der gewalzten Bänder ab [179, 180].

Aus diesem Grunde können Eigenschaften verschiedener Legierungen nur dann zuverlässig miteinander verglichen werden, wenn sie unter gleichen und streng fixierten Bedingungen hergestellt werden.

1.10.2. Einfluß der plastischen Verformung auf die Eigenschaften kalthärtbarer Federlegierungen

Die Verfestigung von Federlegierungen — Messingen und Bronzen, die ein gleiches kfz-Gitter haben — beim Kaltwalzen (**Bilder 187** bis **193** und **Tabelle 40**) wird durch die Dichte und die Verteilung der *Versetzungen* sowie auch durch die hierbei erfolgenden Veränderungen in der Verteilung der Atome bestimmt. Bei der plastischen Verformung dieser Legierungen, z. B. der Legierung Cu—Al, wird (in ungleichem Grad in verschiedenen Koordinationssphären) die geordnete Atomverteilung (Nahordnung), die im (geglühten) Ausgangszustand vorlag, zerstört. Diese Zerstörung bei der plastischen *Verformung* fordert eine zusätzliche Spannung für die Wanderung der Versetzungen. Der Spannungsbetrag wächst mit der Konzentration im Mischkristall. Dieses Wachsen des Verformungswiderstandes in Abhängigkeit von der Nahordnung wurde in einer Reihe von Arbeiten experimentell bestätigt und in [181] verallgemeinert. Insbesondere wurde in den Cu—Al-Legierungen die Nahordnung bewiesen, wobei dieser Ordnungsgrad mit steigender Aluminiumkonzentration

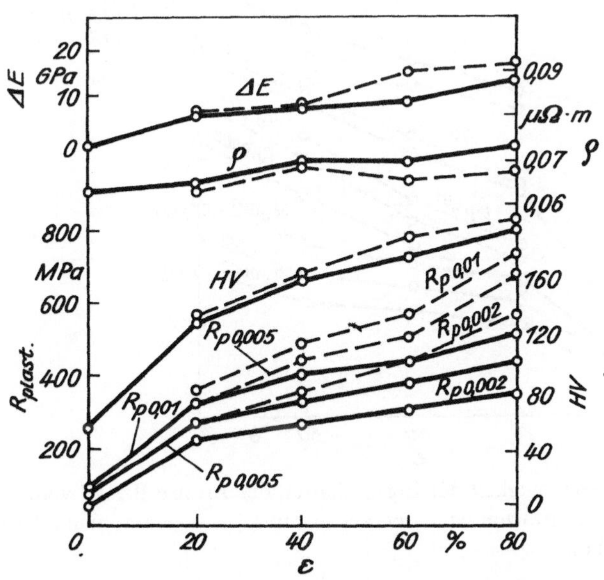

Bild 187. Abhängigkeit der Eigenschaften des Messings Ms 68 vom Verformungsgrad beim Kaltwalzen nach der Verformung (———) und nach der Glühung bei 200 °C, 1 h (— — —)

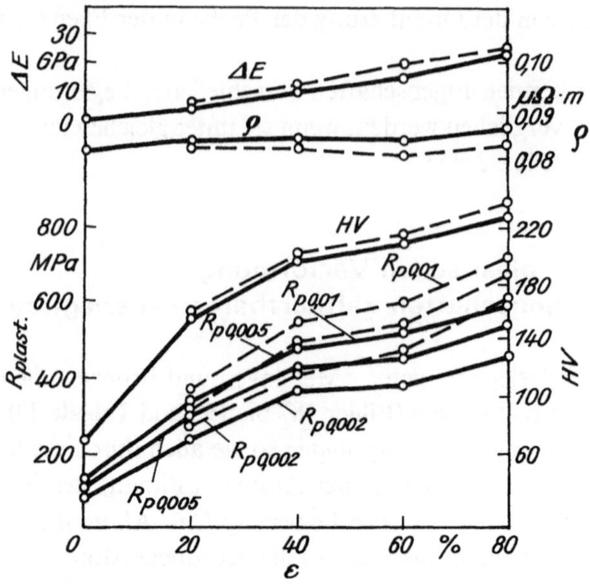

Bild 188. Abhängigkeit der Eigenschaften von BrSnZn 4-3 vom Verformungsgrad beim Kaltwalzen nach der Verformung (———) und nach der Glühung bei 150 °C, 30 min (— — —)

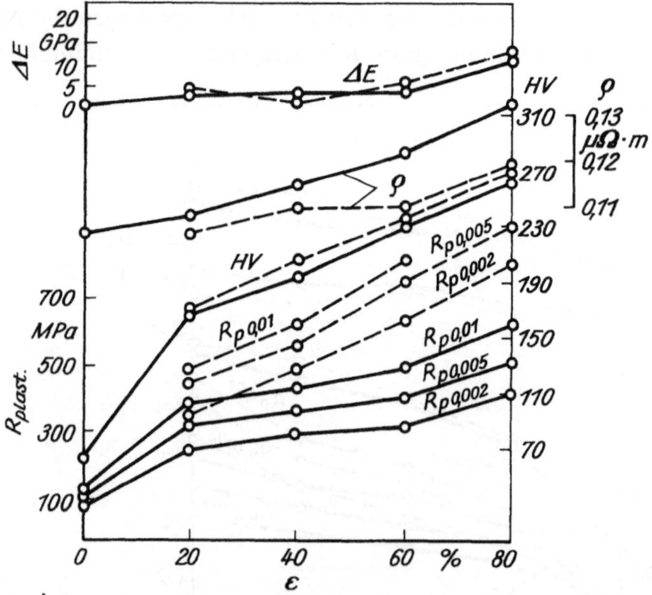

Bild 189. Abhängigkeit der Eigenschaften der Bronze BrAl 7 vom Verformungsgrad beim Kaltwalzen nach der Verformung (———) und nach der Glühung bei 275 °C, 30 min (— — —)

wächst. Es ist wesentlich, daß der Nahordnungsgrad höher ist als im Gleichgewicht, so daß er prinzipiell als lokale Fernordnung, ähnlich der Phase Cu_3Al, bestimmt werden kann. Ein derartiger Strukturzustand der Mischkristalle kann als das Ergebnis der Existenz sehr kleiner Fernordnungsbereiche oder Domänen betrachtet werden, deren Dichte sehr hoch sein kann.

Der Charakter der sich beim Walzen bildenden Versetzungsstruktur wird durch den *Verformungsmechanismus* bestimmt — durch Gleiten oder Zwillingsbildung — und hängt von der Konzentration und der Natur der Legierungselemente, der Energie der Packungsfehler, der Temperatur, der Korngröße, der Art des Spannungszustandes u. a. ab. In Übereinstimmung mit den Angaben von GORELIK [33] erhöht sich die Konzentration der Packungsfehler in den Cu—Al-Legierungen mit steigendem Aluminiumgehalt (bei gleichem Verformungsgrad) (folgende Stapelfehlerkonzentrationen werden erreicht: bei 0,05 Atom-% Al: $\alpha = 2 \cdot 10^{-3}$; bei 3,5 Atom-% Al: $\alpha = 11 \cdot 10^{-3}$). Der Einfluß der Legierungselemente auf die Stapelfehlerkon-

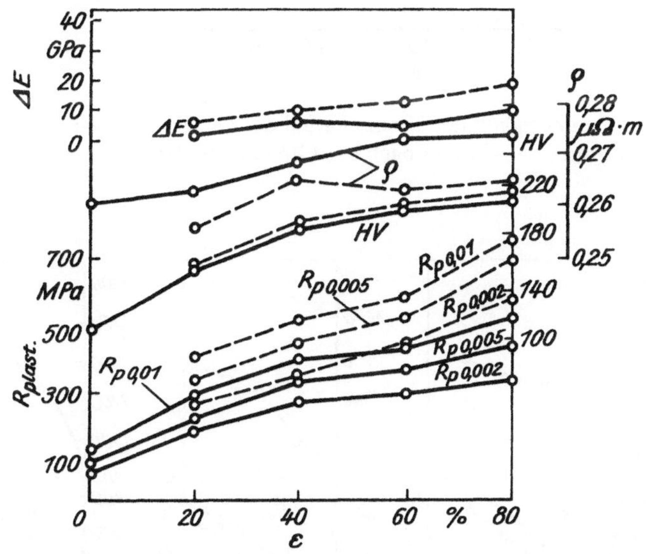

Bild 190. Abhängigkeit der Eigenschaften der Bronze BrSiMn 3-1 vom Verformungsgrad beim Kaltwalzen nach der Verformung (———) und nach der Glühung bei 275 °C, 1 h (– – –)

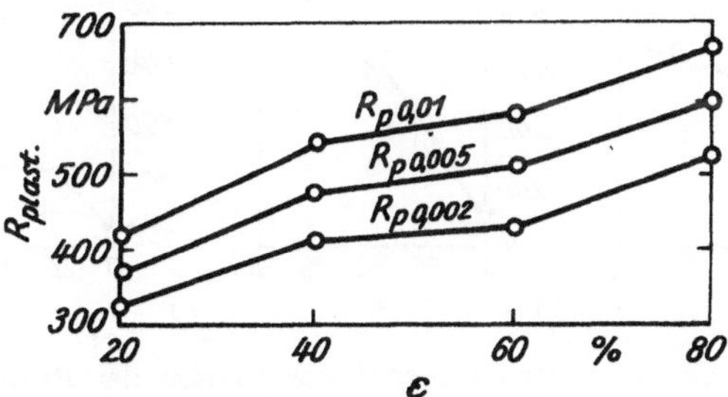

Bild 191. Abhängigkeit der Eigenschaften der Bronze BrSnP 6,5-0,15 vom Verformungsgrad beim Kaltwalzen

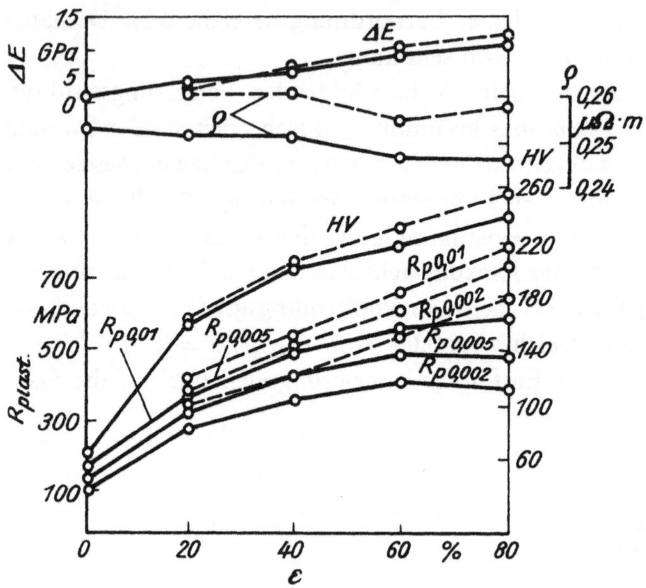

Bild 192. Abhängigkeit der Eigenschaften der Legierung CuNiZn 15-20 vom Verformungsgrad (————) und nach der Glühung bei 300 °C, 4 h (— — —)

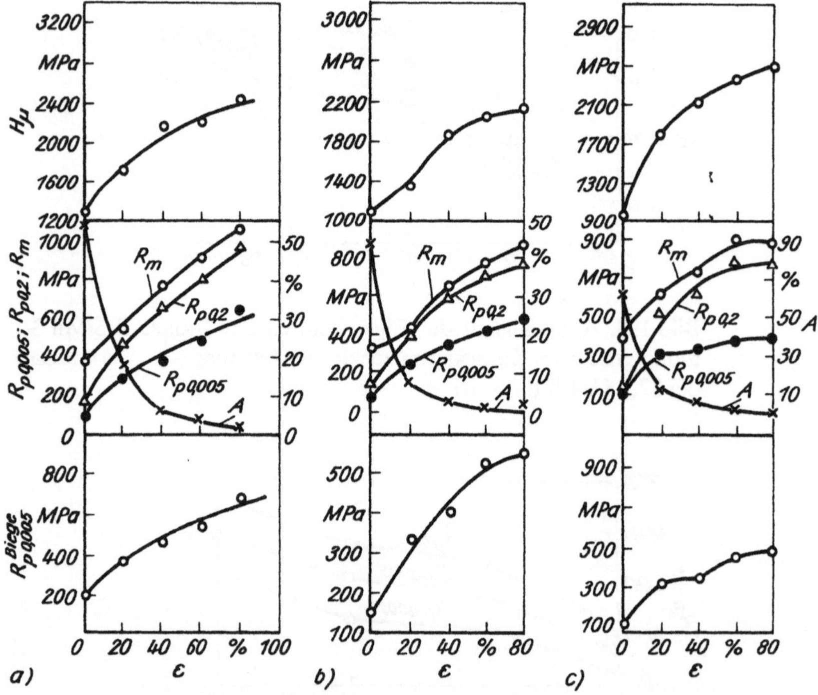

Bild 193. Abhängigkeit der mechanischen Eigenschaften der Bronzen BrSnP 6,6-0,15 (*a*), BrSnZn 4-3 (*b*) und BrSiMn 3-1 (*c*) vom Verformungsgrad [193]

Tabelle 40. Änderung der Eigenschaften der Federlegierungen nach der Kaltverformung

Legierung	HV	ΔHV	ΔHV/HV $\times 100\%$	$R_{\mathrm{p\,0,005}}$ MPa	$\varrho \cdot \mu\Omega \cdot m$	$\Delta\varrho/\varrho \times 100\%$
Ms 85	$\dfrac{50}{164}$	111	192	$\dfrac{90}{445}$	$\dfrac{0,045}{0,0552}$	22,3
Ms 80	$\dfrac{58}{174}$	166	200	$\dfrac{90}{375}$	$\dfrac{0,052}{0,062}$	19,3
Ms 68	$\dfrac{58}{204}$	146	250	$\dfrac{90}{400}$	$\dfrac{0,063}{0,075}$	19,2
BrSnZn 4-3	$\dfrac{67}{230}$	163	270	$\dfrac{105}{535}$	$\dfrac{0,081}{0,0865}$	6,8
BrAl 7	$\dfrac{76,9}{269}$	192	250	$\dfrac{120}{425}$	$\dfrac{0,110}{0,130}$	18,2
BrSiMnZn 3-1	$\dfrac{99,6}{219}$	120	120	$\dfrac{114}{460}$	$\dfrac{0,260}{0,275}$	5,8
CuNiZn 15—20	$\dfrac{61}{240}$	179	296	$\dfrac{140}{480}$	$\dfrac{0,255}{0,246}$	$-3,5$

Anmerkung: Im Zähler: Eigenschaften nach dem Glühen; im Nenner: nach dem Walzen ($\eta = 80\%$).

zentration ist erklärbar mit der Erhöhung der Elektronenzahl je Atom **(Bild 194)**, er kann jedoch auch im Zusammenhang mit der größeren Adsorptionsaktivität der Legierungselemente und folglich mit deren bevorzugter Anlagerung an den Stapelfehlern gesehen werden.

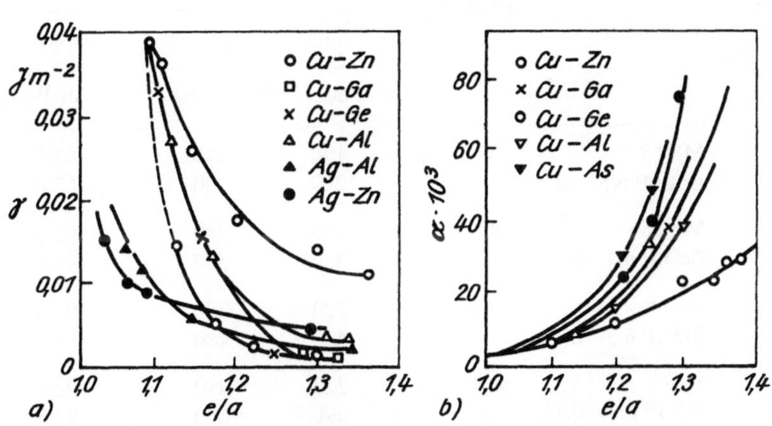

Bild 194. Abhängigkeit $\gamma' = f(e/a)$ für Kupfer- und Silberbasislegierungen (*a*) und $\alpha = \varphi(e/a)$ für Kupferbasislegierungen (*b*) [181]

Am effektivsten beeinflussen diejenigen Legierungselemente die Stapelfehlerbreite, die zur wesentlichen Erhöhung des spezifischen elektrischen Widerstandes beitragen [181]. Damit ergibt sich ein Zusammenhang zwischen Stapelfehlerenergie und der Elektronenstruktur. Entsprechend den Angaben in [181] bestehen in den Legierungen Cu—Zn und Cu—Al die Verformungszwillinge aus einer großen Anzahl von Mikrozwillingen ($d = 10$ bis 80 nm), in denen die *Stapelfehler* angeordnet sind [182]. PANIN erbrachte den experimentellen Beweis, daß mit Erhöhung des Nahordnungsgrades die Zwillingsbildung erschwert wird [183]. PANIN stellte eine bestimmte Korrelation zwischen der Entstehung der Verformungszwillinge, die aus Mikrozwillingen bestehen und insbesondere Ungleichgewichtsstapelfehler enthalten, und dem Ansteigen des elektrischen Widerstandes sowie der Erhöhung der Hall-Konstanten auf. Mit Hilfe von elektronenmikroskopischen Untersuchungen konnte gezeigt werden, daß bei der Kaltverfestigung von α-Messing und der Aluminiumbronze neben den Stapelfehlern Segregationen auftreten [184], die hexagonale Schichten darstellen und mit Zink (im Falle des Messings) und Aluminium (im Falle der Aluminiumbronze) angereichert sind [185].

Der höchste Grad der Verfestigung und der Änderung der Substruktur bei der Verformung der Zinnbronze hängt möglicherweise mit einem besonderen Mechanismus der plastischen Verformung zusammen, weil durch die Anhäufungen der Zinnatome im Kornvolumen die Versetzungen effektiv blockiert werden können [186].

Der unterschiedliche Charakter der Versetzungsstruktur und der Atomverteilung in den Legierungen bestimmt nicht nur die ungleichen Beträge der *Elastizitätsgrenze*, sondern auch die unterschiedliche Abhängigkeit dieser Beträge von der Richtung, in der die Probenahme erfolgt [179—180]. Der anisotrope Charakter der

Tabelle 41. Einfluß der plastischen Verformung auf die Eigenschaften der Zinn-Phosphor-Bronze BrSnP 6,5-0,15 und Messing Ms 68

Legierung	Verformungs-grad, %	$R_{p\,0,005}$, MPa		E, GPa	
		längs	quer	längs	quer
		zur Walzrichtung		zur Walzrichtung	
MS 68	8	190	210	102,5	99,5
Br SnP 6,5—0,15		260	290	103,0	102,0
MS 68	20	200	280	103,5	99,0
BrSnP 6,5—0,15		300	330	95,0	103,0
Ms 68	50	220	350	98,0	101,5
BrSnP 6,5—0,15		410	480	93,5	108,0
Ms 68	80	220	410	92,0	110,0
BrSnP 6,5—0,15		490	600	93,5	113,0
Ms 68	92	300	470	95,0	111,0
BrSnP 6,5—0,15		520	680	93,5	111,5

Verfestigung im Messing im Ergebnis der Kaltverformung wurde in Torsionsuntersuchungen an Draht durch BUTKEVIČ nachgewiesen. Die **Tabelle 41** zeigt, daß der Verformungswiderstand bei kleiner Kaltverformung in Walzrichtung bedeutend kleiner ist als in Querrichtung.

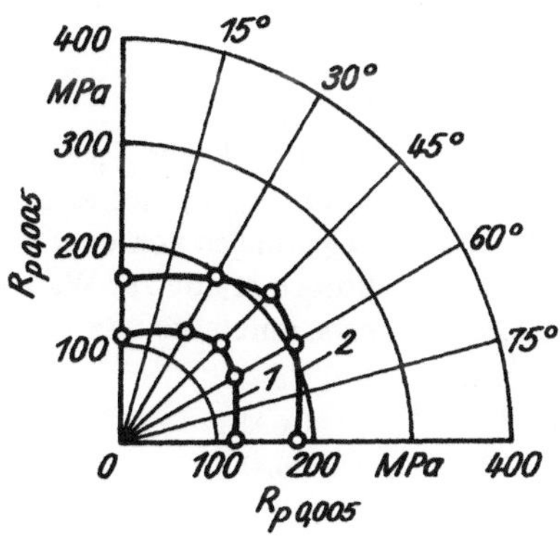

Bild 195. Abhängigkeit der Elastizitätsgrenze $R_{p\,0,005}$ der Bronze BrAl 7 vom Zugverformungsgrad und der Orientierung der Proben in der Streifenebene relativ zur Kraftwirkungsrichtung (Anzeige durch Pfeil)

1 — Zugverformungsgrad 8 %
2 — Zugverformungsgrad 31 %

Eine ähnliche *Anisotropie* der Elastizitätsgrenze (Prüfung im Biegeversuch) wird in gewalzten Metallen und Legierungen mit unterschiedlichen Gittertypen (kfz und krz) beobachtet [187, 188]. Die Erklärung hierfür ergibt sich aus einer ähnlichen anisotropen Verteilung der Versetzungen, die sich bei der Verformung dünner Bänder unter gleichen Bedingungen (Flachwalzen) einstellen. In Übereinstimmung mit [189] steigt hierbei die Anisotropie der Elastizitätsgrenze mit der Erhöhung des *Verformungsgrades* **(Bild 195)**. Bei kfz-Metallen, insbesondere mit niedriger Stapelfehlerenergie, ist diese Anisotropie stärker ausgeprägt, weil in diesen Metallen die Quergleitung gehemmt ist. Deshalb erhöht sich z. B. die Anisotropie der Elastizitätsgrenze **(Bild 196)** mit steigender Aluminiumkonzentration in der Kupferbasislegierung. Den Angaben von [190] zufolge kommt es zur Anisotropie der Elastizitätsgrenze in Bronzestreifen (BrA 7 und BrKMc 3-1) auch nach der Zugverformung. In diesem Fall ergibt sich der Maximalbetrag für die Elastizitätsgrenze im Winkel

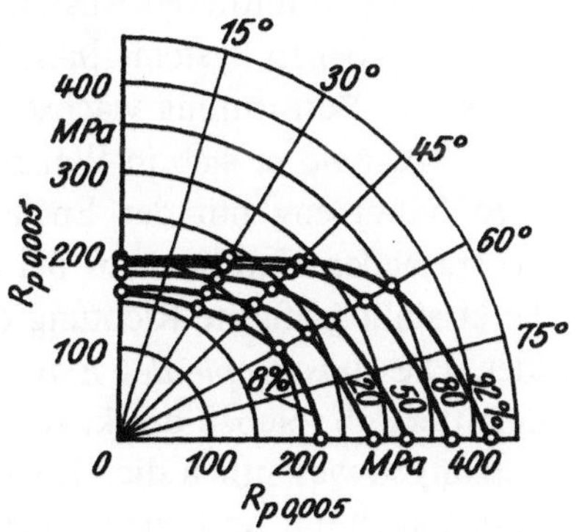

Bild 196. Abhängigkeit der Elastizitätsgrenze $R_{p\,0,005}$ der Bronze BrAl 7 vom Verformungsgrad beim Walzen (Ziffern an den Kurven) und von der Orientierung der Proben relativ zur Verformungsrichtung (Anzeige durch Pfeil)

von 45° zur Verformungsrichtung, wobei dieser Betrag sich mit steigendem Verformungsgrad (Streckung) erhöht. Der Anisotropiegrad bleibt hierbei jedoch mehr oder weniger konstant **(Bild 197)**. Die Anisotropie der Elastizitätsgrenze wird nicht durch die Verformungstextur bestimmt.

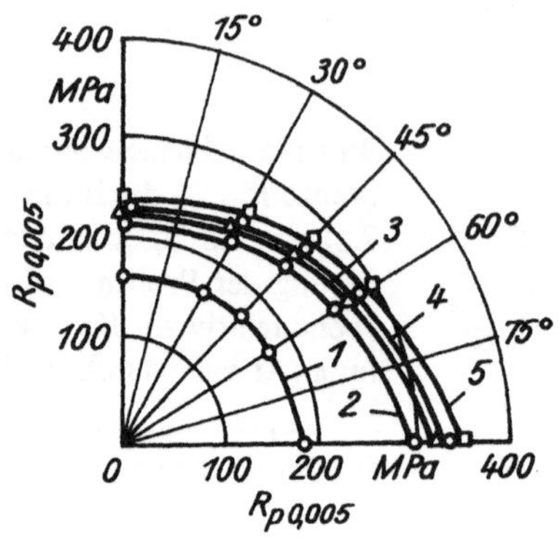

Bild 197. Abhängigkeit der Elastizitätsgrenze $R_{p0,005}$ der Kupfer-Aluminium-Legierungen von der Orientierung der Proben relativ zur Walzrichtung (Angabe durch Pfeil) ($\eta = 50\%$)

1 — Cu
2 — CuAl 1
3 — CuAl 3
4 — CuAl 5
5 — CuAl 7

Die Ursache für die beschriebene Anisotropie der Elastizitätsgrenze ist offenbar die Anisotropie der zonalen Spannungen sowie die anisotrope Verteilung der Gruppierungen von Versetzungen (»Versetzungstextur«). Gleichfalls kommen auch andere Verformungsfehler als Ursache in Frage. Als Beispiel für die Anisotropie der zonalen Spannungen gelten die Restspannungen im verformten Nickel (Verformungsgrad 50%). Auf der Oberfläche treten hierbei folgende Spannungen auf: in Walzrichtung 39,6 MPa; in Querrichtung 45 MPa.

Für eine inhomogene Verteilung der Versetzungen spricht der Fakt, daß im hochreinen Nickel neben der Anisotropie der Elastizitätsgrenze auch eine ziemlich ausgeprägte Anisotropie des spezifischen elektrischen Widerstandes [179] beobachtet wird. Derselbe Effekt der Änderung dieser Eigenschaften tritt auch in der Aluminiumbronze [191] auf. Er steht gleichfalls in Beziehung mit der inhomogenen Verteilung der Versetzungen und Stapelfehler zwischen den Gleitebenen, deren Abstand voneinander (10^{-3} bis 10^{-4} nm) größenordnungsmäßig der freien Weglänge der Elektronen im Kristall entspricht. Die Wahrscheinlichkeit der Elektronenstreuung in Walz- und Querrichtung im Band wird durch den mittleren Abstand der zueinander parallel angeordneten Gleitebenen des gegebenen Systems $\{hkl\}$ bestimmt.

Mit der Erhöhung des Grades der plastischen Verformung wächst der Elastizitätsmodul im Regelfall in der Querrichtung, während er sich in Walzrichtung verringert (s. Tabelle 41). Dieser Unterschied hängt eng mit der Entstehung einer kristallografischen Textur zusammen. Im speziellen Fall entsteht bei der Verformung von α-Messing in Walzrichtung die kristallografische Richtung $\langle 112 \rangle$, während sich in Querrichtung $\langle 111 \rangle$ ausbildet. Die *Anisotropie des Elastizitätsmoduls* hängt hauptsächlich vom Typ des Kristallgitters ab. Neben der kristallografischen Textur beeinflussen die gleitfähigen Versetzungen wesentlich die Größe des Elastizitätsmoduls. Einen bestimmten Einfluß üben auch die Änderungen des Ordnungsgrades des Kristallgitters aus. Aus diesem Grunde ist es nicht möglich, präzise den

Anteil des Einflusses der Versetzungen auf die Änderung des Elastizitätsmoduls bei der Kaltverfestigung oder bei der sich anschließenden Glühung der Legierungen zu ermitteln.

Die plastische Verformung beeinflußt auch andere wichtige Charakteristika von Federlegierungen, z. B. die *elastische Nachwirkung* (**Tabelle 42**). Der Untersuchung dieser Eigenschaft am Ms 62 widmete sich COBKALLO. Seine Ergebnisse stehen in gewissem Widerspruch zu den von DAVIDENKOV und KUSMIRSKAJA erhaltenen Tendenzen. Unabhängig davon kann geschlußfolgert werden, daß die Ursache der

Tabelle 42. Einfluß der Verformung und des Niedrigtemperaturglühens auf die elastische Nachwirkung in Ms 62 und BrSnP 6,5—0,15 (COBKALLO)

Behandlung	$R_{p\,0,005}$, MPa	Charakteristik der elastischen Nachwirkung*			
		R_m, MPa	$\Delta\varepsilon_{\mathrm{direkt}\,10}$* 10^{-3}, %	$\Delta\varepsilon_{\mathrm{ruck}\,60}$* 10^{-3}, %	$m \cdot 10^{-3}$, %
Messing Ms 62					
Verformung ($\eta = 33\%$)	235	222	3,93	0,53	0,77
Verformung + Glühen bei 250 °C, 1 h	400	228	0,55	0,27	0,17
ebenda	400	400	5,78	0,43	1,25
Verformung ($\eta = 58\%$)	245	239	4,65	0,70	1,12
Verformung + Glühen bei 250 °C, 1 h	480	488	6,0	0,55	2,0
Zinn-Phosphor-Bronze BrSnP 6,5—0,15					
Verformung ($\eta = 32 \dots 35\%$)	285	310	7,45	0,30	0,55
Verformung + Glühen bei 350 °C, 1 h	345	347	5,00	0,10	0,30
ebenda	345	310	2,00	0,10	0,10
Verformung ($\eta = 49\%$)	340	320	3,7	0,27	0,50
Verformung + Glühen bei 320 °C, 1 h	420	290	0,37	0,07	0,07
ebenda	420	430	5,75	0,12	0,70
Verformung ($\eta = 60\%$)	365	300	2,0	0,26	—

Tabelle 42 (Fortsetzung)

Behandlung	$R_{,0,005}$, MPa	Charakteristik der elastischen Nachwirkung*			
		R_m, MPa	$\Delta\varepsilon_{\text{direkt}10}$ 10^{-3}, %	$\Delta\varepsilon_{\text{ruck}60}$* 10^{-3}, %	$m \cdot 10^{-3}$, %
Aluminiumbronze BrAl 7					
Verformung $(\eta = 33\%)$	170	149	3,0	0,75	1,05
ebenda	170	250	21,15	1,25	2,55
Verformung + Glühen bei 280 °C, 1 h	490	255	0,45	0,25	0,07
Verformung $(\eta = 33\%)$ + Glühen bei 280 °C, 1 h	490	434	2,03	0,45	0,42
Verformung $(\eta = 46\%)$	175	164	3,12	0,70	1,10
Verformung + Glühen bei 280 °C, 1 h	590	566	4,70	—	0,75
Verformung $(\eta = 60\%)$	175	140	2,12	0,50	0,83
ebenda	175	243	14,20	1,0	2,40
Verformung + Glühen bei 280 °C, 1 h	635	253	0,35	0,25	0,05
ebenda	635	610	4,12	0,50	1,13

* $\Delta\varepsilon_{\text{direkt}10}$ und $\Delta\varepsilon_{\text{ruck}60}$: relative Verformung bei der direkten elastischen Nachwirkung und Rücknachwirkung innerhalb von 10 und 60 min entsprechend
m: Verformungszuwachs bei der direkten elastischen Nachwirkung innerhalb von 10 bis 120 min.

elastischen Nachwirkung in den Vorgängen der unelastischen Verformung liegt, wobei bei dieser Verformung ein Versetzungsmechanismus wirkt, der eine gewisse Ähnlichkeit mit dem Mechanismus der plastischen Verformung hat. Je größer die Elastizitätsgrenze nach der Kaltverfestigung ansteigt, um so stärker verringert sich die elastische Nachwirkung.

Es kann somit die Schlußfolgerung gezogen werden, daß für die Beurteilung der Qualität der Federlegierungen die Größe der Elastizitätsgrenze unter Betriebsbedingungen elastischer Elemente bei herkömmlichen Temperaturen von entscheidender Bedeutung ist.

1.10.3. Einfluß des Glühens unterhalb der Rekristallisationstemperatur auf die Eigenschaften verformter Metalle und Legierungen

1.10.3.1. Einfluß des Glühens auf die Eigenschaften verformter Metalle

Beim Glühen technisch reiner und hochreiner *verformter Metalle* im Bereich der Temperatur, bei der die Erholung verläuft, wird eine merkliche Erhöhung der Elastizitätsgrenze an gewalzten Bändern in Walz- und in Querrichtung **(Bild 198)** beobachtet; die Härte und der Elastizitätsmodul ändern sich hierbei wenig. Dieser Effekt ist um so größer, je höher der Verformungsgrad ist. Nur das Aluminium bildet hierbei eine Ausnahme. In Übereinstimmung mit den Angaben gemäß [187, 188] tritt die geringste Erhöhung der Elastizitätsgrenze bei Glühungen unterhalb der Rekristallisationstemperatur in reinen Metallen mit kfz- und krz-Gittern auf. Entsprechend den Angaben in [187, 188, 192] ist der relativ geringe Anstieg der Elastizitätsgrenze bei der Glühung hochreiner Metalle mit einem kfz- oder krz-Gitter hauptsächlich bedingt durch die Blockierung der Versetzungen.

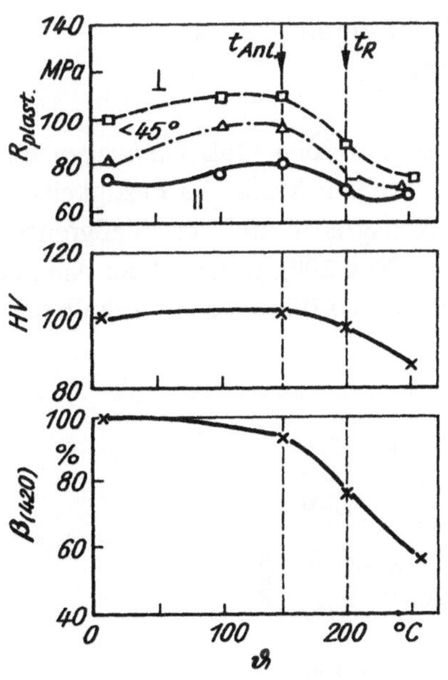

Bild 198. Abhängigkeit der Eigenschaften des walzverformten Kupfers von der Glühtemperatur ϑ (nach SPEKTOR). Für 100 % wurden die Eigenschaften nach der Verformung angenommen: $R = 260$ MPa; HV 74; $\beta_{420} = 1{,}5 \cdot 10^{-2}$ rad

Wie aus Bild 198 ersichtlich wird, verringert sich die Anisotropie der Elastizitätsgrenze bei der Glühung verformter Metalle unterhalb der Rekristallisationstemperatur. Dieser Effekt wird erklärt durch die Umverteilung der Versetzungen infolge der thermischen Aktivierung beim Glühen — es verringert sich die Anisotropie ihrer Verteilung. Die Intensität der Umverteilung hängt von der Stapelfehlerenergie ab, die das Ausmaß der Quergleitung bestimmt, aber auch von den in den Metallen

auftretenden Einlagerungsfremdatomen, die die Versetzungen blockieren. Die sich
im Ergebnis der Glühung bei Temperaturen unterhalb der Rekristallisationstemperatur formierende Substruktur ist instabil in mechanischer Hinsicht. Deshalb verringert sich in starkem Maße die Elastizitätsgrenze bei unbedeutendem Härteabfall
(Bild 199) z. B. im Ergebnis einer geringfügigen plastischen Verformung des Nickels,
das kaltverformt und unterhalb der Rekristallisationstemperatur bei 200 °C glühbehandelt wurde. Ein Minimum dieser Eigenschaft wird nach wiederholter Verformung ($\varepsilon = 8{,}5\%$) erreicht.

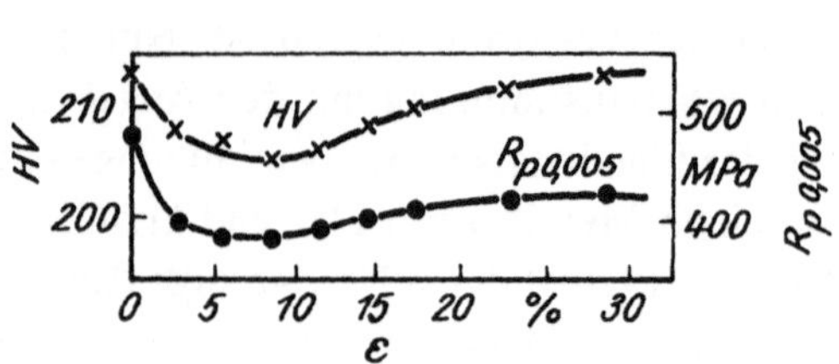

Bild 199. Abhängigkeit der
mechanischen Eigenschaften
des Nickels von der zusätzlichen Verformung. *Aus-
gangszustand:* Verformung
($\eta = 50\%$) und Glühung
bei 250 °C (nach PUCKOV
u. a.)

1.10.3.2. Einfluß des Glühens auf die Eigenschaften der verformten Legierungen

In vielen Untersuchungen konnte gezeigt werden, daß *Glühungen* unterhalb der
Rekristallisationstemperaturen in wesentlichem Maße die Festigkeitseigenschaften
beeinflussen. Die Erhöhung der Festigkeitsgrenze und der Fließgrenze von Feder-
messingen und -bronzen ist unbedeutend **(Bild 200)**, während der Anstieg der Elastizitätsgrenze von Messingen und Bronzen nach Glühungen unterhalb der Rekristalli-

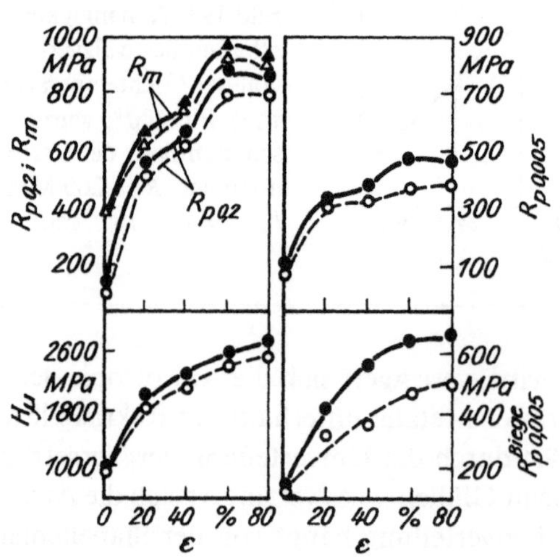

Bild 200. Abhängigkeit der
mechanischen Eigen-
schaften der Bronze
BrSiMn 3-1 vom Ver-
formungsgrad vor (–––)
und nach der Glühung bei
280 °C, 1 h (———) [193]

sationstemperatur merklich höher ist als bei reinen oder technisch reinen Metallen. In diesen Legierungen — Mischkristallen — laufen neben den Umordnungsvorgängen der Versetzungen und der Bildung polygonisierter Systeme kompliziertere Strukturänderungen ab, die mit der Umverteilung der Atome der Hauptlegierungskomponenten im Feld der Strukturfehlstellen im Zusammenhang stehen. Ungeachtet der großen Zahl der Untersuchung der Ursachen für die Verfestigung bei der Glühung unterhalb der Rekristallisationstemperatur gewidmeten Forschungsarbeiten kann heute dieses Problem noch nicht als endgültig geklärt betrachtet werden.

1.10.3.3.   Glühen von Aluminiumbronzen

Die Untersuchung des Glühprozesses der *Aluminiumbronze* führte zu folgenden Ergebnissen.

> *1.* Die Verfestigung wächst mit der Erhöhung des Verformungsgrades bei der vorangehenden Kaltverformung.
> 2. Die Verfestigung nimmt mit der Erhöhung der Konzentration des Legierungselementes zu.
> 3. Der Verfestigungsgrad verringert sich mit der Erhöhung der Toleranzen für den Verformungsrest bei der Bestimmung der Festigkeitseigenschaften.

Die beim Glühen verformter Legierungen des Systems Cu—Al ablaufenden Vorgänge können entsprechend [194] in drei Stadien unterteilt werden:

> *1.* 20 bis 150 °C; dieses Stadium ist durch eine niedrige Aktivierungsenergie und geringe Verfestigung gekennzeichnet.
> 2. 150 bis 275 °C; die in diesem Stadium ablaufenden Prozesse sind von besonderem Interesse, weil die Erhöhung des Widerstandes bei plastischer Verformung maximal ist und von maximaler Wärmeabgabe begleitet wird.
> 3. Oberhalb von 275 °C, bei der es zur Entfestigung infolge der ablaufenden Rekristallisation kommt.

Es sei darauf verwiesen, daß im ersten Stadium folgende Prozesse ablaufen:

> *a)* Migration der zwischen den Gitterpunkten befindlichen Atome zu den Versetzungen hin und partielle Annihilation der letzteren im Ergebnis der Rekombination mit den Leerstellen;
> *b)* Migration der Überschußleerstellen, die zu ihrer Häufung und damit zur Erhöhung des Nahordnungsgrades führt. Diese Angaben beruhen auf den Messungen der physikalischen Eigenschaften nach [195, 196].

Es muß darauf verwiesen werden, daß der beim Glühen von 4 und 6 Atom-% Aluminium enthaltenden Legierungen eintretende Wärmeeffekt vielfach größer ist als nach der Abschreckhärtung, weil in diesen Legierungen der Nahordnungsgrad äußerst gering ist [197].

Die Annahme bezüglich des entscheidenden Einflusses der Segregation der Atome der gelösten Komponente an den Versetzungen auf die Verfestigung wird auch durch Messungen des spezifischen elektrischen Widerstandes bestätigt. Es ist bekannt, daß die relative Verringerung des spezifischen elektrischen Widerstandes während einer Langzeitglühung (≈ 300 h) im Temperaturbereich, der der maximalen Verfestigung entspricht, 20% beträgt. Entsprechend den Angaben in [191, 198—202] beträgt die Verringerung dieses elektrischen Widerstandes bei der Glühung abschreckgehärteter Legierungen mit 15 bis 18,9 Atom-% Aluminium, wobei ausschließlich Nahordnung vorherrscht, insgesamt nur 0,3%. Es ergibt sich somit, daß die Erhöhung der Verfestigung beim Glühen von der Versetzungsdichte abhängt, aber auch gleichfalls von der Konzentration des Aluminiums in der Legierung sowie von der Bindungsenergie der Atome mit den Versetzungen.

Das Verfestigungsmaximum entspricht einem dispers geordneten Strukturzustand (Mikrodomänenstruktur). In verformten Legierungen (Mischkristallen), die glühbehandelt wurden, wird der Strukturzustand im Bereich der Fehlstellen durch die Bildung disperser Bereiche mit Fernordnung bei erhöhter Konzentration der Legierungselemente in diesen Bereichen bis hin zum Auftreten von Sekundärteilchen, insbesondere an den Stapelfehlern [203], gekennzeichnet. Neben den erwähnten Einflußfaktoren kann der Verfestigungsbetrag mit dem Abbau zonaler Spannungen und mit einer Versetzungsrelaxation von Mikrospannungen [204], aber auch mit der Polygonisation im Zusammenhang stehen.

Im Ergebnis der bereits beschriebenen Ursachen führt die Glühung bei niedrigen Temperaturen in der Bronze BrAl 7 zu einer beträchtlichen Verbesserung ihrer Eigenschaften als Federwerkstoff (**Bild 201**). In den Untersuchungen [178] konnte

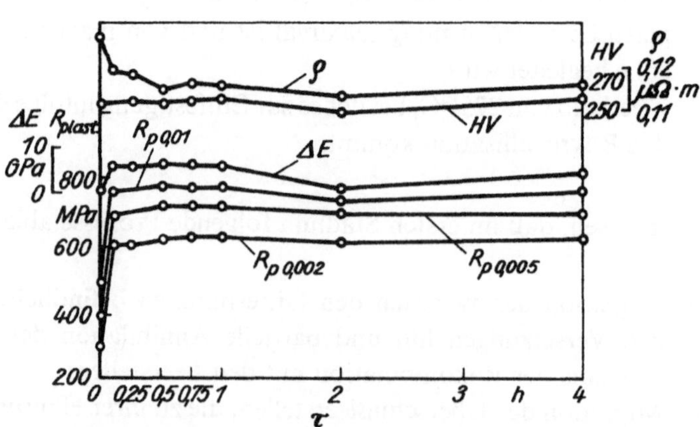

Bild 201. Abhängigkeit der Eigenschaften der Bronze BrAl 7 ($\eta = 60\%$) nach der Glühung bei 275 °C von der Alterungsdauer τ

gezeigt werden, daß der Verfestigungsbetrag der Bronze BrAl 7 bei einer Glühung unterhalb der Rekristallisationstemperatur wesentlich von der Korngröße abhängt, während im verformten Zustand der Einfluß dieses Strukturparameters, insbesondere bei hohen Verformungsgraden, unwesentlich ist **(Bild 202)**.

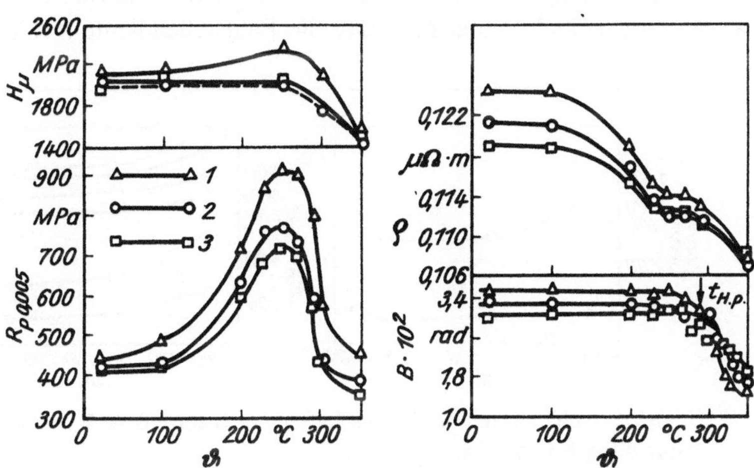

Bild 202. Abhängigkeit der Mikrohärte H_μ, der Elastizitätsgrenze $R_{p\,0,005}$ der verformten Aluminiumbronze BrAl 7 von der Glühtemperatur ϑ und der Korngröße (nach GORLENKO)

1 — 25 µm   *2* — 60 µm   *3* — 350 µm

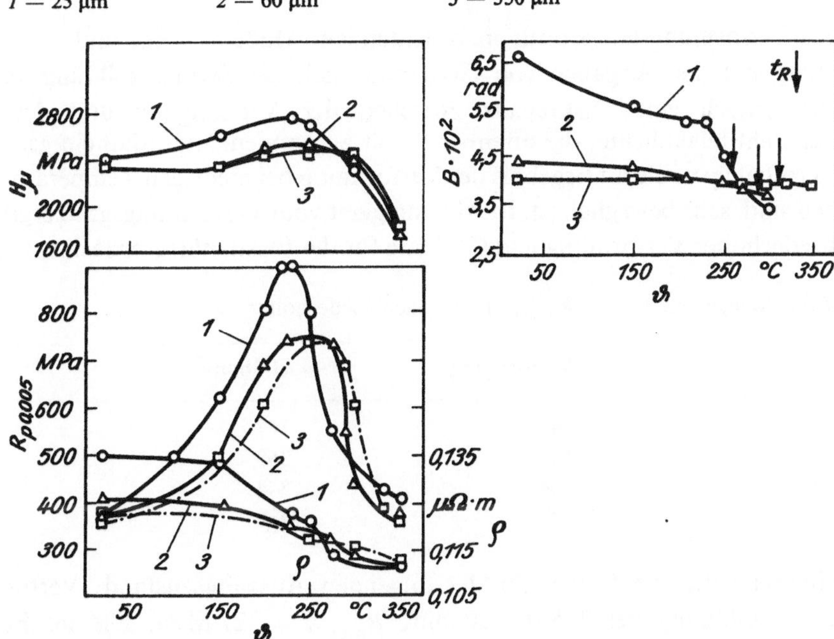

Bild 203. Abhängigkeit der Eigenschaften der Bronze BrAl 7 von der Glühtemperatur ϑ nach der Verformung (Walzen) bei verschiedenen Temperaturen (nach GORLENKO)

1 — −196 °C   *2* — 20 °C   *3* — 270 °C

Demnach üben die Veränderungen im Kornvolumen (oder genauer in den Gleitebenen) den hauptsächlichen Einfluß auf den Verfestigungsbetrag, der sich bei der Glühung einstellt, aus [204]. Auf diesen Verfestigungsbetrag nimmt neben der Korngröße der Bronze im Ausgangszustand gleichfalls die *Verformungstemperatur* ihren bestimmten Einfluß **(Bild 203)**. Der Einfluß dieser Temperatur auf die Eigenschaften der Legierung ist unmittelbar im verformten Zustand unwesentlich **(Bild 204)**. Es wird jedoch beobachtet, daß die Fehlstellendichte mit Verringerung

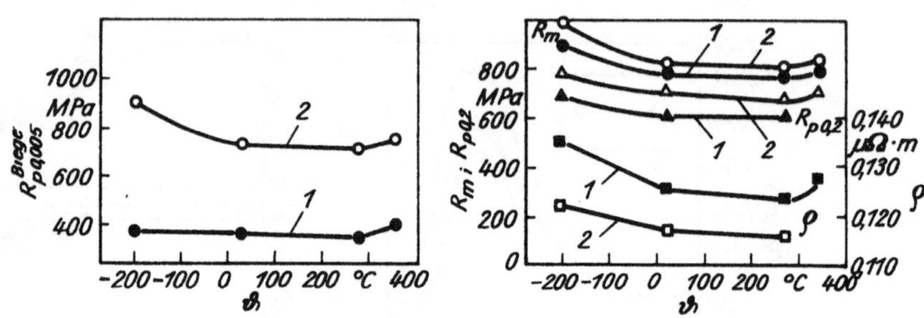

Bild 204. Abhängigkeit der Eigenschaften der Bronze BrAl 7 von der Walztemperatur ϑ (nach GORLENKO)

1 — bei $\eta = 50\%$
2 — bei $\eta = 50\%$, nach der Glühung auf maximale Verfestigung

der Verformungstemperatur in bedeutendem Maße ansteigt und in Übereinstimmung mit den Angaben von GORLENKO sich die Zwillingsbildung verstärkt. Es gibt jedoch eine Diskrepanz zwischen der Verfestigung und der Erhöhung der Fehlstellendichte, die offenbar damit zusammenhängt, daß ein großer Teil der Versetzungen, die im Ergebnis der Verformung bei niedrigen Temperaturen entstanden sind, sehr beweglich ist. In Abhängigkeit vom Verformungsgrad ergibt sich nach wiederholter Verformung und Glühung für die Elastizitätsgrenze der BrAl 7:

Verformungsgrad %	$R_{p0,005}$, MPa, nach wiederholter	
	Verformung	Glühung
5	143	347
9	152	353
19	164	344
37,5	179	316

Hierbei hatte die Bronze BrAl 7 folgenden Ausgangszustand: Verformungsgrad 56%; Glühung bei 275 °C, 30 min; $R_{p0,005} = 327$ MPa. Die im Ergebnis der Glühung in der Bronze ablaufenden Vorgänge führen zur Erhöhung der *Relaxationsfestigkeit* **(Bild 205)**. Diese Erhöhung der Relaxationsfestigkeit wird auch bei Erwärmungen bis zu 100 bis 150 °C beobachtet (s. Tabelle 45).

Eine andere effektive Methode zur Verbesserung der Eigenschaften der Aluminiumbronze und einer Reihe von Kupferbasislegierungen ist die Mikrodotierung.

Gegenwärtig gibt es keine Kriterien für die Auswahl optimaler Bedingungen der Mikrodotierung kalthärtbarer Legierungen. Als Mikrodotierungselemente für kalthärtbare Kupferbasislegierungen wurden bisher vorrangig folgende Elemente gewählt: Phosphor, Titan, Bor, Magnesium und Beryllium. Die Zugabe von adsorptionsaktiven Komponenten erhöht unabhängig von ihrer Natur nur unwesentlich die Verfestigung nach der plastischen Verformung. Nur bei erhöhten Phosphorkonzentrationen (0,13%) steigt die Verfestigung infolge der Verbreiterung der Stapelfehler [205]. Damit ist die Adsorptionsaktivität des Phosphors nicht nur in der Berylliumbronze, sondern auch in der Aluminiumbronze nachgewiesen.

Es wurde festgestellt, daß die maximale Verfestigung aller Legierungen bei gleicher Glühtemperatur von 275 bis 280 °C **(Bild 206)** erreicht wird, obwohl für die mit

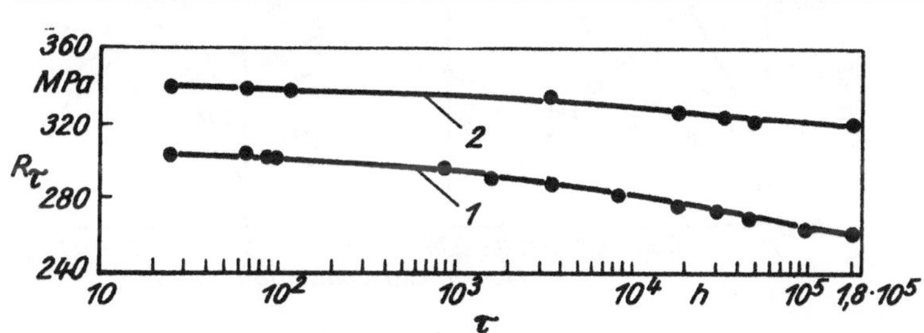

Bild 205. Spannungsrelaxation in der Bronze BrAl 7 bei 20 °C

1 — nach der Verformung, $\eta = 60\%$

2 — nach der Verformung, $\eta = 60\%$, und nach der Glühung bei 275 °C, 30 min

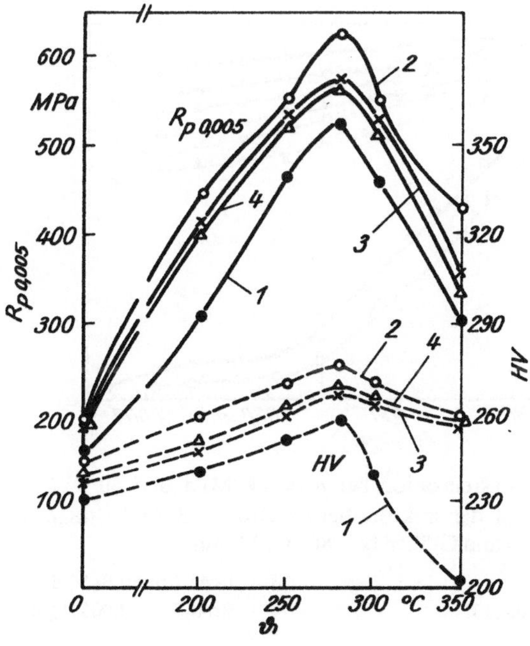

Bild 206. Abhängigkeit der Verfestigung der Bronze BrAl 7 von der Mikrodotierung und der Glühtemperatur ϑ. *Ausgangszustand*: Kaltwalzen, $\eta = 50\%$

1 — BrAl 7

2 — BrAl 7 mit 0,03% P

3 — BrAl 7 mit 0,01% B

4 — BrAl 7 mit 0,0033% Be

Phosphor mikrodotierte Bronze eine höhere Glühtemperatur erwartet wurde. Offensichtlich bildet sich die Sekundärphase nach Überschreiten der optimalen Phosphorkonzentration, wodurch sich die Konzentration der Phosphoratome in den Segregationen an den Versetzungen verringert und folglich eine Entfestigung eintritt **(Bild 207)**. Eine Zugabe von Bor bis zu etwa 0,02 Atom-% führt zu einer kontinuierlichen Erhöhung der Elastizitätsgrenze, aber auch zu einer Erhöhung der Härte und des Elastizitätsmoduls der verformten Legierungen **(Tabelle 43)**.

Der höchste Verformungswiderstand bei kleinen und großen plastischen Verformungen stellt sich in der Legierung mit 0,01% Bor ein, wobei der Charakter der Abhängigkeit der Elastizitätsgrenze vom Borgehalt ähnlich ist wie im Fall der Mikro-

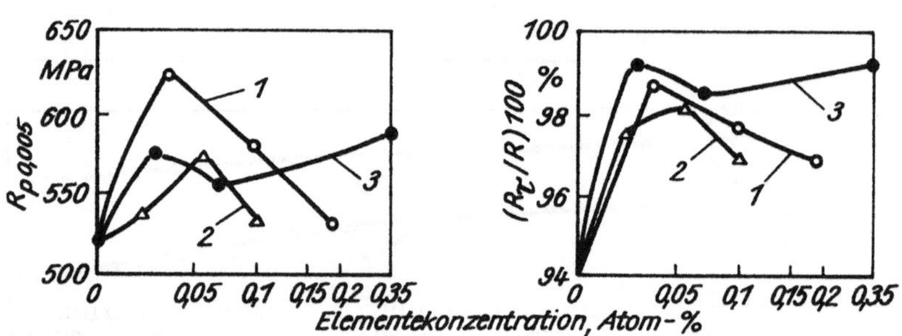

Bild 207. Abhängigkeit der Elastizitätsgrenze und Relaxationsfestigkeit (60 °C, 1000 h, und $R = R_{p0,005}$) der Bronze BrAl 7 von der Konzentration der Mikrodotierungselemente. *Ausgangszustand*: siehe Bild 208

1 — BrAl 7 mit P   *2* — Bronze BrAl 7 mit B   *3* — BrAl 7 mit Be

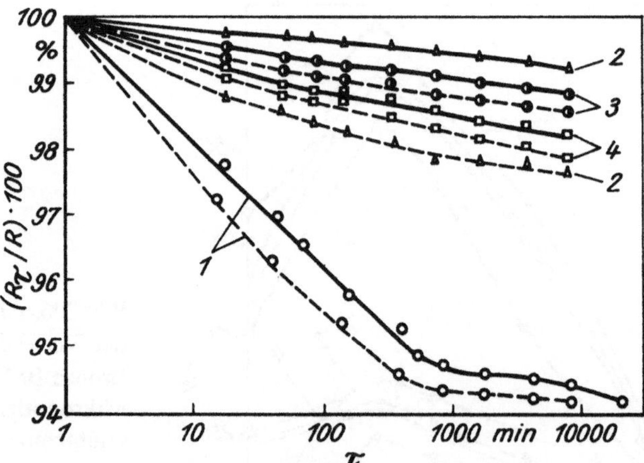

Bild 208. Spannungsrelaxation bei $R = 300$ MPa und 60 °C (————) sowie bei 100 °C (————) in der mikrodotierten Bronze BrAl 7. *Ausgangszustand*: Kaltwalzen ($\eta = 50\%$) und Glühen bei 280 °C, 30 min

1 — BrAl 7   *3* — BrAl 7 mit 0,01% B
2 — BrAl 7 mit 0,03% P   *4* — BrAl 7 mit 0,0033% Be

Tabelle 43. Eigenschaften der zusätzlich mikrodotierten Bronze BrAl 7

Gehalt an Mikro-dotierungs-elementen, %	Eigenschaften nach der Verformung						R_{τ}/R (%) bei $\eta = 50\%$ und Glühung bei 280 °C, 0,5 h ($R = 300$ MPa) unter Prüfbedingungen		
	$\eta = 50\%$			$\eta = 50\%$ und Glühen bei 280 °C, 0,5 h					
	$R_{p0,002}$	HV	E GPa	$R_{p0,002}$ / $R_{p0,005}$	HV	E GPa	600 °C 1000 h	100 °C 200 h	200 °C 50 h
	MPa			MPa					
—	143 / 165	230	91,0	420 / 525	258	100,1	94,2	93,8	80,0
0,03 P	152 / 184	242	94,0	562 / 625	276	103,5	98,8	98,5	81,5
0,07 P	163 / 184	241	92,7	500 / 572	270	100,3	97,8	98,0	80,0
0,13 P	185 / 220	241	93,0	475 / 535	266	100,2	97,0	97,2	78,3
0,005 B	158 / 188	237	94,0	494 / 543	264	99,2	97,7	97,3	82,0
0,01 B	160 / 190	238	94,5	502 / 575	268	102,0	98,2	97,7	82,3
0,0188 B	173 / 192	237	94,3	487 / 500	258	99,0	97,0	96,8	82,6
0,0055 Be	161 / 182	239	94,6	501 / 575	268	104,2	99,3	97,5	90,5
0,009 Be	164 / 182	238	94,2	482 / 491	263	102,5	98,5	97,0	91,1
0,06 Be	165 / 183	239	95,0	507 / 580	267	102,8	99,3	96,8	92,5

dotierung mit Phosphor. Die Verfestigung der Aluminiumbronze steigt merklich an nach der Zugabe geringer Mengen Berylliums ($\approx 0,006\%$).

Neben der Erhöhung des Verformungswiderstandes bei kleinen plastischen Verformungen bewirkt die Mikrodotierung der Aluminiumbronze eine bedeutende Steigerung der Relaxationsfestigkeit **(Bild 208)**. Es ist wichtig zu erwähnen, daß die Mikrodotierung der Aluminiumbronze nicht die thermische, sondern auch die mechanische Stabilität im verfestigten Zustand erhöht. In [205] wurde die Annahme geäußert, daß eine eintretende Entfestigung mit der Zerstörung geordneter Systeme von Versetzungen, die sich während des Glühprozesses gebildet haben, im Zusammenhang steht. Die stärkere Blockierung der Versetzungen durch die Zugabe adsorptionsaktiver Komponenten erhöht auch die mechanische Stabilität der Verfestigung **(Bild 209)**. Dieser Effekt ist von wichtiger praktischer Bedeutung, da er eine thermomechanische Behandlung derartiger mikrodotierter Legierungen zur Verfestigung der elastischen Elemente ohne die Gefahr ihrer Entfestigung bei zufälliger Überlastung ermöglicht. Im Ergebnis der Mikrodotierung mit Phosphor erhöht sich die Ermüdungsfestigkeit. Besonders aber steigt die Relaxationsfestigkeit bei zyklischer Belastung **(Bild 210)**.

Entsprechend den Angaben in [205, 206] bewirkt die Zugabe von Phosphor im Kupfer eine Senkung der Stapelfehlerenergie und die Erhöhung der *Stapelfehlerkonzentration* oder deren Breite. Nach einer *Glühung* unterhalb der Rekristallisationstemperatur einer phosphordotierten Bronze werden wie auch nach der Verformung breite Stapelfehler beobachtet. Außerdem bildet sich unabhängig von der Mikrodotierung mit Phosphor nach dieser Glühung eine Polygonsubstruktur aus. Der Polygonisationseffekt wurde auch metallografisch an der Änderung der Anordnung der »Ätzgrübchen« nachgewiesen, während jedoch sein Anteil an der eingetretenen Verfestigung noch nicht geklärt ist.

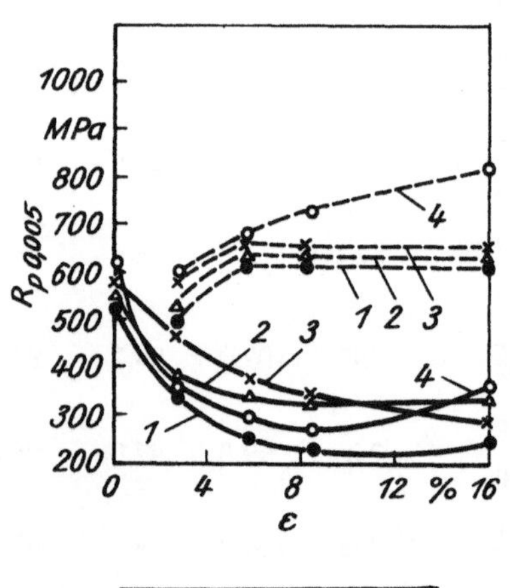

Bild 209. Abhängigkeit des Entfestigungsbetrages der Bronze BrAl 7 bei unterschiedlicher Mikrodotierung vom Verformungsgrad (————) und der Verfestigung nach wiederholter Glühung bei 280 °C, 30 min (————). *Ausgangszustand*: Kaltwalzen ($\eta = 50\%$) und Glühung bei 280 °C, 30 min

Bezeichnungen s. Bild 208

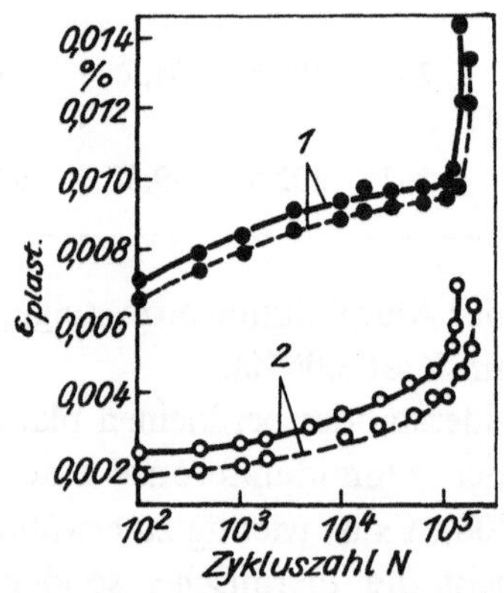

Bild 210. Zyklische Relaxation der Bronzen BrAl 7 (*1*) und BrAl 7 mit 0,03 % P (*2*) bei 20 °C

———— Längsproben (Walzrichtung);
$R = 450$ MPa
———— Querproben; $R = 448$ MPa

1.10.3.4. Glühen von Messingen

Die Änderung der Eigenschaften verformter einphasiger *Messinge* mit Zinkgehalten von 15 bis 30% ist nach der Glühung bei 200 bis 250 °C ungefähr gleich. Mit der Erhöhung der Glühdauer erhöhen sich die Elastizitätsgrenze und der -modul, die sich jedoch nach Erreichen ihres Maximalbetrages mit größerer oder kleinerer Geschwindigkeit wieder verringern **(Bild 211)**. Folgenden Zuwachs erfährt die Elastizitätsgrenze ($R_{p\,0,005}$) nach der Glühung von Messingproben bei optimalen Bedingungen (200 °C):

Verformungsgrad, %	Zuwachs $R_{p\,0,005}$, MPa			
	Ms 85	Ms 80	Ms 68	Ms 62
20	38	44	51	—
40	44	62	111	165*
60	46	124	130	208**
80	167	188	230	—

* Verformungsgrad 33%; Glühung bei 200 °C
** Verformungsgrad 58%; Glühung bei 200 °C (Angaben nach COBKALLO)

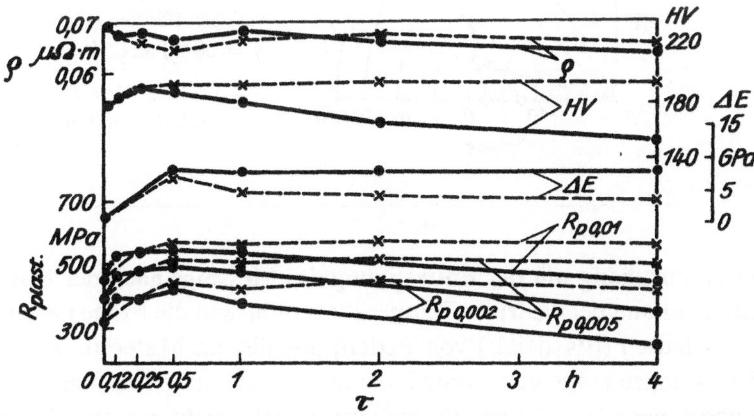

Bild 211. Abhängigkeit der Eigenschaften des Ms 68 von der Glühdauer τ bei 250 °C (———) und 200 °C (– – –). *Ausgangszustand*: Kaltverformung, $\eta = 60\%$

Unabhängig von dem Zinkgehalt wird der höchste Betrag der Elastizitätsgrenze am 60% verformten Messing nach einer Glühung bei 200 °C erreicht. Für die Messinge Ms 68 und Ms 80 soll die Glühdauer 1 h betragen, für Ms 85 30 min.

Die Maximalbeträge für die Elastizitätsgrenze und den -modul werden um so schneller erreicht, je höher die Glühtemperatur gewählt wird. Hierbei verlaufen folgende thermisch aktivierbare Vorgänge:

1. Abbau der zonalen Spannungen im Ergebnis der thermisch aktivierten Verschiebung (Abgleitung);

2. Umverteilung der Versetzungen;

3. intensive Bildung von Suzuki-Segregationen an Stapelfehlern, von denen sich ein bedeutender Teil in Mikrozwillingen befindet, und Entstehung von Domänen mit Fernordnung in diesen Segregationen;
4. Abschwächung der Wirkung des *Bauschinger-Effektes*.

Es ist bekannt, daß der Abbau der zonalen Spannungen das Ansteigen der Elastizitätsgrenze begünstigt. In einem gewalzten Band aus Ms 68 sind jedoch die zonalen Spannungen sogar auf der Oberfläche unbedeutend (20 MPa). Deshalb können sie keinen wesentlichen Einfluß auf den Anstieg der Elastizitätsgrenze nehmen **(Bild 212)**, obwohl sich nach einer Glühung bei 200 °C ihr Betrag und ihre Verteilung ändern.

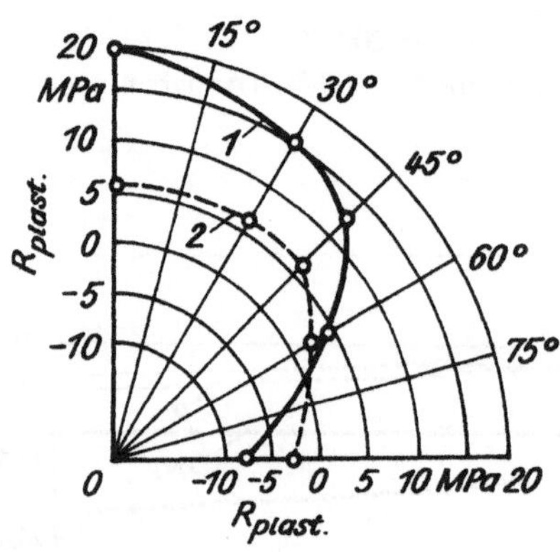

Bild 212. Verteilung der Restspannungen R_{Rest} auf der Oberfläche gewalzter Bänder (Dicke 0,3 mm; $\eta = 60\%$) aus Ms 68

1 — nach der Verformung
2 — nach der Glühung bei 200 °C

Im Zusammenhang mit der Entfestigung des Messings nach der Kaltverformung und einer Glühung bei niedriger Temperatur ergibt sich die Frage nach der Stabilität der Eigenschaften (Elastizität) von Federn aus diesem Material. Wenn die Federn unter Spannungen eingesetzt werden, die nicht oder nur geringfügig die Elastizitätsgrenze übersteigen, so tritt der Entfestigungseffekt nicht ein, und folglich wird die Relaxationsfestigkeit höher sein als nach der Verformung **(Bild 213** und **Tabelle 44)**.

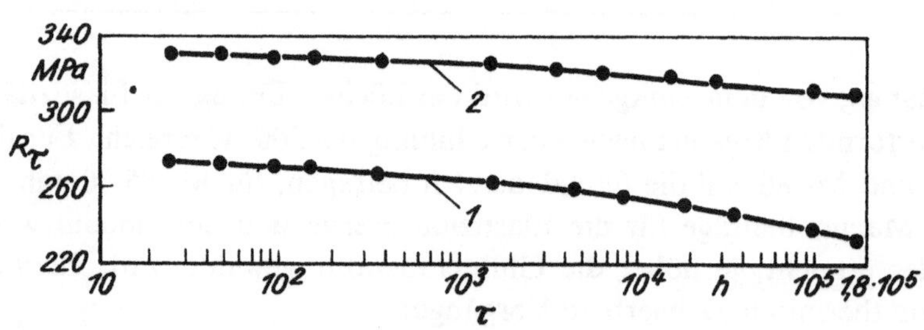

Bild 213. Spannungsrelaxation in Ms 68
1 — nach der Verformung, $\eta = 60\%$
2 — nach der Verformung, $\eta = 60\%$, und nach der Glühung bei 200 °C, 30 min

Tabelle 44. Spannungsrelaxation in Kupferbasis-Federlegierungen in 20 Jahren (178000 h) (Pučkov u. a.)

Legierung	Legierung nach der Verformung		Legierung nach der Verformung und Glühung	
	R MPa	$\dfrac{R - R_\tau}{R} \cdot 100\%$	R MPa	$\dfrac{R - R_\tau}{R} \cdot 100\%$
Ms 85	302	29,4	339	13,6
Ms 80	294	20,4	332	11,1
Ms 68	282	17,3	331	7,0
BrSnP 6,5−0,15	276	11,2	356	8,4
BrSnP 4−0,25	304	12,1	369	8,3
BrSnZn 4−3	321	12,4	358	5,6
BrAl 7	308	15,6	341	6,2
BrSiMn 3−1	311	14,8	334	4,3
CuNiZn 15−20	331	10,5	389	5,6

Tabelle 45. Einfluß der Niedrigtemperaturglühung auf die Spannungsrelaxation verformter Legierung((300 h, Glühung: 100 °C, 150 °C) (nach Miškevič)

Legierung	Behandlung	$\dfrac{R - R_\tau}{R} \cdot 100\%$, 100 °C bei R_m, MPa				$\dfrac{R - R_\tau}{R} \cdot 100\%$, 150 °C bei R_m, MPa			
		80	150	200	300	80	150	200	300
Ms 62	Verformung	26,6	30,4	30,4	30,4	42,1	50,0	51,9	53,0
	Verformung + Glühung bei 200 °C 1 h	9,8	11,8	11,8	11,8	28,4	34,3	37,2	40,2
BrAl 7	Verformung	13,7	17,6	20,9	22,5	26,7	26,7	26,7	26,7
	Verformung + Glühung bei 275 °C, 30 min	2,0	2,9	2,9	3,9	7,8	10,8	12,7	14,7
BrSi Mn 3−1	Verformung	9,8	10,8	11,8	14,7	30,4	30,4	30,4	30,4
	Verformung + Glühung bei 270 °C, 30 min	6,9	8,8	9,8	12,7	33,3	33,3	33,3	34,3
BrSnP 6,5−0,15	Verformung	14,7	4,7	15,7	18,6	44,1	44,1	46,8	46,8
	Verformung + Glühung bei 150 °C, 5 h	4,9	6,9	6,9	6,9	19,6	33,3	39,2	−
	Verformung + Glühung bei 320 °C, 1 h	3,9	3,9	3,9	3,9	9,8	15,7	18,6	−
CuNiZn 15−20	Verformung	7,8	7,8	7,8	7,8	9,8	11,8	14,7	18,6
	Verformung + Glühung bei 300 °C, 4 h	2,0	2,0	2,0	2,0	3,9	4,9	5,9	5,9

Bei hohen Spannungen, die während der Überlastung auftreten, kann es zur Entfestigung der Federn kommen.

Demnach ist es zweckmäßig, für Federlegierungen (elastische Elemente), bei denen die Spannungen merklich die Elastizitätsgrenze übersteigen, eine Glühung vorzusehen. Eine Glühung bei niedrigen Temperaturen bewirkt eine bedeutende Erhöhung der Relaxationsfestigkeit auch bei Erwärmung **(Tabelle 45)**, weil der Verformungswiderstand bei kleinen Verformungen, aber auch allgemein die thermodynamische Stabilität der Struktur gestiegen ist.

Eine geringe Stabilität des verfestigten Zustandes in den Messingen hängt möglicherweise damit zusammen, daß nach Beendigung der Verformung und der Glühung bei niedriger Temperatur die zur Bildung von Domänen führenden Diffusionsvorgänge nicht hinreichend vollständig ablaufen konnten [207]. Zur Erhöhung der Stabilität des verfestigten Zustandes wird in [208] vorgeschlagen, die Messingfedern im elastisch vorgespannten Zustand zu glühen. Die Zweckmäßigkeit dieser Methode wird durch die in der **Tabelle 46** angegebenen Werte bestätigt. Durch Glühen unter elastischer Vorspannung erhöht sich die Relaxationsfestigkeit [262].

Tabelle 46. Einfluß der Glühung bei optimaler Temperatur im elastischen Spannungszustand auf die Eigenschaften röhrenförmiger Messingfedern [208]

Messingart	Eigenschaften nach der Glühung im freien Zustand			Eigenschaften nach der Glühung im elastischen Spannungszustand		
	ϑ, °C	ε_{pl} für 20 h %	Kriechgeschwindigkeit %/h	ϑ, °C	ε_{pl} für 20 h %	Kriechgeschwindigkeit %/h
Ms 62	250	4,0	0,088	200	3,4	0,044
Ms 63	250	3,1	0,063	200	2,4	0,044
MsNi 65—5	260	2,8	0,058	230	2,0	0,021
MsNiMn	260	2,8	0,058	230	2,0	0,021
MsAlSiMn	230	2,1	0,052	200	1,1	0,020

1.10.3.5. Glühen von Silizium-Mangan-Bronze

Die *Silizium-Mangan-Bronze* weist im verformten Zustand hohe Festigkeitseigenschaften auf (s. Bild 211). Strukturuntersuchungen zeigen [209], daß bei beträchtlichen Verformungsgraden in der Struktur der Bronze komplizierte Gleitsysteme beobachtet werden, die Zwillingsbildung entwickelt ist, die Fragmentierung der Körner verläuft u. a. Entsprechend den Angaben in [210] besteht die Hauptorientierung der Textur in gewalzten Bändern in (112) [111] und eine weniger ausgeprägte in (110) [110] **(Bild 214)**. Eine Glühung unterhalb der Rekristallisationstemperatur führt in der Silizium-Mangan-Bronze ähnlich wie in der Bronze BrAl 7 und in den Messingen

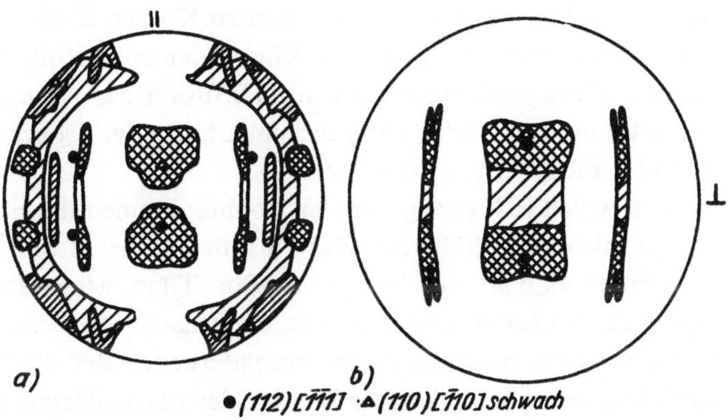

Bild 214. Polfiguren der Bronze BrSiMn 3-1 nach dem Walzen, $\eta = 50\%$ [210]
a) (111)   *b*) (200)

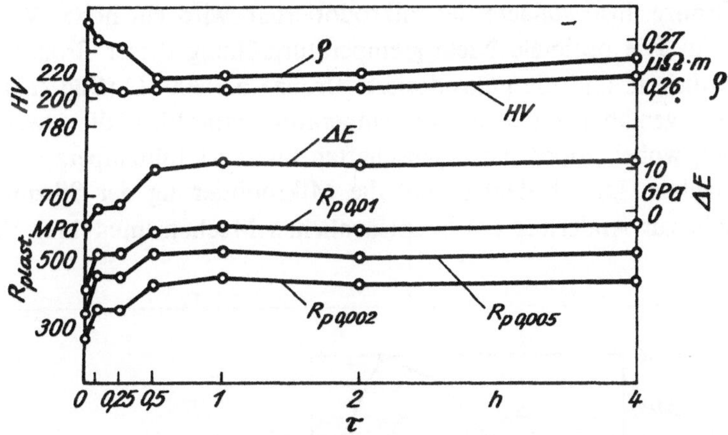

Bild 215. Abhängigkeit der Eigenschaften der Bronze BrSiMn 3-1 (nach der Verformung, $\eta = 60\%$) von der Glühdauer τ bei 300 °C

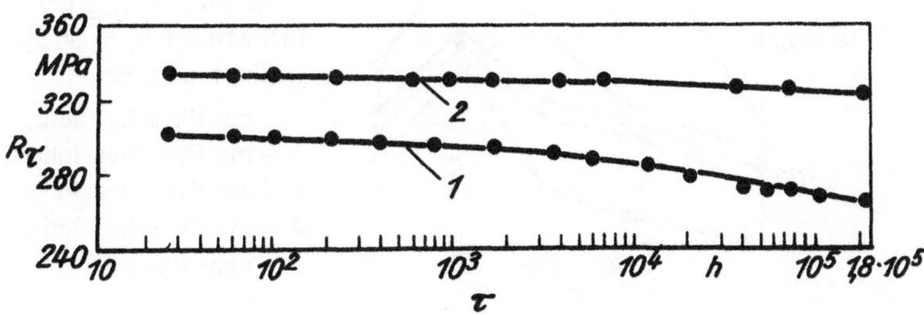

Bild 216. Spannungsrelaxation in der Bronze BrSiMn 3-1 bei 20 °C
1 — nach der Verformung, $\eta = 60\%$
2 — nach der Verformung, $\eta = 60\%$, und nach der Glühung bei 275 °C, 1 h

zu einer wesentlichen Erhöhung des Verformungswiderstandes bei kleinen plastischen Verformungen **(Bild 215)** und in der Relaxationsfestigkeit **(Bild 216)**.

Bei Glühtemperaturen von 250...275 oder 300 °C durchlaufen die die Änderung der *Elastizitätsgrenze* und des -moduls beschreibenden Kurven ähnlich wie im Fall der Bronze BrAl 7 zwei Maxima (s. Bild 215). Eine bedeutende Rolle bei der Verfestigung der Silizium-Mangan-Bronze spielt die Diffusion der Atome im Mischkristall. In Übereinstimmung mit [209] kann es beim Glühen der Bronze BrSiMn 3-1 zur Ausscheidung der Phase Mn_2Si kommen.

Wie bereits in der Arbeit [82] gezeigt werden konnte, können die Eigenschaften der Silizium-Mangan-Bronze in höherem Maße als im Fall der Bronze BrAl 7 dadurch verbessert werden, daß geringe Mengen an Bor, Titan, Magnesium und insbesondere Phosphor der Bronze zugesetzt werden. Die Zugabe von Mikrodotierungselementen beeinflußt offensichtlich auch die Besonderheiten der plastischen Verformung, weil sich hierbei insbesondere die Beträge der Elastizitätsgrenze in Walz- und Querrichtung ändern. Die Zugabe von Phosphor vermindert die Anisotropie der Elastizitätsgrenze, während das Magnesium zur Erhöhung dieser *Anisotropie* führt. Nach einer Glühung unterhalb der Rekristallisationstemperatur der Silizium—Mangan-Bronze, insbesondere der mikrodotierten, wird ein hoher Verfestigungsgrad erreicht. Die optimale Niedrigtemperaturglühung dieser Bronze erfolgt für die standardisierte und die mikrodotierte Bronze bei 300 °C **(Bild 217)**. Für diese Bronze wird gemäß [211] eine Glühtemperatur empfohlen, die etwas unterhalb 280 °C liegt, wobei jedoch die Eigenschaften bis zur Glühtemperatur von 300 °C erhalten bleiben. Dies bedeutet, daß die Mikrodotierung der Silizium-Mangan-Bronze nicht zur Änderung des hauptsächlichen Mechanismus ihrer Verfestigung führt.

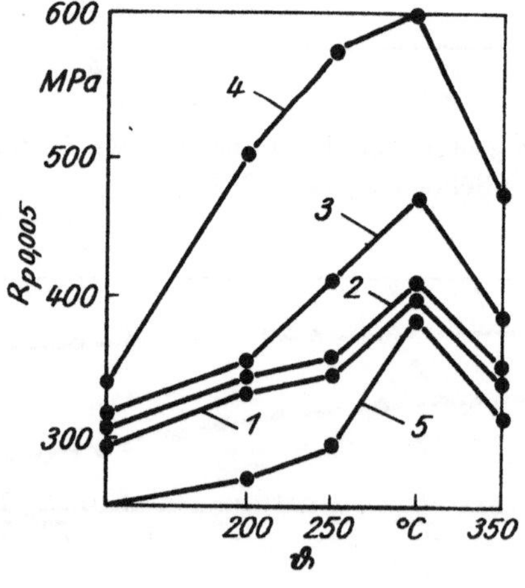

Bild 217. Abhängigkeit der Elastizitätsgrenze $R_{p\,0,005}$ der Bronze BrSiMn 3-1 ($\eta = 50\%$) von der Glühtemperatur

1 — mit Phosphor dotiert; 0,02 % P
2 — mit Phosphor dotiert; 0,005 % P
3 — mit Phosphor dotiert; 0,1 % P
4 — mit Phosphor dotiert; 0,2 % P
5 — ohne Phosphor

Die Effektivität der *Mikrodotierung* hängt von der Substruktur der Legierungen ab und ist um so höher, je größer die Dichte der Strukturfehler ist, die sich bei der Kaltverformung einstellen. Namentlich die hohe Stabilität des Strukturzustandes der mikrodotierten Bronzen ist die Hauptursache für die Erhöhung ihrer Relaxationsfestigkeit bei statischer Belastung im Vergleich zur unlegierten Bronze **(Bild 218)**.

Die Mikrodotierung der Bronze BrSiMn 3-1, insbesondere mit Phosphor, er-

höht besonders deren Relaxationsfestigkeit auch bei zyklischer Belastung. Der bei
dieser Belastungsart entstehende Verformungsrest ist im Vergleich zur Bronze mit
einer Standardzusammensetzung 2,5- bis 3fach kleiner und bei der magnesiumdotierten Bronze sogar 6- bis 7fach kleiner (**Bild 219**).

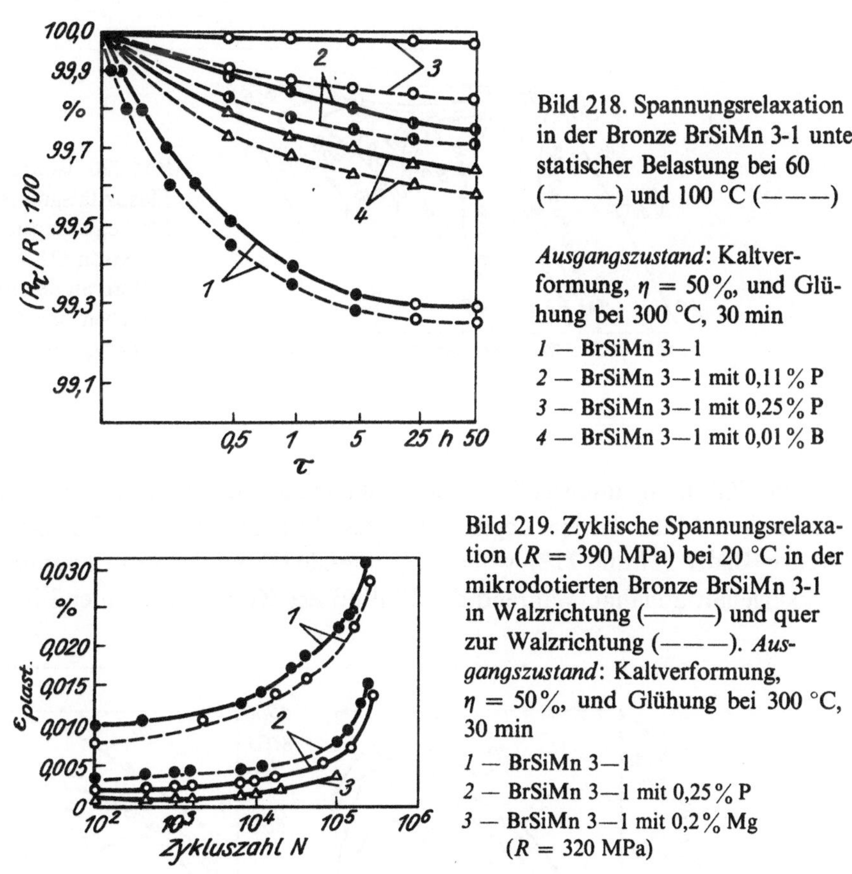

Bild 218. Spannungsrelaxation
in der Bronze BrSiMn 3-1 unter
statischer Belastung bei 60
(————) und 100 °C (————)

Ausgangszustand: Kaltverformung, $\eta = 50\%$, und Glühung bei 300 °C, 30 min
1 — BrSiMn 3—1
2 — BrSiMn 3—1 mit 0,11 % P
3 — BrSiMn 3—1 mit 0,25 % P
4 — BrSiMn 3—1 mit 0,01 % B

Bild 219. Zyklische Spannungsrelaxation ($R = 390$ MPa) bei 20 °C in der
mikrodotierten Bronze BrSiMn 3-1
in Walzrichtung (————) und quer
zur Walzrichtung (————). *Ausgangszustand*: Kaltverformung,
$\eta = 50\%$, und Glühung bei 300 °C,
30 min
1 — BrSiMn 3—1
2 — BrSiMn 3—1 mit 0,25 % P
3 — BrSiMn 3—1 mit 0,2 % Mg
($R = 320$ MPa)

1.10.3.6. Glühen von Neusilberlegierungen

Die Legierungen des Systems Cu—Ni—Zn (Neusilber) erreichen eine hohe Ver-
festigung durch Kaltverformung und eine sich anschließende Glühung unterhalb
der Rekristallisationstemperatur. In der UdSSR wird für die Herstellung elastischer
Elemente für Radio- und Telefonapparate und andere elektrische Geräte in breitem
Maße die Legierung CuNiZn 15-20 eingesetzt, die im Mittel 15 % Nickel und 20 %
Zink enthält. Es besteht jedoch kein Anlaß anzunehmen, daß diese Legierung opti-
mal ist, denn z. B. in den USA wird die Legierung Cu 18 Ni 27 Zn eingesetzt.
Dies wird durch die Arbeit [212] belegt, in der erstmalig für eine große Gruppe von
Legierungen des Systems Cu—Ni—Zn (kupferreiche Ecke) die Beträge der Elasti-

zitätsgrenze im verformten Zustand und nach der Glühung unterhalb der Rekristallisationstemperatur bestimmt wurden. Es konnte gezeigt werden, daß die Elastizitätsgrenze der verformten Legierungen mit der Erhöhung des Nickel- und Zinkgehaltes in den Legierungen steigt; die höchste Elastizitätsgrenze ($R_{p0,002} \geqq 500$ MPa) bei einem Nickel- und Zinkgehalt von ≈ 25 bis 30%, insbesondere in der Legierung Nr. 16, mit der stöchiometrischen Zusammensetzung von $Cu_5Ni_4Zn_{3,5}$ **(Bild 220)**.

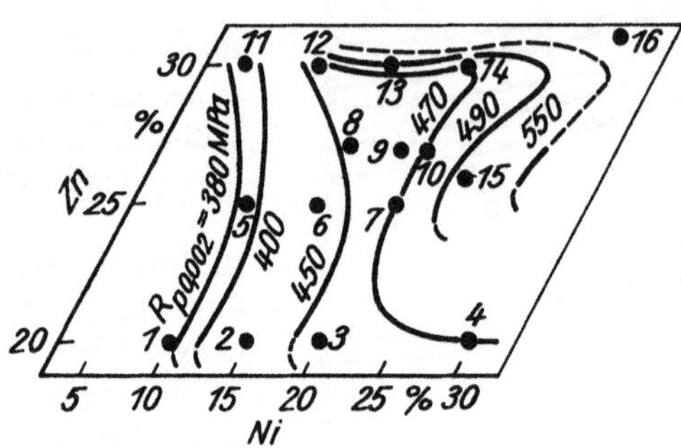

Bild 220. Isolinien der Elastizitätsgrenze $R_{p0,002}$ für Legierungen des Systems Ci-Ni-Zn [212]. Die Ziffern an den Punkten entsprechen den Nummern der Legierungen

Bei der Glühung unterhalb der Rekristallisationstemperatur erhöht sich in bedeutendem Maße in den Legierungen des Systems Cu—Ni—Zn die Elastizitätsgrenze **(Bilder 221** und **222)**, wobei die optimale Glühtemperatur hauptsächlich vom Nickelgehalt abhängt, während der Einfluß des Zinks unbedeutend ist.

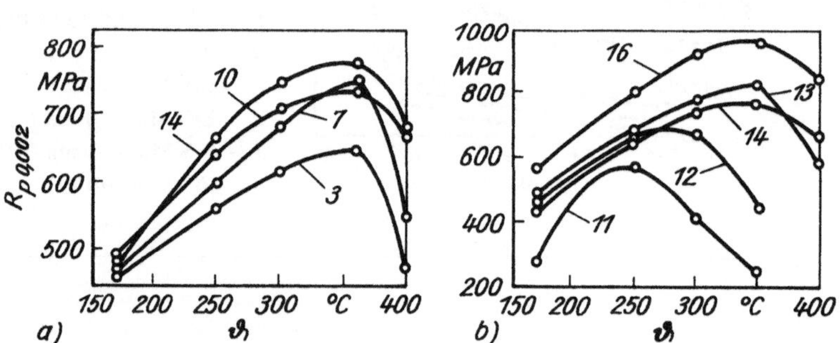

Bild 221. Abhängigkeit der Elastizitätsgrenze $R_{p0,002}$ der Legierungen des Systems Cu—Ni—Zn von der Glühtemperatur ϑ [212]

a) bei unterschiedlichem Zinkgehalt

Nr. der Legierung	3	7	10	14	
Verhältnis Ni/Zn	20/20	20/25	20/27	20/30	

b) bei unterschiedlichem Nickelgehalt

Nr. der Legierung	11	12	13	14	16
Verhältnis Ni/Zn	5/30	10/30	15/30	20/30	29, 25/31

Neben der Änderung der mechanischen Eigenschaften kommt es zum Anstieg des spezifischen elektrischen Widerstandes entsprechend der Darstellung in Bild 192 und **Bild 223**. Die höchsten Beträge weisen die Legierungen CuNiZn 15-20 und Neusilber 3υ nach einer Glühbehandlung bei 300 bis 350 °C auf **(Bilder 224** und **225)**. Diese Glühbehandlung bewirkt die Verringerung der Anisotropie der Elastizitäts-

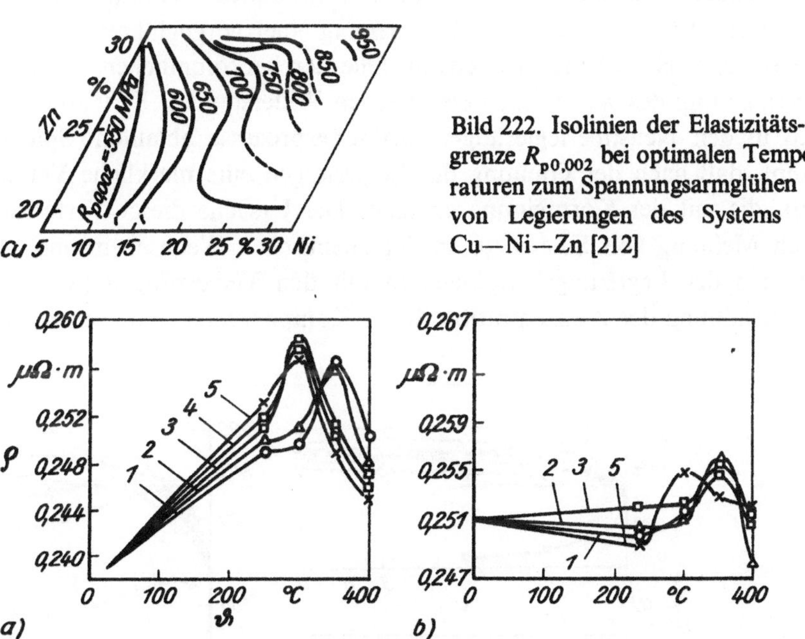

Bild 222. Isolinien der Elastizitätsgrenze $R_{p0,002}$ bei optimalen Temperaturen zum Spannungsarmglühen von Legierungen des Systems Cu—Ni—Zn [212]

Bild 223. Abhängigkeit des elektrischen Widerstandes ϱ von der Glühtemperatur ϑ der Legierung CuNiZn 15-20 in besonders hartem (*a*) und hartem (*b*) Zustand [212]

1 — 30 min	*3* — 2 h	*5* — 4 h
2 — 1 h	*4* — 3 h	

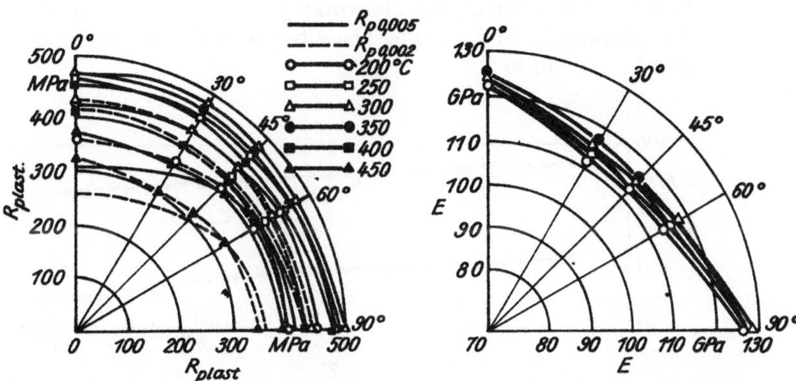

Bild 224. Abhängigkeit der Eigenschaften der Proben der Legierung, CuNiZn 15-20 ($\eta = 60\%$), die in unterschiedlichen Richtungen relativ zur Walzrichtung entnommen wurden, von der Glühtemperatur ϑ

grenze (Bild 224). Gleichzeitig erhöht sich die Relaxationsfestigkeit bei statischer **(Bild 226)** und zyklischer Belastung **(Bild 227)**. Es erhöht sich ebenfalls die Dauerwechselfestigkeit.

Der Mechanismus, der bei der Glühung (Cu—Ni—Zn 15-20, Verformungsgrad 50%, 300 °C, 4 h) zur Verfestigung führt, kann noch nicht endgültig geklärt werden, da die in dieser Legierung bei der Verformung und der Wärmebehandlung ablaufenden Umwandlungsvorgänge von besonderer Kompliziertheit sind. Beispielsweise kommt es nach der Verformung einer vorgeglühten Neusilberlegierung (13 bis 23% Ni; 19 bis 24% Zn) anstelle der herkömmlichen Erhöhung zu einer Verringerung des spezifischen elektrischen Widerstandes. Es wurde angenommen, daß in den Neusilberlegierungen Ordnungsprozesse ablaufen. Später wurde erkannt, daß nach der Glühung der Legierungen eine merkliche Verfestigung eintritt, die mit der Kornfeinung ansteigt. Die Ursache dieser Verfestigung besteht nach Meinung von KABASAKU in der chemischen Wechselwirkung zwischen den Atomen der Legierungskomponenten mit den Versetzungen (*Stapelfehlern*). Bei der Erhöhung der Konzentration dieser Komponenten in den angegebenen Berei-

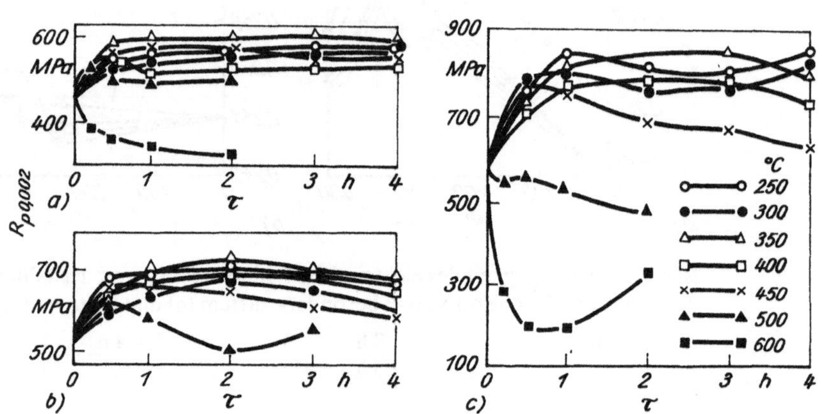

Bild 225. Abhängigkeit der Elastizitätsgrenze $R_{p\,0,002}$ von der Glühdauer τ und der -temperatur der Legierung Neusilber 30 nach unterschiedlicher Verformung
a) 20%   *b*) 40%   *c*) 60%

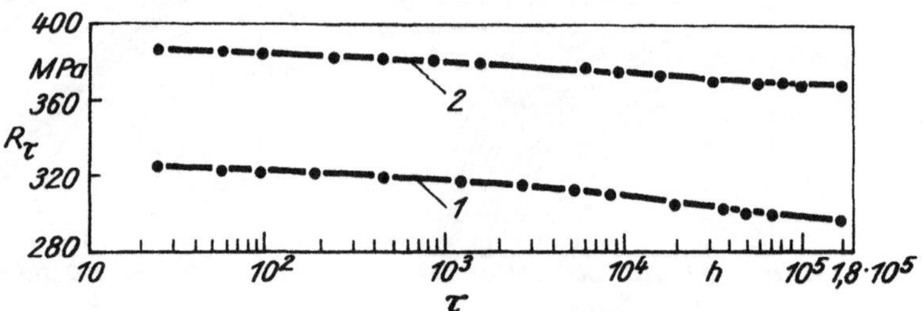

Bild 226. Spannungsrelaxation in der Legierung CuNiZn 15-20
1 — nach der Verformung, $\eta = 60\%$
2 — nach der Verformung, $\eta = 60\%$, und nach der Glühung bei 300 °C, 4 h

chen der Bildung von Fehlstellen können sich sogar Guinier-Preston-Zonen ausbilden, die gleichfalls eine Verfestigung der Legierungen bei der Glühbehandlung gewährleisten. Es sei jedoch darauf verwiesen, daß bisher keine direkten Beweise für die Bildung dieser Zonen erbracht werden konnten. Für den Verlauf bestimmter Ordnungsvorgänge in den Neusilberlegierungen sprechen die Angaben der Arbeiten [213, 214] sowie der Fakt, daß der Verfestigungseffekt entsprechend der Annäherung der Zusammensetzungen der Legierungen an die Verbindung Cu_2NiZn ansteigt. In Cu_2NiZn wurde eindeutig entsprechend dem Wärmeeffekt [215] und den Ergebnissen der röntgenografischen Untersuchungen [216] die Ausbildung der Fernordnung festgestellt.

In Übereinstimmung mit den Angaben von KÖSTER [217] verlaufen im Mischkristall der Legierungen des Systems $Cu-Ni-Zn$ im Schnitt $Ni:Zn = 1:1$ während

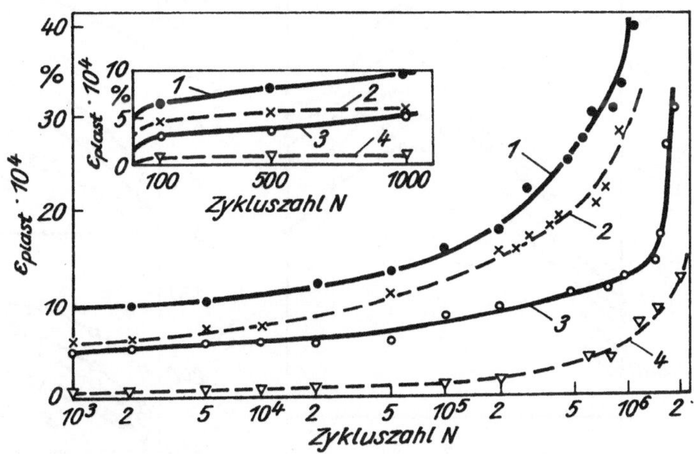

Bild 227. Zyklische Relaxation des Neusilbers CuNiZn 15-20 ($\eta = 70\%$) beim Glühen (nach IONYCHEV)

1 — nach der Verformung; $R = 283$ MPa, Längsproben

2 — nach der Verformung; $R = 306$ MPa, Querproben

3 — nach der Verformung und nach der Glühung bei 300 °C, 4 h, $R = 275$ MPa, Längsproben

4 — nach der Verformung und nach der Glühung bei 300 °C, 4 h, $R = 289$ MPa, Querproben

der Glühbehandlung zwei Vorgänge ab — die Bildung des *K-Zustandes* und die Einstellung der Nahordnung des Typs Cu_3Au. Das Verhalten der Neusilberlegierungen bei der plastischen Verformung kann durch die Wechselwirkung der Versetzungen mit der geordneten Struktur [218] erklärt werden. In späteren Arbeiten wurden die Verfestigungsvorgänge stark verformter Legierungen bei der Glühbehandlung immer häufiger im Zusammenhang mit den Alterungsvorgängen gesehen, die in den Bereichen höherer Fehlstellenkonzentrationen ablaufen [219].

Die Verbesserung der Legierungseigenschaften, z. B. im Falle von CuNiZn 15-20, ist in erster Linie durch die *Mikrodotierung* mit adsorptionsaktiven Komponenten —

Phosphor, Magnesium und Bor möglich. Im verformten Zustand übten diese Komponenten unbedeutenden Einfluß auf die Eigenschaften der Neusilberlegierung aus, während sie eine merkliche Erhöhung der Elastizitätsgrenze nach der Glühung bewirkten. Hierbei wurde festgestellt, daß die Glühbedingungen nicht von der Mikrodotierung abhängen und 300 °C und 4 h **(Bilder 228, 229)** nicht übersteigen sollten. Diese Angaben zeugen von der Unveränderlichkeit des hauptsächlichen Verfestigungsmechanismus der Legierung. In der Arbeit [241] werden für die Legierung CuNiZn 15-20 als optimale Glühbedingungen 350 °C und 30 min (hart), und 300 °C, 2 h (sehr hart), empfohlen.

Neben der Mikrodotierung können die Eigenschaften der Neusilberlegierungen

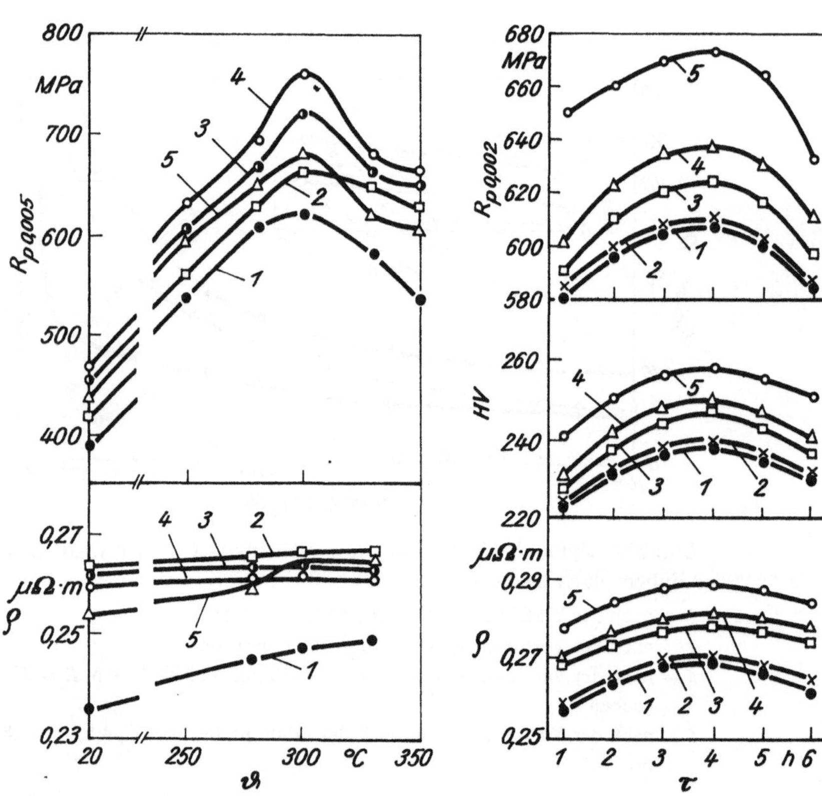

Bild 228. Abhängigkeit der Eigenschaften der mikrodotierten Legierung CuNiZn 15-20 von der Glühtemperatur ϑ (Glühdauer 4 h). *Ausgangszustand*: Kaltverformung, $\eta = 50\%$

1 — CuNiZn *1* — CuNiZn 15-20
2 — CuNiZn 15-20 mit 0,005 % B
3 — CuNiZn 15-20 mit 0,01 % B
4 — CuNiZn 15-20 mit 0,02 % B
5 — CuNiZn 15-20 mit 0,03 % P

Bild 229. Abhängigkeit der Eigenschaften der Legierung CuNiZn 15-20 bei der Glühung bei 300 °C von der Mikrodotierung mit Mg. *Ausgangszustand*: Kaltverformung, $\eta = 50\%$

1 — CuNiZn 15—20
2 — CuNiZn 15—20 mit 0,1 % Mg
3 — CuNiZn 15—20 mit 0,2 % Mg
4 — CuNiZn 15—20 mit 0,5 % Mg
5 — CuNiZn 15—20 mit 1 % Mg

durch die Veränderung des Gehaltes der Hauptlegierungselemente und die zusätzliche Zugabe bestimmter Komponenten, wie z. B. Silizium, das aktiv Sekundärteilchen bildet, verbessert werden. Dadurch kann das Neusilber zu den aushärtbaren Legierungen gerechnet werden. Im Ergebnis der Entwicklungsarbeiten wurde die neue Legierung Neusilber 30 ausgearbeitet, die 13,5 bis 16,5% Ni, 28 bis 32% Zn und 0,2 bis 0,4% Si enthält und nach der Glühbehandlung eine zweiphasige Struktur aufweist — den α-Mischkristall und die Ni_3Si-Teilchen [220]. Die Autoren dieser Arbeit stellten fest, daß die Kaltverfestigung der Legierung Neusilber 30 von der Temperatur der Vorglühung und dem Verformungsgrad abhängt. Die optimale Temperatur dieser Glühbehandlung beträgt 750 °C. Der Maximalbetrag der Elastizitätsgrenze der verformten Legierung wird nach einer Glühbehandlung bei 350 °C und 1 h (**Bild 230**) erreicht.

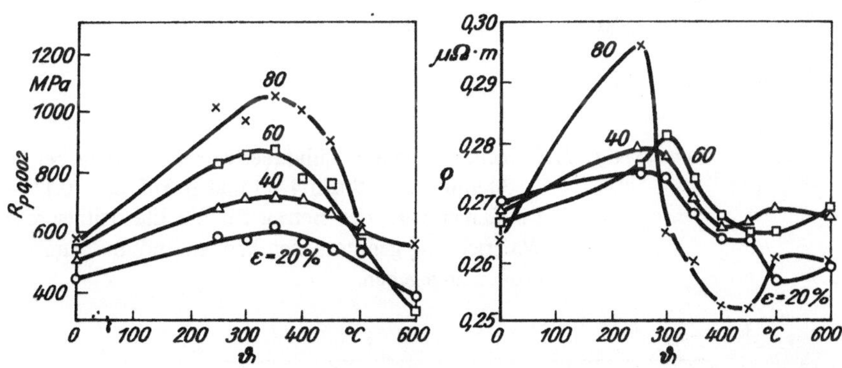

Bild 230. Abhängigkeit der Elastizitätsgrenze im Biegeversuch und des spezifischen elektrischen Widerstandes der Legierung Neusilber 30 von der Glühtemperatur ϑ bei verschiedenen Verformungsgraden

1.10.3.7. Glühen von Zinnbronzen

Eine Niedrigtemperaturbehandlung verformter Zinnbronzen, ebenso wie im Falle der Messinge, erhöht den Elastizitätsmodul (insbesondere der Proben, die in Querrichtung herausgearbeitet wurden) und die Elastizitätsgrenze (**Bild 231**).

Die Elastizitätsgrenze der Zinnbronzen erhöht sich nach der Glühbehandlung ebenso wie die der Messinge in um so größerem Maße, je höher der Grad der Vorverformung ist.

Die Elastizitätsgrenze der Bronze BrSnZn 4-3 erhöhte sich nach der Glühung bei steigendem Verformungsgrad von 20 bis auf 40, 60 und 80% von 25, 66, 82 auf 144 MPa entsprechend. Im gesamten untersuchten Temperaturintervall entspricht die Erhöhung der Elastizitätsgrenze einem Anstieg des *E*-Moduls. Im einzelnen änderte sich die *Elastizitätsgrenze* verformter Zinn-Phosphor- und Zinn-Zink-Bronzen nach der Glühung bei unterschiedlichen Temperaturen wie folgt:

ϑ, °C	$R_{p\,0,005}$, MPa			
	BrSnZn 4−3	BrSnP 4−0,25	BrSnP 6,5−0,15	
	($\eta = 60\%$)	($\eta = 60\%$)	($\eta = 50\%$)	($\eta = 80\%$)
—	$\dfrac{37,5}{450}$	$\dfrac{380}{430}$	$\dfrac{385}{440}$	$\dfrac{460}{550}$
125	$\dfrac{420}{490}$	—	—	—
150	$\dfrac{460}{520}$	$\dfrac{440}{515}$	$\dfrac{420}{460}$	$\dfrac{480}{560}$
175	$\dfrac{440}{520}$	$\dfrac{47,5}{560}$	—	—
200	$\dfrac{460}{520}$	$\dfrac{410}{480}$	$\dfrac{420}{470}$	—
250	—	—	$\dfrac{42,5}{470}$	$\dfrac{510}{570}$

Anmerkung: *1.* Folgende optimale Glühdauer wurde ermittelt: bei BrSnP 4−0,25 − 30 min; bei BrSnZn 4−3 und BrSnP 6,5−0,15 − 1 h.

2. Im Zähler wird der Betrag für die Elastizitätsgrenze für die in Walzrichtung genommenen Proben und im Nenner für die Querproben angegeben.

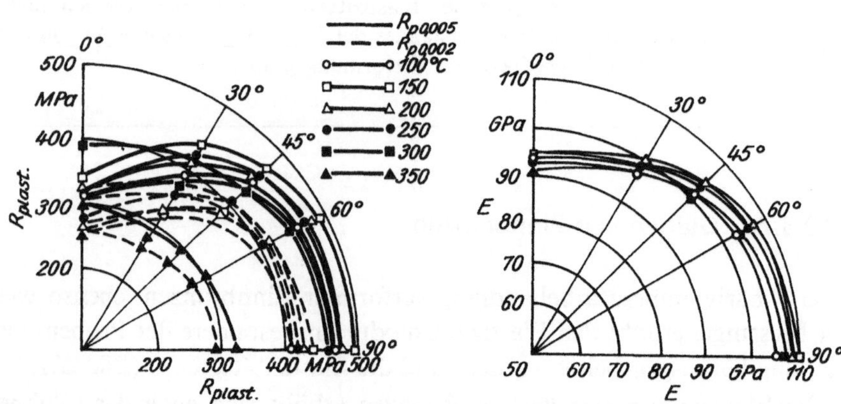

Bild 231. Abhängigkeit der Eigenschaften der verformten ($\varrho = 60\%$) Bronze BrSnP 6,5-0,15 von der Glühtemperatur

Aus den angeführten Ergebnissen wird ersichtlich, daß in der Bronze BrSnZn 4-3 der Maximalbetrag der Elastizitätsgrenze bei Glühungen im Temperaturbereich von 150 bis 200 °C erreicht wird. Die Autoren der Arbeit [193] verweisen darauf, daß für diese Bronze eine Glühtemperatur unterhalb 300 °C gewählt werden sollte,

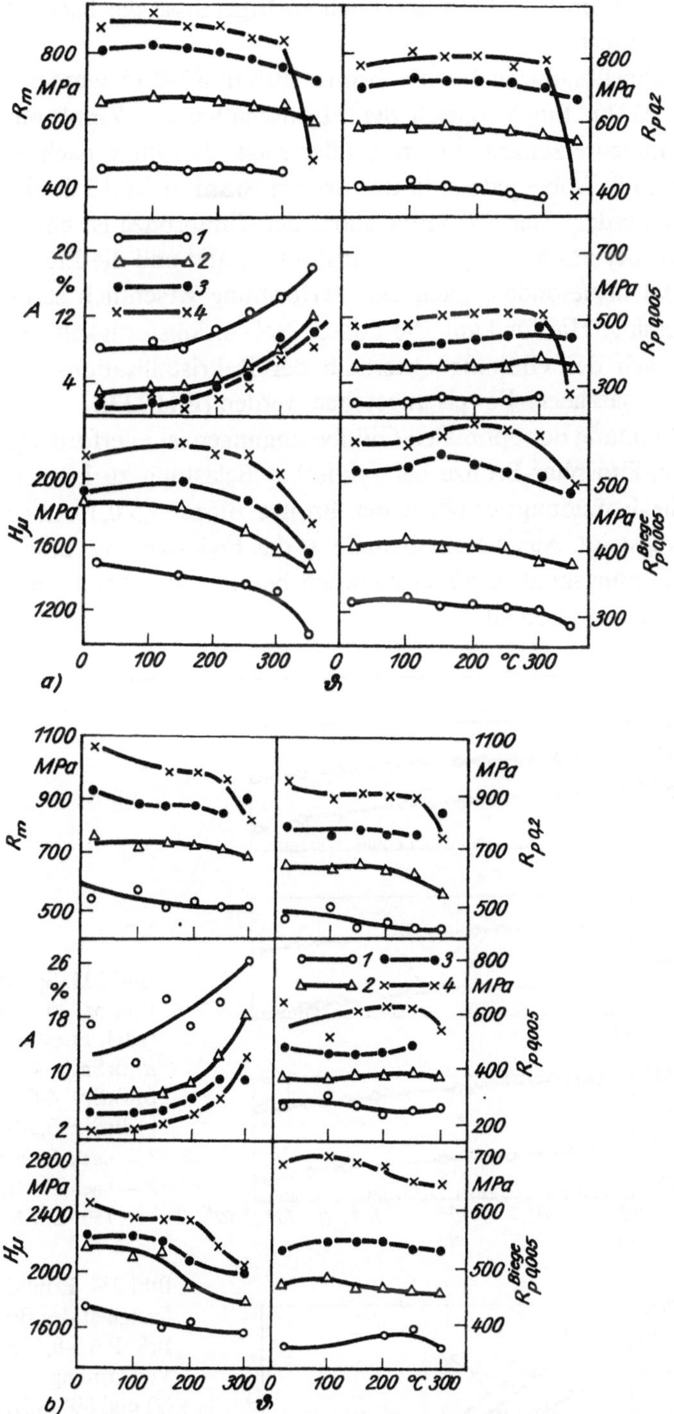

Bild 232. Abhängigkeit der mechanischen Eigenschaften der Legierungen BrSnZn
4-3 (a) und BrSnP 6,5-0,15 (b) von der Glühtemperatur ϑ (Glühdauer 30 min).
Verformungsgrad im Ausgangszustand [193]:

1 — 20%   2 — 40%   3 — 60%   4 — 80%

während jedoch die im **Bild 232***a* dargestellten Ergebnisse die Richtigkeit unserer Empfehlung bestätigen.

Die o. g. Glühbedingungen für die Bronze BrSnP 6,5-0,15 wurden durch [193] bestätigt (Bild 232*b*). Ein Vergleich der Eigenschaften der Zinnbronzen (hauptsächliche Zusammensetzungen) untereinander zeigt, daß diese nach der Glühung ziemlich gleich sind, wobei jedoch in der Bronze BrSnP 6,5-0,15 die besten Eigenschaften erzielt werden. Der Strukturzustand der Zinnbronze ist nach der Verformung anders als der des Messings. Der Strukturzustand und die Eigenschaften der Zinnbronze sind insbesondere nach der Verformung wesentlich stabiler im Vergleich zum Messing. Hierfür kann die höhere Relaxationsfestigkeit im verformten Zustand und nach der Glühung unterhalb der Rekristallisationstemperatur der Zinnbronze als zusätzlicher Beweis angesehen werden **(Bild 233)**.

Zwecks Bestimmung der optimalen Glühbedingungen ist es erforderlich, das Verhalten der Zinn-Phosphor-Bronze bei zyklischer Belastung zu kennen. Es wurde gezeigt, daß die Ermüdungsfestigkeit der Bronze BrSnP 6,5-0,15 mit wachsender Kaltverfestigung steigt. Aus diesem Grunde ist das Federband im besonders harten Zustand (Verformungsgrad $\approx$ 80%) merklich besser **(Bild 234)** als im harten Zustand (Verformungsgrad 50%).

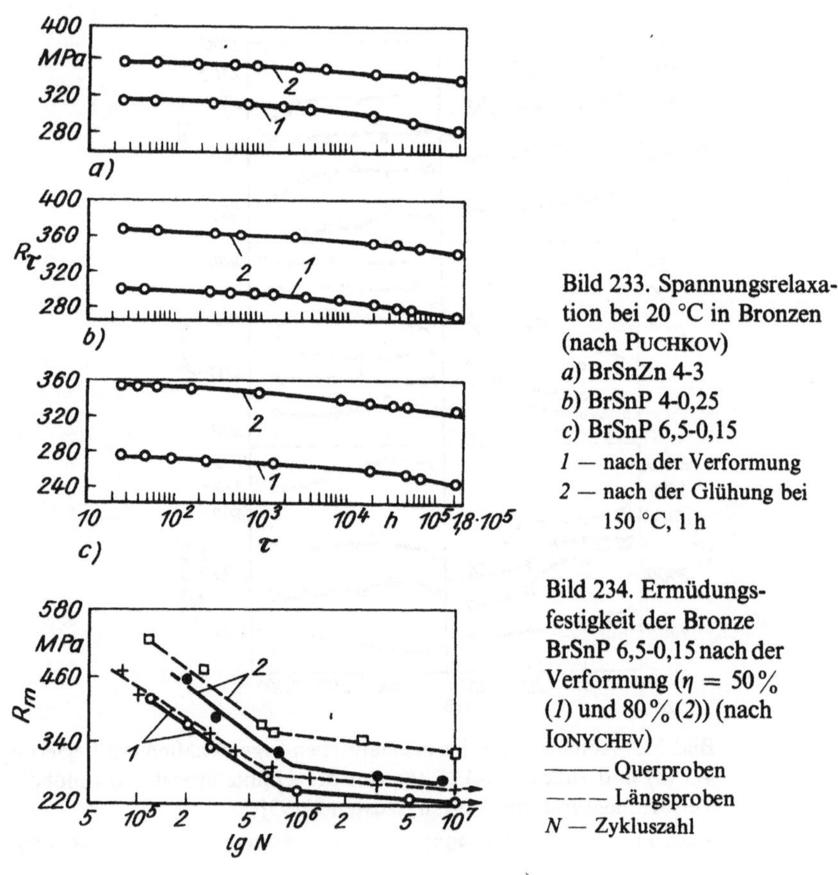

Bild 233. Spannungsrelaxation bei 20 °C in Bronzen (nach PUCHKOV)
a) BrSnZn 4-3
b) BrSnP 4-0,25
c) BrSnP 6,5-0,15
1 — nach der Verformung
2 — nach der Glühung bei 150 °C, 1 h

Bild 234. Ermüdungsfestigkeit der Bronze BrSnP 6,5-0,15 nach der Verformung (η = 50% (*1*) und 80% (*2*)) (nach IONYCHEV)
——— Querproben
– – – Längsproben
N — Zykluszahl

In Übereinstimmung mit den Angaben gemäß Tabelle 46 bewirkt eine Glühung unterhalb der Rekristallisationstemperatur bei 250 °C, 1 h, nicht nur die Erhöhung des Betrages der Elastizitätsgrenze, sondern auch der Ermüdungsfestigkeit und verringert deren Anisotropie **(Bild 235)**. Zwischen der Elastizitätsgrenze und der Wechselfestigkeit (Basis: $5 \cdot 10^6$ Zyklen) besteht eine eindeutige Korrelation. Der Betrag der Wechselfestigkeit, der unter den verschiedensten Bedingungen ermittelt wurde, ist allein nicht bestimmend für das Verhalten vieler Typen elastischer Elemente — Membranen, Faltenbälge, Kontaktfedern u. a. — bei zyklischer Belastung. In diesem Falle wird in der Regel der Betrag der zyklischen Relaxation bestimmt. Im **Bild 236** sind die Veränderungen des Verformungsrestes bei zyklischer Belastung

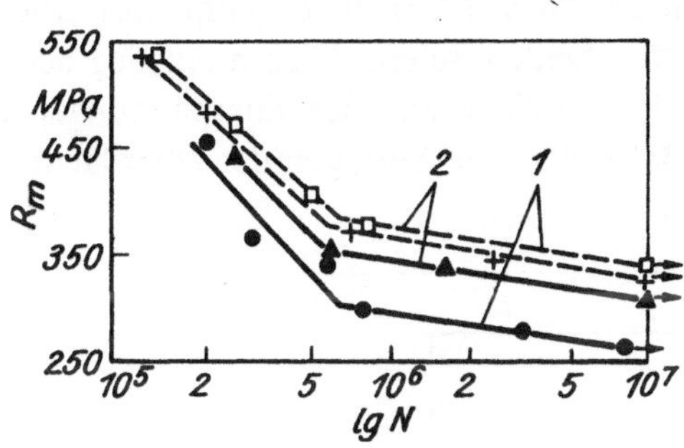

Bild 235. Einfluß der Glühung bei 250 °C, 1 h, auf die Ermüdungsfestigkeit der Bronze BrSnP 6,5-0,15. *Ausgangszustand*: Verformung um 80%

——— Längsproben

– – – Querproben

1 — nach der Verformung

2 — nach der Glühung

N — Zykluszahl

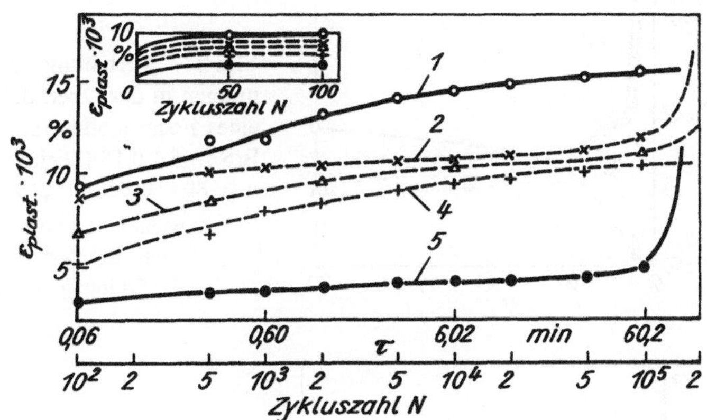

Bild 236. Zyklische und statische Relaxation der Bronze BrSnP 6,5-0,15

Nr. der Kurve	Verarbeitung	Probe	R, MPa	Relaxationscharakteristik
1	Verformung $\eta = 50\%$	längs	300	statisch
2	wie Kurve 1	quer	440	zyklisch
3	Glühung bei 250 °C, 1 h	quer	440	zyklisch
4	Verformung $\eta = 80\%$	quer	440	statisch
5	wie Kurve 4	längs	300	zyklisch

im Vergleich mit der statischen Belastung dargestellt. Es konnte gezeigt werden, daß die Spannungsrelaxation in den in Walzrichtung genommenen Proben unter statischen Bedingungen bedeutend höher ist als unter zyklischen, weil im letzteren Fall sich die Zugspannungen infolge der Umverteilung der Strukturfehlstellen, die sich bei dieser Belastungsart konzentrieren, verringern.

Die Eigenschaften der elastischen Elemente aus Bronze BrSnP 6,5-0,15 können noch verbessert werden, indem nach einer Glühung unterhalb der Rekristallisationstemperatur eine Elektropolierung mit dem Ziel des Abtragens einer Oberflächenschicht bestimmter Dicke vorgenommen wird. Durch das Abtragen der Oberflächenschicht eines gewalzten Bandes mittels Elektropolierung wird die Erhöhung der Elastizitätsgrenze bewirkt. So erhöht sich die Elastizitätsgrenze ($R_{p\,0,002}$) der Bronze BrSnP 6,5-0,15 von 325 bis auf 347 MPa [223] im Ergebnis des Abtragens einer Oberflächenschicht von 10 µm von beiden Seiten. Diesen Anstieg der Elastizitätsgrenze erklärt RIABYSHEV mit der Verringerung der Zugspannungen und Mikroverzerrungen **(Bilder 237 und 238)** nach dem Abtragen der Oberflächenschicht und

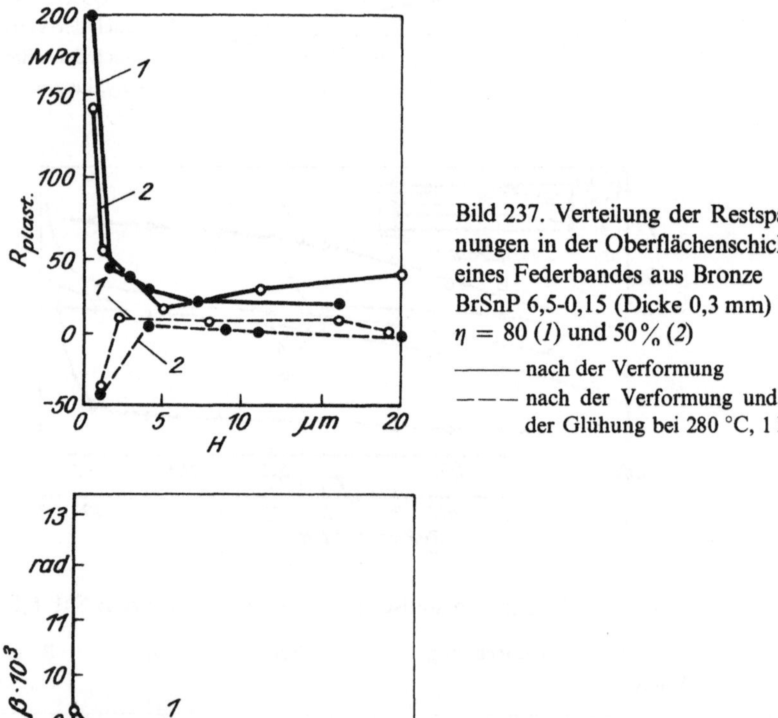

Bild 237. Verteilung der Restspannungen in der Oberflächenschicht eines Federbandes aus Bronze BrSnP 6,5-0,15 (Dicke 0,3 mm) bei $\eta = 80$ (*1*) und 50 % (*2*)

——— nach der Verformung

— — — nach der Verformung und nach der Glühung bei 280 °C, 1 h

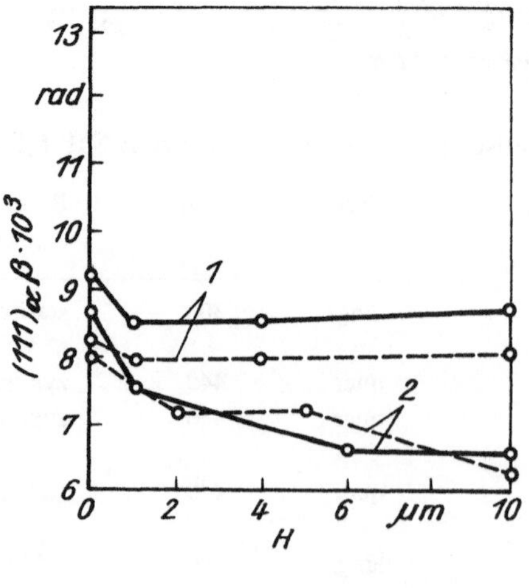

Bild 238. Änderung der Breite der Diffraktionslinie $(111)_\alpha$ in der Oberflächenschicht eines Bandes aus BrSnP 6,5-0,15

H — Abstand von der Probenoberfläche Weitere Bezeichnungen s. Bild 237

durch die Verbesserung des Oberflächenzustandes (höhere Reinheit der Oberfläche, geringere Konzentration der Spannungskonzentratoren). Die Elektropolierung nach einer Glühbehandlung bei 280 °C, 1 h, führt zur Erhöhung der Elastizitätsgrenze von 400 auf 455 MPa und zur Verringerung der *Spannungsrelaxation* bei statischer (**Bild 239**) und insbesondere zyklischer Belastung.

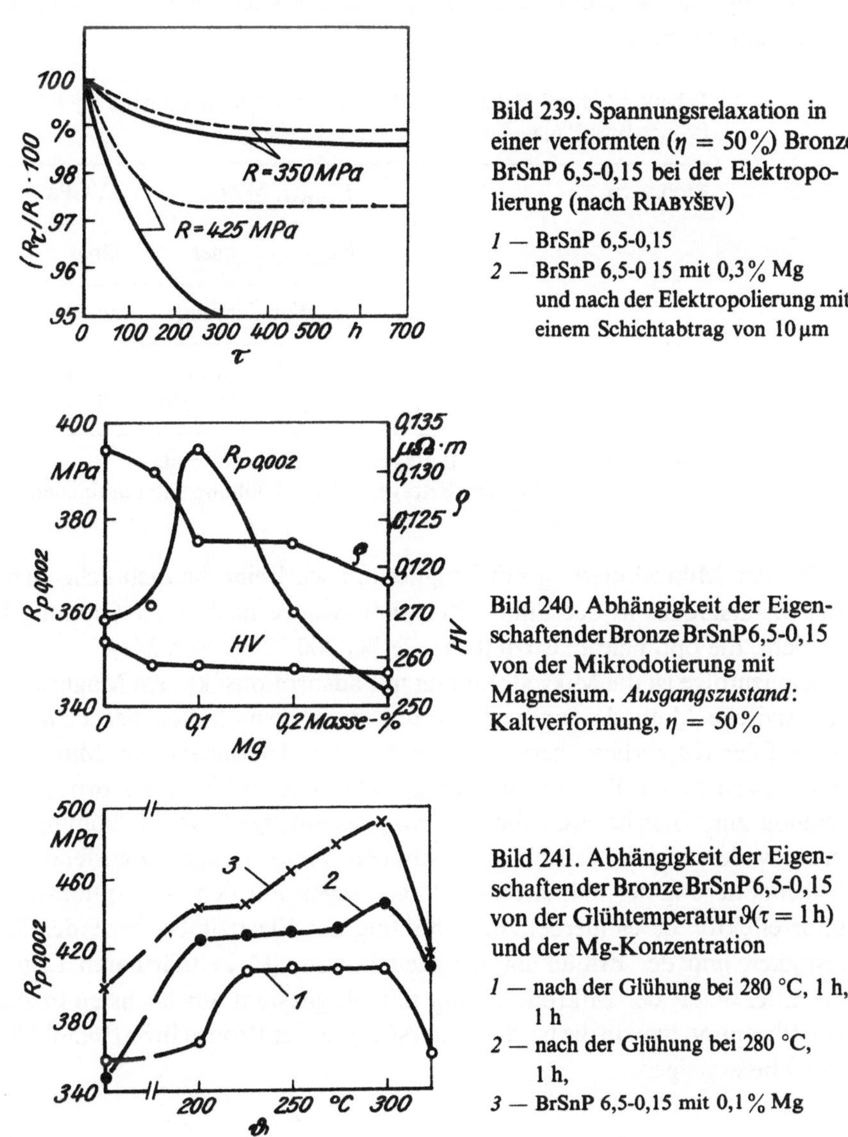

Bild 239. Spannungsrelaxation in einer verformten ($\eta = 50\%$) Bronze BrSnP 6,5-0,15 bei der Elektropolierung (nach RIABYŠEV)

1 — BrSnP 6,5-0,15
2 — BrSnP 6,5-0 15 mit 0,3 % Mg und nach der Elektropolierung mit einem Schichtabtrag von 10 µm

Bild 240. Abhängigkeit der Eigenschaften der Bronze BrSnP 6,5-0,15 von der Mikrodotierung mit Magnesium. *Ausgangszustand*: Kaltverformung, $\eta = 50\%$

Bild 241. Abhängigkeit der Eigenschaften der Bronze BrSnP 6,5-0,15 von der Glühtemperatur $\vartheta(\tau = 1\,\text{h})$ und der Mg-Konzentration

1 — nach der Glühung bei 280 °C, 1 h, 1 h
2 — nach der Glühung bei 280 °C, 1 h,
3 — BrSnP 6,5-0,15 mit 0,1 % Mg

Die Analyse der Beträge der Elastizitizitätsgrenze und der Spannungsrelaxation nach der Verformung und einer zusätzlichen Glühung zeigt, daß die Zinnbronzen das Messing übertreffen.

Durch die Mikrodotierung können die entscheidenden Eigenschaften der hauptsächlich eingesetzten Bronze BrSnP 6,5-0,15 verbessert werden. Die Zugabe kleiner

Mengen an Mikrodotierungselementen, z. B. Magnesium, führt zur Erhöhung der Elastizitätsgrenze im verformten Zustand; hierbei wird der Maximalbetrag bei einer Magnesiumkonzentration von 0,1 % erreicht, der sich dann verringert entsprechend der Wirkung der adsorptionsaktiven Elemente **(Bild 240)**. Eine Glühung unterhalb der Rekristallisationstemperatur führt zu einer beträchtlichen Erhöhung der Elastizitätsgrenze dieser mikrodotierten Bronze **(Bild 241)** im Vergleich zur Bronze mit Standardzusammensetzung ohne merkliche Veränderungen des Elastizitätsmoduls **(Tabelle 47)**.

Tabelle 47. Einfluß der Mikrodotierung mit Magnesium auf die Eigenschaften der Bronze BrSnP 6,5−0,15

Bronzetyp	$R_{p\,0,002}$, MPa		E, GPa	
	längs	quer	längs	quer
	zur Walzrichtung		zur Walzrichtung	
BrSnP 6,5−0,15	465/530	610/650	102,8	130,9
ebenda, mit 0,1 % Mg	490/560	690/710	103,4	129,4

Anmerkung: Im Zähler: Beträge nach der Verformung
Im Nenner: Beträge nach der Glühung unter optimalen Bedingungen: 300 °C, 1 h

Bei der Mikrodotierung mit Magnesium wird eine beträchtliche Erhöhung der Elastizitätsgrenze in der Zinn—Phosphor-Bronze nach einer Glühung bei 200 °C erreicht, die optimale Elastizitätsgrenze bei 300 °C (s. Bild 241).

Demzufolge ist die Mikrodotierung mit adsorptionsaktivem Magnesium eine perspektivische Methode zur Verbesserung der Eigenschaften der Federlegierungen, die auf der Kupferbasis hergestellt werden. Bei der Zugabe von Magnesium tritt in den aushärtbaren Bronzen in der geglühten Zinn-Phosphor-Bronze eine Kornfeinung ein. Gleichzeitig führt die Magnesiumzugabe zur Erhöhung des Verformungswiderstandes bei kleinen plastischen Verformungen. Zweifellos ist auch die Mikrodotierung der kalthärtbaren Legierungen mit dem adsorptionsaktiven Phosphor effektiv, da es hierbei zur Erhöhung der Elastizitätsgrenze, der Relaxationsfestigkeit und der Ermüdungsfestigkeit kommt. In kalthärtbaren Legierungen ist die Effektivität der Mikrodotierung mit Magnesium am höchsten in Anwesenheit von Phosphor, wovon die bei der Untersuchung der Bronze BrSnP 6,5-0,15 erhaltenen Ergebnisse zeugen.

1.10.3.8. Geschwindigkeitsglühen und elektrochemische Behandlung der Federlegierungen

Die bereits angeführten Werte zeigten, daß die Eigenschaften bestimmter Legierungen, z. B. der kalthärtbaren Federbronzen BrSnP 6,5-0,15, BrSiMn 3-1 und der Aluminiumbronze BrAl 7 sowie der Neusilberlegierung CuNiZn 15-20, in bedeuten-

Tabelle 48. Optimale Glühbedingungen und Eigenschaften* von Kupferbasis-Federlegierungen

Legierung	Glühtemperatur und -dauer	$R_{p\,0,02}$ MPa	$R_{p\,0,005}$ MPa	$R_{p\,0,01}$ MPa	HV	ϱ, $\mu\Omega \cdot m$
BrSnZn 4—3	150 °C, 30 min**	463	532	593	218	0,080
BrSnP 4—0,25	150 °C, 30 min**	423	489	551	220	—
BrSnP 6,5—0,15	260 °C, 1 h	489	550	596	230	—
BrSiMn 3—1	275 °C, 1 h	494	565	632	210	0,262
BrAl 7	275 °C, 30 min	630	725	790	270	0,115
Ms 68	200 °C, 1 h	452	519	581	190	0,086
Ms 80	200 °C, 1 h	390	475	538	170	0,057
Ms 85	200 °C, 30 min	349	405	454	155	0,048
CuNiZn 15—20	300 °C, 4 h	548	614	561	230	0,256

* Ausgangszustand: kaltgewalzt, $\eta = 60\%$
** anstelle dieses Regimes ist eine Wärmebehandlung bei 250 °C, 1 h, möglich.

dem Maße verbessert werden können, wenn eine Glühbehandlung unterhalb der Rekristallisationstemperatur (s. Tabelle 48) und eine Elektropolierung vorgenommen werden. Es ist aus diesem Grunde naheliegend, diese beiden technologischen Operationen in einem technologischen Prozeß bei kontinuierlicher Bewegung des Walzenbandes zu vereinen. Die Realisierung dieses Prozesses jedoch, der als thermo-elektrochemische Behandlung [224] bezeichnet werden kann, setzt voraus, daß die Glühgeschwindigkeit vergleichbar wird mit der relativ hohen Geschwindigkeit der elektrochemischen Operation. Aus diesem Grunde ist die oben angegebene Glühdauer von 30 bis 60 min unter den Bedingungen eines kontinuierlichen Prozesses ungeeignet. Die Bedingungen für diesen kontinuierlichen Prozeß wurden für relativ

Tabelle 49. Vergleich des Einflusses der normalen und Schnellglühung von Kupferbasis-Federlegierungen auf den Verformungswiderstand bei kleiner plastischer Verformung [224]

Legierung	Behandlung	Elastizitätsgrenze, MPa	
		$R_{p\,0,002}$	$R_{p\,0,005}$
BrSnP 6,5—0,15	Verformung, $\eta = 80\%$	386	—
	Verformung + Glühung, 260 °C, 1 h	450	606
	Verformung + Glühung, 350 °C, 45 s	450	606
CuNiZn 15—20	Verformung, $\eta = 80\%$	330	380
	Verformung + Glühung, 300 °C, 4 h	485	545
	Verformung + Glühung, 475 °C, 15 s	495	545
BrAl 7	Verformung, $\eta = 80\%$	250	327
	Verformung + Glühung, 280 °C, 30 min	490	590
	Verformung + Glühung, 350 °C, 45 s		
BrSiMn 3—1	Verformung, $\eta = 80\%$	327	405
	Verformung + Glühung, 400 °C, 50 s	395	510

höhere Temperaturen [225] ausgearbeitet. Die **Tabellen 48** und **49** verdeutlichen den Einfluß unterschiedlicher Glühgeschwindigkeiten.

Im Ergebnis des *Geschwindigkeitsglühens* unter den angegebenen Bedingungen wurde etwa eine ähnliche Verbesserung der Relaxationsfestigkeit erreicht wie bei normaler Glühdauer, wobei die Charakteristika bei der zyklischen Belastung sogar noch verbessert werden konnten. Im konkreten Fall ergab sich, daß Proben aus der Legierung CuNiZn 15-20 bei Spannungen von 380 MPa folgende »Standfestigkeit« aufwiesen: nach einer Glühung bei 300 °C, 4 h — 3,7 · 10^5 Zyklen; nach einer Geschwindigkeitsglühung bei 475 °C, 15 s — 4,7 · 10^6 Zyklen. Damit ist die Zweckmäßigkeit der Durchführung dieses kombinierten technologischen Prozesses bewiesen. Bei der thermoelektrochemischen Behandlung — ein perspektivischer Weg zur Verbesserung der Eigenschaften von Federlegierungen [224] — verbessern sich die Elastizitätsgrenze **(Bild 242)**, die Relaxationsfestigkeit bei statischer und zyklischer Belastung (s. Bild 238) sowie die Korrosionsbeständigkeit.

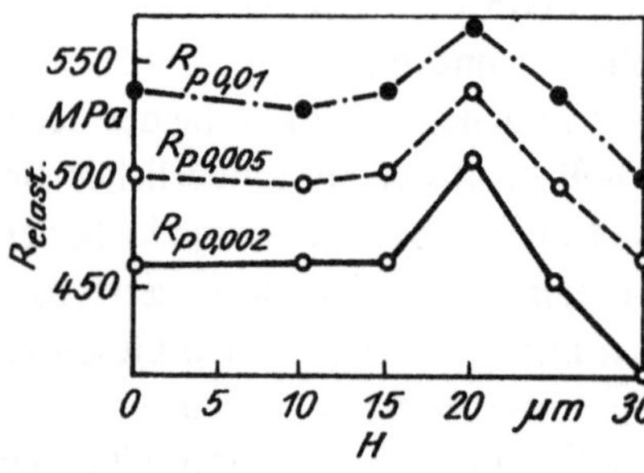

Bild 242. Abhängigkeit der Elastizitätsgrenze der Legierung CuNiZn 15-20 von der Dicke der durch elektrochemische Polierung abgetragenen Schicht *H*. *Ausgangszustand*: Verformung, $\eta = 80\%$, und Glühung bei 300 °C, 4 h (nach RIABYŠEV)

1.10.3.9. Wärmebehandlung von dispersionsgehärtetem Messing

Messing L 62 hat nach Angaben von IEDLINSKAJA eine niedrige Elastizitätsgrenze und Relaxationsbeständigkeit, insbesondere bei hohem Zinkgehalt ($\approx 39\%$), d. h., wenn in der Struktur die β-Phase auftritt. Durch Kaltverfestigung des Messings mit anschließender Glühung unterhalb der Rekristallisationstemperatur kann kein hinreichend hoher Verfestigungsgrad erreicht werden. Bessere mechanische und technologische Eigenschaften können durch Dispersionsverfestigung des Messings erzielt werden. Die Untersuchungen zur Dispersionshärtung [173] des Messings LANKMc zeigten die beträchtlichen Vorteile dieser Methode. Gemäß GOST 17521-70 wird diese Legierung als Nr. 156 geführt und hat folgende Zusammensetzung (in %): Cu 73 bis 76; Al 1,6 bis 2,2; Ni 2 bis 3; Si 0,3 bis 0,7; Mn 0,3 bis 0,7. In dieser Legierung bilden sich intermetallische Phasen des Typs NiAl, Ni_2Si u. a., deren Löslichkeit im α-Mischkristall veränderlich ist.

Die optimale Abschrecktemperatur der Legierung Nr. 156 beträgt 800 °C [173]. Nach der Abschreckhärtung hat diese Legierung folgende Eigenschaften: Härte HV 105; $R_{p\,0,002} \approx 50$ MPa und $A = 50$ bis 55%. Hierbei enthält jedoch die Struktur noch ungelöste inkohärente Sekundärteilchen [173], die sich vollständig erst bei einer Glühung bei 800 °C auflösen, wobei ein unzuläßlich hohes Kornwachstum eintritt. Aus diesem Grunde wird die Abschrecktemperatur um 800 °C gewählt. Nach der Abschreckhärtung und der Alterung bei 450 °C, 4 h, wird in dieser Legierung eine Elastizitätsgrenze von 400 bis 410 MPa erreicht. Eine höhere Verfestigung kann durch Abschreckhärten, zusätzliche Kaltfestigung und Alterung erreicht werden **(Bilder 243** und **244)**. Gegenwärtig werden in technischem Maßstabe aus der Legierung Nr. 156 röhrchenförmige Manometerfedern und anderes Halbzeug produziert.

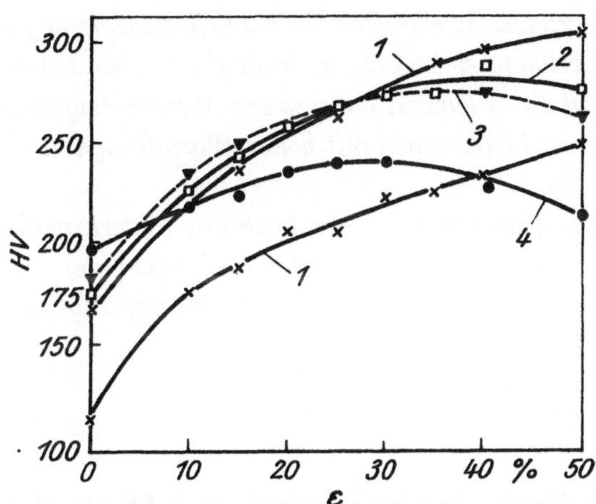

Bild 243. Abhängigkeit der Härte der Legierung MsAlNiSiMn vom Verformungsgrad und der Alterungstemperatur ($\tau = 2$ h) (nach IEDLINSKAJA)

1 — 350 °C   3 — 450 °C
2 — 400 °C   4 — 500 °C

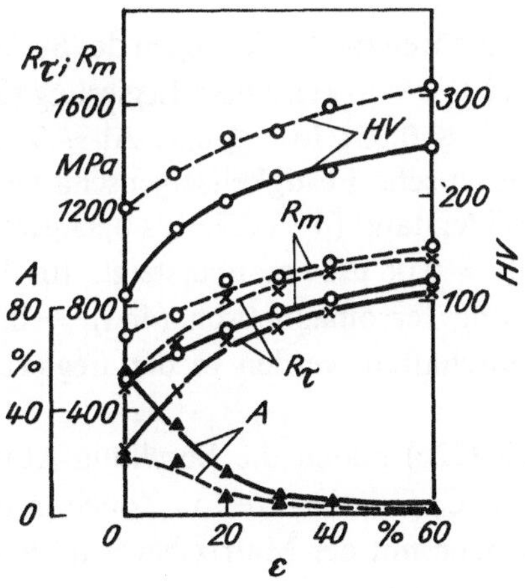

Bild 244. Mechanische Eigenschaften der Legierung MsAlNiSiMn im verformten Zustand (———) und nach der Alterung (– – –), 2 h, nach einem für jeden Verformungsgrad optimalen Regime ($\eta = 10$ bis 20%, $\vartheta = 450$ °C; $\eta = 30$ bis 60%, $\vartheta = 350$ °C)

2. Federlegierungen auf Nickelbasis

*In der Industrie werden immer häufiger Federlegierungen auf
Nickelbasis eingesetzt. Mit diesen Legierungen kann durch gezielte
Legierungsarbeit eine hohe Verfestigung erreicht werden, die die der
Kupferbasislegierungen übertreffen. In Nickelbasislegierungen wird
außerdem eine erhöhte elektrische Leitfähigkeit neben hoher
Korrosionsfestigkeit in äußerst aggressiven Medien eingestellt.
Gleichfalls können Legierungen mit hoher Warmfestigkeit
hergestellt werden.*

*In den folgenden Abschnitten werden hochfeste Federlegierungen auf
Nickelbasis, hochkorrossionsfeste Nickellegierungen und
Federlegierungen auf Nickelbasis mit hoher Warmfestigkeit
behandelt.*

2.1. Hochfeste Federlegierungen auf Nickelbasis

Zu den Hauptvertretern dieser Gruppe gehören die Legierungen des Systems Nickel-Beryllium, z. B. die Legierung 97 NL-VI (EI 996-VI). Diese Legierung (Zusammensetzung nach TU 14-1-436-72 in %: $C \leqq 0,03$; $Mn \leqq 0,3$; $Al \leqq 0,3$; $Si \leqq 0,3$; Be 2,1 bis 2,5; Rest Ni) besitzt hohe elastische Festigkeitseigenschaften bei relativ niedrigem spezifischem elektrischem Widerstand ($\varrho = 0,25$ bis $0,35\ \mu\Omega \cdot m$), der jedoch den der Berylliumbronze von $\varrho = 0,06\ \mu\Omega \cdot m$ übersteigt. Im Unterschied zur Berylliumbronze ist diese Legierung ferromagnetisch ($4\pi\ I_H = 0,24\ T_l$). Die hohen elastischen und Festigkeitseigenschaften werden in der Legierung Ni—Be durch Dispersionshärtung erreicht.

In Übereinstimmung mit der Arbeit [226] bilden die Beryllium-Atome im Anfangsstadium der Alterung (400 bis 450 °C) Guinier-Preston-Zonen in den Matrixebenen {100}. Die Verkettung dieser Zonen mit der Matrix bewirkt die Entstehung inhomogener elastischer »monokliner« Gitterverzerrungen. Die maximale Verfestigung wird durch die Alterung bei höherer Temperatur (500 °C) erreicht, in deren Verlauf sich die metastabile γ'-Phase im Ergebnis der Umbildung der Guinier-Preston-Zonen ausbildet. Die Hauptursache für die Verfestigung besteht in der Bildung hochdisperser Teilchen der γ'-Phase (oder der Guinier-Preston-Zonen), die zur Erhöhung der elastischen Verzerrungen führt. Demzufolge verlaufen in der Ni—Be-Legierung analoge Strukturumwandlungen wie in den Cu—Be-Legierungen BrBe 2 und BrBe 2,5. In diesem Sinne sind die Ursachen der Verfestigung einander ähnlich.

Tabelle 50. Mechanische Eigenschaften von Nickel—Beryllium-Bändern nach unterschiedlicher Wärmebehandlung

Legierungs-bezeichnung	Behandlung	R_m MPa	$R_{p0,2}$ MPa	$A, \%$ min*	Härte
97 NL-VI	Wasserhärtung, 1050 ... 1070 °C	$\leq$ 800	$\leq$ 400	30	HRB $\leq$ 90
	ebenda + Alterung, 510 $\pm$ 10 °C, 1,5 ... 2 h		$\geq$ 1420	3	HRC $\geq$ 50
	Abschrecken, Kaltverformung $\eta = 35\%$ + Alterung, 510 $\pm$ 10 °C, 1 ... 1,5 h	$\geq$ 800	$\geq$ 1550	3	HRC > 50
95 NLVF-VI	Wasserhärtung, 1070 $\pm$ 10 °C	$\leq$ 850	$\leq$ 400	35	HRB $\leq$ 100
	ebenda + Alterung 540 $\pm$ 10 °C, 1 ... 2 h	$\geq$ 1350	$\geq$ 1050	12	HRC $\geq$ 50
	Abschrecken, Kaltverformung $\eta = 35\%$ + Alterung, 540 $\pm$ 10 °C, 0,5 ... 1,5 h	$\geq$ 1900	$\geq$ 1600	3	HRC $\geq$ 50
95 NLM-VI	Abschrecken, 1080 $\pm$ 10 °C	$\leq$ 1100	$\leq$ 600	25	HRB $\leq$ 100
	ebenda + Alterung, 550 $\pm$ 10 °C, 3 ... 5 h	$\geq$ 1400	$\geq$ 1050	15	HRC $\geq$ 50
	Abschrecken, Kaltverformung $\eta = 35\%$ + Alterung, 550 $\pm$ 10 °C, 1,5 ... 2 h	$\geq$ 1900	$\geq$ 1500	11	HRC $\geq$ 50

* bei $l_0 = 11,3 \sqrt{F_0}$

Folgende Bedingungen werden für die Wärmebehandlung von SPICBERG angegeben, die gemäß TU zur maximalen Verfestigung führen: Wasserhärten bei 1050 bis 1070 °C und Alterung bei 510 $\pm$ 10 °C, 1,5 bis 2 h. Die Eigenschaften der Legierung 97 NL-VI nach einer Wärmebehandlung unter den angegebenen Bedingungen sind in der **Tabelle 50** aufgeführt. Die statische Festigkeit und die Fließgrenze ändern sich wenig bei Glühtemperaturen im Bereich 250 bis 300 °C **(Bild 245)**. Die Elastizitätsgrenze $R_{p0,005}$ verringert sich nach SPICBERG bei einer Glühung bis zu 200 °C von 118 bis auf 101 GPa. Die Zeitstandfestigkeit (100 h) der Legierung 97 NL-VI weist folgende Temperaturabhängigkeit auf:

$\vartheta, °C$	300	450	500
R_{100}, MPa	1370	950	490

Auf der Grundlage dieser Prüfungen kann angenommen werden, daß die günstigste Betriebstemperatur für elastische Elemente aus dieser Legierung im Bereich 250 bis 300 °C liegt.

Mit dem Ziel der weiteren Erhöhung der Warmfestigkeit der Legierung 97 NL-VI wurden folgende Elemente zulegiert: Molybdän, Wolfram, Bor und Kobalt [228]. Hierbei wurde festgestellt, daß höchste Härte und Warmfestigkeit in den mit Molybdän und insbesondere in den mit Molybdän und Bor gleichzeitig legierten Legierungen, z. B. in 95 NLM-VI (EI 996 M-VI), die sich durch folgende Zusammensetzung auszeichnet (in %): C $\leq$ 0,05; Mn $\leq$ 0,2; Si $\leq$ 0,2; Be 2,0 bis 2,4; Mo 5,6 bis 6,0; Zr $\leq$ 0,05; B $\leq$ 0,0025; Rest Ni. Nach der Abschreckhärtung und der Alterung unter den in Tabelle 50 angegebenen Bedingungen besitzt die Legierung 95 NLM-VI hinreichend gute Eigenschaften, die jedoch durch thermomechanische Behandlung bei niedrigen Temperaturen noch wesentlich verbessert werden können. Das Molybdän bewirkt die Erhöhung der Warmfestigkeit, so daß diese Legierung bis zu 400 °C technisch eingesetzt werden kann. Das Molybdän senkt gleichfalls in starkem Maße den Curie-Punkt, wodurch die betrachteten Legierungen paramagnetisch werden und dadurch in einer ganzen Reihe von Fällen eingesetzt werden können. Durch die Molybdänzugabe erhöht sich wesentlich der spezifische elektrische Widerstand (ϱ = 0,42 $\mu\Omega \cdot$ m), so daß es nicht zweckmäßig ist, die molybdänhaltigen Legierungen als stromführende elastische Elemente einzusetzen. Die Warmfestigkeit der Ni—Be-Legierungen wird durch die Zugabe von Wolfram wesentlich erhöht.

Die Warmfestigkeit der wolframhaltigen Legierung ist geringer als die der molybdänhaltigen; betrachtet man jedoch den gesamten Komplex der mechanischen Eigenschaften bei Erwärmung (mit Ausnahme der Plastizität), so ist diese Legierung nicht schlechter und zeichnet sich durch einen kleineren spezifischen elektrischen Widerstand aus ($\leq$ 0,26 $\mu\Omega \cdot$ m) [228]. Der letztere Effekt kann offensichtlich mit

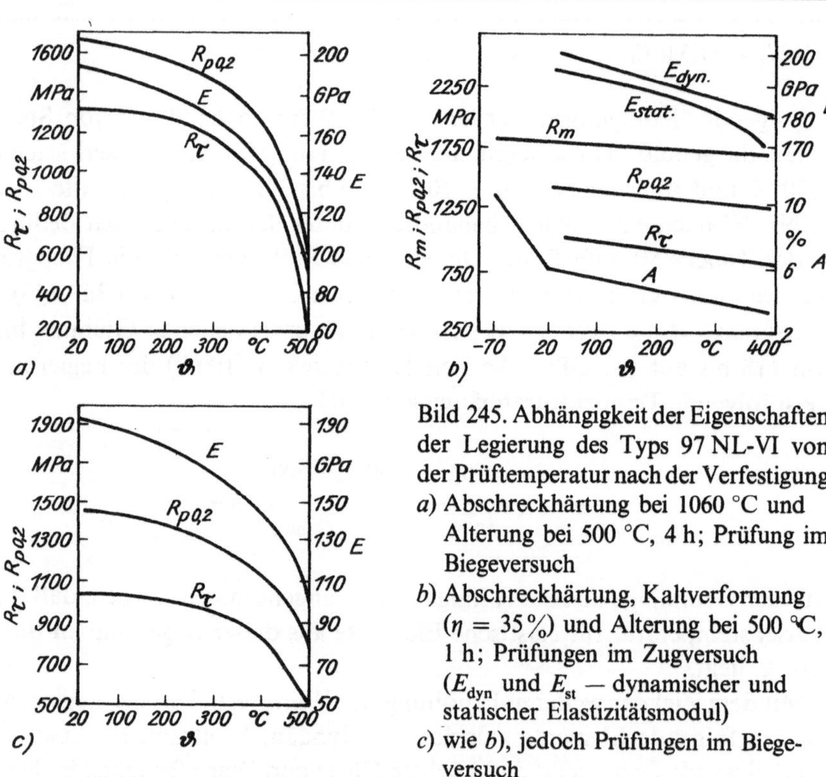

Bild 245. Abhängigkeit der Eigenschaften der Legierung des Typs 97 NL-VI von der Prüftemperatur nach der Verfestigung
a) Abschreckhärtung bei 1060 °C und Alterung bei 500 °C, 4 h; Prüfung im Biegeversuch
b) Abschreckhärtung, Kaltverformung (η = 35%) und Alterung bei 500 °C, 1 h; Prüfungen im Zugversuch (E_{dyn} und E_{st} — dynamischer und statischer Elastizitätsmodul)
c) wie b), jedoch Prüfungen im Biegeversuch

einer wesentlichen Verarmung des Mischkristalls an Beryllium erklärt werden, wobei Wolfram offenbar die Löslichkeit des Berylliums bei den Alterungstemperaturen vermindert. Der spezifische elektrische Widerstand der Legierung Ni—Be kann durch eine Kobaltzugabe noch zusätzlich gesenkt werden. Der Kobalteinfluß wird ebenfalls durch die Verringerung der Berylliumlöslichkeit im Mischkristall erklärt. In den Ni—Be-Legierungen wird der Temperaturkoeffizient des elektrischen Widerstandes nicht beeinflußt ($25{,}8 \cdot 10^{-4}\ °C^{-1}$). Im Ergebnis des Einflusses von Kobalt und Molybdän auf die Löslichkeit des Berylliums im Nickel-Mischkristall kann der Berylliumgehalt in der Legierung gesenkt werden, wodurch diese kostengünstiger gestaltet wird.

Auf der Grundlage der erkannten und beschriebenen Effekte wurden zwei Legierungen entwickelt (Zusammensetzung: Be 1,5 bis 1,9%; W 6 und 8% bei Co 2,5% und B 0,001 bis 0,003%), die für die Herstellung stromführender elastischer Elemente, die im Temperaturbereich von 400 bis 450 und 450 bis 500 °C entsprechend einsetzbar sind, verwendet werden können [228]. Der durch die Zugabe von Kobalt erzielte Effekt zeugt von der Möglichkeit der Herstellung dispersionsverfestigter Federlegierungen mit hoher elektrischer Leitfähigkeit. Diese Aussage wurde auch 'am Beispiel von Legierungen anderer Systeme [229] bestätigt.

2.2. Hochkorrosionsfeste Nickellegierungen

Zu den korrosionsfesten Federwerkstoffen auf der Grundlage des Systems Ni—Cr (zu dieser Gruppe Legierungen gehören die hochwarmfesten Legierungen des Systems Ni—Cr) zählt die unmagnetische Legierung 47 HNM, die im Institut für Präzisionslegierungen CNIIChM [231] entwickelt wurde. Hierbei ist wichtig, daß diese Legierung dispersionshärtbar ist. Im abschreckgehärteten Zustand ist diese Legierung hinreichend plastisch und läßt sich gut zu verschiedenen elastischen Elementen verarbeiten. Die höchste Verfestigung wird in dieser Legierung durch Abschreckhärtung, Kaltverfestigung und Alterung erreicht. Hierbei beträgt die Abschrecktemperatur 1200 bis 1250 °C; das Niveau der erreichbaren mechanischen

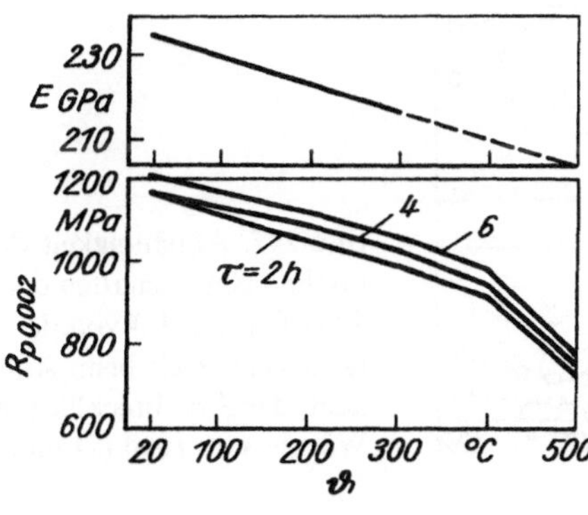

Bild 246. Abhängigkeit der Eigenschaften der Legierung 47 ChNM von der Erwärmung ϑ. *Ausgangszustand*: Abschreckhärtung bei 1250 °C, Alterung bei 700 °C

Eigenschaften ist unabhängig von der Glühdauer (von 5 min bis 1 h). Nach dem Anlassen bei 700 bis 725 °C, 5 h, erhöht sich schroff die Festigkeit (R_m = 1225 bis 1470 MPa), wobei jedoch die Plastizität stark abfällt (A = 5 bis 12%). Nach thermomechanischer Behandlung bei einem Verformungsgrad von $\approx$ 70% ergibt sich ein Betrag für R_m = 1960 MPa. Dieser Betrag kann als hoch bezeichnet werden. Die Legierung 74 HNM ist durch eine praktisch konstante Elastizitätsgrenze im Temperaturbereich von 100 bis 196 °C gekennzeichnet [231]. Bei der Erwärmung nach der Abschreckhärtung (ϑ = 1250 °C) und der Alterung bei 700 °C verringert sich die Elastizitätsgrenze kontinuierlich bis zur Temperatur von 400 °C **(Bild 246)**.

Die Legierung EP 557 besitzt eine außerordentlich hohe Korrosionsfestigkeit [232]. Nach der Abschreckhärtung bei 950 bis 1050 °C bleibt in der Legierung die η-Phase erhalten, weshalb sich nach der Alterung die Festigkeitscharakteristika und die Relaxationsbeständigkeit verringern und die Kriechverformung ansteigt. **Tabelle 51** zeigt die Beträge $R_{p\,0,002}$ für diese Legierung nach der Abschreckhärtung und der Alterung.

Tabelle 51. Abhängigkeit der Elastizitätsgrenze der Legierung EP 557 von der Alterungstemperatur und -dauer [232]

ϑ, °C	$R_{p\,0,002}$ (MPa) nach einer Haltedauer (h) von		
	2	4	6
700	800 ... 900	910 ... 960	920 ... 990
750	920 ... 1000	930 ... 1010	1010 ... 1040
800	980 ... 1010	910 ... 1000	880 ... 910

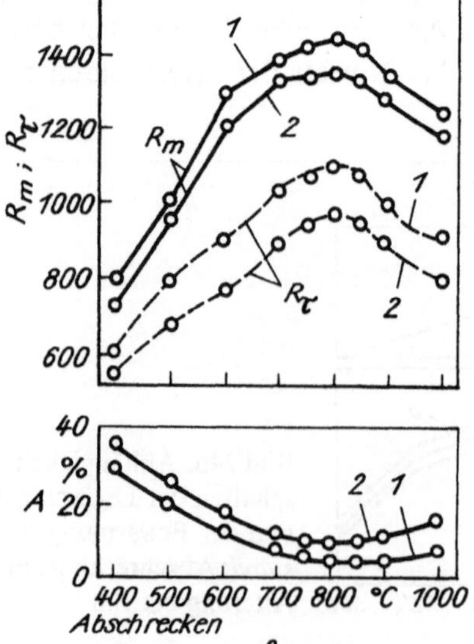

Bild 247. Abhängigkeit der mechanischen Eigenschaften der Legierung 40 NKHTJuMD von der Anlaßtemperatur (Haltezeit beim Anlassen: 6 h) nach der Abschreckhärtung aus der Wärme von 1050 (*1*) und 1100 °C (*2*)

Zu einer Gruppe hochkorrosionsfester und hochwarmfester Legierungen gehören die Ni-Co-Cr-Basislegierungen [233], z. B. die Legierungen 40 NKHTJuM (Zusammensetzung in %: C = 0,005; Si = 0,5; Mn 0,8 bis 1,2; Co 19 bis 21; Ni 39 bis 41; Cr 19 bis 20; Mo 7,5 bis 8,5; Ti 2,8 bis 3,2; Al 1,4 bis 1,7) und 40 NKHTJuMD, die sich von der ersten Legierung durch einen Gehalt von 1,8 bis 2,2% Cu unterscheidet. Sie werden für die Herstellung von Membranen verwendet.

Entsprechend den Angaben in [233, 234] können beide Legierungen durch Alterung verfestigt werden, wobei die Festigkeitseigenschaften nach der Alterung im Temperaturbereich von 500 bis 800 °C **(Bild 247)** ihren größten Zuwachs haben. Eine Zugabe von Kupfer zu diesen Legierungen bewirkt eine positive Entwicklung der Eigenschaften. Hierbei werden die Eigenschaften am günstigsten durch die Zugabe von 2% Cu beeinflußt; z. B. erhöht sich 10fach die Korrosionsfestigkeit in Schwefelsäure [235].

2.3. Federlegierungen auf Nickelbasis mit hoher Warmfestigkeit

Zu der Gruppe der hochwarmfesten Federlegierungen auf Nickelbasis gehören die Legierungen, die den Einsatz elastischer Elemente bei Betriebstemperaturen oberhalb 500 °C gewährleisten.

Gegenwärtig werden in diesem Fall Ni-Cr-Legierungen, z. B. *Nimonic* unterschiedlicher Zusammensetzungen, eingesetzt, die gewöhnlich Titan, Aluminium oder Niob enthalten, so daß es zur Verfestigung über die Bildung von Teilchen des Typs $Ni_3(Ti, Al)$ und Ni_3Nb kommt. In vielen Fällen sollen die Federlegierungen der betrachteten Gruppe gleichfalls korrosionsfest (vorrangig in oxydierenden Medien) sein. Gehalte von 15 bis 20% Cr sichern in diesen Legierungen eine hohe Zunderbeständigkeit. Die Zugabe von Titan zur Bildung von verfestigend wirkenden Teilchen hebt nicht die Transpassivierung auf. Aus diesem Grunde und gleichfalls wegen der guten erreichbaren Eigenschaften sind die Legierungen des Systems Ni-Cr-Nb als perspektivischer Federwerkstoff zu betrachten. Außerdem wird die Zweckmäßigkeit der Zugabe von Niob in Ni-Cr-Legierungen dadurch bestätigt, daß diese Komponente, ähnlich wie die Seltenerdmetalle, zur Erhöhung der Festigkeit oxidischer Schutzschichten führt. Alle diese Faktoren bedingen die hohe Korrosionsfestigkeit dieser Legierungen.

In der UdSSR werden aus der Vielzahl der Federlegierungen des Systems Ni-Cr-Nb folgende Legierungen eingesetzt: 70 NHBMJu und 52 NKHBMJu, während aus dem System Ni—Cr—Al die Legierungen HN 77 TJuR (El 437 B), HN 68 VKTJu (EP 578), HN 67 MVTJu (EP 202) Anwendung fanden. Im Ausland werden für ähnliche Zwecke die Legierungen Niconel X, RENE 41, Udimet 630, Nimonic 90 im technischen Maßstab eingesetzt.

Zu den Federlegierungen des Systems Ni—Cr—Ti—Al zählen die Legierungen des Typs Nimonic, vorrangig die Legierung HN 77 TJuR (Zusammensetzung in %: C ≤ 0,06; Cr 19 bis 22; Al 0,55 bis 0,95; Ti 2,3 bis 2,7 und Borzusätze). Diese Legierung wird in der Industrie in breitem Maße als warmfester Werkstoff für die Herstellung verschiedener Maschinenelemente genutzt. Die Verfestigung der Legierung HN 77 TJuR nach der Abschreckhärtung bei 1080 °C mit Luftabkühlung und der Alterung bei 700 °C, 16 h, ist beträchtlich. Gemäß [236] ergibt sich nach der Abschreckhärtung bei 1150 °C und der Alterung bei 700 °C, 16 h, ein Betrag für $R_{p\,0,03} = 800$ MPa. Bei der Alterung scheidet sich aus dem γ-Mischkristall die γ'-Phase aus, deren Menge und Zusammensetzung von der Temperatur und der Alterungsdauer abhängen. **Bild 248** zeigt den Temperaturbereich der Ausscheidung der γ'-Phase.

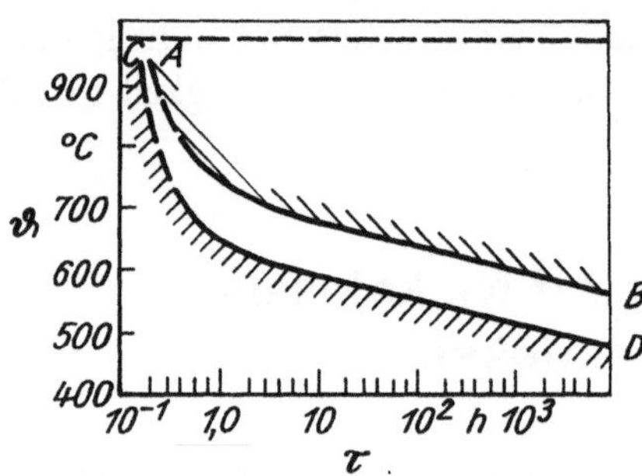

Bild 248. Abhängigkeit des Temperaturbereiches der Bildung und Ausscheidung der γ'-Phase in der Legierung HN 77 TJuR (2,3 % Ti) von der Alterungsdauer τ (nach PRIDANCEV)

CD — Beginn der Bildung von Zonen der Vorausscheidung der γ'-Phase an den Korngrenzen

AB — Beginn der Trennung der γ-Phase und der Korngrenzen

Wie bereits BERNSTEJN [237] zeigte, führt die Kaltverformung zu einer hohen Verfestigung der Legierung HN 77 TJu R. Diese Verfestigung kann nicht allein mit der Substrukturfeinung, sondern auch mit dem Mischkristallzerfall und der Ausscheidung von Sekundärteilchen sowie mit der Bildung einer kristallinen Textur bei hohen Verformungsgraden erklärt werden. Der intensive Zerfall des Mischkristalls verläuft während der Alterung bei 500 bis 700 °C **(Bild 249)**. Eine stark verformte Legierung HN 77 TJuR rekristallisiert nach einer Langzeitalterung bei 650 bis 750 °C.

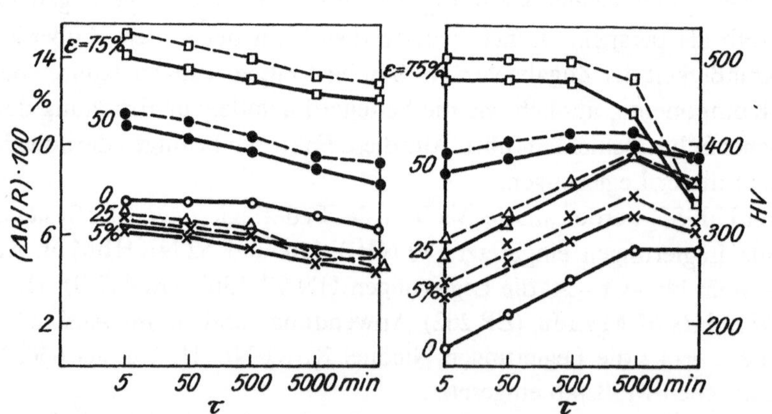

Bild 249. Änderung des elektrischen Widerstandes $\Delta R/R$ und der Härte HV der Legierung HN 77 TJuR nach der Lufthärtung ab 1080 °C und Alterung bei 700 °C
——— Walzverformung   ——— Ziehverformung

Deshalb ist der Verfestigungseffekt bei der Alterung nur bei relativ kleinen Verformungsgraden stabil **(Bild 250)**.

Ausführlich wurde die Legierung HN 77 TJu R als Federwerkstoff von BARAZ, GRACHEV und RODIONOV untersucht. Sie zeigten, daß bei der Kaltverformung mit steigendem Verformungsgrad bis zu 50% (Walzverformung) die Elastizitätsgrenze stark ansteigt, während bei weiterer Erhöhung des Verformungsgrades (bis zu 90%) der Zuwachs der Elastizitätsgrenze unwesentlich ist, die Härte jedoch ständig weiter steigt. Bei der sich anschließenden Alterung erhöhen sich wesentlich die Elastizitätsgrenze und die Härte, wobei mit der Erhöhung des Verformungsgrades der absolute Verfestigungsbetrag steigt, während die dem Maximalbetrag der Verfestigung entsprechende Temperatur sinkt **(Bild 251)**. Es wird sichtbar, daß es bei kurzzeitiger Belastung der Legierung oberhalb 700 °C bereits zur Entfestigung kommt.

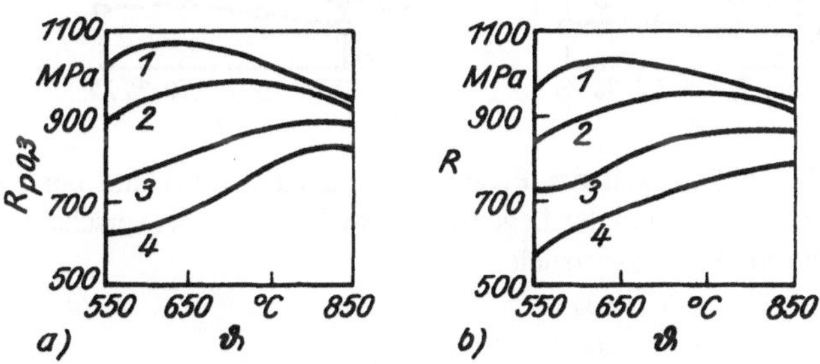

Bild 250. Abhängigkeit der Fließgrenze (a) und der Proportionalitätsgrenze (b) der thermomechanisch ziehverfestigten Legierung HN 77 TJuR von der Alterungstemperatur ϑ; Torsionsprüfungen (nach BERNSTEJN)

Verformungsgrade beim Ziehen:

$1 - 75\%$ $3 - 25\%$
$2 - 50\%$ $4 - $ nach der Härtung

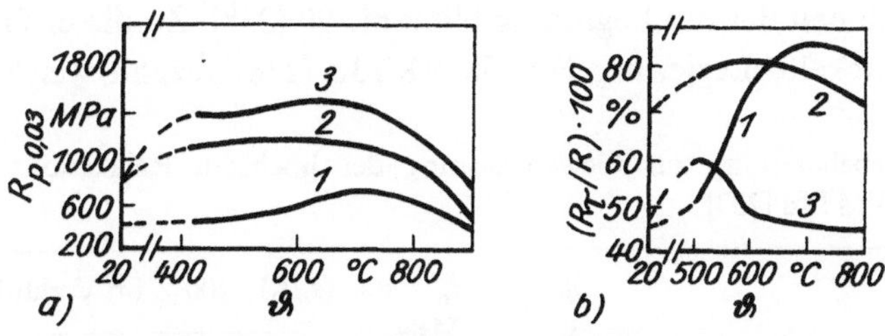

Bild 251. Abhängigkeit der Elastizitätsgrenze (a) und der Relaxationsbeständigkeit (b) der Legierung HN 77 TJuR von der Alterungstemperatur ϑ. Relaxationstemperatur 500 °C, Dauer 20 h [236]

$1 - $ abschreckgehärtet $3 - $ Verformung 90%
$2 - $ Verformung 50%

Die Autoren von [236] untersuchten mit Hilfe der statistischen Versuchsplanung ausführlich den Einfluß des Verformungsgrades (60, 70 und 80%) auf die Relaxationsbeständigkeit bei 500 °C und die Elastizitätsgrenze der Legierung HN 77 TJuR in Abhängigkeit von der Alterungstemperatur.

Ein stabilerer Verfestigungseffekt wird in der Legierung HN 67 VMTJu erreicht, die sich von der Legierung HN 77 TJuR durch zusätzliche Elemente, wie z. B. Wolfram und Molybdän, auszeichnet (Zusammensetzung in %: $C \leq 0,08$; Cr 17 bis 20; Al 1,0 bis 1,5; Ti 2,2 bis 2,8; Mo 4 bis 5; W 4 bis 5; $Fe \leq 4$; $Ce \leq 0,01$; $B \leq 0,01$). Entsprechend den Angaben von [237] ergaben die Untersuchungen an Drähten aus dieser Legierung, daß nach der Abschreckhärtung bei 1150 °C und der Alterung bei 750 °C, 6 h, nach langsamer Ausscheidung der γ'-Phase folgende Eigenschaften erreicht werden: $R_m = 1250$ MPa und $R_{p0,2} = 820$ MPa.

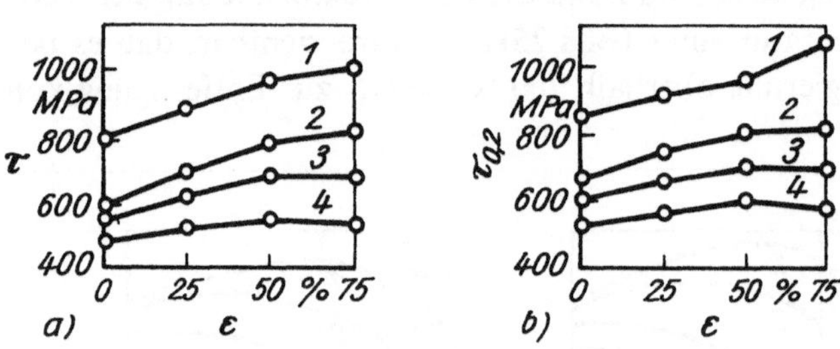

Bild 252. Abhängigkeit der Proportionalitätsgrenze (*a*) und der Fließgrenze (*b*) vom Verformungsgrad der Legierung HN 67 VMTJu bei verschiedenen Temperaturen im Torsionsversuch

1 — 20 °C	*3* — 600 °C
2 — 500 °C	*4* — 700 °C

Bild 252 zeigt die Abhängigkeit der Proportionalitäts- und Fließgrenze vom Verformungsgrad der Legierung HN 67 VMTJu, während in der **Tabelle 52** die optimalen Bedingungen der Wärmebehandlung zur Erreichung der höchsten *Relaxationsfestigkeit* angeführt werden. Die Relaxationsfestigkeit der Legierung HN 67 VMTJu ähnelt der der Legierung Nimonic 90 [238]. Zu dieser Gruppe kann die speziell entwickelte Legierung HN 68 VKTJu [238] gezählt werden. **Bild 253**

Tabelle 52. Wärmebehandlung zur Gewährleistung der höchsten Relaxationsfestigkeit der Legierung HN 67 VMTJu [237]

Behandlung	ϑ_{Pruf} °C	τ_0 MPa	$(\varepsilon_\tau/l_0) \cdot 100\%$ im Verlauf von (h)			
			6	12	25	100
Lufthärtung, 1150 °C, Ziehen, $\eta = 50\%$, Alterung 650 °C, 6 h	500	800	12,0	12,3	12,6	17,1
Lufthärtung, 1150 °C, Ziehen $\eta = 25\%$, Alterung 750 °C, 6 h	600	600	18,5	18,7	20,2	23,5
Herkömmliche Wärmebehandlung: Abschreckhärtung ab 1200 °C, Alterung bei 800 °C, 6 h	700	500	24,7	25,0	26,7	37,2

zeigt die Änderung der Elastizitätsgrenze und des Elastizitätsmoduls dieser Legierung bei Erwärmung auf 700 °C. Es wird ersichtlich, daß diese Legierung eine hinreichend hohe Elastizitätsgrenze bis zu 500 °C besitzt. Die Ergebnisse der Relaxationsprüfungen **(Bild 254)** zeigen, daß die Legierung HN 68 VKTJu eine hohe Relaxationsfestigkeit besitzt, die die der Legierung HN 77 TJuR übertrifft. Wie in der Arbeit [223] gezeigt wurde, führt die Elektropolierung von Bändern aus HN 68 VKTJu zur Entfernung einer Oberflächenschicht von 10 µm (nach dem gesamten Zyklus der Verfestigungsbehandlung) zu einer beträchtlichen Erhöhung der Relaxationsfestigkeit dieser Legierung **(Tabelle 53)**.

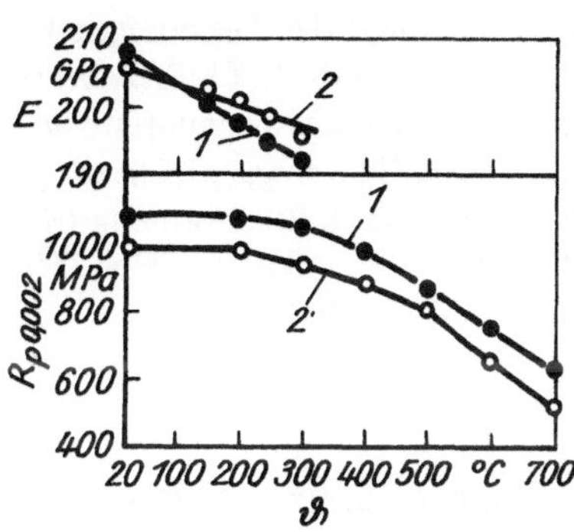

Bild 253. Einfluß der Prüftemperatur ϑ auf die mechanischen Eigenschaften der Legierungen HN 68 VKTJu *(1)* und HN 67 VMTJu *(2)*. *Ausgangszustand:* Abschreckhärtung bei 1150 °C und gestufte Alterung, 4 h, bei 800 und 700 °C

Tabelle 53. Einfluß des elektrochemischen Polierens auf die Relaxationsfestigkeit der Legierung HN 68 VKTJu [223]

Wärmebehandlung	$\vartheta_{Prüf}$ °C	R_m MPa	$(R_r/R) \cdot 100\%$ innerhalb von (h)			
			20	100	200	1000
Abschrecken ab 1160 °C,	20	970	—	87,5	86,5	84,9
Alterung bei 800 °C,	500	670	86,5	82,0	81,5	—
4 h + 700 °C, 3 h	550	670	81,0	79,5	—	—
	600	670	80,0	76,0	—	—
ebenda, elektrochemisches Polieren mit Schichtabtrag von	20	970	—	90,2	89,0	87,5
	500	670	89,2	86,0	85,9	—
10 µm	550	670	85,2	84,0	—	—
	600	670	84,0	80,3	—	—
Abschrecken ab 1160 °C,	20	1200	—	92,3	91,3	89,6
Verformung, $\eta = 15\%$,	500	830	91,7	90,0	90,0	—
Alterung bei 800 °C,	550	830	90,8	89,0	—	—
2 h + 700 °C, 1 h	600	830	88,7	87,5	—	—
ebenda, elektrochemisches Polieren mit Schichtabtrag von	20	1200	—	94,5	93,5	92,7
	500	830	94,0	92,5	92,5	—
10 µm	550	830	93,0	91,5	—	—
	600	830	90,5	90,5	—	—

Weitaus bessere Eigenschaften bei Wärmebelastung besitzt die Legierung HN 58 VKBTJu [238] mit folgender Zusammensetzung gemäß TU 14-131447-79 (in %): Fe 11,0 bis 13,0; W 11,0 bis 12,5; Cr 16,0 bis 18,0; B $\leq$ 0,005; Co 6,0 bis 7,0; Nb 1,4 bis 1,7; Al 1,3 bis 1,8; Ti 2,5 bis 3,0; La $\leq$ 0,02; Y $\leq$ 0,002; Rest Ni. Diese Legierung wird wie folgt verfestigt: Abschreckhärtung bei 1130 bis 1160 °C, Wasserhärtung und Stufenalterung bei 800 °C, 1 bis 2 h, und bei 700 °C, 2 bis 4 h.

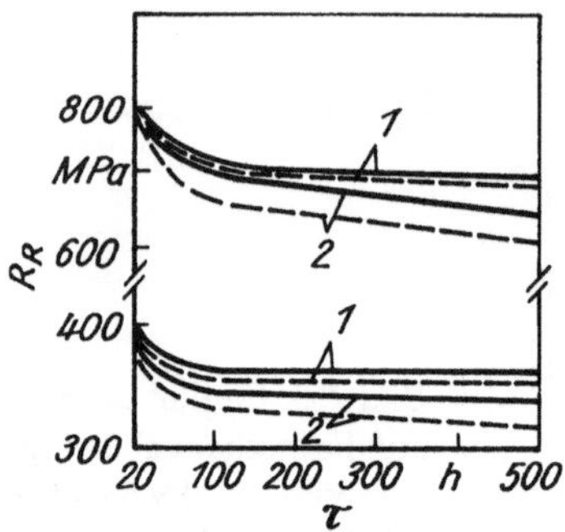

Bild 254. Relaxationsfestigkeit (——— in Walzrichtung; — — — quer zur Walzrichtung) der Legierungen HN 67 VMTJu (*1*) und HN 77 TJuR (*2*) bei 400 und 500 °C und Anfangsspannungen von 400 und 800 MPa. *Ausgangszustand*: Abschreckhärtung, Kaltverformung (für HN 67 VMTJu — 3%; für HN 77 TJuR — 40%) und Alterung

Diese Legierung kann in einem breiten Temperaturbereich von −196 bis 600 °C eingesetzt werden. Da diese Legierung nach der Abschreckhärtung günstige Eigenschaften aufweist ($R_m \approx$ 850 MPa; $A \approx$ 34%), können aus ihr durch Kaltverformung elastische Elemente mit hinreichend komplizierter Form hergestellt werden, deren Verfestigung durch die sich anschließende Alterung erfolgt. Im folgenden werden die mechanischen Eigenschaften der Legierung HN 58 VKBTJu nach der Abschreckhärtung und Alterung (im Zähler) sowie nach der thermomechanischen Behandlung (im Nenner) bei den Prüftemperaturen von 20 und 600 °C angegeben:

	20 °C	600 °C
R_m, MPa	1400 bis 1550	1250 bis 1350
	1600 bis 1750	1400 bis 1500
$R_{p\,0,2}$, MPa	1050 bis 1100	950 bis 1050
	1300 bis 1450	1100 bis 1250
$E \cdot 10^{-4}$, MPa	19,5 bis 21,0	17,0 bis 18,0
	20,0 bis 22,0	17,0 bis 19,0

In den Arbeiten [239, 240] werden die Zerfallsmechanismen des γ-Mischkristalls in den Legierungen des Systems NiCr—Nb als Basis für die Federlegierungen 70 NHBTJu und 52 NKHBMO ausführlich untersucht. Auf dem Diagramm (**Bild 255**) sind die Bedingungen für die Änderung der Mechanismen des Zerfalls des γ-Mischkristalls der Legierung NiCr 20 Nb 8,7 nach der Abschreckhärtung bei 1180 °C, 30 min, sowie die Bereiche der Entwicklung des kontinuierlichen und diskontinuierlichen Zerfalls und der Bildung einer stabilen Widmannstädter Struktur angegeben. Durch zusätzliche Dotierung der Legierungen, z. B. mit Molybdän, Aluminium, Bor, Wolfram oder Eisen, durch Vorgabe verschiedener Temperatur-Zeit-Bedingungen für die Alterung sowie auch durch Kaltverformung kann der Zerfallsmechanismus in der erforderlichen Richtung verändert werden. Die Änderung der Eigenschaften der Legierung 70 NHBMJu (Zusammensetzung in %: C $\leq$ 0,06; Cr 14 bis 16; Nb 8 bis 9; Mo 2,5 bis 3,9; Al 0,7 bis 1,2) ist in den **Bildern 256** und **257** dargestellt. Die hinreichend hohe Plastizität im abschreckgehärteten Zustand ($A = 40\%$) erlaubt die Herstellung elastischer Elemente mit verhältnismäßig komplizierten Formen. Im Ergebnis der Alterung bei 750 °C kommt es zu einem beträchtlichen Festigkeitszuwachs (s. Bild 257). Strukturuntersuchungen an der Legierung nach deren Alte-

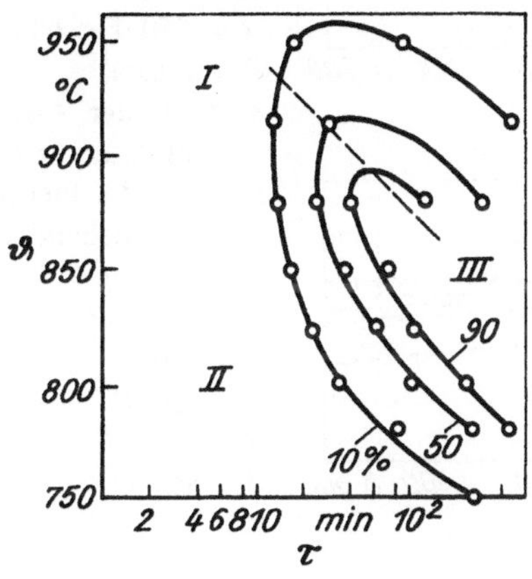

Bild 255. Diagramm der isothermischen Umwandlung des γ-Mischkristalls in der Legierung NiCr 20 Nb 8,7. *Ausgangszustand*: Abschreckhärtung bei 1180 °C, 30 min. Die Ziffern an den Kurven entsprechen dem Volumenanteil der Zellen des diskontinuierlichen Zerfalls [236]
I — Widmannstädt-Zerfall
II — kontinuierlicher Zerfall
III — diskontinuierlicher Zerfall

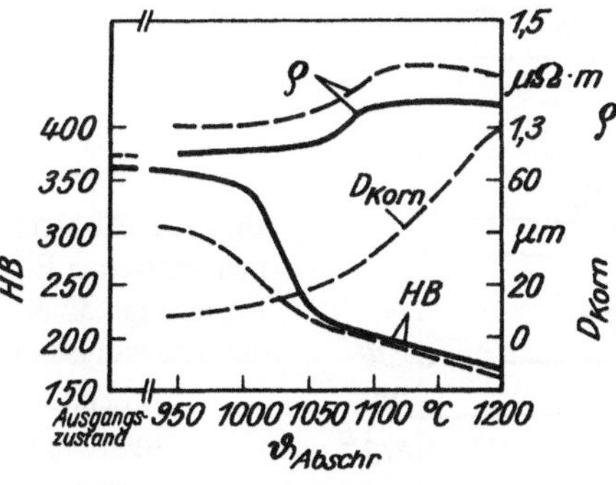

Bild 256. Abhängigkeit der Eigenschaften und der Korngröße D_{Korn} der Legierung 70 NHBMJu von der Abschrecktemperatur $\vartheta_{\text{Abschreck}}$. *Ausgangszustand*: Kaltverformung, $\eta = 40\%$ (nach BARSEGIAN)

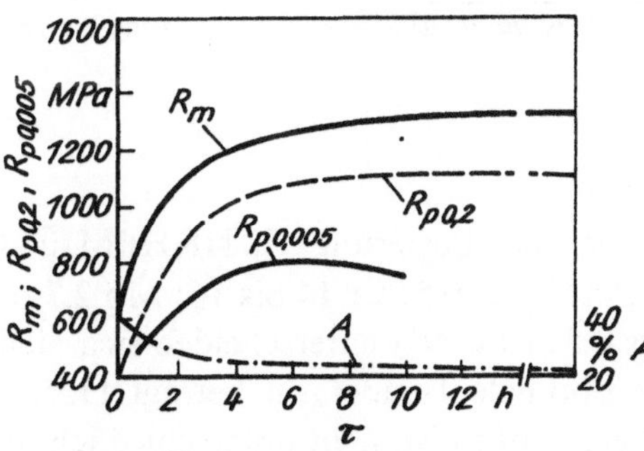

Bild 257. Abhängigkeit der mechanischen Eigenschaften der Legierung 70 NHBMJu von der Alterungsdauer τ bei 750 °C. *Ausgangszustand*: Abschreckhärtung ab 1100 °C (Wasserhärtung) (nach BARSEGIAN)

rung wiesen alle drei möglichen Modifikationen der Ni_3Nb-Phase nach: γ'', γ' und β [242]. In vergleichender Weise wurden die Legierungen 70 NHBMJu und HN 68 VKTJu hinsichtlich ihrer Relaxationsfestigkeit in Abhängigkeit von den Bedingungen der Verformung und der Wärmebehandlung untersucht **(Bild 258)**.

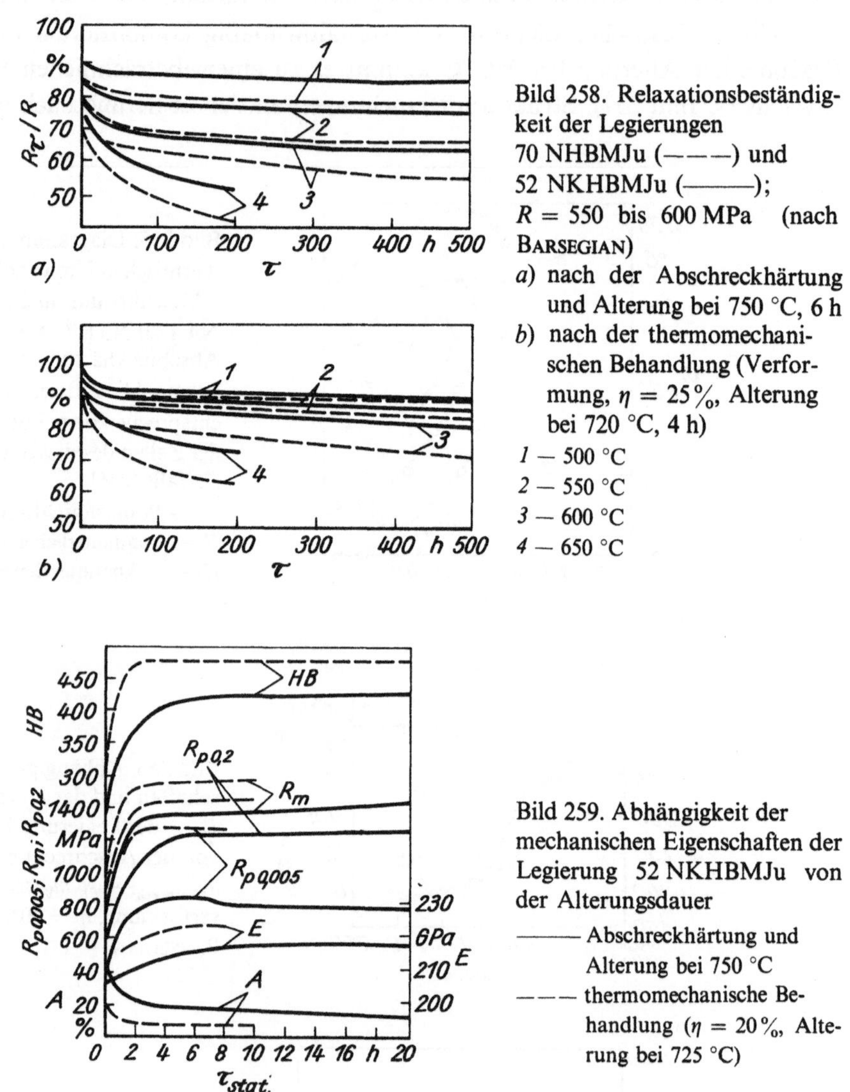

Bild 258. Relaxationsbeständigkeit der Legierungen
70 NHBMJu (— — —) und
52 NKHBMJu (———);
$R = 550$ bis $600\,MPa$ (nach BARSEGIAN)
a) nach der Abschreckhärtung und Alterung bei 750 °C, 6 h
b) nach der thermomechanischen Behandlung (Verformung, $\eta = 25\%$, Alterung bei 720 °C, 4 h)
1 — 500 °C
2 — 550 °C
3 — 600 °C
4 — 650 °C

Bild 259. Abhängigkeit der mechanischen Eigenschaften der Legierung 52 NKHBMJu von der Alterungsdauer
——— Abschreckhärtung und Alterung bei 750 °C
— — — thermomechanische Behandlung ($\eta = 20\%$, Alterung bei 725 °C)

Die Abschreckbedingungen für die Legierung 52 NKHBMJu (Zusammensetzung in %: C $\leq$ 0,06; Si $\leq$ 0,5; Mn $\leq$ 0,5; Cr 14 bis 16; Mo 2,7 bis 3,3; Co 19 bis 22; Al 0,7 bis 1,3; Nb 8,5 bis 9,5; Rest NI) unterscheiden sich nicht von denen der Legierung 70 NHBMJu; die optimale Temperatur beträgt 1125 ± 25 °C. Die Alterungskinetik dieser beiden Legierungen ist nicht unterschiedlich, jedoch ist das Verfestigungsniveau der erstgenannten höher **(Bild 259)**. In Übereinstimmung mit der Arbeit [242] hängt diese hohe Verfestigung der Legierung mit der Ausscheidung der flächenzentrierten tetragonalen γ''-Phase zusammen, deren Teilchen von homogener Größe sind und 0,05 μm nicht übersteigen. An den Korngrenzen treten vereinzelt Teilchen der γ'-Phase und der β-Phase auf. Es gibt Hinweise, daß in Anwesenheit von Kobalt der Mechanismus des kontinuierlichen Ausscheidungsprozesses verstärkt wird.

Es kann angenommen werden, daß in Anwesenheit von Kobalt das Aluminium effektiver auf die Hemmung des diskontinuierlichen Zerfalls einwirkt. Wahrscheinlich bedingt die große Homogenität der Körner der γ''-Phase beim kontinuierlichen Zerfall auch die bessere Relaxationsfestigkeit der Legierung 52 NKHBMJu im Vergleich zur Legierung 70 NHBMJu (s. Bild 258), wenn auch die Eigenschaften in kurzzeitig durchgeführten Warmzugversuchen allgemein nicht von der Kobaltzugabe in die Legierung abhängen **(Bild 260)**.

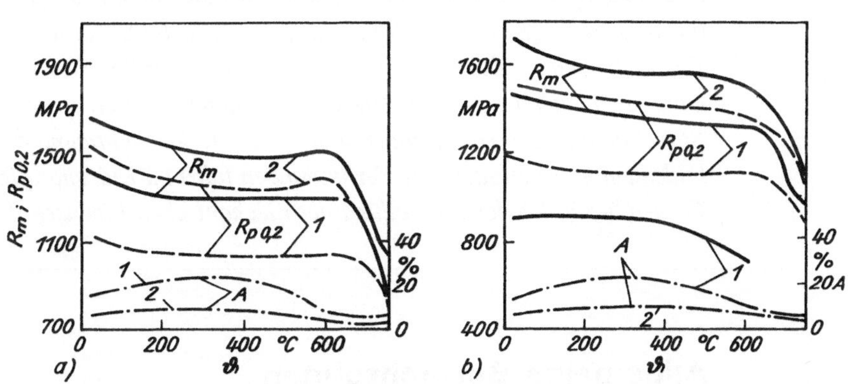

Bild 260. Abhängigkeit der mechanischen Eigenschaften der Legierungen 70 NHBMJu (*a*) und 52 NKHBMJu (*b*) von der Prüftemperatur ϑ

1 — nach der Abschreckhärtung bei 750 °C, 6 h

2 — nach der thermomechanischen Behandlung (Verformung, $\eta = 25\%$, Alterung bei 725 °C, 4 h)

Die Eigenschaften der Legierung 52 NKHBMJu können wesentlich verbessert werden, indem durch die gerichtete Erstarrung eine dendritische Verbundstruktur aufgebaut wird. Eine ausführliche Beschreibung dieser modifizierten Erstarrungsvorgänge geben OVCHAROV, BAEG'IAN, BOKSHICKIJ, SAMARINA[1]. 52 NKHBMJu wird durch das Element Niob bedingt, dessen effektiver Verteilungskoeffizient sich wesentlich von 1 unterscheidet, wodurch eine bedeutende Dendritenseigerung bei der Erstarrung eintritt.

---

[1] »Präzisionsverbundwerkstoffe«. Moskau: Metallurgija 1983, S. 23—32

3. Federlegierungen auf Kobaltbasis

Die paramagnetischen Kobaltbasislegierungen weisen eine hohe Korrosionsbeständigkeit auf und besitzen eine bedeutende mechanische Festigkeit bei statischen und zyklischen Belastungen. Die Festigkeitseigenschaften einiger Federlegierungen auf Kobaltbasis erreichen Beträge oberhalb von 3200 MPa und sind damit vergleichbar mit denen hochgekohlter Stähle nach dem Patentieren und der Kaltverfestigung. Sie zeichnen sich durch eine bedeutend höhere Gestaltfestigkeit aus. In den nachfolgenden Ausführungen werden die Anlaßbedingungen für die Federlegierungen auf Kobaltbasis sowie die Struktur und die Eigenschaften im Zusammenhang mit elektronenmikroskopischen Untersuchungen verglichen. Die Untersuchung von Versetzungen, Stapelfehlern, Mikrozwillingen u. a. unter Berücksichtigung der sich bildenden intermetallischen Verbindungen führt zu Klärung offener Fragen bezüglich der Einstellung der mechanischen Eigenschaften.

3.1. Allgemeine Betrachtungen

Zu der Gruppe der Federlegierungen auf Kobaltbasis zählen die Legierungen der Systeme Co—Ni und Co—Cr—Ni, denen folgende Elemente zugesetzt werden können: Molybdän, Wolfram, Mangan, Titan, Aluminium, Rhenium, Kupfer und Niob **(Tabelle 54)**.

Die Federlegierungen auf Kobaltbasis sind paramagnetisch und zeichnen sich

Tabelle 54. Chemische Zusammensetzung der Kobaltbasis-Federlegierungen* (Angaben in %; nach [233])

Legierung	C	Si	Mn	Co	Ni
67 KN 5 B	0,05	0,1 ... 0,3	0,1 ... 0,3	Matrix	27 ... 29
40 KHNM	0,07 ... 0,12	0,5	1,8 ... 2,2	39 ... 41	15 ... 17
40 KHNMV	0,09 ... 0,11	0,5	1,8 ... 2,2	39 ... 41	14 ... 17
40 KHNMI	0,07 ... 0,09	0,5	1,8 ... 2,2	39 ... 41	15 ... 17
45 KHVN	0,15 ... 0,17	0,5	1,8 ... 2,2	44 ... 46	9 ... 11
40 KNHMVTJu	0,05	0,5	1,8 ... 2,2	39 ... 41	18 ... 20

* Die chemische Zusammensetzung und einige charakteristische Eigenschaften
ausländischer Federlegierungen auf Kobaltbasis werden in den Arbeiten
[243, 244] angegeben.

Tabelle 55. Mechanische und physikalische Eigenschaften von Kobaltbasislegierungen [233, 234]

Legierung (Einsatzmöglichkeit)	Verarbeitung	R_m MPa	$R_{p\,0,2}$	$R_{p\,0,005}$ %
67 KN 5 B (Stromführende Federn, Kontaktrelais)	Abschrecken bei 1000 °C, Anlassen bei 650 °C, 1 h	1480…2000	1380…1400	860…1110
40 KChNM (Triebfedern in mechanischen Motoren)	Wasserhärtung bei 1150…1170 °C	700… 800	—	—
	Abschrecken bei 1150 °C, Kaltverformung, Anlassen bei 450 °C, 4 h	2500…2700	2300…2500	1700
40 KChNMV (Streckfedern und Aufhängungen in Meßgeräten)	Wasserhärtung bei 1150 °C,	700… 750	—	—
	Abschrecken bei 1150 °C, $\eta = 80…85\%$, Anlassen bei 450 °C, 3 h (Draht, $d \leqq 100$ µm)	3000…3200	2300…2800	1500…1600
40 KChNMI (Kerne in elektrischen Meßgeräten)	Wasserhärtung bei 1170 °C,	90… 100	—	—
	Abschrecken bei 1170 °C, $\eta = 70…80\%$, Anlassen bei 500 … 550 °C, 4 h	3200…3800	2400…3000	1850…1950
45 KChVN (verschleißfeste Kugeln, Drehstabfedern, Recorder)	Wasserhärtung bei 1250 °C,	1100…1200	—	—
	Abschrecken bei 1250 °C, $\eta = 50\%$, Anlassen bei 550…600 °C, 4 h	2700…2300	2500…2600	1600…1700
40 KNChMVTJu (Unruhen in Uhren)	Wasserhärtung bei 1150 °C,	700… 800	350… 400	—
	Abschrecken bei 1150 °C, $\eta = 85\%$, Anlassen bei 500…550 °C, 4 h	2000…2200	1800…2000	150… 160

* X paramagnetische Suszeptibilität

durch hohe Korrosionsbeständigkeit unter tropischen Bedingungen, in Säuren, alkalischen Medien und anderen aggressiven Bedingungen aus; sie besitzen eine bedeutende Festigkeit bei statischen und zyklischen Belastungen, einen hohen Widerstand bei mikroplastischen Verformungen infolge kurzzeitiger Belastung; es werden nur kleine unelastische Effekte beobachtet.

Die Festigkeitseigenschaften einiger dieser Legierungen (der statische Widerstand erreicht Beträge von 3200 MPa und mehr) sind ähnlich den Eigenschaften hochgekohlter Stähle nach dem Patentieren und der Kaltverfestigung, wobei die kobalthaltigen Legierungen eine bedeutend höhere Gestaltfestigkeit aufweisen.

A %	HB	d t/m³	E GPa	$\alpha_E \cdot 10^6$ °C⁻¹	$\alpha_1 \cdot 10^6$ °C⁻¹	ϱ μΩ·m	$X^* \cdot 10^6$
2,5 ... 5	—	—	180 ... 190	250 ... 300	12 ... 14	0,27 ... 0,34	—
40 ... 50	180 ... 200	—	—	—	—	—	—
3 ... 5	600 ... 700	8,3	200 ... 220	200 ... 250	12 ... 16	0,9 ... 1	942,5 ... 1885,0
40 ... 50	180 ... 200	—	—	—	—	—	—
4 ... 6	580 ... 630	8,5	207 ... 215	200 ... 250	12 ... 16	0,9 ... 1	628,3 ... 1256,6
40 ... 50	—	—	—	—	—	—	—
—	—	—	—	—	—	0,9 ... 1,1	628,3 ... 1256,6
20 ... 25	—	—	—	—	—	—	—
0 ... 2	650 ... 700	9,17	230 ... 250	—	13 ... 15	0,8 ... 0,9	314,2 ... 628,3
55 ... 60	140 ... 160	—	—	—	—	—	—
4 ... 6	550 ... 600	8,5	210 ... 230		14 ... 16	1,0 ... 1,1	628,3 ... 1885,0

Die Kombination der paramagnetischen Eigenschaften, der Korrosionsbeständigkeit mit den hohen Festigkeits- und Federeigenschaften bedingt den Einsatz dieser Legierungen im Gerätebau in Form von Federn der entsprechenden Zweckbestimmung. Aus der Legierung »Algiloy« (eine Legierung analog zu 40 KHNM) wurden z. B. die Federn für die Vorrichtung zum Ausfahren der Antenne des Raumschiffes »Wiking« (USA) auf dem Flug zum Mars hergestellt. Die wichtigsten mechanischen Eigenschaften und Einsatzgebiete der Legierungen auf Kobaltbasis als Federwerkstoff sowie die Bedingungen für die Verfestigungsbehandlung sind in der **Tabelle 55** angegeben. Die hohen Festigkeits- und elastischen Eigenschaften der

Legierungen des Systems Co—Cr—Ni werden nach der Abschreckhärtung, Kaltverformung mit Verformungsgraden nicht unterhalb 30 bis 50% und einer folgenden Anlaßglühung erreicht (**Bilder 261 und 262**).

Die verbreitetste Legierung dieser Gruppe ist die Legierung 40 KHNM, die hauptsächlich für die Herstellung von Flach- und Schraubenfedern, Aufziehfedern und Kernen eingesetzt wird. Die Legierung 40 KHNMB zeichnet sich durch ihre kleine elastische Nachwirkung aus, die um eine Größenordnung kleiner ist als die der Berylliumbronze [233]. Die Legierung 40 KNHMVTJu wird hauptsächlich in Form von Flachdraht für die Herstellung von Aufziehfedern in kleinen Unruhen in der Uhrenindustrie eingesetzt. Vor der Breitung wird der Draht stark verformt (80 bis 90%). Hierbei entsteht eine ausgeprägte axiale ⟨111⟩ Textur, wodurch sich der Elastizitätsmodul und die Elastizitätsgrenze erhöhen. Elastische Elemente aus Legierungen des Systems Co—Cr—Ni können bei Betriebstemperaturen bis zu 400 °C eingesetzt werden; bei höheren Temperaturen wird bereits eine merkliche Entfesti-

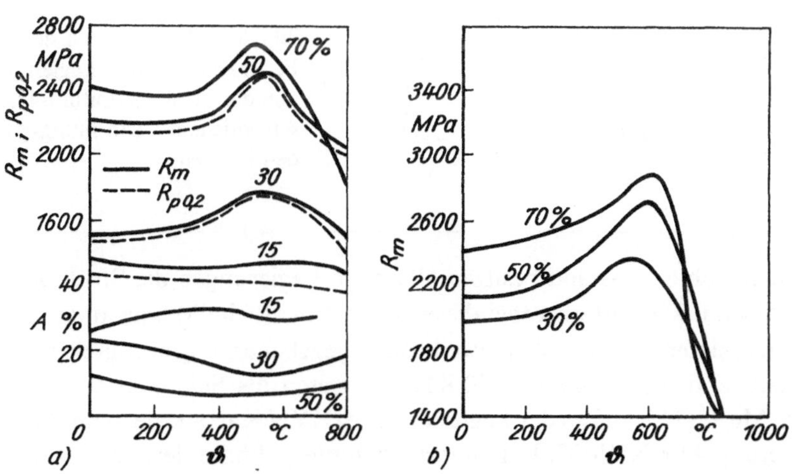

Bild 261. Abhängigkeit der mechanischen Eigenschaften der Legierungen 40 KHNM (*a*) und 45 KHVN (*b*) von der Anlaßtemperatur ϑ und dem Vorverformungsgrad (Ziffern an den Kurven) [233]

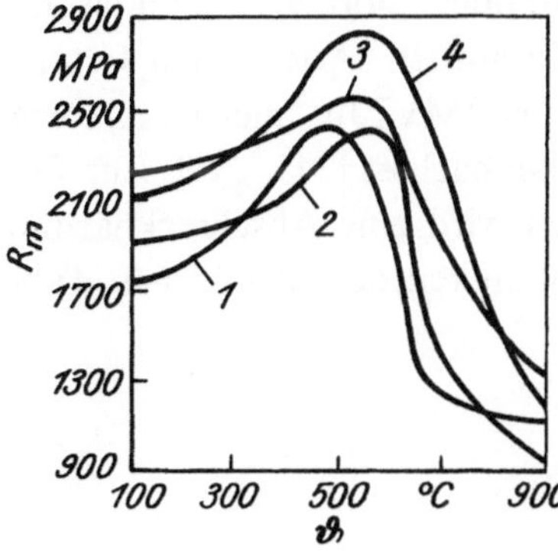

Bild 262. Abhängigkeit der statischen Festigkeit R_m der Legierungen auf Kobaltbasis von der Anlaßtemperatur [233]

1 — 40 KHNM   *3* — 40 KHNMI
2 — 40 KHNMV   *4* — 45 KHVN

gung beobachtet **(Bild 263)**. Gleichfalls wird die Verringerung des Elastizitätsmoduls vermerkt.

Für die Legierungen 67 KN 5 B, 40 NKHTJuM und 40 NKHTJuMD wird eine Verfestigungsbehandlung empfohlen, die die Abschreckhärtung und die Alterung vorsieht, weil in diesen Legierungen während der Alterung eine beträchtliche Menge intermetallischer Phase ausgeschieden wird, die die Festigkeitssteigerung gewährleistet. Die hohe Relaxationsfestigkeit bei 400 bis 500 °C und die erhöhte elektrische Leitfähigkeit der Legierung 67 KN 5 B bedingen deren Anwendung als stromführende Federn.

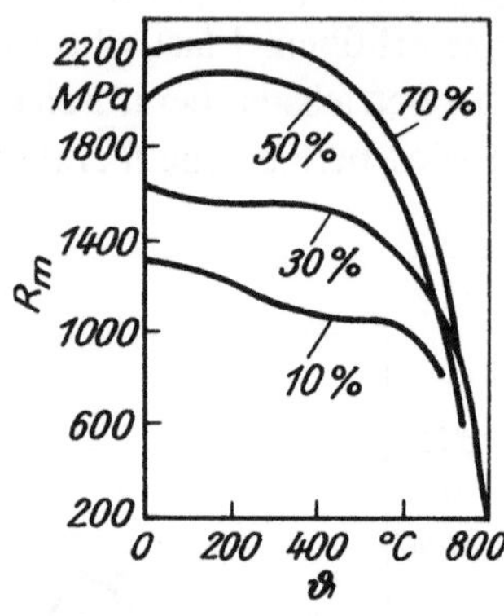

Bild 263. Abhängigkeit der statischen Festigkeit R_m der Legierung 40 KHNM von der Prüftemperatur ϑ [233] bei unterschiedlichem Verformungsgrad (Ziffern an den Kurven)

Im geglühten Zustand besitzen alle diese Legierungen die Struktur des γ-Mischkristalls mit kfz-Gitter, wobei diese eine beträchtliche Menge an groben Sekundärteilchen, deren Typ von den jeweiligen zugegebenen Legierungselementen abhängt, enthalten. In der Legierung 40 KHNM treten als Sekundärteilchen Karbide des Typs Me_6C [245] auf, in der Legierung 45 KHVN Karbide des Typs WC [246], in der Legierung 40 KNHMVTJu hauptsächlich die γ'-Phase des Typs $Ni_3(Ti, Al)$ und in der Legierung 40 NKHTJuM neben der γ'-Phase auch Einschlüsse der σ-Phase [234].

Es muß darauf verwiesen werden, daß in den Legierungen des Systems Co—Cr—Ni—Mo, die keinen Kohlenstoff oder Elemente enthalten, die zur Bildung der γ'-Phase führen, wie z. B. Titan, Aluminium oder Niob, als Sekundärphase die intermetallische Verbindung des Typs Co_3Mo auftritt. Aus diesem Grunde werden in den Federlegierungen 40 KNHM, 40 KNHMVTJu und 40 KHNMV Teilchen dieser Verbindung in geringen Mengen beobachtet [245, 247]. Zur Erreichung der erforderlichen Plastizität der Legierungen wird eine Abschreckhärtung bei hohen Temperaturen mit hoher Abkühlgeschwindigkeit durchgeführt (s. Tabelle 55).

3.2.   Einfluß der Kaltverformung auf die Struktur und die Eigenschaften der Legierungen

Die Legierungen auf Co—Cr-Basis werden im Anschluß an die Abschreckhärtung unbedingt kaltverformt, und zwar mit unterschiedlichen Verformungsgraden:

Legierungen für Spanndrähte — $>80\%$;
Legierungen für Federn, die wärmebelastet arbeiten — 30 bis 40%.

So erhöht sich der statische Widerstand der Legierung 40 KHNM nach der Verformung (Verformungsgrad 50 bis 70%) um das 2- bis 3fache (s. Bild 261).

Gegenwärtig gelten als besonders gründlich untersucht die Gefügeänderungen unter dem Einfluß der Verformung: die Legierungen 40 KHNM [248, 249], 45 KHVN [250], 40 KNHMVTJu [247] und »Nivaflex« (Zusammensetzung in %: C 0,03%; Co 45; Ni 21; Cr 18; W 4; Mo 4; Ti 1; Be 0,3; Rest Fe) [251]. Entsprechend diesen Arbeiten bilden sich bei kleinen Verformungsgraden (5 bis 20%) in den Legierungen unzählige Versetzungen, die in der Regel parallel zueinander angeordnet sind **(Bild 264a)**. Bis hin zu Verformungen mit einem Verformungsgrad von 70 bis 90% wird eine gleichmäßige Verteilung der Versetzungen beobachtet; eine Zellstruktur tritt nicht auf. Die niedrige Stapelfehlerenergie, die eine Quergleitung erschwert, ist eine der Ursachen für die hohe Kaltverfestigung der Kobaltlegierungen.

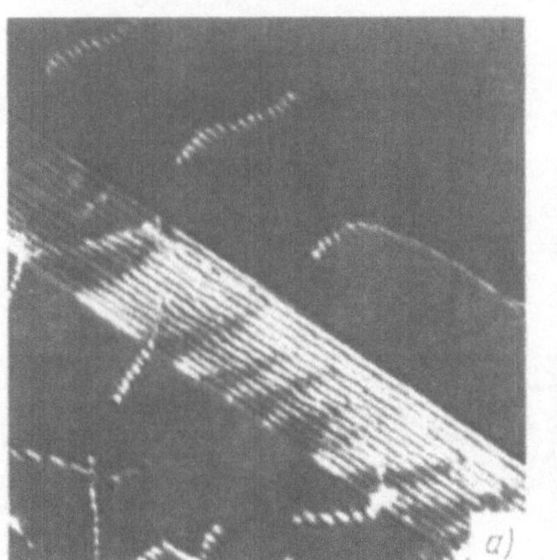
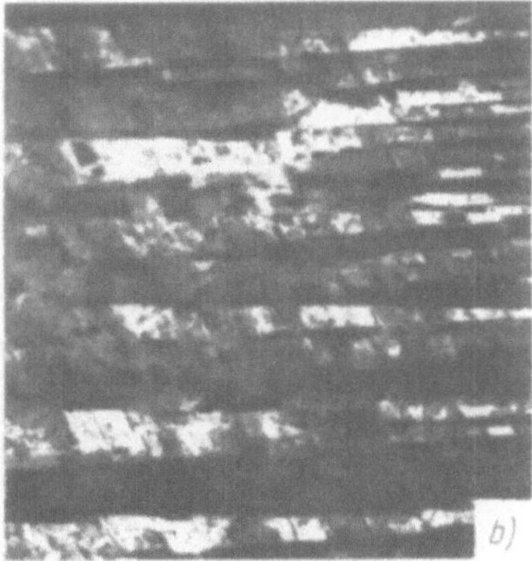

Bild 264. Versetzungen (*a*) und Mikrozwillinge (*b*) in der Legierung 40 KHNM nach der Abschreckhärtung und Verformung ($\eta = 5\%$) (nach VASILEV/GLEZER)

Neben der Gleitung der Versetzungen in den Legierungen verläuft bereits im Stadium der schwachen Verformung aktiv die Bildung von Zwillingen nach dem System $\{111\}\langle112\rangle$, in deren Ergebnis unzählige disperse Mikrozwillinge entstehen, die bei mittleren Verformungsgraden einen beträchtlichen Beitrag zur Verfestigung leisten (Bild 264b).

In den Legierungen mit niedriger Stapelfehlerenergie, insbesondere in den Kobalt-basislegierungen, kann bei der Kaltverformung eine Martensitumwandlung entsprechend $\gamma \to \varepsilon$ verlaufen [252, 253]. Bei mittleren Verformungsgraden bildet sich im Normalfall die ε-Phase plattenförmig aus, die der Form und Größe nach den verformten Mikrozwillingen ähnelt **(Bild 265a)**. Eine Ausnahme bildet die Legierung 40 KHNM, die mit der Dunkelfeldmikroskopie untersucht wurde. In dieser Legierung sind besonders deutlich nach der Verformung (Verformungsgrad 70%) fast koaxiale Teilchen mit einer Größe von ≈ 10 nm zu erkennen, deren Volumendichte $\approx 10^{11}\,\mathrm{cm}^{-3}$ beträgt (Bild 265b). Eine ähnliche Morphologie der ε-Phase wurde erstmalig beobachtet. Mit Erhöhung des Verformungsgrades wächst kontinuierlich der Anteil des ε-Martensits in den Legierungen. Dabei ändert sich in der Legierung

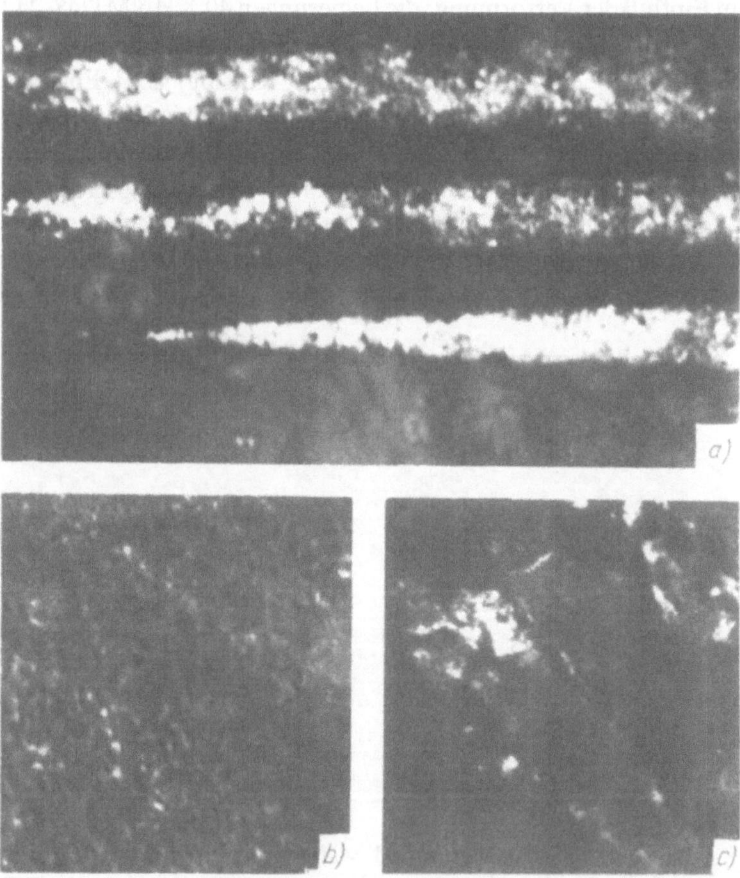

Bild 265. Elektronenmikroskopische Dunkelfeldaufnahmen vom ε-Martensit nach der Kaltverformung [247, 249]

a) 40 KNHMVTJu, $\eta = 40\%$ ($\times 37\,500$)

b) 40 KHNM, $\eta = 70\%$

c) 40 KNHMVTJu, $\eta = 90\%$ ($\times 36\,000$)

40 KNHMVTJu sogar die Morphologie — die lamellare Form der ε-Phase wird so zerstört, daß sich einzelne sehr kleine Teilchen ausbilden. Nach der Verformung mit einem Verformungsgrad von 90 % tritt der lamellare ε-Martensit nur noch sehr selten auf. Im Normalfall stellt der Martensit Bereiche unregelmäßiger Form dar, die in der Matrix chaotisch angeordnet sind (Bild 265 c).

Eine wichtige Rolle bei der Entstehung des ε-Martensits kommt den Stapelfehlern zu, weil sie ihrem Wesen nach ausgebildete Keime einer hexagonalen Phase in der γ-Matrix darstellen. In Übereinstimmung mit den Angaben von Lʏsᴀᴋ entstehen die Bereiche der ε-Phase mit hexagonalem Gitter bei der Überlappung der Stapelfehler, die in parallelen Ebenen der γ-Phase angeordnet sind [254]. Es sei vermerkt, daß die Verformungstextur im Draht aus den Legierungen 40 KHNM und 40 KNHMVTJu nur nach Verformungsgraden > 40 % ausgeprägt ist [225].

3.3. Einfluß des Anlassens nach der Verformung auf die Struktur und die Eigenschaften der Legierungen

Die endgültige Ausbildung der Struktur und der Eigenschaften der Federlegierungen auf Co—Cr—Ni-Basis, aber auch die Fixierung der Form der elastischen Elemente erfolgen beim Anlassen im Temperaturbereich von 400 bis 600 °C. Das Anlassen bewirkt einen zusätzlichen Festigkeitsanstieg in um so größerem Maße, je höher der Verformungsgrad gewählt wird (Bild 261 und **Bild 266**). Im Verlauf des Anlaßprozesses steigen besonders stark die Elastizitätsgrenze (2- bis 3mal) sowie der Elastizitätsmodul (um 5 bis 7 %).

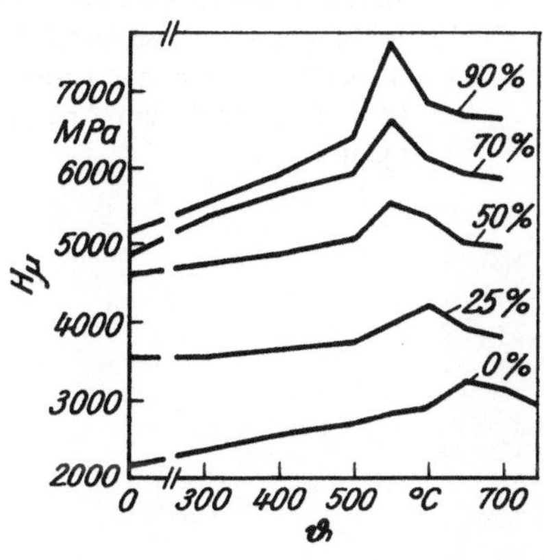

Bild 266. Abhängigkeit der Mikrohärte H_μ der Legierung 40 KNHMVTJu von der Anlaßtemperatur ϑ und dem Verformungsgrad (Zahlen an den Kurven) (nach Tᴊᴜᴛᴊᴜɴɪᴋ)

In einigen Arbeiten wird die Verfestigung im Zusammenhang mit der Bildung der Guinier-Preston-Zonen oder mit der Ausscheidung der Phasen des Typs CrCo und CrFe gesehen. Sᴋᴀᴋᴏᴠ und Mᴇᴢᴇɴɴʏɪ deuten den Festigkeitszuwachs durch Anlassen bei $T = 500$ °C mit der Entstehung von Suzuki-Segregationen an den Stapelfehlern, wobei diese Segregationen aus Molybdän- und Kohlenstoffatomen sowie offensichtlich auch aus Chromatomen bestehen [284]. Bei höheren Anlaßtemperaturen (600 bis 650 °C) wurde in der Arbeit von SKAKOV und UMANSKIJ die Ausscheidung von Karbiden des Typs Co_3Mo_3C und $C_{23}C_6$ festgestellt. Hierbei wird jedoch eine Entfestigung der Legierung beobachtet.

Es wurde beobachtet, daß die strukturellen Veränderungen beim Anlassen nach der Verformung in verschiedenen Co—Cr—Ni-Basislegierungen sowohl allgemeine als auch unterschiedliche Merkmale aufweisen, die durch die Zugabe derartiger Elemente wie Kohlenstoff, Titan und Aluminium bestimmt werden. In kohlenstofffreien Legierungen auf Co—Ni—Cr-Basis, in denen ebenso wie auch in den Legierungen 40 KNHMVTJu und 40 KHNM nach der Verformung ε-Martensit gebildet wird, bilden sich beim Anlassen neue Bereiche der ε-Phase in Form von Platten oder disperser Teilchen [256, 257]. Außerdem werden in diesen Legierungen entlang der plattenförmigen ε-Phase und den Mikrozwillingen Teilchen der Co_3Mo-Verbindung beobachtet [256]. Elektronenmikroskopische Abbildungen der ε-Phase zeigen, daß beim Anlassen die Bildung neuer disperser Teilchen erfolgt, während die im Verlauf der Verformung bereits gebildeten Teilchen wachsen **(Bild 267)**.

Die Besonderheiten der Strukturumwandlungen beim Anlassen der Legierung

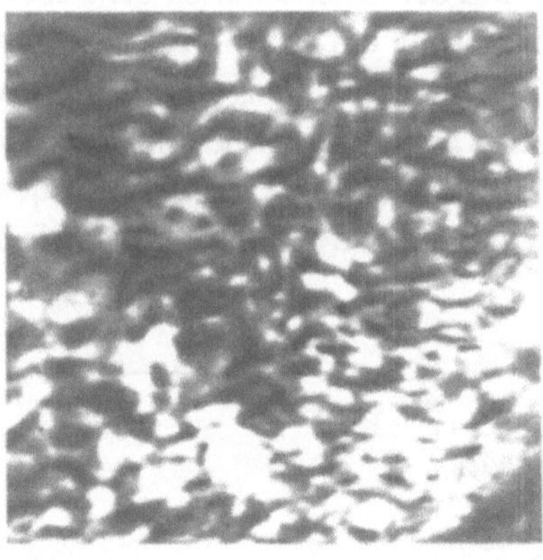

Bild 267. Elektronenmikroskopische Abbildung der ε-Phase in der Legierung 40 KHNM nach der Kaltverformung ($\eta = 70\%$) und dem Anlassen bei 500 °C [249]

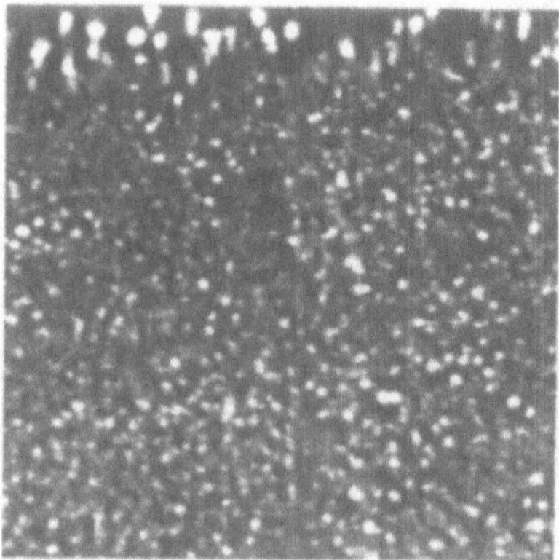

Bild 268. Gefüge der Legierung 40 KNHMVTJu nach Abschreckhärten und Anlassen bei 800 °C, 4 h; sichtbar sind die Teilchen der γ'-Phase ($\times 99\,000$) (nach GLEZER)

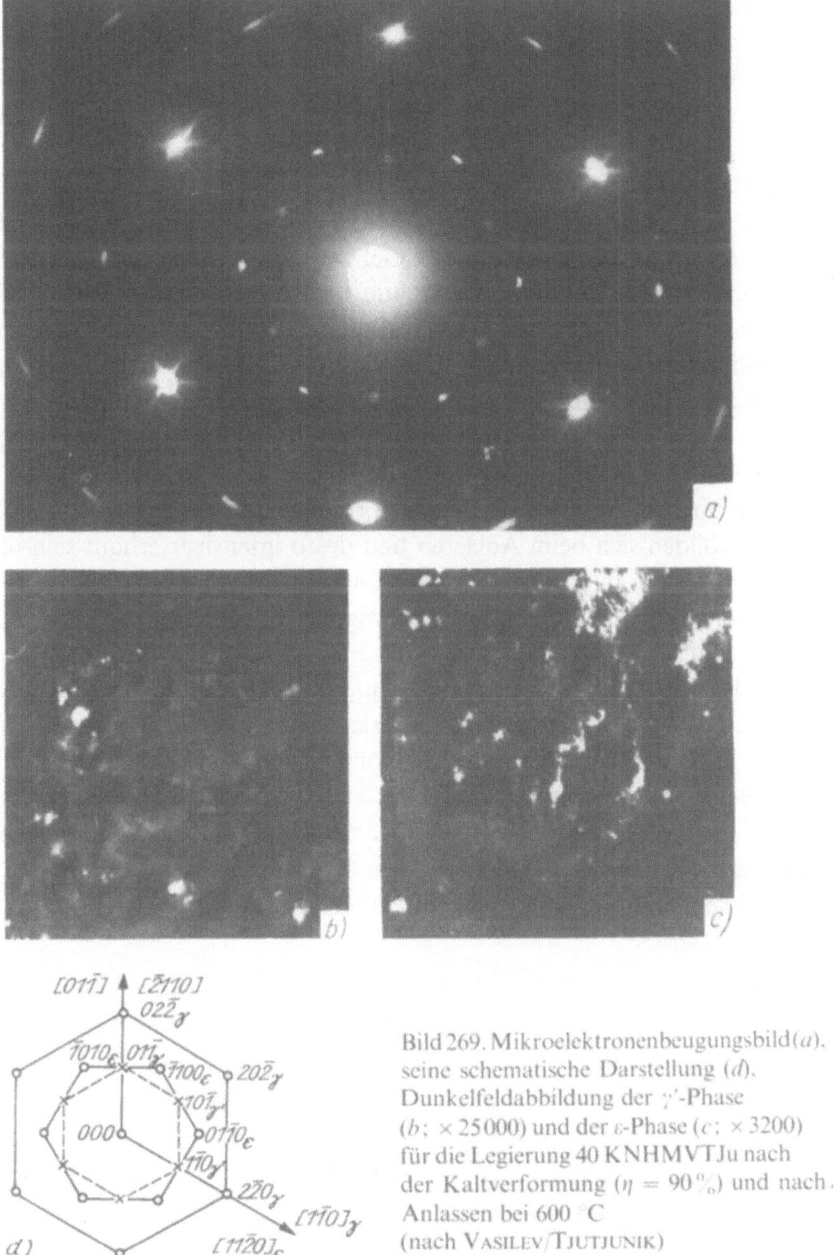

Bild 269. Mikroelektronenbeugungsbild(*a*), seine schematische Darstellung (*d*), Dunkelfeldabbildung der γ'-Phase (*b*; ×25000) und der ε-Phase (*c*; ×3200) für die Legierung 40 KNHMVTJu nach der Kaltverformung ($\eta = 90\,\%$) und nach. Anlassen bei 600 °C (nach Vasilev/Tjutjunik)

40 KNHMVTJu ergeben sich daraus, daß diese Legierung weniger Kohlenstoff enthält und zusätzlich mit Titan und Aluminium dotiert worden ist. Dadurch bildet sich im Gefüge die metastabile γ'-Phase des Typs $Ni_3(Ti, Al)$ aus, die nach $L1_2$ geordnet ist. Die Keime der γ'-Phase entstehen unmittelbar bei der Abschreckhärtung.

Die Kinetik der Alterung wird durch langsames Wachsen der Teilchen der γ'-Phase charakterisiert; nach dem Anlassen bei 700 °C, 4 h, beträgt die mittlere Teilchengröße nur 6 nm, nach dem Anlassen bei 800 °C, 4 h, 11,5 nm **(Bild 268)**.

Im Ergebnis der Verformung (Verformungsgrad 90%) und des Anlassens bei 600 °C, 4 h, bildet sich in Übereinstimmung mit den Angaben von TJUTJUNIKOV ein kompliziertes Gefüge aus, in dem ihrer Natur nach unterschiedliche γ- und γ'-Phasen, ε-Martensit **(Bild 269)** und die Verbindung $Co_3(Mo, W)$ auftreten. Die charakteristische Besonderheit des Gefüges dieser Legierung nach einer starken Verformung und dem Anlassen ist die bedeutende Streuung der Teilchengrößen in allen aufgezählten Phasen. Der Einfluß der Verformung führt dazu, daß sich bei der Bildung der γ'-Phase das Wachstum ihrer Teilchen beschleunigt (einzelne Teilchen der γ'-Phase erreichen nach einem Verformungsgrad von 90% und nach dem Anlassen bei 600 °C Größen von 70 nm) und ihre Zahl sich verringert (vgl. Bilder 268 und 269*b*), weil beim Anlassen nur die Keime wachsen, die nach der Verformung erhalten blieben. Je höher der Vorverformungsgrad ist, desto weniger Teilchen der γ'-Phase bilden sich beim Anlassen und desto intensiver erhöht sich die Menge an ε-Martensit und an Teilchen der Verbindung $Co_3(Mo, W)$. Mit der Verringerung des Anteils der γ'-Phase an der Verfestigung beim Anlassen (nach kleiner Verformung) steht die Senkung des absoluten Festigkeitszuwachses im Vergleich zum Anlassen der abschreckgehärteten Legierung (s. Bild 266) im Zusammenhang.

Insgesamt wird das Gefüge der Federlegierungen auf Co—Cr—Ni-Basis im maximal verfestigten Zustand durch eine große Anzahl von Verformungsfehlern gekennzeichnet — Versetzungen, Stapelfehler, Mikrozwillinge. Diese werden ergänzt durch verfestigend wirkende Phasen — ε-Martensit, Karbide und intermetallische Verbindungen. Einen günstigen Einfluß auf die mechanischen Eigenschaften übt die hohe Dispersität der gebildeten Phasen aus.

4. Federlegierungen auf Edelmetallbasis

Bei der Behandlung der Federlegierungen auf Edelmetallbasis werden zunächst die silberhaltigen Kontaktfederlegierungen auf der Basis der Systeme Ag—Mg—x sowie Ag—Mg—y vorgestellt. Das feinkörnige Gefüge im geglühten und inneroxydierten Zustand zählt zu den Vorteilen dieser Legierungen, die sich durch erhöhte Korrosionsfestigkeit auszeichnen und gleichzeitig über hohe elastische und elektrische Kontakteigenschaften verfügen. Es werden wissenschaftlich interessante Fragen bezüglich der Substruktur und der Versetzungsdichte untersucht. Als elastische Kontakte in Relais und anderen Schaltgeräten haben sie praktische Bedeutung erlangt.
Die zweite Gruppe bilden die Federlegierungen auf Basis von Palladium-, Gold- und Platinlegierungen. Sie finden vor allem in elektromechanischen Geräten, z. B. Kommutatoren und Motoren, praktische Anwendung.
Die verschiedenen Legierungen werden vor allem hinsichtlich ihrer erreichbaren mechanischen Eigenschaften behandelt.

4.1. Kontaktfederlegierungen auf Silberbasis, die durch innere Oxydation verfestigt werden[1]

Von besonderer Bedeutung unter den Federwerkstoffen sind die silberhaltigen Kontaktfederlegierungen auf der Basis der Systeme Ag—Mg—Ni, Ag—Mg—Ni—Zr, Ag—Au—Mg—Ni und Ag—Pd—Mg, denen die sowjetischen Bezeichnungen SrMgN-99, SrMgNCr-99, ZlSrMgN2-97 und SrPdMg 20-0,3 zugeordnet sind. In jeder der ersten drei Legierungen sind enthalten (%): 0,1 bis 0,3 Mg, 0,1 bis 0,3 Ni, außerdem in der Legierung SrMgNCr-99 0,05 bis 0,3 Zr und in der Legierung ZlSrMgN 2-97 1,5 bis 2,0 Au [261—263]. In der Legierung AgPdMg 20-0,3 sind 20% Pd, 0,3% Mg, Rest Silber enthalten [264]. Im Vergleich zu den niedrig legierten Silberlegierungen des Systems Ag—Mg—Ni (SrMg-99) zeichnet sich die Legierung SrPdMg 20-0,3 durch erhöhte Korrosionsfestigkeit, insbesondere in schwefelbelasteten Medien aus. Diese Legierungen sind gekennzeichnet durch gleichzeitig hohe elastische und elektrische Kontakteigenschaften. Aus diesem Grunde werden sie hauptsächlich als elastische Kontakte in Relais und in anderen Schaltgeräten eingesetzt. Sie besitzen ein feinkörniges Gefüge sowohl im geglühten als auch im inneroxydierten Zustand, weil die Oxidteilchen und das Nickel das Kornwachstum

---

[1] Verfasser: Dr.-Ing. E. S. SHPICHINECKIJ

hemmen. Nach einer normalen Glühung sind diese Legierungen plastisch, durch Stanzen und Biegen können aus ihnen Formteile beliebiger Konfiguration hergestellt werden.

Im Ergebnis der inneren Oxydation erhöhen sich bei der Glühung die Festigkeit, die Elastizitätsgrenze und der elektrische Widerstand. Die Oxydation bewirkt die Vergrößerung der Gitterperiode und der Breite der Beugungslinien, die mit niedrigeren Glühtemperaturen bei der inneren Oxydation noch ansteigen. Der Verfestigungsmechanismus bei der inneren Oxydation ist dem der Dispersionshärtung übersättigter Mischkristalle ähnlich. Er besteht in der Bildung von Oxidteilchen hoher Verteilungsdichte und wird begleitet durch eine schroffe Erhöhung des Bewegungswiderstandes der Versetzungen sowie durch eine unmittelbare Blockierung der Versetzungen durch Oxidteilchen. Die Neigung der Silberlegierungen zur inneren Oxydation kann damit erklärt werden, daß die Oxide, die sich bei Erwärmung des Silbers bilden, oberhalb 200 °C dissoziieren und der dabei frei werdende Sauerstoff, der sich durch eine hohe Diffusionsbeweglichkeit auszeichnet, für die Oxydation der Legierungselemente mit großer Sauerstoffaffinität zur Verfügung steht. Die sich dabei bildenden dispersen Oxidteilchen verfestigen das Silber. Der Verfestigungsbetrag hängt vom Dispersionsgrad und der Teilchenform, von der möglichen kohärenten Wechselwirkung mit der Matrix und der thermischen Oxidstabilität ab. Am besten entspricht diesen Forderungen das Magnesium, weil die Gitterperiode der Magnesiumoxide sich unwesentlich von der des Matrixgitters unterscheidet. Die sich bei der inneren Oxydation mit außerordentlich hoher Dispersität bildenden Magnesiumoxidteilchen sind mit der Silbermatrix kohärent verbunden und führen zu deren starker Verzerrung. Nickel als Legierungselement bewirkt eine starke Kornfeinerung und verlangsamt die Rekristallisationsvorgänge, wodurch die Verfestigung erhöht wird.

Die inneroxydierten verformten Legierungen besitzen eine Feinblock-Substruktur mit in den einzelnen Blöcken unregelmäßig angeordneten Versetzungen hoher Dichte. Es wird angenommen, daß ein derartiges Gefüge dann entstehen kann, wenn die Oxidteilchen nicht nur als die Versetzungsbewegung hemmende Barrieren auftreten, sondern auch selbst in den Gleitebenen als Versetzungsquellen wirken.

Der Verfestigungsgrad und die Kinetik der inneren Oxydation ternärer Silberbasislegierungen werden durch die Temperatur, den Magnesiumgehalt sowie den Werkstoffzustand bestimmt. Die mechanischen Eigenschaften der durch innere Oxydation verfestigten Silberbasislegierungen hängen wesentlich von der Technologie ihrer Herstellung ab. Speziell erhöhen sich in bedeutendem Maße die Elastizitätsgrenze, die Härte und der elektrische Widerstand mit wachsendem Verformungsgrad der der inneren Oxydation vorlaufenden Bänder. Offensichtlich besteht hier ein bestimmter Zusammenhang mit dem steigenden Verformungsgrad und der wachsenden Dichte der Versetzungen, die sich zu Beginn der inneren Oxydation einstellt.

Es wurde festgestellt, daß die beste Kombination der elastischen mit den Ermüdungseigenschaften bei verformten Legierungen dann erreicht wird, wenn die oxydierende Wärmebehandlung nach einer normalen Glühung bei 300 bis 350 °C vorgenommen wird. Dieses Ergebnis kann damit erklärt werden, daß sich bei einer

Glühung bei niedrigen Temperaturen die Magnesiumatome im Bereich der Versetzungen anlagern. Bei der sich anschließenden inneren Oxydation fixieren die Oxidteilchen die Versetzungen und damit die mit ihnen im Zusammenhang stehenden elastischen Gitterverzerrungen.

Die Erhöhung der Temperatur der inneren Oxydation von 500 bis auf 900 °C bewirkt eine gewisse Entfestigung. Mit der Erhöhung der Oxydationstemperatur erfolgt eine Koagulation der Oxidteilchen, die begleitet wird durch die Verringerung ihrer Elementarzelle und entsprechend durch die Zerstörung der kohärenten Bindung mit der Matrix. Im Anschluß daran erfolgt dann die Oxydation.

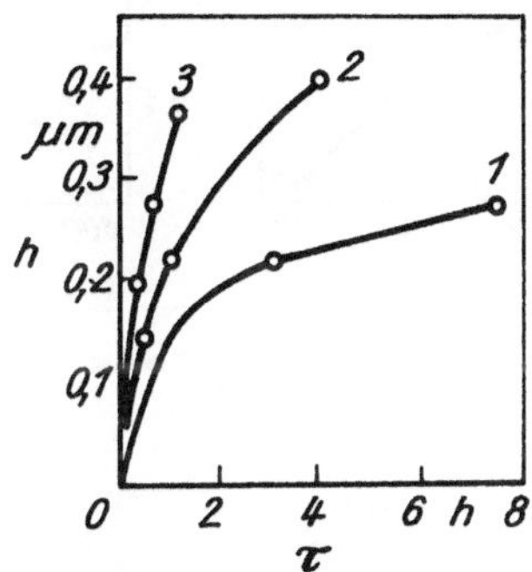

Bild 270. Zeitliche Abhängigkeit der Tiefe der inneroxydierten Zone h bei 600 (*1*), 700 (*2*) und 800 °C (*3*)

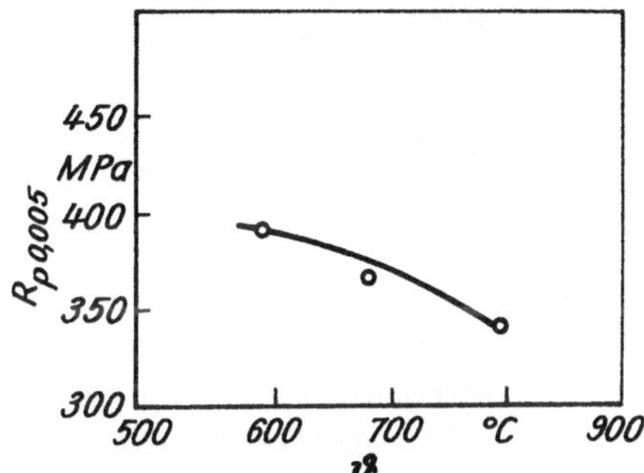

Bild 271. Abhängigkeit der Elastizitätsgrenze $R_{p0,005}$ der Legierungen des Systems Ag-Mg-Ni von der Temperatur der inneren Oxydation ϑ

Auf **Bild 270** wird die Änderung der Tiefe der *inneroxydierten Zone* von Proben gezeigt, die an Atmosphäre bei unterschiedlichen Temperaturen wärmebehandelt wurden. Hierbei ist leicht zu erkennen, daß sich die innere Oxydation dem parabolischen Gesetz nach PROKOSHKIN unterordnet. Der stationäre Widerstand und die relative Dehnung wachsen mit der Temperatur der inneren Oxydation (**Bild 272**). Bei der Elastizitätsgrenze ist eine geringe Tendenz zu niedrigeren Beträgen im Temperaturbereich von 600 bis 800 °C (**Bild 271**) zu beobachten. In analoger Weise ändern sich die Härte und der Elastizitätsmodul, der einen Betrag von 80 bis 90 GPA annimmt.

Die beste Kombination der Festigkeits- und elastischen Eigenschaften wird durch eine innere Oxydation im Temperaturbereich von 700 bis 730 °C erreicht. Bei Temperaturen unterhalb von 650 °C werden Versprödungserscheinungen beobachtet.

Die Legierungen der Systeme Ag—Mg—Ni und Ag—Pd—Mg besitzen relativ hohe Relaxationseigenschaften, deren Beständigkeit bei hohen Temperaturen nachgewiesen wurde. Aus dieser Sicht übertreffen die aufgeführten Legierungen die Berylliumbronze.

Die Verringerung der Relaxationsspannung der inneroxydierten Legierung AgMg 0,3 Ni 0,2 bei 700 °C und $R_m = 216$ bis 225 MPa, 100 h, betrug bei 150 °C 10%, d. h., sie entspricht praktisch dem Niveau der Bronze BrBe 2,5. Die Untersuchungen der Legierung SrPdMg 20-0,3 bei einer Spannung von 170 bis 200 MPa im Temperaturbereich von 20 bis 250 °C zeigten, daß diese Legierung im inneroxydierten Zustand eine gute Relaxationsbeständigkeit bis zu 150 °C aufweist. Bei dieser Temperatur **(Bild 273)** beträgt die Relaxation der Legierung nicht mehr als 7%, d. h. weniger als in den Berylliumbronzen.

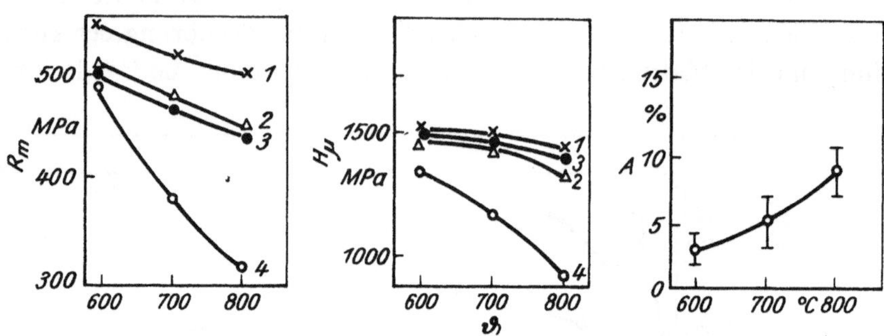

Bild 272. Abhängigkeit der mechanischen Eigenschaften der Silberbasislegierungen von der Temperatur der inneren Oxydation ϑ

Beimengungsgehalte in der Legierung:

1 — 0,3% Mg, 0,03% Ni, 0,05% Zr

2 — 0,3% Mg, 0,28% Ni, 2,0% Au

3 — 0,3% Mg, 0,18% Ni

4 — 0,3% Mg, 0,2% Zr

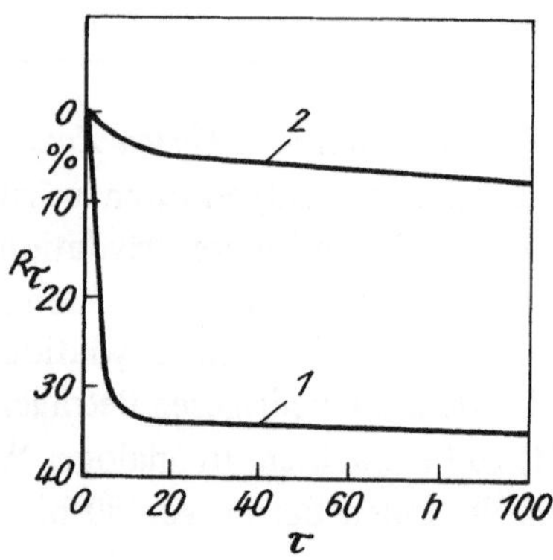

Bild 273. Spannungsrelaxation der Legierung AgPdMg 20—0,3 bei 150 °C im verformten Zustand (*1*) und nach der inneren Oxydation bei 760 bis 900 °C (*2*)

Die elektrischen Kontakteigenschaften der angeführten Legierungen unterscheiden sich bedeutend von den Eigenschaften des reinen Silbers, während jedoch ihre Verschleißfestigkeit und Erosionsbeständigkeit bedeutend höher sind.

In der **Tabelle 56** wurden die Maximalbeträge für die Eigenschaften der Legierungen AgMgNi-99, AgMgNZr-99 und AuAgMgN 2-97 und in **Tabelle 57** die Eigenschaften der Legierung AgPdMg 20-0,3 im verformten und geglühten Zustand, aber auch nach der inneren Oxydation aufgeführt. Die Legierung AgPdMg 20-0,3 unterscheidet sich nicht nach ihren Festigkeitseigenschaften von anderen Silberbasisle-

Tabelle 56. Eigenschaften der Silberlegierungen AgMgNi-99, AgMgNiZr-99 und AuAgMgNi 2-97

Legierungszustand	R_m MPa	A %	H_μ MPa	E GPa	$R_{p\,0,005}$ MPa	ϱ $\mu\Omega \cdot m$	$R^*_{Kontakt}$ $m\Omega$
Verformungsgrad 75%	300 ... 450	3 ... 5	850 ... 1000	65 ... 75	150 ... 200	0,020 ... 0,030	0,001...0,0015
Nach nicht oxydierender Glühung 300 °C	200 ... 350	30 ... 45	400 ... 700	75 ... 90	90 ... 140	0,020 ... 0,025	0,001...0,0015
Nach innerer Oxydation 730 °C	400 ... 550	5 ... 10	1300 ... 1900	75 ... 90	300 ... 450	0,025 ... 0,035	0,001...0,0015

* Last $P = 0,2$ N

gierungen, weist jedoch eine bedeutend höhere Korrosionsbeständigkeit in H_2S- und SO_2-Atmosphäre auf.

Nachfolgend sind die Werte des Kontaktwiderstandes der Legierung AgPdMg 20-0,3 nach der inneren Oxydation der Legierung und des Silbers im Ergebnis der Prüfung bei SO_2- und H_2S-Belastung angeführt:

	Ag		AgPdMg 20−0,3	
	SO_2	H_2S	SO_2	H_2S
$R^*_{Kontakt}$, $\mu\Omega$	20 bis 30	900	2,2 bis 2,5	65
Schichtdicke, mm	—	225	—	40

* Last $P = 0,5$ N

Alle durchgeführten Untersuchungen erfolgten nach der international standardisierten Prüfmethodik. Die Neigung zur Bildung sulfidischer Deckschichten wurde durch Messung des Kontaktwiderstandes bei Stromstärken von 0,05 A beurteilt. Die Proben wurden unter SO_2-Atmosphäre bei 40 °C, 8 h, und bei 20 °C, 16 h, gehalten. Unter der Einwirkung von H_2S bei einer relativen Luftfeuchtigkeit von 70%

Tabelle 57. Wesentliche Eigenschaften der Legierung AgPd 20 Mg 0,3 (Mittelwerte)

Legierungszustand	R_m MPa	A %	E_{Biege} MPa	GPa	$R_{p\,0,005}$ MPa	ϱ $\mu\Omega \cdot m$	$R^*_{Kontakt}$ $m\Omega$
Verformungsgrad 60%	530	2	1450	82,5	170	0,16	0,01
Nach der Glühung	310	30	700	—	—	0,09	0,008
Nach innerer Oxydation bei 750 °C	520	4	1550	82,5	350	0,14	0,01

* Last $P = 0,2$ N

wurden die Proben bei 30 °C 6 Tage lang behandelt. Aus den angeführten Ergebnissen wird ersichtlich, daß die Korrosionsbeständigkeit der Legierung AgPdMg 20-0,3 in schwefelbelasteter Umgebung bedeutend höher ist als die des Silbers.

4.2. Federlegierungen auf der Basis von Palladium-, Gold- und Platinlegierungen

Die Legierung des Systems Pd—Ag—Co (Marke PdAgK 35 mit der Zusammensetzung in %: 59,2 bis 60,8 Pd; 34,4 bis 35,6 Ag und 4,5 bis 5,5 Co entsprechend GOST 13462-79) wird als Kontaktfederwerkstoff in einer Reihe von elektromechanischen Geräten, z. B. in Kommutatoren und Motoren eingesetzt [266, S. 128—131]. Die entsprechenden Legierungsbleche für die Herstellung von Federn werden in Übereinstimmung mit GOST 8399-57 im kaltverfestigten Zustand mit Verformungsgraden zwischen 50 und 70% ausgeliefert. Die Härte der Legierung beträgt in diesem Zustand HV 230 bis 300. Entsprechend den Angaben in [266, S. 128—131] hängt die nach der Methode von RACHŠTADT und SHTREMEL˙ bestimmte Elastizitätsgrenze nicht nur vom Verformungsgrad, sondern auch von der Probendicke **(Bild 274)**, sogar in den Grenzen von 0,16 bis 0,3 mm, ab. Bei einem Verformungsgrad von 50 bis 70% ändert sich die Elastizitätsgrenze nur unbedeutend. Der mit dem Prüfgerät »Elastomat« an Proben mit einem Durchmesser von 4 bis 5 mm bestimmte dynamische Elastizitätsmodul beträgt 130 GPa. Der bei Biegeschwingungen geprüfte Elastizitätsmodul beträgt 85 GPa. Bei der Herstellung von Federn aus dünnen Blechen ist für entsprechende Berechnungen durch den Konstrukteur dieser Wert zu verwenden.

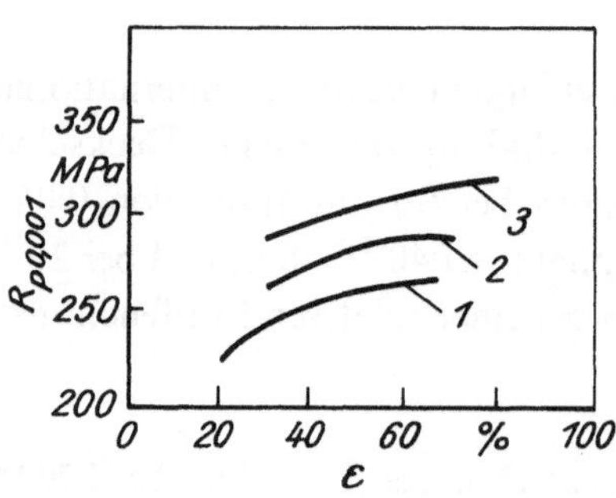

Bild 274. Abhängigkeit der Elastizitätsgrenze $R_{p0,001}$ der Streifen der Legierung PdAgSi 35-5 mit einer Dicke von 0,16 (*1*), 0,2 (*2*) und 0,3 mm (*3*) vom Verformungsgrad

Die Untersuchungen des Einflusses der Glühung unterhalb der Rekristallisationstemperatur auf die Elastizitätsgrenze der Legierung PdAgK 35-5 zeigten, daß diese beträchtlich erhöht werden kann **(Bild 275)**.

Es können folgende optimale Bedingungen für die verfestigende Wärmebehandlung angegeben werden: Glühtemperatur 350 bis 500 °C; Glühdauer 30 bis 45 min. Eine wiederholte zyklische Belastung der Federn (Training) kann zur Erhöhung der Elastizitätsgrenze um 50% führen.

Es wurde festgestellt, daß an Proben, die quer zur Walzrichtung und unter einem Winkel von 45° genommen wurden, die Elastizitätsgrenze um 15 bis 25% höher ist als an in Walzrichtung entnommenen Proben.

Entsprechend den Angaben in [267] sind die Eigenschaften der Legierung PdAgK 35-5 anisotrop und die absoluten Beträge des Elastizitätsmoduls und der Relaxationsbeständigkeit an den Proben, die quer zur Walzrichtung genommen wurden [266, S. 128—131].

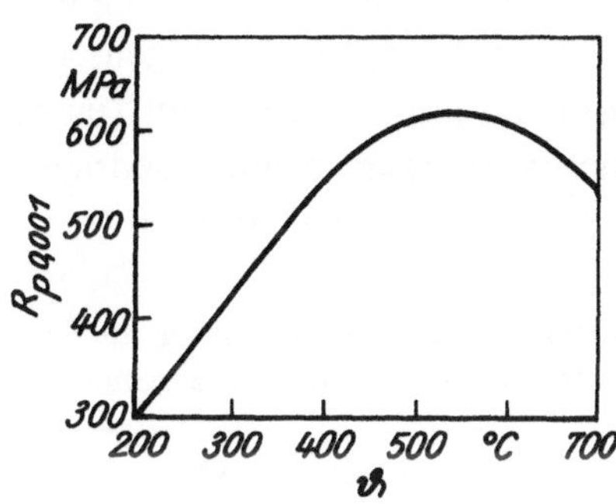

Bild 275. Abhängigkeit der Elastizitätsgrenze $R_{p\,0,001}$ der Proben der Legierung PdAgSi 35-5 mit einer Dicke von 0,3 mm von der Glühtemperatur ϑ

In **Tabelle 58** sind die Relaxationsbeständigkeiten der Legierung PdAgK 35-5 im harten Zustand (Verformungsgrad = 60%) angegeben.

Eine Glühung unterhalb der Rekristallisationstemperatur bei 480 °C, 30 min, führt gleichfalls zur Erhöhung der Relaxationsbeständigkeit der Legierung, insbesondere bei 78 °C (s. Tabelle 58).

Tabelle 58. Relaxationsbeständigkeit der Legierung PdAgK 35—5

Richtung der Probenahme aus dem Blech	Probendicke mm	PdAgK 35—5 im harten Zustand (Verformungsgrad = 60%)			PdAgK 35-5 nach der Glühung bei 480 °C, 30 min		
		R_m MPa	Spannungsrelaxation, %		R_m MPa	Spannungsrelaxation, %	
			bei 18 °C			bei 18 °C	bei 78 °C
längs	0,3	121	1,0	8,0	345	2,3	3,0
		138	1,3	9,1	484	2,6	3,8
		244	2,6	9,5			
		279	3,3	10,1			
quer		138	0,15	4,0	414	0,7	1,5
		279	1,3	6,8	580	2,2	3,8
längs	0,16	146	1,4	8,2	232	0,6	1,3
		304	2,0	9,9	404	1,3	3,2
quer		167	0,8	5,4	353	0,5	1,2
		348	1,1	5,8	510	0,7	2,1

Für Schaltstücke in einigen Schaltgeräten wurden zwei dispersionsgehärtete Mehrstofflegierungen eingesetzt:

Legierung A: Palladiumbasislegierung,
Legierung B: Goldbasislegierung.

Die wichtigsten Eigenschaften dieser Legierung werden in der **Tabelle 59** angeführt. Die Palladiumbasislegierung besitzt die höchsten elastischen Eigenschaften nach der Abschreckhärtung bei 1043 bis 900 °C und der Alterung im Temperaturbereich von 516 bis 534 °C. Zur Erreichung der optimalen Eigenschaften wird die Goldbasislegierung ausgewalzt (Verformungsgrad 37%) und im Temperaturbereich von 377 bis 400 °C gealtert. Beide Legierungen besitzen einen niedrigen und stabilen Kontaktwiderstand, sogar nach einer Erwärmung bis 320 °C.

Tabelle 59. Hauptsächliche Eigenschaften der Palladium- und Gold-Mehrstofflegierungen, die für die Herstellung von Kontaktfedern verwendet werden [267, 268]

Eigenschaften	Legierung A*	Legierung B**
R_m, MPa	1050 ... 1330	975 ... 1220
A, %	1 ... 2	1 ... 2
γ, % (IACS)	5,3	11
Kontaktwiderstand (mΩ):		
Ausgangszustand	6,9	3,0
nach der Alterung 320 °C 10 h	6,5	6,8
E_{dyn}, GPa	128,1	103,6

* Zusammensetzung der Legierung A (%): Pd 35; Cu 14; Ag 30; Pt 10; Au 10; Zn 1
** Zusammensetzung der Legierung B (%): Au 72; Cu 14; Ag 4; Pt 9; Zn 1

Für stromabnehmende Bürsten in Meßgeräten wird häufig die Platin-Iridium-Legierung PLJ 25 eingesetzt, die gemäß GOST 13498-79 74,5% Pt und 24,5 bis 25,5% Ir enthält. Diese Legierung zeichnet sich durch hohe Korrosionsbeständigkeit und Verschleißfestigkeit aus. Die Legierung besitzt hohe elastische Eigenschaften; die Elastizitätsgrenze beträgt im verformten Zustand $R_{p0,001} = 230$ MPa und erreicht nach der Glühung bei 650 bis 750 °C 500 MPa. Der Elastizitätsmodul beträgt bei $R = R_{p0,001}$ 220 GPa. Im kaltverfestigten Zustand wird die Legierung PLJ 25 durch folgende Größe gekennzeichnet: $R_m = 900$ bis 1000 MPa, $A = 0$ bis 2% und HV 300. Nach der Glühung bei der angegebenen Temperatur ergeben sich: $R_m = 950$ bis 1100 MPa, $A = 2$ bis 8% und HV 210 bis 350.

Spannvorrichtungen, die als Lager eines beweglichen Teils in hochempfindlichen Geräten verwendet werden, werden aus Flachdraht mit einer Dicke von 0,3 bis 3 µm hergestellt. Diese Vorrichtungen sollen eine hohe mechanische Festigkeit und geringe elastische Nachwirkung, zeit- und temperaturstabile physikalisch-mechanische Eigenschaften, eine gute Korrosionsbeständigkeit und einen relativ niedrigen elektrischen Widerstand aufweisen. Wie bereits in den Arbeiten [266; S. 124—131,

192, 269] gezeigt wurde, erfüllen die Platinbasislegierungen umfassend die aktuellen Anforderungen.

In diesem Zusammenhang werden gegenwärtig in der UdSSR die Platinbasislegierungen mit 20% Silberinhalt (Marke PlSr 20) und mit 23% Ni-Inhalt (Marke PlN 23) eingesetzt. In Übereinstimmung mit dem GOST 9444-74 besitzen Spannvorrichtungen aus PlSr 20 einen stationären Widerstand $R_m > 2000$ MPa, eine Elastizitätsgrenze $R_{p\,0,001} > 1600$ MPa sowie eine elastische Nachwirkung von weniger als 0,05%, bezogen auf den Verdrillungswinkel. Die Festigkeitseigenschaften dieser Legierungen sind auch stabil bei Erwärmung bis zu 600 °C.

Die Legierung PlSr 20 (PdAg 20) besitzt ungeachtet der hohen mechanischen und physikalischen Eigenschaften bestimmte technologische Nachteile. Beim Schmelzen kommt es zu erheblichen Silberverlusten durch die Verdampfung, und beim Drahtziehen wird die Ausbeute durch Aufspaltungen vermindert. Die Legierung PdNi 23 ist frei von den erwähnten Nachteilen. Im kaltverfestigten Zustand (Verformungsgrad 50%) wird ein aus der Legierung PdNi 23 hergestellter Draht durch folgende Parameter charakterisiert: $R_{p\,0,001} \geqq 250$ MPa; $E = 190$ GPa; $R_m = 1400$ MPa; $A = 0$ bis 2%; HV 450.

Nach einer Glühung bei 500 bis 600 °C, 3 h, in deren Verlauf atomare Ordnungsvorgänge ablaufen, werden folgende Kennwerte erreicht: $R_m = 1800$ MPa; $A = 8\%$; $E = 200$ GPa; $G = 79$ GPa; HV 550; $\varrho = 0,3\mu\Omega \cdot$ m; $\alpha_E = -1,5 \cdot 10^{-4}$ °C^{-1}; $\alpha_\varrho = 1,7 \cdot 10^{-3}$ °C^{-1}.

Tabelle 60. Mechanische Eigenschaften der Spannvorrichtungen aus Pd Ni 23 und PdAg 20

Eigenschaften	PdNi	PdAg 20
Gegenmoment, μN $\cdot$ m	25	25
Elektrischer Widerstand ϱ, Ω	12,0	12,0
Thermo-EMK gegen Kupfer, μV °C^{-1}	0,7	—8,0
Elastische Nachwirkung, %	0,04	0,05 ... 0,08
H_μ, MPa	5500	5500

In **Tabelle 60** werden die Eigenschaften der Spannvorrichtungen angeführt, die aus beiden Legierungen hergestellt worden sind. Wie aus angeführten Werten ersichtlich wird, besitzt die Legierung PdNi 23 einen zusätzlichen Vorteil, der im geringen Betrag der Thermo-EMK gegen Kupfer besteht.

Literaturverzeichnis

[1] AMIN, K. E., BECKER, P. C., PISCITELLY, A.: Materials Science and Eng. **49**, (1981) 1, S. 173—183

[2] KELLI, A., NIKLSON, R.: Dispersionnoe tverdenie: Per. s angl. Moskau: Metallurgija 1966

[3] LE FEVRE, B. G., D'ANNESSA, A. T., KALISH, DÀ.: Metallurg. Trans. **9A** (1978), S. 577—583

[4] BONFIELD, W.: Trans. Met. Soc. AIME **239** (1967), S. 99—106

[5] BONFIELD, W.: Journ. Sci. of Met. **10** (1973) 3, S. 493—501

[6] LU, M. M., LE MAY: J. Metal Science **11** (1977) 2, S. 54—58

[7] ZACHAROV, E. K., POL'DJAEVA, G. P.: in: Sovremennye metally i splavy v priborostroenii. Moskau: MDNTP 1972, S. 115—109; in: Sovremennye stali i splavy v priborostroenii i precizionnom mašinostroenii. Moskau: MDNTP 1975, S. 99—105

[8] LLOYD, C., LORETTO, I.: J. Metal Science **9** (1975) 2, S. 195—201

[9] LE HONILLIER, R., BEGIN, G.: Met. Trans. **2** (1971) 9, S. 1654—2653

[10] TJAPKIN, JU. D., TRAVINA, N. T., KOZLOV, V. P.: FMM **39** (1975) 1, S. 73—80

[11] TJAPKIN, JU. D., TRAVINA, N. T., KOZLOV, V. P., UGAROVA, E. V.: FMM **43** (1977) 6, S. 1294—1300

[12] GAVRILOV, A. V., KAPLUN, J. A., PASTUCHOVA, Ž. P.: MiTOM (1977) 8, S. 69—70

[13] RACHŠTADT, A. G.: Pružinnye stali i splavy. Moskau: Metallurgija 1982

[14] FILER, E. W., SCOREY, C. R.: Stress Relaxation Testing ASTM, Spec. Techn. Publ. (1976) 676, S. 89—111

[15] HELLER, W.: Copper-Beryllium Alloys for Applications. Geneva: CERN 1976, S. 40

[16] TSUBAKINO, H., NOZATO, R., MITANI, H.: J. of Japan Inst. Met. **44** (1980) 10, S. 1122—1129

[17] MIKI, M., HORI, SHI., AMANO, J.: J. of Japab Inst. Met. **44** (1980) 2, S. 160—169

[18] ENTWISTLE, A. R., WYNN, J. K.: J. Inst. Metals **89** (1960) 1, S. 24—28

[19] LEYMONIE, C., THOUVIN, G.: Memories Scient. Rev. Met. **75** (1978) 1, S. 45—56

[20] WIKLE, K. G.: Ind. Heatung **39** (1972) 10, S. 1814—1816; 12, S. 2214—2218; **40** (1973) 6, S. 1014—1016

[21] TJAPKIN, JU. D., GAVRILOVA, A. V.: Itogi nauki i techniki/VINITI. Moskau: VINITI **8** (1974), S. 64—124

[22] RIOGA, R. J., LAUGHLIN, D. E.: Acta Metallurgica **28** (1980) 9, S. 1301—1313

[23] PLACHTIJ, V. D., TJAPKIN, JU. D., GAVRILOVA, A. V.: Metallofizika **3** (1981) 3, S. 119—121

[24] TSUBAKINO, H., NOZATO, R., HAIWARA, H.: Trans. of Japan Inst. Met. **22** (1981) 3, S. 153—161

[25] TSUBAKINO, H., NOZATO, R.: J. of Japan Inst. Met. **43** (1979) 1, S. 43—49

[26] BAUMANN, S. F., MICHAEL, J., WILLIAMS, D. B.: Acta Metallurgica **29** (1981) 11, S. 1343 to 1355

[27] GEROLD, V.: Z. Metallkunde **52** (1961) 1, S. 76—85; 10, S. 671—676

[28] NISHI SEIKI, SHIODA TAKCO: J. Japan Inst. Light Metals **22** (1972) 5, S. 325—332

[29] BORZDYKA, A. M., GECOV, L. B.: Relaksacija naprjaženij v metallach i splavach. Moskau: Metallurgija 1978

[30] GEVELING, N. N., PUČKOV, B. I., RACHŠTADT, A. G., ROGEL'BERG, I. L.: Zavodskaja laboratorija **27** (1961) 1, S. 89—92

[31] ZUBOV, V. JA., GRAČEV, S. V.: FMM **14** (1962) 4, S. 602—607; Izv. vyzov. Cvetnaja metallurgija (1967) 2, S. 121—123

[32] GAVRILOVA, A. V., TJAPKIN, JU. D., USIKOV, M. P.: DAN SSSR **176** (1976) 5, S. 1052 to 1055

[33] GORELIK, S. S.: Rekristallizacija metallov i splaovov. Moskau: Metallurgija 1978

[34] BONFIELD, W., EDWARDS, B. C.: Met. Sci. J. **10** (1975) 3, S. 493—497.

[35] KÖSTER, W., HORNBOGEN E.: Z. Metallkunde **59** (1968), S. 792—798

[36] KREYE, H.: Z. Metallkunde **62** (1971), S. 556—560

[37] BERNŠTEJN, M. L.: Struktura deformirovannych metallov. Moskau: Metallurgija 1977

[38] BÖHM, H.: Z. Metallkunde **54** (1963), S. 142—146

[39] KREYE, H., HORNBOGEN, E.: J. Mater. Sci. **5** (1970) 2, S. 89—95

[40] THUNDAL, B.: Scand. J. Metal. **2** (1973) 4, S. 207—211

[41] SUCHOVAROV, V. F., KOL'ČUŽKINA, A. I., ERMAKOVA, V. I.: MiTOM (1971) 3, S. 61—62

[42] SUCHOVAROV, V. F., KOL'ČUŽINA, V. I.: MiTOM (1971) 2, 4—6

[43] KELLY, M. H.: Acta Metallurgica **11** (1963) 8, S. 915—922

[44] BODJAKO, M. N., ASTAPČIK, S. A., KRYLOV-OLIFERENKO, V. V.: Vesci AN BSSR, ser. fiz.-techn. navuk (1982) 1, S. 41—45

[45] SMIRNOV, M. A., ŠTEJNBERG, M. M., KAREVA, N. T., TEPLOV, V. A., KORJAGIN, JU. D.: FMM **38** (1974) 2, S. 416—421

[46] ŠTEJNBERG, M. M., KAREVA, N. T., SMIRNOV, M. A.: Trudy/Čeljabinskij politechničeskij institut (1974) 133, S. 170—172

[47] ARCHAROV, V. I.: Teorija mikrolegirovanija splavov. Moskau: Mašinostroenie 1974

[48] NISHI SEIKI, SHINODA TAKEO: J. Jap. Inst. Light Metals **22** (1972) 6, S. 386—394

[49] PARKER, B. A.: Austral. Inst. Metals **17** (1972) 1, S. 31—38

[50] PASHLEY, D. W., JACOBS, M. H., VIETZ, J. T.: Phil. Mag. **16** (1967) 139, S. 51—76

[51] PASHLEY, D. W., RHODES, J. W., SENDOREK, A.: J. Inst. Metals **94** (1966) 2, S. 41—49

[52] THACKERY, P. A., THOMAS, A. T.: J. Inst. Metals **99** (1971) 4, S. 114—117

[53] SUZUKI HISAHI, KANNO MOTOHIZO, FUGUNAGA KAZUYSHI: J. Jap. Inst. Light Metals **22** (1972) 4, S. 286—294

[54] MURAKAMI, M., NASU, S., MORINAGA, M. u. a.: Phil. Mag. **24** (1971) 189, S. 179—725

[55] FUJIKAWA SHINICHRO, HIRANO KENICHI: J. Jap. Inst. Light Metals **22** (1972) 3, S. 99—210

[56] BABA JOSHIO: Trans. Jap. Inst. Metals **13** (1972) 2, S. 76—81

[57] ARCHAROV, V. I., VANGENGEJM, S. D., DOROBAN', V. V. u. a.: FChMM (1972) 5, S. 3—9

[58] BOKŠTEJN, S. Z.: Stroenie i svojstva metalličeskich splavov. Moskau: Metallurgija 1971

[59] BOKŠTEJN, B. S., BOKŠTEJN, S. Z., ŽUCHOVICKIJ, A. A.: Termodinamika i kinetika diffuzii v tverdych telach. Moskau: Metallurgija 1974

[60] KANNO MATOHIZO, SHIGEHAZU, SUZUKI HISASHI: J. Jap. Inst. Light Metals **25** (1975) 2, S. 444—450

[61] RAMAN, K. S., DWAZAKADASA, E. S., VASU, K. T.: Proc. Symp. Mater., Sci. Nat. Aeronautical Lab. Bangalore **2** (1970), S. 281—395

[62] MUROMACHI SHIGIO, MAE TAKEHIKO: J. of Japan Inst. Met. **35** (1971) 11, S. 1021—1027

[63] DAS, S. K., THOMAS, H., ROWCHIFFE, D.: Microscopic electron **2** (1970), S. 533—534

[64] GERČIKOVA, N. S., KIŠKIN, S. T., KORABLEVA, G. N., POLJAK, E. V.: in Ėlektronnomikroskopičeskie issledovanija struktury žaroprožnych splavov i stalej. Moskau: Metallurgija 1969, S. 5, 12

[65] KOMAROVA, M. F., BUJNOV, N. N., KAGANOVIČ, L. I. u. a.: FMM **36** (1973) 1, S. 140—148; 3, S. 533—546

[66] TSUMURAYS KAZUO, NISHIKAWA SEFIOKI: J. Jap. Inst. of Metals **39** (1975) 9, S. 916—925

[67] SUCHOVAROV, V. F., IVANOVA, R. P., KARAVAEVA, V. V., STROKATOV, R. D.: FMM **40** (1975) 6, S. 1268—1272

[68] SUCHOVAROV, V. F., STROKATOV, R. D.: FMM **40** (1975) 2, S. 348—353

[69] SUCHOVAROV, V. F., STROKATOV, R. D., KUDRJAVČEVA, L. A.: FMM **44** (1977) 3, S. 547 to 552

[70] ŽILOV, B. M. TCHAGAPSOEV, CH. G., RACHŠTADT, A. G.: MiTOM (1975) 10, S. 55—69

[71] THOMAS, H., WILKE-DÖRFURT, U.: Z. Metallkunde **50** (1959) 8, S. 466—472

[72] BÖHM, H.: Z. Metallkunde **52** (1961) 9, S. 564—571

[73] GUINIER, A.: Solid State Phys. **9** (1959), S. 924

[74] BÖHM, H.: Z. Metallkunde **51** (1960) 8, S. 518—524

[75] ARCHAROV, V. I., BERENOVA, I. P., MAGAT, L. M.: FMM **5** (1957) 3, S. 516—526

[76] KUNZE, G., WINCIERZ, P.: Metallkunde **56** (1965) 7, S. 421—437

[77] ZADUMKIN, S. N., PASTUCHOVA, Ž. P., RACHŠTADT, A. G., TCHAGAPSOEV, CH. G.: Fizika i chimija obrabotki materialov (1970) 4, S. 132—138

[78] TCHAGAPSOEV, CH. G., RACHŠTADT, A. G.: in: Progressivnye metody termičeskoj i chimiko-termičeskoj obrabotki. Moskau: Mašinostroenie 1972, S. 35—41

[79] TCHAGAPSOEV, CH. G., RACH;TADT, A. G., PASTUCHOVA, Ž. P., KARPOV, A. G.: MiTOM (1970) 2, S. 19—24

[80] MURAKAMI, Y., JOSHIDA, H., JAMAMOTO, S.: Trans. Jap. Inst. Metals **9** (1968), S. 1—6

[81] ČIPIŽENKO, A. I.: in: Perspektivy razvitija uprugich čuvstvitelnych elementov. Moskau: CIIN elektrotechničeskoj promyšlennosti i priborostroenija 1961, S. 202—205

[82] PASTUCHOVA, Ž. P.: in: Povyšenie nadežnosti pružin. Leningrad: LDNTP 1965, S. 36—43

[83] PASTUCHOVA, Ž. P., RACHŠTADT, A. G.: in: Sovremennye pružinnye splavy, ich obrabotka i ispytanija. Leningrad: LDNTP 1967, S. 40—46

[84] ZADUMKIN, S. N.: Žurnal neorganičeskoj chimii **5** (1960) 8, S. 1892—1893

[85] ZADUMKIN, S. N., ZVJAGINA, V. JA.: Izv. AN SSSR Metally (1966) 4, S. 58—63

[86] ZADUMKIN, S. N.: in: Poverchnostnye javlenija v rasplavach i voznikajuščich v nich tverdych fazach. Nal'čik: Kabard.-Balk. Gos. un-t 1965, S. 12—29

[87] SUZUKI, CH.: in: Dislokacija i mechaničeskie svojstva kristallov: Per. s angl. Moskau: IL 1960, S. 151—168

[88] Frudel'Ž. Dislokacii: Per. s angl. Moskau: Mir 1967

[89] MAK LIN, D.: Mechaničeskie svojstva metallov: Per. s angl. Moskau: Metallurgija 1965

[90] PASTUCHOVA, Ž. P., VASILÉV, N. V., TCHAGAPSOEV, CH. G., KOROLEV, F. V., MASJUKOV, V. P.: in: Sovremennye metally i splavy v radioelektronnoj, priborostroitel'noj promyšlennosti i ich termičeskaja obrabotka. Moskau: MDNTP 1972, S. 149—153

[91] MASJUKOV, V. P., PASTUCHOVA, Ž. P., RACHŠTADT, A. G., ZAREMBO, JU. I.: in: Novye stali i splavy v mašinostroenii. Moskau: Mašinostroenie 1976, S. 60—65

[92] UIKS, K. E., BLOK, F. E.: Termodinamičeskie svojstva 65 elementov, ich okislov, galogenidov i nitridov: Per. s angl. Moskau: Metallurgija 1965

[93] SVELIN, R. A.: Termodinamika tverdogo sostojanija. Moskau: Metallurgija 1968

[94] SAMSONOV, G. V., PERMINOV, V. P.: Magnietermija. Moskau: Metallurgija 1971

[95] KUNECOV, G. M., FEDOROV, V. N., RODJANSKAJA, A. L. u. a.: Izv. vuzov. Cvetnaja metallurgija (1980) 3, S. 94—96

[96] KAPLUN, JU. A., PASTUCHOVA, Ž. P., PIGUZOV, JU. V.: MiTOM (1974) 11, S. 70—73

[97] MASJUKOV, V. P., PASTUCHOVA, Ž. P., STAROKOŽEV, B. S.: FMM **38** (1975) 6, S. 1307—1309

[98] HONDROS, E. D.: Proc. Melbourne Conference of Interfaces (Ed.: GIFKINS, R. C.). Butterworths 1969, S. 77

[99] RACHŠTADT, A. G., TCHAGAPSOEV, CH. G., ŽILOV, B. M.: Izv. AN SSSR Metally (1976) 6, S. 188—195

[100] MACHERAUCH, E.: Proc. Sov. Experim. Stress. Analysis **23** (1966) 1, S. 140—153

[101] IVANOVA, V. S., TERENTÉV, V. F., POJDA, V. G.: Metallofizika/In-t fiziki metallov AN USSR. Kiew: Naukova dumka (1972) 43, S. 63—82

[102] VESTVUD, A.: in: Čuvstvitelnost mechaničeskich svojstv k dejstviju sredy: Per. s angl. Moskau: Mir 1969, S. 27—77

[103] SUMINO, K.: J. Phys. Soc. Japan **17** (1962), S. 454—459

[104] PASTUCHOVA, Ž. P., DOVBENKO, A. V., BABENKO, N. P.: MiTOM (1973) 8, S. 47—50

[105] TCHAGAPSOEV, CH. G., ŽILOV, B. M.: in: Stali i splavy v priborostroenii i precizionnom mašinostroenii. Moskau: MDNTP 1975, S. 82—87

[106] EMBURY, I. D., NICHOLSON, R. B.: Acta Met. **13** (1965) 4, S. 403—417

[107] LORIMER, G. W., NICHOLSON, R. B.: Acta Met. **14** (1966) 8, S. 1009—1013

[108] LORIMER, O. W., NICHOLSON, R. B.: The Mechanism of Phase Transformations in Crystaline Solids. Inst. of Metals, Monograph, Manchester (1968) 33, S. 1969

[109] BUJNOV, N. N., ROMANOVA, R. R.: Struktura i mechaničeskie svojstva metallov i splavov: Trudy/IFM UNC AN SSSR. Sverdlovsk: UNC AN SSSR (1975) 30, S. 77—88

[110] KOLOBNEV, I. F.: Termiceskaja obrabotka aljuminievych splavov. Moskau: Metallurgija 1961

[111] CORDIER, H., GRUHL, W.: Z. Metallkunde 56 (1965) 10, S. 669—674

[112] BUJNOV, N. N., GAJDUKOV, M. G., ROMANOVA, R. R. u. a.: Struktura i mechaničeskie svojstva metallov i splavov. Sverdlovsk: UNC AN SSSR (1975) 30, S. 152—159

[113] TJAPKIN, JU. D., TRAVINA, N. T., UVAROVA, E. V.: FMM 44 (1977) 6, S. 1222—1229

[114] ROMANOVA, R. R., BUJNOV, N. N., PUŠKIN, V. G.: FMM 31 (1971) 5, S. 1053—1057

[115] ROMANOVA, R. R., BYČKOV, V. V., UVAROVA, A. I., BUJNOV, N. N.: FMM 38 (1974) 2, S. 349—365

[116] LUŽNIKOV, L. P.: Leformiruemye aljuminievye splavy dlja raboty pri povyšennych temperaturach. Moskau: Metallurgija 1965

[117] UVAROV, A. I., ROMANOVA, R. R., UKSUSNIKOV, A. N., BUJNOV, N. N.: FMM 36 (1973) 4, S. 735—741

[118] GELLER, JU. A., SAGADEEVA, T. G.: MiTOM (1974) 2, S. 2—4

[119] PAVLOVA, L. P., GELLER, JU. A.: MiTOM (1967) 4, S. 43—44

[120] GITGARC, M. I.: FMM 43 (1977), S. 335—344

[121] PHILLIPS, V. A., TANNER, L. E.: Acta Met. 21 (1973) 4, S. 441—448

[122] KAINUMA TOSHIO, WATANABE RYOJI: J. Jap. Inst. Metals 35 (1971) 12, S. 1126

[123] MURAKAMI, Y., YOSHIDA, H., YAMAMOTO, S.: Trans. Jap. Inst. Metals 9 (1968) 1, S. 11—18

[124] TURNBULL, D., TREAFTIS, H. N.: Acta Met. 3 (1955) 1, S. 43—54

[125] YAMAMOTO, S., MATSUI, M., MURAKAMI, Y.: Trans. Jap. Inst. Metals 12 (1971) 3, S. 159—165

[126] ALEKSEEVA, L. E., SARRAK, V. I., SUVOROVA, S. O., u. a.: Problemy fiziki metallov i metallovedenija. Trudy/MČM SSSR. Moskau: Metallurgija 1972, S. 50—56

[127] SARRAK, V. I., SUVOROVA, S. O., EDNERAL, N. V. u. a.: FMM 37 (1974) 6, S. 1284—1289

[128] EDNERAL, N. V., SARRAK, V. I., SKAKOV, JU. A. u. a.: FMM 42 (1976) 6, S. 1311—1314

[129] SARRAK, V. I., SUVOROVA, S. O., SEREBRENNIKOV, G.: Izv. AN SSSR Metally (1976) 1, S. 128—129

[130] ALEKSEEVA, L. E., SARRAK, V. I., SUVOROVA, S. O.: Izv. AN SSSR Metally (1976) 2, S. 152—157

[131] ZABIL'SKIJ, V. V., SUVOROVA, S. O., SARRAK, V. I. u. a.: FChOM (1978) 4, S. 98—101

[132] TIEN, J. K., COPLEY, S. M.: Met. Trans. 2 (1971) 11, S. 215—219

[133] TIEN, J. K., COPLEY, S. M.: Met. Trans. 2 (1971) 2, S. 543—553

[134] OBLACK, J. M., RAULONIS, D. F., DUVALL, P. S.: Met. Trans. 5 (1974) 1, S. 143—153

[135] TJAPKIN, JU. D., GAVRILOVA, A. V., VASIN, V. D.: FMM 39 (1975) 5, S. 1007—1014

[136] JERMOLENKO, A. S., KOROLJOV, A. V.: JEEE, Trans. Magn. 6 (1970) 2, S. 252—254

[137] TJAPKIN, JU. D., TRAVINA, N. T., KOZLOV, V. P., UGAROVA, E. V.: FMM 42 (1976) 6, S. 1294—1300

[138] SAUTHOFF, G.: Z. Metallkunde 68 (1977) 7, S. 500—505

[139] HARDY, P., SHANAHAM, M. W.: J. Nucl. Mater. 55 (1975) 1, S. 1—13

[140] HOSFORD, W. F., AGRAWAL, S. P.: Met. Trans. 6 (1975) 3, S. 487—491

[141] NAKADA, J., LESLIE, W. C., CURAY, P. P.: Trans. ASM Metals Park, Ohio 60 (1967), S. 223—227

[142] MORI, T., HORIE, M.: J. Japan Inst. Metals 39 (1975) 6, S. 581—588

[143] SAUTHOFF, G.: Z. Metallkunde 66 (1975) 2, S. 1006—1009

[144] BIC, E. N., NAUMOV, N. M., SIZOVA, R. T.: MiTOM (1972) 3, S. 75—77

[145] ROMANENKOVA, G. A., RACHŠTADT, A. G., MELKOVA, G. A., KRITSKAJA, A. I.: in: Stali i spavy v priborostroenii i precizionnom mašinostroenii. Moskau: MDNTP 1978, S. 80—83

[146] CHENKIN, M. L., LOKŠIN, I. CH.: Razmernaja stabil'nost'metallov i splavov v točnom mašinostroenii i priborostroenii. Moskau: Mašinostroenie 1974

[147] TIEN, J. K., CAMBER, R. P.: Met. Trans. 3 (1972) 8, S. 2157—2162

[148] ŠIDIN, I. A., NEKLJUDOV, I. N., PRICHODČENKO, V. A.: Ukr. fiz. žurnal **27** (1976) 7, S. 1217—1219

[149] TJAPKIN, JU. D., EVTUŠENKO, T. V., TRAVINA, N. T.: Ukr. fiz. žurnal **20** (1975) 5, S. 858

[150] Ešelbi Dž. Kontinual'naj teorija dislokacij: Per. s angl Moskau: IL 1963

[151] YAMAMOTO, S., METSUI, M., MURAKAMI, Y.: Trans. Inst. Metals **12** (1971) 3, S. 159—165

[152] TJAPKIN, JU. D., GOLIKOV, V. A.: FMM **38** (1974) 4, S. 803—811

[153] EURIN, PH., PENISSON, J. M., BOURRET, A.: Acta Met. **21** (1973) 5, S. 559—570

[154] TJAPKIN, JU. D., GOLIKOV, V. A., SVANIDZE, L. S.: FMM **42** (1976) 3, S. 552—571

[155] ROMANENKOVA, G. A., VASIN, V. D., RACHŠTADT, A. T. u. a.: Struktura, svojstva i termiceskaja obrabotka stali i splavov: Nauc. tr./MVTU im. Baumana. Moskau: MVTU im. Baumana (1976) 214, S. 80—88

[156] BERNŠTEJN, M. L., PROKOSCHKIN, S. D., CAPYTKINA, L. M.: Acta Met. **25** (1977) 12, S. 1171—1183

[157] P'JU, S.: in: Vjazkost'razrušenija vysokopročnych materialov: Per. s angl. Moskau: Metallurgija 1973, S. 129—136

[158] DECKER, R. T.: Met. Trans. **4** (1973) 11, S. 2495—2518

[159] HENMIA, Z., NAGAI, T.: Trans. Jap. Inst. Metals **10** (1969), S. 166—173

[160] ROZENBERG, V. M., IEDLINSKAJA, Z. M., ČERNIKOVA, A. V. u. a.: Cvetnuye metally (1976) 6, S. 65—68;
ROZENBERG, V. M., ČERNIKOVA, A. V., IEDLINSKAJA, Z. M. u. a.: Metallovedenie i termičeskaja obrabotka cvetnych metallov i splavov: Nauč. tr./Giprocvetmetobrabotka. Moskau: Metallurgija (1978) 55, S. 47—59

[161] SPOONER, S., LEFEVRE, B. G.: Met. Trans. **11A** (1980) 7, S. 1085—1094

[162] PLEWES, J. T.: Microstruc. and Design Alloys. 3rd Int. Conf. strenght Metals and Alloys. Cambridge **1** (1973), S. 109—113

[163] PLEWES, J. T.: Metallurg. Trans. **A6** (1975) 3, S. 537—544

[164] Iron Age Metallwork. Int. **14** (1975) 4, S. 32

[165] Tin its Use (1983) 132, S. 98

[166] Alloy Digest 1987, Mai

[167] PHILLIPS, D. L., AIMSWORTH, P. A.: Metal **23** (1969) 8, S. 804

[168] RABENSCHLAG, I.: Metall **29** (1975) 11, S. 1133—1138

[169] VERMEERSCH, W.: Metall **34** (1980) 11, S. 1046—1047

[170] HERSTAD, O.: Ship. en Werf. **43** (1976) 22, S. 689—691

[171] Alloy Digest, 1982, April

[172] ČERNIKOVA, A. V., IEDLINSKAJA, Z. M., ŠANDALOVA, E. F.: Metallovedenie i termičeskaja obrabotka cvetnych metallov i splavov: Nauč. tr./Giprocvetmetobrabotka. Moskau: Me-

[173] ČIPIŽENKO, A. I., IEDLINSKAJA, Z. M.: Metallovedenie i termičeskaja obrabotka cvetnych metallov i splavov: Naučn. tr./Giproevetmetobrabotka. Moskau: Metallurgija (1967) 26, S. 212—232; (1968) 27, S. 94—96

[174] MIKI, M., KATAYAMA, T., AMARO, J.: Journ. Japan Inst. Metals **44** (1980) 2, S. 170—175

[175] WARLIMONT, H., AUBAUER, H.: Z. Metallkunde **64** (1973) 7, S. 484—491

[176] KREYE, H., CHIN, G.: Z. Metallkunde **63** (1972) 3, S. 132—137

[177] IEVERONOVA, V. I., KACNEL'SON, A. A.: FMM **24** (1967) 5, S. 966—976

[178] GORLENKO, N. P., RACHŠTADT, A. G., ROZENBERG, V. M., SPEKTOR, E. N.: Elektrotechničeskie splavy: Nauč. tr./Giprocvetmetobrabotka. Moskau: Metallurgija (1974) 41, S. 68—73

[179] PUČKOV, B. I., RACHŠTADT, A. G., ROGEL'BERG, I. L.: FMM **13** (1962) 5, S. 728—734; Cvetnye metally (1962) 6, S. 67—70; FMM **16** (1963) 5, S. 781—786

[180] PUČKOV, B. I., ROGEL'BERG, I. L.: FMM **10** (1960) 2, S. 303—305

[181] PANIN, V. E., DUDAREV, E. F., BUŠNEV, L. S.: Struktura i mechaničeskie svojstva tverdych rastvorov zameščenija. Moskau: Metallurgija 1971

[182] BUŠNEV, L. S., PANIN, V. E.: FMM **19** (1965) 5, S. 769—773

[183] PANIN, V. E.: FMM **17** (1964) 1, S. 150—152

[184] SUZUKI, H.: J. Phys. Soc. Japan **17** (1982) 3, S. 322—325

[185] SWANN, P.: Symposium »Proc. in Greep«. London 1961, S. 149

[186] MAK-LIN, D.: Granicy zeren v metallach: Per s ang. Moskau: Metallurgizdat 1960

[187] SPEKTOR, E. N., GORELIK, S. S., RACHŠTADT, A. G., NOVIKOVA, M. B.: FMM **19** (1965) 3, S. 421—431

[188] SPEKTOR, E. N., GORELIK, S. S.: Izv. vuzov. Cvetnaja metallurgija (1967) 1, S. 103—104

[189] PUČKOV, B. I., RACHŠTADT, A. G., ROGEL'BERG, I. L.: Metallovedenie mednych deformirovannych splavov: Nauč. tr./Giprocvetmetobrabotka. Moskau: Metallurgija (1973) 39, S. 87—92

[190] PUČKOV, B. N., RACHŠTADT, A. G., ROGEL'BERG, I. L.: Metallovedenie mednych deformirovannych splavov: Nauč. tr./Giprocvetmetobrabotka. Moskau: Metallurgija (1973) 38, S. 81—86

[191] GORLENKO, N. P., RACHŠTADT, A. G., ROGEL'BERG, I. L., SPEKTOR, E. N., CHAJUTIN, S. G.: FMM **32** (1971) 5, S. 1092—1097

[192] SPEKTOR, E. N., GORELIK, S. S., RACHŠADT, A. G.: Struktura i svojstva metallov i splavov: Nauč. tr./MISiS. Moskau: Metallurgija (1970) 59, S. 81—97

[193] GORLENKO, N. P., NEMIROVSKIJ, V. V., IEDLINSKAJA, Z. M., PARENOVA, E. F.: Metallovedenie i termičeskaja obrabotka cvetnych metallov i splavov: Nauč. tr./Giprocvetmetobrabotka. Moskau: Metallurgija (1975) 48, S. 116—123

[194] BADER, M., EIDIS, G. T., WARLIMONT, H.: Met. Trans. **7A** (1976) 2, S. 249—255

[195] KOPPENAAL, T. J., FINE, M. E.: J. Appl. Phys. **21** (1961) 9, S. 1781—1782

[196] KINOSHITA, C., TOMOKIJO, Y., MATSUDA, H., EGUCHI, T.: Trans. Jap. Inst. Metals **14** (1973) 2, S. 97—98

[197] POPPLEWELL, J. M., GRANE, J.: Met. Trans. **2** (1971) 12, S. 3411—3420

[198] IVERONOVA, V. I., KACNEL'SON, A. A.: Izv. vuzov. Fizika (1976) 8, S. 40—52

[199] NAKJIMA, K., SLADE, J., WEISSMAN, S.: Trans. ASM. **58** (1965) 1, S. 14—29

[200] KÖSTER, W., ULRICH, W., CHOSH, I. K., REINIGER, S.: Z. Metallkunde **55** (1975), S. 777

[201] WILLIAMS, R. O.: Trans. Met. Soc. AIME **227** (1963), S. 1290

[202] KÖSTER, W., RAVE, H.-P.: Z. Metallkunde **52** (1961) 3, S. 158—161

[203] PRUŽININ, I. F., ROZENBERG, V. M.: Metallovedenie i termičeskaja obrabotka cvetnych metallov i splavov: Nauč. tr./Giprocvetmetobrobotka. Moskau: Metallurgija (1975) 48, S. 31—38

[204] ARMSTRONG, R., CODD, J., DOUTHWEITE, R. M., PETCH, M. J.: Phil. Mag. **7** (1962), S. 45

[205] PASTUCHOVA, Ž. P., VIŠNAJAKOV, JA. D., GEVERLING, N. N.: FMM **20** (1965) 6, S. 915—919

[206] VAN WELY, E. E.: Acta Metallurgica **9** (1961) 7, S. 72—73

[207] BUTKEVIČ, L. M., MAKAGON, M. B., PANIN, V. E., SIDOROVA, T. S.: in: Issledovanie po vysokopročnym splavam i nitevidnym kristallam. Moskau: Izd-vo AN SSSR 1963, S. 154—159

[208] BUTKEVIČ, L. M., GRIDNEV, M. P.: MiTOM (1965) 6, S. 47—48

[209] GODERZIAN, K. K., POMERANC, M. I., ŠČERBAKOV, S. A.; u. a.: Bjul. CNII CM (1961) 20, S. 167—186

[210] KRUPNIKOVA-PERLINA, E. I., PUČKOV, B. I., RACHŠTADT, A. G., ROGELBERG, I. L.: Metallovedenie mednych deformiruemych splavov: Nauč. tr./Giprocvetmetobrobotka. Moskau: Metallurgija (1973) 39, S. 79—81

[211] GUREVIČ, R. L., PARFENOVA, E. F., IEDLINSKAJA, Z. M., NEMIROVSKIJ, V. V.: Metallovedenie i termičeskaja obrabotka cvetnych metallov i splavov: Nauč. tr./Giprocvetmetobrabotka. Moskau: Metallurgija (1975) 48, S. 101—107

[212] GUREVIČ, R. L., RACHŠTADT, A. G., ROGEL'BERG, I. L.: Izv. vuzov. Cvetnaja metallurgija (1971) 3, S. 110—114

[213] SCHULE, W., KEHREI, H.-P.: Z. Metallkunde **51** (1960) 12, S. 711—715

[214] PHILLIPS, B. A., JONES, R. B.: Trans. ASM **53** (1961), S. 775—791

[215] KUSSMANN, A., WOLLENBERGER, H.: Z. Metallkunde **50** (1959) 11, S. 94—100

[216] BIALOS, D., HOSEMANN, R., KUSSMANN, A., MOTSKUS, F., WOLLENBERGER, W.: Naturwissenschaften **47** (1960), S. 81—86

[217] KÖSTER, W.: Z. Metallkunde **51** (1960) 12, S. 716—721

[218] BARTSCH, G.: Z. Metallkunde **59** (1968) 9, S. 729—735

[219] HART, R. R., WONSIEWICZ, B. C., CHIN, G. I.: Met. Trans. **1** (1970) 11, S. 3163

[220] GUREVIČ, R. L., ROGEL'BERG, I. L., TUL'SKAJA, V. N., RYBNIKOV, O. A., RAČKOVSKAJA, G. V.: Metallovedenie i termičeskaja obrabotka cvetnych metallov i splavov: Nauč. tr./Giprocvetmetobrabotka. Moskau: Metallurgija (1975) 48, S. 109—115

[221] RUSELL, B.: Phil. Magazine **4** (1963) 88, S. 615

[222] NEMIROVSKIJ, V. V., ŠČERBAKOVA, A. M.: Metallovedenie i termičeskaja obrabotka cvetnych metallov i splavov: Nauč. tr./Giprocvetmetobrabotka. Moskau: Metallurgija (1978) 55, S. 43—47

[223] GRILICHES, S. JA., MIŠKEVIČ, R. I., RJABYŠEV, A. M., RACHŠTADT, A. G.: MiTOM (1966) 6, S. 18—21

[224] GRILICHES, S. JA., MIŠKEVIČ, R. I., RACHŠTADT, A. G., RJABYŠEV, A. M.: Termoelektrochimičeskaja obrabotka. Moskau: Mažinostroenie 1978

[225] RJABYŠEV, A. M., STJAŽKINA, V. P., GRILICHES, S. JA., MIŠKEVIČ, R. I., RACHŠTADT, A. G.: MiTOM (1970) 8, S. 61—64

[226] GAVRILOVA, A. V., TJAPKIN, JU. D.: Problemy metallovedenija i fizika metallov: Nauč. tr./CNIICM. Moskau: Metallurgija (1964) 36, S. 328

[227] SUCHOVAROV, V. F., KARAVAEVA, V. V., TRJASUNOV, B. G. u. a.: FMM **26** (1968) 4, S. 342

[228] BORISOV, V. A., RACHŠTADT, A. G., ŠPITZBERG, A. L.: MiTOM (1966) 6, S. 41

[229] PASTUCHOVA, Ž. P., BEDNJAKOVA, V. D., PUČKOV, B. I., RACHŠTADT, A. G., ROGEL'BERG, I. L.: Metallovedenie i obrabotka cvetnych metallov i splavov: Nauč. tr./Giprocvetmetobrabotka. Moskau: Metallurgija (1967) 26, S. 240

[230] KRASNOPEVCEVA, T. V., PARECKAJA, R. M., KNJAZEVA, G. G.: in: Sovremennye pružinnye splavy, ich obrabotka i ispytanie. Č. 1. Leningrad: LDNTP 1967, S. 15—21

[231] BARSEG'JAN, L. V., BELOV, B. G., ZACHAROV, E. K. u. a.: Precizionnye splavy: Nauč. tr./MČM SSSR. Moskau: Metallurgija (1972) 1, S. 44—48

[232] TALAKIN, N. I., LAŠKO, N. F., KARPOV, A. G. u. a.: MiTOM (1979), S. 58—61

[233] Prezizionnye splavy: Spravočnik/Pod red. MOLOTILOVA, B. V. Moskau: Metallurgija 1974

[234] SOL'C, V. A., ŽDANOVA, A. S., ARČISEVSKAJA, L. F. u. a.: Precizionye splavy: Nauč. tr./CNIICM. Moskau: Metallurgija (1977) 3, S. 42—77

[235] ŽDANOVA, A. S., SOL'C, V. A.: in: Stali i splavy v priborostroenii i precizionnom mašinostroenii. Moskau: MDNTP 1975, S. 120—125

[236] BARAZ, V. R., RODINOV, D. P., GRAČEV, S. V.: in: Vzaimodejstvie defektov i svojstva metallov. Tula: Kn. izd-vo 1976, S. 159—162

[237] BERNŠTEJN, M. L.: Termomechaničeskaja obrabotka, Tl. 1 u. 2. Moskau: Metallurgija 1968

[238] BORISOV, V. A., KALAČEV, I. B., ŠPICBERG, A. L. u. a.: in: Metally i splavy v priborostroenii i radioelektronika. Moskau: MDNTP 1981, S. 90—95

[239] CHOVOVA, O. M., GEVELING, N. N., RACHŠTADT, A. G.: Struktura, svojstva i termičeskaja obrabotka stali i splavov: Nauč. tr./MVTU im. Baumana. Moskau: MVTU im. Baumana (1976) 214, S. 89—96

[240] CHOVOVA, O. M., GEVELING, N. N., RACHŠTADT, A. G.: in: Novye stali splavy v mašinostroenii. Moskau: Mašinostroenie 1976, S. 51—60

[241] BARSEG'JAN, L. V., RACHŠTADT, A. G., ČELYŠEV, A. E.: in: Stali i splavy v priborostroenii i precizionnom mašinostroenii. Moskau: MDNTP 1975, S. 109—116

[242] BARSEG'JAN, L. V., SAMARINA, N. M.: in: Tezisy dokladov 10-j Vsesojuznoj konferencii po elektronnoj mikroskopii v Taschkente. Moskau: In-t kristallografii (Hrsgb.: A. V. SUBNIKOVA) 1976, S. 49

[243] MASUMOTO CHAKARKU: Nippon tokej gakkajsi (1967) 41, S. 97

[244] WEBER, H., HÖNIG, A., DURATHERM, R.: Metall **30** (1976) 11, S. 1041—1046

[245] VASIL'EV, V. R., GLEZER, A. M., ZACHAROV, E. K., PASTUCHOVA, Ž. P., RACHŠTADT, A. G.: MiTOM (1978) 10, S. 73—75

[246] BJADRETDINOVA, M. A., GLEZER, A. M.: FMM **45** (1978) 3, S. 621—628

[247] VASIL'EV, V. R., ZACHAROV, E. K., PASTUCHOVA, Ž. P., TJUTJUNIKOV N. A.: MiTOM (1982) 10, S. 33—36

[248] SKAKOV, JU. A., MEŽENNYJ, JU. O.: FMM **15** (1963) 2, S. 280—284

[249] VASIL'EV, V. R., GLEZER, A. M., ZACHAROV, E. K., PASTUCHOVA, Ž. P., RACHŠTADT, A. G.: FMM **48** (1979) 1, S. 114—120

[250] BJADRERDINOVA, M. A., GLEZER, A. M., POTEMKINA, V. F.: Izv. AN SSSR. Metally (1978) 2, S. 168—172

[251] PFEIFFER, I.: Z. Metallkunde **57** (1966) 8, S. 635—641

[252] REMY, L., PINCAU, A.: Mat. Sci. Eng. **26** (1976) 2, S. 123—132

[253] GRAHAM, A. H., YOUNGLOOD, J. H.: Met. Trans. **1** (1970) 2, S. 243—430

[254] LYSAK, L. I.: in: Metallofizika. Kiev: Naukova dumka (1974) 54, S. 3—15

[255] BORODKINA, M. M.: Precizionnye splavy: Nauč. tr./CNIIČM. Moskau: Metallurgija (1975) 2, S. 112—135

[256] DRAPIER, J. M., VIATOUR, P., COUTSOURADIE, D. u. a.: Cobalt (1970) 49, S. 171—186

[257] SCHUBERT, F., HORN, E.: Z. Metallkunde **65** (1974) 3, S. 226—230

[258] BELOV, B. N., ZACHAROV, E. K.: Precizionnye splavy: Nauč. tr./CNIIČM. Moskau: Metallurgija (1975) 2, S. 67—80

[259] HAKAZU MASUMOTO, HIDEO SAITO, MACHINO KIKUCHI: J. Jap. Inst. Met. **31** (1967) 3, S. 263—268

[260] VASIL'EV, V. R., PASTUCHOVA, Ž. P., RACHŠTADT, A. G.: Izv. AN SSSR. Metall (1982) 4, S. 132—135

[261] ŠPIČINECKIJ, E. S., MAČUL'SKAJA, G. A., FEDORENKO, V. P., CHAJUTIN, S. G.: in: Splavy cvetnych metallov. Moskau: Nauka 1972, S. 235—238

[262] MAČUL'SKAJA, G. A., FEDORENKO, V. P., CHAJUTIN, S. G., ŠPIČINECKIJ, E. S.: Elektrotechničeskie splavy: Nauč. tr./Giprocvetmetobrabotka. Moskau: Metallurgija (1974) 41, S. 31—39

[263] VOL'FSON, T. JA., MAČUL'SKAJA, G. A., ŠPIČINECKIJ, E. S.: Elrktrotechničeskie splavy: Nauč. tr./Giprovetmetobrabotka. Moskau: Metallurgija (1974) 41, S. 19—26

[264] A. s. 29180 (SSSR)/FEDORENKO, V. P., ŠPIČINECKIJ, E. S., ŠVAC, N. A.: Opubl. v B. I. (1971) 4, S. 85

[265] ŠPIČINECKIJ, E. S., FEDORENKO, V. P., EFREMOV, B. N. u. a.: Technika svjazi (Serie: Technika provodnikovoj svjazi) (1979) 5 (38), S. 94—99

[266] Blagorodnye metally i ich zementeli. Sverdlovsk: In-t fiziki metallov UNC AN SSSR (1971) 28, S. 360

[267] GRIŠČENKO, V. S., GOLOVČANSKIJ, B. V.: in: Sovremennye metally i splavy v priborostroenii. Moskau: MDNTP 1972, S. 89—93

[268] CLIFORD, S., BARKER: J. Prod. Eng. **35** (1964) 10, S. 63—66

[269] KURDJUMOV, A. A., SACHANSKAJA, I. N., SJUTKINA, V. I. u. a.: in: Splavy blagorodnych metallov i ich zamenteli. Moskau: Nauka 1977, S. 219—221

[270] SACHANSKAJA, I. N., TEJTEL', V. I., TIMOFEEV, P. I.: FFM **48** (1980) 4, S. 868—871

Sachwörterverzeichnis

Reduziertes statistisches Moment der Atome im Periodischen System der Elemente

(nach ZAIDUMKIN TCHAJAPSOEV)

IA	IIA	IIIA	IVA	VA	VIA	VIIA	VIIIA	VIIIA	VIIIA	IB	IIB	IIIB	IVB	VB	VIB		
																H 0,1647	He 0,2850
Li 0,2281	Be 0,5329											B 0,9520	C 0,2023	N 0,2278	O 0,3983	F 0,3321	Ne 0,2821
Na 0,1830	Mg 0,3057											Al 0,4582	Si 0,4575	P 0,89 / 0,2748	S 0,2287	Cl 0,3499	Ar 0,2231
K 0,1068	Ca 0,1905	Sc 0,3487	Ti 0,4600	V 0,5878	Cr 0,6897	Mn 0,7156	Fe 0,7560	Co 0,7976	Ni 0,7102	Cu 0,7692	Zn 0,6276	Ga 0,6955	Ge 0,6181	As 0,4257	Se 0,3219	Br 0,2338	Kr 0,2288
Rb 0,1023	Sr 0,1801	Y 0,3089	Zr 0,4555	Nb 0,5873	Mo 0,6707	Tc 0,7522	Ru 0,8026	Rh 0,7867	Pd 0,7392	Ag 0,6410	Cd 0,5575	In 0,5080	Sn 0,5021	Sb 0,4060	Te 0,2641	I 0,1861	Xe 0,1872
Cs 0,0954	Ba 0,1697	La 0,3087	Hf 0,4891	Ta 0,7101	W 0,8066	Re 0,8710	Os 0,9270	Ir 0,9275	Pt 0,8771	Au 0,7506	Hg 0,6130	Tl 0,2641	Pb 0,4216	Bi 0,4812	Po	At	Rn
Fr 0,0930	Ra 0,1682	Ac 0,2713															

Gd 0,3651	Ce 0,3499	Pr 0,3417	Nd 0,3502	Pm	Sm 0,3702	Eu 0,2434
Lu 0,4153	Tb 0,3804	Dy 0,3882	Ho 0,3938	Er 0,4017	Tm 0,4121	Yb 0,2917
	Th 0,4223	Pa 0,5460	U 0,6596	Np 0,6900	Pu 0,8191	